Elektrodynamik

Torsten Fließbach

Elektrodynamik

Lehrbuch zur Theoretischen Physik II

7. Auflage

Springer Spektrum

Torsten Fließbach
Starnberg, Deutschland
fliessbach@physik.uni-siegen.de

ISBN 978-3-662-64888-9 ISBN 978-3-662-64889-6 (eBook)
https://doi.org/10.1007/978-3-662-64889-6

Die Deutsche Nationalbibliothek verzeichnet diese Publikation in der Deutschen Nationalbibliografie; detaillierte bibliografische Daten sind im Internet über http://dnb.d-nb.de abrufbar.

Planung/Lektorat: Lisa Edelhäuser
Springer Spektrum ist ein Imprint der eingetragenen Gesellschaft Springer-Verlag GmbH, DE und ist ein Teil von Springer Nature.
Die Anschrift der Gesellschaft ist: Heidelberger Platz 3, 14197 Berlin, Germany

Vorwort

Das vorliegende Buch ist Teil einer Vorlesungsausarbeitung [1, 2, 3, 4] des Zyklus Theoretische Physik I bis IV. Es gibt den Stoff meiner Vorlesung Theoretische Physik II über die Elektrodynamik wieder.

Die Darstellung bewegt sich auf dem durchschnittlichen Niveau einer Kursvorlesung in Theoretischer Physik. Der Zugang ist eher intuitiv anstelle von deduktiv; formale Ableitungen und Beweise werden ohne besondere mathematische Akribie durchgeführt.

In enger Anlehnung an den Text, teilweise aber auch zu dessen Fortführung und Ergänzung werden über 100 Übungsaufgaben gestellt. Diese Aufgaben erfüllen ihren Zweck nur dann, wenn sie vom Studenten möglichst eigenständig bearbeitet werden. Diese Arbeit sollte unbedingt vor der Lektüre der Musterlösungen liegen, die im *Arbeitsbuch zur Theoretischen Physik* [5] angeboten werden. Neben den Lösungen enthält das Arbeitsbuch ein kompaktes Repetitorium des Stoffs der Lehrbücher [1, 2, 3, 4].

Der Umfang des vorliegenden Buchs geht etwas über den Stoff hinaus, der während eines Semesters in einem Physikstudium üblicherweise an deutschen Universitäten behandelt wird. Der Stoff ist in Kapitel gegliedert, die im Durchschnitt etwa einer Vorlesungsdoppelstunde entsprechen. Natürlich bauen verschiedene Kapitel aufeinander auf. Es wurde aber versucht, die einzelnen Kapitel so zu gestalten, dass sie jeweils möglichst abgeschlossen sind. Damit wird einerseits eine Auswahl von Kapiteln für einen bestimmten Kurs (etwa in einem Bachelor-Studiengang) erleichtert, in dem der Stoff stärker begrenzt werden soll. Zum anderen kann der Student leichter die Kapitel nachlesen, die für ihn von Interesse sind.

In der Theoretischen Physik ist es von grundlegender Bedeutung, dass die Maxwellgleichungen relativistisch sind. Das Cover dieses Buch betont das durch Wiedergabe der inhomogenen Maxwellgleichungen in kovarianter Form (also durch Lorentztensoren und -vektoren ausgedrückt). Für das Verständnis sind Vorkenntnisse der Speziellen Relativitätstheorie hilfreich (etwa in Teil IX meiner *Mechanik* [1]). Wichtige Punkte werden aber wiederholt (die Lorentztensoren in Kapitel 4, und das Relativitätsprinzip in Kapitel 18).

In der Mechanik nimmt der Lagrangeformalismus eine zentrale Rolle ein; für verschiedene Systeme werden die unterschiedlichen Lagrangefunktionen aufgestellt. In der Elektrodynamik gibt es dagegen genau eine *Lagrangedichte* für die elektromagnetischen Felder; die zugehörigen Lagrangegleichungen sind dann die kovarianten Maxwellgleichungen (Kapitel 19). Die Kovarianz der Maxwellgleichungen ist nicht nur eine zentrale theoretische Eigenschaft, sondern auch der Ausgangspunkt für verschiedene Anwendungen. Hieraus folgt insbesondere die Transformation der Felder beim Übergang von einem Inertialsystem zu einem anderen. Praktisch lassen sich damit dann die Felder von bewegten Ladungen berechnen.

Es gibt viele gute Darstellungen der Elektrodynamik, die sich für ein vertiefendes Studium eignen. Ich gebe hier nur einige wenige Bücher an, die ich selbst bevorzugt zu Rate gezogen habe und die gelegentlich im Text zitiert werden. Als Standardwerk möchte ich die *Klassische Elektrodynamik* von Jackson [6] hervorheben. Empfohlen sei auch die *Klassische Feldtheorie* der Lehrbuchreihe von Landau-Lifschitz [7]. Im Übrigen sollte jeder Physikstudent einmal die *Feynman Lectures* [8] gelesen haben.

Bei Christopher Künstler, Fabian Samad und anderen Lesern früherer Auflagen bedanke ich mich für wertvolle Hinweise. Anregungen oder Kritik sind jederzeit willkommen, etwa über den Kontaktlink auf meiner Homepage `www2.uni-siegen.de/~flieba/`. Auf dieser Homepage finden sich auch eventuelle Korrekturlisten.

November 2021 Torsten Fließbach

Literaturangaben

[1] T. Fließbach, *Mechanik*, 8. Auflage, Springer Spektrum Verlag, Heidelberg 2020

[2] T. Fließbach, *Elektrodynamik*, 7. Auflage, Springer Spektrum Verlag, Heidelberg 2022 (dieses Buch)

[3] T. Fließbach, *Quantenmechanik*, 6. Auflage, Springer Spektrum Verlag, Heidelberg 2018

[4] T. Fließbach, *Statistische Physik*, 6. Auflage, Springer Spektrum Verlag, Heidelberg 2018

[5] T. Fließbach und H. Walliser, *Arbeitsbuch zur Theoretischen Physik – Repetitorium und Übungsbuch*, 4. Auflage, Springer Spektrum Verlag, Heidelberg 2020

[6] J. D. Jackson, *Klassische Elektrodynamik*, 4. Auflage, de Gruyter, Berlin 2006

[7] L. D. Landau, E. M. Lifschitz, *Lehrbuch der theoretischen Physik*, Band II, *Klassische Feldtheorie*, 12. Auflage, Harri Deutsch Verlag, 1997

[8] R. P. Feynman, R. B. Leighton, M. Sands, *The Feynman Lectures on Physics*, Vol. I – III, Addison-Wesley Publishing Company, Reading 1989. Deutsche Übersetzung: *Feynman Vorlesungen über Physik,*, 2. Auflage, Oldenbourg Verlag, München 2007

Inhaltsverzeichnis

Einleitung **1**

I Tensoranalysis **3**

1 Gradient, Divergenz und Rotation 3
2 Tensorfelder 13
3 Distributionen 21
4 Lorentztensoren 30

II Elektrostatik **37**

5 Coulombgesetz 37
6 Feldgleichungen 48
7 Randwertprobleme 59
8 Anwendungen 68
9 Legendrepolynome 80
10 Zylindersymmetrische Probleme 89
11 Kugelfunktionen 99
12 Multipolentwicklung 108

III Magnetostatik **117**

13 Magnetfeld 117
14 Feldgleichungen 126
15 Magnetischer Dipol 135

IV Maxwellgleichungen: Grundlagen **145**

16 Maxwellgleichungen 145
17 Allgemeine Lösung 156
18 Kovarianz 163
19 Lagrangeformalismus 176

V Maxwellgleichungen: Anwendungen **181**

20 Ebene Wellen . . . 181
21 Hohlraumwellen . . . 196
22 Transformation der Felder . . . 206
23 Beschleunigte Ladung . . . 218
24 Dipolstrahlung . . . 228
25 Streuung von Licht . . . 239
26 Schwingkreis . . . 248

VI Elektrodynamik in Materie **257**

27 Mikroskopische Maxwellgleichungen . . . 257
28 Linearer Response . . . 263
29 Makroskopische Maxwellgleichungen . . . 269
30 Erste Anwendungen . . . 277
31 Dielektrische Funktion . . . 284
32 Permeabilitätskonstante . . . 296
33 Wellenlösungen . . . 302
34 Dispersion und Absorption . . . 313

VII Elemente der Optik **325**

35 Huygenssches Prinzip . . . 325
36 Interferenz und Beugung . . . 331
37 Reflexion und Brechung . . . 339
38 Geometrische Optik . . . 352

Anhänge **361**

A MKSA-System . . . 361
B Physikalische Konstanten . . . 365
C Vektoroperationen . . . 367

Register **369**

Einleitung

In der Punktmechanik stehen die Bahnkurven $\boldsymbol{r}(t)$ von Teilchen und ihre Bewegungsgleichungen im Mittelpunkt. Im Gegensatz dazu sind in der Elektrodynamik *Felder* die grundlegenden Größen. Der Feldbegriff dürfte bereits aus einfachen Anwendungen der Kontinuumsmechanik (etwa der Saitenschwingung) bekannt sein. Die elektromagnetischen Felder $\boldsymbol{E}(\boldsymbol{r},t)$ und $\boldsymbol{B}(\boldsymbol{r},t)$ werden durch die Kraft $\boldsymbol{F}$ definiert, die sie auf eine Ladung q ausüben:

$$\boldsymbol{F} = q\,\boldsymbol{E}(\boldsymbol{r},t) + q\,\frac{\boldsymbol{v}}{c} \times \boldsymbol{B}(\boldsymbol{r},t) \qquad \text{(Definition der Felder)}$$

Hier ist $\boldsymbol{r}$ der Ort und $\boldsymbol{v}$ die Geschwindigkeit der Ladung. Es wird das Gaußsche Maßsystem verwendet; c ist die Lichtgeschwindigkeit.

Die Bewegungsgleichungen für die Felder heißen *Feldgleichungen*. Sie sind partielle Differenzialgleichungen, die das raumzeitliche Verhalten der Felder bestimmen. Die Feldgleichungen des elektromagnetischen Felds sind die *Maxwellgleichungen*:

$$\operatorname{div}\boldsymbol{E} = 4\pi\varrho, \quad \operatorname{rot}\boldsymbol{E} + \frac{1}{c}\frac{\partial \boldsymbol{B}}{\partial t} = 0, \quad \operatorname{div}\boldsymbol{B} = 0, \quad \operatorname{rot}\boldsymbol{B} - \frac{1}{c}\frac{\partial \boldsymbol{E}}{\partial t} = \frac{4\pi}{c}\,\boldsymbol{j}$$

Die Ladungsdichte $\varrho(\boldsymbol{r},t)$ und die Stromdichte $\boldsymbol{j}(\boldsymbol{r},t)$ sind Quellen des Felds. Die Maxwellgleichungen sind die Grundgleichungen der Elektrodynamik. Ihre Begründung, ihre Eigenschaften, Implikationen und Lösungen werden im vorliegenden Buch untersucht.

Ebenso wie andere Naturgesetze oder Grundgleichungen der Physik sind die Maxwellgleichungen nicht ableitbar oder beweisbar. Sie können entweder als Postulat aufgestellt oder als Verallgemeinerung von Schlüsselexperimenten (etwa der Messung der Coulombkraft) plausibel gemacht werden. Wir gehen im Folgenden den zweiten Weg, der einer idealisierten historischen Entwicklung entspricht. Aus den Maxwellgleichungen werden zahlreiche Folgerungen abgeleitet, die experimentell überprüft werden können.

Für statische Phänomene verschwinden die Zeitableitungen in den Maxwellgleichungen. Dann zerfallen sie in zwei unabhängige Gleichungspaare, nämlich einerseits $\operatorname{div}\boldsymbol{E} = 4\pi\varrho$ und $\operatorname{rot}\boldsymbol{E} = 0$, und andererseits $\operatorname{rot}\boldsymbol{B} = (4\pi/c)\,\boldsymbol{j}$ und $\operatorname{div}\boldsymbol{B} = 0$. Dies sind jeweils die Feldgleichungen der getrennten Gebiete der *Elektrostatik* (Teil II) und der *Magnetostatik* (Teil III).

Für zeitabhängige Prozesse sind elektrische und magnetische Felder miteinander gekoppelt; dies kommt im Faradayschen Induktionsgesetz und im Maxwellschen Verschiebungsstrom zum Ausdruck. Außerdem transformieren sich die Felder $\boldsymbol{E}$ und $\boldsymbol{B}$ ineinander, wenn man von einem Inertialsystem zu einem anderen übergeht. Die Aufspaltung in elektrische und magnetische Phänomene ist daher vom Beobachter abhängig und insofern teilweise willkürlich. Wir werden zeigen, dass die aus der Mechanik bekannte *Lorentztransformation* die Transformation des elektromagnetischen Felds bestimmt, und dass die Maxwellgleichungen ihre Form bei diesen Transformationen nicht ändern. Die grundlegenden Eigenschaften der Maxwellgleichungen werden in Teil IV untersucht. Dabei wird auch die allgemeine Lösung für räumlich begrenzte Ladungs- und Stromverteilungen angegeben.

Der Teil V behandelt die wichtigsten Anwendungen der Maxwellgleichungen. Dazu gehören insbesondere elektromagnetische Wellen, die Strahlungsfelder von beschleunigten oder oszillierenden Ladungen, die Streuung von Licht an Atomen und der Schwingkreis.

Die Maxwellgleichungen gelten auch in Materie (Teil VI). Die Felder und die Quellen werden nach dem Gesichtspunkt der Unterscheidung zwischen der Störung und der Reaktion der betrachteten Materie aufgeteilt. Für die relevanten Felder erhalten wir dann zunächst mikroskopische Maxwellgleichungen und Responsefunktionen. Erst danach erfolgt der Übergang zu makroskopischen Maxwellgleichungen und genäherten Responsebeziehungen. Die Responsefunktionen werden in einfachen Modellen der Physik der kondensierten Materie berechnet. Die Eigenschaften von elektromagnetischen Wellen in Materie und die damit verbundenen Phänomene Dispersion und Absorption werden eingehend untersucht.

Teil VII führt in die Anfangsgründe der Optik ein. Zunächst wird die Ableitung des Huygensschen Prinzips diskutiert. Danach werden die Interferenz und Beugung, sowie die Reflexion und Brechung untersucht. Zum Schluss gehen wir noch kurz auf die geometrische Optik ein.

I Tensoranalysis

1 Gradient, Divergenz und Rotation

Im hier beginnenden Teil I werden notwendige mathematische Grundlagen zusammengestellt. Dabei geht es vor allem um die Tensoranalysis, die die Differenziation und Integration von Tensorfeldern behandelt.

Kapitel 1 führt die koordinatenunabhängigen und anschaulichen Definitionen der Vektoroperationen Gradient, Divergenz und Rotation ein. In Kapitel 2 werden Tensorfelder formal durch ihr Verhalten unter orthogonalen Transformationen definiert; außerdem wird das praktische Rechnen mit den Vektoroperationen demonstriert. In Kapitel 3 wird die δ-Funktion eingeführt, die Beziehung $\Delta(1/r) = -4\pi\,\delta(\boldsymbol{r})$ *abgeleitet und ein Vektorfeld durch seine Quellen und Wirbel dargestellt. Kapitel 4 befasst sich mit Lorentztensorfeldern.*

Wir betrachten ein beliebiges skalares Feld $\Phi(\boldsymbol{r})$ und ein beliebiges Vektorfeld $\boldsymbol{V}(\boldsymbol{r})$ im dreidimensionalen Raum. Die formale Definition der Eigenschaften *Skalar* und *Vektor* wird in Kapitel 2 nachgeholt. Wir setzen die Differenzierbarkeit der auftretenden Funktionen voraus. Für die im Folgenden untersuchten partiellen Ortsableitungen spielt eine eventuelle Zeitabhängigkeit in $\Phi(\boldsymbol{r}, t)$ und $\boldsymbol{V}(\boldsymbol{r}, t)$ keine Rolle; sie wird daher in der Notation unterdrückt.

Wir definieren folgende Differenzialoperationen:

1. Der *Gradient* eines skalaren Felds Φ wird mit $\operatorname{grad}\Phi$ bezeichnet. Die Komponente des Vektorfelds $\operatorname{grad}\Phi$ in Richtung eines beliebigen Einheitsvektors $\boldsymbol{n}$ wird durch

$$\boxed{\boldsymbol{n}\cdot\operatorname{grad}\Phi(\boldsymbol{r}) = \lim_{\Delta r\to 0}\frac{\Phi(\boldsymbol{r}+\boldsymbol{n}\,\Delta r)-\Phi(\boldsymbol{r})}{\Delta r}} \qquad (1.1)$$

definiert. Die Größe $\boldsymbol{n}\cdot\operatorname{grad}\Phi$ ist die Ableitung von Φ in dieser Richtung. Die geometrische Bedeutung des Gradienten ist in Abbildung 1.1 illustriert.

T. Fließbach, *Elektrodynamik*, https://doi.org/10.1007/978-3-662-64889-6_1

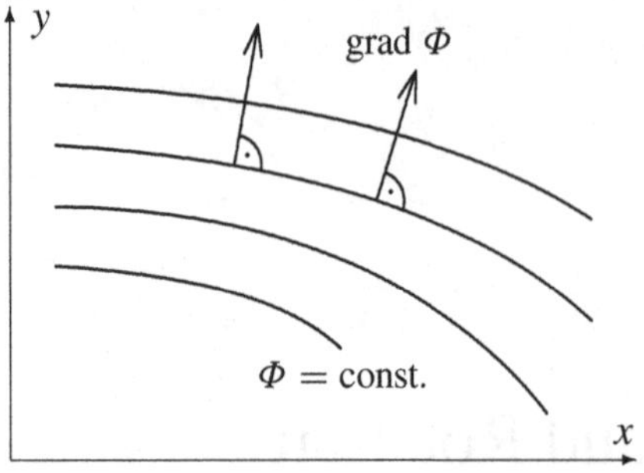

Abbildung 1.1 Die Abbildung zeigt einige Höhenlinien $\Phi(x, y) = \text{const.}$ Im Dreidimensionalen werden diese Höhenlinien zu den Flächen $\Phi(\boldsymbol{r}) = \Phi(x, y, z) = \text{const.}$ Der Gradient von Φ steht senkrecht auf diesen Flächen. Er zeigt in die Richtung des stärksten Anstiegs von Φ; sein Betrag ist proportional zu diesem Anstieg.

2. Die *Divergenz* eines Vektorfelds $\boldsymbol{V}$ wird mit $\operatorname{div}\boldsymbol{V}$ bezeichnet. Das skalare Feld $\operatorname{div}\boldsymbol{V}$ wird durch

$$\boxed{\operatorname{div}\boldsymbol{V}(\boldsymbol{r}) = \lim_{\Delta\mathcal{V}\to 0} \frac{1}{\Delta\mathcal{V}} \oint_{\Delta A} d\boldsymbol{A}\cdot\boldsymbol{V}} \tag{1.2}$$

definiert. Hierfür wird ein Volumenelement[1] $\Delta\mathcal{V}$ bei $\boldsymbol{r}$ betrachtet; über seine Oberfläche ΔA wird das Skalarprodukt $\boldsymbol{V}\cdot d\boldsymbol{A}$ aufsummiert. Die geometrische Bedeutung der Divergenz ist in Abbildung 1.2 illustriert.

3. Die *Rotation* eines Vektorfelds $\boldsymbol{V}$ wird mit $\operatorname{rot}\boldsymbol{V}$ bezeichnet. Die Komponente des Vektorfelds $\operatorname{rot}\boldsymbol{V}$ in Richtung eines beliebigen Einheitsvektors $\boldsymbol{n}$ wird durch

$$\boxed{\boldsymbol{n}\cdot\operatorname{rot}\boldsymbol{V}(\boldsymbol{r}) = \lim_{\Delta A\to 0} \frac{1}{\Delta A} \oint_{\Delta C} d\boldsymbol{r}\cdot\boldsymbol{V}\,, \qquad \boldsymbol{n} = \frac{\Delta\boldsymbol{A}}{\Delta A}} \tag{1.3}$$

definiert. Hierfür wird ein Flächenelement $\Delta\boldsymbol{A} \parallel \boldsymbol{n}$ bei $\boldsymbol{r}$ betrachtet; über seinen Rand ΔC wird das Skalarprodukt $\boldsymbol{V}\cdot d\boldsymbol{r}$ aufsummiert. Die geometrische Bedeutung der Rotation ist in Abbildung 1.3 illustriert.

Die Definitionen (1.1) – (1.3) haben folgende Vorteile:

- Sie machen die Bedeutung der Differenzialoperationen für physikalische Felder deutlich.
- Sie sind unabhängig von der Koordinatenwahl.
- Aus ihnen folgen sofort wichtige Integralsätze.

[1]In der Regel wird das Volumen mit dem Buchstaben V bezeichnet. In Formeln, in denen ein Vektorfeld $\boldsymbol{V}$ oder seine Komponenten V_i auftreten, verwenden wir jedoch den etwas anderen Buchstaben $\mathcal{V}$ für das Volumen.

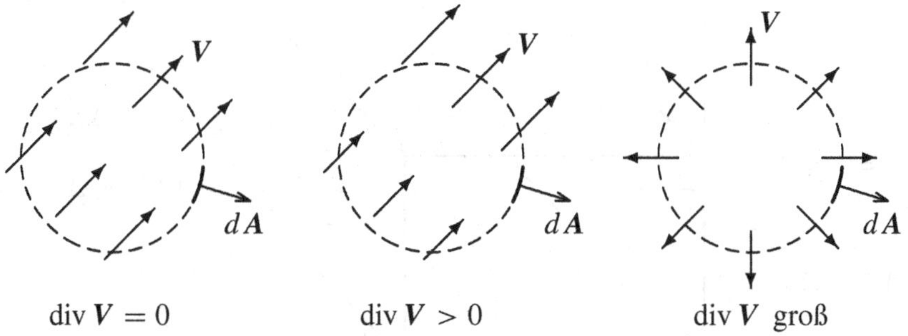

Abbildung 1.2 Zur Berechnung der Divergenz (1.2) wird ein kleines Volumen $\Delta\mathcal{V}$ betrachtet (hier speziell kugelförmig). Wenn das Vektorfeld $\boldsymbol{V}$ im Bereich des Volumens konstant ist (links), verschwindet die Divergenz. Nimmt $\boldsymbol{V}$ dagegen in Feldrichtung zu (Mitte), so ist $\operatorname{div}\boldsymbol{V}$ positiv. Die Divergenz wird maximal, wenn das Vektorfeld durchweg parallel zum Flächenvektor $d\boldsymbol{A}$ der Oberfläche von $\Delta\mathcal{V}$ ist (rechts). Das Vektorfeld hat hier eine Quelle; allgemein ist $\operatorname{div}\boldsymbol{V}$ ein Maß für die Quellstärke des Felds.

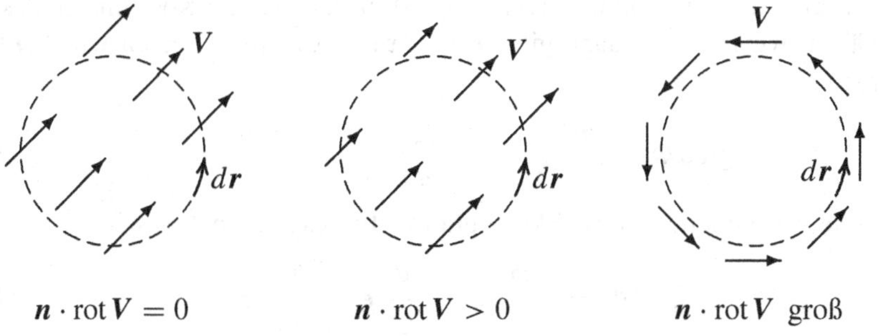

Abbildung 1.3 Zur Berechnung der Rotation (1.3) wird eine kleine Fläche ΔA (hier speziell kreisförmig) mit dem Normalenvektor $\boldsymbol{n}$ (senkrecht zur Bildebene) betrachtet. Wenn das Vektorfeld $\boldsymbol{V}$ im Bereich der Fläche konstant ist (links), verschwindet die Rotation. Nimmt $\boldsymbol{V}$ dagegen quer zur Feldrichtung zu (Mitte), so ist $\boldsymbol{n}\cdot\operatorname{rot}\boldsymbol{V}$ ungleich null. Die Rotation wird maximal, wenn das Vektorfeld durchweg parallel zum Wegelement $d\boldsymbol{r}$ des Rands von ΔA ist (rechts). Das Vektorfeld hat hier einen Wirbel; allgemein ist $|\operatorname{rot}\boldsymbol{V}|$ ein Maß für die Wirbelstärke des Felds.

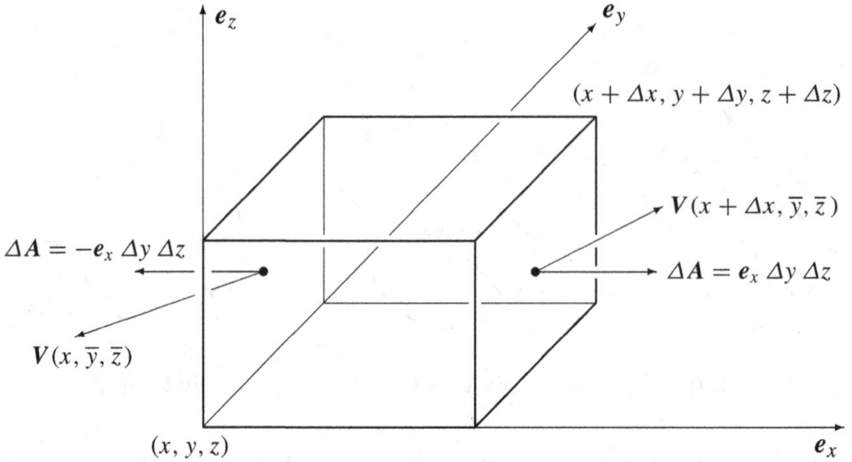

Abbildung 1.4 Zur Berechnung von div V in kartesischen Koordinaten wird ein quaderförmiges Volumen $\Delta\mathcal{V} = \Delta x \, \Delta y \, \Delta z$ gewählt. Die Beiträge aller sechs Seitenflächen zum Flächenintegral $\oint dA \cdot V$ werden aufsummiert und durch $\Delta\mathcal{V}$ geteilt.

Kartesische Koordinaten

Für kartesische Koordinaten lautet der infinitesimale Ortsvektor

$$dr = dx \, e_x + dy \, e_y + dz \, e_z \tag{1.4}$$

Diese Größe wird auch als *Wegelement* bezeichnet.

Wir werten die Definitionen (1.1) bis (1.3) für kartesische Koordinaten aus. In (1.1) wählen wir $n = e_x$; dann gilt $dr = dx \, e_x$. Außerdem setzen wir $\Phi(r) = \Phi(x, y, z)$ ein:

$$e_x \cdot \text{grad}\, \Phi = \frac{\Phi(x + dx, \, y, z) - \Phi(x, y, z)}{dx} = \frac{\partial \Phi}{\partial x} \tag{1.5}$$

Dies ist die x-Komponente des Vektors grad Φ. Insgesamt erhalten wir

$$\text{grad}\, \Phi = \frac{\partial \Phi}{\partial x} \, e_x + \frac{\partial \Phi}{\partial y} \, e_y + \frac{\partial \Phi}{\partial z} \, e_z \tag{1.6}$$

Im Folgenden verwenden wir auch die abkürzende Schreibweise

$$\partial_x \Phi = \frac{\partial \Phi}{\partial x} \quad \text{oder} \quad \partial_x = \frac{\partial}{\partial x} \tag{1.7}$$

Durch

$$\nabla \, \Phi(r) \equiv \text{grad}\, \Phi(r) \tag{1.8}$$

definieren wir den *Nabla-Operator* ∇. Der Vergleich mit (1.6) ergibt

$$\nabla = e_x \, \partial_x + e_y \, \partial_y + e_z \, \partial_z \tag{1.9}$$

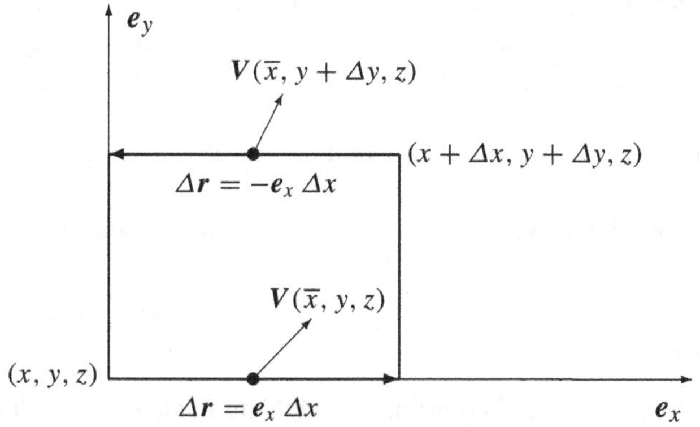

Abbildung 1.5 Zur Berechnung von $e_z \cdot \operatorname{rot} V$ in kartesischen Koordinaten wird eine Rechteckfläche $\Delta A = \Delta x\,\Delta y$ gewählt. Die Beiträge aller vier Seiten zum Linienintegral $\oint dr \cdot V$ werden aufsummiert und durch ΔA geteilt.

Zur Auswertung von $\operatorname{div} V$ betrachten wir das in Abbildung 1.4 gezeigte Volumenelement $\Delta x\,\Delta y\,\Delta z$ bei $r := (x, y, z)$. Wir werten $\oint dA \cdot V$ für die in der Abbildung markierten Flächen aus:

$$\oint dA \cdot V = \Delta y\,\Delta z\,\Big(V_x(x + \Delta x, \overline{y}, \overline{z}) - V_x(x, \overline{y}, \overline{z})\Big) + \ldots \tag{1.10}$$

Der Integrand $[V_x(x + \Delta x, y, z) - V_x(x, y, z)]$ wurde vor das Integral gezogen. Nach dem Mittelwertsatz der Integralrechnung ist er dann an einer geeigneten (unbekannten) Stelle $\overline{y}, \overline{z}$ im betrachteten Integrationsbereich zu nehmen. Wir realisieren den Grenzfall $\Delta\mathcal{V} \to 0$ durch $\Delta x \to 0$, $\Delta y \to 0$ und $\Delta z \to 0$. Dann gehen die unbekannten Argumente $\overline{y}$ und $\overline{z}$ gegen y und z und wir erhalten

$$\frac{1}{\Delta x\,\Delta y\,\Delta z}\,\Delta y\,\Delta z\,\Big(V_x(x + \Delta x, \ldots) - V_x(x, \ldots)\Big) \stackrel{\Delta\mathcal{V}\to 0}{\longrightarrow} = \frac{\partial V_x}{\partial x} \tag{1.11}$$

Die in (1.2) verlangte Summation über alle Flächen ergibt somit

$$\operatorname{div} V = \frac{\partial V_x}{\partial x} + \frac{\partial V_y}{\partial y} + \frac{\partial V_z}{\partial z} = \nabla \cdot V \tag{1.12}$$

Die Divergenz kann also durch das Skalarprodukt mit dem Nabla-Operator ausgedrückt werden; dabei wirken die Differenzialoperatoren in ∇ auf alle rechts stehenden Größen.

Zur Auswertung von $\operatorname{rot} V$ betrachten wir das in Abbildung 1.5 gezeigte Flächenelement $\Delta A = \Delta x\,\Delta y\;e_z$ bei $r := (x, y, z)$. Wir werten $\oint dr \cdot V$ die in der Abbildung markierten Randstücke aus:

$$\oint dr \cdot V = \Delta x\,\Big(V_x(\overline{x}, y, z) - V_x(\overline{x}, y + \Delta y, z)\Big) + \ldots \tag{1.13}$$

Dabei wurde wieder der Mittelwertsatz der Integralrechnung verwendet. Geteilt durch $\Delta A = \Delta x\, \Delta y$ und im Limes $\Delta x \to 0$ und $\Delta y \to 0$ ergibt der angeschriebene Term $-\partial V_x / \partial y$. Insgesamt erhalten wir

$$(\mathrm{rot}\, \boldsymbol{V})_z = \frac{\partial V_y}{\partial x} - \frac{\partial V_x}{\partial y} \qquad \text{und} \qquad \mathrm{rot}\, \boldsymbol{V} = \nabla \times \boldsymbol{V} \tag{1.14}$$

Die Rotation kann durch das Vektorprodukt mit dem Nabla-Operator (1.9) ausgedrückt werden.

Orthogonale Koordinaten

Die Definitionen (1.1) – (1.3) sind koordinatenunabhängig; sie lassen sich daher für beliebige Koordinaten auswerten. Ein praktisch wichtiger Fall sind orthogonale Koordinaten; hierzu gehören Kugel-, Zylinder- und elliptische Koordinaten. Für kartesische, Zylinder- und Kugelkoordinaten sind die expliziten Formen der gängigen Differenzialoperatoren in Anhang C angegeben.

Wir bezeichnen die Koordinaten mit q_1, q_2 und q_3. Von lokal orthogonalen Koordinaten sprechen wir, wenn die drei infinitesimalen Vektoren $d\boldsymbol{r}$, die vom Punkt (q_1, q_2, q_3) jeweils nach $(q_1 + dq_1, q_2, q_3)$ und $(q_1, q_2 + dq_2, q_3)$ und $(q_1, q_2, q_3 + dq_3)$ zeigen, ein orthogonales Dreibein aufspannen. Wir definieren $\boldsymbol{e}_1, \boldsymbol{e}_2, \boldsymbol{e}_3$ als die orthonormierten Basisvektoren dieses Dreibeins; für Kugelkoordinaten sind dies die Vektoren $\boldsymbol{e}_r$, $\boldsymbol{e}_\theta$ und $\boldsymbol{e}_\phi$. Der wesentliche Unterschied zu kartesischen Koordinaten besteht darin, dass diese Basisvektoren von dem betrachteten Punkt, also von den Koordinaten q_1, q_2, q_3 abhängen; daher spricht man von *lokal* orthogonalen Koordinaten. Kartesische Koordinaten sind dagegen global orthogonal.

Definitionsgemäß zeigt $\boldsymbol{e}_1$ von (q_1, q_2, q_3) nach $(q_1 + dq_1, q_2, q_3)$. Das zugehörige Wegelement ist proportional zu $dq_1\, \boldsymbol{e}_1$; den Proportionalitätsfaktor bezeichnen wir mit h_1. Das Wegelement $d\boldsymbol{r}$ von (q_1, q_2, q_3) nach $(q_1 + dq_1, q_2 + dq_2, q_3 + dq_3)$ ist dann von der Form

$$d\boldsymbol{r} = \sum_{i=1}^{3} h_i\, dq_i\, \boldsymbol{e}_i \tag{1.15}$$

Speziell für kartesische (x, y, z), Zylinder- (ρ, φ, z) und Kugelkoordinaten (r, θ, ϕ) lautet das Wegelement

$$d\boldsymbol{r} = \begin{cases} dx\, \boldsymbol{e}_x + dy\, \boldsymbol{e}_y + dz\, \boldsymbol{e}_z \\ d\rho\, \boldsymbol{e}_\rho + \rho\, d\varphi\, \boldsymbol{e}_\varphi + dz\, \boldsymbol{e}_z \\ dr\, \boldsymbol{e}_r + r\, d\theta\, \boldsymbol{e}_\theta + r\, \sin\theta\, d\phi\, \boldsymbol{e}_\phi \end{cases} \tag{1.16}$$

Hieraus lesen wir die h_i ab:

$$(h_1, h_2, h_3) = \begin{cases} (1,\, 1,\, 1) & \text{(Kartesische Koordinaten)} \\ (1,\, \rho,\, 1) & \text{(Zylinderkoordinaten)} \\ (1,\, r,\, r\sin\theta) & \text{(Kugelkoordinaten)} \end{cases} \tag{1.17}$$

Die Felder werden in den jeweiligen Koordinaten und Basisvektoren ausgedrückt:

$$\Phi(\boldsymbol{r}) = \Phi(q_1, q_2, q_3)\,, \qquad \boldsymbol{V}(\boldsymbol{r}) = \sum_{i=1}^{3} V_i(q_1, q_2, q_3)\, \boldsymbol{e}_i \tag{1.18}$$

Die Ableitung der Vektoroperationen aus (1.1) – (1.3) erfolgt analog zu der in kartesischen Koordinaten. Wegen der lokalen Orthogonalität kann $\Delta\mathcal{V}$ in (1.2) als Quader und ΔA in (1.3) als ein Rechteck gewählt werden. Die Seitenlängen sind durch $h_i\, dq_i$ gegeben. Die Ergebnisse dieser Verallgemeinerung sind:

$$\operatorname{grad}\Phi \;=\; \nabla\Phi = \sum_{i=1}^{3} \frac{1}{h_i}\,\frac{\partial\Phi}{\partial q_i}\,\boldsymbol{e}_i \tag{1.19}$$

$$\operatorname{div}\boldsymbol{V} \;=\; \frac{1}{h_1h_2h_3}\left[\frac{\partial(h_2h_3V_1)}{\partial q_1} + \frac{\partial(h_1h_3V_2)}{\partial q_2} + \frac{\partial(h_1h_2V_3)}{\partial q_3}\right] \tag{1.20}$$

$$\operatorname{rot}\boldsymbol{V} \;=\; \frac{1}{h_2h_3}\left[\frac{\partial(h_3V_3)}{\partial q_2} - \frac{\partial(h_2V_2)}{\partial q_3}\right]\boldsymbol{e}_1 \;+\; \text{zyklisch} \tag{1.21}$$

Aus (1.19) folgt der Nabla-Operator

$$\nabla = \sum_{i=1}^{3} \boldsymbol{e}_i\,\frac{1}{h_i}\,\frac{\partial}{\partial q_i} \tag{1.22}$$

Alle Vektoroperationen können durch den Nabla-Operator ausgedrückt werden:

$$\boxed{\operatorname{grad}\Phi = \nabla\Phi\,, \qquad \operatorname{div}\boldsymbol{V} = \nabla\cdot\boldsymbol{V}\,, \qquad \operatorname{rot}\boldsymbol{V} = \nabla\times\boldsymbol{V}} \tag{1.23}$$

Da die Operationen auf den rechten Seiten (wie zum Beispiel das Vektorprodukt) koordinatenunabhängig definiert sind, genügt es, die Gültigkeit dieser Aussagen für kartesische Koordinaten zu zeigen; dies wurde oben gemacht. Für beliebige Koordinaten ist (1.23) so zu verstehen, dass durch die erste Relation (mit dem Gradienten aus (1.1)) der Nabla-Operator definiert wird. Dann können die Divergenz und die Rotation gemäß (1.23) mit diesem Operator definiert werden (anstelle von (1.2) und (1.3)). Wenn man diese Form benutzt, muss man allerdings beachten, dass die partiellen Ableitungen $\partial/\partial q_i$ auch auf die Basisvektoren in $\boldsymbol{V}$ wirken; im Gegensatz zu kartesischen Koordinaten gilt im Allgemeinen $\partial\boldsymbol{e}_i/\partial q_j \neq 0$.

Im Folgenden werden wir die beiden Seiten der Gleichungen in (1.23) gleichwertig nebeneinander benutzen. Im amerikanischen Sprachraum wird fast immer die Schreibweise mit den Nabla-Operator benutzt. Im deutschen Sprachraum überwiegt die Schreibweise mit grad, div und rot. In konkreten Rechnungen verwendet man aber auch hier meist die Schreibweise dem Nabla-Operator.

Ein weiterer wichtiger Differenzialoperator ist der *Laplace-Operator*

$$\Delta = \operatorname{div}\operatorname{grad} = \frac{1}{h_1h_2h_3}\left[\frac{\partial}{\partial q_1}\left(\frac{h_2h_3}{h_1}\,\frac{\partial}{\partial q_1}\right) + \text{zyklisch}\right] \tag{1.24}$$

Durch $\Delta = \operatorname{div}\operatorname{grad}$ ist der Laplace-Operator koordinatenunabhängig definiert. Aus (1.19) und (1.20) folgt die angegebene Form für orthogonale Koordinaten.

Vektoroperationen (wie das Skalar- und Vektorprodukt, der Gradient, die Divergenz und die Rotation) können koordinatenunabhängig definiert werden. Daher sind Vektorgleichungen (zum Beispiel $\operatorname{rot}\operatorname{grad}\Phi = 0$ für beliebiges Φ) invariant gegenüber Koordinatentransformationen. Zum Beweis einer solchen Gleichung genügt es dann, ihre Gültigkeit für spezielle Koordinaten zu zeigen. Man wählt dazu die Koordinaten, für die der Beweis am einfachsten zu führen ist; dies sind meist kartesische Koordinaten. In Kapitel 2 wird das Rechnen mit dem Nabla-Operator in kartesischen Koordinaten noch näher beschrieben.

Integralsätze

Aus der Definition der Divergenz (1.2) folgt durch Integration über ein endliches Volumen $\mathcal{V}$

$$\boxed{\int_{\mathcal{V}} d\mathcal{V}\, \operatorname{div} \boldsymbol{V} = \oint_A d\boldsymbol{A} \cdot \boldsymbol{V} \qquad \text{Gaußscher Satz}} \tag{1.25}$$

Hierbei ist $A = A(\mathcal{V})$ der (glatte) Rand des Volumens $\mathcal{V}$.

Aus der Definition der Rotation (1.3) folgt durch Integration über eine endliche Fläche A

$$\boxed{\int_A d\boldsymbol{A} \cdot \operatorname{rot} \boldsymbol{V} = \oint_C d\boldsymbol{r} \cdot \boldsymbol{V} \qquad \text{Stokesscher Satz}} \tag{1.26}$$

Dabei ist $C = C(A)$ der (glatte) Rand der Fläche A. Zur Ableitung von (1.25) denken wir uns das Volumen $\mathcal{V}$ in kleine Teilvolumina zerlegt:

$$\int_{\mathcal{V}} d\mathcal{V}\, \operatorname{div} \boldsymbol{V} = \sum_i \Delta\mathcal{V}_i\, \operatorname{div} \boldsymbol{V}(\boldsymbol{r}_i) = \sum_i \oint_{\Delta A_i} d\boldsymbol{A} \cdot \boldsymbol{V} \tag{1.27}$$

Der erste Schritt folgt aus der Bedeutung des Integrals, der zweite aus (1.2). Im letzten Ausdruck tritt jede Fläche, die zwischen zwei Teilvolumina liegt, zweimal auf, und zwar mit jeweils unterschiedlicher Orientierung. Diese Flächenbeiträge heben sich daher auf; übrig bleibt nur die Außenfläche A des Volumens $\mathcal{V}$, also die rechte Seite von (1.25). Die Ableitung von (1.26) erfolgt entsprechend, wobei (1.3) anstelle von (1.2) betrachtet wird.

Für ein Vektorfeld ist Wirbelfreiheit gleichbedeutend mit der Wegunabhängigkeit des Linienintegrals:

$$\operatorname{rot} \boldsymbol{V} = 0 \quad \longleftrightarrow \quad \int_1^2 d\boldsymbol{r} \cdot \boldsymbol{V} = \text{wegunabhängig} \tag{1.28}$$

Die linke Seite soll in einem einfach zusammenhängenden Bereich gelten (zum Beispiel im gesamten Raum). Die im rechten Teil betrachteten Wege sollen in diesem

Bereich liegen. Zum Beweis betrachtet man zwei Wege C_1 und C_2, die von 1 nach 2 führen. Wenn die Wege verschieden sind und sich nicht überschneiden, schließen sie eine Fläche A ein, so dass

$$\oint_{\text{Rand von } A} d\boldsymbol{r} \cdot \boldsymbol{V} = \int_{1,\, C_1}^{2} d\boldsymbol{r} \cdot \boldsymbol{V} - \int_{1,\, C_2}^{2} d\boldsymbol{r} \cdot \boldsymbol{V} \qquad (1.29)$$

Ist nun $\operatorname{rot} \boldsymbol{V} = 0$, dann ist nach dem Stokesschen Satz die linke Seite null; also sind die Linienintegrale für beliebige Wege C_1 und C_2 gleich. Ist andererseits das Linienintegral für beliebige Wege gleich (rechte Seite von (1.28)), dann folgt aus (1.29) für eine beliebige infinitesimale Fläche $\oint \boldsymbol{V} \cdot d\boldsymbol{r} = 0$; nach der Definition (1.3) impliziert dies dann $\operatorname{rot} \boldsymbol{V} = 0$. Damit sind beide Schlussrichtungen in (1.28) gezeigt. Falls die beiden Wege sich überschneiden, ist (1.29) für jeden Teilbereich zwischen zwei Schnittpunkten zu verwenden.

Greensche Sätze

Wir betrachten zwei beliebige skalare Funktionen $\Phi(\boldsymbol{r})$ und $G(\boldsymbol{r})$ und setzen das Vektorfeld $\boldsymbol{V} = \Phi\, (\nabla G)$ in den Gaußschen Satz ein:

$$\int_{\mathcal{V}} d\mathcal{V} \Big((\nabla \Phi) \cdot (\nabla G) + \Phi\, \Delta G \Big) = \oint_{A} d\boldsymbol{A} \cdot \Phi\, (\nabla G) \qquad \text{(1. Greenscher Satz)} \qquad (1.30)$$

Dabei wurde $\nabla \cdot (\Phi\, \nabla G) = (\nabla \Phi) \cdot (\nabla G) + \Phi\, \Delta G$ verwendet. Wir schreiben das entsprechende Ergebnis für $\boldsymbol{V} = G\, (\nabla \Phi)$ an und subtrahieren beide Gleichungen voneinander. Dies ergibt

$$\int_{\mathcal{V}} d\mathcal{V}\, (\Phi\, \Delta G - G\, \Delta \Phi) = \oint_{A} d\boldsymbol{A} \cdot (\Phi\, \nabla G - G\, \nabla \Phi) \qquad \text{(2. Greenscher Satz)} \qquad (1.31)$$

Dabei ist $A = A(\mathcal{V})$ die (zumindest stückweise glatte) Oberfläche des Volumens $\mathcal{V}$. Es wird vorausgesetzt, dass die zweiten partiellen Ableitungen der Funktionen Φ und G stetig sind.

Aufgaben

1.1 Verifikation des Stokesschen Satzes

Verifizieren Sie den Stokesschen Satz für das Vektorfeld

$$\boldsymbol{V} = (4x/3 - 2y)\,\boldsymbol{e}_x + (3y - x)\,\boldsymbol{e}_y$$

und die Fläche

$$A = \big\{\boldsymbol{r} : \,(x/3)^2 + (y/2)^2 \le 1,\; z = 0\big\}$$

1.2 Verifikation des Gaußschen Satzes

Verifizieren Sie den Gaußschen Satz für das Vektorfeld

$$\boldsymbol{V} = a\,x\,\boldsymbol{e}_x + b\,y\,\boldsymbol{e}_y + c\,z\,\boldsymbol{e}_z$$

und die Kugel $x^2 + y^2 + z^2 \le R^2$.

1.3 Elliptische Zylinderkoordinaten

Durch die Transformation

$$x = q_1 q_2 \qquad y = \sqrt{\big(q_1^2 - \ell^2\big)\big(1 - q_2^2\big)}\,, \qquad z = q_3 \tag{1.32}$$

sind die elliptischen Zylinderkoordinaten q_i definiert. Die Transformation hängt von einem Parameter ℓ ab; die Koordinatenwerte sind durch $q_1 \ge \ell > 0$, $|q_2| \le 1$, $|q_3| < \infty$ eingeschränkt.

Skizzieren Sie die Koordinatenlinien $q_1 = \text{const.}$ und $q_2 = \text{const.}$ in der x-y-Ebene. Zeigen Sie, dass es sich um orthogonale Koordinaten handelt. Geben Sie h_1, h_2, h_3 an, und drücken Sie die Einheitsvektoren $\boldsymbol{e}_1$, $\boldsymbol{e}_2$, $\boldsymbol{e}_3$ durch $\boldsymbol{e}_x$, $\boldsymbol{e}_y$, $\boldsymbol{e}_z$ aus.

1.4 Rotation für orthogonale Koordinaten

Gehen Sie von der Definition (1.3) der Rotation aus. Zeigen Sie für orthogonale Koordinaten

$$\operatorname{rot}\boldsymbol{V} = \frac{1}{h_2 h_3}\left[\frac{\partial(h_3 V_3)}{\partial q_2} - \frac{\partial(h_2 V_2)}{\partial q_3}\right]\boldsymbol{e}_1 \;+\; \text{zyklisch}$$

1.5 Divergenz für orthogonale Koordinaten

Gehen Sie von der Definition (1.2) der Divergenz aus. Zeigen Sie für orthogonale Koordinaten

$$\operatorname{div}\boldsymbol{V} = \frac{1}{h_1 h_2 h_3}\left[\frac{\partial(h_2 h_3 V_1)}{\partial q_1} + \frac{\partial(h_3 h_1 V_2)}{\partial q_2} + \frac{\partial(h_1 h_2 V_3)}{\partial q_3}\right]$$

2 Tensorfelder

Tensoren können durch ihre Komponenten in kartesischen Koordinaten dargestellt werden. Die Tensoreigenschaft wird formal durch das Verhalten dieser Komponenten unter orthogonalen Transformationen definiert. In der Elektrodynamik spielt die Differenziation von Tensorfeldern eine wichtige Rolle. Das Rechnen mit den differenziellen Vektoroperationen wird in einer Reihe von Beispielen demonstriert.

Orthogonale Transformationen

Im gewöhnlichen dreidimensionalen Raum führen wir ein kartesisches Koordinatensystem KS mit den Koordinaten $(x_1, x_2, x_3) = (x, y, z)$ und den orthonormierten Basisvektoren $(\boldsymbol{e}_1, \boldsymbol{e}_2, \boldsymbol{e}_3) = (\boldsymbol{e}_x, \boldsymbol{e}_y, \boldsymbol{e}_z)$ ein. Im selben Raum können wir ein relativ dazu gedrehtes kartesisches Koordinatensystem KS′ betrachten; KS und KS′ sollen denselben Ursprung haben, ihre Achsen seien aber gegeneinander verdreht. Die Koordinaten von KS′ werden mit (x_1', x_2', x_3') und die Basisvektoren mit $(\boldsymbol{e}_1', \boldsymbol{e}_2', \boldsymbol{e}_3')$ bezeichnet.

Ein physikalischer Vektor liegt unabhängig vom Koordinatensystem fest. Physikalische Vektoren sind zum Beispiel das elektrische Feld $\boldsymbol{E}$, der Ortsvektor $\boldsymbol{r} = \boldsymbol{r}_{\mathrm{P}}$ eines Teilchens P (siehe Abbildung 2.1) oder seine Geschwindigkeit $\boldsymbol{v} = d\boldsymbol{r}_{\mathrm{P}}/dt$. Ein solcher Vektor kann nach den Basisvektoren $\boldsymbol{e}_i$ von KS oder den $\boldsymbol{e}_i'$ von KS′ entwickelt werden:

$$\boldsymbol{r} = \sum_{i=1}^{3} x_i\, \boldsymbol{e}_i = \sum_{i=1}^{3} x_i'\, \boldsymbol{e}_i' \tag{2.1}$$

Multipliziert man $\boldsymbol{r}$ mit einem beliebigen Faktor, so erhalten die Komponenten x_i und x_i' ebenfalls diesen Faktor. Daher muss die Relation zwischen den x_i' und den x_i linear sein:

$$x_j' = \sum_{i=1}^{3} \alpha_{ji}\, x_i \qquad \text{(Orthogonale Transformation)} \tag{2.2}$$

Für die beiden in (2.1) angegebenen Entwicklungen berechnen wir das Skalarprodukt:

$$\boldsymbol{r} \cdot \boldsymbol{r} = \boldsymbol{r}^2 = \begin{cases} \sum_i x_i^{\,2} \\ \sum_j x_j'^{\,2} = \sum_{j,i,k} \alpha_{ji}\, \alpha_{jk}\, x_i\, x_k \end{cases} \tag{2.3}$$

T. Fließbach, *Elektrodynamik*, https://doi.org/10.1007/978-3-662-64889-6_2

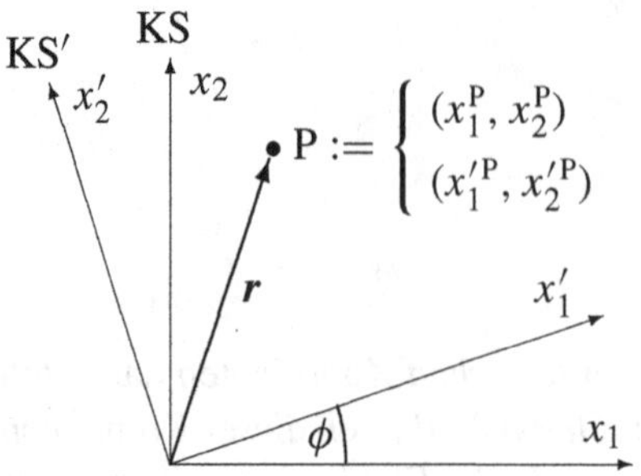

Abbildung 2.1 Ein Massenpunkt P habe im KS (hier zweidimensional dargestellt) die Koordinatenwerte $(x_1^{\mathrm{P}}, x_2^{\mathrm{P}})$ und im gedrehten KS′ andere Werte $(x_1'^{\mathrm{P}}, x_2'^{\mathrm{P}})$. Die Koordinatenwerte sind durch eine orthogonale Transformation der Form (2.2) verknüpft.

Beide Ausdrücke müssen für beliebige x_i gleich sein. Daraus folgt

$$\sum_{j=1}^{3} \alpha_{ji}\, \alpha_{jk} = \delta_{ik} \qquad \text{(Orthogonalität)} \tag{2.4}$$

Dabei ist δ_{ik} das durch die Festsetzung

$$\delta_{ik} = \begin{cases} 1 & \text{für} \quad i = k \\ 0 & \text{für} \quad i \neq k \end{cases} \tag{2.5}$$

definierte *Kroneckersymbol.*

Aus den 3×3 Zahlen α_{ik} kann die Matrix $\alpha = (\alpha_{ik})$ gebildet werden, und aus den drei Zahlen x_i der Spaltenvektor $x = (x_i)$. Damit wird (2.2) in Matrixschreibweise zu

$$\begin{pmatrix} x'_1 \\ x'_2 \\ x'_3 \end{pmatrix} = \begin{pmatrix} \alpha_{11} & \alpha_{12} & \alpha_{13} \\ \alpha_{21} & \alpha_{22} & \alpha_{23} \\ \alpha_{31} & \alpha_{32} & \alpha_{33} \end{pmatrix} \begin{pmatrix} x_1 \\ x_2 \\ x_3 \end{pmatrix} \qquad \text{oder} \qquad x' = \alpha\, x \tag{2.6}$$

Die Beziehung (2.4) wird zu

$$\alpha^{\mathrm{T}} \alpha = 1 \qquad \text{oder} \qquad \alpha^{\mathrm{T}} = \alpha^{-1} \tag{2.7}$$

Eine solche Matrix heißt *orthogonal*; die zugehörigen Transformationen heißen ebenfalls *orthogonal.* Die in Abbildung 2.1 skizzierte Transformation zwischen KS und KS′ ist eine Drehung um die x_3-Achse um den Winkel ϕ. Sie wird durch die Matrix

$$\alpha = \begin{pmatrix} \cos\phi & \sin\phi & 0 \\ -\sin\phi & \cos\phi & 0 \\ 0 & 0 & 1 \end{pmatrix} \tag{2.8}$$

beschrieben. Aus $\alpha^{\mathrm{T}}\alpha = 1$ folgt, dass die Spaltenvektoren (wie auch die Zeilenvektoren) einer orthogonalen Matrix orthonormiert sind. Man überprüft dies leicht für das Beispiel (2.8).

Wenn wir $x' = \alpha\, x$ von links mit α^{T} multiplizieren, erhalten wir die Rücktransformation $x = \alpha^{\mathrm{T}} x'$. In Komponentenschreibweise heißt das

$$x_i = \sum_{j=1}^{3} \alpha_{ji}\, x'_j \tag{2.9}$$

Im Folgenden verwenden wir meist die Komponentenschreibweise.

Tensordefinition

Wir definieren nun formal die Eigenschaft „Tensor“. Ein Tensor N-ter Stufe ist eine N-fach indizierte Größe $T_{i_1 i_2 \ldots i_N}$, die sich komponentenweise so transformiert wie der Ortsvektor, also

$$T'_{i_1 \ldots i_N} = \sum_{j_1=1}^{3} \ldots \sum_{j_N=1}^{3} \alpha_{i_1 j_1} \cdot \ldots \cdot \alpha_{i_N j_N}\, T_{j_1 \ldots j_N} \qquad \text{(Tensor)} \tag{2.10}$$

Einen Tensor nullter Stufe bezeichnen wir als *Skalar* einen Tensor erster Stufe als *Vektor*. Mit *Tensor* ist jeweils die Gesamtheit der indizierten Größen gemeint; die einzelnen Größen $T_{i_1 \ldots i_N}$ selbst sind die Komponenten des Tensors. So sind die x_i die Komponenten des Vektors $\boldsymbol{r}$ oder des Spaltenvektors $x = (x_i)$. In vereinfachender Sprechweise bezeichnen wir jedoch auch die indizierte Größe selbst als Vektor oder Tensor; in den Gleichungen ist aber natürlich zwischen $\boldsymbol{r}$, x und x_i zu unterscheiden.

Aus der Definition (2.10) folgen sofort einige Möglichkeiten zur Konstruktion von neuen Tensoren. Wenn S und T Tensoren sind, dann gilt:

1. Addition: $a\, S_{i_1 \ldots i_N} + b\, T_{i_1 \ldots i_N}$ ist ein Tensor der Stufe N; dabei sind a und b Zahlen.

2. Multiplikation: $S_{i_1 \ldots i_N}\, T_{j_1 \ldots j_M}$ ist ein Tensor der Stufe $N + M$.

3. Kontraktion: $\sum_j S_{i_1 \ldots j \ldots j \ldots i_N}$ ist ein Tensor der Stufe $N - 2$. Insbesondere sind $\sum_i V_i\, W_i$ und $\boldsymbol{r}^2 = \sum_i {x_i}^2$ Skalare.

In (2.5) ist das Kroneckersymbol δ_{ik} durch eine Zahlenzuweisung unabhängig vom KS definiert; in jedem anderen KS′ gilt ebenfalls $\delta'_{ik} = \delta_{ik}$. Das so festgelegte δ_{ik} erfüllt die Definition (2.10) eines Tensors, denn

$$\delta'_{ik} \stackrel{(2.10)}{=} \sum_{n=1}^{3} \sum_{l=1}^{3} \alpha_{in}\, \alpha_{kl}\, \delta_{nl} = \sum_{n=1}^{3} \alpha_{in}\, \alpha_{kn} \stackrel{(2.4)}{=} \delta_{ik} \tag{2.11}$$

Das Kroneckersymbol δ_{ik} ist also ein Tensor; er wird auch als *Einheitstensor* bezeichnet. Die Matrix (δ_{ik}) ist die Einheitsmatrix.

Durch

$$\epsilon_{ikl} = \begin{cases} +1 & \text{falls } (i,k,l) \text{ gerade Permutation von } (1,2,3) \\ -1 & \text{falls } (i,k,l) \text{ ungerade Permutation von } (1,2,3) \\ 0 & \text{sonst} \end{cases} \tag{2.12}$$

definieren wir den sogenannte *Levi-Civita-Tensor* ϵ_{ikl} ein; er wird auch *total antisymmetrischer Tensor* genannt. Er ist zunächst wie δ_{ik} eine durch feste Zahlen definierte, vom KS unabhängige Größe.

Wenn auf der rechten Seite von (2.10) zusätzlich der Faktor $\det\alpha$ steht, dann ist T ein *Pseudotensor*. (Aus (2.7) folgt $\det\alpha = \pm 1$; meist schließen wir Spiegelungen aus, so dass $\det\alpha = 1$). Der Levi-Civita-Tensor ist ein solcher Pseudotensor:

$$\epsilon'_{i_1 i_2 i_3} = \det\alpha \sum_{j_1, j_2, j_3} \alpha_{i_1 j_1}\, \alpha_{i_2 j_2}\, \alpha_{i_3 j_3}\, \epsilon_{j_1 j_2 j_3} = (\det\alpha)^2\, \epsilon_{i_1 i_2 i_3} = \epsilon_{i_1 i_2 i_3} \tag{2.13}$$

Das Vektorprodukt $(\boldsymbol{V} \times \boldsymbol{W})$ wird durch

$$\big(\boldsymbol{V} \times \boldsymbol{W}\big)_i = \sum_{k=1}^{3} \sum_{l=1}^{3} \epsilon_{ikl}\, V_k\, W_l \tag{2.14}$$

definiert. Wenn V_i und W_i Vektoren sind, ist $(\boldsymbol{V} \times \boldsymbol{W})_i$ ein Pseudovektor. Zunächst ist $\epsilon_{ikl}\, V_m\, W_n$ ein Pseudotensor 5-ter Stufe; durch zweifache Kontraktion entsteht (2.14).

Tensorfelder und ihre Differenziation

Für die Elektrodynamik sind vor allem Tensor*felder* von Interesse, also Tensoren, die vom Ort abhängen. Ein Tensorfeld wird definiert als eine indizierte, koordinatenabhängige Größe $T_{i_1,\ldots,i_N}$, die sich gemäß

$$T'_{i_1,\ldots,i_N}(x') = \sum_{j_1=1}^{3} \ldots \sum_{j_N=1}^{3} \alpha_{i_1 j_1} \ldots \alpha_{i_N j_N}\, T_{j_1,\ldots,j_N}(x) \qquad \text{(Tensorfeld)} \tag{2.15}$$

transformiert. Im Argument werden die Ortskoordinaten durch $x = (x_1, x_2, x_3)$ abgekürzt. Das Argument wird gemäß (2.2) mittransformiert. Für ein skalares Feld und ein Vektorfeld wird (2.15) zu

$$\Phi'(x') = \Phi(x), \qquad V'_i(x') = \sum_{j=1}^{3} \alpha_{ij}\, V_j(x) \tag{2.16}$$

Zu den für Tensoren bekannten Möglichkeiten (Addition, Multiplikation, Kontraktion) zur Konstruktion neuer Tensoren kommt bei Tensorfeldern noch die Differenziation hinzu. Dabei verhält sich $\partial_i = \partial/\partial x_i$ wie ein Vektor, denn

$$\partial'_i = \frac{\partial}{\partial x'_i} = \sum_{j=1}^{3} \frac{\partial x_j}{\partial x'_i}\, \frac{\partial}{\partial x_j} = \sum_{j=1}^{3} \alpha_{ij}\, \partial_j \tag{2.17}$$

Aus einem Skalarfeld Φ und einem Vektorfeld V_i können damit durch Differenziation folgende Tensorfelder gebildet werden:

$$\big(\operatorname{grad}\Phi(\boldsymbol{r})\big)_i = \partial_i \Phi \qquad \text{(Vektorfeld)} \tag{2.18}$$

$$\operatorname{div}\boldsymbol{V}(\boldsymbol{r}) = \sum_{i=1}^{3} \partial_i V_i \qquad \text{(Skalarfeld)} \tag{2.19}$$

$$\big(\operatorname{rot}\boldsymbol{V}(\boldsymbol{r})\big)_i = \sum_{k,l=1}^{3} \epsilon_{ikl}\, \partial_k V_l \qquad \text{(Pseudovektorfeld)} \tag{2.20}$$

Die Tensoreigenschaft der entstehenden Größe folgt aus den Tensoreigenschaften der konstituierenden Größen (Φ, V_i, ∂_i, ϵ_{ikl}) und aus den Rechenregeln zur Bildung neuer Tensoren (Multiplikation und Kontraktion).

Kovarianz

Die Tensoren wurden durch ihr Verhalten unter orthogonalen Transformationen definiert; dabei haben wir uns auf kartesische Koordinatensysteme bezogen. Aus der Definition folgt, dass Tensorgleichungen *kovariant*, das bedeutet *forminvariant*, unter orthogonalen Transformationen sind. Als Beispiel betrachten wir die Gleichung

$$V_i = \sum_{j=1}^{3} S_{ij}\, W_j \tag{2.21}$$

für die Tensoren V_i, S_{ij} und W_j; die angegebenen Größen beziehen sich auf ein bestimmtes KS. Wir schreiben (2.21) in der Matrixform $V = S\,W$, multiplizieren dies von links mit α und fügen auf der rechten Seite $\alpha\,\alpha^{\mathrm{T}} = 1$ ein. Damit ergibt sich $\alpha\, V = \alpha\, S W = \alpha\, S \alpha^{\mathrm{T}} \alpha\, W$, also $V' = S'\, W'$ oder

$$V_i' = \sum_{j=1}^{3} S_{ij}'\, W_j' \tag{2.22}$$

Im gedrehten KS$'$ ist die Gleichung damit von derselben Form wie in KS; die Tensorgleichung ist *forminvariant*. Ein physikalisches Beispiel ist der Zusammenhang $L_i = \sum_j \Theta_{ij}\, \omega_j$ zwischen dem Drehimpuls L_i, dem Trägheitstensor Θ_{ij} und der Winkelgeschwindigkeit ω_j.

Grundlegende physikalische Gesetze werden in Inertialsystemen (IS) formuliert. Man stellt fest, dass alle Raumrichtungen in einem IS gleichwertig sind; diese Symmetrie wird Isotropie des Raums genannt. Wegen der Isotropie des Raums hängen grundlegende Gesetze nicht von der Orientierung des IS ab. Die Gesetze sind dann entweder invariant (für $\boldsymbol{L} = \widehat{\Theta} \cdot \boldsymbol{\omega}$ mit der Dyade $\widehat{\Theta}$) oder forminvariant (für $L_i = \sum_j \Theta_{ij}\, \omega_j$) unter Drehungen. Diese Punkte sind bereits aus der Mechanik bekannt (Kapitel 5, 11 und 21 in [1]). In der Elektrodynamik ist die Kovarianz der Maxwellgleichungen unter den Lorentztransformationen von zentraler Bedeutung (Kapitel 18).

Rechnen mit dem Nabla-Operator

Die Vektoroperationen Gradient, Divergenz und Rotation wurden unabhängig von der Wahl der Koordinaten definiert (Kapitel 1). Daher sind Vektorgleichungen wie zum Beispiel

$$\operatorname{div}(\Phi \boldsymbol{V}) = \boldsymbol{V} \cdot \operatorname{grad}\Phi + \Phi \operatorname{div}\boldsymbol{V} \tag{2.23}$$

invariant gegenüber Koordinatentransformationen. Wegen dieser Invarianz genügt es, den Beweis einer solchen Beziehung für spezielle Koordinaten durchzuführen. Hierfür bieten sich kartesische Koordinaten an. Im Folgenden zeigen wir an einer Reihe von Beispielen, wie solche Beziehungen in kartesischen Koordinaten systematisch bewiesen werden können.

Zunächst werden grad, div und rot durch den ∇-Operator ausgedrückt. Alle Vektoren werden durch ihre Komponenten dargestellt; Vektorgleichungen wie $\boldsymbol{V} = \boldsymbol{W}$ werden in der Form $V_i = W_i$ angeschrieben. Eventuell auftretende Skalarprodukte werden durch Kontraktion der zugehörigen Indizes ausgeführt. Damit kann (2.23) wie folgt bewiesen werden:

$$\nabla \cdot (\Phi \boldsymbol{V}) = \sum_{i=1}^{3} \partial_i (\Phi V_i) = \sum_{i=1}^{3} (\partial_i \Phi) V_i + \sum_{i=1}^{3} \Phi (\partial_i V_i) = \boldsymbol{V} \cdot (\nabla\Phi) + \Phi (\nabla \cdot \boldsymbol{V}) \tag{2.24}$$

Für

$$\operatorname{div}\operatorname{rot}\boldsymbol{V} = 0 \tag{2.25}$$

geben wir einen detaillierten, exemplarischen Beweis an:

$$\begin{aligned}\operatorname{div}\operatorname{rot}\boldsymbol{V} &\overset{1.}{=} \sum_{i,k,l} \partial_i \,\epsilon_{ikl}\, \partial_k V_l \overset{2.}{=} \sum_{i,k,l} \epsilon_{ikl}\, \partial_i \partial_k V_l \overset{3.}{=} \sum_{k,i,l} \epsilon_{kil}\, \partial_k \partial_i V_l \\ &\overset{4.}{=} \sum_{k,i,l} \epsilon_{kil}\, \partial_i \partial_k V_l \overset{5.}{=} -\sum_{k,i,l} \epsilon_{ikl}\, \partial_i \partial_k V_l \overset{6.}{=} -\sum_{i,k,l} \epsilon_{ikl}\, \partial_i \partial_k V_l \overset{7.}{=} 0\end{aligned} \tag{2.26}$$

Die einzelnen Schritte in dieser Beweisführung sind:

1. Wegen der Invarianz unter Koordinatentransformation genügt es, die Aussage in kartesischen Koordinaten zu beweisen.

2. Die partielle Ableitung ∂_i wirkt nicht auf ϵ_{ikl}, da diese Größe aus konstanten Zahlen besteht.

3. Der Name von Summationsindizes (so genannte gebundene Variable) ist beliebig. Daher können wir i, k, l in k, i, l umbenennen.

4. Wegen der vorausgesetzten Differenzierbarkeit von $V_l(x)$ können die partiellen Ableitungen vertauscht werden. Hier wird die zweimalige Differenzierbarkeit vorausgesetzt.

5. Für den total antisymmetrischen Tensor gilt $\epsilon_{kil} = -\epsilon_{ikl}$.

6. Die Reihenfolge der Summationen wird vertauscht. Dies ist für endliche Summen immer möglich.

7. Das Resultat unterscheidet sich von dem dritten Ausdruck in der ersten Zeile nur durch ein Minuszeichen. Also ist es null.

Der Leser beweise analog hierzu

$$\operatorname{rot}\operatorname{grad}\Phi = 0 \tag{2.27}$$

Ein weiterer Differenzialoperator ist der Laplace-Operator:

$$\Delta = \operatorname{div}\operatorname{grad} \overset{(1.8,1.9,1.12)}{=} \sum_{i=1}^{3} \frac{\partial^2}{\partial x_i^2} = \sum_{i=1}^{3} \partial_i\, \partial_i \tag{2.28}$$

Die rechte Seite gilt für kartesische Koordinaten. Die koordinatenunabhängige Form div grad ist zunächst für ein skalares Feld definiert. Der Differenzialoperator auf der rechten Seite von (2.28) kann aber auch auf ein Vektorfeld $\boldsymbol{V}$ angewandt werden. Die so definierte Größe $\Delta\boldsymbol{V}$ kann durch koordinatenunabhängige Vektoroperationen ausgedrückt werden:

$$\Delta\boldsymbol{V} = \operatorname{grad}(\operatorname{div}\boldsymbol{V}) - \operatorname{rot}(\operatorname{rot}\boldsymbol{V}) \tag{2.29}$$

Zum Beweis dieser Beziehung werten wir die rechte Seite in kartesischen Koordinaten aus:

$$\begin{aligned}
\big(\operatorname{grad}\operatorname{div}\boldsymbol{V} - \operatorname{rot}\operatorname{rot}\boldsymbol{V}\big)_i &= \sum_j \partial_i\,\partial_j\, V_j - \sum_{k,l,m,n} \epsilon_{ikl}\,\partial_k\,\epsilon_{lmn}\,\partial_m\, V_n \\
&= \sum_j \partial_i\,\partial_j\, V_j - \sum_{k,m,n} \big(\delta_{im}\,\delta_{kn} - \delta_{in}\,\delta_{km}\big)\,\partial_k\,\partial_m\, V_n \\
&= \sum_j \partial_i\,\partial_j\, V_j - \sum_n \partial_n\,\partial_i\, V_n + \sum_k \partial_k\,\partial_k\, V_i = \Delta V_i = (\Delta\boldsymbol{V})_i
\end{aligned}$$

Im letzten Schritt wurde verwendet, dass die Basisvektoren konstant sind.

Aufgaben

2.1 Rechnen mit Gradient, Divergenz und Rotation

Zeigen Sie $\operatorname{div}(\boldsymbol{V} \times \boldsymbol{W}) = \boldsymbol{W} \cdot \operatorname{rot} \boldsymbol{V} - \boldsymbol{V} \cdot \operatorname{rot} \boldsymbol{W}$ durch Auswertung in kartesischen Komponenten. Werten Sie analog dazu die Ausdrücke $\operatorname{rot}(\Phi\, \boldsymbol{V})$, $\operatorname{rot}(\boldsymbol{V} \times \boldsymbol{W})$ und $\operatorname{grad}(\boldsymbol{V} \cdot \boldsymbol{W})$ aus.

2.2 Tensor zweiter Stufe

Die Gleichung $V_i = \sum_j S_{ij}\, W_j$ gelte in jedem kartesischen Koordinatensystem. Es sei bekannt, dass V_i und W_j Vektoren sind. Zeigen Sie, dass S_{ij} ein Tensor 2-ter Stufe ist.

2.3 Levi-Civita-Tensor

Zeigen Sie, dass der Levi-Civita-Tensor ein Pseudotensor 2-ter Stufe ist, d.h.

$$\epsilon'_{ijk} = \det \alpha \sum_{l,m,n} \alpha_{il}\, \alpha_{jm}\, \alpha_{kn}\, \epsilon_{lmn} = \epsilon_{ijk}$$

2.4 Produktregel für den Nabla-Operator

Zeigen Sie $\nabla \cdot (\boldsymbol{r}\, \Phi) = 3\, \Phi + \boldsymbol{r} \cdot \operatorname{grad} \Phi$.

2.5 Rotation des Gradienten

Beweisen Sie $\operatorname{rot} \operatorname{grad} \Phi = 0$ in kartesischen Komponenten; Kreuzprodukte sollen dabei mit dem Levi-Civita-Tensor geschrieben werden.

2.6 Kontraktion zweier Levi-Civita-Tensoren

Überprüfen Sie die Relation

$$\sum_l \epsilon_{ikl}\, \epsilon_{lmn} = \sum_l \epsilon_{ikl}\, \epsilon_{mnl} = \delta_{im}\, \delta_{kn} - \delta_{in}\, \delta_{km}$$

3 Distributionen

Zu den skalaren Funktionen Φ, für die $\Delta\Phi$ auszuwerten ist, gehört in der Elektrodynamik insbesondere $\Phi = 1/|\boldsymbol{r}|$. In Kugelkoordinaten erhalten wir

$$\Delta\,\frac{1}{r} = \operatorname{div}\operatorname{grad}\,\frac{1}{r} \overset{(C.4,C.5)}{=} \left(\frac{\partial^2}{\partial r^2} + \frac{2}{r}\frac{\partial}{\partial r}\right)\frac{1}{r} = \begin{cases} 0 & r \neq 0 \\ ? & r = 0 \end{cases} \tag{3.1}$$

Bei $r = 0$ ist das Ergebnis zunächst nicht definiert. Wir werden $\Delta(1/r)$ als die so genannte δ-Funktion identifizieren. Die δ-Funktion und verwandte Größen werden im Folgenden eingeführt.

Wir betrachten die Funktion $d_\ell(x)$, die von einem Parameter ℓ abhängt:

$$d_\ell(x) = \begin{cases} 1/\ell & -\ell/2 \leq x \leq \ell/2 \\ 0 & \text{sonst} \end{cases} \tag{3.2}$$

Für beliebige stetige Funktionen $f(x)$ berechnen wir das Faltungsintegral mit $d_\ell(x)$ und lassen danach ℓ gegen 0 gehen:

$$\lim_{\ell\to 0} \int_{-\infty}^{\infty} dx\; d_\ell(x - x_0)\, f(x) = \lim_{\ell\to 0} \frac{1}{\ell} \int_{x_0-\ell/2}^{x_0+\ell/2} dx\; f(x) = \lim_{\ell\to 0} f(\overline{x}) = f(x_0) \tag{3.3}$$

Für das Integral wurde der Mittelwertsatz der Integralrechnung benutzt; danach ist $f(\overline{x})$ an einer (unbekannten) Stelle $\overline{x}$ zwischen $x_0 - \ell/2$ und $x_0 + \ell/2$ zu nehmen. Abbildung 3.1 illustriert diesen Schritt.

Man kann auch andere Funktionen $d_\ell(x)$ konstruieren, für die (3.3) gilt. Es genügt, dass die Funktion $d_\ell(x)$ positiv ist, in einem Bereich der Größe ℓ bei $x = 0$ lokalisiert und auf 1 normiert ist. Ein Beispiel ist

$$d_\ell(x) = \frac{1}{\sqrt{2\pi}\,\ell}\, \exp\left(-\frac{x^2}{2\ell^2}\right) \tag{3.4}$$

Für die Faltung (3.3) führen wir die abkürzende Schreibweise

$$\lim_{\ell\to 0} \int_{-\infty}^{\infty} dx\; d_\ell(x - x_0)\, f(x) = \int_{-\infty}^{\infty} dx\; \delta(x - x_0)\, f(x) \tag{3.5}$$

mit der *δ-Funktion*

$$\delta(x) = \lim_{\ell\to 0} d_\ell(x) \qquad \text{(Limes erst nach Integration)} \tag{3.6}$$

T. Fließbach, *Elektrodynamik*, https://doi.org/10.1007/978-3-662-64889-6_3

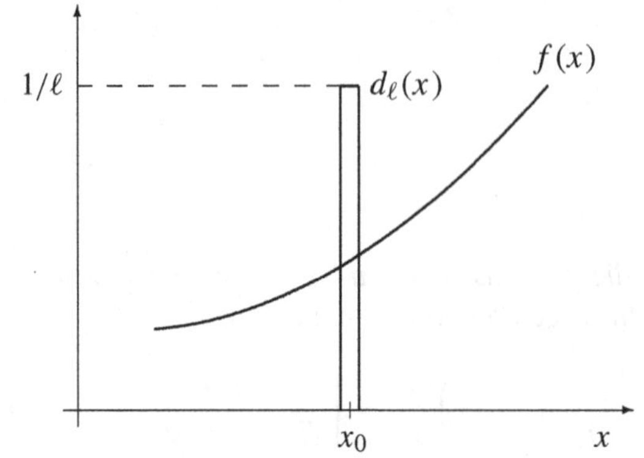

Abbildung 3.1 Die Funktion $d_\ell(x-x_0)$ ist nur in einem Intervall der Größe ℓ ungleich null. Für $\ell \to 0$ ergibt die Faltung mit einer Testfunktion $f(x)$ den Wert $f(x_0)$.

ein. Dabei ist der Limes in (3.6) als Vorschrift im Sinn von (3.5) zu verstehen; er ist also erst nach der Integration auszuführen. Würde man diese Bedingung weglassen, ergäbe (3.6) null für $x \neq 0$ und unendlich bei $x = 0$. Das Integral hierüber wäre dann null (oder nicht definiert, je nach Integralbegriff) und nicht, wie verlangt, gleich 1.

Der Zusatz in (3.6) bedeutet, dass $\delta(x)$ *keine Funktion* (im üblichen Sinn) ist. In der Mathematik werden $\delta(x)$ und verwandte Objekte als *Distributionen* bezeichnet. Die Distribution $\delta(x)$ wird allgemein dadurch definiert, dass

$$\int_{-\infty}^{\infty} dx\ \delta(x-x_0)\, f(x) = f(x_0) \tag{3.7}$$

für beliebige (aber stetige und integrable) Testfunktionen $f(x)$ gilt. Für unsere Zwecke genügt die speziellere Definition durch (3.5). Für physikalische Anwendungen würde es auch ausreichen, Funktionen $d_\ell(x)$ mit hinreichend kleinem ℓ zu verwenden. Wenn man zum Beispiel $\ell = 10^{-20}\,\mathrm{cm}$ in einem Ortsintegral $\int dx\ d_\ell(x-x_0)\, f(x)$verwendet, dann hängt der Integralwert für eine physikalische Größe $f(x)$ nicht von ℓ ab. Die Unabhängigkeit von ℓ ist eine Vereinfachung, die durch Verwendung der δ-Funktion zum Ausdruck kommt. Es ist daher praktisch, diese Distributionen zu verwenden. Sie wurden von dem Physiker Dirac eingeführt.

Aus (3.5) folgt, dass für $\delta(x)$ die üblichen Rechenregeln der Integration gelten. Wir untersuchen die Faltung der Ableitung $\delta'(x) = d\,\delta(x)/dx$ mit einer beliebigen Testfunktion $f(x)$, indem wir eine partielle Integration ausführen:

$$\int_{-\infty}^{\infty} dx\ \delta'(x-x_0)\, f(x) = -\int_{-\infty}^{\infty} dx\ \delta(x-x_0)\, f'(x) = -f'(x_0) \tag{3.8}$$

Analog zu (3.7) definiert dieses Ergebnis die Distribution $\delta'(x)$. Konkret kann man sich unter $\delta'(x)$ die Ableitung der Funktion (3.4) mit sehr kleinem ℓ vorstellen.

Die Bedingung „bei $x = 0$ lokalisiert mit der Fläche 1“ genügt nicht, um $\delta(x)$ festzulegen; denn sie würde zum Beispiel auch durch $\delta(x) + a\,\delta'(x)$ erfüllt (wegen $\int dx\ \delta'(x) = 0$). Daher ist $\int d^3r\ \Delta(1/r) = -4\pi$ keine hinreichende Begründung für die abzuleitende Beziehung $\Delta(1/r) = -4\pi\,\delta(\boldsymbol{r})$. Vielmehr muss hierfür die Wirkung von $\Delta(1/r)$ auf beliebige Testfunktionen berechnet werden.

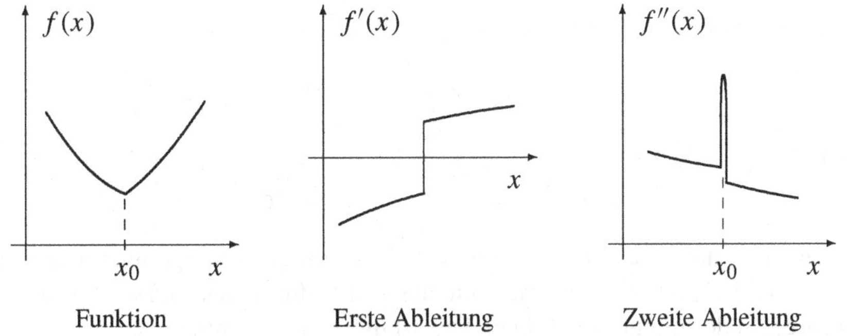

Abbildung 3.2 Wenn die erste Ableitung $f'(x)$ einer Funktion einen Sprung hat, dann ist $f(x)$ an dieser Stelle stetig und hat dort einen Knick. Die zweite Ableitung enthält eine δ-Funktion an dieser Stelle. Für die schematische Darstellung wurde die $\delta(x)$-Funktion als $d_\ell(x)$ mit endlichem ℓ skizziert.

Das Integral über die δ-Funktion ergibt die *Stufen-* oder Θ-Funktion:

$$\int_{-\infty}^{x} dx'\ \delta(x'-x_0) = \Theta(x-x_0) = \begin{cases} 0 & \text{für} \quad x < x_0 \\ 1 & \text{für} \quad x > x_0 \end{cases} \tag{3.9}$$

Damit kann $\delta(x)$ als Ableitung der Θ-Funktion geschrieben werden:

$$\delta(x-x_0) = \Theta'(x-x_0) \tag{3.10}$$

Die Stufenfunktion kann als gewöhnliche Funktion aufgefasst werden; für Θ' sind dagegen die im Anschluss an (3.6) gemachten Vorbehalte zu beachten. Das Integral über die Θ-Funktion ist stetig. Diese Aussagen sind in Abbildung 3.2 für eine etwas allgemeinere Funktion illustriert.

In der Theorie der Fouriertransformation benutzt man die Relationen

$$f(x) = \frac{1}{\sqrt{2\pi}} \int_{-\infty}^{\infty} dk\ g(k)\ \exp(ikx) \tag{3.11}$$

$$g(k) = \frac{1}{\sqrt{2\pi}} \int_{-\infty}^{\infty} dx\ f(x)\ \exp(-ikx) \tag{3.12}$$

Dabei sei $f(x)$ stetig und quadratintegrabel. Wir setzen $g(k)$ in die erste Gleichung ein, wobei wir die Integrationsvariable in (3.12) mit x_0 bezeichnen:

$$f(x) = \frac{1}{2\pi} \int_{-\infty}^{\infty} dx_0\ f(x_0) \int_{-\infty}^{\infty} dk\ \exp\big(ik(x-x_0)\big) \tag{3.13}$$

Daraus erhalten wir eine Darstellung der δ-Funktion:

$$\delta(x-x_0) = \frac{1}{2\pi} \int_{-\infty}^{\infty} dk\ \exp\big(ik(x-x_0)\big) \tag{3.14}$$

Entsprechende Darstellungen der δ-Funktion erhält man für jedes vollständige Funktionensystem (siehe (9.8)).

Die dreidimensionale δ-Funktion

$$\delta(\boldsymbol{r}) = \delta(x)\,\delta(y)\,\delta(z) \tag{3.15}$$

ist durch

$$\int d^3r\; f(\boldsymbol{r})\,\delta(\boldsymbol{r}-\boldsymbol{r}_0) = f(\boldsymbol{r}_0) \tag{3.16}$$

für beliebige Funktionen $f(\boldsymbol{r})$ definiert. Wir stellen noch einige nützliche Eigenschaften der δ-Funktion zusammen, die aus den Definitionen (3.5) – (3.7) und den Rechenregeln der Integration folgen. Die δ-Funktion ist symmetrisch, also

$$\delta(x) = \delta(-x)\,, \qquad \delta(\boldsymbol{r}) = \delta(-\boldsymbol{r}) \tag{3.17}$$

Ferner gilt

$$f(x)\,\delta(x) = f(0)\,\delta(x)\,, \qquad x\,\delta(x) = 0\,, \qquad \boldsymbol{r}\,\delta(\boldsymbol{r}) = 0 \tag{3.18}$$

Die Funktion $h(x)$ habe eine Nullstelle bei x_0. Bei x_0 gilt dann

$$\delta(h(x)) = \frac{\delta(x-x_0)}{|h'(x_0)|} \tag{3.19}$$

Jede Nullstelle von $h(x)$ liefert einen solchen Beitrag. Zusammenfallende Nullstellen lassen wir nicht zu, denn sie entsprächen dem nicht definierten Produkt zweier δ-Funktionen an derselben Stelle. Aus (3.19) folgt zum Beispiel

$$\delta(ax) = \frac{\delta(x)}{|a|}\,, \qquad \delta(x^2-a^2) = \frac{\delta(x-a)+\delta(x+a)}{|2a|} \tag{3.20}$$

Dichteverteilung von Punktteilchen

Wir zeigen, dass

$$\varrho_m(\boldsymbol{r}) = m\;\delta(\boldsymbol{r}-\boldsymbol{r}_0) \tag{3.21}$$

die Massendichte einer Punktmasse m bei $\boldsymbol{r}_0$ ist. Wegen $\int d^3r\;\delta(\boldsymbol{r}) = 1$ hat $\delta(\boldsymbol{r})$ die Dimension 1/Volumen; damit hat (3.21) die richtige Dimension Masse/Volumen. Außerdem gilt

$$\int_{\Delta V} d^3r\;\varrho_m(\boldsymbol{r}) = \begin{cases} m & \boldsymbol{r}_0 \in \Delta V \\ 0 & \text{sonst} \end{cases} \tag{3.22}$$

Damit ist $\varrho_m(\boldsymbol{r})$ eine Massendichte, die eine bei $\boldsymbol{r}_0$ lokalisierte Masse der Größe m beschreibt. Analog dazu beschreibt

$$\varrho(\boldsymbol{r}) = \sum_{i=1}^{N} q_i\;\delta(\boldsymbol{r}-\boldsymbol{r}_i) \tag{3.23}$$

die *Ladungsdichte* von N Punktladungen der Größe q_i bei $\boldsymbol{r}_i$.

Greensche Funktion des Laplace-Operators

Wir kommen nun zum Ausgangspunkt (3.1) zurück und beweisen

$$\Delta \, \frac{1}{|\boldsymbol{r}-\boldsymbol{r}_0|} = -4\pi\,\delta(\boldsymbol{r}-\boldsymbol{r}_0) \tag{3.24}$$

Für eine etwas allgemeinere Begriffsbildung betrachten wir anstelle von Δ zunächst einen Differenzialoperator D_{op}, der auf die Koordinate $\boldsymbol{r}$ wirkt. Die Lösung $G(\boldsymbol{r},\boldsymbol{r}_0)$ der Differenzialgleichung

$$D_{\text{op}}\, G(\boldsymbol{r},\boldsymbol{r}_0) = \delta(\boldsymbol{r}-\boldsymbol{r}_0) \tag{3.25}$$

wird als *Greensche Funktion G* des Operators D_{op} bezeichnet. In dieser Sprechweise ist $G(\boldsymbol{r},\boldsymbol{r}_0) = -1/(4\pi\,|\boldsymbol{r}-\boldsymbol{r}_0|)$ die Greensche Funktion des Laplace-Operators. Kennt man die Greensche Funktion, so kann man die Lösung der Differenzialgleichung mit beliebigem Quellterm (anstelle der δ-Funktion) leicht angeben.

Zum Beweis von (3.24) gehen wir vom zweiten Greenschen Satz (1.31) aus, also von

$$\int_{\mathcal{V}} d\mathcal{V}\,\big(\Phi\,\Delta G - G\,\Delta\Phi\big) = \oint_A d\boldsymbol{A}\cdot\big(\Phi\,\nabla G - G\,\nabla\Phi\big) \tag{3.26}$$

Die Funktion $\Phi(\boldsymbol{r})$ sei weitgehend beliebig, genüge aber den Bedingungen

$$\Phi(\boldsymbol{r}):\ \begin{cases} \text{zweimal stetig differenzierbar} \\ r^2\,\Delta\Phi \stackrel{r\to\infty}{\longrightarrow} 0 \end{cases} \tag{3.27}$$

Für die Funktion $G(\boldsymbol{r})$ und das Volumen $\mathcal{V}$ betrachten wir speziell

$$G(\boldsymbol{r}) = \frac{1}{r} = \frac{1}{|\boldsymbol{r}|} \quad \text{und} \quad \mathcal{V} = \{\boldsymbol{r}:\ r > \varepsilon\} \tag{3.28}$$

Das Volumen $\mathcal{V}$ ist der gesamte Raum mit Ausnahme einer kleinen Kugel bei $r=0$. Wir werten nun (3.26) für (3.27) und (3.28) aus. Nach (3.1) ist $\Delta(1/r) = 0$ in $\mathcal{V}$, weil die Umgebung von $r=0$ nicht zu V gehört. Die linke Seite von (3.26) ergibt daher

$$\int_{\mathcal{V}} d^3r\,\big(\Phi\,\Delta G - G\,\Delta\Phi\big) = -\int_{\mathcal{V}} d^3r\,\frac{\Delta\Phi(\boldsymbol{r})}{r} = -\int d^3r\,\frac{\Delta\Phi(\boldsymbol{r})}{r} + \mathcal{O}(\varepsilon^2) \tag{3.29}$$

Wegen der zweiten Bedingung in (3.27) ist das Integral für $r\to\infty$ definiert. Wegen $d^3r/r = r\,dr\,d\Omega$ (in Kugelkoordinaten) und der Stetigkeit von $\Delta\Phi$ ergibt das Integral über das Kugelvolumen $r \le \varepsilon$ höchstens einen Term der Größe $\mathcal{O}(\varepsilon^2)$. Daher konnte die Integration im letzten Schritt auf den gesamten Raum ausgedehnt werden.

Die Fläche A auf der rechten Seite von (3.26) ist die Kugeloberfläche $r=\varepsilon$. Das Flächenelement zeigt vom Volumen $\mathcal{V}$ aus gesehen nach außen, also $d\boldsymbol{A} = -\boldsymbol{e}_r\,r^2\,d\Omega$. Mit $\boldsymbol{e}_r\cdot\nabla = \partial/\partial r$ und $\nabla(1/r) = -\boldsymbol{e}_r/r^2$ erhalten wir

$$\int_A d\boldsymbol{A}\cdot\big(\Phi\,\nabla G - G\,\nabla\Phi\big) = -\int d\Omega\,\varepsilon^2\left(-\frac{\Phi}{\varepsilon^2} - \frac{1}{\varepsilon}\,\frac{\partial\Phi}{\partial r}\right) = 4\pi\,\Phi(\overline{\boldsymbol{r}}) + \mathcal{O}(\varepsilon) \tag{3.30}$$

Im letzten Schritt haben wir den Mittelwertsatz der Integralrechnung verwendet; $\overline{\boldsymbol{r}}$ ist ein unbekannter Vektor mit $|\overline{\boldsymbol{r}}| = \varepsilon$. Wir setzen (3.30) und (3.29) in (3.26) ein und lassen ε gegen null gehen:

$$\int d^3r \, \frac{\Delta\Phi(\boldsymbol{r})}{r} = -4\pi \, \Phi(0) \tag{3.31}$$

Durch zweimalige partielle Integration wälzen wir den Laplace-Operator $\Delta = \partial_x^2 + \partial_y^2 + \partial_z^2$ von Φ auf $1/r$ um:

$$\int d^3r \; \Phi(\boldsymbol{r}) \, \Delta \, \frac{1}{r} = -4\pi \, \Phi(0) \tag{3.32}$$

Die Randterme (bei $r \to \infty$) verschwinden. Aus der weitgehenden Beliebigkeit von $\Phi(\boldsymbol{r})$ folgt

$$\boxed{\Delta \, \frac{1}{r} \; = \; - \, 4\pi \, \delta(\boldsymbol{r})} \tag{3.33}$$

Durch die Ersetzung $\boldsymbol{r} \to \boldsymbol{r} - \boldsymbol{r}_0$ folgt hieraus (3.24), da $\Delta_{\boldsymbol{r}-\boldsymbol{r}_0} = \Delta_{\boldsymbol{r}}$.

Verallgemeinerung

Wir zeigen noch, dass (3.33) zu

$$\boxed{\left(\Delta + k^2\right) \frac{\exp(\pm \mathrm{i}kr)}{r} = -4\pi \, \delta(\boldsymbol{r})} \tag{3.34}$$

verallgemeinert werden kann. Mit (C.4) überprüft man leicht, dass dies für $r \neq 0$ richtig ist:

$$\left(\Delta + k^2\right) \frac{\exp(\pm \mathrm{i}kr)}{r} = \left(\frac{1}{r} \frac{\partial^2}{\partial r^2} \, r + k^2\right) \frac{\exp(\pm \mathrm{i}kr)}{r} \overset{(r \neq 0)}{=} 0 \tag{3.35}$$

Wir multiplizieren nun die linke Seite von (3.34) mit einer beliebigen Testfunktion $f(\boldsymbol{r})$ und integrieren über den gesamten Raum:

$$\begin{aligned} \int d^3r \; f(\boldsymbol{r}) \left(\Delta + k^2\right) \frac{\exp(\pm \mathrm{i}kr)}{r} &\overset{(3.35)}{=} \int_{r \le \varepsilon} d^3r \; f(\boldsymbol{r}) \left(\Delta + k^2\right) \frac{\exp(\pm \mathrm{i}kr)}{r} \\ &= \int_{r \le \varepsilon} d^3r \; f(\boldsymbol{r}) \left(\Delta + k^2\right) \left(\frac{1}{r} \pm \mathrm{i}k - \frac{1}{2} \, k^2 r \pm \ldots\right) \\ &= \int_{r \le \varepsilon} d^3r \; f(\boldsymbol{r}) \; \Delta \, \frac{1}{r} + \mathcal{O}(\varepsilon^2) = -4\pi \, f(0) + \mathcal{O}(\varepsilon^2) \end{aligned} \tag{3.36}$$

Aus der Beliebigkeit von $f(\boldsymbol{r})$ und mit $\varepsilon \to 0$ folgt hieraus (3.34). Mit der Ersetzung $r \to |\boldsymbol{r} - \boldsymbol{r}'|$ erhalten wir aus (3.34) die allgemeinere Form

$$\left(\Delta + k^2\right) \frac{\exp(\pm \mathrm{i}k|\boldsymbol{r} - \boldsymbol{r}'|)}{|\boldsymbol{r} - \boldsymbol{r}'|} = -4\pi \, \delta(\boldsymbol{r} - \boldsymbol{r}') \tag{3.37}$$

Zerlegungssatz für Vektorfelder

In diesem Abschnitt zeigen wir, dass jedes Vektorfeld $\boldsymbol{V}(\boldsymbol{r})$, das für $r \to \infty$ hinreichend stark abfällt, durch seine Quellen und Wirbel dargestellt werden kann. Dieser Zerlegungssatz für Vektorfelder wird auch Helmholtzscher Hauptsatz der Vektoranalysis genannt. Mit (3.24) können wir schreiben

$$\begin{aligned} \boldsymbol{V}(\boldsymbol{r}_0) &= \int d^3r\; \boldsymbol{V}(\boldsymbol{r})\,\delta(\boldsymbol{r}-\boldsymbol{r}_0) = -\frac{1}{4\pi}\int d^3r\; \boldsymbol{V}(\boldsymbol{r})\,\Delta\,\frac{1}{|\boldsymbol{r}-\boldsymbol{r}_0|} \\ &= -\frac{1}{4\pi}\int d^3r\;\frac{\Delta\boldsymbol{V}(\boldsymbol{r})}{|\boldsymbol{r}-\boldsymbol{r}_0|} = \frac{1}{4\pi}\int d^3r\;\frac{\operatorname{rot}\operatorname{rot}\boldsymbol{V}(\boldsymbol{r}) - \operatorname{grad}\operatorname{div}\boldsymbol{V}(\boldsymbol{r})}{|\boldsymbol{r}-\boldsymbol{r}_0|} \end{aligned} \tag{3.38}$$

Dabei wurde zunächst durch zweimalige partielle Integration der Laplace-Operator $\Delta = \partial_x^2 + \partial_y^2 + \partial_z^2$ auf $\boldsymbol{V}$ umgewälzt. Anschließend wurde (2.29) verwendet. Wir wälzen nun durch einmalige partielle Integration den äußeren Nabla-Operator von $\boldsymbol{V}$ auf $1/|\boldsymbol{r}-\boldsymbol{r}_0|$ um. Für den ersten Term geben wir die nächsten Schritte an:

$$\begin{aligned} \int d^3r\;\frac{\operatorname{rot}\operatorname{rot}\boldsymbol{V}(\boldsymbol{r})}{|\boldsymbol{r}-\boldsymbol{r}_0|} &= \int d^3r\;\frac{1}{|\boldsymbol{r}-\boldsymbol{r}_0|}\;\nabla\times\operatorname{rot}\boldsymbol{V}(\boldsymbol{r}) \\ \overset{\text{p.I.}}{=} \int d^3r\;\big(\operatorname{rot}\boldsymbol{V}(\boldsymbol{r})\big)\times\nabla\,\frac{1}{|\boldsymbol{r}-\boldsymbol{r}_0|} &= -\int d^3r\;\big(\operatorname{rot}\boldsymbol{V}(\boldsymbol{r})\big)\times\nabla_0\,\frac{1}{|\boldsymbol{r}-\boldsymbol{r}_0|} \\ = \int d^3r\;\nabla_0\times\frac{\operatorname{rot}\boldsymbol{V}(\boldsymbol{r})}{|\boldsymbol{r}-\boldsymbol{r}_0|} &= \nabla_0\times\int d^3r\;\frac{\operatorname{rot}\boldsymbol{V}(\boldsymbol{r})}{|\boldsymbol{r}-\boldsymbol{r}_0|} \end{aligned} \tag{3.39}$$

Bei der partiellen Integration (p.I.) treten zwei Minuszeichen auf, eines von der partiellen Integration selbst und ein weiteres durch die Vertauschung der Reihenfolge im Vektorprodukt. Bei der Anwendung auf $1/|\boldsymbol{r}-\boldsymbol{r}_0|$ kann die Ersetzung $\nabla \to -\nabla_0$ vorgenommen werden; ∇ wirkt auf $\boldsymbol{r}$ und ∇_0 auf $\boldsymbol{r}_0$. Die Ableitung mit ∇_0 kann vor das Integral geschrieben werden, weil $\boldsymbol{r}_0$ für die Integration lediglich ein Parameter ist. Für den anderen Term in (3.38) verläuft die Rechnung analog hierzu. Nach einer Umbenennung der Variablen lautet das Ergebnis

$$\boxed{\boldsymbol{V}(\boldsymbol{r}) = \frac{1}{4\pi}\operatorname{rot}\int d^3r'\;\frac{\operatorname{rot}\boldsymbol{V}(\boldsymbol{r}')}{|\boldsymbol{r}-\boldsymbol{r}'|} - \frac{1}{4\pi}\operatorname{grad}\int d^3r'\;\frac{\operatorname{div}\boldsymbol{V}(\boldsymbol{r}')}{|\boldsymbol{r}-\boldsymbol{r}'|}} \tag{3.40}$$

Dabei ist klar, dass der Operator rot im Integral auf $\boldsymbol{r}'$ wirkt, der Operator rot vor dem Integral dagegen auf $\boldsymbol{r}$.

Die Ableitung von (3.40) gilt unter der Einschränkung, dass Felder für $r \to \infty$ hinreichend schnell abfallen; so müssen insbesondere die Integrale in (3.38) – (3.40) definiert sein. Für lokalisierte Quellen und Wirbel folgt aus (3.40) $|\boldsymbol{V}| \le \text{const.}/r^2$ für $r \to \infty$. Wir setzen dies als hinreichende Bedingung voraus.

Das wichtige Ergebnis (3.40) impliziert insbesondere:

1. Jedes Vektorfeld $\boldsymbol{V}(\boldsymbol{r})$ ist durch seine *Quellen* $\operatorname{div} \boldsymbol{V}$ und *Wirbel* $\operatorname{rot} \boldsymbol{V}$ festgelegt.

   Als Beispiel betrachten wir die Elektrostatik (Teil II) mit den Feldgleichungen $\operatorname{rot} \boldsymbol{E} = 0$ und $\operatorname{div} \boldsymbol{E} = 4\pi\varrho$. Aus (3.40) folgt dann, wie das elektrische Feld $\boldsymbol{E}$ durch die Ladungsverteilung $\varrho(\boldsymbol{r})$ bestimmt ist.

2. Jedes Vektorfeld $\boldsymbol{V}(\boldsymbol{r})$ kann als Summe eines Wirbel- und eines Gradientenfelds geschrieben werden, also

   $$\boldsymbol{V}(\boldsymbol{r}) = \operatorname{rot} \boldsymbol{W}(\boldsymbol{r}) + \operatorname{grad} \Phi(\boldsymbol{r}) \tag{3.41}$$

   In (3.40) ist angegeben, wie sich die Felder $\boldsymbol{W}(\boldsymbol{r})$ und $\Phi(\boldsymbol{r})$ aus $\boldsymbol{V}(\boldsymbol{r})$ ergeben.

3. In

   $$\operatorname{rot} \boldsymbol{V}(\boldsymbol{r}) = 0 \quad \longleftrightarrow \quad \boldsymbol{V}(\boldsymbol{r}) = \operatorname{grad} \Phi(\boldsymbol{r}) \tag{3.42}$$

   bedeutet der Schluss von links nach rechts: Ein wirbelfreies Feld kann als Gradientenfeld dargestellt werden. Dies folgt unmittelbar aus (3.40). Die umgekehrte Schlussrichtung folgt aus (2.27).

4. In

   $$\operatorname{div} \boldsymbol{V}(\boldsymbol{r}) = 0 \quad \longleftrightarrow \quad \boldsymbol{V}(\boldsymbol{r}) = \operatorname{rot} \boldsymbol{W}(\boldsymbol{r}) \tag{3.43}$$

   bedeutet der Schluss von links nach rechts: Ein quellfreies Feld kann als Wirbelfeld dargestellt werden. Dies folgt unmittelbar aus (3.40). Die umgekehrte Schlussrichtung folgt aus (2.25).

Aufgaben

3.1 δ-Funktion als Funktionenfolge

Zeigen Sie

$$\lim_{\ell\to 0}\int_{-\infty}^{\infty} dx\; d_\ell^{(1)}(x-x_0)\, f(x) = f(x_0) \quad \text{mit} \quad d_\ell^{(1)}(x) = \frac{1}{\sqrt{2\pi}\,\ell}\, \exp\left(-\frac{x^2}{2\ell^2}\right)$$

Nehmen Sie dazu an, dass $f(x)$ bei x_0 in eine Taylorreihe entwickelt werden kann. Zeigen Sie ebenfalls

$$\lim_{\ell\to 0}\int_{-\infty}^{\infty} dx\; d_\ell^{(2)}(x-x_0)\, f(x) = f(x_0) \quad \text{mit} \quad d_\ell^{(2)}(x) = \frac{\sin(\pi x/\ell)}{2\,\sin(\pi x/2)}$$

Führen Sie hier eine geeignete Integrationsvariable ein.

3.2 Integraldarstellung der δ-Funktion

Vergleichen Sie die Funktion

$$g(x) = \int_{-\infty}^{\infty} dk\; \exp\left(-\frac{\ell^2 k^2}{2}\right)\, \exp(ikx)$$

mit $d_\ell^{(1)}(x)$ aus Aufgabe 3.1. Leiten Sie daraus eine Integraldarstellung für die δ-Funktion her.

3.3 Darstellung der δ-Funktion als Summe

Begründen Sie, dass die δ-Funktion im Intervall $[-1,\, 1]$ durch die Summe

$$\delta(x) = \frac{1}{2}\lim_{N\to\infty}\sum_{n=-N}^{N} \exp(\mathrm{i}\pi n x) = \frac{1}{2}\sum_{n=-\infty}^{\infty}\exp(\mathrm{i}\pi n x) \qquad (3.44)$$

dargestellt werden kann. Bringen Sie die endliche Summe auf die Form $d_\ell^{(2)}(x)$ aus Aufgabe 3.1 und führen Sie den Limes $N \to \infty$ aus.

3.4 δ-Funktion einer Funktion

Die Funktion $h(x)$ habe eine einzige einfache Nullstelle bei x_0. Begründen Sie die Relation

$$\delta\big(h(x)\big) = \frac{1}{|h'(x_0)|}\,\delta(x-x_0)$$

4 Lorentztensoren

Die wichtigsten Formeln zur Lorentztransformation, zur Definition von Lorentztensoren und ihrer Differenziation werden zusammengestellt. Grundkenntnisse der Speziellen Relativitätstheorie, insbesondere die Ableitung und die Bedeutung der Lorentztransformation, werden vorausgesetzt. Hierzu verweise ich auf den Teil IX meiner Mechanik [1].

Die auftretenden Strukturen sind ähnlich zu denen in Kapitel 2. Die vorgestellten Beziehungen werden in Kapitel 18 benötigt.

Lorentztransformationen

Die in Kapitel 2 diskutierten orthogonalen Transformationen vermitteln zwischen verschiedenen kartesischen Koordinatensystemen des dreidimensionalen Raums. Die jetzt diskutierten Lorentztransformationen (LT) vermitteln zwischen verschiedenen Inertialsystemen (IS). In einem IS verwenden wir drei kartesische Raumkoordinaten x, y und z und eine Zeitkoordinate t. Dabei ist t die Zeit, die eine in IS ruhende Uhr anzeigt. Die Koordinaten x, y und z entsprechen Längen ruhender Maßstäbe.

Die Raum-Zeit-Koordinaten werden mit x^α bezeichnet,

$$(x^\alpha) = \left(x^0, x^1, x^2, x^3\right) = (ct, x, y, z) \tag{4.1}$$

Dabei ist c die Lichtgeschwindigkeit. Griechische Indizes sollen immer von 0 bis 3 laufen, lateinische von 1 bis 3. Die Angabe von bestimmten Werten der Raum-Zeit-Koordinaten definiert ein *Ereignis*. Ein solches Ereignis habe in IS die Koordinatenwerte x^α und in IS$'$ die Werte x'^α (Abbildung 4.1). Die Lorentztransformation zwischen diesen Koordinatenwerten ist linear:

$$x'^\alpha = \Lambda^\alpha_\beta \, x^\beta + b^\alpha \qquad \text{(Lorentztransformation)} \tag{4.2}$$

Als Summenkonvention wird vereinbart, dass über gleiche Indizes, von denen einer oben und der andere unten steht, summiert wird; das Summenzeichen wird nicht mit angeschrieben. Die Bedingung zur Festlegung der Koeffizienten Λ^α_β ist die Invarianz des vierdimensionalen Abstands zwischen zwei Ereignissen. Für zwei infinitesimal benachbarte Ereignisse ist dieser Abstand

$$ds^2 = \eta_{\alpha\beta} \, dx^\alpha \, dx^\beta = \eta_{\alpha\beta} \, dx'^\alpha \, dx'^\beta \tag{4.3}$$

T. Fließbach, *Elektrodynamik*, https://doi.org/10.1007/978-3-662-64889-6_4

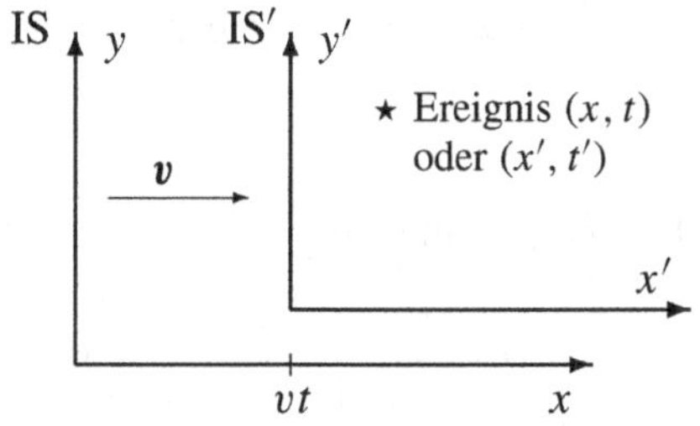

Abbildung 4.1 Ein Ereignis (⋆) habe die Koordinaten x, t im Inertialsystem IS und die Koordinaten x', t' im System IS′, das sich relativ zu IS mit der Geschwindigkeit $\boldsymbol{v}$ bewegt. Die Koordinatenwerte sind durch eine Lorentztransformation verknüpft.

Die Größen $\eta_{\alpha\beta}$ und $\eta^{\alpha\beta}$ sind durch die Zahlenzuweisung

$$\eta = (\eta_{\alpha\beta}) = (\eta^{\alpha\beta}) = \begin{pmatrix} 1 & 0 & 0 & 0 \\ 0 & -1 & 0 & 0 \\ 0 & 0 & -1 & 0 \\ 0 & 0 & 0 & -1 \end{pmatrix} \tag{4.4}$$

definiert; sie sind damit unabhängig vom IS. Der Raum mit dem Wegelement (4.3) heißt *Minkowski-Raum.*

Wenn die beiden Ereignisse mit dem Abstand ds durch ein Lichtsignal verbunden sind, ist $ds = 0$. Dann garantiert (4.3) die Konstanz der Lichtgeschwindigkeit. Aus (4.2) folgt $dx'^{\beta} = \Lambda^{\beta}_{\alpha}\, dx^{\alpha}$. Wir setzen dies in (4.3) ein und erhalten

$$\Lambda^{\alpha}_{\gamma}\, \Lambda^{\beta}_{\delta}\, \eta_{\alpha\beta} = \eta_{\gamma\delta} \quad \text{oder} \quad \Lambda^{\mathrm{T}} \eta\, \Lambda = \eta \tag{4.5}$$

Diese Bedingung kann als Matrizenmultiplikation mit der Matrix $\Lambda = (\Lambda^{\beta}_{\delta})$ geschrieben werden; dabei ist β der Zeilen- und δ der Spaltenindex. Die Bedingung $\Lambda^{\mathrm{T}} \eta\, \Lambda = \eta$ entspricht der Bedingung $\alpha^{\mathrm{T}}\alpha = 1$ bei orthogonalen Transformationen. Die orthogonalen Transformationen sind als Untergruppe in den Lorentztransformationen enthalten, weil sie ds^2 invariant lassen.

Wir betrachten nun folgenden Spezialfall: IS und IS′ haben denselben raumzeitlichen Ursprung ($b^{\alpha} = 0$), parallele kartesische Koordinatenachsen und eine Relativbewegung in Richtung der x-Achse. Dann gilt $y' = y$ und $z' = z$ und (4.2) wird zur *speziellen Lorentztransformation* mit

$$\Lambda = (\Lambda^{\beta}_{\alpha}) = \begin{pmatrix} \Lambda^0_0 & \Lambda^0_1 & 0 & 0 \\ \Lambda^1_0 & \Lambda^1_1 & 0 & 0 \\ 0 & 0 & 1 & 0 \\ 0 & 0 & 0 & 1 \end{pmatrix}, \qquad b^{\alpha} = 0 \tag{4.6}$$

Die Gleichungen (4.5) legen die verbliebenen Λ^{β}_{α} bis auf einen Parameter ψ fest:

$$\begin{pmatrix} \Lambda^0_0 & \Lambda^0_1 \\ \Lambda^1_0 & \Lambda^1_1 \end{pmatrix} = \begin{pmatrix} \cosh\psi & -\sinh\psi \\ -\sinh\psi & \cosh\psi \end{pmatrix} \tag{4.7}$$

Wenn sich IS′ relativ zu IS mit der Geschwindigkeit v bewegt, gilt für den Ursprung von IS′ einerseits $x = vt$ und andererseits $x' = 0$. Die LT ergibt $x' = \Lambda^1_0\, ct + \Lambda^1_1\, x$.

Hieraus folgt der Zusammenhang zwischen der *Rapidität* ψ und der Geschwindigkeit v:

$$\tanh \psi = \frac{v}{c}\,, \qquad \psi = \operatorname{artanh} \frac{v}{c} \tag{4.8}$$

Wir geben die spezielle LT, (4.2) mit (4.6) – (4.8), noch explizit an:

$$x' = \frac{x - vt}{\sqrt{1 - v^2/c^2}}\,, \qquad y' = y\,, \qquad z' = z\,, \qquad ct' = \frac{ct - x\,v/c}{\sqrt{1 - v^2/c^2}} \tag{4.9}$$

Tensordefinition

Wir nennen jede einfach indizierte Größe V^α, die sich wie die Koordinaten x^α transformiert,

$$V'^\beta = \Lambda^\beta_\alpha\, V^\alpha \tag{4.10}$$

einen *Lorentztensor* 1. Stufe. Beispiele für Lorentzvektoren sind dx^α und die 4-Geschwindigkeit $u^\alpha = c\,dx^\alpha/ds$.

Ein *Lorentztensor* N-ter Stufe ist eine N-fach indizierte Größe, die sich wie

$$T'^{\alpha_1 \ldots \alpha_N} = \Lambda^{\alpha_1}_{\beta_1} \ldots \Lambda^{\alpha_N}_{\beta_N}\, T^{\beta_1 \ldots \beta_N} \tag{4.11}$$

transformiert. Üblich sind auch die Bezeichnungen Vierertensor oder 4-Tensor. Unter „Tensor“ wird immer die Gesamtheit der indizierten Größen verstanden. Ein *Lorentzskalar* oder Tensor 0-ter Stufe ist eine nichtindizierte Größe, die unter LT invariant ist. Beispiele für Lorentzskalare sind die Eigenlänge eines Stabes und die Eigenzeit $d\tau = ds/c$ einer Uhr.

Das Hochstellen der Indizes in (4.1) ist eine willkürliche Festsetzung. Wir ordnen jedem Vektor V^α durch

$$V_\beta = \eta_{\beta\alpha}\, V^\alpha \tag{4.12}$$

einen Vektor zu, bei dem die Indizes unten stehen. Wir multiplizieren (4.12) mit $\eta^{\gamma\beta}$ und verwenden $\eta^{\gamma\beta}\,\eta_{\beta\alpha} = \delta^\gamma_\alpha$. Dies ergibt die Umkehrung

$$V^\gamma = \eta^{\gamma\beta}\, V_\beta \tag{4.13}$$

Die Einführung der Größen mit unteren Indizes dient zur Vereinfachung der Schreibweise, zum Beispiel ist $ds^2 = dx_\alpha\, dx^\alpha$. Für die Koordinaten gilt

$$(x_\alpha) = (x_0, x_1, x_2, x_3) = (ct, -x, -y, -z) \tag{4.14}$$

Diese Zuordnung erfolgt entsprechend für alle Tensoren, zum Beispiel

$$T_{\alpha\beta} = \eta_{\alpha\alpha'}\,\eta_{\beta\beta'}\,T^{\alpha'\beta'}\,, \qquad T^\alpha{}_\beta = \eta_{\beta\beta'}\,T^{\alpha\beta'}\,, \qquad T_\alpha{}^\beta = \eta_{\alpha\alpha'}\,T^{\alpha'\beta} \tag{4.15}$$

Die $T^{\alpha\beta\ldots}$ heißen *kontravariante* Komponenten des Tensors, die $V_{\alpha\beta\ldots}$ *kovariante* Komponenten. Wir verzichten meist auf diese ausführliche Bezeichnung und nennen die indizierte Größe selbst Tensor, oder auch ko- oder kontravarianter Tensor. Der Begriff „kovariant“ hat auch noch die andere Bedeutung „forminvariant“.

Die $T^{\alpha}{}_{\beta}$ bezeichnen wir als gemischte Komponenten. Bei ihnen ist auf die Reihenfolge der Indizes zu achten, denn

$$T^{\alpha}{}_{\beta} = \eta_{\beta\gamma}\, T^{\alpha\gamma} \overset{\text{i.a.}}{\neq} \eta_{\beta\gamma}\, T^{\gamma\alpha} = T_{\beta}{}^{\alpha} \tag{4.16}$$

Für einen symmetrischen Tensor $T^{\alpha\gamma} = T^{\gamma\alpha}$ sind diese Größen gleich; dann können sie auch übereinander geschrieben werden, $T^{\alpha}{}_{\beta} = T_{\beta}{}^{\alpha} = T^{\alpha}_{\beta}$.

Die Indizes der Transformationsmatrix Λ^{α}_{β} können übereinander geschrieben werden, weil diese Größe kein Tensor ist. Um die Tensordefinition zu erfüllen, müsste Λ ja zuerst einmal in IS und IS′ definiert sein; Λ ist jedoch eine Größe, die dem Übergang zwischen IS und IS′ zugeordnet ist.

Wir geben noch die Transformation der kovarianten Tensoren an:

$$V'_{\alpha} \overset{(4.12)}{=} \eta_{\alpha\beta}\, V'^{\beta} \overset{(4.10)}{=} \eta_{\alpha\beta}\, \Lambda^{\beta}_{\gamma}\, V^{\gamma} \overset{(4.13)}{=} \eta_{\alpha\beta}\, \Lambda^{\beta}_{\gamma}\, \eta^{\gamma\delta}\, V_{\delta} = \overline{\Lambda}{}^{\delta}_{\alpha}\, V_{\delta} \tag{4.17}$$

Im ersten Schritt wurde berücksichtigt, dass die $\eta_{\alpha\beta}$ unabhängig vom IS als Zahlen festgelegt sind. Im letzten Schritt haben wir die Matrix $\overline{\Lambda}$ eingeführt:

$$\overline{\Lambda}{}^{\delta}_{\alpha} = \eta_{\alpha\beta}\, \Lambda^{\beta}_{\gamma}\, \eta^{\gamma\delta} \tag{4.18}$$

Wir multiplizieren dies mit $\Lambda^{\alpha}_{\epsilon}$:

$$\overline{\Lambda}{}^{\delta}_{\alpha}\, \Lambda^{\alpha}_{\epsilon} = \eta_{\alpha\beta}\, \Lambda^{\beta}_{\gamma}\, \eta^{\gamma\delta} \Lambda^{\alpha}_{\epsilon} \overset{(4.5)}{=} \eta^{\gamma\delta}\, \eta_{\gamma\epsilon} = \delta^{\delta}_{\epsilon} \tag{4.19}$$

Entsprechend gilt $\Lambda^{\delta}_{\alpha}\, \overline{\Lambda}{}^{\alpha}_{\epsilon} = \delta^{\delta}_{\epsilon}$. Aus (4.19) folgen die Rücktransformationen

$$V^{\gamma} = \delta^{\gamma}_{\beta}\, V^{\beta} = \overline{\Lambda}{}^{\gamma}_{\alpha}\, \Lambda^{\alpha}_{\beta}\, V^{\beta} = \overline{\Lambda}{}^{\gamma}_{\alpha}\, V'^{\alpha} \tag{4.20}$$

$$V_{\gamma} = \delta^{\beta}_{\gamma}\, V_{\beta} = \overline{\Lambda}{}^{\beta}_{\alpha}\, \Lambda^{\alpha}_{\gamma}\, V_{\beta} = \Lambda^{\alpha}_{\gamma}\, V'_{\alpha} \tag{4.21}$$

Wir fassen zusammen: Kontravariante Vektoren werden mit Λ^{α}_{β}, kovariante mit $\overline{\Lambda}{}^{\alpha}_{\beta}$ transformiert. Die jeweils andere Größe vermittelt die Rücktransformation.

Die Rechenregeln für die Tensoren des dreidimensionalen Raums (Kapitel 2) lassen sich auf die Lorentztensoren übertragen. Wenn S und T Tensoren sind, dann gilt:

1. Addition: $a\, S^{\alpha_1 \ldots \alpha_N} + b\, T^{\alpha_1 \ldots \alpha_N}$ ist ein Tensor der Stufe N; dabei sind a und b Zahlen.

2. Multiplikation: $S^{\alpha_1 \ldots \alpha_N}\, T^{\beta_1 \ldots \beta_M}$ ist ein Tensor der Stufe $N + M$.

3. Kontraktion: $\eta_{\beta\gamma}\, S^{\alpha_1 \ldots \beta \ldots \gamma \ldots \alpha_N} = S^{\alpha_1 \ldots \beta \ldots}{}_{\beta}{}^{\ldots \alpha_N}$ ist ein Tensor der $(N-2)$-ter Stufe. Insbesondere sind $ds^2 = dx^{\alpha}\, dx_{\alpha}$ und $S^{\alpha}\, T_{\alpha}$ Lorentzskalare.

4. Tensorgleichungen: Gilt $S^{\alpha} = U^{\alpha\beta}\, T_{\beta}$ in jedem IS, so ist $U^{\alpha\beta}$ ein Tensor 2-ter Stufe.

Minkowski- und Levi-Civita-Tensor

Durch (4.4) ist $\eta = (\eta_{\alpha\beta}) = (\eta^{\alpha\beta})$ als konstante Matrix definiert. Tatsächlich können wir die indizierten Größen $\eta^{\alpha\beta}$ und $\eta_{\alpha\beta}$ auch als Tensoren auffassen und mittransformieren, denn

$$\eta'_{\alpha\beta} \stackrel{(4.17)}{=} \overline{\Lambda}^{\gamma}_{\alpha}\, \overline{\Lambda}^{\delta}_{\beta}\, \eta_{\gamma\delta} \stackrel{(4.5)}{=} \overline{\Lambda}^{\gamma}_{\alpha}\, \overline{\Lambda}^{\delta}_{\beta}\, \Lambda^{\mu}_{\gamma}\, \Lambda^{\nu}_{\delta}\, \eta_{\mu\nu} \stackrel{(4.19)}{=} \eta_{\alpha\beta} \tag{4.22}$$

Der Tensor η wird *Minkowskitensor* genannt. Wegen

$$\eta^{\alpha}{}_{\beta} \stackrel{(4.15)}{=} \eta^{\alpha\gamma}\, \eta_{\gamma\beta} = \delta^{\alpha}_{\beta} \tag{4.23}$$

ist auch das Kroneckersymbol δ^{α}_{β} ein 4-Tensor. Da η symmetrisch ist, können die Indizes hier übereinander geschrieben werden, $\eta^{\alpha}{}_{\beta} = \eta_{\beta}{}^{\alpha} = \eta^{\alpha}_{\beta} = \delta^{\alpha}_{\beta}$.

Eine weitere konstante Größe, die als Tensor im Minkowskiraum aufgefasst werden kann, ist der total antisymmetrische Tensor:

$$\epsilon^{\alpha\beta\gamma\delta} = \begin{cases} +1 & \text{falls } (\alpha, \beta, \gamma, \delta) \text{ gerade Permutation von } (0, 1, 2, 3) \\ -1 & \text{falls } (\alpha, \beta, \gamma, \delta) \text{ ungerade Permutation von } (0, 1, 2, 3) \\ 0 & \text{sonst} \end{cases} \tag{4.24}$$

Diese Größe wird auch *Levi-Civita-Tensor* genannt. Wenn auf der rechten Seite von (4.11) ein zusätzlicher Faktor $\det\Lambda$ steht, dann ist die so definierte Größe ein Pseudotensor. (Aus (4.5) folgt $\det\Lambda = \pm 1$; üblicherweise betrachten wir nur LT mit $\det\Lambda = 1$). Der Levi-Civita-Tensor ist ein Pseudotensor:

$$\epsilon'^{\alpha\beta\gamma\delta} = \big(\det\Lambda\big)\, \Lambda^{\alpha}_{\alpha'}\, \Lambda^{\beta}_{\beta'}\, \Lambda^{\gamma}_{\gamma'}\, \Lambda^{\delta}_{\delta'}\, \epsilon^{\alpha'\beta'\gamma'\delta'} = \big(\det\Lambda\big)^2\, \epsilon^{\alpha\beta\gamma\delta} = \epsilon^{\alpha\beta\gamma\delta} \tag{4.25}$$

Die kovarianten Komponenten des Levi-Civita-Tensors werden durch

$$\epsilon_{\alpha\beta\gamma\delta} = \eta_{\alpha\alpha'}\, \eta_{\beta\beta'}\, \eta_{\gamma\gamma'}\, \eta_{\delta\delta'}\, \epsilon^{\alpha'\beta'\gamma'\delta'} = -\epsilon^{\alpha\beta\gamma\delta} \tag{4.26}$$

festgelegt.

Tensorfelder

Wir erweitern die Tensordefinition auf Tensorfelder. Die Funktionen $S(x)$, $V^{\alpha}(x)$ und $T^{\alpha\beta}(x)$ sind jeweils ein Skalar-, Vektor- oder Tensorfeld, falls

$$S'(x') = S(x) \tag{4.27}$$

$$V'^{\alpha}(x') = \Lambda^{\alpha}_{\beta}\, V^{\beta}(x) \tag{4.28}$$

$$T'^{\alpha\beta}(x') = \Lambda^{\alpha}_{\gamma}\, \Lambda^{\beta}_{\delta}\, T^{\gamma\delta}(x) \tag{4.29}$$

Hierbei sind die Argumente mitzutransformieren, also $x' = (x'^{\alpha}) = (\Lambda^{\alpha}_{\beta}\, x^{\beta})$.

Tensorfelder können nach den Argumenten abgeleitet werden. Die partielle Ableitung $\partial/\partial x^\alpha$ transformiert sich wie ein kovarianter Vektor. Aus (4.20) folgt zunächst

$$\frac{\partial x^\beta}{\partial x'^\alpha} = \overline{\Lambda}_\alpha^\beta \tag{4.30}$$

Damit ergibt sich

$$\frac{\partial}{\partial x'^\alpha} = \frac{\partial x^\beta}{\partial x'^\alpha}\,\frac{\partial}{\partial x^\beta} = \overline{\Lambda}_\alpha^\beta\,\frac{\partial}{\partial x^\beta} \tag{4.31}$$

Also transformiert sich

$$\partial_\alpha = \frac{\partial}{\partial x^\alpha} \tag{4.32}$$

gemäß (4.17) und ist damit ein kovarianter Vektor. Entsprechend ist

$$\partial^\alpha = \frac{\partial}{\partial x_\alpha} \tag{4.33}$$

ein kontravarianter Vektor. Aus der Vektoreigenschaft von ∂^α und ∂_α folgt, dass der d'Alembert-Operator

$$\Box = \partial^\alpha\partial_\alpha = \eta^{\alpha\beta}\partial_\alpha\partial_\beta = \frac{1}{c^2}\,\frac{\partial^2}{\partial t^2} - \Delta \tag{4.34}$$

ein Lorentzskalar ist.

Kovarianz

Die formalen Transformationseigenschaften erleichtern die Ausnutzung von Symmetrien. Die in Kapitel 2 und 4 betrachteten Symmetrien sind die Isotropie des Raums (Gleichwertigkeit verschieden orientierter IS) und das Relativitätsprinzip (Gleichwertigkeit verschieden bewegter IS).

Wegen der Isotropie des Raums dürfen grundlegende Gesetze nicht von der Orientierung des IS abhängen. Sie müssen in einem gedrehten IS$'$ die gleiche Form haben, also kovariant unter orthogonalen Transformationen sein. Die Gesetze müssen daher die Form von Tensorgleichungen (mit 3-Tensoren im Sinn von Kapitel 2) haben. Dies wurde bereits im Abschnitt über Kovarianz in Kapitel 2 diskutiert.

Wegen des Relativitätsprinzips dürfen grundlegende Gesetze nicht von der Relativgeschwindigkeit des IS abhängen. Sie müssen daher in einem relativ zu IS bewegten IS$'$ die gleiche Form haben, also kovariant unter Lorentztransformationen sein. Die Gesetze müssen daher die Form von Lorentztensorgleichungen haben. Ein Beispiel sind die inhomogenen Maxwellgleichungen

$$\partial_\alpha F^{\alpha\beta} = \frac{4\pi}{c}\,j^\beta \tag{4.35}$$

aus Kapitel 18. Diese Relation ist kovariant, weil ∂_α, $F^{\alpha\beta}$ und j^β Lorentztensoren sind. Eine Vektorschreibweise (wie im Dreidimensionalen, etwa $\boldsymbol{L} = \widehat{\Theta}\cdot\boldsymbol{\omega}$ anstelle von $L_i = \sum_j \Theta_{ij}\,\omega_j$) ist auch möglich; wir führen sie jedoch nicht ein.

Die Kovarianzforderung schränkt die Form der möglichen physikalischen Gesetze wesentlich ein. Dies erleichtert das Aufstellen solcher Gesetze.

Aufgaben

4.1 Lorentztensor zweiter Stufe

Die Beziehung $V^\alpha = T^{\alpha\beta}\, W_\beta$ gelte in jedem Inertialsystem. Es sei bekannt, dass V^α und W^α Lorentzvektoren sind. Beweisen Sie, dass dann $T^{\alpha\beta}$ ein Lorentztensor ist.

II Elektrostatik

5 Coulombgesetz

Wir stellen die grundlegenden Eigenschaften der Coulombkraft, also der elektrostatischen Wechselwirkung vor. Die Ladung und das elektrische Feld werden als Messgrößen definiert.

Gewöhnliche Materie besteht aus Atomkernen und Elektronen. Die *Coulombkraft* zwischen den Elektronen und Atomkernen bestimmt die Erscheinungsformen der Materie und die meisten beobachtbaren Phänomene (wie etwa die physikalischen Eigenschaften eines Festkörpers oder die chemischen Reaktionen). Die nukleare (starke) Wechselwirkung ist für den Aufbau der Atomkerne verantwortlich; solange die Atomkerne stabil sind, macht sie sich nicht weiter bemerkbar. Die Gravitationskraft ist die aus dem Alltag geläufigste Wechselwirkung; wegen ihrer relativen Kleinheit spielt sie für die Organisation gewöhnlicher Materie meist keine Rolle.

Die Coulombkraft kann mit der Gravitationskraft verglichen werden: Sie hat die gleiche Abstandsabhängigkeit, ist aber um viele Größenordnungen stärker. So wie die Gravitationskraft proportional zur Masse der beteiligten Teilchen ist, so ist die Coulombkraft proportional zu einer Größe (Eigenschaft der Teilchen), die *Ladung* genannt wird. Die Coulomb-Wechselwirkung kann in Streuexperimenten untersucht werden; das berühmteste Experiment hierzu ist das Rutherfordsche Streuexperiment. Auch makroskopische Körper können durch geeignete Präparation „Ladung" erhalten, so dass sie Coulombkräfte aufeinander ausüben. Materie aus neutralen Atomen oder Molekülen ist ungeladen; die positiven und negativen Ladungen addieren sich hierbei zu null.

Die Ladung q eines Körpers ist eine physikalische Größe. Ihre Bedeutung wird im Folgenden sukzessive spezifiziert. Dies führt schließlich zur Definition der Ladung als Messgröße.

Wir gehen zunächst davon aus, dass die Ausdehnung der betrachteten geladenen Teilchen klein gegenüber ihren Abständen ist. Dann können wir die Ladungen als in einem Punkt konzentriert annehmen. Diese begriffliche Konstruktion nennen wir *Punktladung*; sie entspricht der Punktmasse in der Mechanik. Eine Punktladung ist durch die Angabe ihres Ortsvektors $\boldsymbol{r}$ und ihrer Stärke q festgelegt.

T. Fließbach, *Elektrodynamik*, https://doi.org/10.1007/978-3-662-64889-6_5

Wir stellen eine Reihe von Befunden zusammen, die sich als Verallgemeinerung aus vielen Experimenten ergeben. Dabei beziehen wir uns auf zwei ruhende Punktladungen q_1 und q_2:

1. Die Coulombkraft ist eine Zentralkraft, das heißt sie wirkt in Richtung der Verbindungslinie von zwei Ladungen.

2. Die Coulombkraft genügt dem Gegenwirkungsprinzip (3. Newtonsches Axiom), das heißt die Kräfte auf die erste und die zweite Ladung sind entgegengesetzt gleich groß, $\boldsymbol{F}_2 = -\boldsymbol{F}_1$.

3. Die Coulombkraft ist proportional zum Produkt der Ladungen q_1 und q_2. Die Ladungen können positiv oder negativ sein. Gleichnamige (gleiches Vorzeichen) Ladungen stoßen sich ab, ungleichnamige ziehen sich an.

4. Die Coulombkraft ist invers proportional zum Quadrat des Abstands $r_{12} = |\boldsymbol{r}_1 - \boldsymbol{r}_2|$; hierbei sind $\boldsymbol{r}_1$ und $\boldsymbol{r}_2$ die Ortsvektoren der beiden Punktladungen. Zusammen mit Punkt 1 – 3 ergibt sich das Kraftgesetz

$$\boxed{\boldsymbol{F}_1 = k\, q_1 q_2\, \frac{\boldsymbol{r}_1 - \boldsymbol{r}_2}{|\boldsymbol{r}_1 - \boldsymbol{r}_2|^3}} \tag{5.1}$$

   Die Konstante k bestimmt die Stärke der Wechselwirkung; ihr Wert hängt von der Festlegung der Einheit für die Ladungen q_1 und q_2 ab. Die Abstoßung gleichnamiger Ladungen impliziert $k > 0$.

5. Für die Coulombkräfte gilt das Superpositionsprinzip. Die resultierende Kraft auf eine Ladung ergibt sich als Summe der Coulombkräfte zwischen dieser Ladung und allen anderen Ladungen.

6. Für die Ladungen gilt der Erhaltungssatz: Die Summe der Ladungen eines abgeschlossenen Systems ist erhalten. Die Ladungen elementarer Teilchen sind unveränderliche Eigenschaften dieser Teilchen.

7. In der Natur treten Ladungen quantisiert auf. Die Ladung des Protons wird mit $q = e$, die des Elektrons mit $q = -e$ bezeichnet. Für geladene makroskopische Körper gilt im Allgemeinen $|q| \gg e$, so dass die Quantisierung keine Rolle spielt.

Das durch diese Punkte spezifizierte *Coulombgesetz* ist die Grundlage der *Elektrostatik.* Die Elektrostatik beschränkt sich auf ruhende Ladungen oder stationäre Ladungsverteilungen.

Wir betrachten ein Proton und ein Elektron im Abstand des Bohrschen Radius $r_{12} = a_{\text{B}} \approx 0.53\,\text{Å}$. Zwischen diesen Teilchen wirken Coulomb- und Gravitationskräfte:

$$F_{\text{e-p}} = \begin{cases} 8 \cdot 10^{-8}\,\text{N} & \text{(Coulombkraft)} \\ 4 \cdot 10^{-47}\,\text{N} & \text{(Gravitationskraft)} \end{cases} \tag{5.2}$$

Die Coulombkraft ist um etwa 39 Größenordnungen stärker; dieses Verhältnis ist unabhängig vom Abstand. Im Abstand von $r_{12} = 5\,\text{fm} = 5 \cdot 10^{-15}\,\text{m}$ stoßen sich zwei Protonen mit einer Coulombkraft von etwa 10 Newton ab. Im Abstand $r_{12} \lesssim 1\,\text{fm}$ wird die Coulombkraft durch die etwa 100 mal stärkere, kurzreichweitige Nukleon-Nukleon-Wechselwirkung übertroffen. Diese *starke* Wechselwirkung ist effektiv attraktiv und führt zur Bindung der Nukleonen (Z Protonen und N Neutronen) im Atomkern. Für große Kerne gewinnt die Coulombkraft aber an Bedeutung, weil sie über den ganzen Kern hinweg wirkt und proportional zu Z^2 ist. Dies führt schließlich zur Instabilität größerer Kerne. So sind Uran und Transurane radioaktiv; sie zerfallen durch α-Zerfall oder spontane Spaltung.

Die aufgeführten Punkte 1 – 7 sind als Verallgemeinerung experimenteller Befunde zu verstehen. So können etwa die Superposition der Kräfte und die $1/r^2$-Abhängigkeit nur in endlich vielen Experimenten überprüft werden. Daher könnte es auch Abweichungen vom Coulombgesetz geben, etwa für sehr starke Kräfte oder für sehr große oder sehr kleine Abstände.

Gültigkeitsbereich

Die $1/r^2$-Abhängigkeit der Coulombkraft ist in einem weiten Bereich experimentell bestätigt. Im Rutherfordexperiment werden Heliumkerne an Goldkernen gestreut. Aus der Winkelverteilung der gestreuten Teilchen (Rutherfordscher Wirkungsquerschnitt) kann die r-Abhängigkeit des streuenden Potenzials abgelesen werden. Durch dieses Experiment wird das Coulombgesetz im Bereich $10^{-12} \ldots 10^{-11}\,\text{cm}$ bestätigt. Andere Experimente (etwa hochenergetische Elektron-Positron-Streuung) testen die Coulombkraft bei noch kleineren Abständen. Für solche Experimente ist eine quantenmechanische Beschreibung notwendig. Bei sehr kleinen Abständen (und entsprechend hohen Energien) werden in einem solchen Experiment neue Teilchen erzeugt; ein Kraftgesetz wie (5.1) kann solche Vorgänge nicht beschreiben.

Die korrekte quantenmechanische Beschreibung (etwa die Berechnung des Wirkungsquerschnitts für Elektron-Positron-Streuung) erfolgt im Rahmen der Quantenelektrodynamik. Wenn die Quanteneffekte klein sind, können sie näherungsweise durch Korrekturen zum Kraftgesetz (5.1) berücksichtigt werden. Für die Coulombwechselwirkung im Wasserstoffatom erhält man hierbei Korrekturen von der Größe $\alpha = e^2/\hbar c \approx 1/137$ (also im Prozentbereich), die bei Abständen $\hbar/m_{\text{e}}c \approx 4 \cdot 10^{-11}\,\text{cm}$ auftreten; dabei ist m_{e} die Elektronmasse.

Bei alltäglichen Abständen (Zentimeter, Meter) kann das Coulombgesetz durch Laborexperimente mit makroskopischen geladenen Körpern bestätigt werden. Für sehr große Abstände bietet sich das Magnetfeld von Planeten an, dessen Form mit der $1/r^2$-Abhängigkeit von (5.1) verknüpft ist. Bis zu Abständen von etwa $R = 10^5\,\text{km}$ wurden keine Abweichungen festgestellt. Abweichungen für große r wären zu erwarten, wenn das Photon (Energiequant der elektromagnetischen Welle) eine kleine Masse $m_\gamma \neq 0$ hätte; dann würden bei Abständen der Größe $R \sim \hbar/m_\gamma c$ Abweichungen auftreten. Alle experimentellen Ergebnisse sind jedoch mit $m_\gamma = 0$ verträglich.

Messung der Ladung

Wir bringen zwei beliebige Ladungen q_1 und q_2 nacheinander in die Nähe einer dritten Ladung. Auf diese Ladungen wirken die Kräfte F_1 und F_2. Die Messung des Verhältnisses F_1/F_2 ist zugleich die Messung des Ladungsverhältnisses q_1/q_2. Wenn man nun noch eine bestimmte Ladung willkürlich als Einheit festlegt, dann ist die Ladung als Messgröße definiert.

Zur Wahl der Ladungseinheit betrachten wir folgende Möglichkeiten:

(i) Es läge nahe, das Ladungsquant (also etwa die Ladung e eines Protons oder Positrons) als Ladung „1" oder als „1 Ladungseinheit = 1 LE" zu definieren. Danach wäre die Konstante k in (5.1) eine experimentell zu bestimmende Größe mit der Dimension $[k] = \mathrm{N\,m^2/(LE)^2}$.

Die Erforschung der Elektrizität führte zu den Maxwellgleichungen, bevor die Quantisierung der Ladung gefunden wurde. Daher ist eine solche Festlegung nicht üblich. In der Einheit Coulomb (C), die in den folgenden Punkten (ii) und (iii) eingeführt wird, hat das Ladungsquant die Größe

$$e = 1.602 \cdot 10^{-19}\,\mathrm{C} \tag{5.3}$$

(ii) Die Einheit der Ladung könnte unabhängig von (5.1) durch ein geeignetes Experiment festgelegt werden. Historisch wurde die Ladung 1 Coulomb = 1 C (früher Cb anstelle von C) durch die Menge Silber (1.118 mg) definiert, die in einer Silbernitratlösung abgeschieden wird. Nach einer solchen Festlegung ist k in (5.1) eine experimentell zu bestimmende Konstante,

$$k \approx 9 \cdot 10^9\,\frac{\mathrm{N\,m^2}}{\mathrm{C^2}} \tag{5.4}$$

Dieser Wert impliziert, dass 1 Coulomb für gewöhnliche Materie eine sehr große Ladung ist. Zwei mit je 1 Coulomb geladene Körper im Abstand von 1 Meter würden ja die Kraft von etwa 10^{10} Newton aufeinander ausüben. Wegen der Stärke der Coulombkraft organisiert sich Materie so, dass die positiven Ladungen (insgesamt etwa 10^6 Coulomb in einem Mol Kohlenstoff) durch etwa gleich viele negative kompensiert werden. Für Ströme (Ladung pro Zeit) ist dagegen 1 Ampere = 1 A = 1 C/s eine eher alltägliche Größe.

(iii) Man könnte eine Einheit wie Coulomb dadurch definieren, dass man den Wert für die Kraft festlegt, die zwei Ladungen der Stärke 1 C im Abstand von 1 m aufeinander ausüben. Dies könnte etwa dadurch geschehen, dass man in (5.4) *exakt* den Wert $9 \cdot 10^9\,\mathrm{N\,m^2/C^2}$ *vereinbart*. Eine solche Definition des Coulomb hat den Vorteil, dass sie näherungsweise mit der älteren Festlegung nach Punkt (ii) kompatibel ist. Tatsächlich geht man einen ähnlichen Weg, der im Folgenden beschrieben wird.

Eine Definition der Ladungseinheit ist äquivalent zu derjenigen der Stromeinheit:

$$1\,\text{A} = 1\,\text{Ampere} = 1\,\frac{\text{Coulomb}}{\text{Sekunde}} = 1\,\frac{\text{C}}{\text{s}} \tag{5.5}$$

Durch zwei parallele, unendlich lange Drähte im Abstand d fließe jeweils der gleiche Strom $I = \Delta q/\Delta t$. Auf jedes Drahtstück der Länge Δl wirkt eine magnetische Kraft ΔF:

$$\frac{\Delta F}{\Delta l} = k\,\frac{2\,I^2}{c^2 d} \tag{5.6}$$

Dabei ist c die Lichtgeschwindigkeit ($c \approx 3 \cdot 10^8\,\text{m/s}$). Die magnetischen Kräfte werden in Kapitel 13 diskutiert. Der Zusammenhang zwischen elektrischen und magnetischen Kräften folgt aus der relativistischen Struktur der ED (Teil IV). Dieser Zusammenhang bedingt, dass in (5.1) und (5.6) dieselbe Konstante k auftritt.

Durch zwei parallele Drähte im Abstand $d = 1\,\text{m}$ fließe der gleiche Strom I. Die Stromstärke $I = 1\,\text{A} = 1\,\text{C/s}$ wird dadurch definiert, dass sie eine Kraft pro Länge von $\Delta F/\Delta l = 2 \cdot 10^{-7}\,\text{N/m}$ hervorruft. Der Zahlenwert ist so gewählt, dass das daraus folgende Coulomb nahezu gleich dem der älteren Definition (ii) ist. Die neue Definition legt nach (5.6) die Konstante k fest:

$$k \stackrel{\text{def}}{=} 10^{-7}\,\frac{\text{N}\,c^2}{\text{A}^2} \approx 9 \cdot 10^9\,\frac{\text{N}\,\text{m}^2}{\text{C}^2} \qquad \text{(MKSA-System)} \tag{5.7}$$

Das Maßsystem mit der Einheit Ampere als vierter Grundeinheit heißt „Praktisches MKSA-System“ (MKSA steht für Meter, Kilogramm, Sekunde und Ampere) oder Système International d'Unités (kurz SI oder auch SI-System). Wir verwenden die Bezeichnungen SI und MKSA-System synonym. In diesem Maßsystem wird die Kraftkonstante k üblicherweise mit $1/(4\pi\,\varepsilon_0)$ bezeichnet; dabei heißt ε_0 „Dielektrizitätskonstante des Vakuums“.

(iv) Auf der Grundlage von (5.1) ist es naheliegend, die Einheit der Ladung dadurch zu definieren, dass man

$$k \stackrel{\text{def}}{=} 1 \qquad \text{(Gauß-System)} \tag{5.8}$$

setzt. Als Ladungseinheit könnte man dann die Ladung wählen, die auf eine gleich große im Abstand von 1 Meter die Kraft 1 Newton ausübt. Aus historischen Gründen ist es üblich, an dieser Stelle $\text{cm} = 10^{-2}\,\text{m}$ als Längeneinheit und $\text{dyn} = \text{g}\,\text{cm/s}^2 = 10^{-5}\,\text{N}$ als Krafteinheit zu wählen. Die Ladungseinheit wird als 1 ESE (Elektrostatische Einheit, auch esu für electrostatic unit) bezeichnet. Aus (5.1) und (5.8) ergibt sich

$$1\,\text{dyn} = \frac{(1\,\text{ESE})^2}{\text{cm}^2} \qquad \text{oder} \qquad \text{ESE} = \frac{\text{cm}^{3/2}\,\text{g}^{1/2}}{\text{s}} \tag{5.9}$$

In dieser Einheit ist die Größe der Elementarladung

$$e \approx 4.803 \cdot 10^{-10}\ \text{ESE} \tag{5.10}$$

Aus dem Vergleich mit (5.3) lässt sich ablesen, wieviel Coulomb in 1 ESE enthalten ist (A.5).

Wahl des Maßsystems

Die Wahl des Maßsystems ist eine Frage der Zweckmäßigkeit. Die wichtigsten Gründe für die Wahl eines der beiden diskutierten Systeme sind:

- SI oder MKSA-System:

  1) Dies ist das gesetzlich festgelegte System. 2) Experimentelle Größen werden üblicherweise in diesem System angegeben. Alle technischen Anwendungen beziehen sich auf das SI. Einführende Physikbücher benutzen oft das SI.

- Gauß-System:

  1) Dieses System eignet sich besonders gut zur Darstellung der relativistischen Struktur der ED. 2) In der wissenschaftlichen Fachliteratur der Physik wird meist das Gauß-System verwendet.

Aufgrund der tatsächlichen Verbreitung ist die Beschränkung auf ein einziges System letztlich nicht möglich. Für einen Theoriekurs ist das entscheidende Argument, dass im Gauß-System die relativistische Struktur der ED durchsichtiger ist. Daher:

- Im vorliegenden Buch wird grundsätzlich das **Gauß-System** verwendet.

Für konkrete Abschätzungen benutzen wir jedoch auch das SI. Die Einheiten des MKSA-Systems sind im Anhang zusammengestellt. Dort sind auch die wichtigsten Formeln der Elektrodynamik im MKSA-System angegeben.

Im Gauß-System werden die elektrischen und magnetischen Felder, $\boldsymbol{E}$ und $\boldsymbol{B}$, in gleichen Einheiten gemessen. Dies ist aus einer Reihe von Gründen sinnvoll:

– In einem Inertialsystem (IS) gebe es eine statische Ladungsverteilung, aber keine Ströme. Dann ist $\boldsymbol{E} \neq 0$ aber $\boldsymbol{B} = 0$. In einem relativ dazu bewegten IS$'$ erscheint die Ladungsverteilung als Stromverteilung, also $\boldsymbol{B}' \neq 0$. Ob ein elektrisches oder magnetisches Feld vorliegt, ist also (teilweise) vom Beobachter abhängig; beim Übergang IS $\longleftrightarrow$ IS$'$ transformieren sich die Felder ineinander. Im Gauß-System ist dies unmittelbar als relativistischer Effekt erkennbar ($B' \sim (v/c)\, E$).

– Für elektromagnetische Wellen gilt im Gauß-System $|\boldsymbol{E}| = |\boldsymbol{B}|$; es handelt sich um ein relativistisches Phänomen. Für eine Ladung, die sich mit der Geschwindigkeit v im Feld der Welle bewegt, ist die magnetische Kraft um den Faktor v/c schwächer als die elektrische.

– Bewegen sich die in (5.1) betrachteten Punktladungen mit den Geschwindigkeiten v_1 und v_2, so ergibt sich eine magnetische Wechselwirkung, die um den Faktor $v_1 v_2/c^2$ schwächer ist als die Coulombkraft.

Diese Bemerkungen beziehen sich auf Effekte, die erst später im Detail behandelt werden; insofern können sie an dieser Stelle nicht voll verstanden werden. Die aufgeführten Punkte sollen lediglich plausibel machen, dass aus theoretischer Sicht gute Gründe für das Gauß-System sprechen. Der Hauptgrund ist, dass relativistische Effekte jeweils an Faktoren v/c erkennbar sind.

Elektrisches Feld

Wir betrachten N Ladungen $q_1, \ldots, q_N$, die an den Orten $\boldsymbol{r}_1, \ldots, \boldsymbol{r}_N$ ruhen. Nach Punkt 5 der eingangs zusammengestellten experimentellen Befunde erfährt eine weitere Ladung q bei $\boldsymbol{r}$ die Kraft

$$\boldsymbol{F}(\boldsymbol{r}) = \sum_{i=1}^{N} q\, q_i\, \frac{\boldsymbol{r} - \boldsymbol{r}_i}{|\boldsymbol{r} - \boldsymbol{r}_i|^3} = q\, \boldsymbol{E}(\boldsymbol{r}) \tag{5.11}$$

Das Kraftfeld $\boldsymbol{F}(\boldsymbol{r})$ ist ein Vektorfeld. Das Verhältnis $\boldsymbol{F}/q$ definiert das *elektrische Feld* $\boldsymbol{E}(\boldsymbol{r})$,

$$\boxed{\boldsymbol{E}(\boldsymbol{r}) = \frac{\boldsymbol{F}(\boldsymbol{r})}{q}} \tag{5.12}$$

Die Größe $\boldsymbol{E}$ wird auch *elektrische Feldstärke* genannt; wir sprechen aber meist kurz vom elektrischen Feld.

Die Definition (5.12) gilt unabhängig davon, durch welche Konfiguration die elektrostatische Kraft $\boldsymbol{F}$ hervorgerufen wird. Sie definiert das elektrische Feld als *Messgröße*. Dabei soll die Ladung q so klein sein, dass sie das durch die anderen Ladungen hervorgerufene und zu messende Kraftfeld nicht wesentlich ändert. Wir schließen beispielsweise aus, dass durch die Ladung q die anderen Ladungen verschoben werden, oder dass auf eventuell vorhandenen Metallkörpern Influenzladungen erzeugt werden. Formal kann dies durch den Zusatz $q \to 0$ auf der rechten Seite von (5.12) ausgedrückt werden. Dies ist gemeint, wenn man von einer „Probeladung" q spricht.

Das elektrische Feld von N Punktladungen kann aus (5.11) abgelesen werden:

$$\boldsymbol{E}(\boldsymbol{r}) = \sum_{i=1}^{N} q_i\, \frac{\boldsymbol{r} - \boldsymbol{r}_i}{|\boldsymbol{r} - \boldsymbol{r}_i|^3} \tag{5.13}$$

Dies ist gleich der Summe der elektrischen Felder der einzelnen Ladungen. Aus dem Superpositionsprinzip der Kräfte folgt dasjenige für das elektrische Feld. Da wir uns hier auf ruhende Ladungen beschränken, ist das Feld statisch. Das Feld $\boldsymbol{E}(\boldsymbol{r})$ einer Punktladung ist in Abbildung 5.1 skizziert, das Feld zweier Punktladungen in Abbildung 6.1.

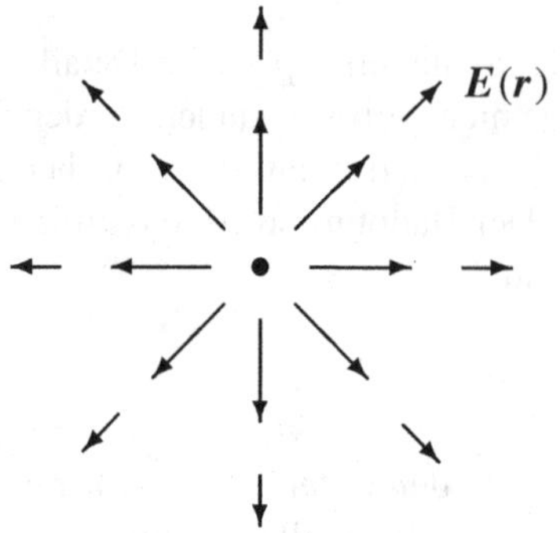

Abbildung 5.1 Vektorfeld $\boldsymbol{E}(\boldsymbol{r})$ einer Punktladung.

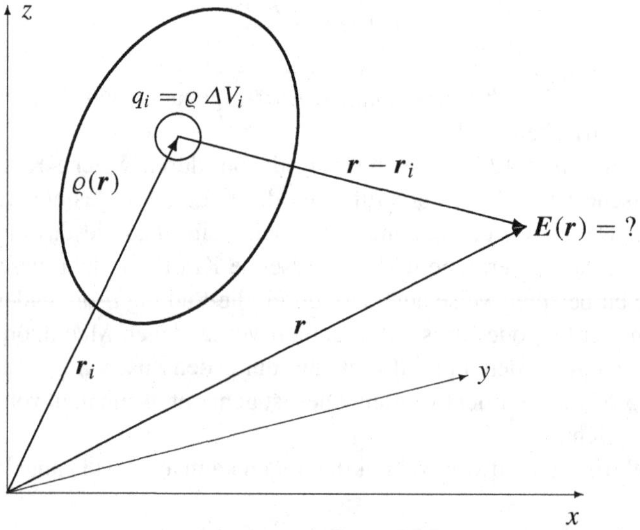

Abbildung 5.2 Um das Feld einer kontinuierlichen Ladungsverteilung $\varrho(\boldsymbol{r})$ zu bestimmen, wird sie in einzelne Ladungselemente q_i bei $\boldsymbol{r}_i$ zerlegt. Das Feld $\boldsymbol{E}(\boldsymbol{r})$ ist dann die Summe der Felder von allen Punktladungen q_i.

Ladungsdichten

Wir führen die *Ladungsdichte* $\varrho(\boldsymbol{r})$ ein:

$$\varrho(\boldsymbol{r}) = \frac{\text{Ladung}}{\text{Volumen}} = \begin{cases} \varrho_{\text{at}} = \lim\limits_{\Delta V \to 0} \dfrac{\Delta q}{\Delta V} \\[2ex] \langle \varrho_{\text{at}} \rangle = \dfrac{\Delta q}{\Delta V} \end{cases} \tag{5.14}$$

Dabei ist ΔV ein Volumen bei $\boldsymbol{r}$ und Δq die Summe der Ladungen in ΔV. Wie in (5.14) angegeben, wird der Begriff Ladungsdichte in unterschiedlicher Bedeutung verwendet. Geht man mit ΔV gegen null, so erhält man die atomare (oder auch mikroskopische) Ladungsdichte ϱ_{at}. In Materie variiert ϱ_{at} auf der Skala von wenigen Fermi, denn die positiven Ladungen sind in den Atomkernen konzentriert. Praktisch ist man oft nur an der mittleren Ladungsverteilung $\langle \varrho_{\text{at}} \rangle$ interessiert, die aus ϱ_{at} durch Mittelung über *endliche* Volumina ΔV geeigneter Größe (zum Beispiel $\Delta V = (100\,\text{Å})^3$) entsteht.

Die diskutierten Unterschiede treten auch bei der Massendichte (Masse pro Volumen) auf. Die atomare Massendichte spiegelt die Konzentration der Masse in den Atomkernen wider. Wenn man dagegen davon spricht, dass Wasser die Dichte $\varrho_{\text{mat}} = 1\,\text{g/cm}^3$ hat, meint man die mittlere Massendichte.

Die Ladungsdichte von N Punktladungen kann nach (3.23) durch δ-Funktionen ausgedrückt werden:

$$\varrho(\boldsymbol{r}) = \sum_{i=1}^{N} q_i \, \delta(\boldsymbol{r} - \boldsymbol{r}_i) \tag{5.15}$$

Dies entspricht der mikroskopischen Ladungsdichte ϱ_{at}, wenn wir die Elektronen und Atomkerne mit den Punktladungen identifizieren.

Eine *stetige*, begrenzte Ladungsdichte kann durch N Punktladungen angenähert werden (Abbildung 5.2). Dazu teilen wir den Bereich mit $\varrho \neq 0$ in N Teilvolumina ΔV_i auf:

$$\begin{aligned} \varrho(\boldsymbol{r}) &= \int d^3r' \, \varrho(\boldsymbol{r}') \, \delta(\boldsymbol{r} - \boldsymbol{r}') = \sum_{i=1}^{N} \int_{\Delta V_i} d^3r' \, \varrho(\boldsymbol{r}') \, \delta(\boldsymbol{r} - \boldsymbol{r}') \\ &\approx \sum_{i=1}^{N} \left(\int_{\Delta V_i} d^3r' \, \varrho(\boldsymbol{r}') \right) \delta(\boldsymbol{r} - \boldsymbol{r}_i) = \sum_{i=1}^{N} q_i \, \delta(\boldsymbol{r} - \boldsymbol{r}_i) \end{aligned} \tag{5.16}$$

Die Näherung besteht darin, dass die Ladungen in ΔV_i jeweils durch eine Punktladung q_i bei $\boldsymbol{r}_i$ ersetzt werden. Dabei ist $\boldsymbol{r}_i$ ein Punkt innerhalb von ΔV_i (zum Beispiel der Schwerpunkt) und q_i ist die Gesamtladung in ΔV_i. Für $\Delta V_i \to 0$ wird der Fehler dieser Näherung beliebig klein.

Nachdem wir die stetige Ladungsverteilung durch N Punktladungen angenähert haben, können wir für das elektrische Feld den Ausdruck (5.13) benutzen:

$$\begin{aligned} \boldsymbol{E}(\boldsymbol{r}) &= \sum_{i=1}^{N} q_i \, \frac{\boldsymbol{r}-\boldsymbol{r}_i}{|\boldsymbol{r}-\boldsymbol{r}_i|^3} = \sum_{i=1}^{N} \left(\int_{\Delta V_i} d^3r' \, \varrho(\boldsymbol{r}') \right) \frac{\boldsymbol{r}-\boldsymbol{r}_i}{|\boldsymbol{r}-\boldsymbol{r}_i|^3} \\ &= \sum_{i=1}^{N} \Delta V_i \, \varrho(\overline{\boldsymbol{r}}_i) \, \frac{\boldsymbol{r}-\boldsymbol{r}_i}{|\boldsymbol{r}-\boldsymbol{r}_i|^3} \approx \int d^3r' \, \varrho(\boldsymbol{r}') \, \frac{\boldsymbol{r}-\boldsymbol{r}'}{|\boldsymbol{r}-\boldsymbol{r}'|^3} \end{aligned} \qquad (5.17)$$

Dieser Schritt ist in Abbildung 5.2 illustriert. Zunächst wurden die in (5.16) eingeführten q_i eingesetzt und die Integrale über die kleinen Teilvolumina mit dem Mittelwertsatz der Integralrechnung ($\overline{\boldsymbol{r}}_i \in \Delta V_i$) ausgewertet. Die entstehende Summe ist dann eine Näherung für das Integral (letzter Ausdruck). Für eine beliebig feine Aufteilung ($\Delta V_i \to 0$ und $N \to \infty$) gehen die Fehler der Näherungen in (5.16) und (5.17) gegen null.

In einem bestimmten Punkt muss die Ableitung von (5.17) noch genauer untersucht werden: Die stetige Ladungsverteilung wurde durch viele Punktladungen angenähert. Das Konzept der Punktladung verlangt aber, dass die tatsächliche Ausdehnung der Ladung (hier durch ΔV_i gegeben) klein gegenüber dem Abstand $|\boldsymbol{r}-\boldsymbol{r}_i|$ ist. Diese Bedingung ist für den Ladungsbeitrag $d^3r' \, \varrho(\boldsymbol{r}')$ bei $\boldsymbol{r}' = \boldsymbol{r}$ nicht erfüllt. Deshalb schließen wir zunächst eine Umgebung $U_\ell = \{\boldsymbol{r}' : |\boldsymbol{x}| = |\boldsymbol{r}-\boldsymbol{r}'| \le \ell\}$ vom Integrationsbereich in (5.17) aus. Für festes ℓ gilt dann $|\boldsymbol{r}-\boldsymbol{r}_i| \ge \ell \gg (\Delta V_i)^{1/3}$, so dass die Ersetzung durch Punktladungen für $\Delta V_i \to 0$ gerechtfertigt ist. In einem zweiten Schritt zeigen wir, dass der Beitrag der ausgeschlossenen Umgebung U_ℓ zu (5.17) vernachlässigbar klein ist:

$$\left| \int_{U_\ell} d^3r' \, \varrho(\boldsymbol{r}') \, \frac{\boldsymbol{r}-\boldsymbol{r}'}{|\boldsymbol{r}-\boldsymbol{r}'|^3} \right| = \left|\varrho(\overline{\boldsymbol{r}})\right| \int_{x \le \ell} d^3x \, \frac{1}{x^2} = 4\pi \left|\varrho(\overline{\boldsymbol{r}})\right| \ell \xrightarrow{\ell \to 0} 0 \qquad (5.18)$$

Dabei haben wir den Mittelwertsatz der Integralrechnung und die Stetigkeit von $\varrho(\boldsymbol{r})$ verwendet. Der Wert für ℓ kann beliebig klein gewählt werden. Damit kann der Beitrag der Umgebung U_ℓ vernachlässigt werden und die Integration in (5.17) muss nicht eingeschränkt werden.

Die Ableitung von (5.17) setzte eine stetige Ladungsverteilung voraus. Trotzdem kann (5.17) auch für Punktladungen verwendet werden; denn das Einsetzen von $\varrho = \sum q_i \, \delta(\boldsymbol{r}-\boldsymbol{r}_i)$ führt zum richtigen Ergebnis (5.13). Damit ist

$$\boxed{\boldsymbol{E}(\boldsymbol{r}) = \int d^3r' \, \varrho(\boldsymbol{r}') \, \frac{\boldsymbol{r}-\boldsymbol{r}'}{|\boldsymbol{r}-\boldsymbol{r}'|^3}} \qquad (5.19)$$

der gültige Zusammenhang zwischen einer beliebigen Ladungsdichte und dem elektrischen Feld. Dieser Zusammenhang ist eine Verallgemeinerung des Coulombgesetzes (5.1). Um dies deutlich zu machen, schreiben wir die Coulombkraft an, die

Punktladungen oder eine stetige Ladungsverteilung auf eine Probeladung q ausüben:

$$\boldsymbol{F} = q\,\boldsymbol{E}(\boldsymbol{r}) = \begin{cases} q \displaystyle\sum_{i=1}^{N} q_i \, \frac{\boldsymbol{r} - \boldsymbol{r}_i}{|\boldsymbol{r} - \boldsymbol{r}_i|^3} \\[2ex] q \displaystyle\int dq' \, \frac{\boldsymbol{r} - \boldsymbol{r}'}{|\boldsymbol{r} - \boldsymbol{r}'|^3} \end{cases} \qquad \text{(Coulombkraft)} \tag{5.20}$$

Unter Berücksichtigung der Superposition der Kräfte folgt die erste Zeile aus der Coulombkraft (5.1). Die zweite Zeile ist eine offensichtliche Verallgemeinerung der ersten Zeile. Mit $dq' = \varrho(\boldsymbol{r}')\, d^3r'$ ist die zweite Zeile äquivalent zu (5.19). Damit ist (5.19) eine verallgemeinerte Form des Coulombgesetzes.

Wir führen noch die Kraftdichte auf eine gegebene Ladungsverteilung ein:

$$\boldsymbol{f}(\boldsymbol{r}) = \frac{\Delta \boldsymbol{F}}{\Delta V} = \frac{\Delta q}{\Delta V}\, \boldsymbol{E}(\boldsymbol{r}) = \varrho(\boldsymbol{r})\, \boldsymbol{E}(\boldsymbol{r}) \tag{5.21}$$

Dabei ist ΔV ein Volumenelement bei $\boldsymbol{r}$ und Δq die darin enthaltene Ladung.

Aufgaben

5.1 Ladungsdichte für Kugelschale und Kreisscheibe

Eine Kugelschale und eine Kreisscheibe (beide infinitesimal dünn, und mit dem Radius R) sind homogen geladen (Gesamtladung q). Geben Sie für beide Fälle die Ladungsdichte an (mit Hilfe von δ- und Θ-Funktionen).

6 Feldgleichungen

In (5.19) wurde das elektrische Feld $\boldsymbol{E}(\boldsymbol{r})$ als Funktional der Ladungsdichte $\varrho(\boldsymbol{r})$ angegeben. Hiervon ausgehend führen wir das elektrostatische Potenzial ein, stellen die Feldgleichungen der Elektrostatik auf und bestimmen die Feldenergie.

Mit Hilfe von

$$\operatorname{grad} \frac{1}{|\boldsymbol{r}-\boldsymbol{r}'|} = -\frac{\boldsymbol{r}-\boldsymbol{r}'}{|\boldsymbol{r}-\boldsymbol{r}'|^3} \tag{6.1}$$

formen wir (5.19) um:

$$\boldsymbol{E}(\boldsymbol{r}) = \int d^3r' \, \varrho(\boldsymbol{r}') \, \frac{\boldsymbol{r}-\boldsymbol{r}'}{|\boldsymbol{r}-\boldsymbol{r}'|^3} = -\operatorname{grad} \int d^3r' \, \frac{\varrho(\boldsymbol{r}')}{|\boldsymbol{r}-\boldsymbol{r}'|} = -\operatorname{grad} \Phi(\boldsymbol{r}) \tag{6.2}$$

Im letzten Schritt haben wir das *skalare* oder *elektrostatische Potenzial* Φ eingeführt:

$$\boxed{\Phi(\boldsymbol{r}) = \int d^3r' \, \frac{\varrho(\boldsymbol{r}')}{|\boldsymbol{r}-\boldsymbol{r}'|} + \text{const.} = \int d^3r' \, \frac{\varrho(\boldsymbol{r}')}{|\boldsymbol{r}-\boldsymbol{r}'|}} \tag{6.3}$$

Die Konstante verschwindet bei Berechnung der Messgröße $\boldsymbol{E}$; sie ist daher ohne physikalische Bedeutung. Üblicherweise wird sie gleich null gesetzt.

Das elektrische Feld kann, wie jedes Vektorfeld (Kapitel 3), durch seine Quellen und Wirbel festgelegt werden. Die gesuchten Feldgleichungen bestehen in der Angabe dieser Quellen $\operatorname{div} \boldsymbol{E}$ und Wirbel $\operatorname{rot} \boldsymbol{E}$. Wir wenden den Laplaceoperator auf das Integral in (6.3) an. Wegen

$$\Delta \frac{1}{|\boldsymbol{r}-\boldsymbol{r}_0|} = -4\pi \, \delta(\boldsymbol{r}-\boldsymbol{r}_0) \tag{6.4}$$

ergibt dies $-4\pi\varrho$. Damit ist $\operatorname{div} \boldsymbol{E} = -\Delta\Phi = 4\pi\varrho$. Aus (2.27) und (6.2) folgt $\operatorname{rot} \boldsymbol{E} = \operatorname{rot} \operatorname{grad} \Phi = 0$. Die Quellen und Wirbel des elektrischen Felds sind somit

$$\boxed{\begin{aligned} \operatorname{div} \boldsymbol{E}(\boldsymbol{r}) &= 4\pi\varrho(\boldsymbol{r}) \\ \operatorname{rot} \boldsymbol{E}(\boldsymbol{r}) &= 0 \end{aligned} \qquad \text{Feldgleichungen der Elektrostatik}} \tag{6.5}$$

Die erste Gleichung heißt auch inhomogene Feldgleichung (wegen des Quellterms auf der rechten Seite), die zweite homogene Feldgleichung. Die Feldgleichungen sind Differenzialgleichungen, die das Feld lokal bestimmen; sie beziehen sich auf eine bestimmte Stelle $\boldsymbol{r}$ und ihre Umgebung. Im Gegensatz dazu ist (5.19) eine integrale Aussage.

T. Fließbach, *Elektrodynamik*, https://doi.org/10.1007/978-3-662-64889-6_6

Wir können die Grundgleichungen (6.5) alternativ für das elektrostatische Potenzial angeben:

$$\boxed{\Delta\Phi(\boldsymbol{r}) = -4\pi\varrho(\boldsymbol{r}), \qquad \boldsymbol{E}(\boldsymbol{r}) = -\operatorname{grad}\Phi(\boldsymbol{r})} \tag{6.6}$$

Die erste Gleichung heißt *Poissongleichung*, die zweite Gleichung verknüpft das Potenzial mit dem elektrischen Feld. Die Poissongleichung gibt den lokalen Zusammenhang zwischen dem Potenzial Φ und der Ladungsdichte ϱ an. Für $\varrho = 0$ wird die Poissongleichung zur *Laplacegleichung* $\Delta\Phi = 0$. Die Formulierung mit $\Phi(\boldsymbol{r})$ hat den Vorteil, dass man nur eine Funktion $\Phi(\boldsymbol{r})$ anstelle der drei Funktionen $\boldsymbol{E}(\boldsymbol{r})$ benötigt.

Ein Grundproblem der Elektrostatik ist es, aus gegebener Ladungsverteilung $\varrho(\boldsymbol{r})$ das Feld $\Phi(\boldsymbol{r})$ oder $\boldsymbol{E}(\boldsymbol{r})$ zu berechnen. Die formale Lösung ist durch (5.19) oder (6.3) gegeben. Wenn Metalloberflächen vorhanden sind (Kapitel 7 und 8), wird die Vorgabe von Ladungen teilweise durch die Vorgabe von Randbedingungen ersetzt.

Für eine Punktladung gilt

$$\varrho(\boldsymbol{r}) = q\,\delta(\boldsymbol{r}-\boldsymbol{r}_0) \quad \stackrel{(6.3)}{\longrightarrow} \quad \Phi(\boldsymbol{r}) = \frac{q}{|\boldsymbol{r}-\boldsymbol{r}_0|} \tag{6.7}$$

Dies ist zugleich eine physikalische Interpretation der mathematischen Aussage (6.4). Für N Punktladungen q_i an den Orten $\boldsymbol{r}_i$ führt (6.3) zu

$$\Phi(\boldsymbol{r}) = \sum_{i=1}^{N} \frac{q_i}{|\boldsymbol{r}-\boldsymbol{r}_i|} \tag{6.8}$$

Feldlinien

Unter *Äquipotenzialflächen* versteht man den geometrischen Ort aller Punkte mit dem gleichen Wert von $\Phi(\boldsymbol{r})$:

$$\Phi(\boldsymbol{r}) = \text{const.} \qquad \text{(Äquipotenzialfläche)} \tag{6.9}$$

Die Flächennormalen zeigen in Richtung von $\operatorname{grad}\Phi = -\boldsymbol{E}$. Die Linien, für die die Vektoren $\boldsymbol{E}$ an jedem Punkt die Tangentenrichtung angeben, heißen *Feldlinien*. Eine Kurve $\boldsymbol{r} = \boldsymbol{r}(\lambda)$ ist eine Feldlinie, falls

$$\frac{d\boldsymbol{r}(\lambda)}{d\lambda} \times \boldsymbol{E}(\boldsymbol{r}(\lambda)) = 0 \qquad \text{(Feldlinien } \boldsymbol{r}(\lambda)\text{)} \tag{6.10}$$

Die Ableitung von $\boldsymbol{r}(\lambda)$ nach dem Bahnparameter λ ergibt einen Tangentenvektor an die Kurve; dieser muss für jedes λ parallel zum Feld sein.

Äquipotenzialflächen und Feldlinien verwendet man zur graphischen Veranschaulichung einer bestimmten Feldkonfiguration (Abbildung 6.1).

Integrale Formen

Für eine qualitative Diskussion oder Skizze des Feldverlaufs sind die folgenden integralen Formen der Feldgleichungen nützlich. Sie sind eng verknüpft mit der koordinatenunabhängigen und anschaulichen Definition (Kapitel 1) der jeweiligen Vektoroperationen.

Wir wenden den Gaußschen Satz (1.25) auf die inhomogene Feldgleichung an:

$$\oint_A d\boldsymbol{A} \cdot \boldsymbol{E} = 4\pi \int_V d^3r \; \varrho(\boldsymbol{r}) = 4\pi \, Q_V \qquad \text{(Gaußsches Gesetz)} \qquad (6.11)$$

Hierbei ist $A = A(V)$ die Fläche, die das Volumen V begrenzt. Diese Aussage heißt *Gaußsches Gesetz*: Das Oberflächenintegral über $\boldsymbol{E}$ ist gleich 4π mal der eingeschlossenen Ladung Q_V.

Für $Q_V > 0$ laufen mehr Feldlinien aus dem Volumen V heraus als hinein. Insbesondere gehen von einer positiven Punktladung sternförmig Feldlinien aus, bei einer negativen Punktladung laufen sie sternförmig zusammen (Abbildung 6.1). Dort, wo das Feld stärker ist, liegen die Feldlinien dichter.

Die Feldlinien einer Punktladung (Abbildung 6.1) wie auch einer geladenen Kugel (Abbildung 6.3) zeigen radial nach außen. Den Unterschied zwischen beiden Fällen kann man dadurch darstellen, dass man die Äquipotenzialflächen für äquidistante Φ-Werte einzeichnet. Für die Kugel erhält man dann endlich viele Kreise, bei der Punktladung dagegen unendlich viele, die für $r \to 0$ immer dichter liegen.

Wir wenden den Stokesschen Satz auf die homogene Feldgleichung an:

$$\oint_C d\boldsymbol{r} \cdot \boldsymbol{E} = 0 \qquad (6.12)$$

Dies bedeutet insbesondere, dass es in der Elektrostatik *keine geschlossenen Feldlinien* gibt.

Feld einer homogen geladenen Kugel

Wir bestimmen das Feld $\boldsymbol{E}(\boldsymbol{r})$ einer homogen geladenen Kugel (Abbildung 6.2). Die Ladungsdichte ist

$$\varrho(\boldsymbol{r}) = \varrho(r) = \begin{cases} \varrho_0 & (r \le R) \\ 0 & (r > R) \end{cases} \qquad (6.13)$$

mit $\varrho_0 = \text{const}$. Zur Berechnung des Felds bieten sich folgende Möglichkeiten an:

1. Gaußsches Gesetz
2. Lösung der Feldgleichung $\Delta\Phi = -4\pi\,\varrho$
3. Auswertung des Integrals (6.3).

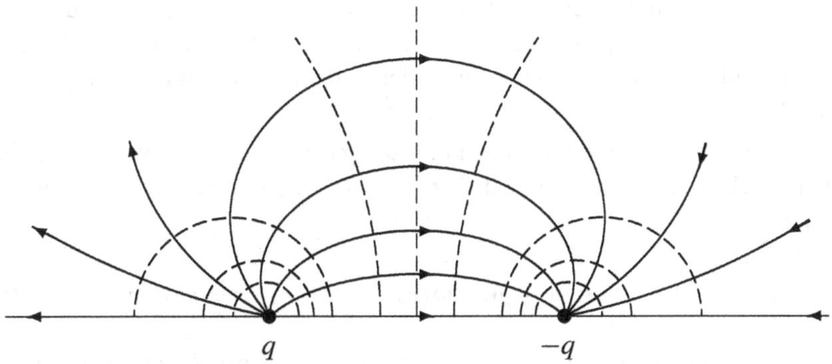

Abbildung 6.1 Feldlinien (durchgezogene Linien) und Äquipotenzialflächen (gestrichelte Linien) für zwei Punktladungen, q und $-q$. Der räumliche Verlauf ergibt sich durch Rotation um die Verbindungsachse der beiden Ladungen.

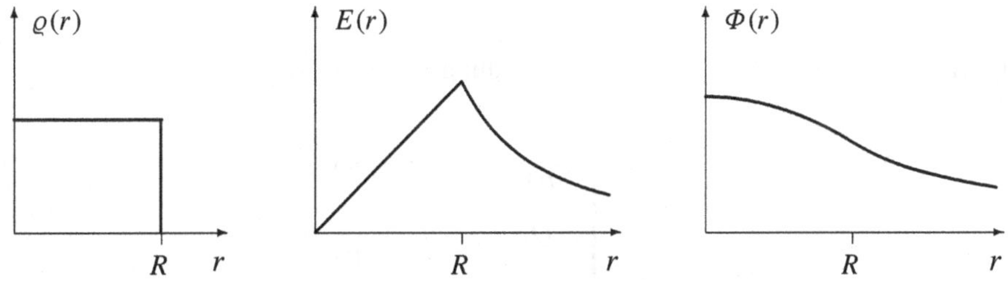

Abbildung 6.2 Ladungsverteilung $\varrho(r)$, Feldstärke $E(r)$ und Potenzial $\Phi(r)$ einer homogen geladenen Kugel.

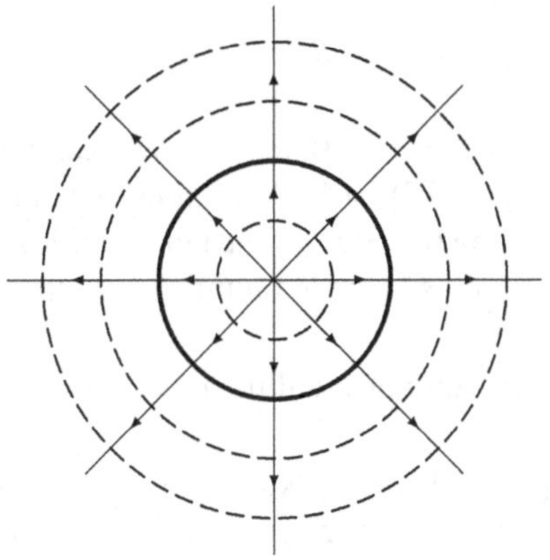

Abbildung 6.3 Feldlinien (radial) und Äquipotenzialflächen (kreisförmig) einer homogen geladenen Kugel. Die Äquipotenzialflächen sind Kugeloberflächen. Die elektrischen Feldlinien laufen radial nach außen.

Alternativ zu 2. kann die Feldgleichung div $\boldsymbol{E} = 4\pi\varrho$ gelöst werden und alternativ zu 3. kann das Integral (5.19) ausgewertet werden. Wir besprechen im Folgenden die Lösung auf den ersten beiden Wegen; der dritte Weg soll in Aufgabe 6.2 behandelt werden.

Wir verwenden Kugelkoordinaten r, θ und ϕ. Wegen der Kugelsymmetrie des Problems (6.13) kann das Potenzial $\Phi(\boldsymbol{r}) = \Phi(r, \theta, \phi)$ nicht von den Winkeln abhängen, also

$$\Phi = \Phi(r)\,, \qquad \boldsymbol{E} = -\operatorname{grad}\Phi(r) = -\Phi'(r)\,\boldsymbol{e}_r = E(r)\,\boldsymbol{e}_r \tag{6.14}$$

Wir lösen das gestellte Problem zuerst mit Hilfe des Gaußschen Gesetzes. Wir werten (6.11) für eine Kugeloberfläche A mit dem Radius r aus:

$$4\pi r^2\,E(r) = 4\pi \int_0^r 4\pi r'^2\,dr'\,\varrho(r') = \begin{cases} 4\pi Q\,\dfrac{r^3}{R^3} & (r < R) \\[2ex] 4\pi Q & (r > R) \end{cases} \tag{6.15}$$

Dabei ist $Q = (4\pi/3)\,\varrho_0\,R^3$ die Gesamtladung der Kugel. Dies ergibt

$$E(r) = \begin{cases} \dfrac{Q\,r}{R^3} & (r < R) \\[2ex] \dfrac{Q}{r^2} & (r > R) \end{cases} \tag{6.16}$$

Aus $\Phi'(r) = -E(r)$ können wir durch eine einfache Integration das Potenzial bestimmen:

$$\Phi(r) = \begin{cases} \dfrac{Q}{R}\left(\dfrac{3}{2} - \dfrac{r^2}{2R^2}\right) & (r < R) \\[2ex] \dfrac{Q}{r} & (r > R) \end{cases} \tag{6.17}$$

Die Integrationskonstante wurde so gewählt, dass $\Phi(\infty) = 0$; diese Festsetzung ist willkürlich und üblich. Das Ergebnis (6.16) und (6.17) ist in Abbildung 6.2 skizziert. Im Außenbereich wirkt die Ladungsverteilung (6.13) wie eine bei $r = 0$ lokalisierte Punktladung. Aus (6.15) ergibt sich, dass dies für jede räumlich begrenzte, kugelsymmetrische Ladungsverteilung gilt.

In Abbildung 6.3 sind die Feldlinien und die Äquipotenziallinien der homogen geladenen Kugel dargestellt.

Wir berechnen nun das Feld der homogen geladenen Kugel aus der Poissongleichung (6.6). Dabei lernen wir einige typische Überlegungen (Symmetrie, Integrationskonstanten, Rand- und Stetigkeitsbedingungen) kennen, die bei der Lösung von Feldgleichungen auftreten.

Wir verwenden Kugelkoordinaten. Aus der Symmetrie des Problems folgt (6.14). Hierfür lautet die Poissongleichung

$$\Delta \Phi(r) = \frac{1}{r^2} \frac{d}{dr} \left(r^2 \frac{d\Phi}{dr} \right) = -4\pi \varrho(r) \tag{6.18}$$

Da Φ nur von der Koordinate r abhängt, reduziert sich die Poissongleichung auf eine gewöhnliche Differenzialgleichung. Die rechte Seite ist jeweils für $r > R$ und $r < R$ eine Konstante. Wir integrieren die Differenzialgleichung getrennt in diesen beiden Bereichen:

$$\begin{aligned} r > R: \quad & \left(r^2 \Phi'\right)' = 0\,, & \Phi &= -\frac{C_1}{r} + C_2 \\ r < R: \quad & \left(r^2 \Phi'\right)' = -4\pi \varrho_0 r^2\,, & \Phi &= -\frac{2\pi}{3} \varrho_0 r^2 - \frac{C_3}{r} + C_4 \end{aligned} \tag{6.19}$$

Wir setzen willkürlich $\Phi(\infty) = 0$, also $C_2 = 0$. Der Term $-C_3/r$ entspricht wegen $\Delta(C_3/r) = -4\pi C_3\, \delta(\boldsymbol{r})$ einer Punktladung bei $r = 0$. Sie ist in unserer allgemeinen Lösung zunächst enthalten, weil wir beim Übergang von (6.18) zu (6.19) beide Seiten der Differenzialgleichung mit r^2 multipliziert haben. Da eine solche Punktladung nicht vorhanden ist, muss $C_3 = 0$ gesetzt werden. Damit gilt

$$\Phi(r) = \begin{cases} -\dfrac{C_1}{r} & (r > R) \\[2ex] C_4 - \dfrac{Q\, r^2}{2R^3} & (r < R) \end{cases} \tag{6.20}$$

Wir müssen noch die Verbindung dieser beiden Lösungsteile herstellen. Mit der rechten Seite von (6.18) muss auch die linke Seite bei $r = R$ einen Sprung haben. Wenn $(r^2 \Phi')'$ einen Sprung hat, dann hat $r^2 \Phi'$ einen Knick (siehe auch Abbildung 3.2). Somit sind Φ' und Φ bei $r = R$ stetig, also

$$\Phi(R + \varepsilon) = \Phi(R - \varepsilon) \quad \text{und} \quad \Phi'(R + \varepsilon) = \Phi'(R - \varepsilon) \quad \text{für } \varepsilon \to 0 \tag{6.21}$$

Hierin setzen wir (6.20) ein:

$$-\frac{C_1}{R} = C_4 - \frac{Q}{2R}, \qquad \frac{C_1}{R^2} = -\frac{Q}{R^2} \tag{6.22}$$

Daraus folgt $C_1 = -Q$ und $C_4 = 3Q/2R$. Damit stimmt (6.20) mit (6.17) überein.

Wir sind von (6.18), also von einer gewöhnlichen Differenzialgleichung 2. Ordnung ausgegangen. Die Lösung muss daher zwei Integrationskonstanten enthalten, die durch zwei Randbedingungen festzulegen sind. Da wir die Lösung in zwei Bereichen (0 bis R und R bis ∞) getrennt erstellt haben, erhalten wir vier Konstanten und benötigen vier Randbedingungen. Diese Randbedingungen sind: $\Phi(0)$ ist endlich (keine Punktladung bei $r = 0$), $\Phi(r)$ und $\Phi'(r)$ sind stetig bei $r = R$ (Ladungsverteilung hat einen Sprung), und $\Phi(\infty) = 0$ (willkürlich).

Elektrostatische Energie

Wir berechnen die Energie des elektrostatischen Felds. Das Ergebnis wird auf die homogen geladene Kugel angewendet.

Um im Feld $\boldsymbol{E} = -\text{grad}\,\Phi$ eine Punktladung q von $\boldsymbol{r}_1$ nach $\boldsymbol{r}_2$ zu bringen, muss die Arbeit

$$W_{12} = -\int_1^2 d\boldsymbol{r}\cdot\boldsymbol{F} = -q\int_1^2 d\boldsymbol{r}\cdot\boldsymbol{E} = q\Big(\Phi(\boldsymbol{r}_2) - \Phi(\boldsymbol{r}_1)\Big) \qquad (6.23)$$

geleistet werden. Die Potenzialdifferenz $\Phi(\boldsymbol{r}_2) - \Phi(\boldsymbol{r}_1)$ wird *Spannung* genannt. Die Arbeit ist gleich dem Produkt aus Ladung und Spannung. Sie hängt nicht von dem Weg zwischen $\boldsymbol{r}_1$ und $\boldsymbol{r}_2$ ab; dies folgt auch aus $\text{rot}\,\boldsymbol{E} = 0$ und (1.28). Durch (6.23) sind Potenzialdifferenzen als Messgrößen definiert.

Die Definition des elektrischen Felds, (5.12), und $\boldsymbol{E} = -\text{grad}\,\Phi$ stimmen im Gauß- und MKSA-System überein. Damit gilt (6.23) in beiden Maßsystemen. Die Arbeit wird in Joule (oder erg) gemessen. Im Gauß-System ist die Einheit des Potenzials Φ (oder der Spannung) $[\Phi] = \text{erg/ESE}$ (mit $\text{erg} = \text{g}\,\text{cm}^2/\text{s}^2$ und ESE aus (5.9)). Im MKSA-System erhält die Einheit $[\Phi] = \text{J/C} = \text{V}$ die Bezeichnung Volt.

Die Arbeit hat die Dimension einer Energie. Die Größe

$$W(\boldsymbol{r}) = q\,\Phi(\boldsymbol{r}) \qquad (6.24)$$

ist die *potenzielle Energie* der Ladung q im elektrostatischen Feld $\boldsymbol{E}$. Längs der Äquipotenzialflächen kann man Ladungen ohne Arbeitsaufwand verschieben. Eine Ladung wird in Richtung der Feldlinien beschleunigt; sie bewegt sich entlang einer Feldlinie, wenn und solange sie hinreichend langsam ist.

In (6.24) trägt die Ladung q selbst nicht zum Potenzial Φ bei. Als Verallgemeinerung von (6.24) betrachten wir eine Ladungsverteilung $\varrho(\boldsymbol{r})$ in einem äußeren („externen“) Feld Φ_{ext}; in Φ_{ext} soll der Beitrag von ϱ selbst wieder nicht enthalten sein. Jedes Ladungselement $dq = \varrho\,d^3r$ ergibt dann einen Beitrag der Form (6.24). Die Summation führt zu

$$W = \int d^3r\;\varrho(\boldsymbol{r})\;\Phi_{\text{ext}}(\boldsymbol{r}) \qquad (6.25)$$

Im Folgenden berechnen wir, welche Energie eine stetige Ladungsverteilung in ihrem *eigenen* Feld hat.

Wir bestimmen zunächst die elektrostatische Energie von N Punktladungen. Dazu betrachten wir $i-1$ Punktladungen q_j, die bei $\boldsymbol{r}_j$ ruhen ($j = 1, ..., i-1$). Die potenzielle Energie W_i einer weiteren Punktladung q_i im Feld der vorhandenen Ladungen folgt aus (6.24) und (6.8) zu

$$W_i(\boldsymbol{r}_i) = q_i\sum_{j=1}^{i-1}\frac{q_j}{|\boldsymbol{r}_i - \boldsymbol{r}_j|} \qquad (6.26)$$

Dies ist gleich der Arbeit, die notwendig ist, um die Ladung q_i von unendlich nach $\boldsymbol{r}_i$ zu bringen. Wir stellen uns nun vor, dass wir sukzessive die Ladungen $i = 1, 2, \ldots, N$ von unendlich an die Positionen $\boldsymbol{r}_i$ bringen. Die aufzuwendende Arbeit ist gleich der potenziellen Energie W des Systems aus N Punktladungen, also

$$W = \sum_{i=2}^{N} W_i(\boldsymbol{r}_i) = \sum_{i=2}^{N} \sum_{j=1}^{i-1} \frac{q_i\, q_j}{|\boldsymbol{r}_i - \boldsymbol{r}_j|} = \frac{1}{2} \sum_{i,j,\,i\neq j}^{N} \frac{q_i\, q_j}{|\boldsymbol{r}_i - \boldsymbol{r}_j|} \tag{6.27}$$

Um die potenzielle Energie für eine kontinuierliche Ladungsverteilung $\varrho(\boldsymbol{r})$ zu erhalten, ersetzen wir wie in (5.16) die Ladungsverteilung durch N Teilladungen $\Delta q_i = \varrho(\boldsymbol{r}_i)\, \Delta V_i$. Durch $N \to \infty$ und $\Delta V_i \to 0$ kann diese Aufteilung beliebig fein gemacht werden. Dann wird (6.27) zu

$$W = \frac{1}{2} \int d^3r \int d^3r' \; \frac{\varrho(\boldsymbol{r})\, \varrho(\boldsymbol{r}')}{|\boldsymbol{r} - \boldsymbol{r}'|} \qquad (\varrho \text{ stetig}) \tag{6.28}$$

Beim Übergang von (6.27) zu (6.28) ist zunächst der Bereich um $\boldsymbol{r} = \boldsymbol{r}'$ auszuschließen; dies entspricht der Einschränkung $i \neq j$ in (6.27). Falls die Ladungsverteilungen stetig sind, gibt dieser Bereich aber wie in (5.18) einen vernachlässigbar kleinen Beitrag.

Die Einschränkung „ϱ stetig" darf in (6.28) nicht weggelassen werden. Würde man nämlich die Ladungsdichte $\varrho = \sum q_i\, \delta(\boldsymbol{r} - \boldsymbol{r}_i)$ von Punktladungen einsetzen, enthielte das Ergebnis die unendlich große Energie der Punktladung in ihrem eigenen Feld; das Resultat wäre nicht definiert. Diese Selbstenergie kann man näher untersuchen, wenn man die endliche Energie einer homogen geladenen Kugel berechnet und mit dem Radius dieser Kugel gegen null geht.

Mit (6.3) wird (6.28) zu

$$W = \frac{1}{2} \int d^3r \; \varrho(\boldsymbol{r})\; \Phi(\boldsymbol{r}) \tag{6.29}$$

Im Gegensatz zu (6.25) ist Φ das durch ϱ hervorgerufene Potenzial und nicht ein externes Potenzial; dieser Unterschied führt zu dem Faktor 1/2.

Wir setzen die Poissongleichung in (6.29) ein und wälzen eine Differenziation durch partielle Integration um:

$$W = -\frac{1}{8\pi} \int d^3r \; \Phi(\boldsymbol{r})\; \Delta\Phi(\boldsymbol{r}) = \frac{1}{8\pi} \int d^3r \; \big|\boldsymbol{E}(\boldsymbol{r})\big|^2 \tag{6.30}$$

Für endliche Ladungsverteilungen gehen Φ und $\boldsymbol{E}$ für $r \to \infty$ hinreichend schnell gegen null, so dass keine Randterme bei der partiellen Integration auftreten. Aus (6.30) folgt, dass

$$w(\boldsymbol{r}) = \frac{1}{8\pi} \big|\boldsymbol{E}(\boldsymbol{r})\big|^2 \qquad \text{Energiedichte in der Elektrostatik} \tag{6.31}$$

als Energiedichte des elektrischen Felds interpretiert werden kann.

Homogen geladene Kugel

Wir berechnen die elektrostatische Energie der homogen geladenen Kugel. Aus (6.31) und (6.16) erhalten wir

$$w(\boldsymbol{r}) = \frac{Q^2}{8\pi} \cdot \begin{cases} \dfrac{r^2}{R^6} & (r < R) \\[2ex] \dfrac{1}{r^4} & (r > R) \end{cases} \tag{6.32}$$

und

$$W = \int_0^\infty 4\pi r^2 \, dr \; w(r) = \frac{3}{5} \frac{Q^2}{R} \tag{6.33}$$

Lassen wir den Radius der Kugel bei gleichbleibender Gesamtladung gegen null gehen, so divergiert die elektrostatische Energie W. Dies entspricht der unendlich großen Selbstenergie einer Punktladung; insofern ist die Punktladung ein unrealistisches theoretisches Konstrukt. Ebenso wie die Punktmasse der Mechanik ist sie aber eine nützliche Idealisierung, wenn es auf die endliche Größe einer Ladungsverteilung nicht ankommt.

Wir benutzen die homogen geladene Kugel als Modell für das Elektron und setzen die elektrostatische Energie gleich der Ruhenergie:

$$W = m_{\mathrm{e}} c^2 = \frac{3}{5} \frac{e^2}{R_{\mathrm{e}}} \tag{6.34}$$

Daraus ergibt sich der „klassische Elektronradius“

$$R_{\mathrm{e}} = \frac{3}{5} \frac{e^2}{m_{\mathrm{e}} c^2} \approx 1.7 \text{ fm} = 1.7 \cdot 10^{-13} \text{ cm} \tag{6.35}$$

Für diese und andere numerische Abschätzungen sollte man sich

$$\frac{e^2}{\text{fm}} \approx 1.44 \,\text{MeV}\,, \qquad \frac{e^2}{\text{Å}} \approx 14.4 \,\text{eV}\,, \qquad m_{\mathrm{e}} c^2 \approx 0.5 \,\text{MeV} \tag{6.36}$$

merken. Hierbei ist e die Elementarladung (5.10) im Gaußschen System. Die Größen in (6.36) sind Energien. Es ist üblich und oft praktisch, Energien in Elektronenvolt (eV) anzugeben. In eV ist unter „e“ die Elementarladung e_{SI} in SI-Einheiten zu verstehen:

$$\text{eV} = e_{\text{SI}} \,\text{Volt} \approx 1.6 \cdot 10^{-19} \,\text{C V} = 1.6 \cdot 10^{-19} \text{ J} \tag{6.37}$$

Natürlich ist die homogen geladene Kugel kein realistisches Modell des Elektrons. Zunächst einmal fehlen die Kräfte, die die Ladungsverteilung zusammenhalten. Außerdem werden bereits bei wesentlich größeren Abständen Quanteneffekte wichtig (bei $\hbar / m_{\mathrm{e}} c = 4 \cdot 10^{-11}$ cm). In diesem Modell fehlen auch der Spin und das damit verbundene magnetische Moment des Elektrons.

Aufgaben

6.1 Gaußsches Gesetz: Punktladung in einer Kugel

Überprüfen Sie das Gaußsche Gesetz für eine Punktladung im Innern einer Kugel. Die Kugel hat den Radius R, die Punktladung hat den Abstand a vom Zentrum. Verwenden Sie Kugelkoordinaten.

6.2 Homogen geladene Kugel

Bestimmen Sie das elektrostatische Potenzial

$$\Phi(\boldsymbol{r}) = \int d^3r' \, \frac{\varrho(\boldsymbol{r}')}{|\boldsymbol{r} - \boldsymbol{r}'|}$$

für eine homogen geladene Kugel (Ladung q, Radius R). Legen Sie dazu $\boldsymbol{r}$ in z-Richtung und führen Sie die Integration in Kugelkoordinaten aus. Berechnen Sie das elektrische Feld $\boldsymbol{E}(\boldsymbol{r})$.

6.3 Homogen geladener Kreiszylinder

Bestimmen Sie das elektrische Feld eines homogen geladenen unendlich langen Kreiszylinders (Radius R, Länge L, Ladung/Länge $= q/L$, $L \to \infty$). Lösen Sie das Problem (i) mit Hilfe des Gaußschen Gesetzes, und (ii) über die Poissongleichung. Beachten Sie, dass das Potenzial im Unendlichen nicht verschwindet.

6.4 Elektrostatisches Potenzial des Wasserstoffatoms

Das elektrostatische Potenzial in einem Wasserstoffatom im Grundzustand ist von der Form

$$\Phi = \frac{e}{r}\left(1 + \frac{r}{a_\mathrm{B}}\right)\exp\left(-\frac{2r}{a_\mathrm{B}}\right) \tag{6.38}$$

Dabei ist e die Elementarladung und $a_\mathrm{B} = 0.53$ Å der Bohrsche Radius.

Bestimmen Sie das elektrische Feld $\boldsymbol{E}(\boldsymbol{r})$ und die Ladungsdichte $\varrho(\boldsymbol{r})$. Berechnen Sie mit Hilfe des Gaußschen Gesetzes die Ladung $q(R)$, die sich innerhalb einer Kugel mit Radius R befindet. Skizzieren Sie $q(R)$ und interpretieren Sie das Resultat.

6.5 NaCl-Kristall

Berechnen Sie die elektrostatische Wechselwirkungsenergie eines Gitterions in einem eindimensionalen NaCl-Kristall.

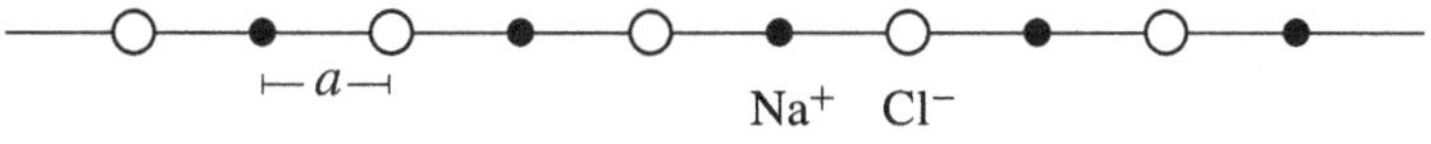

6.6 Parallele geladene Drähte

Berechnen und skizzieren Sie die Äquipotenzialflächen und Feldlinien von zwei parallelen, unendlich langen, dünnen Drähten im Abstand $2a$, deren Ladung pro Länge gleich q/L beziehungsweise $-q/L$ ist. Betrachten Sie zunächst einen einzelnen Draht, und berechnen Sie dessen elektrisches Feld mit dem Gaußschen Gesetz. Superponieren Sie anschließend die Potenziale und Felder der beiden Drähte.

Hinweis: Die Differenzialgleichung für die Feldlinien können Sie mit Hilfe eines integrierenden Faktors lösen. Es ergibt sich ein orthogonales Kreisnetz.

6.7 Homogen geladener dünner Stab

Die Ladungsdichte eines dünnen, homogen geladenen Stabs (Ladung q, Länge $2a$) ist

$$\varrho(\boldsymbol{r}) = \frac{q}{2a}\,\delta(x)\,\delta(y)\,\Theta(a-|z|) \tag{6.39}$$

Werten Sie die Integralformel für das Potenzial in Zylinderkoordinaten aus. Berechnen und skizzieren Sie die Äquipotenzialflächen und Feldlinien. Die Differenzialgleichung für die Feldlinien kann mit Hilfe eines integrierenden Faktors gelöst werden.

7 Randwertprobleme

Wir betrachten elektrostatische Randwertprobleme der folgenden Art: Ein Volumen V ist durch Metallflächen begrenzt; in V ist die Ladungsverteilung gegeben; gesucht ist das elektrostatische Potenzial Φ in V. Ein Beispiel für ein solches Problem ist in Abbildung 7.1 skizziert. Wir untersuchen die Existenz und die Eindeutigkeit der Lösung Φ des Randwertproblems, und seine numerische Lösung.

Die Ladungen im Volumen V influenzieren Oberflächenladungen auf dem Metall. Da diese Oberflächenladungen zunächst unbekannt sind, kann das Potenzial Φ nicht mit Hilfe von (6.3) bestimmt werden. In einem Metall gilt jedoch $\Phi = \text{const.}$ Hierdurch ist eine *Randbedingung* für die Bestimmung von $\Phi(\boldsymbol{r})$ in V gegeben. Diese Randbedingung ersetzt die Angabe der (unbekannten) Ladungen auf dem Metall.

Randbedingung für Metall

In einem Metall gibt es Elektronen, die sich (näherungsweise) frei bewegen können. Im Folgenden betrachten wir das statische Gleichgewicht, das sich in einem abgeschlossenen System über kurz oder lang einstellt. In diesem Fall gilt für das im Metall wirksame Feld:

$$\boldsymbol{E} = 0 \qquad \text{(wirksames Feld im Metall)} \tag{7.1}$$

Für $\boldsymbol{E} \neq 0$ gibt es Kräfte auf die beweglichen Ladungen. Dann kommt es – im Gegensatz zur Voraussetzung „statisch“ – zu zeitabhängigen Vorgängen. Werden Ladungen in die Nähe eines Metallstücks gebracht, dann verschieben sich die beweglichen Ladungen solange, bis im Metall $\boldsymbol{E} = 0$ gilt.

Die tatsächlichen Felder (insbesondere die Felder der Atomkerne und Elektronen) verschwinden nicht. Der Zusammenhang zwischen den tatsächlichen Feldern und den hier als „wirksam“ bezeichneten Feld wird in Teil VI behandelt.

Aus (7.1) folgt

$$\Phi(\boldsymbol{r}) = \text{const.} \qquad \text{(im Metall)} \tag{7.2}$$

In Abbildung 7.2 ist die Grenzfläche zwischen einem Metallkörper 1 und dem Vakuum 2 gezeigt. Das Potenzial Φ soll im Volumen V (also im Vakuum) bestimmt werden; in V wird eine vorgegebene Ladungsverteilung zugelassen.

Mit Hilfe des Gaußschen und des Stokesschen Satzes erhalten wir eine Aussage über das Feld an der Grenzfläche R zwischen dem Vakuum und dem Metall. Aus zwei kleinen Linienelementen der Länge ℓ, die parallel zur Grenzfläche liegen,

T. Fließbach, *Elektrodynamik*, https://doi.org/10.1007/978-3-662-64889-6_7

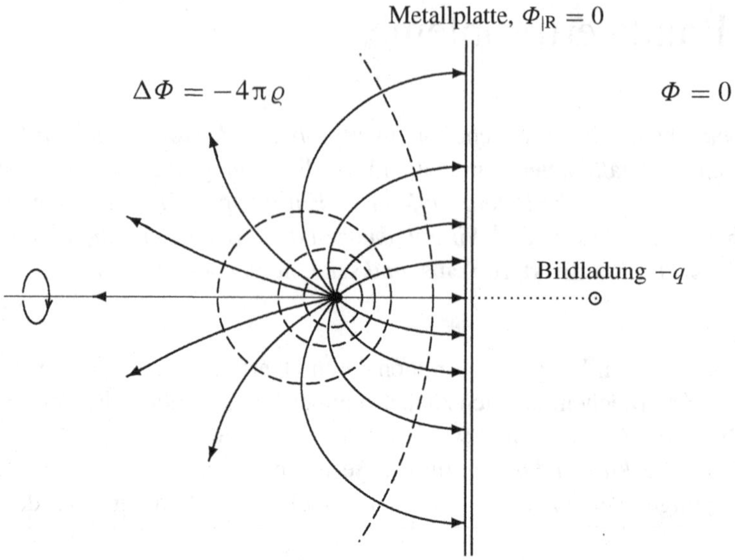

Abbildung 7.1 Eine Punktladung vor einer geerdeten, ebenen Metallplatte stellt ein einfaches Randwertproblem dar. Die Punktladung influenziert Ladungen auf der Platte. In der Abbildung sind die sich ergebenden Feldlinien (durchgezogen mit Pfeilen) und Äquipotenzialflächen (gestrichelt) skizziert. Die Rotation um die Symmetrieachse (Gerade durch die Ladung und die Bildladung) ergibt ein dreidimensionales Bild. In Kapitel 8 wird das hier skizzierte Feld mit Hilfe einer Bildladung berechnet.

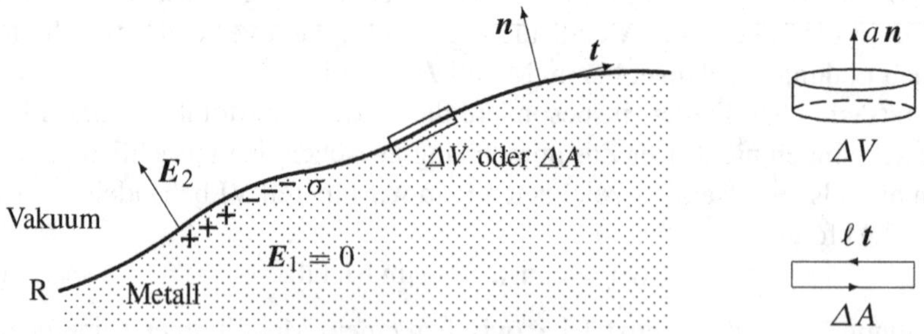

Abbildung 7.2 Ein Vakuumbereich durch Metall begrenzt. Im Inneren des Metalls verschwindet das mittlere elektrische Feld, $\boldsymbol{E}_1 = 0$. Am Rand des Metalls wird eine Oberflächenladung σ zugelassen. Zur Ableitung der Randbedingung für das Feld im Vakuum werden ein Volumenelement ΔV und ein Flächenelement ΔA benutzt, deren Form rechts skizziert ist.

bilden wir die Rechteckfläche $\varDelta A$ (Abbildung 7.2). Der Abstand zwischen den beiden Linienelementen wird dabei (beliebig) klein gewählt. Dann erhalten wir aus $\operatorname{rot}\boldsymbol{E} = 0$ und dem Stokesschen Satz folgende Aussage

$$0 = \int_{\varDelta A} d\boldsymbol{A} \cdot \operatorname{rot}\boldsymbol{E} = \oint d\boldsymbol{r} \cdot \boldsymbol{E} = \ell\, \boldsymbol{t} \cdot (\boldsymbol{E}_2 - \boldsymbol{E}_1) \tag{7.3}$$

Dabei bezeichnet $\boldsymbol{E}_1$ das Feld im Metall, und $\boldsymbol{E}_2$ dasjenige im Vakuum. Wegen $\boldsymbol{E}_1 = 0$ ergibt sich

$$\boldsymbol{t} \cdot \boldsymbol{E}_2(\boldsymbol{r})\big|_{\mathrm{R}} = 0 \tag{7.4}$$

Hierbei ist $\boldsymbol{t}$ ein beliebiger Tangentenvektor der Grenzfläche R.

Aus zwei kleinen Flächenelementen der Größe a, die parallel zur Grenzfläche liegen, bilden wir ein Volumenelement $\varDelta V$ (Abbildung 7.2). Der Abstand zwischen den beiden Flächenelementen wird dabei (beliebig) klein gewählt. Wir wenden das Gaußsche Gesetz auf dieses Volumenelement mit der Oberfläche $A = A(\varDelta V)$ an:

$$\oint_{A(\varDelta V)} d\boldsymbol{A} \cdot \boldsymbol{E} = a\, \boldsymbol{n} \cdot (\boldsymbol{E}_2 - \boldsymbol{E}_1) = 4\pi \int_{\varDelta V} d^3r\; \varrho = 4\pi q \tag{7.5}$$

Hierbei ist $\boldsymbol{n}$ der Normalenvektor der Grenzfläche, der in den Vakuumbereich hineinzeigt, und q ist die in $\varDelta V$ enthaltene Ladung. Da wir den Abstand der beiden Flächen beliebig klein machen können, ohne (7.5) zu ändern, tragen nur die *an der Oberfläche lokalisierten* Ladungen zu q bei. Wir führen die Oberflächenladung $\sigma(\boldsymbol{r}) = q/a =$ Ladung pro Fläche ein und berücksichtigen $\boldsymbol{E}_1 = 0$. Damit wird (7.5) zu

$$\boldsymbol{n} \cdot \boldsymbol{E}_2(\boldsymbol{r})\big|_{\mathrm{R}} = 4\pi\sigma(\boldsymbol{r}) \tag{7.6}$$

Die beweglichen Oberflächenladungen verschieben sich solange, bis (7.4) gilt. Die Oberflächenladungen können aber nicht in Richtung der Flächennormalen verschoben werden.

Durch (7.4) und (7.6) sind folgende Randbedingungen für den Vakuumbereich gegeben:

- Die Tangentialkomponente des elektrischen Felds verschwindet am Rand R.
- Die Normalkomponente des elektrischen Felds am Rand R ist gleich 4π mal der Oberflächenladung des Metalls.

Formulierung des Randwertproblems

Nach der Diskussion der physikalischen Randbedingungen formulieren wir das zu lösende Randwertproblem mathematisch. Ein zusammenhängendes Volumen V werde durch eine oder mehrere getrennte Metallflächen begrenzt, die wir mit dem Index i durchnummerieren. Der Rand R von V besteht dann aus den Rändern R_i

der einzelnen Metallkörper. In V ist das Potenzialfeld $\Phi(\boldsymbol{r})$ gesucht. Aus (7.4) und (7.6) ergeben sich die Randbedingungen

$$\Phi\Big|_{\mathrm{R}_i} = \Phi_i = \text{const.} \quad \text{und} \quad \frac{\partial \Phi}{\partial n}\bigg|_{\mathrm{R}} = -4\pi\sigma(\boldsymbol{r}) \tag{7.7}$$

Dabei steht $\partial/\partial n$ für $\boldsymbol{n}\cdot\nabla$. Voneinander getrennte Metallkörper können unterschiedliche Potenzialwerte Φ_i haben.

Die Vorgabe der Potenzialwerte am Rand wird Dirichlet-Randbedingung genannt:

$$\Phi\Big|_{\mathrm{R}} = \Phi_0(\boldsymbol{r}) \qquad \text{(Dirichlet-Randbedingung)} \tag{7.8}$$

Diese Bedingung ist etwas allgemeiner als der erste Teil von (7.7), denn $\Phi_0(\boldsymbol{r})$ muss nicht (wie beim Metall) auf jedem zusammenhängenden Rand einen konstanten Wert haben. Die Vorgabe der Normalkomponente auf dem Rand wird Neumannsche Randbedingung genannt:

$$\frac{\partial \Phi}{\partial n}\bigg|_{\mathrm{R}} = -4\pi\sigma(\boldsymbol{r}) \qquad \text{(Neumannsche Randbedingung)} \tag{7.9}$$

Im Allgemeinen sind die Oberflächenladungen nicht bekannt. Vorgegeben sind stattdessen die Potenzialwerte Φ_i auf den einzelnen Metallkörpern, also eine spezielle Form der Dirichlet-Randbedingung. Für die allgemeine Diskussion dieses Kapitels spielt diese Spezialisierung aber zunächst keine Rolle. Wir untersuchen daher das Potenzialproblem mit einer Dirichlet-Randbedingung:

$$\boxed{\begin{aligned} \Delta\Phi(\boldsymbol{r}) &= -4\pi\varrho(\boldsymbol{r}) && \text{in } V \\ \Phi(\boldsymbol{r}) &= \Phi_0(\boldsymbol{r}) && \text{auf R} \end{aligned}} \qquad \begin{array}{l} \text{Randwertproblem:} \\ \varrho(\boldsymbol{r}),\ \Phi_0(\boldsymbol{r}) \text{ gegeben,} \\ \Phi(\boldsymbol{r}) \text{ gesucht.} \end{array} \tag{7.10}$$

Wir werden in den folgenden Abschnitten sehen, dass das so formulierte Problem eine eindeutige Lösung hat. Aus dieser Lösung können dann die Oberflächenladungen bestimmt werden:

$$\sigma(\boldsymbol{r}) = -\frac{1}{4\pi}\,\frac{\partial\Phi}{\partial n}\bigg|_{\mathrm{R}} \qquad \text{(Oberflächenladung)} \tag{7.11}$$

Partikuläre und homogene Lösung

Man kann die Lösung von (7.10) formal als Summe einer partikulären und einer homogenen Lösung schreiben. Man überprüft leicht, dass

$$\Phi(\boldsymbol{r}) = \Phi_{\text{part}}(\boldsymbol{r}) + \Phi_{\text{hom}}(\boldsymbol{r}) = \int_V d^3r'\,\frac{\varrho(\boldsymbol{r}')}{|\boldsymbol{r}-\boldsymbol{r}'|} + \Phi_{\text{hom}}(\boldsymbol{r}) \tag{7.12}$$

die Poissongleichung in (7.10) löst. Dabei ist Φ_{hom} eine zunächst beliebige Lösung von $\Delta\Phi_{\text{hom}} = 0$. Aus der Randbedingung in (7.10) folgt

$$\Phi_{\text{hom}}\Big|_{\mathrm{R}} = \big(\Phi_0 - \Phi_{\text{part}}\big)\Big|_{\mathrm{R}} \tag{7.13}$$

Wir betrachten zwei Beispiele für die Aufteilung (7.12):

(i) Es gibt keine Metallflächen. Das Volumen V ist der gesamte Raum, und die Randbedingung lautet $\Phi(\infty) = 0$. Dann ist Φ_{part} die bekannte Lösung (6.3), und Φ_{hom} verschwindet. In diesem Fall wird die Randbedingung (also $\Phi(\infty) = 0$) häufig nicht explizit formuliert.

(ii) Es gibt eine ebene Metallfläche, Abbildung 7.1, auf der $\Phi|_{\text{R}} = 0$ gilt. Das Volumen V ist der durch $x < 0$ definierte Teilraum. In diesem Fall ist $\Phi_{\text{hom}}(\boldsymbol{r})$ gleich dem Potenzial einer Bildladung (Kapitel 8).

Numerische Lösung. Existenz der Lösung

Elektrostatische Probleme kann man in einfachen Fällen (zum Beispiel für Kugelsymmetrie oder andere einfache Geometrien) analytisch lösen; im Kapitel 8 werden eine Reihe von Standardmethoden vorgestellt. In diesem Abschnitt skizzieren wir die numerische Behandlung des Problems (7.10). Dies ist ein allgemeines Lösungsverfahren.

Das Volumen V, in dem die Poissongleichung gelöst werden soll, wird zunächst mit diskreten Gitterpunkten überdeckt. Der Einfachheit halber betrachten wir ein äquidistantes kartesisches Gitter mit den Punkten

$$\boldsymbol{r}_{n_1 n_2 n_3} = \sum_{i=1}^{3} d\, n_i\, \boldsymbol{e}_i \tag{7.14}$$

Hierbei ist d der Abstand benachbarter Punkte. Die Werte von n_i sind ganzzahlig; ihr Bereich ist durch das Volumen V gegeben (Abbildung 7.3).

Gesucht ist das Potenzial $\Phi(\boldsymbol{r}_{n_1 n_2 n_3}) = \Phi(n_1, n_2, n_3)$ an den Gitterpunkten im Inneren von V (ohne die Randpunkte). Gegeben ist die Ladungsdichte $\varrho(\boldsymbol{r}_{n_1 n_2 n_3}) = \varrho(n_1, n_2, n_3)$ an diesen Punkten und das Potenzial $\Phi|_{\text{R}} = \Phi_0$ an den Randpunkten.

Man nähert nun die Ableitungen durch Differenzenquotienten an, etwa

$$\frac{\partial \Phi(n_1 + 1/2, n_2, n_3)}{\partial x} \approx \frac{\Phi(n_1 + 1, n_2, n_3) - \Phi(n_1, n_2, n_3)}{d} \tag{7.15}$$

$$\begin{aligned} \frac{\partial^2 \Phi(n_1, n_2, n_3)}{\partial x^2} &\approx \frac{1}{d} \left(\frac{\partial \Phi(n_1 + 1/2, n_2, n_3)}{\partial x} - \frac{\partial \Phi(n_1 - 1/2, n_2, n_3)}{\partial x} \right) \\ &\approx \frac{\Phi(n_1 + 1, n_2, n_3) + \Phi(n_1 - 1, n_2, n_3) - 2\, \Phi(n_1, n_2, n_3)}{d^2} \end{aligned} \tag{7.16}$$

Die Hilfspunkte $n_1 \pm 1/2$ treten nur im Zwischenschritt auf. Die Poissongleichung

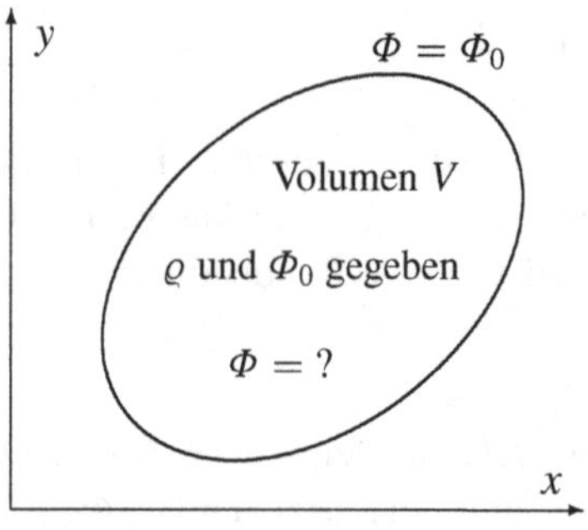

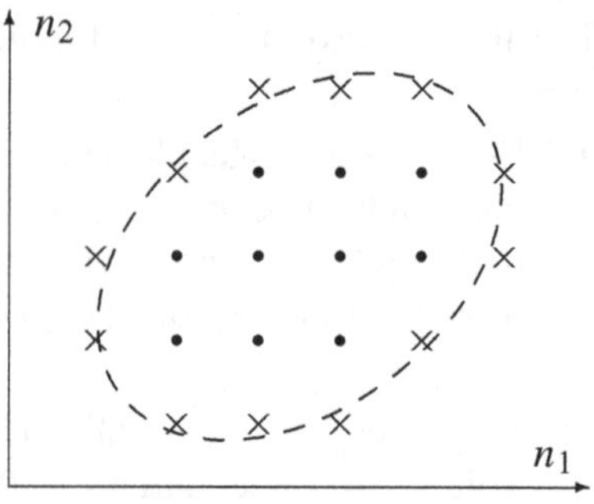

Abbildung 7.3 Um das links dargestellte Randwertproblem (7.10) numerisch zu lösen, wird ein Gitter über das Volumen V gelegt. Am Rand des Gitters ($\times$) sind die Potenzialwerte vorgegeben, an den inneren Punkten ($\bullet$) sind sie dagegen unbekannt. Die Differenzialgleichung $\Delta\Phi = -4\pi\varrho$ ergibt ein lineares Gleichungssystem für die unbekannten Potenzialwerte. In einer realistischen Rechnung muss der Gitterabstand viel kleiner als die Längenausdehnung von V sein.

wird damit zu

$$\begin{aligned}\Delta\Phi \;=\; \frac{1}{d^2}\Big(&\Phi(n_1+1,n_2,n_3)+\Phi(n_1-1,n_2,n_3)+\Phi(n_1,n_2+1,n_3)\\ &+\Phi(n_1,n_2-1,n_3)+\Phi(n_1,n_2,n_3+1)+\Phi(n_1,n_2,n_3-1)\\ &-6\,\Phi(n_1,n_2,n_3)\Big) \;=\; -4\pi\varrho(n_1,n_2,n_3)\end{aligned} \tag{7.17}$$

Für $d \to 0$ geht der Fehler dieser Näherung gegen null. Zugleich lässt sich der Rand immer besser durch Punkte auf dem Gitter approximieren.

Gleichung (7.17) ist für alle Gitterpunkte (n_1, n_2, n_3) *im Inneren* von V aufzustellen. Die Anzahl dieser Punkte sei N. Damit ist (7.17) ein lineares, inhomogenes Gleichungssystem aus N Gleichungen für N Unbekannte $\Phi(n_1, n_2, n_3)$. Als Inhomogenitäten treten das Potenzial an den Randpunkten und die Ladungsdichte im Inneren von V auf. Ein solches Gleichungssystem kann in der Form $Ax = b$ geschrieben werden, wobei der Spaltenvektor x die unbekannten Potenzialwerte enthält, der Vektor b die gegebenen Werte für die Ladungsdichte und die Potenzialrandwerte, und die $N \times N$-Matrix A die Koeffizienten des Gleichungssystems. Die eindeutige Lösung des Gleichungssystems ist $x = A^{-1}b$ (die Eindeutigkeit der Lösung wird im nächsten Abschnitt gezeigt). Dabei setzen wir $\det A \neq 0$ voraus, was bei vernünftiger Wahl der Gitterpunkte erfüllt ist. (Bei gegebener numerischer Genauigkeit gibt es eine untere Grenze für die Gitterabstände; wählt man das Gitter zu eng, dann werden die Gleichungen *numerisch* linaer abhängig, und die Matrix A kann nicht invertiert werden).

Für die Neumannsche Randbedingung ergeben sich folgende Modifikationen: Zunächst gilt auch hier (7.17) für die Punkte im Inneren von V. Die Ableitung am Rand wird durch den entsprechenden Differenzenquotienten angenähert. Für M Randpunkte ergibt (7.9) M zusätzliche lineare Gleichungen. Zugleich erhöht sich die Zahl der Unbekannten von N auf $N + M$, da der Wert von Φ auf R unbekannt ist. Damit ergibt sich ein lineares, inhomogenes Gleichungssystem mit $N+M$ Gleichungen für $N + M$ Unbekannte. In diesem Fall kann man am Gleichungssystem sofort erkennen, dass mit Φ auch $\Phi + \text{const.}$ Lösung ist; die Lösung ist daher nicht eindeutig.

Das skizzierte Verfahren stellt nicht unbedingt die optimale Strategie für eine numerische Lösung dar. So könnte eine dem Problem angepasste Wahl der Gitterpunkte die Genauigkeit der Lösung oder Schnelligkeit auf dem Computer verbessern (zum Beispiel durch die „Methode der finiten Elemente"). Außerdem gibt es verschiedene Möglichkeiten, Ableitungen durch Differenzen anzunähern, etwa durch Benutzung von mehr als den jeweils nächsten Nachbarpunkten. Man könnte auch die Laplacegleichung zunächst durch ein äquivalentes Variationsverfahren ersetzen (Aufgabe 7.5). Vor der praktischen Rechnung auf dem Computer sollte man sich über die möglichen numerischen Methoden und existierende Programme informieren. Ein empfehlenswertes Buch mit Programmen ist *Numerical Recipes* von W. H. Press et al. (Cambridge University Press, second edition 1992).

Eindeutigkeit der Lösung

Wir zeigen, dass die Lösung von (7.10) eindeutig ist. Dazu betrachten wir zwei beliebige Lösungen $\Phi_1(\boldsymbol{r})$ und $\Phi_2(\boldsymbol{r})$ von (7.10). Für die Differenz

$$\Psi(\boldsymbol{r}) = \Phi_1(\boldsymbol{r}) - \Phi_2(\boldsymbol{r}) \tag{7.18}$$

folgt dann aus (7.10)

$$\Delta\Psi = 0 \;\text{ in } V \qquad \text{und} \qquad \Psi\big|_{\text{R}} = 0 \tag{7.19}$$

Wir schreiben den 1. Greenschen Satz (1.30) für $G = \Psi$ und $\Phi = \Psi$ an:

$$\int_V d^3r \, \big(\Psi\,\Delta\Psi + \nabla\Psi\cdot\nabla\Psi\big) = \oint_{\text{R}} dF\;\Psi\,\frac{\partial\Psi}{\partial n} \tag{7.20}$$

Wegen $\Psi|_{\text{R}} = 0$ verschwindet die rechte Seite. Dies gilt auch, wenn man anstelle der Dirichletschen die Neumannsche Randbedingung (7.9) verwendet, die für die Differenz Ψ der Lösungen

$$\frac{\partial\Psi}{\partial n}\bigg|_{\text{R}} = 0 \qquad \text{(Neumann)} \tag{7.21}$$

ergibt. Auf der linken Seite von (7.20) setzen wir $\Delta\Psi = 0$ ein. Damit erhalten wir aus (7.20)

$$\int_V d^3r \, \big(\nabla\Psi\big)^2 = 0 \quad\longrightarrow\quad \nabla\Psi = 0 \quad\longrightarrow\quad \Psi(\boldsymbol{r}) = \text{const.} \tag{7.22}$$

Damit können sich zwei mögliche Lösungen $\Phi_1(\boldsymbol{r})$ und $\Phi_2(\boldsymbol{r})$ lediglich um eine Konstante unterscheiden. Für die Dirichletsche Randbedingung muss diese Konstante wegen $\Psi|_{\text{R}} = 0$ verschwinden; die Lösung ist also eindeutig. Für die von Neumannsche Randbedingung ist die Lösung $\Phi(\boldsymbol{r})$ dagegen nur bis auf diese (unwesentliche) Konstante festgelegt.

Faradayscher Käfig

Unter einem Faradayschen Käfig versteht man eine beliebig geformte, geschlossene Metallfläche. Im Inneren (dem Volumen V) gebe es keine Ladungen. Dann muss das Potenzial Φ folgenden Bedingungen genügen:

$$\Delta\Phi = 0 \quad \text{in } V \qquad \text{und} \qquad \Phi\big|_{\mathrm{R}} = \Phi_0 = \text{const.} \tag{7.23}$$

Offensichtlich ist nun

$$\Phi(\boldsymbol{r}) \equiv \Phi_0 = \text{const.} \quad \text{in } V \tag{7.24}$$

eine Lösung. Da die Lösung eindeutig ist, ist dies auch schon die gesuchte Lösung. Aus $\Phi(\boldsymbol{r}) \equiv$ const. folgt, dass das Feld $\boldsymbol{E}$ innerhalb einer geschlossenen Metallfläche verschwindet:

$$\boldsymbol{E} = 0 \quad \text{im Faradayschen Käfig} \tag{7.25}$$

Beliebige äußere elektrische Felder können durch einen geschlossenen Metallkäfig abgeschirmt werden. Praktisch kann die geschlossene Metallfläche auch durch ein Metallgitter ersetzt werden; dazu muss der Maschenabstand klein gegenüber der Länge sein, auf der sich die äußeren Felder ändern. In der Elektrostatik beschränken wir uns auf statische Felder. Es sei aber erwähnt, dass für nicht zu hohe Frequenzen die Abschirmung durch eine geschlossene Metallfläche auch für zeitabhängige Felder wirksam ist (Kapitel 34).

Aufgaben

7.1 Poissongleichung auf ein- und zweidimensionalen Gitter

Formulieren Sie die Poissongleichung für $\Phi(x)$ auf einem eindimensionalen und für $\Phi(x, y)$ auf einem zweidimensionalen äquidistanten Gitter mit Gitterabstand d.

7.2 Poissongleichung auf dem Gitter: Hohler Metallwürfel

Ein würfelförmiger Hohlraum (Kantenlänge L) sei durch Metallwände begrenzt. Der Würfel werde nun in der Mitte parallel zu zwei Seitenflächen durchgeschnitten. An der einen Hälfte wird das Potenzial $\Phi = \Phi_0$ angelegt, an der anderen gelte $\Phi = 0$; die beiden Metallkörper seien voneinander isoliert.

Berechnen Sie das Potenzial im Inneren dieser Anordnung numerisch. Verwenden Sie dazu einen Gitterabstand $d = L/3$. In welchem Bereich der Anordnung wird die numerische Lösung auch bei kleinerem Gitterabstand (zum Beispiel $d = L/100$) deutlich von der wahren Lösung abweichen?

7.3 Durch Metallplatten begrenztes Volumen I

Das Volumen

$$V_{\mathrm{I}} = \{\boldsymbol{r} : 0 \leq x \leq a,\ 0 \leq y \leq b,\ -\infty \leq z \leq \infty\}$$

ist durch Metallplatten begrenzt. Die beiden Platten bei $x = 0$ und $x = a$ sind geerdet, die beiden anderen bei $y = 0$ und $y = b$ haben das Potenzial Φ_0. Wegen der Translationssymmetrie in z-Richtung reduziert sich das Problem auf zwei Dimensionen, $\Phi(\boldsymbol{r}) = \Phi(x, y)$. Lösen Sie die Laplacegleichung im Inneren des Volumens mit dem Separationsansatz und geben Sie die allgemeine Lösung an. Bestimmen Sie die Konstanten dieser Lösung so, dass die Randbedingungen erfüllt sind.

7.4 Durch Metallplatten begrenztes Volumen II

Das Volumen

$$V_{\mathrm{II}} = \{\boldsymbol{r} : 0 \leq x \leq a,\ 0 \leq y \leq \infty,\ -\infty \leq z \leq \infty\}$$

ist durch Metallplatten begrenzt. Die beiden Seitenplatten bei $x = 0$ und $x = a$ sind geerdet; die Bodenplatte bei $y = 0$ hat das Potenzial Φ_0. Wegen der Translationssymmetrie in z-Richtung reduziert sich das Problem auf zwei Dimensionen, $\Phi(\boldsymbol{r}) = X(x)\,Y(y)$. Lösen Sie die Laplacegleichung im Inneren des Volumens mit dem Separationsansatz und geben Sie die allgemeine Lösung an. Bestimmen Sie die Konstanten dieser Lösung so, dass die Randbedingungen erfüllt sind.
Zeigen Sie, dass das Potenzial auch in der Form

$$\Phi(x, y) = \frac{2\,\Phi_0}{\pi}\ \arctan\left[\frac{\sin(\pi x/a)}{\sinh(\pi y/a)}\right] \tag{7.26}$$

geschrieben werden kann. (Es genügt zu zeigen, dass dieses Potenzial das gestellte Randwertproblem löst; denn die Lösung des Problems ist ja eindeutig). Berechnen und skizzieren Sie die Äquipotenzialflächen und Feldlinien.

7.5 Variationsprinzip für die Feldenergie

Am Rand R des Volumens V ist das Potenzial $\Phi(\boldsymbol{r})$ vorgegeben. In V genügt das Feld dem Variationsprinzip

$$W[\Phi] = \frac{1}{8\pi}\int_V d^3r\ \big(\mathrm{grad}\,\Phi(\boldsymbol{r})\big)^2 = \text{minimal}$$

Leiten Sie hieraus eine Differenzialgleichung für $\Phi(\boldsymbol{r})$ ab.

Erläuterung: Das elektrostatische Feld stellt sich so ein, dass die Feldenergie minimal ist. Die Feldenergie $W[\Phi]$ ist ein Funktional von Φ. Die Minimalitätsbedingung impliziert $\delta W = W[\Phi + \delta\Phi] - W[\Phi] = 0$, wobei $\delta\Phi(\boldsymbol{r})$ eine kleine Variation ist, die am Rand verschwindet.

8 Anwendungen

Wir diskutieren einige Methoden zur analytischen Lösung des elektrostatischen Randwertproblems. Wir führen den Kondensator ein und berechnen die Kapazität eines Kugelkondensators. Die Feldgleichungen für die wirbelfreie Strömung einer idealen Flüssigkeit werden vorgestellt und mit denen der Elektrostatik verglichen.

Bildladungen

Abbildung 8.1 zeigt eine Punktladung vor einer ebenen Metallplatte. Der Abstand der Ladung zur Platte sei a. Die Platte habe das Potenzial $\Phi = 0$; man sagt hierzu auch, die Platte ist geerdet. Gesucht ist das elektrostatische Potenzial und die Influenzladung auf der Metallplatte. Dieses Problem kann mit der Methode der Bildladung (auch Spiegelladung genannt) gelöst werden.

Die Metallplatte teilt den Raum in zwei Hälften, $x > 0$ und $x < 0$. Im rechten Teilraum ist die Lösung

$$\Phi(\boldsymbol{r}) = 0 \quad \text{für } x > 0 \tag{8.1}$$

Sie genügt der Gleichung $\Delta\Phi = 0$ und den Randbedingungen $\Phi = 0$ bei $x = 0$. Diese Lösung gilt auch, wenn der Raum $x > 0$ durch einen vollen Metallkörper ausgefüllt ist oder wenn die Metallplatte eine endliche Dicke hat. Dieser Lösungsteil ist ohne besonderes Interesse.

Die eigentliche Fragestellung bezieht sich auf den Bereich $x < 0$. Gesucht ist eine Lösung der Gleichungen

$$\Delta\Phi(\boldsymbol{r}) = -4\pi q\ \delta(\boldsymbol{r} + a\,\boldsymbol{e}_x) \quad \text{für } x < 0\,, \qquad \Phi\big|_{\mathrm{R}} = \Phi(x = 0, y, z) = 0 \tag{8.2}$$

Dies ist ein Randwertproblem der Form (7.10). Wir betrachten zunächst ein anderes Problem, und zwar eine Ladung q bei $-a\,\boldsymbol{e}_x$ und eine entgegengesetzt gleichgroße Ladung bei $a\,\boldsymbol{e}_x$:

$$\Delta\Phi(r) = -4\pi q \Big(\delta(\boldsymbol{r} + a\,\boldsymbol{e}_x) - \delta(\boldsymbol{r} - a\,\boldsymbol{e}_x)\Big) \tag{8.3}$$

Das Feldlinienbild hierfür wurde bereits in Abbildung 6.1 skizziert. Die Lösung von (8.3) ist bekannt:

$$\Phi(\boldsymbol{r}) = q\left(\frac{1}{|\boldsymbol{r} + a\,\boldsymbol{e}_x|} - \frac{1}{|\boldsymbol{r} - a\,\boldsymbol{e}_x|}\right) \tag{8.4}$$

Man prüft leicht nach, dass dieses $\Phi(\boldsymbol{r})$ auch (8.2) löst. Damit haben wir folgende Lösung des Problems „Punktladung und Metallplatte“ gefunden: Für $x > 0$ ist

T. Fließbach, *Elektrodynamik*, https://doi.org/10.1007/978-3-662-64889-6_8

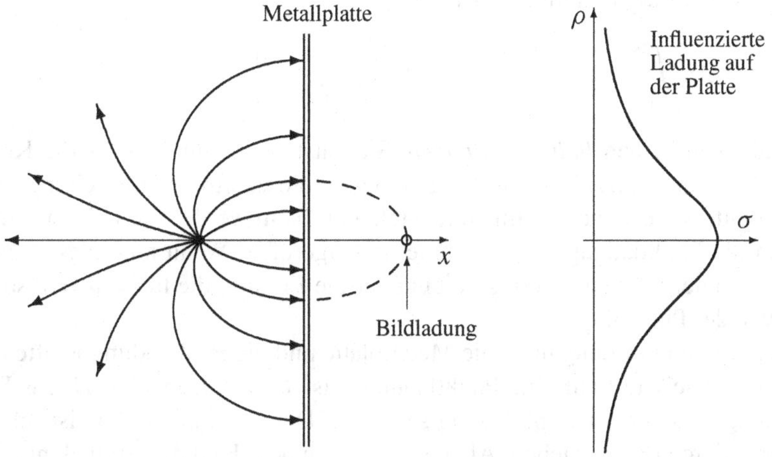

Abbildung 8.1 Das Problem „Punktladung q und geerdete Metallplatte" wird durch das Problem „Punktladung q und Bildladung $-q$" ersetzt. Links von der Metallplatte ergeben beide Probleme dasselbe Feld; die schematische Abbildung zeigt einige Feldlinien. Die Feldstärke $\boldsymbol{E}$ an der Platte bestimmt die influenzierte Ladung. Ihre Verteilung auf der Metallplatte ist rechts skizziert.

$\Phi = 0$, für $x < 0$ gilt (8.4). Der zweite Term in (8.4) löst die Gleichung $\Delta\Phi = 0$ im Bereich $x < 0$. Er entspricht daher dem Term Φ_{hom} in (7.12); dieser Term ist so gewählt, dass die Randbedingung erfüllt wird.

Die Methode der Bildladung besteht allgemein darin, Ladungen außerhalb von V so zu bestimmen, dass sie zusammen mit den Ladungen in V ein Potenzial ergeben, das die Randbedingung erfüllt. Die Methode der Bildladung ist auch auf andere einfache Geometrien anwendbar, etwa auf die Probleme „Ladungsverteilung und Platte", „Ladung und zwei zueinander senkrechte Platten" oder „Punktladung und Kugel" (Aufgaben 8.1 und 8.2).

Influenzladung

Das elektrische Feld kann aus (8.4) berechnet werden:

$$\boldsymbol{E}(\boldsymbol{r}) = -\operatorname{grad}\Phi = q\left(\frac{\boldsymbol{r}+a\,\boldsymbol{e}_x}{|\boldsymbol{r}+a\,\boldsymbol{e}_x|^3} - \frac{\boldsymbol{r}-a\,\boldsymbol{e}_x}{|\boldsymbol{r}-a\,\boldsymbol{e}_x|^3}\right) \qquad (x<0) \qquad (8.5)$$

Aus (7.11) erhalten wir die Oberflächenladung σ auf der Metallplatte:

$$\sigma(y,z) = \frac{-E_x(x=0,y,z)}{4\pi} = \frac{-q\,a}{2\pi\,(a^2+y^2+z^2)^{3/2}} = \frac{-q\,a}{2\pi\,(a^2+\rho^2)^{3/2}} \qquad (8.6)$$

Diese Oberflächenladung ist maximal am Lotpunkt $(y,z) = (0,0)$ der Punktladung; sie nimmt mit wachsendem $\rho^2 = y^2 + z^2$ ab (Abbildung 8.1, rechts). Die

Gesamtladung auf der Metallplatte ist

$$q_{\text{infl}} = 2\pi \int_0^\infty d\rho\ \rho\, \sigma(\rho) = -a q \int_0^\infty d\rho\ \frac{\rho}{(a^2+\rho^2)^{3/2}} = -q \tag{8.7}$$

Diese Ladungen heißen *Influenzladungen*. Sie entstehen dadurch, dass die Kräfte des äußeren Felds die frei beweglichen Ladungen (die Elektronen im Leitungsband des Metallgitters) verschieben. Im betrachteten Problem werden die Influenzladungen durch die Punktladung vor der Platte hervorgerufen. Wenn man diese Punktladung kontinuierlich vergrößert, so fließt über die Erdung (die für $\Phi|_{\mathrm{R}} = 0$ sorgt) Ladung von der Platte ab.

Über die Influenzladung üben die Metallplatte und die Punktladung Kräfte aufeinander aus. Die Kraft auf eine Punktladung q ist $\boldsymbol{F} = q\,\boldsymbol{E}'$, wobei $\boldsymbol{E}'$ das Feld aller Ladungen außer der Punktladung selbst ist. Das gesamte Feld $\boldsymbol{E}$ ist im Bereich $x < 0$ durch (8.5) gegeben. Also ist $\boldsymbol{E}'$ gleich dem Feld der Bildladung; dies ist im Bereich $x < 0$ zugleich das Feld der Influenzladungen. Damit wirkt auf die Punktladung die Kraft

$$\boldsymbol{F} = \frac{q^2}{4a^2}\, \boldsymbol{e}_x \tag{8.8}$$

Auf die Platte wirkt eine entgegengesetzt gleich große Kraft.

Greensche Funktion

Ein Volumen V sei durch geerdete Metallkörper begrenzt; in V sei eine Ladungsverteilung ϱ gegeben. Das zu lösende Problem ist dann

$$\Delta\Phi(\boldsymbol{r}) = -4\pi\varrho(\boldsymbol{r}) \quad \text{in } V \quad \text{und} \quad \Phi(\boldsymbol{r})\big|_{\mathrm{R}} = 0 \tag{8.9}$$

Wir betrachten zunächst eine Punktladung bei $\boldsymbol{r}_0$ anstelle der Ladungsverteilung:

$$\Delta\Phi_0(\boldsymbol{r}) = -4\pi q\, \delta(\boldsymbol{r}-\boldsymbol{r}_0) \quad \text{in } V \quad \text{und} \quad \Phi_0(\boldsymbol{r})\big|_{\mathrm{R}} = 0 \tag{8.10}$$

Aus der Lösung Φ_0 dieses Problems lässt sich die Lösung Φ des allgemeineren Problems (8.9) konstruieren. Die Lösung Φ_0 für die Ladung $q = 1$ bezeichnen wir als *Greensche Funktion* $G(\boldsymbol{r}, \boldsymbol{r}_0)$:

$$\Delta G(\boldsymbol{r}, \boldsymbol{r}_0) = -4\pi\, \delta(\boldsymbol{r}-\boldsymbol{r}_0) \quad \text{in } V \quad \text{und} \quad G(\boldsymbol{r}, \boldsymbol{r}_0)\big|_{\boldsymbol{r}\in\mathrm{R}} = 0 \tag{8.11}$$

Die Lösung des ursprünglichen Problems (8.9) lautet

$$\Phi(\boldsymbol{r}) = \int d^3r'\ G(\boldsymbol{r}, \boldsymbol{r}')\, \varrho(\boldsymbol{r}') \tag{8.12}$$

Man überprüft leicht mit Hilfe von (8.11), dass dies Lösung von (8.9) ist.

Die Greensche Funktion G hängt von der Form der Begrenzung R ab. Wir betrachten zwei einfache Beispiele:

1. Es gebe keine Metallplatte; die Randbedingung lautet $\Phi(\infty) = 0$. Nach (3.24) lautet die Lösung von (8.11)

$$G(\boldsymbol{r}, \boldsymbol{r}_0) = \frac{1}{|\boldsymbol{r} - \boldsymbol{r}_0|} \tag{8.13}$$

Das Integral (8.12) wird zu

$$\Phi(\boldsymbol{r}) = \int d^3r' \, \frac{\varrho(\boldsymbol{r}')}{|\boldsymbol{r} - \boldsymbol{r}'|} \tag{8.14}$$

Dies ist die wohlbekannte Lösung (6.3).

2. Es gebe eine geerdete Metallplatte $x = 0$; die Randbedingung lautet $\Phi = 0$ für $x = 0$. Die Lösung (8.4) für eine Punktladung ergibt die Greensche Funktion dieses Problems

$$G(\boldsymbol{r}, \boldsymbol{r}_0) = \frac{1}{|\boldsymbol{r} - \boldsymbol{r}_0|} - \frac{1}{|\boldsymbol{r} - \boldsymbol{r}_1|} \quad \text{mit} \quad \boldsymbol{r}_1 = \boldsymbol{r}_0 - 2(\boldsymbol{r}_0 \cdot \boldsymbol{e}_x)\,\boldsymbol{e}_x \tag{8.15}$$

Das Integral (8.12) wird damit zu

$$\Phi(\boldsymbol{r}) = \int d^3r_0 \; \varrho(\boldsymbol{r}_0) \left(\frac{1}{|\boldsymbol{r} - \boldsymbol{r}_0|} - \frac{1}{|\boldsymbol{r} - \boldsymbol{r}_1|} \right) = \int d^3r' \; \frac{\varrho(\boldsymbol{r}') + \varrho_{\mathrm{B}}(\boldsymbol{r}')}{|\boldsymbol{r} - \boldsymbol{r}'|} \tag{8.16}$$

Diese Lösung kann man auch so beschreiben: Man zerlegt die gegebene Ladungsverteilung ϱ in einzelne Ladungselemente $dq = \varrho \, d^3r$. Dann ordnet man jedem Ladungselement dq eine Bildladung dq_{B} zu. Dadurch erhält man eine Bildladungsverteilung $\varrho_{\mathrm{B}}(\boldsymbol{r})$. Verglichen mit ϱ hat ϱ_{B} das umgekehrte Vorzeichen und ist an der Ebene $x = 0$ gespiegelt.

Kondensator

Wir betrachten ein System aus N Metallkörpern mit den Rändern R_i. Ladungen sind nur auf den Metallkörpern zugelassen. Dann lautet das Randwertproblem

$$\Delta\,\Phi(\boldsymbol{r}) = 0\,, \qquad \Phi\big|_{\mathrm{R}_i} = \Phi_i \quad (i = 1, ..., N), \qquad \Phi(\infty) = 0 \tag{8.17}$$

Die Form und Lage der Metallkörper, also die „Geometrie des Kondensatorproblems", betrachten wir im Folgenden als fest vorgegeben. Die Feldkonfiguration wird dann durch die N Potenzialwerte $\Phi_1, \ldots, \Phi_N$ bestimmt.

Wenn $\Phi(\boldsymbol{r})$ Lösung von (8.17) ist, dann ist $\alpha\,\Phi(\boldsymbol{r})$ die Lösung des Problems mit den Potenzialwerten $\alpha\,\Phi_i$ auf den Metallkörpern. In dem Problem mit $\alpha\,\Phi_i$ erhalten das Feld $\boldsymbol{E}(\boldsymbol{r})$, die Oberflächenladungen und die Ladungen Q_i auf den Körpern ebenfalls den Faktor α. Aus $\Phi_j \to \alpha\,\Phi_j$ folgt also $Q_i \to \alpha\,Q_i$. Daher muss zwischen den Q_i und den Φ_j ein *linearer* Zusammenhang gelten:

$$Q_i = \sum_{j=1}^{N} C_{ij}\,\Phi_j \tag{8.18}$$

Die Koeffizienten C_{ij} hängen nur von der vorgegebenen Geometrie ab. Die Feldkonfiguration kann auch durch die Ladungen Q_i festgelegt werden; die Φ_j können also auch als Funktionen der Q_j aufgefasst werden. Daher kann die Beziehung (8.18) nach den Φ_i aufgelöst werden; die zu $C = (C_{ij})$ inverse Matrix existiert.

Unter einem *Kondensator* im engeren Sinn versteht man eine Anordnung aus zwei Metallkörpern (Abbildung 8.2), die entgegengesetzt gleich große Ladungen tragen, also

$$N = 2, \qquad Q_1 = -Q_2 = Q \qquad \text{(Kondensator)} \tag{8.19}$$

Einfache Beispiele sind der Platten- und der Kugelkondensator, Abbildung 8.3. Für zwei Leiter sind im Allgemeinen zwei Potenzialwerte oder zwei Ladungswerte vorzugeben. Durch die weitere Einschränkung $Q_1 = -Q_2 = Q$ ist das Feld durch Vorgabe einer einzigen Größe, etwa Q, festgelegt. Die Potenzialdifferenz zwischen den beiden Metallkörpern bezeichnen wir als *Spannung* U:

$$U = \int_1^2 d\boldsymbol{r} \cdot \boldsymbol{E} = \Phi_1 - \Phi_2 \tag{8.20}$$

Multiplizieren wir das Potenzial $\Phi(\boldsymbol{r})$ mit einer Zahl α, so impliziert dies $Q \to \alpha\, Q$ und $U \to \alpha\, U$. Daraus folgt, dass Q und U linear voneinander abhängen,

$$Q = \text{const.} \cdot U = C\, U \tag{8.21}$$

Dies ist ein Spezialfall von (8.18). Die Größe C beschreibt die Aufnahmefähigkeit der Anordnung für Ladung und heißt daher *Kapazität*

$$C = \frac{Q}{U} \qquad \text{(Kapazität)} \tag{8.22}$$

Die so definierte Größe ist positiv; denn für $Q = Q_1 > 0$ ist $U = \Phi_1 - \Phi_2 > 0$. Die Definition (8.22) kann auch für einen einzigen Leiter 1 angewendet werden; dann ist die Spannung U gleich $\Phi_1 - \Phi(\infty) = \Phi_1$.

Wir bestimmen die Kapazität C eines Kondensators aus zwei konzentrischen Metallkugeln. Die Kugel 1 habe den Radius a, die Kugel 2 den Radius $b > a$, Abbildung 8.3. Aus der Kugelsymmetrie folgt $\Phi(\boldsymbol{r}) = \Phi(r)$ und somit $\boldsymbol{E}(\boldsymbol{r}) = E(r)\, \boldsymbol{e}_r$. Wir werten das Gaußsche Gesetz für eine Kugel mit dem Radius r aus und erhalten:

$$E(r) = \begin{cases} 0 & (r < a) \\ Q/r^2 & (a < r < b) \\ 0 & (r > b) \end{cases} \tag{8.23}$$

Mit $\Phi(\infty) = 0$ erhalten wir

$$\Phi(r) = \begin{cases} Q/a - Q/b & (r < a) \\ Q/r - Q/b & (a < r < b) \\ 0 & (r > b) \end{cases} \tag{8.24}$$

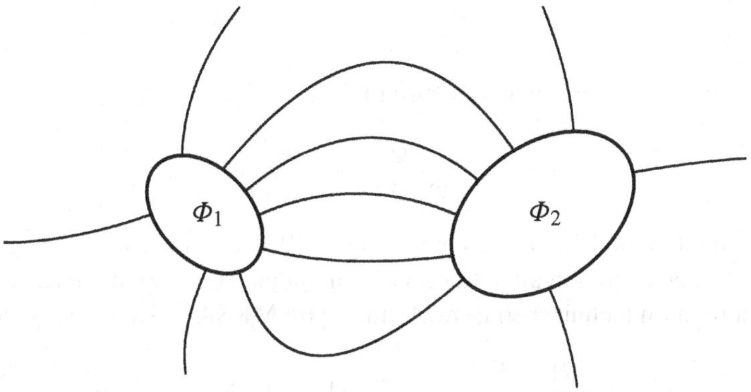

Abbildung 8.2 Schematisches Feldlinienbild zwischen zwei Metallkörpern mit Φ_1 = const. und Φ_2 = const. Zwischen den Körpern verdichten (condensare) sich die Feldlinien; eine solche Anordnung heißt daher Kondensator.

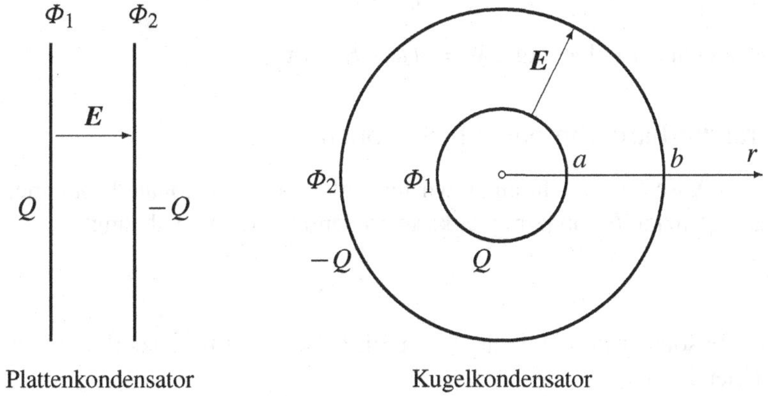

Abbildung 8.3 Unter einem Kondensator im engeren Sinn versteht man zwei Metallkörper mit den Ladungen $Q_1 = Q$ und $Q_2 = -Q$. Die Spannungsdifferenz $U = \Phi_1 - \Phi_2$ zwischen den Körpern bestimmt die Kapazität $C = Q/U$ der Anordnung. Für einfache Geometrien (wie Platten- und Kugelkondensator) kann das Feld des Kondensators und seine Kapazität C leicht angegeben werden.

Hieraus können wir die Potenzialwerte auf den Kugeln ablesen:

$$\Phi_1 = \frac{Q}{a} - \frac{Q}{b}, \qquad \Phi_2 = 0 \tag{8.25}$$

Die Kapazität (8.22) des Kugelkondensators ist

$$C = \frac{Q}{\Phi_1 - \Phi_2} = \frac{ab}{b-a} \tag{8.26}$$

Die Kapazität hat die Dimension einer Länge, $[C] = \text{cm}$; eine solche Angabe kann man auf Kondensatoren in alten Radiogeräten finden. Heute wird die Kapazität von Kondensatoren im technischen Bereich immer im MKSA-System angegeben:

$$[C] = \frac{[Q]}{[U]} = \frac{\text{C}}{\text{V}} = \text{F} = \text{Farad} \qquad \text{(MKSA-System)} \tag{8.27}$$

Eine Kapazität von $C = 1\,\text{cm}$ im Gaußsystem entspricht etwa einem Picofarad ($\text{pF} = 10^{-12}\,\text{F}$) im MKSA-System.

Aus (6.29) erhalten wir noch die potenzielle Energie W eines aufgeladenen Kondensators

$$\begin{aligned} W &= \frac{1}{2}\int d^3r\; \varrho(\boldsymbol{r})\, \Phi(\boldsymbol{r}) = \frac{1}{2}\big(Q_1\,\Phi_1 + Q_2\,\Phi_2\big) \\ &\overset{(8.19,8.20)}{=} \frac{Q\,U}{2} = \frac{Q^2}{2\,C} = \frac{C\,U^2}{2} \end{aligned} \tag{8.28}$$

Dies ist gleich der Feldenergie $W = \int d^3r\; \boldsymbol{E}^2/8\pi$.

Differenzierbare komplexe Funktionen

In diesem Abschnitt beschränken wir uns auf zweidimensionale Probleme, bei denen das Potenzial Φ von nur zwei kartesischen Koordinaten abhängt:

$$\Phi(\boldsymbol{r}) = \Phi(x, y) \tag{8.29}$$

Eine Reihe solcher Probleme lässt sich mit Hilfe von differenzierbaren komplexen Funktionen lösen.

Eine *komplexe* Funktion $f(z)$ kann in der Form

$$f(z) = f(x + \mathrm{i}\,y) = u(x, y) + \mathrm{i}\,v(x, y) \tag{8.30}$$

geschrieben werden. In diesem Abschnitt steht z nicht für die dritte kartesische Koordinate, sondern für $x + \mathrm{i}\,y$. Die komplexe Funktion besteht aus zwei reellen Funktionen $u(x, y)$ und $v(x, y)$, die von den reellen Variablen x und y abhängen.

Wir betrachten nun *differenzierbare* komplexe Funktionen. Für komplexe Funktionen $f(z)$ ist die Differenzierbarkeit eine relativ starke Einschränkung, denn der

Grenzwert des Differenzenquotienten $(f(z) - f(z_0))/(z - z_0)$ muss für beliebige Annäherungen $z \to z_0$ existieren und übereinstimmen. Wir betrachten speziell die Annäherungen parallel zur x- oder y-Achse:

$$\frac{df}{dz} = \lim_{\Delta z \to 0} \frac{\Delta f}{\Delta z} = \begin{cases} u_x + \mathrm{i}\, v_x & (\Delta z = \Delta x) \\ -\mathrm{i}\, u_y + v_y & (\Delta z = \mathrm{i}\, \Delta y) \end{cases} \tag{8.31}$$

Wir benutzen die Notation $u_x = \partial u / \partial x$. Damit die beiden angegebenen Grenzwerte übereinstimmen, muss

$$u_x = v_y \quad \text{und} \quad u_y = -v_x \tag{8.32}$$

gelten. Diese *Cauchy-Riemannschen Differenzialgleichungen* sind eine notwendige Bedingung für die Existenz der Ableitung von $f(z)$; sie folgen also aus der vorausgesetzten Differenzierbarkeit. Durch nochmalige Differenziation und Vertauschung der partiellen Ableitungen (u und v seien zweimal differenzierbar) erhalten wir

$$\Delta u = u_{xx} + u_{yy} = 0 \quad \text{und} \quad \Delta v = v_{xx} + v_{yy} = 0 \tag{8.33}$$

Damit liefert jede (zweimal) differenzierbare komplexe Funktion $f(z)$ eine Lösung der Laplacegleichung; die Funktion $f(z)$ heißt auch komplexes Potenzial. Aus

$$\operatorname{grad} u \cdot \operatorname{grad} v = u_x\, v_x + u_y\, v_y \overset{(8.32)}{=} 0 \tag{8.34}$$

folgt, dass die Linien $u = \text{const.}$ und $v = \text{const.}$ senkrecht aufeinander stehen. Für die Äquipotenziallinien $v = \text{const.}$ sind die zugehörigen Feldlinien $u = \text{const.}$ und umgekehrt. Durch Verschiebung in Richtung der dritten kartesischen Koordinate, von der das Potenzial (8.29) nicht abhängt, werden die Äquipotenziallinien zu Äquipotenzialflächen.

Als Beispiel betrachten wir das komplexe Potenzial

$$f(z) = z + \frac{1}{z} = u(x, y) + \mathrm{i}\, v(x, y) \tag{8.35}$$

Mit Ausnahme der Stelle $z = 0$ ist $f(z)$ beliebig oft differenzierbar. Die Feld- und Äquipotenziallinien (Abbildung 8.4) sind durch

$$u = x + \frac{x}{x^2 + y^2} = \text{const.}, \qquad v = y - \frac{y}{x^2 + y^2} = \text{const.} \tag{8.36}$$

gegeben. Die Äquipotenziallinie $v = 0$ besteht aus dem Kreis $x^2 + y^2 = 1$ und der x-Achse ($y = 0$). Der Kreis kann als Kontur eines Kreiszylinders interpretiert werden. In großer Entfernung vom Zylinder stellen $v \approx y = \text{const.}$ die Äquipotenziallinien eines homogenen elektrischen Felds dar. Daher vermittelt das komplexe Potenzial (8.35) die Lösung des Problems „leitender Kreiszylinder im homogenen Feld" (Abbildung 8.4).

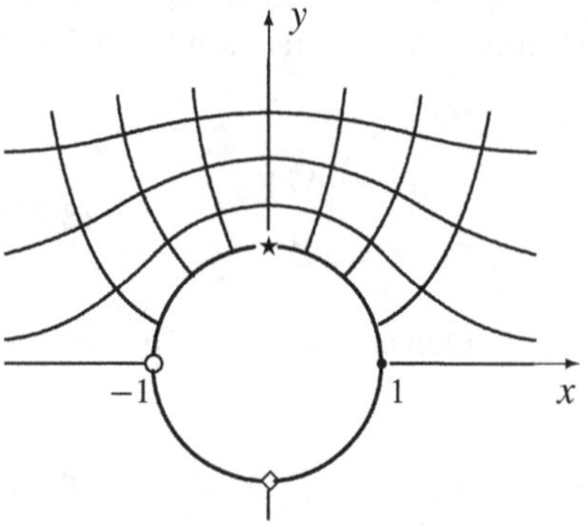

Abbildung 8.4 Für die Funktion $f(z) = z + 1/z = u(x, y) + \mathrm{i}\, v(x, y)$ sind die Linien $v(x, y) = \text{const.}$ und $u(x, y) = \text{const.}$ skizziert. Die Linien $v = \text{const.}$ sind asymptotisch waagerecht und schmiegen sich bei kleineren Abständen an den Kreis an. Sie können als Äquipotenziallinien des Problems „Leitender Kreiszylinder im homogenen Feld“ interpretiert werden. Die dazu senkrechten Linien $u = \text{const.}$ sind dann die Feldlinien.

Eine komplexe Funktion $f = u(x, y) + \mathrm{i}\, v(x, y)$ ordnet jedem Punkt der x-y-Ebene einen Punkt der u-v-Ebene zu. Die Funktion kann daher als Abbildung der x-y-Ebene in die u-v-Ebene aufgefasst werden. Für *differenzierbare* Funktionen ist diese Abbildung *konform*, das heißt bei ihr bleiben Winkel (nicht aber Abstände) erhalten. Durch konforme Abbildungen können gezielt bestimmte Konturen in andere umgeformt werden.

Die Methode der konformen Abbildungen wurde hier nur sehr knapp vorgestellt. Sie hat mit der allgemeinen Verfügbarkeit leistungsfähiger Computer an Bedeutung verloren. (Allerdings kann es sinnvoll sein, numerische Verfahren mit analytischen Lösungen – etwa für Teilbereiche – zu kombinieren).

Potenzialströmung

Die Strömung einer Flüssigkeit oder eines Gases kann durch ein Geschwindigkeitsfeld $\boldsymbol{v}(\boldsymbol{r}, t)$ beschrieben werden. Im stationären Fall gilt $\boldsymbol{v} = \boldsymbol{v}(\boldsymbol{r})$. Bei hinreichend kleinen Strömungsgeschwindigkeiten stellt sich eine wirbelfreie Strömung ein, das heißt

$$\operatorname{rot} \boldsymbol{v}(\boldsymbol{r}) = 0 \tag{8.37}$$

Die Flüssigkeit sei inkompressibel, das heißt ihre Massendichte sei konstant, $\varrho_{\text{mat}} = \text{const.}$ Aus der Kontinuitätsgleichung $\dot{\varrho}_{\text{mat}} + \operatorname{div}(\varrho_{\text{mat}} \boldsymbol{v}) = 0$ folgt dann im stationären Fall

$$\operatorname{div} \boldsymbol{v}(\boldsymbol{r}) = 0 \tag{8.38}$$

Die Feldgleichungen (8.37) und (8.38) haben dieselbe Form wie die der Elektrostatik im quellfreien Bereich. Eine Inhomogenität in (8.38) entspräche einer Quelle, also einem Zufluss. Die Begriffe „Quellen“ und „Wirbel“ des Vektorfelds (formal durch die Divergenz und Rotation definiert) finden eine anschauliche Deutung in der Flüssigkeitsströmung.

Wegen (8.37) können wir ein Geschwindigkeitspotenzial $\Phi(\boldsymbol{r})$ einführen:

$$\boldsymbol{v} = \operatorname{grad} \Phi(\boldsymbol{r}) \tag{8.39}$$

Damit wird (8.38) zur Laplacegleichung $\Delta\Phi = 0$. Wir betrachten die Umströmung von Konturen, etwa eines Tragflügelprofils. Ein solches Profil bedeutet einen Rand R für das Volumen V, in dem Φ zu bestimmen ist. Am Rand R muss offenbar die Normalkomponente v_{normal} der Geschwindigkeit null sein. Damit erhalten wir ein Potenzialproblem mit einer speziellen Neumannschen Randbedingung:

$$\Delta\Phi(\boldsymbol{r}) = 0 \quad \text{in } V, \qquad \left.\frac{\partial\Phi}{\partial n}\right|_{\text{R}} = 0 \tag{8.40}$$

Die Lösung eines Potenzialproblems der Elektrostatik kann als Lösung eines Strömungsproblems interpretiert werden. Abbildung 8.4 stellt etwa die wirbelfreie Strömung um den Kreiszylinder mit dem Profil $x^2 + y^2 = 1$ dar. Dazu interpretiert man die Äquipotenziallinien als die *Stromlinien*, entlang denen sich Flüssigkeitselemente bewegen. (Falls man dagegen die Feldlinien in Abbildung 8.4 als Stromlinien nimmt, dann muss die Oberfläche des Zylinders eine entsprechende Quelle der Flüssigkeit sein).

Aufgaben

8.1 Punktladung vor geerdeten Metallplatten

Das Volumen

$$V = \{\boldsymbol{r} : 0 \le x \le \infty,\ 0 \le y \le \infty,\ -\infty \le z \le \infty\}$$

ist bei $x = 0$ und $y = 0$ durch geerdete Metallplatten begrenzt. Innerhalb von V befindet sich eine Punktladung q.

Bestimmen Sie das Potenzial $\Phi(\boldsymbol{r})$ in V (mit Hilfe von Bildladungen). Berechnen Sie die Flächenladungsdichte und die Gesamtladung auf den Platten. Welche Kraft wirkt auf die Punktladung?

8.2 Punktladung vor Metallkugel

Außerhalb einer geerdeten, leitenden Hohlkugel (Radius R, Zentrum $\boldsymbol{r} = 0$) befindet sich eine Punktladung q_1 bei $\boldsymbol{r}_1$. Berechnen Sie das Potenzial im Innen- und Außenraum der Kugel. Verwenden Sie hierzu eine geeignete Bildladung q_2 bei $\boldsymbol{r}_2$. Berechnen Sie die Ladungsdichte und die Gesamtladung auf der Kugeloberfläche. Welche Kraft wirkt zwischen Punktladung und Kugel? Was ändert sich, wenn die Ladung innerhalb der Kugel ist?

Welche Lösung ergibt sich, wenn das Potenzial auf der Kugeloberfläche einen endlichen Wert $\Phi_0 = \Phi(R) - \Phi(\infty) \neq 0$ hat?

8.3 Kugelkondensator

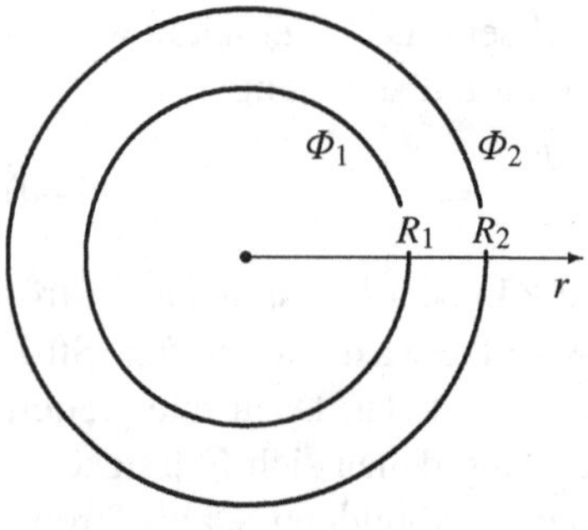

Zwei konzentrische Metallkugelschalen mit den Radien R_1 und R_2 haben die Potenzialwerte Φ_1 und Φ_2 (es gelte $\Phi(\infty) = 0$). Bestimmen Sie das Potenzial $\Phi(r)$ im gesamten Raum. Welche Ladungen Q_1 und Q_2 befinden sich auf den Kugeln?

Spezialisieren Sie das Ergebnis auf einen Kugelkondensator mit $Q_1 = -Q_2 = Q$ und $U = \Phi_1 - \Phi_2$, und geben Sie dessen Kapazität $C = Q/U$ an.

Welche Kapazität erhält man für eine einzelne Metallkugel?

Betrachten Sie den Spezialfall $d = R_2 - R_1 \ll R_1$ und vergleichen Sie die Kapazität mit der eines Plattenkondensators ($C_{\text{Platte}} = A_{\text{C}}/(4\pi d)$ ohne Randeffekte).

Zeigen Sie, dass die Kapazität von 1 cm im Gaußsystem ungefähr einem Picofarad im MKSA-System entspricht.

8.4 Plattenkondensator auf dem Gitter

Bestimmen Sie das Feld eines Plattenkondensators numerisch auf dem Gitter:

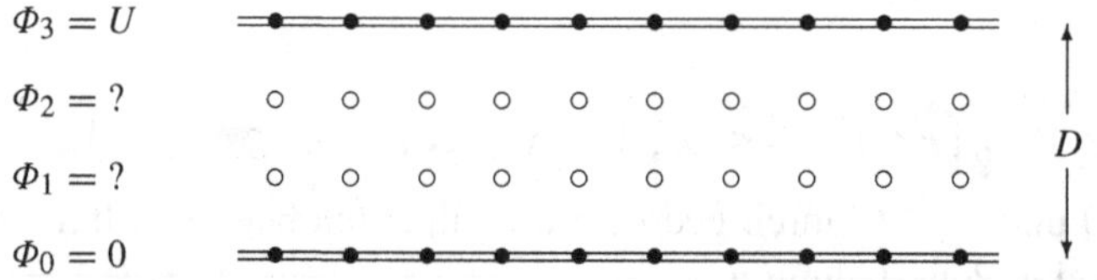

Parallel zu den Platten sei der Kondensator unendlich weit ausgedehnt. Auf den Randpunkten (•) des Gitters sind die Potenzialwerte vorgegeben, an den inneren Punkten (∘) soll das Potenzial bestimmt werden. Bestimmen Sie die numerische Lösung für ein Gitter mit dem Gitterabstand $d = D/N$ (in der Abbildung ist $d = D/3$ gezeigt), und vergleichen Sie sie mit der exakten Lösung.

8.5 Komplexes Potenzial

Berechnen und skizzieren Sie die Äquipotenzial- und Feldlinien des komplexen Potenzials

$$f(z) = \ln \frac{z-a}{z+a}$$

Geben Sie eine physikalische Interpretation an.

8.6 Potenzialströmung um eine bewegte Kugel

Eine Kugel (Masse M, Radius R) bewegt sich mit der konstanten Geschwindigkeit $\boldsymbol{v}_0$ durch eine inkompressible Flüssigkeit (Dichte ϱ_0). Der Vektor $\boldsymbol{r}_0 = \boldsymbol{v}_0\, t$ gibt den Mittelpunkt der Kugel an. Eine wirbelfreie Strömung kann durch ein Geschwindigkeitsfeld $\boldsymbol{v}(\boldsymbol{r}) = \mathrm{grad}\, \Phi(\boldsymbol{r})$ beschrieben werden. Zeigen Sie, dass der Ansatz

$$\Phi(\boldsymbol{r}, t) = \boldsymbol{c} \cdot \nabla\, \frac{1}{r'} \quad \text{mit } \boldsymbol{r}' = \boldsymbol{r} - \boldsymbol{v}_0\, t$$

folgende Bedingungen erfüllt:

$$\Delta \Phi(\boldsymbol{r}, t) = 0 \quad \text{in } V \qquad \text{und} \qquad \boldsymbol{v}' \cdot \boldsymbol{e}_{r'} = 0 \quad \text{auf R}$$

Dabei ist V das Volumen außerhalb der Kugel, und R ist die Kugeloberfläche. Die zweite Bedingung bezieht sich auf das Ruhsystem der Kugel (durch die Striche angezeigt). Von der Kugel aus gesehen muss die Normalkomponente der Geschwindigkeit auf dem Rand verschwinden; dies legt auch den konstanten Vektor $\boldsymbol{c}$ fest.

Die mit der Bewegung verknüpfte kinetische Energie ist von der Form $E = E_{\text{Kugel}} + E_{\text{Flüss}} = M_{\text{eff}}\, \boldsymbol{v}_0^2/2$ und besteht aus den Beiträgen der Kugel $E_{\text{Kugel}} = M\, \boldsymbol{v}_0^2/2$ *und* der Flüssigkeit. Berechnen Sie die effektive Masse M_{eff} der Kugel.

8.7 Wärmeleitungsgleichung

Für das Temperaturfeld $T(\boldsymbol{r}, t)$ gilt die Wärmeleitungsgleichung

$$\frac{\partial T(\boldsymbol{r}, t)}{\partial t} = \kappa'\, \Delta T(\boldsymbol{r}, t)$$

mit einer materialabhängigen Konstanten κ'. Im statischen Fall reduziert sich dies auf die Laplacegleichung $\Delta T(\boldsymbol{r}) = 0$.

Auf zwei parallelen, unendlich ausgedehnten Platten im Abstand D seien die Temperaturen T_1 und T_2 vorgegeben. Das Medium zwischen den Platten sei homogen. Geben Sie den Temperaturverlauf zwischen den Platten an, der sich im statischen Fall durch Wärmeleitung einstellt.

9 Legendrepolynome

Der Laplaceoperator kommt in vielen Gleichungen der Physik vor; zum Beispiel in der Schrödingergleichung, in der Diffusionsgleichung, in klassischen Wellengleichungen oder in der Gleichung für wirbelfreie Strömung. Die Lösung der Laplacegleichung

$$\Delta\Phi(\boldsymbol{r}) = 0 \qquad \text{(Laplacegleichung)} \tag{9.1}$$

hat daher Modellcharakter für die Lösung partieller Differenzialgleichungen in der Physik. Wir untersuchen die Lösung der Laplacegleichung für Kugelkoordinaten. Dabei ergeben sich die Legendrepolynome (dieses Kapitel) und die Kugelfunktionen (Kapitel 11).

Vollständige, orthogonale Funktionensätze

Im Zusammenhang mit der Lösung von (9.1) führen wir Funktionen (Legendrepolynome, Kugelfunktionen) ein, die einen *vollständigen Satz orthonormierter Funktionen* (VONS) bilden. Wir stellen zunächst einige wesentliche Eigenschaften von VONS zusammen.

Wir betrachten Funktionen $g(x)$, $h(x)$, ..., die im Intervall (a, b) definiert sind. Jeweils zwei dieser Funktionen ordnen wir eine Zahl zu:

$$(g, h) = (h, g) = \int_a^b dx\; g(x)\, h(x) \tag{9.2}$$

Diese Größe wird als *Skalarprodukt* bezeichnet. Für eine kartesische Koordinate kann $(a, b) = (-\infty, +\infty)$ sein, für die Winkelkoordinate $x = \phi$ gilt dagegen $(a, b) = (0, 2\pi)$. Außerdem lassen wir zu, dass x die Abkürzung für mehrere Variable ist, zum Beispiel für drei kartesische Koordinaten.

Falls $(g, h) = 0$, nennen wir die Funktionen g und h *orthogonal*. Falls $(g, g) = 1$, heißt die Funktion g *normiert*. Ein abzählbarer Satz (S) von Funktionen

$$\{f_n\} = (f_1, f_2, f_3, \ldots) \tag{9.3}$$

heißt *orthonormiert* (ON), falls

$$(f_n, f_{n'}) = \delta_{nn'} \tag{9.4}$$

T. Fließbach, *Elektrodynamik*, https://doi.org/10.1007/978-3-662-64889-6_9

Wir setzen im Folgenden voraus, dass (9.3) ein ONS ist. Ein Satz von Funktionen heißt *vollständig* (V), wenn alle in (a, b) definierten und stetigen Funktionen in der Form

$$g(x) = \sum_{n=1}^{\infty} a_n\, f_n(x) \tag{9.5}$$

dargestellt werden können. (Genauer: $\int dx\, |g(x) - \sum a_n\, f_n(x)|$ kann beliebig klein gemacht werden.) Wir multiplizieren (9.5) mit $f_m(x)$, integrieren von a bis b und verwenden (9.4). Daraus erhalten wir die Entwicklungskoeffizienten

$$a_m = (g, f_m) = (f_m, g) \tag{9.6}$$

Durch Einsetzen von (9.6) in (9.5) erhält man

$$g(x) = \sum_{n=1}^{\infty} (g, f_n)\, f_n(x) = \int_a^b dx'\, g(x') \sum_{n=1}^{\infty} f_n(x')\, f_n(x) \tag{9.7}$$

Damit dies für beliebige Funktionen $g(x)$ gilt, muss

$$\sum_{n=1}^{\infty} f_n(x)\, f_n(x') = \delta(x - x') \qquad \text{(Vollständigkeitsrelation)} \tag{9.8}$$

sein. Hieraus folgt (9.5) für beliebige g, also die Vollständigkeit des Funktionensatzes.

Ein Beispiel für die hier diskutierten Beziehungen ist die Fourierreihe. Jede Funktion $g(x)$ kann im Intervall $(a, b) = (0, L)$ nach dem VONS

$$\{f_n\} = \sqrt{\frac{2}{L}} \left(\frac{1}{\sqrt{2}},\ \sin\frac{2\pi x}{L},\ \cos\frac{2\pi x}{L},\ \sin\frac{4\pi x}{L},\ \cos\frac{4\pi x}{L},\ \sin\frac{6\pi x}{L},\ \ldots \right) \tag{9.9}$$

entwickelt werden. Wenn $g(x) = g(x + L)$ gilt, dann ist die Darstellung $g(x) = \sum a_n\, f_n(x)$ auch außerhalb des Intervalls (a, b) gültig. Meist betrachtet man die Fourierentwicklung von vornherein nur für solche periodischen Funktionen.

Ein verwandtes Beispiel ist der VONS

$$\{f_n\} = \sqrt{\frac{2}{L}} \left(\sin\frac{\pi x}{L},\ \sin\frac{2\pi x}{L},\ \sin\frac{3\pi x}{L},\ \ldots \right) \tag{9.10}$$

für Funktionen $g(x)$, die im Intervall $(a, b) = (0, L)$ definiert sind und für die $g(0) = g(L) = 0$ gilt. Die Funktionen (9.10) beschreiben zum Beispiel auch die Eigenschwingungen eines Hohlraumresonators, Abbildung 21.2. In der Quantenmechanik sind (9.10) die normierten Eigenfunktionen des unendlich hohen Potenzialtopfs, Kapitel 11 in [3].

Die aufgezeigten mathematischen Strukturen sind die eines normierten, vollständigen Vektorraums (Banach-Raum). Tabelle 9.1 zeigt die Analogien zum gewöhnlichen dreidimensionalen Vektorraum auf.

Tabelle 9.1 Die im ersten Abschnitt dieses Kapitels diskutierten Strukturen sind die eines normierten, vollständigen Vektorraums. In der Tabelle sind die sich entsprechenden Relationen für gewöhnliche Vektoren und für Funktionen gegenübergestellt. Anstelle von drei Dimensionen des gewöhnlichen Vektorraums hat der Funktionenraum unendlich viele Dimensionen.

Vektoren	Bezeichnung	Funktionen
$\boldsymbol{r}$	Vektor	$g(x)$
$\{\boldsymbol{e}_n\}$	Basis	$\{f_n(x)\}$
$(\boldsymbol{e}_n \cdot \boldsymbol{e}_{n'}) = \delta_{nn'}$	Orthonormierung	$(f_n, f_{n'}) = \delta_{nn'}$
$\boldsymbol{r} = \sum_{n=1}^{3} a_n\, \boldsymbol{e}_n$	Entwicklung	$g(x) = \sum_{n=1}^{\infty} a_n\, f_n(x)$
$a_n = (\boldsymbol{e}_n \cdot \boldsymbol{r})$	Entwicklungs-koeffizienten	$a_n = (f_n, g)$
$\boldsymbol{r} := \begin{pmatrix} a_1 \\ a_2 \\ a_3 \end{pmatrix}$	Darstellung durch Spaltenvektor	$g(x) := \begin{pmatrix} a_1 \\ a_2 \\ a_3 \\ \vdots \end{pmatrix}$
$\sum \boldsymbol{e}_n \circ \boldsymbol{e}_n = 1$	Vollständigkeit	$\sum f_n(x)\, f_n(x') = \delta(x - x')$

Legendrepolynome

Wir schreiben die Laplacegleichung $\Delta\Phi = 0$ in Kugelkoordinaten r, θ und ϕ an:

$$\frac{1}{r}\,\frac{\partial^2}{\partial r^2}\big(r\,\Phi\big) + \frac{1}{r^2\,\sin\theta}\,\frac{\partial}{\partial\theta}\left(\sin\theta\,\frac{\partial\Phi}{\partial\theta}\right) + \frac{1}{r^2\,\sin^2\theta}\,\frac{\partial^2\Phi}{\partial\phi^2} = 0 \qquad (9.11)$$

Der Separationsansatz

$$\Phi(r,\theta,\phi) = \frac{U(r)}{r}\,P(\cos\theta)\,Q(\phi) \qquad (9.12)$$

schränkt die Form der Lösungen zunächst ein. Die allgemeine Lösung kann jedoch als Linearkombination aus den Lösungen aufgebaut werden, die wir mit der Form (9.12) erhalten. Auch für andere Koordinaten (etwa kartesische oder Zylinderkoordinaten) führt ein Separationsansatz zur allgemeinen Lösung.

Das Herausziehen eines Faktors $1/r$ im Ansatz (9.12) und die Verwendung des Arguments $\cos\theta$ anstelle von θ dient der späteren Vereinfachung. Wir setzen (9.12) in (9.11) ein:

$$\frac{PQ}{r}\,\frac{d^2U}{dr^2}+UQ\,\frac{1}{r^3\sin\theta}\,\frac{d}{d\theta}\left(\sin\theta\,\frac{dP}{d\theta}\right)+\frac{UP}{r^3\,\sin^2\theta}\,\frac{d^2Q}{d\phi^2}=0 \qquad (9.13)$$

Wir multiplizieren dies mit $r^3\sin^2\theta$ und dividieren durch $U\,P\,Q$:

$$\frac{1}{Q}\,\frac{d^2Q}{d\phi^2}=-r^2\sin^2\theta\,\frac{1}{U}\,\frac{d^2U}{dr^2}-\frac{\sin\theta}{P}\,\frac{d}{d\theta}\left(\sin\theta\,\frac{dP}{d\theta}\right) \qquad (9.14)$$

Die linke Seite hängt nicht von r oder θ ab, und die rechte Seite hängt nicht von ϕ ab. Also müssen beide Seiten gleich einer koordinatenunabhängigen Größe sein. Diese Größe wird *Separationskonstante* genannt; wir bezeichnen sie mit $-m^2$. Für die linke Seite erhalten wir damit

$$Q''+m^2\,Q=0, \quad \text{also} \quad Q(\phi)=Q_m(\phi)=\exp(\mathrm{i}m\phi) \qquad (9.15)$$

Der Raumpunkt (r,θ,ϕ) ist identisch mit $(r,\theta,\phi+2\pi)$. Die Funktion $\Phi(r,\theta,\phi)$ muss daher für beide Argumente denselben Wert haben, also

$$Q_m(\phi+2\pi)=Q_m(\phi) \quad \longrightarrow \quad m=0,+1,-1,+2,-2,\ldots \qquad (9.16)$$

Hieraus folgt, dass m ganzzahlig ist. Die zweite unabhängige Lösung der Differenzialgleichung in (9.15) ist $\exp(-\mathrm{i}m\phi)$; wir berücksichtigen sie, indem wir positive und negative m-Werte zulassen. Äquivalent zu den beiden Lösungen $\exp(\pm\mathrm{i}m\phi)$ sind $\sin(m\phi)$ und $\cos(m\phi)$.

Wir setzen nun die rechte Seite von (9.14) gleich $-m^2$ und teilen durch $\sin^2\theta$. Dies ergibt

$$\frac{r^2}{U}\,\frac{d^2U}{dr^2}=-\frac{1}{P\,\sin\theta}\,\frac{d}{d\theta}\left(\sin\theta\,\frac{dP}{d\theta}\right)+\frac{m^2}{\sin^2\theta} \qquad (9.17)$$

Die linke Seite ist unabhängig von θ und die rechte Seite ist unabhängig von r. Also müssen beide Seiten gleich einer neuen Separationskonstanten λ sein. Hieraus erhalten wir zwei gewöhnliche Differenzialgleichungen für $U(r)$ und $P(\cos\theta)$. Die Differenzialgleichung für $P(x)=P(\cos\theta)$ schreiben wir mit der Variablen x an:

$$x=\cos\theta\,, \qquad \frac{d}{dx}=-\frac{1}{\sin\theta}\,\frac{d}{d\theta} \qquad (9.18)$$

Damit haben wir aus $\Delta\Phi=0$ mit dem Ansatz $\Phi=UPQ/r$ folgende Gleichungen für U, P und Q erhalten:

$$\frac{d^2U}{dr^2}-\frac{\lambda}{r^2}\,U(r)=0 \qquad (9.19)$$

$$\frac{d}{dx}\left(\left(1-x^2\right)\frac{dP}{dx}\right)+\left(\lambda-\frac{m^2}{1-x^2}\right)P(x)=0 \qquad (9.20)$$

$$Q(\phi)=\exp(\mathrm{i}m\phi)\,, \qquad m=0,\pm1,\pm2,\pm3,\ldots \qquad (9.21)$$

Wir beschränken uns in diesem Kapitel auf den Fall, dass die Lösung nicht von ϕ abhängt, also auf

$$m = 0 \qquad \text{(Zylindersymmetrie)} \tag{9.22}$$

Die Lösungen mit $m \neq 0$ werden in Kapitel 11 angegeben. Für $m = 0$ ist das Potenzial Φ zylindersymmetrisch. Dann wird (9.20) zu

$$\left(1 - x^2\right) P'' - 2x\, P' + \lambda\, P = 0 \qquad \begin{array}{l}\text{(Differenzialgleichung}\\ \text{der Legendrepolynome)}\end{array} \tag{9.23}$$

Als Lösung dieser Differenzialgleichung werden wir die Legendrepolynome erhalten.

Rekursionsformel

Da die Koeffizienten der Differenzialgleichung (9.23) nur Potenzen von x enthalten, liegt es nahe, die Lösung als Potenzreihe anzusetzen:

$$P(x) = \sum_{k=0}^{\infty} a_k\, x^k \qquad (-1 \leq x \leq 1) \tag{9.24}$$

Der angegebene x-Bereich ergibt sich aus $x = \cos\theta$. Wir setzen (9.24) in (9.23) ein:

$$\sum_{k=0}^{\infty} \Big(a_{k+2}\,(k+2)(k+1) - a_k\,(k-1)k - 2\,k\,a_k + \lambda\, a_k \Big)\, x^k = 0 \tag{9.25}$$

Damit diese Gleichung für alle x erfüllt ist, muss der Koeffizient von jeder Potenz x^k verschwinden, also

$$a_{k+2} = \frac{k(k+1) - \lambda}{(k+2)(k+1)}\; a_k \tag{9.26}$$

Bei Vorgabe von a_0 und a_1 bestimmt diese *Rekursionsformel* alle anderen Koeffizienten:

$$\begin{array}{lcl} \text{Vorgabe von } a_0 & \longrightarrow & a_2,\ a_4,\ a_6,\ \ldots \\ \text{Vorgabe von } a_1 & \longrightarrow & a_3,\ a_5,\ a_7,\ \ldots \end{array} \tag{9.27}$$

Für sehr großes k erhalten wir aus (9.26)

$$\frac{a_{k+2}}{a_k} \stackrel{k\to\infty}{\longrightarrow} 1 \quad \text{also} \quad a_k \stackrel{k\to\infty}{\longrightarrow} \text{const.} \tag{9.28}$$

Für $a_k \to$ const. enthält die Potenzreihe (9.24) für große n den Beitrag $P = \ldots + \text{const.} \cdot (x^n + x^{n+2} + x^{n+4} + \ldots)$. Falls const. $\neq 0$, divergiert diese Summe für $x = 1$. Diese Singularität kann nur vermieden werden, *wenn die Potenzreihe abbricht*. Die durch (9.27) und (9.26) definierte Folge bricht ab, wenn entweder der Startwert (a_0 oder a_1) verschwindet, oder wenn der Zähler in (9.26) für ein bestimmtes k verschwindet, also wenn $\lambda = k\,(k+1)$. Da jede der beiden Folgen (9.27) wegen

(9.28) zu einer Singularität führen würde, müssen beide Folgen abbrechen. Dies ist nur möglich, falls

$$\lambda = l\,(l+1), \qquad l = \begin{cases} 0, 2, 4, \ldots & \text{und} \quad a_1 = 0 \\ 1, 3, 5, \ldots & \text{und} \quad a_0 = 0 \end{cases} \tag{9.29}$$

Für geradzahliges l bricht die erste Folge in (9.27) ab, für ungeradzahliges die zweite. Die jeweils andere Folge muss durch die Wahl $a_1 = 0$ oder $a_0 = 0$ zum Verschwinden gebracht werden. Danach sind entweder nur gerad- oder nur ungeradzahlige Koeffizienten ungleich null. Die Lösung ist damit von der Form

$$P_l(x) = \sum_{k=l,l-2,l-4,\ldots} a_k\, x^k \tag{9.30}$$

Der niedrigste vorkommende Koeffizient (a_0 oder a_1) kann zunächst beliebig gewählt werden, denn die Differenzialgleichung (9.23) legt die Normierung der Lösung nicht fest. Als Konvention verlangen wir

$$P_l(1) = 1 \tag{9.31}$$

Als Beispiel konstruieren wir $P_3(x)$. Für ungerades l ist $a_0 = 0$ zu wählen; daraus folgt $a_2 = a_4 = \ldots = 0$. Der Koeffizient a_1 ist zunächst beliebig ($a_1 \neq 0$). Aus der Rekursionsformel folgt

$$a_3 = \frac{1(1+1) - 3(3+1)}{(1+2)(1+1)}\, a_1 = -\frac{5}{3}\, a_1\,, \qquad a_5 = \frac{3(3+1) - 3(3+1)}{(3+2)(3+1)}\, a_3 = 0 \tag{9.32}$$

und $a_5 = a_7 = \ldots = 0$. Damit erhalten wir

$$P_3(x) = a_1 \left(x - \frac{5}{3}\, x^3 \right) \tag{9.33}$$

Aus (9.31) folgt dann $a_1 = -3/2$.

Eine Differenzialgleichung zweiter Ordnung wie (9.23) hat in der Regel zwei unabhängige Lösungen. Für (9.23) haben wir aber für ein bestimmtes λ nur eine Lösung erhalten. Dies liegt daran, dass die zweite unabhängige Lösung bei $x = 1$ irregulär ist; solche Lösungen haben wir in unserer Ableitung ausgeschlossen. Die hier nicht angegebenen irregulären Lösungen heißen Legendrepolynome 2. Art. Solche Lösungen können in physikalischen Problemen dann auftreten, wenn die Stelle $x = 1$ (also die z-Achse) nicht zu dem Bereich gehört, in dem $\Delta\Phi = 0$ gilt.

Explizite Ausdrücke

Die durch (9.30) mit (9.26) definierten Polynome heißen *Legendrepolynome* $P_l(x)$. Sie können in folgender geschlossener Form dargestellt werden:

$$\boxed{P_l(x) = \frac{1}{2^l\, l!}\, \frac{d^l}{dx^l}\, \left(x^2 - 1\right)^l \qquad \text{Legendrepolynome}} \tag{9.34}$$

Hierdurch ist offensichtlich ein Polynom vom Grad l gegeben, das nur gerade oder nur ungerade Potenzen enthält. In der Aufgabe 9.3 wird gezeigt, dass die so definierten $P_l(x)$ die Differenzialgleichung (9.23) erfüllen.

Die niedrigsten Polynome lauten

$$\begin{aligned} &P_0 = 1\,, \qquad P_1 = x\,, \qquad P_2 = \frac{1}{2}\left(3x^2 - 1\right) \\ &P_3 = \frac{1}{2}\left(5x^3 - 3x\right), \qquad P_4 = \frac{1}{8}\left(35\,x^4 - 30\,x^2 + 3\right) \end{aligned} \tag{9.35}$$

Orthogonalität

Wir beweisen, dass die Legendrepolynome im Intervall $[-1, 1]$ orthogonal sind, dass also das Skalarprodukt $(P_l, P_{l'})$ für $l \neq l'$ verschwindet. Dazu schreiben wir (9.23) in der Form einer Eigenwertgleichung des Differenzialoperators D_{op} an:

$$D_{\text{op}}\,P_l = -l\,(l+1)\,P_l \quad \text{mit} \quad D_{\text{op}} = \frac{d}{dx}\left(\left(1 - x^2\right)\frac{d}{dx}\right) \tag{9.36}$$

Wir bilden das Skalarprodukt dieser Gleichung mit $P_{l'}$ und schreiben außerdem die entsprechende Gleichung mit vertauschtem l und l' an:

$$\begin{aligned} (P_{l'},\, D_{\text{op}}\,P_l) &= -l\,(l+1)\,(P_{l'},\, P_l) \\ (P_l,\, D_{\text{op}}\,P_{l'}) &= -l'(l'+1)\,(P_l,\, P_{l'}) \end{aligned} \tag{9.37}$$

Im Skalarprodukt kann der Differenzialoperator D_{op} durch partielle Integration auf die andere Seite umgewälzt werden. Daher sind die linken Seiten in (9.37) gleich. Daraus folgt

$$\big[l'(l'+1) - l\,(l+1)\big]\big(P_l,\, P_{l'}\big) = 0 \tag{9.38}$$

Für $l \neq l'$ gilt also $(P_l, P_{l'}) = 0$; die Polynome sind orthogonal. In Aufgabe 9.4 wird $(P_l, P_l) = 2/(2l+1)$ gezeigt. Damit gilt

$$(P_l,\, P_{l'}) = \int_{-1}^{1} dx\; P_l(x)\, P_{l'}(x) = \frac{2}{2l+1}\,\delta_{ll'} \tag{9.39}$$

Vollständigkeit

Die Funktionen

$$\left\{\sqrt{\frac{2l+1}{2}}\;P_l(x)\right\} \qquad \text{(VONS der Legendrepolynome)} \tag{9.40}$$

bilden einen vollständigen orthonormierten Satz. Die Orthonormierung folgt aus (9.39). Die Vollständigkeit ist plausibel: Jede Potenz x^n lässt sich als Linearkombination der $P_l(x)$ mit $l \leq n$ darstellen. Damit ist der Funktionensatz vollständig für jede Funktion $f(x)$, deren Taylorreihe im Intervall $(-1, 1)$ konvergiert.

Funktionen $f(\theta)$, die im Bereich $0 \le \theta \le \pi$ definiert sind, können nach den Legendrepolynomen entwickelt werden:

$$f(\theta) = \sum_{l=0}^{\infty} a_l \, P_l(\cos\theta) \tag{9.41}$$

Wenn man diese Gleichung mit $P_n(\cos\theta)$ multipliziert, über θ integriert und (9.39) verwendet, dann erhält man die Entwicklungskoeffizienten

$$a_n = \frac{2n+1}{2} \int_{-1}^{+1} d(\cos\theta)\; f(\theta)\; P_n(\cos\theta) \tag{9.42}$$

Setzt man diese Koeffizienten wieder in (9.41) ein, so kann man die Vollständigkeitsrelation ablesen:

$$\sum_{l=0}^{\infty} \frac{2l+1}{2}\, P_l(x)\, P_l(x') = \delta(x-x') = \delta(\cos\theta - \cos\theta') \tag{9.43}$$

Aufgaben

9.1 Vollständigkeitsrelation für Sinusfunktionen

Betrachten Sie das orthonormierte Funktionensystem

$$\left\{\sqrt{\frac{2}{L}}\,\sin\left(\frac{n\,\pi\,x}{L}\right)\right\}, \qquad n = 1, 2, 3\ldots \qquad \text{und} \qquad x \in [0, L]$$

Überprüfen Sie mit Hilfe von (3.44) die Vollständigkeitsrelation

$$\frac{2}{L}\sum_{0}^{\infty}\sin\left(\frac{n\,\pi\,x}{L}\right)\sin\left(\frac{n\,\pi\,x'}{L}\right) = \delta(x-x')$$

9.2 Legendrepolynome aus der Rekursionsformel

Bestimmen Sie die Legendrepolynome $P_4(x)$ und $P_5(x)$ aus der Rekursionsformel

$$a_{k+2} = \frac{k(k+1) - l\,(l+1)}{(k+1)(k+2)}\,a_k$$

und aus der Normierung $P_l(1) = 1$.

9.3 Legendresche Differenzialgleichung

Zeigen Sie, dass die Legendrepolynome

$$P_l\,(x) = \frac{1}{2^l\,l!}\,\frac{d^l}{dx^l}\left(x^2-1\right)^l \tag{9.44}$$

die Legendresche Differenzialgleichung $(x^2-1)\,P_l'' + 2\,x\,P_l' - l\,(l+1)\,P_l = 0$ erfüllen. Differenzieren Sie dazu $(l+1)$-mal die Gleichung

$$\left(x^2-1\right)\frac{d}{dx}\left(x^2-1\right)^l = 2\,l\,x\left(x^2-1\right)^l$$

9.4 Normierung der Legendrepolynome

Zeigen Sie $(P_l, P_l) = 2/(2\,l+1)$ mit Hilfe von (9.44) und partieller Integration. Hinweis: Es gilt $\int_{-1}^{1} dx\,(1-x^2)^l = 2\,(2^l\,l!)^2/(2\,l+1)!$

9.5 Laplacegleichung in kartesischen und Zylinderkoordinaten

Betrachten Sie einen Separationsansatz für die Laplacegleichung $\Delta\Phi = 0$ in kartesischen und in Zylinderkoordinaten. Geben Sie die Separationskonstanten und die Elementarlösungen der resultierenden gewöhnlichen Differenzialgleichungen an.

10 Zylindersymmetrische Probleme

Mit Hilfe der Legendrepolynome geben wir die allgemeine zylindersymmetrische Lösung der Laplacegleichung an. Damit behandeln wir eine Reihe konkreter Beispiele (Punktladung, homogen geladener Ring, leitende Kugel im homogenen Feld).

Allgemeine zylindersymmetrische Lösung

Wir benutzen die Kugelkoordinaten r, θ und ϕ. In einem zylindersymmetrischen Problem hängt das elektrostatische Potenzial Φ nicht von ϕ ab. Aus der Laplacegleichung

$$\Delta\,\Phi(r,\theta) = 0 \quad \text{mit} \quad \Phi(r,\theta) = \frac{U(r)}{r}\,P(\cos\theta) \tag{10.1}$$

folgen (9.19) und (9.20) mit $m = 0$. Die Differenzialgleichung (9.20) wird durch die Legendrepolynome

$$P = P_l(\cos\theta) \qquad (l = 0, 1, 2, \ldots) \tag{10.2}$$

gelöst. Die noch verbleibende Radialgleichung (9.19) lautet

$$\frac{r^2}{U}\,\frac{d^2U}{dr^2} = l\,(l+1) \tag{10.3}$$

Da die Lösung von l abhängt, bezeichnen wir sie mit U_l. Man überprüft leicht, dass

$$U_l(r) = a_l\,r^{l+1} + \frac{b_l}{r^l} \tag{10.4}$$

eine Lösung ist. Da diese Lösung zwei unabhängige Konstanten enthält, ist sie die allgemeine Lösung der gewöhnlichen Differenzialgleichung zweiter Ordnung.

Mit dem Ansatz (10.1) haben wir Lösungen der Form $\Phi = P_l\,U_l/r$ erhalten. Da die Laplacegleichung linear in Φ ist, ist auch jede Linearkombination hiervon wieder eine Lösung (Superpositionsprinzip):

$$\Phi(r,\theta) = \sum_{l=0}^{\infty}\left(a_l\,r^l + \frac{b_l}{r^{l+1}}\right)P_l(\cos\theta) \qquad \text{Allgemeine zylindersymmetrische Lösung der Laplacegleichung} \tag{10.5}$$

T. Fließbach, *Elektrodynamik*, https://doi.org/10.1007/978-3-662-64889-6_10

Wir begründen, dass dies die *allgemeine* zylindersymmetrische Lösung ist: Wegen der Vollständigkeit der Legendrepolynome lässt sich jede zylindersymmetrische Funktion gemäß

$$\Phi(r,\theta) = \sum_{l=0}^{\infty} \frac{A_l(r)}{r}\, P_l(\cos\theta) \tag{10.6}$$

entwickeln. Hierauf wenden wir den Laplaceoperator an, wobei wir (9.20) berücksichtigen,

$$\sum_{l=0}^{\infty} \left(\frac{d^2}{dr^2} - \frac{l\,(l+1)}{r^2} \right) A_l(r)\; P_l(\cos\theta) = 0 \tag{10.7}$$

Wir multiplizieren dies mit P_n, integrieren über θ und verwenden die Orthogonalität der Legendrepolynome. Damit erhalten wir

$$\frac{d^2 A_n}{dr^2} - \frac{n(n+1)}{r^2}\, A_n(r) = 0 \tag{10.8}$$

Die allgemeine Lösung dieser Differenzialgleichung ist $A_n = a_n\, r^{n+1} + b_n\, r^{-n}$. Damit wird (10.6) zu (10.5). Die Argumentation (10.6) – (10.8) ist eine alternative Ableitung von (10.5), die keine Einschränkung an Φ (wie den Separationsansatz) enthält. Sie setzt allerdings die Kenntnis der P_l und ihrer Eigenschaften (Vollständigkeit und Orthogonalität) voraus.

Partielle, lineare Differenzialgleichungen haben in der Regel unendlich viele Lösungen, $f_1, f_2, f_3, \ldots$. Die allgemeine Lösung ist dann eine Linearkombination $f = \sum a_n f_n$. Die hier auftretenden Strukturen kommen daher in vielen Anwendungsbereichen vor.

Die Laplacegleichung wird durch (10.5) mit beliebigen Koeffizienten a_l und b_l erfüllt (diese Aussage wird im nächsten Absatz etwas eingeschränkt). Die Koeffizienten werden durch die Randbedingungen festgelegt. Allgemein gilt, dass die Lösung nicht durch die Differenzialgleichung allein, sondern erst durch die Differenzialgleichung *und* die Randbedingungen (und/oder Anfangsbedingungen, wenn die Zeit als Variable auftritt) festgelegt wird.

Berechnet man $\Delta\Phi$ für den Ausdruck (10.5), so führen die Terme mit b_l zu δ-Funktionen und ihren Ableitungen bei $r = 0$. Physikalisch entspricht dies punktförmigen Ladungsverteilungen bei $r = 0$. Sofern $r = 0$ zu dem Volumen V gehört, in dem $\Delta\Phi = 0$ gilt, gibt es keine solchen Ladungen, und es muss $b_l = 0$ sein. Sofern sich das Volumen bis $r = \infty$ erstreckt, führen die Terme mit a_l und $l \geq 1$ zu Singularitäten. Für $\Phi(\infty) = \text{const.}$ muss für diesen Bereich $a_l = 0$ für $l \geq 1$ sein. In konkreten Anwendungen gilt die Laplacegleichung immer nur in Teilbereichen. Wenn nämlich $\Delta\Phi = 0$ überall gilt, dann ist $\Phi \equiv 0$ (für $\Phi(\infty) = 0$) die eindeutige und uninteressante Lösung.

Für $\theta = 0$ ist $P_l(1) = 1$. Damit wird (10.5) zu

$$\Phi(r,0) = \sum_{l=0}^{\infty} \left(a_l\, r^l + \frac{b_l}{r^{l+1}} \right) = \sum_{l=0}^{\infty} \left(a_l\, z^l + \frac{b_l}{z^{l+1}} \right) \tag{10.9}$$

In zylindersymmetrischen Problemen kann man das Potenzial auf der z-Achse, also $\Phi(r,0)$, oft einfach angeben. Dann können aus (10.9) die Koeffizienten a_l und b_l der allgemeinen Lösung bestimmt werden.

Punktladung

Am Beispiel einer Punktladung bei $\boldsymbol{r}_0$,

$$\varrho(\boldsymbol{r}) = q\,\delta(\boldsymbol{r}-\boldsymbol{r}_0) \qquad (10.10)$$

studieren wir, wie sich die bekannte Lösung $\Phi = q/|\boldsymbol{r}-\boldsymbol{r}_0|$ in der Form (10.5) schreiben lässt. Dazu legen wir das Koordinatensystem so, dass die z-Achse parallel zu $\boldsymbol{r}_0$ ist (Abbildung 10.1). Der Abstand $|\boldsymbol{r}-\boldsymbol{r}_0|$ kann durch r_0, r und θ ausgedrückt werden:

$$\Phi(r,\theta) = \frac{q}{|\boldsymbol{r}-\boldsymbol{r}_0|} = \frac{q}{\sqrt{r^2+r_0^2-2\,r\,r_0\cos\theta}} \qquad (10.11)$$

Das Potenzial $\Phi(r,\theta)$ ist zylindersymmetrisch. Sofern die Laplacegleichung gilt, ist $\Phi(r,\theta)$ daher von der Form (10.5). Dies ist mit Ausnahme der Stelle der Punktladung überall der Fall. In den verwendeten Koordinaten sparen wir die Stelle der Punktladung aus, indem wir uns entweder auf $r<r_0$ oder auf $r>r_0$ beschränken. Damit gilt die Laplacegleichung in zwei getrennten Bereichen V_1 und V_2:

$$\Delta\Phi(\boldsymbol{r}) = 0 \quad \text{für} \quad \begin{cases} V_1 = \{\boldsymbol{r} : r<r_0\} \\ V_2 = \{\boldsymbol{r} : r>r_0\} \end{cases} \qquad (10.12)$$

Für jeden dieser Bereiche gibt es eine Entwicklung der Form (10.5). Wir bestimmen die Koeffizienten a_l und b_l dieser Entwicklungen.

Wir entwickeln das Potenzial (10.11) auf der z-Achse, um das Ergebnis mit (10.9) zu vergleichen. Zunächst gilt

$$\big|\boldsymbol{r}-\boldsymbol{r}_0\big|_{\theta=0} = \sqrt{(r-r_0)^2} = \begin{cases} r_0 - r & (r<r_0) \\ r - r_0 & (r>r_0) \end{cases} \qquad (10.13)$$

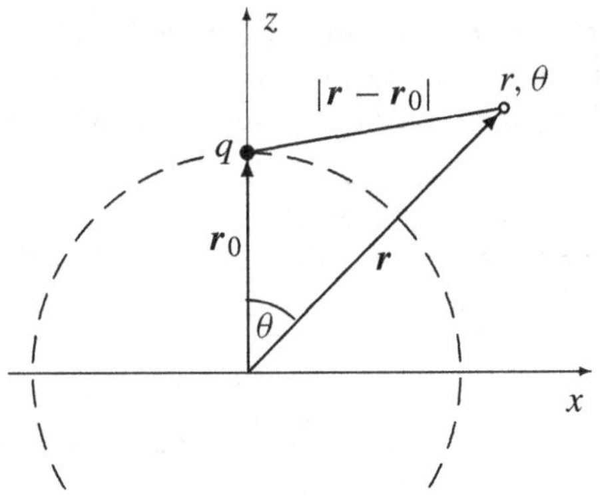

Abbildung 10.1 Eine Ladung q bei $\boldsymbol{r}_0 = r_0\,\boldsymbol{e}_z$ erzeugt bei $\boldsymbol{r} := (r,\theta)$ das Potenzial $\Phi(r,\theta) = q/|\boldsymbol{r}-\boldsymbol{r}_0|$. Die Entwicklung von $\Phi(r,\theta)$ nach Legendrepolynomen erfolgt getrennt für die Bereiche innerhalb und außerhalb der Kugel $r=r_0$ (als gestrichelter Kreis eingezeichnet).

Damit erhalten wir für das Potenzial auf der z-Achse

$$\Phi(r,0)=\begin{cases}\dfrac{q}{r_0-r}=\dfrac{q}{r_0}\,\dfrac{1}{1-r/r_0}=\dfrac{q}{r_0}\displaystyle\sum_{l=0}^{\infty}\frac{r^l}{r_0^l} & (r<r_0)\\[2ex] \dfrac{q}{r-r_0}=\dfrac{q}{r}\,\dfrac{1}{1-r_0/r}=\dfrac{q}{r}\displaystyle\sum_{l=0}^{\infty}\frac{r_0^l}{r^l} & (r>r_0)\end{cases}\tag{10.14}$$

Der Vergleich mit (10.9) ergibt

$$\begin{array}{lll} a_l=q/r_0^{l+1}, & b_l=0 & (r<r_0)\\ a_l=0\,, & b_l=q\,r_0^l & (r>r_0)\end{array}\tag{10.15}$$

Mit diesen Koeffizienten wird (10.5) zu

$$\Phi(r,\theta)=\frac{q}{|\boldsymbol{r}-\boldsymbol{r}_0|}=\begin{cases}\displaystyle\sum_{l=0}^{\infty}q\,\frac{r^l}{r_0^{l+1}}\,P_l(\cos\theta) & (r<r_0)\\[2ex] \displaystyle\sum_{l=0}^{\infty}q\,\frac{r_0^l}{r^{l+1}}\,P_l(\cos\theta) & (r>r_0)\end{cases}\tag{10.16}$$

Mit den Definitionen

$$r_>=\max\,(r,r_0)\qquad\text{und}\qquad r_<=\min\,(r,r_0)\tag{10.17}$$

können wir beide Entwicklungen in einer Form zusammenfassen:

$$\Phi(r,\theta)=\frac{q}{|\boldsymbol{r}-\boldsymbol{r}_0|}=q\sum_{l=0}^{\infty}\frac{r_<^l}{r_>^{l+1}}\,P_l(\cos\theta)\tag{10.18}$$

Erzeugende Funktion der Legendrepolynome

Der Abstand $|\boldsymbol{r}-\boldsymbol{r}_0|$ ist durch r, r_0 und $\theta=\sphericalangle(\boldsymbol{r},\boldsymbol{r}_0)$ festgelegt, Abbildung 10.1. Das Ergebnis (10.18) kann daher unabhängig von der Orientierung des Koordinatensystems (bisher $\boldsymbol{r}_0\parallel\boldsymbol{e}_z$) für zwei beliebige Vektoren $\boldsymbol{r}$ und $\boldsymbol{r}'$ verwendet werden:

$$\boxed{\frac{1}{|\boldsymbol{r}-\boldsymbol{r}'|}=\frac{1}{\sqrt{r^2+r'^2-2rr'\cos\theta}}=\sum_{l=0}^{\infty}\frac{r_<^l}{r_>^{l+1}}\,P_l(\cos\theta)}\tag{10.19}$$

Hierbei ist $\theta=\sphericalangle(\boldsymbol{r},\boldsymbol{r}')$, $r_>=\max\,(r,r')$ und $r_<=\min\,(r,r')$. Im Zwischenausdruck wurde der Cosinussatz $|\boldsymbol{r}-\boldsymbol{r}'|=\sqrt{r^2+r'^2-2\,r\,r'\cos\theta}$ für das in Abbildung 10.1 eingezeichnete Dreieck (mit $\boldsymbol{r}_0=\boldsymbol{r}'$) verwendet.

Wir multiplizieren (10.19) mit r, führen $t = r'/r$ ein und betrachten den Fall $t < 1$:

$$\frac{1}{\sqrt{1+t^2-2t\cos\theta}} = \sum_{l=0}^{\infty} c_l(\theta)\, t^l = \sum_{l=0}^{\infty} P_l(\cos\theta)\, t^l \qquad (t < 1) \tag{10.20}$$

Der zweite Ausdruck ist die allgemeine Form einer Entwicklung nach Potenzen von t. Wie man sieht, sind die Entwicklungskoeffizienten c_l gleich den Legendrepolynomen P_l. Die Entwicklung der linken Seite von (10.20) nach Potenzen von t erzeugt also die Legendrepolynome. Die linke Seite von (10.20) heißt daher *erzeugende Funktion* der Legendrepolynome.

Homogen geladener Ring

Wir betrachten einen geladenen Kreisring mit dem Radius a, Abbildung 10.2. Der Kreis liege parallel zur x-y-Ebene und habe den Mittelpunkt $(x, y, z) = (0, 0, b)$. Die Ladung q sei gleichmäßig auf den Umfang $2\pi a$ verteilt. Dann ist die Ladungsdichte

$$\varrho(\boldsymbol{r}) = \frac{q}{2\pi a}\, \delta(\rho - a)\, \delta(z - b), \qquad \rho^2 = x^2 + y^2 \tag{10.21}$$

Wir berechnen zunächst wieder das Potenzial $\Phi(r, 0)$ für einen Punkt $\boldsymbol{r} = r\, \boldsymbol{e}_z$ auf der z-Achse. In Abbildung 10.2, rechts, ist der Abstand d zu einem beliebigen Punkt des Kreisrings eingezeichnet. Für das eingezeichnete Dreieck ergibt der Cosinussatz

$$d = \sqrt{r^2 + r_0^2 - 2\, r\, r_0 \cos\alpha}\,, \qquad r_0^2 = b^2 + a^2 \tag{10.22}$$

Jedes Ladungselement dq gibt den Beitrag dq/d zum Potenzial. Auf der z-Achse ist das Potenzial daher

$$\Phi(r, 0) = \int \frac{dq}{d} = \frac{q}{d} = \frac{q}{\sqrt{r^2 + r_0^2 - 2\, r\, r_0 \cos\alpha}} \tag{10.23}$$

In $d = |\boldsymbol{r} - \boldsymbol{r}_0|$ sind $\boldsymbol{r}$ und $\boldsymbol{r}_0$ zwei Vektoren, die den Winkel α miteinander einschließen. Hierfür verwenden wir (10.19),

$$\Phi(r, 0) = \frac{q}{|\boldsymbol{r} - \boldsymbol{r}_0|} = q \sum_{l=0}^{\infty} \frac{r_<^l}{r_>^{l+1}}\, P_l(\cos\alpha) \tag{10.24}$$

Dabei ist $r_> = \max(r, r_0)$ und $r_< = \min(r, r_0)$. Es handelt sich wieder um zwei getrennte Entwicklungen; die eine gilt im Bereich $r > r_0$, die andere im Bereich $r < r_0$.

Aus dem Vergleich von (10.24) mit (10.9) können wir die Koeffizienten a_l und b_l ablesen. Wir setzen diese Koeffizienten in (10.5) ein:

$$\Phi(r, \theta) = q \sum_{l=0}^{\infty} \frac{r_<^l}{r_>^{l+1}}\, P_l(\cos\alpha)\, P_l(\cos\theta) \tag{10.25}$$

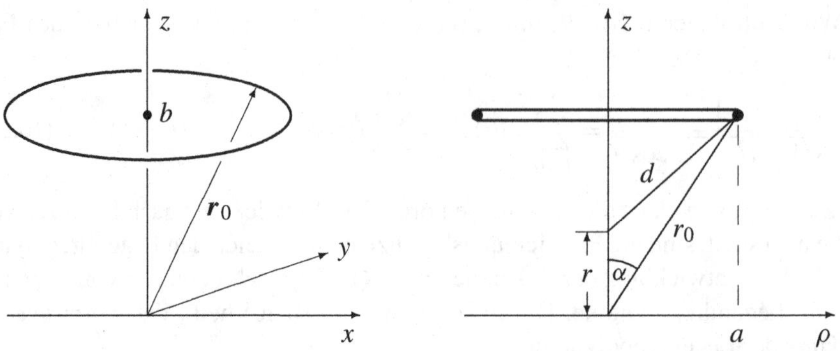

Abbildung 10.2 Ein homogen geladener Kreisring ist links perspektivisch und rechts in einer Seitenansicht gezeigt. Alle Ladungselemente des Rings haben von einer festen Stelle auf der z-Achse denselben Abstand d. Daher ist das Potenzial an dieser Stelle gleich $\Phi = q/d$, wobei q die Gesamtladung des Kreisrings ist.

Die $P_l(\cos\alpha)$ sind Bestandteil der Koeffizienten; die $P_l(\cos\theta)$ geben die Winkelabhängigkeit an. Das Ergebnis ist eine Entwicklung nach Potenzen von r/r_0 oder r_0/r; sie ist unbrauchbar bei $r = r_0$ und schlecht in der Nähe dieses Radius. Für große Abstände lauten die führenden Terme

$$\Phi(r,\theta) \overset{r\to\infty}{\longrightarrow} \frac{q}{r}\left(1 + \frac{r_0 \cos\alpha}{r}\cos\theta + \mathcal{O}\big(r_0^2/r^2\big)\right) \approx \frac{q}{r} \tag{10.26}$$

Bei sehr großem Abstand wirkt die Ladungsverteilung also wie eine Punktladung bei $r = 0$. Der nächste Term wird in Kapitel 12 als Dipolfeld klassifiziert.

Leitende Kugel im homogenen Feld

Wir betrachten eine leitende Kugel in einem statischen elektrischen Feld, das in großer Entfernung von der Kugel homogen ist. Das Feld könnte durch die Platten eines Kondensators erzeugt werden, Abbildung 10.3.

Die Kugel (Radius R) stellt einen Faradayschen Käfig dar; die Lösung im Inneren ist $\Phi(\boldsymbol{r}) \equiv \Phi_0 = \text{const.}$ Gesucht ist das Potenzial außerhalb der Kugel. Das Potenzial muss der Laplacegleichung

$$\Delta\Phi = 0 \quad \text{in } V = \{\boldsymbol{r} : |\boldsymbol{r}| > R\} \tag{10.27}$$

und den Randbedingungen genügen. Auf der Metallkugel ist das Potenzial konstant:

$$\Phi(R,\theta) = \Phi_0 \tag{10.28}$$

Das äußere homogene Feld zeige in z-Richtung, also $\boldsymbol{E} = E_0\,\boldsymbol{e}_z$. In großem Abstand von der Kugel ist das Feld ungestört. Für das Potenzial bedeutet dies

$$\Phi(r,\theta) \overset{r\to\infty}{\longrightarrow} -E_0\,z + \text{const.} = -E_0\,r\cos\theta + \Phi_1 \tag{10.29}$$

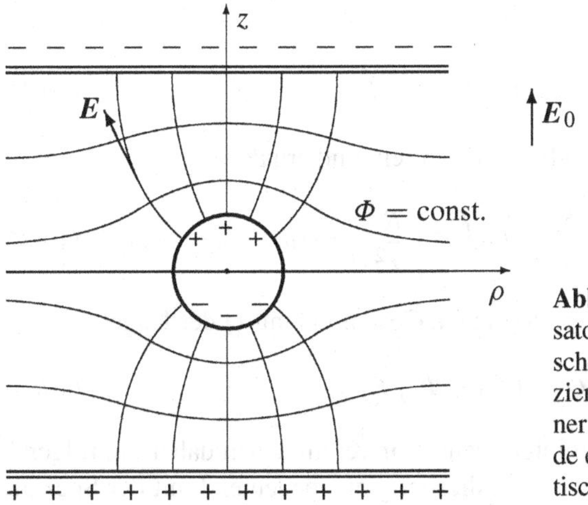

Abbildung 10.3 Ein Plattenkondensator erzeugt ein homogenes elektrisches Feld $\boldsymbol{E}_0$. Dieses Feld influenziert Ladungen auf der Oberfläche einer leitenden Kugel. Das resultierende elektrostatische Feld $\boldsymbol{E}$ ist schematisch skizziert.

Im Gegensatz zu den bisher betrachteten Beispielen geht das Feld im Unendlichen nicht gegen eine Konstante oder null. Dies liegt an der Idealisierung „homogenes Feld", also der Annahme eines unendlich ausgedehnten, konstanten Felds.

Wegen der Zylindersymmetrie ist das gesuchte Potenzial von der Form (10.5). Die Koeffizienten a_l und b_l werden durch die Randbedingungen (10.28) und (10.29) festgelegt. Aus (10.28) folgt

$$\Phi(R,\theta) = \sum_{l=0}^{\infty} \left(a_l\, R^l + \frac{b_l}{R^{l+1}} \right) P_l(\cos\theta) = \Phi_0 = \Phi_0\, P_0(\cos\theta) \qquad (10.30)$$

Dabei haben wir $P_0(\cos\theta) = 1$ mit angeschrieben. Wir multiplizieren (10.30) mit P_n, integrieren über θ und verwenden die Orthogonalität der Legendrepolynome. Daraus erhalten wir

$$\begin{aligned} n = 0: &\quad a_0 + b_0/R = \Phi_0\,, \quad \text{also} \quad b_0 = R\,(\Phi_0 - a_0) \\ n \neq 0: &\quad a_n\, R^n + b_n/R^{n+1} = 0\,, \quad \text{also} \quad b_n = -a_n\, R^{2n+1} \end{aligned} \qquad (10.31)$$

Die Randbedingung (10.29) ergibt

$$\sum_{l=0}^{\infty} \left(a_l\, r^l + \frac{b_l}{r^{l+1}} \right) P_l(\cos\theta) \stackrel{r\to\infty}{\longrightarrow} -E_0\, r\, P_1(\cos\theta) + \Phi_1 \qquad (10.32)$$

Dabei haben wir $P_1(\cos\theta) = \cos\theta$ verwendet. Wir bilden wieder das Skalarprodukt mit P_n und erhalten

$$\begin{aligned} n = 0: &\quad a_0 + b_0/r \stackrel{r\to\infty}{\longrightarrow} \Phi_1, &&\text{also} \quad a_0 = \Phi_1 \\ n = 1: &\quad a_1\, r + b_1/r^2 \stackrel{r\to\infty}{\longrightarrow} -E_0\, r, &&\text{also} \quad a_1 = -E_0 \\ n > 1: &\quad a_n\, r^n + b_n/r^{n+1} \stackrel{r\to\infty}{\longrightarrow} 0, &&\text{also} \quad a_2 = a_3 = \ldots = 0 \end{aligned} \qquad (10.33)$$

Damit wird (10.31) zu

$$b_0 = R\,\big(\Phi_0 - \Phi_1\big), \qquad b_1 = E_0\,R^3, \qquad b_2 = b_3 = \ldots = 0 \tag{10.34}$$

Wir setzen die Koeffizienten a_l und b_l in (10.5) ein und erhalten

$$\Phi(r,\theta) = \Phi_1 + \big(\Phi_0 - \Phi_1\big)\,\frac{R}{r} - E_0\left(r - \frac{R^3}{r^2}\right)\cos\theta \qquad (r \geq R) \tag{10.35}$$

Der zweite Term ist das Feld einer möglichen Gesamtladung Q der Kugel,

$$Q = \big(\Phi_0 - \Phi_1\big)\,R \tag{10.36}$$

Das zugehörige Feld ist relativ uninteressant. Wir vereinfachen daher die folgende Diskussion durch die Annahme $Q = 0$; dies ist gleichbedeutend mit der Spezialisierung $\Phi_1 = \Phi_0$ in der Randbedingung. Damit wird (10.35) zu

$$\Phi(r,\theta) = \Phi_0 - E_0\,r\,\cos\theta \,+\, E_0\,\frac{R^3}{r^2}\,\cos\theta \tag{10.37}$$

Der erste Term ist eine unwesentliche Konstante. Der zweite Term beschreibt das von außen angelegte, homogene elektrische Feld, siehe (10.29). Der dritte Term wird durch die Ladungen auf der Kugel erzeugt.

Wir diskutieren den Verlauf der Äquipotenzialflächen $\Phi = \text{const.}$. Aus (10.37) folgt, dass die Äquipotenzialfläche $\Phi = \Phi_0$ aus der Kugel $r = R$ und der x-y-Ebene ($\theta = \pi/2$) besteht. In Abbildung 10.3 ist die Kugel als Kreis und die Ebene als ρ-Achse dargestellt. Die Äquipotenzialflächen $\Phi = \Phi_0 \pm \delta\Phi$ (mit kleinem konstanten $\delta\Phi$) liegen dann dicht darüber oder darunter. Für $r \gg R$ ist der dritte Term in (10.37) klein; damit nähern sich die Äquipotenzialflächen den Ebenen $z =$ const. an.

Wir berechnen die Oberflächenladung σ auf der Kugel:

$$\sigma = -\frac{1}{4\pi}\,\frac{\partial\Phi}{\partial n}\bigg|_{\mathrm{R}} = -\frac{1}{4\pi}\,\frac{\partial\Phi}{\partial r}\bigg|_{r=R} = \frac{3}{4\pi}\,E_0\,\cos\theta \tag{10.38}$$

Es handelt sich um Influenzladungen, die durch das äußere Feld hervorgerufen (influenziert) werden. Das äußere Feld übt Kräfte auf die Ladungen im Metall aus; dadurch verschieben sich die freibeweglichen Ladungen (die Elektronen im Leitungsband des Metallgitters). Konkret tendieren die beweglichen Elektronen dazu, sich in Richtung auf die positiv geladene Kondensatorplatte (Abbildung 10.3) zu verschieben. Dadurch ist der untere Teil der Kugel negativ geladen (Überschuss an Elektronen), der obere dagegen positiv (Defizit an Elektronen). Die Summe dieser Ladungen (10.38) ist null.

Die Ladungsdichte der Oberflächenladung ist durch

$$\varrho(r,\theta) = \sigma(\theta)\;\delta(r-R) \quad \text{mit} \quad \sigma(\theta) = \frac{3}{4\pi}\,E_0\,\cos\theta \tag{10.39}$$

gegeben. Das gesamte Potenzial kann in der Form

$$\Phi(\boldsymbol{r}) = \Phi_0 + \Phi_{\text{hom}} + \Phi_\sigma \tag{10.40}$$

geschrieben werden. Dabei ist $\Phi_{\text{hom}} = -E_0\, r\, \cos\theta$ das Feld der Ladungen auf den Kondensatorplatten (Abbildung 10.3), Φ_σ ist das Feld der Oberflächenladungen auf der Kugel. Wir vergleichen (10.40) mit dem oben berechneten Ergebnis ($\Phi(\boldsymbol{r}) \equiv \Phi_0$ für $r \leq R$ und (10.37) für $r \geq R$) und erhalten:

$$\Phi_\sigma(r,\theta) = \begin{cases} E_0\, r \cos\theta \;=\; -\,\Phi_{\text{hom}} & (r \leq R) \\ E_0\,(R^3/r^2)\cos\theta \;=\; \Phi_{\text{dip}} & (r \geq R) \end{cases} \tag{10.41}$$

Die Oberflächenladungen ordnen sich so an, dass der Innenbereich $r \leq R$ feldfrei ist; die Metalloberfläche schirmt das äußere Feld vollständig ab. Dies gilt für jede geschlossene Metallfläche (Faradayscher Käfig, Kapitel 7).

Im Außenbereich $r \geq R$ ergeben die Oberflächenladungen ein *Dipolfeld* $\Phi_\sigma = \Phi_{\text{dip}}$; Multipolfelder (wie Dipolfeld und andere) werden in Kapitel 12 eingeführt. Dieses Feld kann in der Form

$$\Phi_{\text{dip}} = E_0\, \frac{R^3}{r^2}\, \cos\theta = \frac{\boldsymbol{p}\cdot\boldsymbol{r}}{r^3} \tag{10.42}$$

geschrieben werden. Das *Dipolmoment* $\boldsymbol{p}$ der Kugel ist proportional zum angelegten Feld:

$$\boldsymbol{p} = E_0\, R^3\, \boldsymbol{e}_z \tag{10.43}$$

Das Verhältnis $\alpha_{\text{e}} = p/E_0$ wird als (elektrische) *Polarisierbarkeit* bezeichnet. Für die leitende Kugel gilt

$$\alpha_{\text{e}} = R^3 \tag{10.44}$$

Aufgaben

10.1 Homogen geladener Kreisring

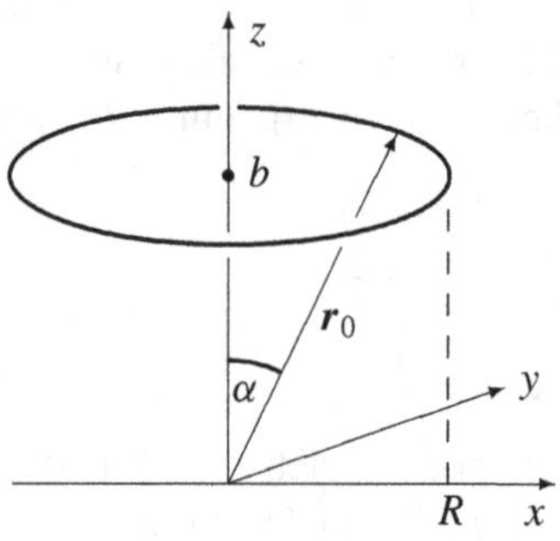

Die Ladungsdichte eines Kreisrings (Radius R, Ladung q) lautet in Zylinderkoordinaten

$$\varrho(\boldsymbol{r}) = \frac{q}{2\pi R}\,\delta(\rho - R)\,\delta(z - b)$$

Berechnen Sie das Potenzial Φ auf der z-Achse mit der Integralformel. Drücken Sie das Ergebnis durch den Abstand $|r\,\boldsymbol{e}_z - \boldsymbol{r}_0|$ aus. Geben Sie das volle Potenzial $\Phi(r, \theta)$ in der allgemeinen zylindersymmetrischen Form an.

10.2 Zwei parallele Kreisringe

Zwei parallele Kreisringe (beide mit dem Radius R) sind homogen mit q und $-q$ geladen. Die Kreise sind parallel zur x-y-Ebene und haben ihre Mittelpunkte bei $(x, y, z) = (0, 0, b)$ und $(0, 0, -b)$. Berechnen Sie das elektrostatische Potenzial. Zeigen Sie, dass der für $r \to \infty$ führende Beitrag die Form eines Dipolfelds hat.

10.3 Homogen geladene Kreisscheibe

Eine Kreisscheibe (infinitesimal dünn, Radius R) ist homogen geladen (Gesamtladung q). Geben Sie die Ladungsdichte an, und berechnen Sie damit das Potenzial auf der Symmetrieachse. Geben Sie dann das volle elektrostatische Potenzial für folgende Fälle an:

(i) $r \ll R$ bis zur Ordnung r^2 und (ii) $r \gg R$ bis zur Ordnung $1/r^3$

10.4 Homogen geladenes Rotationsellipsoid

Ein homogen geladenes Rotationsellipsoid mit den Halbachsen $a = b > c$ trägt die Gesamtladung q. Verwenden Sie Zylinderkoordinaten (c-Achse gleich z-Achse), und berechnen Sie das Potenzial $\Phi(\rho, z)$ zunächst auf der z-Achse. Bestimmen Sie daraus die ersten beiden führenden Terme des Potenzials für große Abstände. Zeigen Sie, dass das Potenzial im Innenraum von der Form

$$\Phi(\rho, z) = A + B\,z^2 + C\,\rho^2 \qquad \text{(Innenraum)} \qquad (10.45)$$

ist, und bestimmen Sie die Konstanten A, B und C. Gehen Sie hierfür von dem zuvor bestimmten Potenzial $\Phi(0, z)$ und von der Poissongleichung aus. Berechnen Sie die Feldenergie der Ladungsverteilung.

11 Kugelfunktionen

Wir geben die allgemeine Lösung der Laplacegleichung in Kugelkoordinaten an. Dazu werden die Kugelfunktionen eingeführt und ihre wichtigsten Eigenschaften (Orthonormierung, Vollständigkeit, Additionstheorem) diskutiert.

Allgemeine Lösung der Laplacegleichung

Die Laplacegleichung

$$\Delta \Phi(r,\theta,\phi) = 0 \quad \text{mit} \quad \Phi(r,\theta,\phi) = \frac{U(r)}{r}\, P(\cos\theta)\, Q(\phi) \tag{11.1}$$

wurde auf die Gleichungen (9.19) – (9.21) zurückgeführt:

$$\frac{d^2U}{dr^2} - \frac{\lambda}{r^2}\, U(r) = 0 \tag{11.2}$$

$$\frac{d}{dx}\left(\left(1-x^2\right)\frac{dP}{dx}\right) + \left(\lambda - \frac{m^2}{1-x^2}\right) P(x) = 0 \tag{11.3}$$

$$Q_m(\phi) = \exp(\mathrm{i} m\phi)\,, \qquad m = 0, \pm 1, \pm 2, \pm 3 \ldots \tag{11.4}$$

In Kapitel 9 hatten wir uns auf $m = 0$ (Zylindersymmetrie) beschränkt, und für $P(x)$ die Legendrepolynome $P_l(x)$ erhalten. Jetzt lassen wir die Einschränkung $m = 0$ fallen.

Auch für $m \neq 0$ kann die Differenzialgleichung (11.3) ähnlich wie in Kapitel 9 gelöst werden: Man setzt zunächst $P(x) = (1-x^2)^{m/2}\, T(x)$ an. Die Differenziation des Vorfaktors führt zu Termen, die den Beitrag mit $m^2/(1-x^2)$ kompensieren (Aufgabe 11.1). Übrig bleibt eine Differenzialgleichung, die nur T'', T', T und Potenzen von x enthält. Diese Gleichung kann analog zu (9.24) – (9.30) durch einen Potenzreihenansatz gelöst werden. Die Konvergenz der Potenzreihe erfordert

$$\lambda = l(l+1)\,, \qquad l = 0, 1, 2, 3, \ldots\,, \qquad m = 0, \pm 1, \pm 2, \ldots \pm l \tag{11.5}$$

Die Lösungen heißen *zugeordnete Legendrepolynome* P_l^m; sie hängen von l und m ab. Sie können in der geschlossenen Form

$$\boxed{P_l^m(x) = \frac{(-)^m}{2^l\, l!}\left(1-x^2\right)^{m/2} \frac{d^{\,l+m}}{dx^{l+m}}\left(x^2-1\right)^l} \tag{11.6}$$

T. Fließbach, *Elektrodynamik*, https://doi.org/10.1007/978-3-662-64889-6_11

angegeben werden. Die Größe m kann die Werte $0, \pm 1, \ldots, \pm l$ annehmen. In anderen Darstellungen erfolgt manchmal eine Beschränkung auf nichtnegative m-Werte. Eine explizite und einfache Konstruktion der $P_l^m(x)$ ergibt sich aus der Operatorenmethode der Quantenmechanik (Teil V in [3]).

Die Abhängigkeit der Lösung von $x = \cos\theta$ ist durch (11.6) gegeben, die von ϕ durch (11.4). Wir fassen beide Teile zu den *Kugelfunktionen* Y_{lm} zusammen:

$$Y_{lm}(\theta, \phi) = \sqrt{\frac{2l+1}{4\pi}\,\frac{(l-m)!}{(l+m)!}}\; P_l^m(\cos\theta)\; \exp(\mathrm{i}m\phi) \tag{11.7}$$

Die Vorfaktoren in (11.6) und (11.7) sind Konvention[1]. Die Kugelfunktionen genügen der Differenzialgleichung

$$\left[\frac{1}{\sin\theta}\frac{\partial}{\partial\theta}\left(\sin\theta\,\frac{\partial}{\partial\theta}\right) + \frac{1}{\sin^2\theta}\,\frac{\partial^2}{\partial\phi^2}\right] Y_{lm}(\theta,\phi) = -l\,(l+1)\; Y_{lm}(\theta,\phi) \tag{11.8}$$

Wenn man hier die ϕ-Differenziation ausführt und $x = \cos\theta$ berücksichtigt, erhält man (11.3) mit $P = P_l^m$. Mit $1/r^2$ multipliziert steht auf der linken Seite von (11.8) der Winkelanteil des Laplaceoperators. Er ergibt den Term $-l\,(l+1)/r^2$, der dann in der Radialgleichung (11.2) auftritt.

Die beiden unabhängigen Lösungen der Radialgleichung (11.2) sind r^{l+1} und r^{-l}. Damit führt (11.1) zu den Lösungen $r^l\, Y_{lm}$ und $r^{-l-1}\, Y_{lm}$. Da die Laplacegleichung linear ist, ist auch jede Linearkombination wieder Lösung:

$$\Phi(r,\theta,\phi) = \sum_{l=0}^{\infty}\sum_{m=-l}^{m=+l}\left(a_{lm}\, r^l + \frac{b_{lm}}{r^{l+1}}\right) Y_{lm}(\theta,\phi) \qquad \begin{array}{c}\text{Allgemeine}\\ \text{Lösung von}\\ \Delta\Phi = 0\end{array} \tag{11.9}$$

Die Allgemeinheit dieser Lösung beruht auf der Vollständigkeit der Kugelfunktionen; hierauf kommen wir im Anschluss an (11.24) zurück. Die Koeffizienten a_{lm} und b_{lm} können so gewählt werden, dass das Potenzial Φ reell ist.

Wie bei (10.5) führen die Terme mit b_{lm} in $\Delta\Phi$ zu δ-Funktionen und Ableitungen von δ-Funktionen bei $r = 0$. Sofern $r = 0$ zu dem Volumen V gehört, in dem $\Delta\Phi = 0$ gilt, muss daher $b_{lm} = 0$ sein. Sofern sich das Volumen bis $r = \infty$ erstreckt, führen die Terme mit a_{lm} und $l \geq 1$ zu Singularitäten. Für $\Phi(\infty) = \text{const.}$ muss daher $a_{lm} = 0$ für $l \geq 1$ sein. Ein homogenes elektrisches Feld (für $r \to \infty$ eine unrealistische Idealisierung) hat aber einen Koeffizienten $a_{10} \neq 0$, siehe (10.33).

Im Gegensatz zur Entwicklung (10.5) setzt (11.9) keine Symmetrie des Problems voraus. Die Entwicklung nach den Kugelfunktionen ist dann besonders nützlich, wenn die Summe (11.9) durch einige wenige Terme angenähert werden kann. Insbesondere führt diese Form der Lösung zur Multipolentwicklung (Kapitel 12).

[1] Wir verwenden dieselben Konventionen wie Jackson [6]. Abweichend hiervon wird der Vorfaktor $(-)^m$ in (11.6) gelegentlich nach (11.7) verschoben.

Eigenschaften der Kugelfunktionen

Wir diskutieren einige Eigenschaften der zugeordneten Legendrepolynome und der Kugelfunktionen.

Für $m = 0$ reduzieren sich die zugeordneten Legendrepolynome (11.6) auf die Legendrepolynome (9.34):

$$P_l^0(x) = P_l(x)\,, \qquad Y_{l0}(\theta, \phi) = \sqrt{\frac{2l+1}{4\pi}}\; P_l(\cos\theta) \tag{11.10}$$

Für $m = l$ ist d^{2l}/dx^{2l} in (11.6) auf $x^{2l} + \ldots\; x^{2l-2} + \ldots$ anzuwenden. Dies ergibt $(2l)!$, also insgesamt

$$P_l^l(x) = (-)^l\, \frac{(2l)!}{2^l\, l!}\, \big(1 - x^2\big)^{l/2} = (-)^l\, \frac{(2l)!}{2^l\, l!}\, \sin^l\theta \tag{11.11}$$

Es gilt $\sqrt{1-x^2} = |\sin\theta|$; im Bereich $0 \le \theta \le \pi$ können die Betragsstriche weggelassen werden.

Wenn m positiv ist, also für $m = |m|$, enthält (11.6) den Vorfaktor $(\sin\theta)^{|m|}$. Er wird mit der $(l + |m|)$-ten Ableitung eines Polynoms vom Grad $2l$ multipliziert, also mit einem Polynom vom Grad $l - |m|$:

$$P_l^m(x) = (\sin\theta)^{|m|} \cdot \text{Polynom}^{(l-|m|)}\big(\cos\theta\big) \tag{11.12}$$

Für negatives m, also für $m = -|m|$, wirken nur $l - |m|$ Ableitungen auf $(1-x^2)^l$, so dass ein Faktor $(1-x^2)^{|m|}$ überlebt; zusammen mit dem Vorfaktor $(1-x^2)^{-|m|/2}$ erhält man wieder die Form (11.12). Tatsächlich gilt

$$P_l^{-m}(x) = (-)^m\, \frac{(l-m)!}{(l+m)!}\, P_l^m(x) \tag{11.13}$$

Hieraus folgt

$$Y_{lm}^*(\theta, \phi) = (-)^m\; Y_{l,-m}(\theta, \phi) \tag{11.14}$$

Wenn es der Deutlichkeit dient, trennen wir die beiden Indizes der Kugelfunktion durch ein Komma.

Man könnte (11.6) und (11.7) auf $m \ge 0$ beschränken (das wird gelegentlich gemacht) und für $m < 0$ dann (11.13) und (11.14) verwenden.

Orthonormierung

Die Differenzialgleichung (11.3) kann in der Form

$$D_{\text{op}}\, P_l^m = -l\,(l+1)\, P_l^m \quad \text{mit} \quad D_{\text{op}} = \frac{d}{dx}\left(\big(1-x^2\big)\,\frac{d}{dx}\right) - \frac{m^2}{1-x^2} \tag{11.15}$$

geschrieben werden. Dann kann die Orthogonalität der P_l^m bezüglich des Index l wie in (9.36) – (9.38) bewiesen werden; dabei ist m festzuhalten, weil es in $D_{\rm op}$ vorkommt. Zusammen mit dem Wert für $(P_l^m,\, P_l^m)$ erhält man

$$(P_l^m,\, P_{l'}^m) = \int_{-1}^{1} dx\; P_l^m(x)\, P_{l'}^m(x) \;=\; \frac{2}{2l+1}\,\frac{(l+m)!}{(l-m)!}\,\delta_{ll'} \tag{11.16}$$

Die komplexen Lösungen $\exp(\pm \mathrm{i} m\phi)$ sind äquivalent zu $\sin(m\phi)$ und $\cos(m\phi)$. Die Cosinusfunktionen sind zueinander orthogonal:

$$\big(\cos(m\phi),\, \cos(m'\phi)\big) = \int_0^{2\pi} d\phi\; \cos(m\phi)\, \cos(m'\phi) = \pi\, \delta_{mm'} \tag{11.17}$$

Das gleiche gilt für die Sinusfunktionen; außerdem sind die Cosinus- und die Sinusfunktionen gegenseitig orthogonal. Um die Orthogonalität für die $Q_m = \exp(\mathrm{i} m\phi)$ zu formulieren, verallgemeinern wir die Definition (9.2) des Skalarprodukts für komplexe Funktionen:

$$(g, h) = (h, g)^* = \int_a^b dx\; g^*(x)\, h(x) \tag{11.18}$$

Für reelle Funktionen stimmt dies mit der ursprünglichen Definition (9.2) überein. Mit der verallgemeinerten Definition (11.18) erhalten wir

$$(Q_m,\, Q_{m'}) = \int_0^{2\pi} d\phi\; \big[\exp(\mathrm{i} m\phi)\big]^*\, \exp(\mathrm{i} m'\phi) = 2\pi\, \delta_{mm'} \tag{11.19}$$

Aus (11.19) und (11.16) folgt die Orthogonalität der Kugelfunktionen:

$$\big(Y_{l'm'},\, Y_{lm}\big) = \int_0^{2\pi} d\phi \int_{-1}^{1} d(\cos\theta)\; Y_{l'm'}^*(\theta,\phi)\; Y_{lm}(\theta,\phi) = \delta_{ll'}\, \delta_{mm'} \tag{11.20}$$

Der Vorfaktor in (11.7) ist so gewählt, dass die Kugelfunktionen normiert sind. Gelegentlich werden die Winkel θ und ϕ zum Raumwinkel $\Omega = (\theta, \phi)$ zusammengefasst. Dann kann (11.20) auch in der Form

$$\big(Y_{l'm'}, Y_{lm}\big) = \int d\Omega\; Y_{l'm'}^*(\Omega)\; Y_{lm}(\Omega) = \delta_{ll'}\, \delta_{mm'} \tag{11.21}$$

geschrieben werden, wobei $d\Omega = d\phi\; d(\cos\theta)$.

Vollständigkeit

Jede integrable, im Bereich $0 \le \theta \le \pi$ und $0 \le \phi \le 2\pi$ definierte Funktion $f(\theta, \phi)$ lässt sich nach den Kugelfunktionen entwickeln:

$$f(\theta, \phi) = \sum_{l=0}^{\infty} \sum_{m=-l}^{+l} C_{lm}\; Y_{lm}(\theta, \phi) \tag{11.22}$$

Wenn man dies mit $Y^*_{l'm'}$ multipliziert, über die Winkel integriert und die Orthonormierung berücksichtigt, erhält man

$$C_{lm} = \int_0^{2\pi} d\phi \int_{-1}^{1} d(\cos\theta)\; f(\theta,\phi)\; Y^*_{lm}(\theta,\phi) \tag{11.23}$$

Setzen wir die Entwicklungskoeffizienten C_{lm} wieder in (11.22) ein, so erhalten wir den formalen Ausdruck für die Vollständigkeit der Kugelfunktionen:

$$\sum_{l=0}^{\infty} \sum_{m=-l}^{+l} Y^*_{lm}(\theta',\phi')\; Y_{lm}(\theta,\phi) = \delta(\cos\theta - \cos\theta')\; \delta(\phi - \phi') \tag{11.24}$$

Die hier aufgezeigten Eigenschaften entsprechen den in Kapitel 9 diskutierten Eigenschaften eines VONS; dabei wurde das Skalarprodukt gemäß (11.18) modifiziert. Der unendlich-dimensionale, vollständige Vektorraum mit dem Skalarprodukt (11.18) wird *Hilbertraum* genannt.

Aus der Vollständigkeit der Kugelfunktionen folgt, dass (11.9) eine allgemeine Lösung der Laplacegleichung ist. Wegen dieser Vollständigkeit kann jede im Bereich $0 \le \theta \le \pi$ und $0 \le \phi \le 2\pi$ definierte Funktion $\Phi(r,\theta,\phi)$ gemäß $\sum_{lm} A_{lm}(r)\, Y_{lm}/r$ entwickelt werden. Eingesetzt in $\Delta\Phi = 0$ ergibt dies die Gleichung (11.2) für $A_{lm}(r)$. Die allgemeine Lösung dieser gewöhnlichen Differenzialgleichung ist $A_{lm} = a_{lm}\, r^{l+1} + b_{lm}/r^l$. Damit erhält man (11.9). Dieser Lösungsweg enthält keine Einschränkung (wie einen Separationsansatz) an die möglichen Lösungen.

Explizite Ausdrücke

Die niedrigsten zugeordneten Legendrepolynome sind

$$P_0^0 = 1\,, \quad P_1^0 = x\,, \quad P_1^1 = -\sqrt{1-x^2}\,, \quad P_1^{-1} = \frac{1}{2}\sqrt{1-x^2} \tag{11.25}$$

Wir geben noch die Kugelfunktionen für $l = 0$ und $l = 1$,

$$Y_{00} = \frac{1}{\sqrt{4\pi}}\,, \quad Y_{10} = \sqrt{\frac{3}{4\pi}}\, \cos\theta\,, \quad Y_{1,\pm 1} = \mp\sqrt{\frac{3}{8\pi}}\, \sin\theta\, \exp(\pm \mathrm{i}\phi) \tag{11.26}$$

und für $l = 2$ an:

$$\begin{aligned} Y_{20} &= \sqrt{\frac{5}{16\,\pi}}\,\big(3\cos^2\theta - 1\big) \\ Y_{2,\pm 1} &= \mp\sqrt{\frac{15}{8\pi}}\, \cos\theta\, \sin\theta\, \exp(\pm \mathrm{i}\phi) \\ Y_{2,\pm 2} &= \sqrt{\frac{15}{32\,\pi}}\, \sin^2\theta\, \exp(\pm 2\,\mathrm{i}\phi) \end{aligned} \tag{11.27}$$

Die Größen $r^l\, Y_{lm}$ lassen sich durch kartesische Koordinaten ausdrücken:

$$\begin{aligned} r\, Y_{10} &= \sqrt{3/4\pi}\, z \\ r\, Y_{1,\pm 1} &= \sqrt{3/8\pi}\, (\mp x - \mathrm{i}\, y) \\ r^2\, Y_{20} &= \sqrt{5/16\pi}\, \big(2z^2 - x^2 - y^2\big) \\ r^2\, Y_{2,\pm 1} &= \sqrt{15/8\pi}\, (\mp x - \mathrm{i}\, y)\, z \\ r^2\, Y_{2,\pm 2} &= \sqrt{15/32\pi}\, (x \pm \mathrm{i}\, y)^2 \end{aligned} \tag{11.28}$$

Man sieht sofort, dass die Anwendung des Laplaceoperators $\Delta = \partial_x^2 + \partial_y^2 + \partial_z^2$ auf diese Ausdrücke null ergibt.

Additionstheorem

Wir wollen $1/|\boldsymbol{r} - \boldsymbol{r}'|$ nach Kugelfunktionen entwickeln. Aus dem Ergebnis folgt das Additionstheorem der Kugelfunktionen.

Zwei beliebige Ortsvektoren werden in Kugelkoordinaten durch $\boldsymbol{r} := (r, \theta, \phi)$ und $\boldsymbol{r}' := (r', \theta', \phi')$ dargestellt. Dann sind das Skalarprodukt

$$\begin{aligned} \boldsymbol{r} \cdot \boldsymbol{r}' &= r\, r' \cos\varphi = x\, x' + y\, y' + z\, z' \\ &= r\, r' \big(\sin\theta \sin\theta' \cos(\phi' - \phi) + \cos\theta \cos\theta'\big) \end{aligned} \tag{11.29}$$

der Abstand $|\boldsymbol{r} - \boldsymbol{r}'|$ und

$$\frac{1}{|\boldsymbol{r} - \boldsymbol{r}'|} = \frac{1}{\sqrt{r^2 + r'^2 - 2\, \boldsymbol{r} \cdot \boldsymbol{r}'}} \tag{11.30}$$

Funktionen von r, θ, ϕ und r', θ', ϕ'. Aus Abbildung 11.1 ist ersichtlich, dass diese Größen auch als Funktion von r, r' und dem Zwischenwinkel φ aufgefasst werden können. Dementsprechend kann (11.30) nach Legendrepolynomen $P_l(\cos\varphi)$ oder

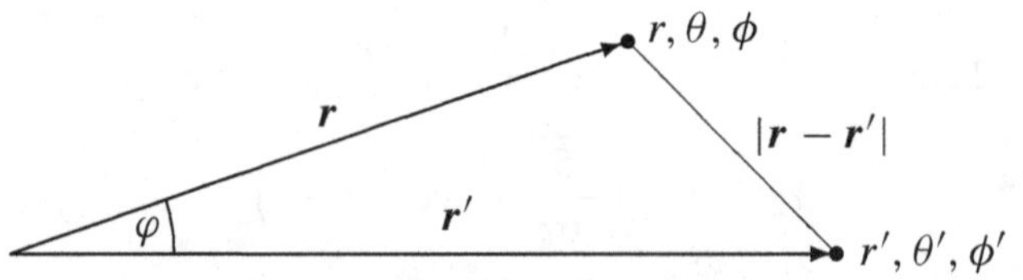

Abbildung 11.1 Der Abstand $|\boldsymbol{r} - \boldsymbol{r}'|$ ist eine Funktion von r und r' und von den Winkeln θ, ϕ und θ', ϕ'. Er kann nach den Kugelfunktionen dieser Winkel entwickelt werden. Alternativ kann der Abstand als Funktion von r und r' und dem Winkel φ aufgefasst werden. Er kann daher auch nach den Legendrepolynomen $P_l(\cos\varphi)$ entwickelt werden.

nach den Kugelfunktionen $Y_{lm}(\theta, \phi)$ und $Y_{lm}(\theta', \phi')$ entwickelt werden:

$$\frac{1}{|\boldsymbol{r} - \boldsymbol{r}'|} = \sum_{l=0}^{\infty} \frac{r_<^l}{r_>^{l+1}}\, P_l(\cos\varphi) = \sum_{l,l',m,m'} A_{ll'mm'}(r, r')\, Y^*_{l'm'}(\theta', \phi')\, Y_{lm}(\theta, \phi) \tag{11.31}$$

Die Entwicklung nach den Legendrepolynomen ist aus (10.19) bekannt. Mit $\{Y_{lm}\}$ ist auch $\{Y^*_{lm}\}$ ein VONS; wir können daher die θ', ϕ'-Abhängigkeit auch nach den konjugiert komplexen Kugelfunktionen entwickeln.

Wir wenden den Laplaceoperator auf (11.31) an, wobei wir (11.8) für die Winkeldifferenziation der Kugelfunktionen verwenden:

$$\Delta\, \frac{1}{|\boldsymbol{r} - \boldsymbol{r}'|} = \sum_{l,l',m,m'} \left(\frac{1}{r}\, \frac{d^2}{dr^2}\, r - \frac{l\,(l+1)}{r^2}\right) A_{ll'mm'}(r, r')\, Y^*_{l'm'}(\Omega')\, Y_{lm}(\Omega) \tag{11.32}$$

Die linke Seite ist gleich $-4\pi\, \delta(\boldsymbol{r} - \boldsymbol{r}')$. Wir drücken diese Deltafunktion in Kugelkoordinaten r, θ und ϕ aus und verwenden die Vollständigkeitsrelation (11.24) für die Kugelfunktionen:

$$\begin{aligned} \Delta\, \frac{1}{|\boldsymbol{r} - \boldsymbol{r}'|} &= -\frac{4\pi}{r^2}\, \delta(r - r')\, \delta(\cos\theta - \cos\theta')\, \delta(\phi - \phi') \\ &= -\frac{4\pi}{r^2}\, \delta(r - r') \sum_{l,m} Y^*_{lm}(\theta', \phi')\, Y_{lm}(\theta, \phi) \end{aligned} \tag{11.33}$$

Da die Kugelfunktionen linear unabhängig sind, müssen die Koeffizienten in den Entwicklungen (11.32) und (11.33) übereinstimmen. Der Vergleich ergibt

$$A_{ll'mm'}(r, r') = A_{lm}(r, r')\, \delta_{ll'}\, \delta_{mm'} \tag{11.34}$$

und

$$\left(\frac{1}{r}\, \frac{d^2}{dr^2}\, r - \frac{l\,(l+1)}{r^2}\right) A_{lm}(r, r') = -\frac{4\pi}{r^2}\, \delta(r - r') \tag{11.35}$$

Für $r \neq r'$ hat die Differenzialgleichung die Lösungen r^l und r^{-l-1}. Diese Lösungen hängen nicht von m ab, also $A_{lm} = A_l$. Da (11.31) bei $r = 0$ und $r = \infty$ einen endlichen Wert hat, kommen nur die Lösungen $A_l = a_l\, r^l$ für $r < r'$ und $A_l = b_l / r^{l+1}$ für $r > r'$ in Frage. Nach (11.35) ergibt die zweite Ableitung von $A_l(r)$ bei r' eine δ-Funktion; dann hat die erste einen Sprung und A_l selbst ist stetig. Die Stetigkeit bei $r = r'$ ergibt $a_l\, r'^l = b_l / r'^{l+1}$, also

$$A_{lm}(r, r') = A_l(r, r') = \begin{cases} a_l\, r^l & (r < r') \\ a_l\, r'^{2l+1} / r^{l+1} & (r > r') \end{cases} \tag{11.36}$$

Wir multiplizieren (11.35) mit r und integrieren beide Seiten von $r = r' - \varepsilon$ bis $r = r' + \varepsilon$. Die rechte Seite ergibt $-4\pi / r'$. Auf der linken Seite verschwindet der Beitrag des $l\,(l+1)/r^2$–Terms für $\varepsilon \to 0$. Der erste Term $\int dr\,(r\,A_l)''$ ergibt $(r\,A_l)'_{r'+\varepsilon} - (r\,A_l)'_{r'-\varepsilon}$. Damit erhalten wir

$$a_l\, r'^{2l+1}\,\frac{-l}{r'^{l+1}} - a_l\,(l+1)\,r'^{l} = -\frac{4\pi}{r'} \tag{11.37}$$

Hieraus folgt $a_l = (4\pi/(2l+1))/r'^{l+1}$. Damit und mit (11.36) wird (11.34) zu

$$A_{ll'mm'}(r,r') = A_l(r,r')\;\delta_{ll'}\;\delta_{mm'} = \frac{4\pi}{2l+1}\,\frac{r_<^l}{r_>^{l+1}}\;\delta_{ll'}\;\delta_{mm'} \tag{11.38}$$

Dabei ist wie üblich $r_> = \max(r,r')$ und $r_< = \min(r,r')$. Wir setzen (11.38) in (11.31) ein:

$$\boxed{\frac{1}{|\boldsymbol{r}-\boldsymbol{r}'|} = 4\pi \sum_{l=0}^{\infty}\sum_{m=-l}^{+l} \frac{1}{2l+1}\,\frac{r_<^l}{r_>^{l+1}}\;Y_{lm}^*(\theta',\phi')\;Y_{lm}(\theta,\phi)} \tag{11.39}$$

Der Vergleich mit der Entwicklung nach Legendrepolynomen (erste Entwicklung in (11.31)) ergibt das *Additionstheorem* für Kugelfunktionen:

$$P_l(\cos\varphi) = \frac{4\pi}{2l+1}\sum_{m=-l}^{+l} Y_{lm}^*(\theta',\phi')\;Y_{lm}(\theta,\phi) \tag{11.40}$$

Dabei ist φ der Winkel zwischen den durch θ, ϕ und θ', ϕ' gegebenen Richtungen.

Aufgaben

11.1 Zugeordnete Legendrepolynome

Verwenden Sie den Ansatz $P(x) = (1-x^2)^{m/2}\, T(x)$ in der Differenzialgleichung

$$\Big((1-x^2)\, P'(x)\Big)' + \left[\lambda - \frac{m^2}{1-x^2}\right] P(x) = 0$$

für die zugeordneten Legendrepolynome. Wie lautet die resultierende Differenzialgleichung für $T(x)$? Lösen Sie diese Gleichung mit einem Potenzreihenansatz.

11.2 Entwicklung des Skalarprodukts nach Kugelfunktionen

Stellen Sie die kartesischen Komponenten der beiden Ortsvektoren $\boldsymbol{r}$ und $\boldsymbol{r}'$ durch Kugelfunktionen dar. Berechnen Sie damit das Skalarprodukt $\boldsymbol{r} \cdot \boldsymbol{r}'$. Überprüfen Sie das Ergebnis mit Hilfe des Additionstheorems für Kugelfunktionen.

11.3 Kugelschale mit vorgegebenem Potenzial

Auf einer Kugelschale (Radius R) ist das Potenzial gegeben:

$$\Phi(R, \theta, \phi) = \Phi_0 \sin\theta \, \cos\phi$$

In den Bereichen $r > R$ und $r < R$ gibt es keine Ladungen. Für $r \to \infty$ ist das elektrische Feld $\boldsymbol{E} = E_0\, \boldsymbol{e}_z$. Bestimmen Sie das Potenzial $\Phi(r, \theta, \phi)$ im Inneren und Äußeren der Kugel.

12 Multipolentwicklung

Wir betrachten eine statische, lokalisierte Ladungsverteilung:

$$\varrho(\boldsymbol{r}) = \varrho(r, \theta, \phi) = \begin{cases} \textit{beliebig} & (r < R_0) \\ 0 & (r > R_0) \end{cases} \tag{12.1}$$

Im Bereich $r > R_0$ kann das elektrostatische Potenzial Φ nach Potenzen von R_0/r entwickelt werden. Diese Multipolentwicklung wird im Folgenden abgeleitet und diskutiert.

Wir gehen von (6.3) aus und verwenden die Entwicklung (11.39) für den Bereich $r > R_0$:

$$\Phi(\boldsymbol{r}) = \int d^3r' \, \frac{\varrho(\boldsymbol{r}')}{|\boldsymbol{r} - \boldsymbol{r}'|} = \int d^3r' \, \varrho(\boldsymbol{r}') \sum_{l,m} \frac{4\pi}{2l+1} \, \frac{r'^l}{r^{l+1}} \, Y_{lm}^*(\theta', \phi') \, Y_{lm}(\theta, \phi) \tag{12.2}$$

Die Vektoren $\boldsymbol{r}$, $\boldsymbol{r}'$ und der Abstand $|\boldsymbol{r} - \boldsymbol{r}'|$ sind in Abbildung 12.1 skizziert. Wegen (12.1) tragen im Integral nur Werte mit $r' \le R_0$ bei. Wegen $r > R_0$ wurde in (11.39) $r_> = r$ und $r_< = r'$ gesetzt. Mit den *sphärischen Multipolmomenten*

$$q_{lm} = \sqrt{\frac{4\pi}{2l+1}} \int d^3r' \, \varrho(\boldsymbol{r}') \, r'^l \, Y_{lm}^*(\theta', \phi') \qquad \text{Multipolmoment} \tag{12.3}$$

wird (12.2) zu

$$\Phi(\boldsymbol{r}) = \sum_{l=0}^{\infty} \sum_{m=-l}^{+l} \sqrt{\frac{4\pi}{2l+1}} \, \frac{q_{lm}}{r^{l+1}} \, Y_{lm}(\theta, \phi) \qquad (r > R_0) \tag{12.4}$$

Im Bereich $r > R_0$ ist Φ Lösung der Laplacegleichung und daher von der Form (11.9). Wegen $q_{lm} \propto R_0^l$ ist (12.4) eine Entwicklung nach Potenzen von R_0/r. Diese systematische Entwicklung heißt *Multipolentwicklung*. Gelegentlich werden die q_{lm} auch ohne den Vorfaktor $[4\pi/(2l+1)]^{1/2}$ definiert, zum Beispiel in [6] oder in der 2. Auflage dieses Buchs.

Die ersten Terme der Multipolentwicklung (12.4) lauten

$$\Phi(\boldsymbol{r}) = \frac{q_{00}}{r} + \frac{q_{10}}{r^2} \cos\theta \mp \frac{1}{\sqrt{2}} \, \frac{q_{1,\pm 1}}{r^2} \, \sin\theta \, \exp(\pm \mathrm{i}\phi) \pm \ldots \tag{12.5}$$

T. Fließbach, *Elektrodynamik*, https://doi.org/10.1007/978-3-662-64889-6_12

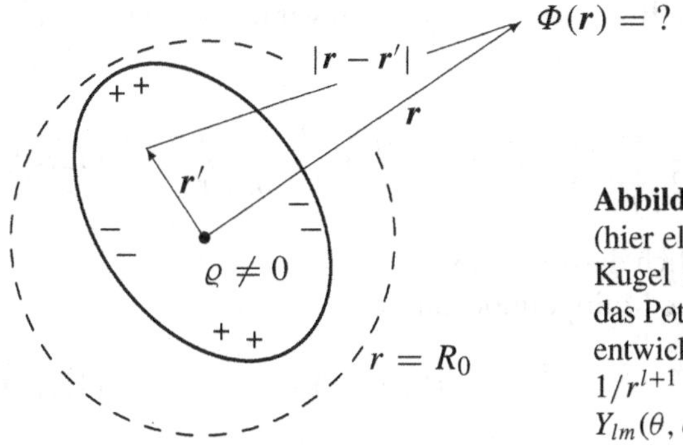

Abbildung 12.1 Eine Ladungsverteilung (hier elliptisch begrenzt) liege innerhalb der Kugel $r = R_0$. Im Bereich $r > R_0$ wird das Potenzial $\Phi(\boldsymbol{r})$ nach Potenzen von R_0/r entwickelt. Der Entwicklungskoeffizient bei $1/r^{l+1}$ ist proportional zur Kugelfunktion $Y_{lm}(\theta, \phi)$ und zum Multipolmoment q_{lm}.

Bei hinreichend großem Abstand r können bereits die niedrigsten nicht verschwindenden Terme eine gute Näherung für $\Phi(\boldsymbol{r})$ ergeben. Dies bedeutet eine wesentliche Vereinfachung, da die Funktion $\varrho(r, \theta, \phi)$ effektiv durch wenige Zahlen (die niedrigsten Multipolmomente) charakterisiert werden kann.

Im zylindersymmetrischen Fall mit $\varrho = \varrho(r, \theta)$ gilt $q_{lm} = q_{l0}\, \delta_{m0}$ mit

$$q_{l0} = \int d^3r\, \varrho(r, \theta)\, r^l\, P_l(\cos\theta) \tag{12.6}$$

Speziell für eine homogen geladene Kugel (Ladungsdichte ϱ_0, Radius R) erhalten wir hieraus

$$q_{l0} = 2\pi\varrho_0 \int_{-1}^{1} d\cos\theta \int_0^R dr\, r^{l+2}\, P_l(\cos\theta) = \frac{4\pi\varrho_0 R^3}{3}\, \delta_{l0} = q\, \delta_{l0} \tag{12.7}$$

Dabei haben wir die Orthonormierung (9.39) der Legendrepolynome ausgenutzt. In diesem Fall bricht die Entwicklung (12.5) bereits nach dem ersten Term ab und liefert das exakte Ergebnis $\Phi = q/r$ mit der Gesamtladung q.

Kartesische Darstellung

Für die untersten Multipolmomente ($l \leq 2$) benutzt man häufig kartesische Koordinaten anstelle von Kugelkoordinaten. Hierfür erhält man eine etwas andere Form der Multipolentwicklung.

Der Abstand $|\boldsymbol{r}-\boldsymbol{r}'| = [(x_1 - x_1')^2 + (x_2 - x_2')^2 + (x_3 - x_3')^2]^{1/2}$ hängt von den kartesischen Koordinaten x_1, x_2, x_3 und x_1', x_2', x_3' ab. Wir entwickeln den inversen Abstand in eine Taylorreihe nach Potenzen von x_1', x_2' und x_3':

$$\frac{1}{|\boldsymbol{r}-\boldsymbol{r}'|} = \frac{1}{r} - \sum_{i=1}^{3} x_i' \frac{\partial}{\partial x_i} \frac{1}{r} + \frac{1}{2} \sum_{i,j=1}^{3} x_i' x_j' \frac{\partial}{\partial x_i} \frac{\partial}{\partial x_j} \frac{1}{r} + \ldots \tag{12.8}$$

Die auftretenden Ableitungen wurden gemäß

$$\left[\frac{\partial}{\partial x_i'} \frac{1}{|\boldsymbol{r}-\boldsymbol{r}'|}\right]_{r'=0} = -\left[\frac{\partial}{\partial x_i} \frac{1}{|\boldsymbol{r}-\boldsymbol{r}'|}\right]_{r'=0} = -\frac{\partial}{\partial x_i} \frac{1}{r} \tag{12.9}$$

umgeformt. Wegen $\Delta(1/r) = 0$ im Bereich $r > R_0$ können wir den letzten Term in (12.8) wie folgt ergänzen:

$$\frac{1}{|\boldsymbol{r}-\boldsymbol{r}'|} = \frac{1}{r} - \sum_{i=1}^{3} x_i' \frac{\partial}{\partial x_i}\frac{1}{r} + \frac{1}{2}\sum_{i,j=1}^{3}\left(x_i' x_j' - r'^2\,\frac{\delta_{ij}}{3}\right)\frac{\partial}{\partial x_i}\frac{\partial}{\partial x_j}\frac{1}{r} + \ldots \qquad (12.10)$$

Diese Ergänzung vereinfacht letztlich das Ergebnis.

Wir führen folgende kartesische Multipolmomente ein:

$$q = \int d^3r'\, \varrho(\boldsymbol{r}') \qquad \text{(Ladung)} \qquad (12.11)$$

$$p_i = \int d^3r'\, x_i'\, \varrho(\boldsymbol{r}') \qquad \text{(Dipolmoment)} \qquad (12.12)$$

$$Q_{ij} = \int d^3r'\, \left(3x_i' x_j' - r'^2\,\delta_{ij}\right)\varrho(\boldsymbol{r}') \qquad \text{(Quadrupolmoment)} \qquad (12.13)$$

Unter orthogonalen Transformationen ist q ein Skalar, p_i ein Vektor und Q_{ij} ein Tensor zweiter Stufe.

Wir multiplizieren (12.10) mit $\varrho(\boldsymbol{r}')\,d^3r'$ und führen die Integration aus; dies ergibt das Potenzial $\Phi(\boldsymbol{r})$. Für die auftretenden Integrale verwenden wir (12.11)–(12.13):

$$\Phi(\boldsymbol{r}) = \int d^3r'\, \frac{\varrho(\boldsymbol{r}')}{|\boldsymbol{r}-\boldsymbol{r}'|} = \frac{q}{r} - \sum_{i=1}^{3} p_i\,\frac{\partial}{\partial x_i}\frac{1}{r} + \frac{1}{6}\sum_{i,j=1}^{3} Q_{ij}\,\frac{\partial}{\partial x_i}\frac{\partial}{\partial x_j}\frac{1}{r} + \ldots \qquad (12.14)$$

Wir führen die Differenziationen aus und erhalten

$$\boxed{\Phi(\boldsymbol{r}) = \frac{q}{r} + \frac{\boldsymbol{p}\cdot\boldsymbol{r}}{r^3} + \frac{1}{2}\sum_{i,j=1}^{3} Q_{ij}\,\frac{x_i\,x_j}{r^5} + \ldots \qquad (r > R_0)} \qquad (12.15)$$

Ebenso wie (12.4) ist dies eine Entwicklung nach Potenzen von R_0/r. Die explizit aufgeführten Beiträge sind das *Monopol-*, das *Dipol-* und das *Quadrupolfeld*.

Zur Auswertung von (12.14) benötigten wir $\partial(1/r)/\partial x_i = -x_i/r^3$ und

$$\frac{\partial}{\partial x_i}\frac{\partial}{\partial x_j}\frac{1}{r} = \frac{\partial}{\partial x_i}\frac{\partial}{\partial x_j}\frac{1}{\sqrt{x_1^2 + x_2^2 + x_3^2}} = 3\,\frac{x_i\,x_j}{r^5} - \frac{\delta_{ij}}{r^3} \qquad (12.16)$$

Da die Spur der Matrix (Q_{ij}) verschwindet,

$$\sum_{i=1}^{3} Q_{ii} \overset{(12.13)}{=} 0 \qquad (12.17)$$

führt der letzte Term in (12.16) zu keinem Beitrag in (12.15). Die Spurfreiheit des Quadrupoltensors haben wir durch Hinzufügen des Terms mit δ_{ij} in (12.10) erreicht. Dadurch wurde das Ergebnis (12.15) vereinfacht.

Vergleich zwischen sphärischen und kartesischen Multipolen

Die Entwicklungen (12.4) und (12.15) geben für große r sukzessive die Terme der Ordnung $1/r$, $1/r^2$, $1/r^3 \ldots$ an. Beide Entwicklungen sind zueinander äquivalent. Durch Vergleich von (12.3) mit (12.11)–(12.13) sieht man, dass die kartesischen Multipolmomente q, p_i und Q_{ij} den sphärischen Multipolmomenten q_{00}, q_{1m} und q_{2m} entsprechen. Aus (12.3) mit (11.14) und (11.28) erhalten wir

$$q_{00} = \int d^3r' \, \varrho(\boldsymbol{r}') = q \tag{12.18}$$

$$q_{10} = \int d^3r' \, z' \varrho(\boldsymbol{r}') = p_3 \tag{12.19}$$

$$q_{1,\pm 1} = \frac{1}{\sqrt{2}} \int d^3r' \, \left(\mp x' + \mathrm{i}\, y'\right) \varrho(\boldsymbol{r}') = \frac{\mp p_1 + \mathrm{i}\, p_2}{\sqrt{2}} \tag{12.20}$$

$$q_{20} = \frac{1}{2} \int d^3r' \, \left(3\, z'^2 - r'^2\right) \varrho(\boldsymbol{r}') = \frac{Q_{33}}{2} \tag{12.21}$$

Für ein bestimmtes l gibt es $2l + 1$ Komponenten q_{lm}. Für $l = 0$ und $l = 1$ gibt es gleichviele kartesische Komponenten, nämlich ein q und drei p_i. Dagegen stehen den fünf Größen q_{2m} zunächst die $3 \times 3 = 9$ Größen Q_{ij} gegenüber. Da Q_{ij} symmetrisch ist, sind nur 6 der 9 Größen unabhängig. Die Spurfreiheit (12.17) reduziert dies weiter auf fünf unabhängige Größen.

Für höhere Terme erhält man immer mehr kartesische Komponenten. So hätte der kartesische Oktupol bereits drei Indizes und 27 Komponenten. Dies ist eine unnötig komplizierte Darstellung; tatsächlich sind nur 7 Größen (eben die sieben q_{3m}) unabhängig. Für höhere Multipole ist die sphärische Entwicklung (12.4) also wesentlich einfacher und eleganter.

Abhängigkeit vom Koordinatensystem

Die Multipolmomente hängen im Allgemeinen vom Ursprung und von der Orientierung des Koordinatensystems (KS) ab, in dem sie berechnet werden. Üblicherweise wird man den Ursprung in den Bereich der Ladungsverteilung legen, so dass R_0 in (12.1) möglichst klein ist; denn dann konvergiert die Entwicklung nach Potenzen von R_0/r am besten.

Die Ladung (Multipol q_{00}) ist unabhängig vom Ursprung und von der Orientierung von KS. Allgemein gilt, dass das niedrigste nicht verschwindende Multipolmoment unabhängig von der Wahl des Ursprungs des KS ist.

Wenn das niedrigste Moment ein Dipol ist, dann ist das Dipolmoment $\boldsymbol{p}$ unabhängig vom KS und somit charakteristisch für die Ladungsverteilung. So ist zum Beispiel für eine Punktladung q bei $\boldsymbol{r}_0$ das Dipolmoment $\boldsymbol{p} = q\, \boldsymbol{r}_0$ vom KS abhängig; denn eine Verschiebung des KS ändert $\boldsymbol{r}_0$. Für zwei Punktladungen, q bei $\boldsymbol{r}_1$ und $-q$ bei $\boldsymbol{r}_2$, ist $\boldsymbol{p} = q\,(\boldsymbol{r}_1 - \boldsymbol{r}_2)$ dagegen invariant gegenüber Verschiebungen des KS.

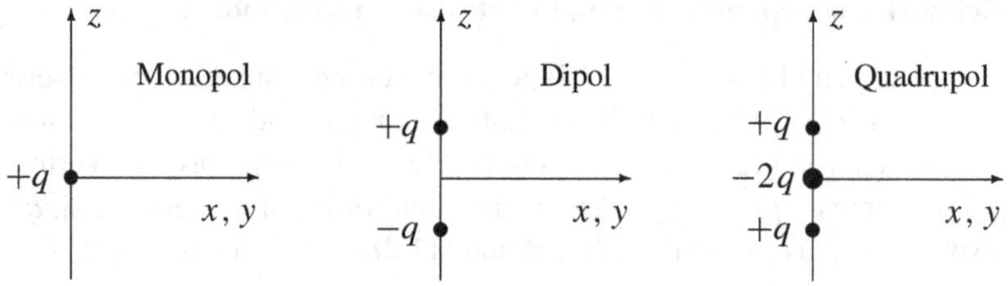

Abbildung 12.2 Eine Punktladung (links) hat nur ein Monopolmoment; alle anderen Multipolmomente verschwinden. Im mittleren Bild erhält man einen Punktdipol der Stärke p, wenn man den Abstand $2a$ zwischen den beiden Ladungen gegen null gehen lässt, und die Ladungen dabei gemäß $q = p/2a$ vergrößert. In der rechts gezeigten Konfiguration verschwinden das Monopol- und das Dipolmoment. Wenn der Abstand a zwischen den Ladungen ($q \propto 1/a^2$) gegen null geht, erhält man einen Punktquadrupol.

Der symmetrische Quadrupoltensor Q_{ij} kann durch eine geeignete Drehung des KS auf Diagonalform gebracht werden (Hauptachsentransformation). Wegen seiner Spurfreiheit ist er dann durch zwei Diagonalelemente charakterisiert. Bei Rotationssymmetrie um eine Achse reduziert sich dies weiter zu *einer* Größe; für eine rotationssymmetrische Ladungsverteilung gibt es daher *das* Quadrupolmoment. Von den sphärischen Multipolmomenten q_{lm} ist dann nur $q_{20} = Q_{33}/2$ ungleich null.

Punktmultipole

Das Potenzial (12.4) wurde für den Bereich $r > R_0$, in dem die Ladungsverteilung (12.1) verschwindet, abgeleitet. Wir betrachten dieses Potenzial jetzt ohne die Einschränkung $r > R_0$. Das Potenzial ist von der Form (11.9) mit $a_{lm} = 0$ und $b_{lm} = q_{lm}\sqrt{4\pi/(2l+1)}$. Es ist damit Lösung der Laplacegleichung mit Ausnahme einer Umgebung des Punktes $r = 0$. Die zu diesem Potenzial gehörige Ladungsdichte $\varrho = -\Delta\Phi/4\pi$ ist also bei $r = 0$ lokalisiert.

Wir wiederholen diesen Gedankengang für das Beispiel der homogen geladenen Kugel, (6.3) und (12.6). Die Multipolentwicklung ergibt $\Phi = q/r$ für $r > R$, wobei q die Gesamtladung und R der Radius der Kugel ist. Betrachtet man nun die Lösung $\Phi = q/r$ im gesamten Raum, so ist $\Delta\Phi = 0$ für $r \neq 0$. Aus $\Delta(q/r) = -4\pi\varrho$ erhalten wir $\varrho = q\,\delta(\boldsymbol{r})$, also die Ladungsdichte einer Punktladung bei $r = 0$.

Die Verallgemeinerung dieser Überlegung führt zu *Punktmultipolen*, also punktförmigen Ladungsverteilungen, die die entsprechenden Multipolfelder erzeugen. Im Folgenden wird vor allem der Punktdipol diskutiert.

Zur Einführung des Punktdipols gehen wir von zwei Punktladungen der Stärke $q = \pm\, p/(2a)$ im Abstand $2a$ aus (Abbildung 12.2). Die Ladungsverteilung

$$\varrho(\boldsymbol{r}) = \frac{p}{2a}\Big(\delta(\boldsymbol{r} - a\,\boldsymbol{e}_z) - \delta(\boldsymbol{r} + a\,\boldsymbol{e}_z)\Big) \qquad (12.22)$$

hat das von a unabhängige Dipolmoment $\boldsymbol{p} = p\,\boldsymbol{e}_z$. Wir lassen nun a gegen null gehen:

$$\varrho(\boldsymbol{r}) = \lim_{a\to 0} \frac{p}{2a}\Big(\delta(\boldsymbol{r} - a\,\boldsymbol{e}_z) - \delta(\boldsymbol{r} + a\,\boldsymbol{e}_z)\Big) = -p\,\frac{\partial}{\partial z}\,\delta(\boldsymbol{r}) = -(\boldsymbol{p}\cdot\nabla)\,\delta(\boldsymbol{r}) \tag{12.23}$$

Hierfür werten wir (6.3) aus:

$$\begin{aligned}\Phi(\boldsymbol{r}) &= -\int d^3r'\,\frac{(\boldsymbol{p}\cdot\nabla')\,\delta(\boldsymbol{r}')}{|\boldsymbol{r}-\boldsymbol{r}'|} \stackrel{\text{p.I.}}{=} \int d^3r'\,\delta(\boldsymbol{r}')\,\big(\boldsymbol{p}\cdot\nabla'\big)\,\frac{1}{|\boldsymbol{r}-\boldsymbol{r}'|}\\ &= -\int d^3r'\,\delta(\boldsymbol{r}')\,(\boldsymbol{p}\cdot\nabla)\,\frac{1}{|\boldsymbol{r}-\boldsymbol{r}'|} = -\,(\boldsymbol{p}\cdot\nabla)\,\frac{1}{r} = \frac{\boldsymbol{p}\cdot\boldsymbol{r}}{r^3}\end{aligned} \tag{12.24}$$

Dabei wirkt ∇' auf $\boldsymbol{r}'$, und ∇ auf $\boldsymbol{r}$. Die Ladungsdichte (12.23) ist punktförmig und ergibt ein reines Dipolfeld (12.24). (Man kann auch leicht nachprüfen, dass alle anderen Multipolmomente verschwinden). Damit ist (12.23) die Ladungsverteilung eines *Punktdipols* mit dem Dipolmoment $\boldsymbol{p}$.

Wir berechnen das elektrische Feld des Punktdipols:

$$\boldsymbol{E}(\boldsymbol{r}) = -\,\text{grad}\left(\frac{\boldsymbol{p}\cdot\boldsymbol{r}}{r^3}\right) = \frac{3\,\boldsymbol{r}\,(\boldsymbol{p}\cdot\boldsymbol{r}) - \boldsymbol{p}\,r^2}{r^5} \qquad (\text{Punktdipol},\ r\neq 0) \tag{12.25}$$

Die Differenziation wurde gemäß $\nabla\,(1/r^3) = -3\,\boldsymbol{r}/r^5$ ausgeführt. Dies ist so nur für $r \neq 0$ zulässig; denn an singulären Stellen können solche Ableitungen zu Distributionen führen. In Aufgabe 12.2 wird die Form des Felds bei $r = 0$ näher untersucht. Eine Möglichkeit zur Regularisierung solcher Singularitäten besteht darin, dass man von einer geeigneten ausgedehnten Ladungsverteilung ausgeht. Für das Dipolfeld könnte man etwa die Ladungsdichte (10.39) nehmen, die nur ein Dipolmoment (also keine anderen Multipolmomente) hat. Hierfür ist das Feld überall wohldefiniert. Man bestimmt dann den Grenzwert dieses Felds, wenn die Ausdehnung der Ladungsverteilung (bei konstantem Dipolmoment) gegen null geht.

Für die in Abbildung 12.2, rechter Teil, gezeigte Ladungsverteilung erhalten wir für $a \to 0$ und $q = Q_{33}/4a^2$ bei festgehaltenem Q_{33} die Ladungsverteilung eines Punktquadrupols:

$$\varrho(\boldsymbol{r}) = \frac{Q_{33}}{4}\,\delta''(z)\,\delta(y)\,\delta(x) \tag{12.26}$$

Ebenso wie eine Punktladung sind Punktmultipole als Idealisierungen von endlichen Ladungsverteilungen anzusehen. Nach (12.4) und (12.15) ist das Feld außerhalb einer Ladungsverteilung eine Summe von Multipolfeldern; für den Außenbereich kann die Ladungsverteilung also effektiv durch Punktmultipole ersetzt werden.

In einfachen Fällen haben auch endliche Ladungsverteilungen im Außenbereich ein reines Multipolfeld. So ist das Feld der homogen geladenen Kugel im Außenbereich ein Monopolfeld; es ist identisch mit dem einer Punktladung. Die Oberflächenladung (10.39) der polarisierten Metallkugel ergibt im Außenbereich ein Dipolfeld (10.41).

Energie im äußeren Feld

Wir berechnen die potenzielle Energie einer Ladungsverteilung in einem äußeren elektrischen Feld $\boldsymbol{E}_{\text{ext}} = -\text{grad}\,\Phi_{\text{ext}}$. Der Index „ext" weist darauf hin, dass das Feld der Ladungsverteilung selbst nicht in $\boldsymbol{E}_{\text{ext}}$ enthalten ist. Die Ladungsverteilung soll starr sein, sich also nicht unter dem Einfluss des äußeren Felds ändern.

Die in Abbildung 12.3 skizzierte Ladungsverteilung habe eine begrenzte Ausdehnung:

$$\varrho(\boldsymbol{r}) = \varrho(\boldsymbol{r}_0 + \boldsymbol{r}') = \widetilde{\varrho}(\boldsymbol{r}') = \begin{cases} \text{beliebig} & (r' < R_0) \\ 0 & (r' > R_0) \end{cases} \tag{12.27}$$

Man wird $\boldsymbol{r}_0$ so wählen, dass R_0 möglichst klein ist. Mit $\widetilde{\varrho}$ bezeichnen wir die Ladungsverteilung in einem KS mit $\boldsymbol{r}_0$ als Ursprung.

Das äußere Feld ändere sich im Bereich der Ladungsverteilung nur wenig. Dann können wir $\Phi_{\text{ext}}(\boldsymbol{r})$ durch eine Taylorentwicklung annähern:

$$\begin{aligned} \Phi_{\text{ext}}(\boldsymbol{r}) &= \Phi_{\text{ext}}(\boldsymbol{r}_0 + \boldsymbol{r}') = \Phi_{\text{ext}}(\boldsymbol{r}_0) + \sum_i \frac{\partial \Phi_{\text{ext}}}{\partial x_i}\, x_i' + \sum_{i,j} \frac{\partial^2 \Phi_{\text{ext}}}{\partial x_i\, \partial x_j}\, \frac{x_i' x_j'}{2} + \ldots \\ &= \Phi_{\text{ext}}(\boldsymbol{r}_0) + \sum_{i=1}^{3} \frac{\partial \Phi_{\text{ext}}}{\partial x_i}\, x_i' + \frac{1}{6} \sum_{i,j=1}^{3} \frac{\partial^2 \Phi_{\text{ext}}}{\partial x_i\, \partial x_j} \left(3 x_i' x_j' - r'^2\, \delta_{ij}\right) + \ldots \end{aligned} \tag{12.28}$$

Alle Ableitungen sind an der Stelle $\boldsymbol{r}' = 0$ zu nehmen. Da im Bereich der Ladungsverteilung $\Delta\Phi_{\text{ext}} = 0$ gilt, können wir den Term mit δ_{ij} hinzufügen.

Wir berechnen die potenzielle Energie der Ladungsverteilung (12.27) im äußeren Feld (12.28):

$$\begin{aligned} W &\overset{(6.25)}{=} \int d^3r\; \varrho(\boldsymbol{r})\, \Phi_{\text{ext}}(\boldsymbol{r}) = \int d^3r'\; \widetilde{\varrho}(\boldsymbol{r}')\, \Phi_{\text{ext}}(\boldsymbol{r}_0 + \boldsymbol{r}') \\ &\overset{(12.28)}{=} q\, \Phi_{\text{ext}}(\boldsymbol{r}_0) - \boldsymbol{p} \cdot \boldsymbol{E}_{\text{ext}}(\boldsymbol{r}_0) - \frac{1}{6} \sum_{i,j=1}^{3} Q_{ij}\, \frac{\partial E_{\text{ext},\,j}(\boldsymbol{r}_0)}{\partial x_i} + \ldots \end{aligned} \tag{12.29}$$

Dabei sind q, p_i und Q_{ij} die mit $\widetilde{\varrho}$ berechneten Multipolmomente; also die Multipolmomente bezüglich eines KS mit dem Ursprung bei $\boldsymbol{r}_0$.

Die Kraft des äußeren Felds auf die gegebene Ladungsverteilung ist damit

$$\boldsymbol{F}(\boldsymbol{r}_0) = -\text{grad}\, W(\boldsymbol{r}_0) = \begin{cases} q\, \boldsymbol{E}_{\text{ext}}(\boldsymbol{r}_0) & \text{(Monopol)} \\ (\boldsymbol{p} \cdot \nabla)\, \boldsymbol{E}_{\text{ext}}(\boldsymbol{r}_0) & \text{(Dipol)} \end{cases} \tag{12.30}$$

Die angegebenen Spezialfälle gelten, wenn die Ladungsverteilung nur ein Monopol- oder nur ein Dipolmoment hat. Für den Dipol wurde die Formel $\nabla(\boldsymbol{p} \cdot \boldsymbol{E}) = (\boldsymbol{p} \cdot \nabla)\boldsymbol{E} + (\boldsymbol{E}\, \nabla)\, \boldsymbol{p} + \boldsymbol{p} \times \text{rot}\, \boldsymbol{E} + \boldsymbol{E} \times \text{rot}\, \boldsymbol{p}$ verwendet. Da $\boldsymbol{p}$ nicht von $\boldsymbol{r}_0$ abhängt, ergeben die Ableitungen von $\boldsymbol{p}$ keinen Beitrag. Außerdem gilt $\text{rot}\, \boldsymbol{E} = 0$.

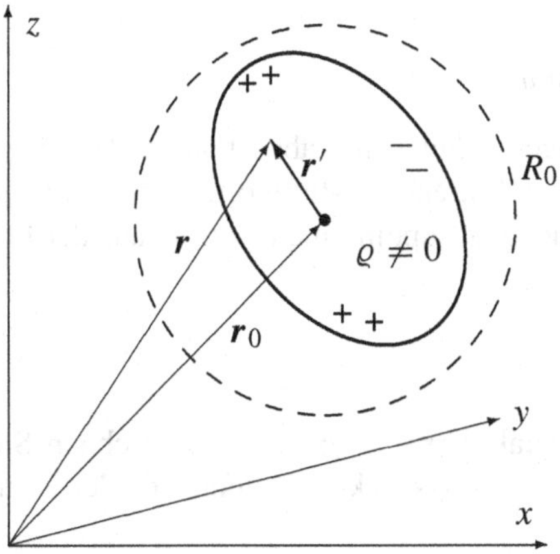

Abbildung 12.3 Um die Energie einer lokalisierten Ladungsverteilung in einem äußeren Feld zu bestimmen, entwickeln wir das Feld $\Phi(\boldsymbol{r}) = \Phi(\boldsymbol{r}_0 + \boldsymbol{r}')$ um eine Stelle $\boldsymbol{r}_0$ innerhalb der Ladungsverteilung. Effektiv wird dadurch die Ladungsverteilung nach Multipolen entwickelt.

Die potenzielle Energie eines Dipols

$$W = -\boldsymbol{p} \cdot \boldsymbol{E}_{\text{ext}} = -p\, E_{\text{ext}} \cos\theta \tag{12.31}$$

ist minimal für $\boldsymbol{p} \parallel \boldsymbol{E}$. Das Drehmoment

$$\boldsymbol{M} = \boldsymbol{p} \times \boldsymbol{E}_{\text{ext}} \tag{12.32}$$

versucht, den Dipolvektor in die energetisch bevorzugte Lage zu drehen. Es gilt $|\boldsymbol{M}| = |p\, E_{\text{ext}} \sin\theta|$.

Aufgaben

12.1 Multipole des homogen geladenen Stabs

Das elektrostatische Potenzial eines homogen geladenen Stabs ist aus Aufgabe 6.7 bekannt. Bestimmen Sie hieraus die beiden führenden Multipolfelder des Stabs. Überprüfen Sie das Ergebnis, indem Sie die Quadrupolmomente direkt aus der Ladungsdichte berechnen.

12.2 Singularität des Punktdipolfelds

Ein elektrischer Punktdipol hat das Potenzial $\Phi(\boldsymbol{r}) = \boldsymbol{p} \cdot \boldsymbol{r}/r^3$. Berechnen Sie hieraus die Ladungsdichte $\varrho(\boldsymbol{r})$. Zeigen Sie, dass das elektrische Feld von der Form

$$\boldsymbol{E}(\boldsymbol{r}) = \mathrm{P}\, \frac{3\,\boldsymbol{r}\,(\boldsymbol{p}\cdot\boldsymbol{r}) - \boldsymbol{p}\,r^2}{r^5} - \frac{4\pi}{3}\,\boldsymbol{p}\,\delta(\boldsymbol{r}) \qquad (12.33)$$

ist. Hierbei bezeichnet P den Hauptwert (principal value), der eine sphärische Umgebung $r \le \epsilon$ bei einer Integration ausschließt; nach der Integration ist der Limes $\epsilon \to 0$ zu nehmen. Distributionen sind über die Integrale mit beliebigen differenzierbaren Funktion $f(\boldsymbol{r})$ definiert. Daher ist (12.33) äquivalent zu

$$\int d^3r\; f(\boldsymbol{r}) \left[\boldsymbol{E}(\boldsymbol{r}) - \mathrm{P}\, \frac{3\,\boldsymbol{r}\,(\boldsymbol{p}\cdot\boldsymbol{r}) - \boldsymbol{p}\,r^2}{r^5} \right] = -\frac{4\pi}{3}\, f(0)\, \boldsymbol{p} \qquad (12.34)$$

Berechnen Sie aus dem Potenzial $\Phi(\boldsymbol{r}) = \boldsymbol{p} \cdot \boldsymbol{r}/r^3$ zunächst das elektrische Feld für $r \neq 0$. Aus dem Ergebnis folgt, dass die Integration in (12.34) auf eine Kugel mit einem (beliebig) kleinen Radius ϵ beschränkt werden kann.

12.3 Kartesische und sphärische Quadrupolkomponenten

Drücken Sie die neun kartesischen Komponenten Q_{ij} des Quadrupoltensors explizit durch die fünf sphärischen Komponenten q_{2m} aus.

12.4 Quadrupoltensor von Rotationsellipsoid und Kreiszylinder

Bestimmen Sie den Quadrupoltensor folgender, homogen geladener Körper:

(i) Rotationsellipsoid mit den Halbachsen a und b.

(ii) Kreiszylinder mit der Länge L und dem Radius R.

Wählen Sie jeweils ein geeignetes Koordinatensystem.

III Magnetostatik

13 Magnetfeld

Das elektrische Feld wurde durch die Kräfte zwischen ruhenden Ladungen definiert. Das magnetische Feld wird durch die Kräfte zwischen bewegten Ladungen definiert.

Bewegte Ladungen implizieren im Allgemeinen, dass das Problem zeitabhängig ist. Im hier beginnenden Teil III studieren wir zunächst den einfacheren Fall von stationären Strömen in Leitern. Hierfür ist das Magnetfeld zeitunabhängig; dieses Teilgebiet der Elektrodynamik heißt Magnetostatik.

In diesem Kapitel führen wir den Strom und die Stromdichte ein. Danach formulieren wir das Kraftgesetz für stromdurchflossene Leiter und definieren damit das magnetische Feld. Anschließend wird das Magnetfeld als Funktional der Stromverteilung angegeben und für einen einfachen Fall ausgewertet.

Strom und Stromdichte

Unter geeigneten experimentellen Bedingungen fließen Ladungen in einem Draht. Die Ladungsmenge, die pro Zeit einen Querschnitt des Drahts passiert, definiert den *Strom*

$$I = \text{Strom} = \frac{\text{Ladung}}{\text{Zeit}} = \frac{dq}{dt} \tag{13.1}$$

Die Ladung wurde in Kapitel 5 als Messgröße eingeführt. Durch (13.1) ist jetzt auch der Strom als Messgröße definiert. Im MKSA-System wird der Strom als primäre Messgröße eingeführt, (5.6) und (5.7); das A in MKSA steht für die Stromeinheit Ampere (nach dem Physiker Ampère benannt).

Als *Stromdichte* wird der Strom pro Querschnittsfläche[1] Δa des Drahts definiert:

$$j = \frac{\text{Strom}}{\text{Fläche}} = \frac{I}{\Delta a} \tag{13.2}$$

[1]Im Allgemeinen werden die Buchstaben A und $\boldsymbol{A}$ als Symbole für Flächen (area) verwendet. Da dies mit der üblichen Bezeichnung des Vektorpotenzials (Kapitel 14) zusammenfällt, benutzen wir in Teil III bis V stattdessen a und $\boldsymbol{a}$. Alle diese Buchstaben sind geneigt (italic); Einheiten (wie A für Ampere) werden dagegen in roman (aufrecht) gedruckt.

T. Fließbach, *Elektrodynamik*, https://doi.org/10.1007/978-3-662-64889-6_13

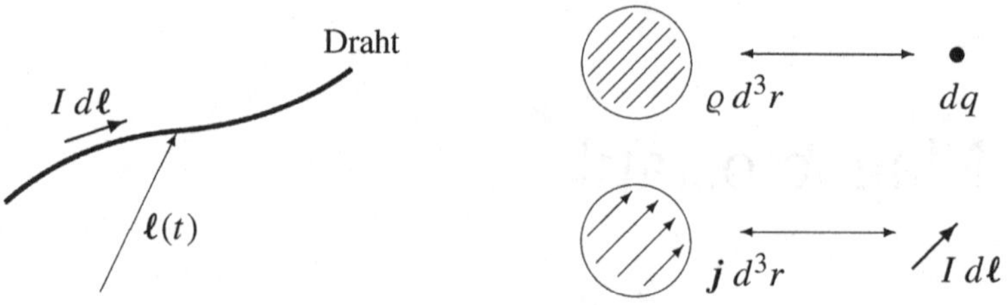

Abbildung 13.1 Die Lage eines dünnen Drahts (links) wird durch eine Kurve $\boldsymbol{\ell}(s)$ beschrieben. Jedes Wegelement $d\boldsymbol{\ell}$ der Kurve trägt mit $I\,d\boldsymbol{\ell}$ zum Magnetfeld bei, wenn der Strom I durch den Draht fließt. In einer kontinuierlichen Stromverteilung ergibt das Volumenelement d^3r den Beitrag $\boldsymbol{j}\,d^3r = I\,d\boldsymbol{\ell}$. Dies ist mit der Zerlegung einer Ladungsverteilung $\varrho(\boldsymbol{r})$ in die Elemente $dq = \varrho\, d^3r$ zu vergleichen (rechts).

Die Lage eines dünnen Drahts kann durch eine Kurve $\boldsymbol{\ell} = \boldsymbol{\ell}(s)$ beschrieben werden, wobei s ein geeigneter Bahnparameter ist. Der Tangentenvektor $d\boldsymbol{\ell}/d\ell$ sei so orientiert, dass er in Richtung des Stroms zeigt. Dann definieren wir den Vektor $\boldsymbol{j}$ der Stromdichte durch

$$\boldsymbol{j} = \frac{I}{\Delta a}\,\frac{d\boldsymbol{\ell}}{d\ell} \tag{13.3}$$

Die Multiplikation der Stromdichte mit einem Flächenelement ergibt

$$\boldsymbol{j}\cdot d\boldsymbol{a} = \text{Strom durch } d\boldsymbol{a} \tag{13.4}$$

Das Flächenelement $d\boldsymbol{a} = d\boldsymbol{a}_{\parallel} + d\boldsymbol{a}_{\perp}$ kann in die zu $\boldsymbol{j}$ parallelen und senkrechten Anteile aufgeteilt werden. Der senkrechte Anteil ergibt keinen Beitrag, und für den parallelen reduziert sich (13.4) auf (13.2).

Mit $\Delta a\, d\ell = \Delta V = d^3r$ können wir (13.3) als

$$\boldsymbol{j}(\boldsymbol{r},t)\, d^3r = I\, d\boldsymbol{\ell} \tag{13.5}$$

schreiben. In dieser Weise kann eine ausgedehnte Stromverteilung durch stromdurchflossene Drahtelemente repräsentiert werden; die Stromdichte ist dabei ein Vektorfeld, $\boldsymbol{j} = \boldsymbol{j}(\boldsymbol{r},t)$. Analog dazu wurde in der Elektrostatik eine ausgedehnte Ladungsverteilung in einzelne Elemente $dq = \varrho\, d^3r$ zerlegt (Abbildung 13.1).

In der Magnetostatik beschränken wir uns auf zeitunabhängige Stromdichten:

$$\text{Magnetostatik:}\qquad \boldsymbol{j}(\boldsymbol{r},t) = \boldsymbol{j}(\boldsymbol{r}) \tag{13.6}$$

Mikroskopische Definition

In einer mikroskopischen und klassischen Behandlung gehen wir von Punktladungen q_i aus, die die Ortsvektoren $\boldsymbol{r}_i$ und die Geschwindigkeiten $\boldsymbol{v}_i = \dot{\boldsymbol{r}}_i(t)$ haben. Hierfür erhalten wir die Ladungs- und Stromdichte

$$\varrho_{\text{at}}(\boldsymbol{r},t) = \sum_{i=1}^{N} q_i\,\delta(\boldsymbol{r}-\boldsymbol{r}_i(t))\,,\qquad \boldsymbol{j}_{\text{at}}(\boldsymbol{r},t) = \sum_{i=1}^{N} q_i\,\boldsymbol{v}_i\,\delta(\boldsymbol{r}-\boldsymbol{r}_i(t)) \tag{13.7}$$

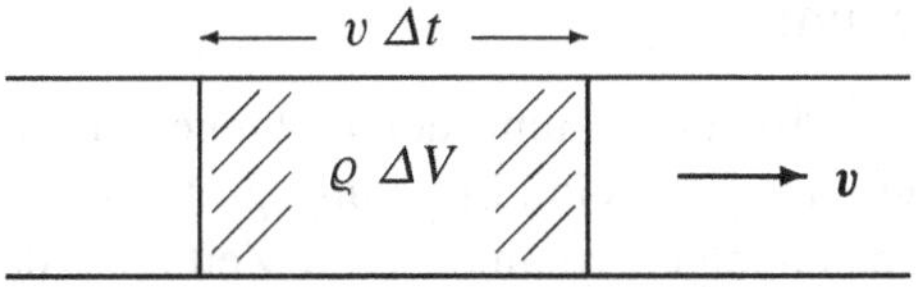

Abbildung 13.2 In einem Leiter (Querschnitt Δa) bewege sich die Ladungsdichte ϱ mit der Geschwindigkeit $\boldsymbol{v}$. In der Zeit Δt wird die Ladung $\Delta q = \varrho\,\Delta V = \varrho\,\Delta a\, v\,\Delta t$ (im schraffierten Bereich) durch einen Querschnitt des Drahts transportiert. Nach (13.2) und (13.1) ist die Stromdichte dann $j = \Delta q/(\Delta t\,\Delta a) = \varrho\, v$.

Als Punktladungen stellen wir uns die Elektronen und die Atomkerne in Materie vor; der Index „at" steht für atomar.

Wir betrachten nun endliche Volumina ΔV, die jeweils viele Ladungen enthalten sollen. Hierfür definieren wir die mittlere Ladungs- und Stromdichte:

$$\varrho(\boldsymbol{r},t) = \frac{\Delta q}{\Delta V} = \frac{1}{\Delta V}\sum_{\Delta V} q_i\,, \qquad \boldsymbol{j}(\boldsymbol{r},t) = \frac{1}{\Delta V}\sum_{\Delta V} q_i\,\boldsymbol{v}_i \tag{13.8}$$

Formal ergeben sich diese Größen aus (13.7) durch eine räumliche Mittelung über Volumina der Größe ΔV.

Wenn alle Ladungen gleich sind, $q_i = q$, gibt es einen einfachen Zusammenhang zwischen der Ladungs- und der Stromdichte (siehe Abbildung 13.2):

$$\boldsymbol{j}(\boldsymbol{r},t) = \frac{q}{\Delta V}\sum_{\Delta V}\boldsymbol{v}_i = \frac{\Delta q}{\Delta V}\,\frac{1}{\Delta N}\sum_{\Delta V}\boldsymbol{v}_i = \varrho(\boldsymbol{r},t)\;\boldsymbol{v}(\boldsymbol{r},t) \tag{13.9}$$

Dabei ist ΔN die Anzahl und Δq die Summe der Ladungen in ΔV, und $\boldsymbol{v}(\boldsymbol{r},t)$ ist die *mittlere* Geschwindigkeit der Ladungen in ΔV.

Wir diskutieren die Stromdichte am Beispiel eines stromdurchflossenen Drahts aus Metall. Das Metall kann als Kristallgitter aus positiven Ionen betrachtet werden, in dem sich die freien Elektronen (etwa eins pro Ion) bewegen können. Dann verschwindet die mittlere Geschwindigkeit der Ionen; sie ergeben keinen Beitrag zur Stromdichte. Dagegen haben die freien Elektronen bei angelegter Spannung eine mittlere Geschwindigkeit, die ungleich null ist. Den daraus resultierenden Beitrag zur Stromdichte kann man mit (13.9) berechnen, wenn man ϱ als Ladungsdichte der freien Elektronen und $\boldsymbol{v}$ als ihre mittlere Geschwindigkeit interpretiert. In der ungestörten Materie haben die Geschwindigkeiten $\boldsymbol{v}_i$ der einzelnen freien Elektronen alle möglichen Richtungen, so dass die mittlere Geschwindigkeit verschwindet. Ein elektrisches Feld führt nun zu einer zusätzlichen Komponente aller Geschwindigkeiten in Richtung des Felds und damit zu einer mittleren Geschwindigkeit der freien Elektronen. Diese mittlere Geschwindigkeit ist klein gegenüber den Geschwindigkeiten $|\boldsymbol{v}_i|$ der einzelnen Elektronen (Aufgabe 13.1).

Kontinuitätsgleichung

Für beliebige Prozesse ist die Summe der Ladungen in einem abgeschlossenen System konstant; die Ladung ist eine Erhaltungsgröße. Die Änderung der Ladung $\int d^3r\, \varrho(\boldsymbol{r}, t)$ in einem beliebigen Volumen V pro Zeit muss daher gleich dem Strom durch die Oberfläche $a = a(V)$ des Volumens sein:

$$\frac{d}{dt} \int_V d^3r\, \varrho(\boldsymbol{r}, t) + \oint_{a(V)} d\boldsymbol{a} \cdot \boldsymbol{j}(\boldsymbol{r}, t) = 0 \qquad (13.10)$$

Wenn die Stromdichte $\boldsymbol{j}$ im Mittel nach außen zeigt (also in Richtung von $d\boldsymbol{a}$), dann ist der zweite Term positiv und es fließt Ladung aus V heraus. Dementsprechend verringert sich die Ladung in V; der erste Term ist negativ.

Wir betrachten nun (13.10) für ein festes Volumen V. Dann wirkt die Zeitableitung im ersten Term nur auf $\varrho(\boldsymbol{r}, t)$. Den zweiten Term formen wir mit dem Gaußschen Satz um. Damit wird (13.10) zu

$$\int_V d^3r \left(\frac{\partial \varrho(\boldsymbol{r}, t)}{\partial t} + \operatorname{div} \boldsymbol{j}(\boldsymbol{r}, t) \right) = 0 \qquad (13.11)$$

Da dies für beliebige Volumina gilt, muss der Integrand verschwinden:

$$\boxed{\frac{\partial \varrho(\boldsymbol{r}, t)}{\partial t} + \operatorname{div} \boldsymbol{j}(\boldsymbol{r}, t) = 0 \qquad \text{Kontinuitätsgleichung}} \qquad (13.12)$$

In Kurzform lautet diese *Kontinuitätsgleichung* $\dot{\varrho} + \operatorname{div} \boldsymbol{j} = 0$. Die Kontinuitätsgleichung ist der differenzielle Ausdruck für die Erhaltung der Ladung. Im statischen Fall reduziert sie sich auf

$$\operatorname{div} \boldsymbol{j}(\boldsymbol{r}) = 0 \qquad \text{(Magnetostatik)} \qquad (13.13)$$

Kraftgesetz

In der Elektrostatik wurde das elektrische Feld $\boldsymbol{E}$ durch die messbare Kraft $\boldsymbol{F} = q\,\boldsymbol{E}$ auf eine Probeladung q definiert. Analog dazu definieren wir das Magnetfeld $\boldsymbol{B}(\boldsymbol{r})$ durch die messbaren Kräfte auf Ströme. Dazu betrachten wir einen dünnen Draht, der vom Strom I durchflossen wird; der Draht ruhe und der Strom I sei konstant. Bei Anwesenheit anderer stromdurchflossener Leiter stellt man fest, dass auf den Draht Kräfte wirken. Auf ein kleines Wegelement $d\boldsymbol{\ell}$ des Drahts wirkt eine Kraft $d\boldsymbol{F}$, für die gilt

$$dF \propto I\,, \qquad dF \propto d\ell\,, \qquad d\boldsymbol{F} \perp d\boldsymbol{\ell} \qquad (13.14)$$

Die Kraft $d\boldsymbol{F}$ kann daher in der Form

$$\boxed{d\boldsymbol{F}(\boldsymbol{r}) = \frac{I}{c}\, d\boldsymbol{\ell} \times \boldsymbol{B}(\boldsymbol{r}) \qquad \text{Definition von } \boldsymbol{B}} \qquad (13.15)$$

geschrieben werden. Durch diese Relation wird das Vektorfeld $\boldsymbol{B}(\boldsymbol{r})$ als Messgröße definiert; denn die anderen Größen $d\boldsymbol{F}$, $d\boldsymbol{\ell}$ und I sind Messgrößen. In der Definition (13.15) kann willkürlich eine Konstante eingefügt werden. Die hier gewählte Konstante ist durch die Lichtgeschwindigkeit

$$c \approx 3 \cdot 10^8 \,\frac{\text{m}}{\text{s}} \qquad \text{(Lichtgeschwindigkeit)} \tag{13.16}$$

bestimmt. Die Dimension der Konstanten impliziert, dass $\boldsymbol{E}$ und $\boldsymbol{B}$ in gleichen Einheiten gemessen werden, denn $[I\, d\ell/c] = [q]$. Die Größe der Konstanten impliziert, dass $\boldsymbol{E}$ und $\boldsymbol{B}$ in einer elektromagnetischen Welle gleichgroße Amplitude haben (Kapitel 20).

Wir spezifizieren die Messvorschrift (13.15) für $\boldsymbol{B}$ noch dahingehend, dass der Strom durch $d\boldsymbol{\ell}$ die vorhandene Feldkonfiguration nicht wesentlich ändert (analog zur Probeladung). Außerdem wird man bei einer solchen Messung der Einfachheit halber Drähte betrachten, deren Ladungsdichte verschwindet, so dass keine elektrostatischen Kräfte auftreten.

Das durch (13.15) definierte Feld wird

$$\boldsymbol{B}(\boldsymbol{r}) = \text{magnetische Induktion} \tag{13.17}$$

magnetische Induktion oder auch *magnetische Flussdichte* genannt. Da $\boldsymbol{B}$ das Pendant zur elektrischen Feldstärke $\boldsymbol{E}$ ist, wäre die Bezeichnung „magnetische Feldstärke" angebracht. Die historische Entwicklung hat aber dazu geführt, dass eine andere Größe als „magnetische Feldstärke" bezeichnet wird[2]. Um inadäquate Bezeichnungen zu vermeiden, sprechen wir einfach vom elektrischen Feld $\boldsymbol{E}$ und vom magnetischen Feld $\boldsymbol{B}$.

Nachdem $\boldsymbol{B}$ als Messgröße festliegt, kann experimentell bestimmt werden, welches Magnetfeld durch einen stromdurchflossenen Leiter hervorgerufen wird. Am Ort $\boldsymbol{r}'$ sei ein Drahtstück $d\boldsymbol{\ell}$, das vom Strom I durchflossen wird. Dieses ruft dann am Ort $\boldsymbol{r}$ einen Beitrag $d\boldsymbol{B}$ mit den Eigenschaften

$$\begin{aligned} &dB \propto I\, d\ell\,, \qquad d\boldsymbol{B} \perp d\boldsymbol{\ell}\,, \qquad d\boldsymbol{B} \perp (\boldsymbol{r} - \boldsymbol{r}') \\ &dB \propto 1/|\boldsymbol{r} - \boldsymbol{r}'|^2\,, \qquad dB \propto \sin\big(\sphericalangle(d\boldsymbol{\ell}, \boldsymbol{r} - \boldsymbol{r}')\big) \end{aligned} \tag{13.18}$$

hervor (Abbildung 13.3 links). Diese Befunde können in

$$d\boldsymbol{B}(\boldsymbol{r}) = \frac{I}{c}\, d\boldsymbol{\ell} \times \frac{\boldsymbol{r} - \boldsymbol{r}'}{|\boldsymbol{r} - \boldsymbol{r}'|^3} \tag{13.19}$$

zusammengefasst werden. Nachdem $\boldsymbol{B}$ als Messgröße durch (13.15) festgelegt ist, folgt die Konstante $1/c$ aus dem Experiment.

[2]In Kapitel 29 werden wir für Felder in Materie die Aufteilung $\boldsymbol{B} = \boldsymbol{H} + 4\pi \boldsymbol{M}$ einführen mit der „magnetischen Feldstärke" $\boldsymbol{H}$ und der „Magnetisierung" $\boldsymbol{M}$.

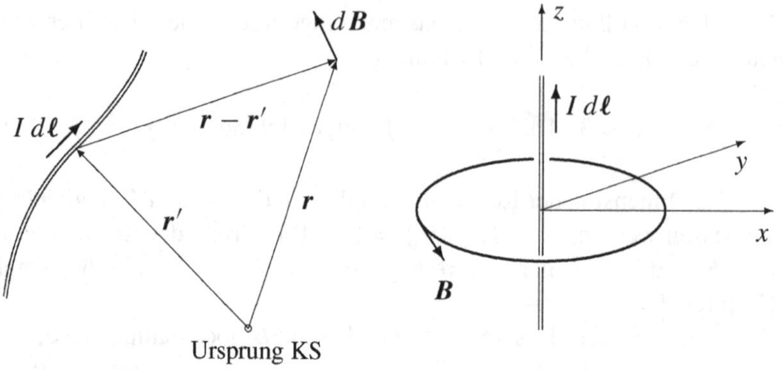

Abbildung 13.3 Das Stromelement $I\,d\boldsymbol{\ell}$ am Ort $\boldsymbol{r}'$ erzeugt am Ort $\boldsymbol{r}$ einen Beitrag $d\boldsymbol{B}$ zum Magnetfeld, der senkrecht zu $d\boldsymbol{\ell}$ und $\boldsymbol{r} - \boldsymbol{r}'$ ist (links). Summiert man alle diese Beiträge für einen unendlich langen, geraden Draht auf, so ergeben sich Kreise als Feldlinien (rechts).

Tabelle 13.1 Die Tabelle vergleicht die Beziehungen der Elektrostatik und Magnetostatik. Die unteren vier Einträge ergeben sich für die rechte Spalte erst aus dem nächsten Kapitel.

Elektrostatik	Relation	Magnetostatik
$dq = \varrho\, d^3r$	Ladungs-/Stromelement	$I\,d\boldsymbol{\ell} = \boldsymbol{j}\, d^3r$
$d\boldsymbol{F} = dq\,\boldsymbol{E}$ $\boldsymbol{F} = q\,\boldsymbol{E}$	Felddefinition	$d\boldsymbol{F} = (I/c)\, d\boldsymbol{\ell} \times \boldsymbol{B}$ $\boldsymbol{F} = q\,(\boldsymbol{v}/c) \times \boldsymbol{B}$
$d\boldsymbol{E}(\boldsymbol{r}) = dq\, \dfrac{\boldsymbol{r} - \boldsymbol{r}'}{\lvert\boldsymbol{r} - \boldsymbol{r}'\rvert^3}$	Kraftgesetz	$d\boldsymbol{B}(\boldsymbol{r}) = \dfrac{I}{c}\, d\boldsymbol{\ell} \times \dfrac{\boldsymbol{r} - \boldsymbol{r}'}{\lvert\boldsymbol{r} - \boldsymbol{r}'\rvert^3}$
$\operatorname{div} \boldsymbol{E} = 4\pi\varrho$ $\operatorname{rot} \boldsymbol{E} = 0$	Feldgleichungen	$\operatorname{rot} \boldsymbol{B} = 4\pi\, \boldsymbol{j}/c$ $\operatorname{div} \boldsymbol{B} = 0$
$\boldsymbol{E} = -\operatorname{grad} \Phi$	Potenziale Φ, $\boldsymbol{A}$	$\boldsymbol{B} = \operatorname{rot} \boldsymbol{A}$
$\Delta\Phi = -4\pi\varrho$	Feldgleichung	$\Delta\boldsymbol{A} = -(4\pi/c)\, \boldsymbol{j}$
$\Phi(\boldsymbol{r}) = \displaystyle\int d^3r'\, \frac{\varrho(\boldsymbol{r}')}{\lvert\boldsymbol{r} - \boldsymbol{r}'\rvert}$	Potenzial aus Quelldichte	$\boldsymbol{A}(\boldsymbol{r}) = \dfrac{1}{c} \displaystyle\int d^3r'\, \frac{\boldsymbol{j}(\boldsymbol{r}')}{\lvert\boldsymbol{r} - \boldsymbol{r}'\rvert}$

Wir setzen (13.5) in (13.19) ein und summieren über alle Beiträge:

$$\boxed{\boldsymbol{B}(\boldsymbol{r}) = \frac{1}{c}\int d^3r'\ \boldsymbol{j}(\boldsymbol{r}') \times \frac{\boldsymbol{r}-\boldsymbol{r}'}{|\boldsymbol{r}-\boldsymbol{r}'|^3}} \tag{13.20}$$

Aus einer gegebenen stationären Stromverteilung kann so das Magnetfeld berechnet werden.

Wie Tabelle 13.1 im Überblick zeigt, sind die Grundbegriffe der Magnetostatik weitgehend analog zu denen der Elektrostatik. Die Relationen der Magnetostatik sind etwas komplizierter, weil die Quelle des Felds (die Stromdichte) ein Vektorfeld ist, während sie in der Elektrostatik ein skalares Feld (die Ladungsdichte) ist.

Kraft auf Punktladung

Aus (13.15) und (13.5) folgt die Kraftdichte $\boldsymbol{f}$, die ein Magnetfeld $\boldsymbol{B}$ auf eine Stromverteilung ausübt:

$$\boldsymbol{f}(\boldsymbol{r}) = \frac{d\boldsymbol{F}}{dV} = \frac{1}{c}\,\frac{I\,d\boldsymbol{\ell}}{dV} \times \boldsymbol{B} = \frac{1}{c}\ \boldsymbol{j}(\boldsymbol{r}) \times \boldsymbol{B}(\boldsymbol{r}) \tag{13.21}$$

Für die Stromdichte $\boldsymbol{j}(\boldsymbol{r}) = q\,\boldsymbol{v}\,\delta(\boldsymbol{r}-\boldsymbol{r}_0)$ einer bewegten Punktladung ergibt dies $\boldsymbol{f}(\boldsymbol{r}) = \boldsymbol{F}\,\delta(\boldsymbol{r}-\boldsymbol{r}_0)$ mit

$$\boxed{\boldsymbol{F} = q\ \frac{\boldsymbol{v}}{c} \times \boldsymbol{B}(\boldsymbol{r}_0)} \tag{13.22}$$

Dies ist die Kraft $\boldsymbol{F}$ auf eine Punktladung bei $\boldsymbol{r}_0$, die sich mit der Geschwindigkeit $\boldsymbol{v} = \dot{\boldsymbol{r}}_0$ bewegt. Zeigt $\boldsymbol{v}$ in x- und $\boldsymbol{B}$ in y-Richtung, so wirkt die Kraft $\boldsymbol{F}$ in z-Richtung.

Die Kraft (13.22) entspricht der Kraft $\boldsymbol{F} = q\,\boldsymbol{E}$, mit der wir in der Elektrostatik das elektrische Feld definiert haben. Zur Definition des Magnetfelds sind wir nicht von (13.22) ausgegangen, weil eine einzelne bewegte Ladung zeitabhängige Felder hervorruft.

Magnetfeld eines geraden Drahts

Wir berechnen das Magnetfeld eines unendlich langen Drahts (Abbildung 13.3 rechts), der vom Strom I durchflossen wird. Wir legen die z-Achse und den Ursprung des Koordinatensystems in den Draht und verwenden Zylinderkoordinaten ρ, φ und z. Dann lautet die Stromdichte

$$\boldsymbol{j}(\boldsymbol{r}) = I\,\delta(x)\,\delta(y)\,\boldsymbol{e}_z = I\,\boldsymbol{e}_z\,\frac{\delta(\rho)}{2\pi\rho} \tag{13.23}$$

Die Deltafunktionen[3] sind so zu wählen, dass das Integral $\int \boldsymbol{j} \cdot d\boldsymbol{a}$ über eine kleine Fläche beim Ursprung gerade den Strom I ergibt; dabei ist $d\boldsymbol{a} = dx\,dy\,\boldsymbol{e}_z = \rho\,d\varphi\,d\rho\,\boldsymbol{e}_z$.

Zur Berechnung des Magnetfelds gehen wir von (13.20) aus. Wegen der Zylindersymmetrie kann $\boldsymbol{B}(\boldsymbol{r}) = \boldsymbol{B}(\rho, \varphi, z)$ nur von ρ abhängen. Daher genügt es, das Feld in der Ebene $z = 0$ zu berechnen, also für das Argument $\boldsymbol{r} = \rho\,\boldsymbol{e}_\rho$. Die Stromdichte $\boldsymbol{j}(\boldsymbol{r}')$ ist nur für $\rho' = 0$ ungleich null, so dass wir $\boldsymbol{r}' = z'\,\boldsymbol{e}_z$ setzen können. Damit gilt $\boldsymbol{r} - \boldsymbol{r}' = \rho\,\boldsymbol{e}_\rho - z'\,\boldsymbol{e}_z$. Aus (13.20) mit (13.23) erhalten wir somit

$$\begin{aligned} \boldsymbol{B}(\rho) &= \frac{I}{c}\int_{-\infty}^{\infty} dz' \int_0^{\infty} \rho'\,d\rho' \int_0^{2\pi} d\varphi'\, \frac{\delta(\rho')}{2\pi\rho'}\,\boldsymbol{e}_z \times \frac{\rho\,\boldsymbol{e}_\rho - z'\,\boldsymbol{e}_z}{(\rho^2 + z'^2)^{3/2}} \\ &= \frac{I}{c}\,\boldsymbol{e}_\varphi \int_{-\infty}^{\infty} dz'\, \frac{\rho}{(\rho^2 + z'^2)^{3/2}} = \frac{2I}{c}\,\frac{\boldsymbol{e}_\varphi}{\rho} \end{aligned} \tag{13.24}$$

Dieses Ergebnis ist als *Biot-Savart-Gesetz* bekannt. Das Magnetfeld zeigt an jeder Stelle in Richtung von $\boldsymbol{e}_\varphi$. Die Feldlinien sind daher Kreise, Abbildung 13.3 rechts. Das Biot-Savart-Gesetz ist historisch älter als die allgemeinere Formulierung (13.20).

Kraft zwischen zwei parallelen Drähten

Als einfache Anwendung von (13.15) und (13.24) berechnen wir die Kraft pro Länge zwischen zwei parallelen (unendlich langen, geraden) Drähten im Abstand d. Wir greifen ein Wegelement $d\boldsymbol{\ell}_1$ des ersten Drahts heraus. Die anderen Wegelemente $d\boldsymbol{\ell}_1'$ desselben Drahts bewirken kein Feld an dieser Stelle, da der Verbindungsvektor zwischen den beiden Wegelementen parallel zu $d\boldsymbol{\ell}_1'$ ist. Also wirkt nur das Feld des anderen Drahts, das nach (13.24) den Betrag $B_2 = 2I_2/(cd)$ hat und senkrecht zum Draht steht. Damit erhalten wir aus (13.15)

$$\frac{dF_1}{d\ell_1} = \frac{I_1 B_2}{c} = \frac{2 I_1 I_2}{c^2}\,\frac{1}{d} = \frac{dF_2}{d\ell_2} \tag{13.25}$$

Die Kräfte wirken parallel zur kürzesten Verbindung zwischen den Drähten. Fließt der Strom gleichsinnig, so sind die Kräfte attraktiv; bei gegensinnigen Strömen stoßen sich die Drähte ab.

---

[3] Eine stetige Testfunktion $f(x, y) = g(\rho, \varphi)$ ergibt durch Integration mit $\delta(x)\delta(y)$ den Wert $f(0, 0)$. Wegen der Stetigkeit hängt $g(\rho, \varphi)$ für $\rho \to 0$ nicht von φ ab, also $g(\rho, \varphi) = G(\rho)$. Daher wird die Integration $\int d\varphi \int \rho\,d\rho$ zu $2\pi \int \rho\,d\rho$. Bei der Integration über die Testfunktion kürzt sich dann der Faktor $2\pi\rho$ und wir erhalten $\int \delta(\rho)\,G(\rho) = G(0)$. Dies erklärt die Faktoren bei $\delta(\rho)$ auf der rechten Seite von (13.23). — Wegen der Untergrenze 0 des ρ-Integrals wird die Distribution $\delta(\rho)$ auf der rechten Seite von (13.23) als $\delta(\rho - \epsilon)$ mit der impliziten Anweisung $\epsilon \to 0$ spezifiziert.

Aufgaben

13.1 Geschwindigkeit der Metallelektronen

Die kinetische Energie von freien Metallelektronen ist von der Größenordnung $E_{\text{kin}} \approx 10\,\text{eV}$. Berechnen Sie hieraus ihre mittlere Geschwindigkeit $\overline{v} = \langle \boldsymbol{v}^2 \rangle^{1/2}$.

Pro Gitterzelle (mit Volumen $\Delta V = 1\,\text{Å}^3$) gibt es (ungefähr) ein freies Elektron. In einem Draht mit dem Querschnitt $a = 1\,\text{mm}^2$ fließe der Strom $I = 1\,\text{A}$. Berechnen Sie die zugehörige mittlere Driftgeschwindigkeit v_{drift} der Elektronen.

14 Feldgleichungen

Ausgehend von (13.20) leiten wir die Feldgleichungen der Magnetostatik ab. Wir geben integrale Formen dieser Gleichungen an und behandeln einfache Anwendungen (homogen durchflossener Draht, unendlich lange Spule).

Wir formen (13.20) um:

$$\boldsymbol{B}(\boldsymbol{r}) = \frac{1}{c}\int d^3r'\; \boldsymbol{j}(\boldsymbol{r}') \times \frac{\boldsymbol{r}-\boldsymbol{r}'}{|\boldsymbol{r}-\boldsymbol{r}'|^3} = -\frac{1}{c}\int d^3r'\; \boldsymbol{j}(\boldsymbol{r}') \times \nabla\, \frac{1}{|\boldsymbol{r}-\boldsymbol{r}'|}$$

$$= \frac{1}{c}\,\nabla \times \int d^3r'\; \frac{\boldsymbol{j}(\boldsymbol{r}')}{|\boldsymbol{r}-\boldsymbol{r}'|} = \operatorname{rot} \boldsymbol{A}(\boldsymbol{r}) \qquad (14.1)$$

Der Nablaoperator wirkt nur auf $\boldsymbol{r}$. Im letzten Schritt haben wir das *Vektorpotenzial*

$$\boldsymbol{A}(\boldsymbol{r}) = \frac{1}{c}\int d^3r'\; \frac{\boldsymbol{j}(\boldsymbol{r}')}{|\boldsymbol{r}-\boldsymbol{r}'|} + \operatorname{grad} \Lambda(\boldsymbol{r}) \qquad (14.2)$$

eingeführt. Zu diesem $\boldsymbol{A}(\boldsymbol{r})$ kann ein beliebiges Feld addiert werden, dessen Rotation verschwindet. Nach (3.41) kann ein solches zusätzliches Feld als Gradientenfeld geschrieben werden, also in der Form $\operatorname{grad}\Lambda$ mit beliebigen $\Lambda(\boldsymbol{r})$. Wir wählen speziell $\Lambda = 0$, so dass

$$\boxed{\boldsymbol{A}(\boldsymbol{r}) = \frac{1}{c}\int d^3r'\; \frac{\boldsymbol{j}(\boldsymbol{r}')}{|\boldsymbol{r}-\boldsymbol{r}'|}} \qquad (14.3)$$

Diese Wahl von Λ impliziert

$$\operatorname{div} \boldsymbol{A}(\boldsymbol{r}) = 0 \qquad \text{(Coulombeichung)} \qquad (14.4)$$

Um dies zu sehen, berechnet man die Divergenz der rechten Seite von (14.3). Dabei benutzt man $\nabla\, |\boldsymbol{r}-\boldsymbol{r}'|^{-1} = -\nabla'\, |\boldsymbol{r}-\boldsymbol{r}'|^{-1}$ und wälzt ∇' durch partielle Integration auf $\boldsymbol{j}(\boldsymbol{r}')$ um. Dann ist der Integrand proportional zu $\operatorname{div}\boldsymbol{j}$ und verschwindet wegen (13.13).

Die Unbestimmtheit von $\boldsymbol{A}$ in (14.2) kann auch so formuliert werden: Die Transformation

$$\boldsymbol{A}(\boldsymbol{r}) \quad\longrightarrow\quad \boldsymbol{A}(\boldsymbol{r}) + \operatorname{grad}\Lambda(\boldsymbol{r}) \qquad \text{(Eichtransformation)} \qquad (14.5)$$

T. Fließbach, *Elektrodynamik*, https://doi.org/10.1007/978-3-662-64889-6_14

lässt das physikalische (als Messgröße definierte) Feld $\boldsymbol{B}(\boldsymbol{r})$ unverändert. Diese Transformation wird *Eichtransformation* genannt. Die Invarianz gegenüber einer Transformation ist eine Symmetrie. Symmetrien nützt man häufig dazu aus, um Probleme einfacher zu machen. Wir nützen die Eichsymmetrie aus, um $\operatorname{div}\boldsymbol{A}$ gemäß (14.4) festzulegen. Die so getroffene Festlegung heißt *Coulombeichung*.

Wir berechnen die Rotation des Magnetfelds:

$$\begin{aligned}\operatorname{rot}\boldsymbol{B}(\boldsymbol{r}) &= \operatorname{rot}\operatorname{rot}\boldsymbol{A} \overset{(2.29)}{=} \operatorname{grad}\operatorname{div}\boldsymbol{A} - \Delta\boldsymbol{A} \overset{(14.4)}{=} -\Delta\boldsymbol{A} \\ &\overset{(14.3)}{=} -\frac{1}{c}\int d^3r'\,\boldsymbol{j}(\boldsymbol{r}')\,\Delta\,\frac{1}{|\boldsymbol{r}-\boldsymbol{r}'|} \overset{(3.24)}{=} \frac{4\pi}{c}\,\boldsymbol{j}(\boldsymbol{r})\end{aligned} \qquad (14.6)$$

Die Divergenz von $\boldsymbol{B}$ verschwindet wegen (2.24), $\operatorname{div}\operatorname{rot}\boldsymbol{A} = 0$. Damit erhalten wir für die Quellen und Wirbel des Magnetfelds

$$\begin{aligned}\operatorname{div}\boldsymbol{B}(\boldsymbol{r}) &= 0 \\ \operatorname{rot}\boldsymbol{B}(\boldsymbol{r}) &= \frac{4\pi}{c}\,\boldsymbol{j}(\boldsymbol{r})\end{aligned} \qquad \text{Feldgleichungen der Magnetostatik} \qquad (14.7)$$

Im Folgenden betrachten wir diese Feldgleichungen als die Grundgleichungen der Magnetostatik. Das Integral (13.20) ist die Lösung der Feldgleichungen für eine gegebene lokalisierte Stromdichteverteilung.

Wir setzen noch $\boldsymbol{B} = \operatorname{rot}\boldsymbol{A}$ in die Feldgleichungen ein. Die homogene Feldgleichung ist automatisch erfüllt. Wegen der Coulombeichung gilt $\operatorname{rot}\boldsymbol{B} = \operatorname{rot}\operatorname{rot}\boldsymbol{A} = -\Delta\boldsymbol{A}$. Damit erhalten wir

$$\Delta\boldsymbol{A}(\boldsymbol{r}) = -\frac{4\pi}{c}\,\boldsymbol{j}(\boldsymbol{r})\,, \qquad \boldsymbol{B}(\boldsymbol{r}) = \operatorname{rot}\boldsymbol{A}(\boldsymbol{r}) \qquad (14.8)$$

als alternative Grundgleichungen der Magnetostatik. Das Integral (14.3) ist die Lösung der Feldgleichung $\Delta\boldsymbol{A} = -4\pi\,\boldsymbol{j}/c$.

Falls es magnetische Quellen gäbe, wäre die Feldgleichung $\operatorname{div}\boldsymbol{B} = 0$ durch $\operatorname{div}\boldsymbol{B} = 4\pi\,\varrho_{\text{magn}}$ zu ersetzen. Eine magnetische Punktladung (also ein magnetischer Monopol) hätte das Feld $\boldsymbol{B} = q_{\text{magn}}\,\boldsymbol{r}/r^3$.

Die Quantisierung der elektrischen Ladung und des Drehimpulses impliziert, dass magnetische Monopole ebenfalls quantisiert sein müssen [6]. Die magnetische Elementarladung q_{magn} wäre um einen Faktor $\hbar c/e^2 \approx 137$ größer als die elektrische. Ein magnetischer Monopol würde Materie entsprechend stark ionisieren. Die Suche nach magnetischen Monopolen war bisher erfolglos; man kann daher vermuten, dass es keine solchen Teilchen gibt.

Ampère-Gesetz

Wir betrachten eine beliebige, zusammenhängende Fläche a mit der Randkurve C und wenden den Stokesschen Satz auf die Feldgleichung $\operatorname{rot} \boldsymbol{B} = 4\pi\, \boldsymbol{j}/c$ an:

$$\oint_C d\boldsymbol{r} \cdot \boldsymbol{B} = \frac{4\pi}{c} \int_a d\boldsymbol{a} \cdot \boldsymbol{j} = \frac{4\pi}{c}\, I_F \qquad \text{(Ampère-Gesetz)} \qquad (14.9)$$

Dieses *Ampère-Gesetz* besagt, dass das Linienintegral $\oint_C d\boldsymbol{r} \cdot \boldsymbol{B}$ über den Rand der Fläche den Strom I durch die Fläche ergibt (multipliziert mit $4\pi/c$). Das Ampère-Gesetz ist eine integrale Form der inhomogenen Feldgleichung und entspricht dem Gaußschen Gesetz der Elektrostatik. Bei einfachen Geometrien kann das Ampère-Gesetz der schnellste Weg zur Lösung sein.

Zu einer gegebenen Kontur C gibt es unendlich viele verschiedene Flächen a; für einen Kreis C könnte a zum Beispiel die Kreisfläche oder auch eine Kugelschale sein. Das Integral in (14.9) hängt nicht von der speziellen Form von a ab: Zwei verschiedene Flächen a_1 und a_2 mit derselben Kontur C können zu einer geschlossenen Fläche zusammengefasst werden. Hierfür kann das Oberflächenintegral $\oint d\boldsymbol{a} \cdot \boldsymbol{j}$ in das Volumenintegral $\int d^3r \operatorname{div} \boldsymbol{j}$ umgewandelt werden, das wegen (13.13) verschwindet. Also ist $\oint d\boldsymbol{a} \cdot \boldsymbol{j} = \int_{a_1} d\boldsymbol{a} \cdot \boldsymbol{j} - \int_{a_2} d\boldsymbol{a} \cdot \boldsymbol{j} = 0$; die Flächenintegrale über a_1 und a_2 haben damit denselben Wert.

Magnetischer Fluss

Wir geben auch eine integrale Formulierung der homogenen Feldgleichung an. Dazu definieren wir den *magnetischen Fluss* Φ_{m} durch eine Fläche a:

$$\Phi_{\mathrm{m}} = \int_a d\boldsymbol{a} \cdot \boldsymbol{B} \qquad \text{(magnetischer Fluss)} \qquad (14.10)$$

Wegen $[B] = [\Phi_{\mathrm{m}}]/[\text{Fläche}]$ heißt $\boldsymbol{B}$ auch *magnetische Flussdichte*. Aus der Feldgleichung $\operatorname{div} \boldsymbol{B} = 0$ folgt, dass der magnetische Fluss durch eine geschlossene Fläche a verschwindet:

$$\oint_a d\boldsymbol{a} \cdot \boldsymbol{B} = \int_V d^3r \operatorname{div} \boldsymbol{B} = 0 \qquad (14.11)$$

Dabei ist V das von a eingeschlossene Volumen. Dies bedeutet anschaulich, dass ebensoviele Feldlinien in V hineingehen, wie wieder herausgehen. In der Regel folgt hieraus, dass die Feldlinien geschlossen sind[1]. Nach (14.11) gibt es keine magnetischen Ladungen, die Ursprung von Feldlinien sind.

Das Ampère-Gesetz und $\oint d\boldsymbol{a} \cdot \boldsymbol{B} = 0$ sind integrale Formen der Feldgleichungen. Diese Aussagen können bei der Anfertigung eines Feldlinienbilds hilfreich sein.

---

[1] Hierzu betrachte man etwa das Feldlinienbild einer endlichen, stromdurchflossenen Spule (Abbildung 14.2 rechter Teil) oder eines stromdurchflossenenen Drahtkreises (Abbildung 15.1). Es gibt aber Ausnahmen von dieser Aussage, siehe Luca Zilberti, *The Misconception of Closed Magnetic Flux Lines*, IEEE Mag. Lett. 8 (2017) 1-5.

Homogen durchflossener Draht

Als einfache Anwendung des Ampère-Gesetzes betrachten wir einen zylindrischen Draht, der homogen vom Strom I durchflossen wird. Die Symmetrieachse des geraden, unendlich langen Drahts sei die z-Achse. Dann ist die Stromdichte

$$\boldsymbol{j}(\boldsymbol{r}) = \boldsymbol{e}_z \cdot \begin{cases} \dfrac{I}{\pi R^2} & (\rho \leq R) \\ 0 & (\rho > R) \end{cases} \tag{14.12}$$

Wir verwenden Zylinderkoordinaten ρ, φ und z. Aus (14.3) und $\boldsymbol{j} \parallel \boldsymbol{e}_z$ folgt $\boldsymbol{A} = A(\boldsymbol{r})\,\boldsymbol{e}_z$. Das betrachtete Problem ist invariant bei Drehungen um die z-Achse und bei Verschiebungen in Richtung der z-Achse. Wegen dieser Zylindersymmetrie kann $A = A(\rho, \varphi, z)$ nicht von φ und z abhängen, also

$$\boldsymbol{A}(\boldsymbol{r}) = A(\rho)\,\boldsymbol{e}_z \quad \text{und} \quad \boldsymbol{B}(\boldsymbol{r}) = \operatorname{rot} \boldsymbol{A} = B(\rho)\,\boldsymbol{e}_\varphi \tag{14.13}$$

Die Feldlinien sind also Kreise (wie in Abbildung 13.3 rechts).

Als Kontur im Ampère-Gesetz (14.9) wählen wir einen Kreis mit $\rho = \text{const.}$ und $z = \text{const.}$ Mit $d\boldsymbol{r} = \rho\, d\varphi\, \boldsymbol{e}_\varphi$ erhalten wir

$$\oint d\boldsymbol{r} \cdot \boldsymbol{B} = 2\pi\rho\, B(\rho) = \frac{4\pi}{c}\, I_F = \frac{4\pi}{c} \cdot \begin{cases} I\rho^2/R^2 & (\rho \leq R) \\ I & (\rho > R) \end{cases} \tag{14.14}$$

Hieraus folgt

$$\boldsymbol{B}(\boldsymbol{r}) = B(\rho)\,\boldsymbol{e}_\varphi = \frac{2I}{c}\,\boldsymbol{e}_\varphi \cdot \begin{cases} \rho/R^2 & (\rho \leq R) \\ 1/\rho & (\rho > R) \end{cases} \tag{14.15}$$

Der Verlauf der Feldstärke ist in Abbildung 14.1 skizziert. Für $R \to 0$ erhalten wir den Spezialfall (13.24) des dünnen Drahts.

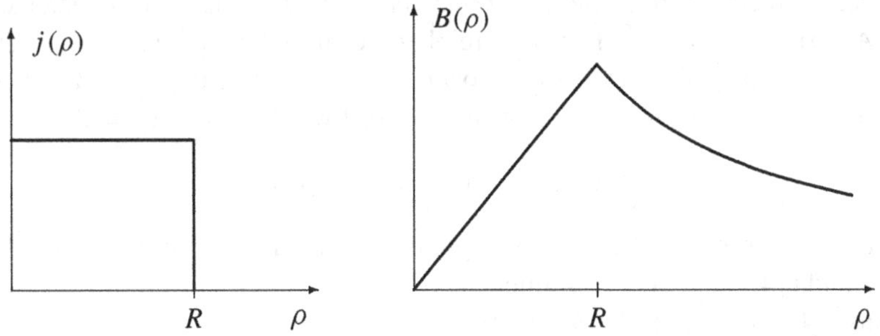

Abbildung 14.1 Stromverteilung $\boldsymbol{j} = j(\rho)\,\boldsymbol{e}_z$ und Feldstärke $\boldsymbol{B} = B(\rho)\,\boldsymbol{e}_\varphi$ eines homogen durchflossenen Drahts.

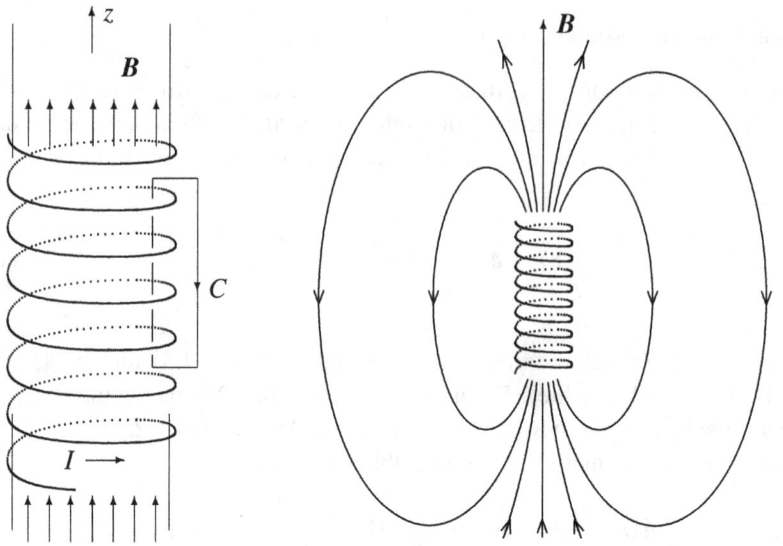

Abbildung 14.2 Im Inneren einer unendlich langen Spule (links) ist das Magnetfeld homogen, im Äußeren verschwindet es. Wendet man das Ampère-Gesetz auf die gezeigte Kontur C an, erhält man leicht die Feldstärke im Inneren. Rechts ist das Feld einer endlichen Spule skizziert.

Unendlich lange Spule

Wir betrachten eine Spule mit N_S Windungen pro Länge ℓ_S auf einem Kreiszylinder (Abbildung 14.2). Wir verwenden wieder Zylinderkoordinaten ρ, φ und z; die z-Achse sei die Symmetrieachse des Zylinders. Die Spule sei so gewickelt, dass die einzelnen Drahtwindungen näherungsweise Kreise mit $\rho = R$ und $z = \text{const.}$ sind. Der Strom fließe in $\boldsymbol{e}_\varphi$-Richtung. Damit lautet die Stromdichte

$$\boldsymbol{j}(\boldsymbol{r}) = j(\rho)\,\boldsymbol{e}_\varphi = \frac{N_\mathrm{S}\, I}{\ell_\mathrm{S}}\,\delta(\rho - R)\,\boldsymbol{e}_\varphi \tag{14.16}$$

Aus (14.3) und $\boldsymbol{j} \perp \boldsymbol{e}_z$ folgt $\boldsymbol{A} \perp \boldsymbol{e}_z$, also $\boldsymbol{A}(\boldsymbol{r}) = A_\rho\,\boldsymbol{e}_\rho + A_\varphi\,\boldsymbol{e}_\varphi$. Wegen der Zylindersymmetrie können die Komponenten A_ρ und A_φ nur von ρ abhängen, also $\boldsymbol{A} = A_\rho(\rho)\,\boldsymbol{e}_\rho + A_\varphi(\rho)\,\boldsymbol{e}_\varphi$. Für die vereinbarte Coulombeichung (14.4) gilt $\operatorname{div}\boldsymbol{A} = \rho^{-1}\,\partial(\rho\,A_\rho)/\partial\rho = 0$. Dies hat die Lösung $A_\rho(\rho) = \text{const.}/\rho$. Da $\boldsymbol{A}$ bei $\rho \to 0$ nicht divergieren darf, muss die Konstante verschwinden, also $A_\rho = 0$ und

$$\boldsymbol{A}(\boldsymbol{r}) = A_\varphi(\rho)\,\boldsymbol{e}_\varphi = A(\rho)\,\boldsymbol{e}_\varphi \tag{14.17}$$

Da die Richtung $\boldsymbol{e}_\varphi$ koordinatenabhängig ist, kann man aber nicht unmittelbar von $\boldsymbol{j} \parallel \boldsymbol{e}_\varphi$ und (14.3) auf $\boldsymbol{A} \parallel \boldsymbol{e}_\varphi$ schließen.

Aus (14.17) folgt für das Magnetfeld

$$\boldsymbol{B}(\boldsymbol{r}) = \operatorname{rot}\boldsymbol{A} = \frac{1}{\rho}\,\frac{d}{d\rho}\Big(\rho\,A(\rho)\Big)\,\boldsymbol{e}_z = B(\rho)\,\boldsymbol{e}_z \tag{14.18}$$

Dann ist $\operatorname{rot}\boldsymbol{B} = -B'(\rho)\,\boldsymbol{e}_\varphi$. Hiermit und mit (14.16) wird die Feldgleichung $\operatorname{rot}\boldsymbol{B} = (4\pi/c)\,\boldsymbol{j}$ zu

$$-\frac{d}{d\rho}\frac{1}{\rho}\frac{d}{d\rho}\Big(\rho\,A(\rho)\Big) = \frac{4\pi}{c}\,\frac{N_\mathrm{S}\,I}{\ell_\mathrm{S}}\;\delta(\rho - R) \tag{14.19}$$

Wir integrieren dies einmal:

$$\frac{1}{\rho}\Big(\rho\,A(\rho)\Big)' = -\frac{4\pi}{c}\,\frac{N_\mathrm{S}\,I}{\ell_\mathrm{S}}\,\Big(\Theta(\rho - R) + C_1\Big) \tag{14.20}$$

Eine weitere Integration führt zu

$$\rho\,A(\rho) = -\frac{4\pi}{c}\,\frac{N_\mathrm{S}\,I}{\ell_\mathrm{S}}\left(\frac{(\rho^2 - R^2)\,\Theta(\rho - R)}{2} + C_1\,\frac{\rho^2}{2} + C_2\right) \tag{14.21}$$

Aus (14.3) folgt $A(0) = 0$ und $A(\infty) = 0$, da sich hierfür alle Beiträge zum Integral gegenseitig aufheben. Daher gilt $C_2 = 0$ und $C_1 = -1$, also

$$\boldsymbol{A}(\boldsymbol{r}) = A(\rho)\,\boldsymbol{e}_\varphi = \frac{4\pi}{c}\,\frac{N_\mathrm{S}\,I}{\ell_\mathrm{S}}\;\boldsymbol{e}_\varphi\cdot\begin{cases} \rho/2 & (\rho < R) \\ R^2/(2\rho) & (\rho > R) \end{cases} \tag{14.22}$$

Das Magnetfeld ist dann

$$\boldsymbol{B}(\boldsymbol{r}) = \frac{1}{\rho}\,\frac{d}{d\rho}\Big(\rho\,A(\rho)\Big)\,\boldsymbol{e}_z = \boldsymbol{e}_z\cdot\begin{cases} \dfrac{4\pi}{c}\,\dfrac{N_\mathrm{S}\,I}{\ell_\mathrm{S}} & (\rho < R) \\ 0 & (\rho > R) \end{cases} \tag{14.23}$$

Im Inneren der Spule herrscht ein homogenes Feld der Stärke $B_0 = (4\pi/c)\,N_\mathrm{S}\,I/\ell_\mathrm{S}$, im Äußeren ist das Feld null. Eine Spule ist die Standardvorrichtung zur Erzeugung eines homogenen Magnetfelds, vergleichbar mit dem Plattenkondensator in der Elektrostatik.

Wenn man $\boldsymbol{B} = 0$ im Äußeren und $\boldsymbol{B} = B_0\,\boldsymbol{e}_z$ im Inneren voraussetzt, kann man B_0 aus dem Ampère-Gesetz erhalten. Für die in Abbildung 14.2 gezeigte Kontur C führt (14.9) zu

$$\oint_C d\boldsymbol{r}\cdot\boldsymbol{B} = \ell_\mathrm{S}\,B_0 = \frac{4\pi}{c}\,N_\mathrm{S}\,I \tag{14.24}$$

Eine unendlich lange Spule ist ein theoretisches Modell, das als Näherung für eine lange, aber endliche Spule benutzt werden kann. Das Feld (14.23) wird näherungsweise für die endliche Spule gelten, solange man nicht zu nahe an einem der Enden ist. In Abbildung 14.2 ist das Feldlinienbild für die endliche Spule skizziert. Für die endliche Spule müssen alle Feldlinien, die durch das Innere gehen, im Außenbereich geschlossen werden (wegen (14.11)). Betrachtet man speziell die x-y-Ebene, so geht der Fluss

$$\Phi_\mathrm{m} = \pi\,R^2\,\frac{4\pi}{c}\,\frac{N_\mathrm{S}\,I}{\ell_\mathrm{S}} \tag{14.25}$$

durch die Kreisfläche $\rho < R$. Derselbe Fluss geht mit umgekehrtem Vorzeichen durch die Außenfläche $\rho > R$. Im Außenbereich verteilt sich der Fluss auf eine viel größere Fläche, so dass das Feld $\boldsymbol{B}$ (also die Flussdichte) klein ist.

Selbstinduktivität

Nach (14.1) ist das Magnetfeld $\boldsymbol{B}$ proportional zur Stromdichte. Bei gegebener Geometrie einer Drahtschleife oder Spule ist $\boldsymbol{B}$ daher proportional zum Strom I durch den Draht:

$$\boldsymbol{B}(\boldsymbol{r}) \propto I \tag{14.26}$$

Dies gilt auch für den magnetischen Fluss Φ_{m} durch eine geschlossene Schleife:

$$\Phi_{\mathrm{m}} = \int_a d\boldsymbol{a} \cdot \boldsymbol{B}(\boldsymbol{r}) \propto I \tag{14.27}$$

Wie im Anschluss an (14.9) diskutiert, hängt Φ_{m} nicht von der speziellen Wahl der Fläche a (bei gegebener Kontur) ab. Für eine Drahtschleife ist das Verhältnis Φ_{m}/I daher eine Konstante. Das mit N_{S}/c multiplizierte Verhältnis wird als *Selbstinduktivität* definiert:

$$L = N_{\mathrm{S}}\,\frac{\Phi_{\mathrm{m}}}{c\,I} \qquad \text{(Selbstinduktivität)} \tag{14.28}$$

Dabei ist N_{S} die Anzahl der geschlossenen Drahtwindungen, durch die derselbe magnetische Fluss geht ($N_{\mathrm{S}} = 1$ für eine einzelne Drahtschleife). Für die oben betrachtete Zylinderspule mit der Querschnittsfläche $A_{\mathrm{S}} = \pi R^2$ ist die Selbstinduktivität

$$L = N_{\mathrm{S}}\,\frac{\Phi_{\mathrm{m}}}{c\,I} = \frac{N_{\mathrm{S}}}{c\,I}\,A_{\mathrm{S}}\,\frac{4\pi}{c}\,\frac{N_{\mathrm{S}}\,I}{\ell_{\mathrm{S}}} = \frac{4\pi}{c^2}\,N_{\mathrm{S}}^{\,2}\,\frac{F_{\mathrm{S}}}{\ell_{\mathrm{S}}} \tag{14.29}$$

Die Einheit der Induktivität ist $[L] = \mathrm{cm}$. Im MKSA-Maßsystem ist der Faktor $4\pi/c^2$ durch μ_0 zu ersetzen; die Induktivität wird dann in Henry (H) gemessen, $[L] = \mathrm{Vs/A} = \mathrm{H}$ (Anhang A).

Für nichtstationäre Ströme entsteht an den Drahtenden der Spule die induzierte Spannung U (Kapitel 16 und 26). Die Selbstinduktivität (14.28) wurde so definiert, dass $U = -L\,dI/dt$. Dies entspricht der Beziehung $U = Q/C$ für den Kondensator.

Randwertprobleme

In Kapitel 7 haben wir Randwertprobleme der Elektrostatik eingeführt. In solchen Problemen wird die unbekannte Quellverteilung auf den Randflächen durch eine Randbedingung für das Feld ersetzt. Wir diskutieren kurz den analogen Fall für die Magnetostatik.

Innerhalb eines Volumens V sei die Stromdichte null. Dann gilt dort $\operatorname{rot}\boldsymbol{B} = 0$, und wir können $\boldsymbol{B}$ als Gradientenfeld schreiben:

$$\boldsymbol{B}(\boldsymbol{r}) = \operatorname{grad}\Psi(\boldsymbol{r}) \quad \text{für} \;\; \boldsymbol{j}(\boldsymbol{r}) = 0 \tag{14.30}$$

Aus $\operatorname{div}\boldsymbol{B} = 0$ folgt dann das Randwertproblem

$$\Delta\Psi = 0 \quad \text{in } V, \quad \text{und Randbedingung} \tag{14.31}$$

Nach Kapitel 7 kann die Lösung durch eine Dirichletsche oder eine Neumannsche Randbedingung festgelegt werden. Die allgemeine Lösung von (14.31) kann wie in Kapitel 10 oder 11 konstruiert werden.

Die Bestimmung der Randbedingung erfordert eine Diskussion der Polarisierbarkeit von Materie (Teil VI) und anderer Phänomene (Supraleitung). Wir beschränken uns hier auf eine kurze phänomenologische Beschreibung zweier Spezialfälle. In beiden Fällen betrachten wir eine Hohlkugel im homogenen Magnetfeld.

1. Die magnetische Polarisierbarkeit des Materials sei sehr groß. Dann laufen Feldlinien, die auf die Hohlkugel treffen, in der Kugelschale weiter, bevor sie die Kugel wieder verlassen. Dadurch bleibt der innere Bereich näherungsweise feldfrei.

   Der (theoretische) Grenzfall unendlich hoher Polarisierbarkeit führt zur Randbedingung $\boldsymbol{B} \cdot \boldsymbol{t} = 0$ oder $\Psi|_\mathrm{R} = \mathrm{const.}$ In diesem Grenzfall erhält man für eine Kugel dasselbe Feldlinienbild wie in Abbildung 10.3 für das elektrische Feld.

2. Die Hohlkugel bestehe aus einem Supraleiter. Dann ist $\boldsymbol{B} \cdot \boldsymbol{n} = 0$ und $(\partial\Psi/\partial n)|_\mathrm{R} = 0$, denn eine Normalkomponente von $\boldsymbol{B}$ induziert einen permanenten Superstrom, der das Magnetfeld kompensiert. Im Inneren des Körpers ist $\Psi \equiv \mathrm{const.}$ die Lösung der Laplacegleichung mit der Randbedingung $(\partial\Psi/\partial n)|_\mathrm{R} = 0$. Daher ist das Innere eines Supraleiters völlig feldfrei. Für eine Kugel verlaufen die magnetischen Feldlinien wie die Äquipotenziallinien in Abbildung 10.3; die Feldlinien werden aus dem Bereich der Kugel herausgedrängt.

Eine geschlossene supraleitende Fläche ist *die* Methode zur Abschirmung magnetischer Felder. Für elektrische Felder genügt dagegen eine geschlossene normalleitende Fläche (Faradayscher Käfig). Beide Abschirmungsmethoden funktionieren auch für zeitabhängige Felder, solange diese hinreichend langsam variieren.

Aufgaben

14.1 Stromdurchflossener Hohlzylinder

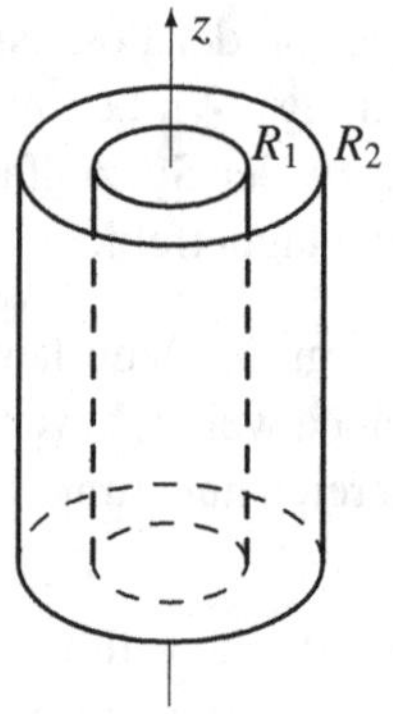

Ein unendlich langer Hohlzylinder (Innenradius R_1, Außenradius R_2) wird homogen vom Strom I durchflossen. Berechnen Sie das Magnetfeld $\boldsymbol{B}$ mit dem Ampère-Gesetz im Innen- und Außenraum und im Zylindermantel. Skizzieren Sie $|\boldsymbol{B}|$ als Funktion des Abstands von der Symmetrieachse.

14.2 Stromdurchflossener Draht

Lösen Sie die Feldgleichung $\Delta \boldsymbol{A} = -4\pi\, \boldsymbol{j}/c$ für einen unendlich langen, zylindrischen Draht (Radius R), der homogen vom Strom I durchflossen wird. Geben Sie das dazugehörige $\boldsymbol{B}$-Feld an.

14.3 Zylinderspule

Für eine unendlich lange Spule ist die Stromdichte in Zylinderkoordinaten gegeben:

$$\boldsymbol{j}(\boldsymbol{r}) = j(\rho)\, \boldsymbol{e}_\rho = \frac{NI}{L}\, \delta(\rho - R)\, \boldsymbol{e}_\rho$$

Berechnen Sie das Vektorpotenzial aus der Integralformel (14.3). Berücksichtigen Sie dabei die Symmetrie des Problems. Verwenden Sie partielle Integration und

$$J = \int_0^{2\pi} d\varphi\, \frac{\cos(n\varphi)}{1 - 2a\cos\varphi + a^2} = \frac{2\pi a^n}{1 - a^2} \qquad (|a| < 1,\; n = 0, 1, 2, \ldots)$$

15 Magnetischer Dipol

Wir betrachten eine lokalisierte Stromverteilung:

$$\boldsymbol{j}(\boldsymbol{r}) = \begin{cases} \textit{beliebig} & (r < R_0) \\ 0 & (r > R_0) \end{cases} \tag{15.1}$$

Wie in Abbildung 12.1 soll das Feld außerhalb der Verteilung bestimmt werden. Im Bereich $r > R_0$ kann das Vektorpotenzial $\boldsymbol{A}$ nach Potenzen von R_0/r entwickelt werden; dies ist die aus Kapitel 12 bekannte Multipolentwicklung. Wir beschränken uns hier auf den niedrigsten Term dieser Entwicklung, den magnetischen Dipol.

Wir setzen

$$\frac{1}{|\boldsymbol{r}-\boldsymbol{r}'|} \stackrel{(r'<r)}{=} \frac{1}{r} - \sum_{i=1}^{3} x_i' \,\frac{\partial}{\partial x_i}\,\frac{1}{r} + \ldots = \frac{1}{r} + \frac{\boldsymbol{r}\cdot\boldsymbol{r}'}{r^3} + \ldots \tag{15.2}$$

in (14.3) ein:

$$\boldsymbol{A}(\boldsymbol{r}) = \frac{1}{c}\int d^3r' \,\frac{\boldsymbol{j}(\boldsymbol{r}')}{|\boldsymbol{r}-\boldsymbol{r}'|} = \frac{1}{c\,r}\int d^3r' \;\boldsymbol{j}(\boldsymbol{r}') + \frac{1}{c\,r^3}\int d^3r' \;(\boldsymbol{r}\cdot\boldsymbol{r}')\;\boldsymbol{j}(\boldsymbol{r}') + \ldots \tag{15.3}$$

In einer begrenzten Stromverteilung gibt es in jeder Richtung gleichviel positive wie negative Beiträge. Daher gilt

$$\int d^3r \;\boldsymbol{j}(\boldsymbol{r}) = 0 \tag{15.4}$$

Damit entfällt der erste Term auf der rechten Seite von (15.3). Für den zweiten Term benötigen wir eine kleine Zwischenrechnung. Wegen $\operatorname{div}\boldsymbol{j} = 0$ ist $\sum_n \partial_n(x_i\, j_n) = j_i$. Daher gilt

$$\int d^3r \; x_k \;j_i(\boldsymbol{r}) = \sum_{n=1}^{3}\int d^3r \; x_k \;\partial_n\big(x_i \;j_n(\boldsymbol{r})\big) \stackrel{\text{p.I.}}{=} -\int d^3r \; x_i \;j_k(\boldsymbol{r}) \tag{15.5}$$

Wir multiplizieren beide Seiten mit x_k', summieren über k, gehen zur Vektorschreibweise über und vertauschen $\boldsymbol{r}' \leftrightarrow \boldsymbol{r}$:

$$\int d^3r' \,(\boldsymbol{r}\cdot\boldsymbol{r}')\;\boldsymbol{j}(\boldsymbol{r}') = -\int d^3r' \;\boldsymbol{r}'\big[\boldsymbol{r}\cdot\boldsymbol{j}(\boldsymbol{r}')\big] \tag{15.6}$$

T. Fließbach, *Elektrodynamik*, https://doi.org/10.1007/978-3-662-64889-6_15

Damit formen wir den letzten Term in (15.3) um:

$$\int d^3r'\,(\boldsymbol{r}\cdot\boldsymbol{r}')\,\boldsymbol{j}(\boldsymbol{r}') = \frac{1}{2}\int d^3r'\,\Big((\boldsymbol{r}\cdot\boldsymbol{r}')\,\boldsymbol{j}(\boldsymbol{r}') - \boldsymbol{r}'\big[\boldsymbol{r}\cdot\boldsymbol{j}(\boldsymbol{r}')\big]\Big) \qquad (15.7)$$

$$= -\frac{1}{2}\int d^3r'\,\boldsymbol{r}\times\big(\boldsymbol{r}'\times\boldsymbol{j}(\boldsymbol{r}')\big) = -\frac{\boldsymbol{r}}{2}\times\int d^3r'\,\boldsymbol{r}'\times\boldsymbol{j}(\boldsymbol{r}')$$

Die Größe

$$\boxed{\boldsymbol{\mu} = \frac{1}{2c}\int d^3r\;\boldsymbol{r}\times\boldsymbol{j}(\boldsymbol{r}) \qquad \text{Magnetisches Dipolmoment}} \qquad (15.8)$$

bezeichnen wir als das *magnetische Dipolmoment* der Stromverteilung. Wir setzen (15.7) mit (15.8) in (15.3) ein:

$$\boldsymbol{A}(\boldsymbol{r}) = \frac{\boldsymbol{\mu}\times\boldsymbol{r}}{r^3} + \ldots \qquad (r > R_0) \qquad (15.9)$$

Die nächsten Terme ergeben sich aus der Fortführung der Entwicklung (15.2). Sie sind jeweils um einen Faktor $\mathcal{O}(R_0/r)$ kleiner. Diese Terme werden im Folgenden nicht berücksichtigt. Das zu (15.9) gehörige Magnetfeld

$$\boldsymbol{B}(\boldsymbol{r}) = \operatorname{rot}\boldsymbol{A} = \frac{3\,\boldsymbol{r}\,(\boldsymbol{r}\cdot\boldsymbol{\mu}) - \boldsymbol{\mu}\,r^2}{r^5} \qquad (r > R_0) \qquad (15.10)$$

hat dieselbe Struktur wie das elektrische Dipolfeld (12.25).

Beispiele für Systeme mit magnetischem Dipolmoment sind: Erde, stromdurchflossene Drahtschleife oder Spule, Kompassnadel, elementare Teilchen wie Elektronen, Protonen oder Neutronen. Einige dieser Systeme werden im Folgenden noch näher betrachtet.

Das Magnetfeld einer Spule (Abbildung 14.2 rechts) ist für Abstände, die groß gegenüber den Spulenabmessungen sind, ein Dipolfeld. Im Grenzfall verschwindender Längenabmessungen wird die stromdurchflossene Spule zu einem magnetischen Punktdipol.

Ströme im Erdinneren führen dazu, dass die Erde ein magnetisches Feld hat. Der dominierende Anteil dieses Felds ist ein Dipolfeld, also von der Form (15.10). Die Richtung der Magnetachse (Richtung von $\boldsymbol{\mu}$) weicht wenige Grad von der Drehachse ab (Deklination). Das Erdmagnetfeld polt sich etwa alle 200 000 Jahre um. Die einfachste und bekannteste Messung des Erdfelds erfolgt mit einem Kompass; hierzu sei auf die untenstehenden Abschnitte „Dauermagnet“ und „Energie im äußeren Feld“ verwiesen.

Punktdipol

Wir berechnen die Stromdichte $\boldsymbol{j} = -(c/4\pi)\,\Delta \boldsymbol{A}$, die zum Vektorpotenzial (15.9) gehört, wobei wir von der Einschränkung $r > R_0$ absehen:

$$\boldsymbol{j}(\boldsymbol{r}) = -\frac{c}{4\pi}\,\Delta\,\frac{\boldsymbol{\mu}\times\boldsymbol{r}}{r^3} = \frac{c}{4\pi}\,\Delta\,\big(\boldsymbol{\mu}\times\nabla\big)\,\frac{1}{r} = -c\,\big(\boldsymbol{\mu}\times\nabla\big)\,\delta(\boldsymbol{r}) \qquad (15.11)$$

Eingesetzt in (14.3) ergibt diese Stromdichte das Dipolfeld $\boldsymbol{A} = \boldsymbol{\mu}\times\boldsymbol{r}/r^3$. Außerdem verschwindet $\boldsymbol{j}$ für $\boldsymbol{r} \neq 0$. Aus diesen beiden Punkten folgt, dass (15.11) die Stromdichte eines *magnetischen Punktdipols* ist.

Drahtschleife

Wir berechnen das Dipolmoment eines vom Strom I durchflossenen Drahtkreises mit dem Radius R. Wir verwenden Zylinderkoordinaten und legen die Drahtschleife so, dass

$$\boldsymbol{j} = I\,\delta(\rho - R)\,\delta(z)\,\boldsymbol{e}_\varphi \qquad (15.12)$$

Wir setzen dies in (15.8) ein:

$$\boldsymbol{\mu} = \frac{1}{2c}\int_0^\infty \rho\,d\rho \int_0^{2\pi} d\varphi \int_{-\infty}^{\infty} dz\,\big(\rho\,\boldsymbol{e}_\rho + z\,\boldsymbol{e}_z\big)\times\boldsymbol{e}_\varphi\,I\,\delta(\rho - R)\,\delta(z) = \frac{\pi R^2 I}{c}\,\boldsymbol{e}_z \qquad (15.13)$$

Für große Abstände ($r \gg R$) ist das Magnetfeld der Drahtschleife durch (15.10) gegeben. Im Bereich $r \lesssim R$ weicht das tatsächliche Feld (Abbildung 15.1) wesentlich vom Dipolfeld ab.

Gyromagnetisches Verhältnis

Wir betrachten einen starren Körper mit der Ladungsdichte $\varrho(\boldsymbol{r})$. Der Körper rotiere mit der Winkelgeschwindigkeit $\boldsymbol{\omega}$ um eine feste Achse, Abbildung 15.2. Die Rotation erzeugt das Geschwindigkeitsfeld

$$\boldsymbol{v}(\boldsymbol{r}) = \boldsymbol{\omega}\times\boldsymbol{r} \qquad \text{(starre Rotation)} \qquad (15.14)$$

Die resultierende Stromdichte $\boldsymbol{j} = \varrho\,\boldsymbol{v}$ ergibt das Dipolmoment

$$\boldsymbol{\mu} = \frac{1}{2c}\int d^3r\;\varrho(\boldsymbol{r})\,\big(\boldsymbol{r}\times\boldsymbol{v}(\boldsymbol{r})\big) \qquad (15.15)$$

Der Körper habe zugleich eine Massendichte $\varrho_{\rm m}(\boldsymbol{r})$, die mitrotiert und dadurch zum Drehimpuls $\boldsymbol{L}$ führt. Zur Berechnung des Drehimpulses denken wir uns die Massendichte in einzelne Massenpunkte m_ν zerlegt:

$$\boldsymbol{L} = \sum_\nu m_\nu\,\boldsymbol{r}_\nu\times\boldsymbol{v}_\nu = \int d^3r\;\varrho_{\rm m}(\boldsymbol{r})\,\big(\boldsymbol{r}\times\boldsymbol{v}(\boldsymbol{r})\big) \qquad (15.16)$$

In (15.15) und (15.16) betrachten wir dasselbe Geschwindigkeitsfeld (15.14).

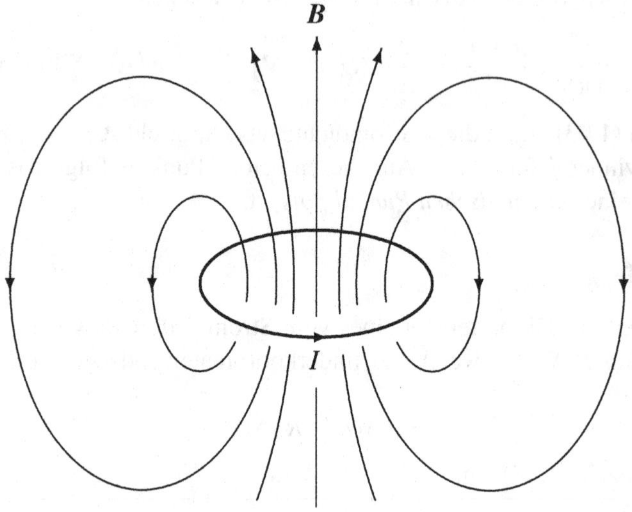

Abbildung 15.1 Schematische Darstellung des Magnetfelds einer stromdurchflossenen Drahtschleife. In großer Entfernung wird das Feld zum Dipolfeld (15.10).

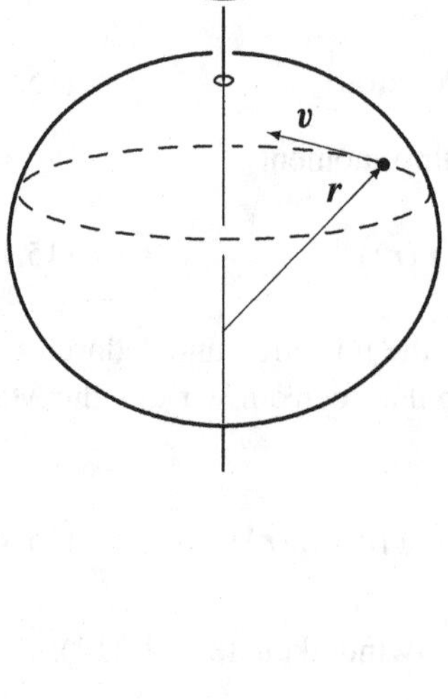

Abbildung 15.2 Die Rotation eines starren Körpers impliziert das Geschwindigkeitsfeld $\boldsymbol{v}(\boldsymbol{r}) = \boldsymbol{\omega} \times \boldsymbol{r}$; dabei zeigt der Vektor $\boldsymbol{r}$ von der Drehachse zum betrachteten Punkt. Wenn der Körper massiv und geladen ist, dann führt die Rotation zu einem Drehimpuls $\boldsymbol{L}$ und zu einem magnetischen Moment $\boldsymbol{\mu}$. Die Vektoren $\boldsymbol{L}$ und $\boldsymbol{\mu}$ sind dann parallel zueinander; der Quotient μ/L heißt gyromagnetisches Verhältnis.

Wir führen jetzt die *Annahme* ein, dass die Masse m und die Ladungen q innerhalb des Körpers gleich verteilt sind:

$$\frac{\varrho(\boldsymbol{r})}{q} = \frac{\varrho_{\rm m}(\boldsymbol{r})}{m} = f(\boldsymbol{r}) \tag{15.17}$$

Dies gilt zum Beispiel dann, wenn der starre Körper aus Einzelteilen besteht, die alle den gleichen Wert $\Delta q / \Delta m$ haben. Aus (15.15) – (15.17) erhalten wir

$$\boldsymbol{\mu} = \frac{q}{2mc}\, \boldsymbol{L} \tag{15.18}$$

Das Verhältnis μ / L von magnetischem Moment zu Drehimpuls wird *gyromagnetisches Verhältnis* genannt. Abweichungen von der Annahme (15.17) oder relativistische oder quantenmechanische Effekte führen dazu, dass das gyromagnetische Verhältnis mehr oder weniger stark von $q/2mc$ abweicht. Diese Abweichungen werden in dem sogenannten g-Faktor zusammengefasst:

$$\boldsymbol{\mu} = g\, \frac{q}{2mc}\, \boldsymbol{L} \tag{15.19}$$

Wir wenden das in Abbildung 15.2 skizzierte Bild auf den Eigendrehimpuls, den Spin, eines Elektrons an. Die Projektion s_z des quantenmechanischen Spins kann die Werte $\pm\hbar/2$ annehmen. Für $s_z = \hbar/2$ hat das magnetische Moment des Elektrons (mit $q = -e$) in z-Richtung dann den Wert

$$\mu_{\rm e} = -\frac{g}{2}\, \mu_{\rm B}\,, \qquad \mu_{\rm B} = \frac{e\hbar}{2m_{\rm e}c} \tag{15.20}$$

Das tatsächliche magnetische Moment des Elektrons ist etwa doppelt so groß ($g \approx 2$) als man es in dem naiven Modell einer rotierenden, starren Ladungs- und Massendichte erwarten würde. Es ist damit ungefähr gleich dem *Bohrschen Magneton* $\mu_{\rm B}$. Die Abweichung von $\mu_{\rm B}$ kann sehr genau gemessen werden[1]:

$$\frac{g}{2} = 1.001\,159\,652\,180\,73 \pm 0.000\,000\,000\,000\,28 \tag{15.21}$$

Aus der Diracgleichung folgt der Wert $g/2 = 1$. In der Quantenelektrodynamik werden Korrekturen hierzu berechnet: In 1. Ordnung in der Feinstrukturkonstante $\alpha = e^2/(\hbar c) \approx 1/137$ ergibt sich $g/2 = 1 + \alpha/(2\pi) \approx 0.001\,161$ (J. Schwinger, Physical Review 73 (1948) 416). In höherer Ordnung in α ergeben sich Werte, die bis auf Unsicherheiten der Größe 10^{-12} mit (15.21) übereinstimmen.

Protonen und Neutronen sind ebenfalls Spin-1/2 Teilchen. Wir setzen für ihre magnetischen Momente $\mu_{\rm p,n} = (g/2)(e\hbar/2mc)$ an; dabei ist m die Masse des Nukleons, $q_{\rm p} = e$ und $q_{\rm n,fiktiv} = e$. Damit erhält man

$$\frac{g_{\rm p}}{2} \approx 2.79\,, \qquad \frac{g_{\rm n}}{2} \approx -1.91 \tag{15.22}$$

---

[1] Hanneke et al., *New Measurement of the Electron Magnetic Moment and the Fine Structure Constant*, arxiv:0801.1134 [physics.atom-ph]

Alle betrachteten g-Faktoren sind von der Größenordnung 1. Dies bedeutet, dass die klassische Vorstellung einer rotierenden, starren Massen- und Ladungsdichte zumindest die Größenordnung der magnetischen Momente erklärt. Dieses Modell impliziert $\mu \propto 1/m$ und erklärt somit, dass das magnetische Moment des Protons etwa 10^3-mal kleiner als das des Elektrons ist. Natürlich ist das Modell der rotierenden, starren Massen- und Ladungsdichte in anderer Hinsicht unrealistisch.

Die Ladung des Neutrons ist null; der Wert $g_{\rm n} \approx -1.91$ gilt für den fiktiven Wert $q_{\rm n,fiktiv} = e$. Für das Neutron könnte man in einem klassischen Bild eine Ladungsdichte annehmen, die für kleine Radien positiv, für große aber negativ ist. Für diese Ladungsdichte muss $q_{\rm n} = \int d^3r\ \varrho = 0$ gelten. Im Integral (15.15) werden die größeren Abstände stärker gewichtet, so dass ein negativer g-Faktor möglich ist.

Dauermagnet

Ströme im atomaren Bereich bedingen die magnetischen Eigenschaften verschiedener Materialien (Dia-, Para- und Ferromagnetismus, Kapitel 32). In einem ferromagnetischen Material wie Eisen stellen sich bei nicht zu hohen Temperaturen die Spins von ungepaarten Elektronen parallel ein. Damit sind auch die magnetischen Momente dieser Elektronen ausgerichtet und ergeben ein großes resultierendes Dipolmoment. Die Ausrichtung der Spins ist für nicht zu hohe Temperaturen stabil. Damit liegt ein permanent magnetisches Material vor, also ein Dauer- oder Permanentmagnet. Da die magnetischen Eigenschaften letztlich von Strömen herrühren, gelten die hier aufgestellten Gesetze der Magnetostatik auch für das Magnetfeld eines solchen Dauermagneten. Für den Dauermagneten werden allerdings die Quellen dieses Felds (atomare Kreisströme und ihre Analoga in Elementarteilchen) meist nicht explizit behandelt. In Abbildung 15.3 ist das Magnetfeld eines Stabmagneten skizziert. Der Stab besteht aus ferromagnetischem Material, in dem alle Spins in Richtung der Stabachse ausgerichtet sind. Bei geeigneter Lagerung kann ein Stabmagnet als Kompassnadel dienen. Das nach Norden zeigende Ende wird als Nordpol, das andere als Südpol bezeichnet. Das gezeigte Feld ist ähnlich dem der endlichen Spule. Es entsteht aus den magnetischen Momenten ungepaarter und ausgerichteter Elektronen.

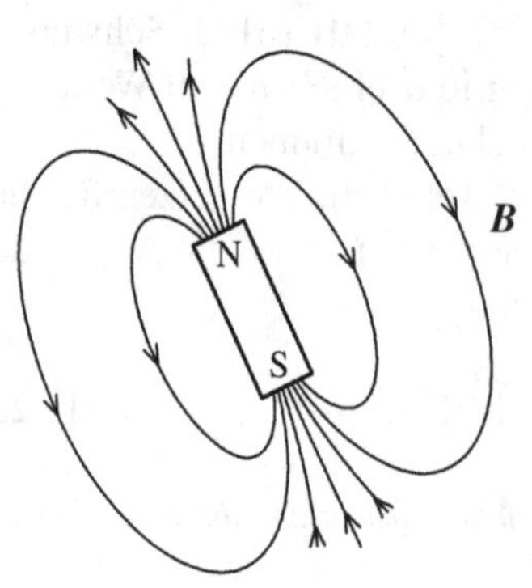

Abbildung 15.3 Skizze des Felds eines Stabmagneten (Dauermagneten). Das Magnetfeld beruht auf permanenten Kreisströmen im mikroskopischen Bereich.

Energie im äußeren Feld

Wir berechnen die potenzielle Energie einer Stromverteilung in einem äußeren magnetischen Feld $\boldsymbol{B}_{\text{ext}}$. Die Stromdichte sei räumlich begrenzt:

$$\boldsymbol{j}(\boldsymbol{r}) = \boldsymbol{j}(\boldsymbol{r}_0 + \boldsymbol{r}') = \widetilde{\boldsymbol{j}}(\boldsymbol{r}') = \begin{cases} \text{beliebig} & (r' < R_0) \\ 0 & (r' > R_0) \end{cases} \tag{15.23}$$

Die Koordinaten wurden wie in Abbildung 12.3 bezeichnet. Die Stromverteilung soll sich unter dem Einfluss des äußeren Felds nicht verändern. Im Bereich der Stromverteilung entwickeln wir das externe Magnetfeld $\boldsymbol{B}_{\text{ext}}$ in eine Taylorreihe:

$$\boldsymbol{B}_{\text{ext}}(\boldsymbol{r}) = \boldsymbol{B}_{\text{ext}}(\boldsymbol{r}_0 + \boldsymbol{r}') = \boldsymbol{B}_{\text{ext}}(\boldsymbol{r}_0) + (\boldsymbol{r}' \cdot \nabla_0)\, \boldsymbol{B}_{\text{ext}}(\boldsymbol{r}_0) + \ldots \tag{15.24}$$

Aus der Kraftdichte $\boldsymbol{f} = \widetilde{\boldsymbol{j}} \times \boldsymbol{B}_{\text{ext}}/c$, (13.21), erhalten wir die Gesamtkraft $\boldsymbol{F}$ auf die Stromverteilung

$$\begin{aligned} \boldsymbol{F} &= \frac{1}{c} \int d^3r'\ \widetilde{\boldsymbol{j}}(\boldsymbol{r}') \times \boldsymbol{B}_{\text{ext}}(\boldsymbol{r}_0 + \boldsymbol{r}') \\ &= \frac{1}{c} \int d^3r'\ \widetilde{\boldsymbol{j}}(\boldsymbol{r}') \times (\boldsymbol{r}' \cdot \nabla_0)\, \boldsymbol{B}_{\text{ext}}(\boldsymbol{r}_0) + \ldots \\ &= \frac{1}{c} \int d^3r' \left(\left(\nabla_0 \cdot \boldsymbol{r}'\right) \widetilde{\boldsymbol{j}}(\boldsymbol{r}') \right) \times \boldsymbol{B}_{\text{ext}}(\boldsymbol{r}_0) + \ldots \end{aligned} \tag{15.25}$$

Der erste Term in der Entwicklung (15.24) fällt hier wegen (15.4) weg. Die nicht mit angeschriebenen Terme werden im Folgenden weggelassen.

In (15.6) ist $\boldsymbol{r}$ ein beliebiger, von der Integration unabhängiger Vektor. Daher gilt diese Beziehung auch, wenn $\boldsymbol{r}$ durch ∇_0 ersetzt wird:

$$\int d^3r'\ (\nabla_0 \cdot \boldsymbol{r}')\ \widetilde{\boldsymbol{j}}(\boldsymbol{r}') = -\int d^3r'\ \boldsymbol{r}' \left(\nabla_0 \cdot \widetilde{\boldsymbol{j}}(\boldsymbol{r}') \right) \tag{15.26}$$

Hiermit formen wir (15.25) um:

$$\begin{aligned} \boldsymbol{F} &= \frac{1}{2c} \int d^3r' \left(\left[\nabla_0 \cdot \boldsymbol{r}'\right] \widetilde{\boldsymbol{j}}(\boldsymbol{r}') - \boldsymbol{r}' \left[\nabla_0 \cdot \widetilde{\boldsymbol{j}}(\boldsymbol{r}')\right] \right) \times \boldsymbol{B}_{\text{ext}}(\boldsymbol{r}_0) \\ &= \frac{1}{2c} \left(\int d^3r' \left[\boldsymbol{r}' \times \widetilde{\boldsymbol{j}}(\boldsymbol{r}')\right] \times \nabla_0 \right) \times \boldsymbol{B}_{\text{ext}}(\boldsymbol{r}_0) \\ &= \left(\boldsymbol{\mu} \times \nabla_0\right) \times \boldsymbol{B}_{\text{ext}}(\boldsymbol{r}_0) = \nabla_0 \left(\boldsymbol{\mu} \cdot \boldsymbol{B}_{\text{ext}}\right) - \boldsymbol{\mu} \left(\nabla_0 \cdot \boldsymbol{B}_{\text{ext}}\right) \\ &= \nabla_0 \left(\boldsymbol{\mu} \cdot \boldsymbol{B}_{\text{ext}}\right) \end{aligned} \tag{15.27}$$

Dabei wurde zweimal die Formel $(\boldsymbol{a} \times \boldsymbol{b}) \times \boldsymbol{c} = \boldsymbol{b}\,(\boldsymbol{a} \cdot \boldsymbol{c}) - \boldsymbol{a}\,(\boldsymbol{b} \cdot \boldsymbol{c})$ benutzt. Der Operator ∇_0 wirkt nur auf $\boldsymbol{B}_{\text{ext}}$, da $\boldsymbol{\mu}$ eine Konstante ist. Es wurde $\nabla_0 \cdot \boldsymbol{B}_{\text{ext}} = 0$ verwendet. Mit $\boldsymbol{F} = -\operatorname{grad} W(\boldsymbol{r})$ können wir

$$W = -\boldsymbol{\mu} \cdot \boldsymbol{B}_{\text{ext}}(\boldsymbol{r}_0) = -\mu\, B_{\text{ext}} \cos\theta \tag{15.28}$$

als die potenzielle Energie eines Dipols im äußeren Feld identifizieren. Die potenzielle Energie hängt neben $\boldsymbol{r}_0$ auch vom Winkel θ zwischen der Dipol- und der Magnetfeldrichtung ab. Daher übt das Feld ein Drehmoment $\boldsymbol{M}$ mit dem Betrag $M = -\partial W/\partial\theta$ aus. Das Drehmoment steht senkrecht auf $\boldsymbol{\mu}$ und $\boldsymbol{B}_{\text{ext}}$, also

$$\boldsymbol{M} = \boldsymbol{\mu} \times \boldsymbol{B}_{\text{ext}} \tag{15.29}$$

Wir betrachten einige Anwendungen von (15.28) und (15.29):

1. Ein frei drehbarer magnetischer Dipol stellt sich im Gleichgewicht so ein, dass die Energie (15.28) minimal ist. Dann zeigt $\boldsymbol{\mu}$ in die Richtung von $\boldsymbol{B}$. Dies ist das Prinzip des Kompasses.

2. In einem bekannten homogenen Feld $\boldsymbol{B}_0$ befinde sich eine frei drehbare Kompassnadel. Nun werde ein Magnetfeld unbekannter Stärke senkrecht zu $\boldsymbol{B}_0$ eingeschaltet. Aus der Einstellung der Nadel im kombinierten Feld kann die unbekannte Feldstärke bestimmt werden.

3. In einem homogenen Magnetfeld $\boldsymbol{B} = B\,\boldsymbol{e}_z$ befinden sich Elektronen. Quantenmechanisch sind dann die beiden Spineinstellungen $s_z = \pm\hbar/2$ möglich. Die Spins können durch Absorption elektromagnetischer Strahlung umklappen. Dazu muss die Frequenz der Strahlung die Bedingung $\hbar\omega = 2\mu_{\text{B}}B$ erfüllen. Durch die Messung der Frequenz ω kann das magnetische Moment oder die Stärke des Magnetfelds bestimmt werden.

Aufgaben

15.1 Lokalisierte Stromverteilung

Die Stromverteilung $\boldsymbol{j}(\boldsymbol{r})$ sei räumlich begrenzt. Leiten Sie

$$\int d^3r\, \boldsymbol{j}(\boldsymbol{r}) = 0$$

aus $\operatorname{div} \boldsymbol{j}(\boldsymbol{r}) = 0$ ab. Verwenden Sie dazu $\boldsymbol{j} = (\boldsymbol{j} \cdot \nabla)\, \boldsymbol{r}$.

15.2 Zylindersymmetrische Stromverteilung

Gegeben ist eine zylindersymmetrische Stromverteilung in Kugelkoordinaten:

$$\boldsymbol{j} = j(r, \theta)\, \boldsymbol{e}_\phi \tag{15.30}$$

Zeigen Sie, dass das Vektorpotenzial auch von dieser Form ist, und geben Sie einen Ausdruck für $A(r, \theta)$ an. Welche skalare Differenzialgleichung für $A(r, \theta)$ folgt aus $\Delta \boldsymbol{A} = -4\pi\, \boldsymbol{j}/c$?

Hinweise: Betrachten Sie die Kombination $A_x + \mathrm{i}\, A_y$. Entwickeln Sie $1/|\boldsymbol{r} - \boldsymbol{r}'|$ in der Integralformel für das Vektorpotenzial nach Kugelfunktionen.

15.3 Stromdurchflossene Leiterschleife

In einer kreisförmigen Leiterschleife ist die Stromdichte in Zylinderkoordinaten durch

$$\boldsymbol{j} = I\, \delta(\rho - R)\, \delta(z)\, \boldsymbol{e}_\varphi$$

gegeben. Berechnen Sie das Vektorpotenzial für die Fälle $\rho \ll R$ und $\rho \gg R$. Zeigen Sie, dass sich für große Abstände ein Dipolfeld $\boldsymbol{A} = (\boldsymbol{\mu} \times \boldsymbol{r})/r^3$ ergibt.

Hinweise: Nach Aufgabe 15.2 impliziert die zylindersymmetrische Stromdichte ein Potenzial mit derselben Symmetrie, also $\boldsymbol{A}(\boldsymbol{r}) = A(\rho, z)\, \boldsymbol{e}_\varphi$. Um $A(\rho, z)$ zu bestimmen, genügt es, die Integralformel für A_y und $\varphi = 0$ anzusetzen. Das resultierende Integral soll nur für die angegebenen Grenzfälle gelöst werden.

15.4 Helmholtz-Spulen

Zwei parallele kreisförmige Leiterschleifen werden beide vom Strom I in gleicher Richtung durchflossen. Die Kreise liegen parallel zur x-y-Ebene, sie haben beide den Radius R und ihre Mittelpunkte liegen bei $(x, y, z) = (0, 0, b)$ und $(0, 0, -b)$.

Bestimmen Sie das Vektorpotenzial dieser Anordnung als Superposition der Potenziale der einzelnen Leiterschleifen (Aufgabe 15.3). Entwickeln Sie das Vektorpotenzial in der Nähe des Koordinatenursprungs bis zur Ordnung $\mathcal{O}(\rho^3, \rho\, z^2)$. Welche Beziehung muss zwischen dem Radius R und dem Abstand $D = 2b$ der Kreise gelten, damit das Magnetfeld in diesem Bereich möglichst homogen ist?

15.5 Rotierende, homogen geladene Kugel

Eine homogen geladene Kugel (Radius R, Ladung q) rotiert mit der Winkelgeschwindigkeit $\boldsymbol{\omega}$ um eine Achse durch ihren Mittelpunkt. Welche Stromdichte $\boldsymbol{j}$ ergibt sich? Bestimmen Sie das Vektorpotenzial $\boldsymbol{A}$ aus der Integralformel. Geben Sie die Komponenten des Magnetfelds in Kugelkoordinaten an.

Hinweise: Legen Sie $\boldsymbol{\omega}$ in z-Richtung und berechnen Sie $A_x + \mathrm{i}\, A_y$ mit der Integralformel (14.3). Drücken Sie $j_x + \mathrm{i}\, j_y$ durch Y_{11} aus, und entwickeln Sie $1/|\boldsymbol{r} - \boldsymbol{r}'|$ nach Kugelfunktionen.

15.6 Oberflächenströme der homogen magnetisierten Kugel

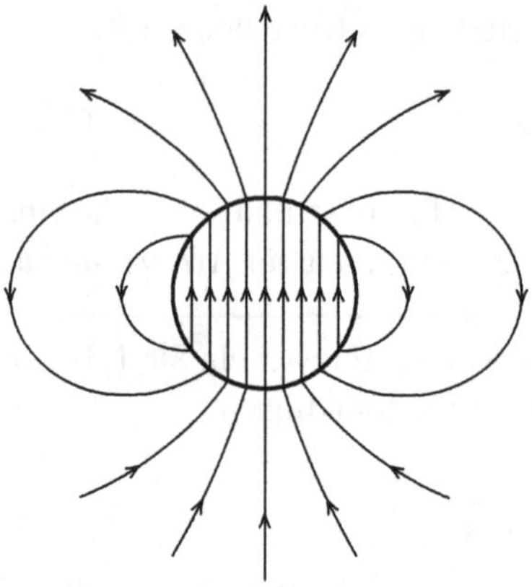

Das Magnetfeld

$$\boldsymbol{B} = \begin{cases} B_0\, \boldsymbol{e}_z & (r < R) \\[4pt] \dfrac{3\, \boldsymbol{r}\,(\boldsymbol{r}\cdot\boldsymbol{\mu}) - \boldsymbol{\mu}\, r^2}{r^5} & (r > R) \end{cases}$$

gehört zu einer homogen magnetisierten Kugel mit dem Dipolmoment $\boldsymbol{\mu} = \mu\, \boldsymbol{e}_z$. In den Bereichen $r < R$ und $r > R$ gelten jeweils $\operatorname{div} \boldsymbol{B} = 0$ und $\operatorname{rot} \boldsymbol{B} = 0$. Als Quellen des Feldes kommen daher nur Ströme auf der Oberfläche in Frage.

Wegen der Zylindersymmetrie sind die Oberflächenströme von der Form

$$\boldsymbol{j} = \frac{I(\theta)}{\pi R}\, \delta(r - R)\, \boldsymbol{e}_\phi$$

Bestimmen Sie den Strom $I(\theta)$ und das magnetische Moment μ. Leiten Sie dazu aus den Feldgleichungen folgende Bedingungen ab:

$$B_r(R + \epsilon) - B_r(R - \epsilon) = 0 \tag{15.31}$$

$$B_\theta(R + \epsilon) - B_\theta(R - \epsilon) = \frac{4\pi}{c}\, \frac{I(\theta)}{\pi R} \tag{15.32}$$

15.7 Kleiner Permanentmagnet

Ein kleiner Permanentmagnet (Dipolmoment $\boldsymbol{\mu}$) ist bei $\boldsymbol{d} = d\, \boldsymbol{e}_x$ so gelagert, dass er sich innerhalb der x-y-Ebene frei drehen kann. Auf den Magnet wirkt ein homogenes Magnetfeld $\boldsymbol{B}_0 = B_0\, \boldsymbol{e}_x$.

In welche Richtung zeigt $\boldsymbol{\mu}$ im Gleichgewicht? In welche Richtung zeigt $\boldsymbol{\mu}$ im Gleichgewicht, wenn es zusätzlich noch einen Draht mit der Stromdichte $\boldsymbol{j} = I\, \delta(x)\, \delta(y)\, \boldsymbol{e}_z$ gibt?

IV Maxwellgleichungen: Grundlagen

16 Maxwellgleichungen

In Teil II und III haben wir die Elektro- und Magnetostatik getrennt behandelt. Für zeitabhängige Vorgänge gibt es Kopplungen zwischen elektrischen und magnetischen Feldern, die wir als „Faradaysches Induktionsgesetz" und als „Maxwellschen Verschiebungsstrom" einführen. Durch die zugehörigen Kopplungsterme werden die Feldgleichungen der Elektro- und Magnetostatik zu den Maxwellschen Gleichungen verallgemeinert. Anschließend wird die Energie- und Impulsdichte des elektromagnetischen Felds bestimmt.

Die Feldgleichungen der Elektro- und Magnetostatik lauten

$$\begin{array}{lll} \operatorname{div} \boldsymbol{E}(\boldsymbol{r}) = 4\pi \varrho(\boldsymbol{r})\,, & \operatorname{rot} \boldsymbol{E}(\boldsymbol{r}) = 0 & \text{(Elektrostatik)} \\ \operatorname{rot} \boldsymbol{B}(\boldsymbol{r}) = (4\pi/c)\, \boldsymbol{j}(\boldsymbol{r})\,, & \operatorname{div} \boldsymbol{B}(\boldsymbol{r}) = 0 & \text{(Magnetostatik)} \end{array} \tag{16.1}$$

Hieraus folgt die Kontinuitätsgleichung in der Form

$$\operatorname{div} \boldsymbol{j}(\boldsymbol{r}) = 0 \tag{16.2}$$

Das elektrische und das magnetische Feld werden durch ihre Kraftwirkungen definiert. Auf eine Punktladung mit dem Ort $\boldsymbol{r}_0$ und der Geschwindigkeit $\boldsymbol{v} = \dot{\boldsymbol{r}}_0$ wirken die Kräfte (5.11) und (13.22):

$$\boldsymbol{F} = q\, \boldsymbol{E}(\boldsymbol{r}_0) \quad \text{und} \quad \boldsymbol{F} = q\, \frac{\boldsymbol{v}}{c} \times \boldsymbol{B}(\boldsymbol{r}_0) \tag{16.3}$$

Man kann leicht sehen, dass es Zusammenhänge zwischen dem elektrischen und magnetischen Feld geben muss, also dass (16.1) nicht die allgemein gültige Theorie darstellen kann: In einem Inertialsystem (IS) gebe es eine statische Ladungsverteilung $\varrho(\boldsymbol{r})$. In einem relativ dazu bewegten IS$'$ erscheint diese Verteilung als Ladungs- *und* Stromverteilung. Während es in IS nur ein elektrisches Feld gibt, existiert in IS$'$ neben dem elektrischen auch ein magnetisches Feld. Daher transformieren sich die Felder beim Übergang zwischen Inertialsystemen ineinander; sie hängen teilweise vom Standpunkt des Beobachters ab.

T. Fließbach, *Elektrodynamik*, https://doi.org/10.1007/978-3-662-64889-6_16

Für einen Grenzfall können wir die Transformation der Felder aus (16.3) ablesen. In einem IS bewege sich ein Teilchen mit konstanter Geschwindigkeit $\boldsymbol{v}$ in einem elektrischen Feld $\boldsymbol{E}$ und einem magnetischen Feld $\boldsymbol{B}$. Nach (16.3) wirkt die Kraft $q\,(\boldsymbol{E} + (\boldsymbol{v}/c) \times \boldsymbol{B})$ auf das Teilchen. Wir gehen nun ins Ruhsystem IS′ des Teilchens. Wegen $\boldsymbol{v}' = 0$ ergibt sich jetzt aus (16.3) die Kraft $q\,\boldsymbol{E}'$, wobei $\boldsymbol{E}'$ das elektrische Feld in IS′ ist. Im nichtrelativistischen Grenzfall (bei Vernachlässigung von Termen $\mathcal{O}(v^2/c^2)$) sind beide Kräfte gleich. Daher gilt

$$\boldsymbol{E}' = \boldsymbol{E} + \frac{\boldsymbol{v}}{c} \times \boldsymbol{B} \qquad (v \ll c) \tag{16.4}$$

für die Transformation von IS (mit $\boldsymbol{E}$ und $\boldsymbol{B}$) zu IS′ (mit $\boldsymbol{E}'$). Dies bedeutet zum Beispiel: Bereits ein magnetisches Feld in IS (also $\boldsymbol{E} = 0$ und $\boldsymbol{B} \neq 0$) impliziert ein elektrisches Feld in IS′ (also $\boldsymbol{E}' \neq 0$).

Wir stellen jetzt die Verallgemeinerung von (16.1) für zeitabhängige Vorgänge auf. Dazu versehen wir alle Felder mit einem Zeitargument und fügen zwei zusätzliche Terme ein:

$$\boxed{\begin{aligned} &\operatorname{div} \boldsymbol{E}(\boldsymbol{r},t) = 4\pi\,\varrho(\boldsymbol{r},t)\,, &&\operatorname{rot} \boldsymbol{E}(\boldsymbol{r},t) + \underbrace{\frac{1}{c}\frac{\partial \boldsymbol{B}(\boldsymbol{r},t)}{\partial t}}_{\text{Induktion}} = 0 \\ &\operatorname{rot} \boldsymbol{B}(\boldsymbol{r},t) - \underbrace{\frac{1}{c}\frac{\partial \boldsymbol{E}(\boldsymbol{r},t)}{\partial t}}_{\text{Verschiebungsstrom}} = \frac{4\pi}{c}\,\boldsymbol{j}(\boldsymbol{r},t)\,, &&\operatorname{div} \boldsymbol{B}(\boldsymbol{r},t) = 0 \end{aligned}} \tag{16.5}$$

Diese *Maxwellgleichungen* wurden 1864 von Maxwell aufgestellt. Die zusätzlichen, mit *Induktion* und *Verschiebungsstrom* gekennzeichneten Terme werden in den folgenden beiden Abschnitten begründet.

Wir leiten die Maxwellgleichung mit $\operatorname{div} \boldsymbol{E}$ nach der Zeit ab und bilden die Divergenz der Gleichung mit $\operatorname{rot} \boldsymbol{B}$. Die Kombination der beiden resultierenden Gleichungen ergibt die Kontinuitätsgleichung

$$\frac{\partial \varrho(\boldsymbol{r},t)}{\partial t} + \operatorname{div} \boldsymbol{j}(\boldsymbol{r},t) = 0 \tag{16.6}$$

Die Kräfte (16.3) werden zur *Lorentzkraft* $\boldsymbol{F}_{\mathrm{L}}$ zusammengefasst:

$$\boxed{\boldsymbol{F}_{\mathrm{L}} = q\left(\boldsymbol{E}(\boldsymbol{r}_0,t) + \frac{\boldsymbol{v}}{c} \times \boldsymbol{B}(\boldsymbol{r}_0,t)\right)} \tag{16.7}$$

Die Gleichungen (16.5) und (16.7) sind die Grundgleichungen der Elektrodynamik. Aus ihnen werden alle relevanten Aussagen abgeleitet.

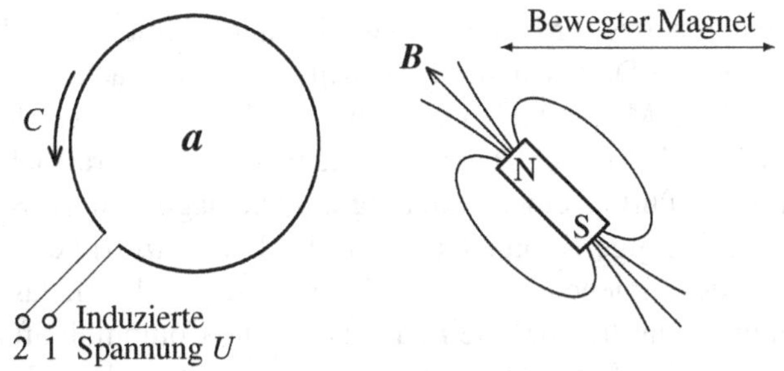

Abbildung 16.1 Ein Magnet wird relativ zu einer ruhenden Drahtschleife bewegt. Dann induziert das zeitabhängige Magnetfeld eine Spannung, die an den beiden Drahtenden gemessen werden kann. Dieser Effekt wird durch das Faradaysche Induktionsgesetz beschrieben. Auf diesem Effekt beruht die Stromerzeugung in einem Dynamo oder Generator, aber beispielsweise auch die Funktion eines Transformators oder eines elektrodynamischen Mikrophons. – Bei der angegebenen Richtung von C zeigt die Fläche $\boldsymbol{a}$ zum Betrachter hin.

Faradaysches Induktionsgesetz

Wir integrieren die Maxwellgleichung $\operatorname{rot}\boldsymbol{E} = -\dot{\boldsymbol{B}}/c$ über eine zeitunabhängige Fläche $\boldsymbol{a}$ mit dem Rand C und verwenden den Stokesschen Satz:

$$\oint_C d\boldsymbol{r}\cdot\boldsymbol{E} = -\frac{1}{c}\int_a d\boldsymbol{a}\cdot\frac{\partial\boldsymbol{B}(\boldsymbol{r},t)}{\partial t} \tag{16.8}$$

Eine gegebene Kontur C kann durch verschiedene Flächen überspannt werden, etwa a_1 und a_2. Die Differenz $\int_{a_1} d\boldsymbol{a}\cdot\boldsymbol{B} - \int_{a_2} d\boldsymbol{a}\cdot\boldsymbol{B}$ verschwindet aber; denn sie kann in ein geschlossenes Oberflächenintegral $\oint d\boldsymbol{a}\cdot\boldsymbol{B} = \int d^3r\,\operatorname{div}\boldsymbol{B} = 0$ überführt werden. Die genaue Wahl der Fläche ist daher nicht relevant.

Schneidet man die geschlossene Kontur auf, dann ergeben sich zwei benachbarte Endpunkte 1 und 2 (Abbildung 16.1). Zwischen ihnen ergibt sich die Spannung

$$U = \int_1^2 d\boldsymbol{r}\cdot\boldsymbol{E} = \oint d\boldsymbol{r}\cdot\boldsymbol{E} \tag{16.9}$$

Für infinitesimal benachbarte Punkte 1 und 2 ist das Linienintegral gleich dem Integral über die geschlossene Kontur C. Man kann die *induzierte Spannung* (oder Induktionsspannung) U messen, wenn man längs der aufgeschnittenen Kontur C eine Drahtschleife legt (Abbildung 16.1). Aufgrund der Kräfte $q\boldsymbol{E}$ verschieben sich die beweglichen Ladungen im Draht solange, bis das mittlere elektrische Feld im Draht verschwindet (Teil VI). Die resultierenden Ladungsansammlungen an den Drahtenden führen dann dazu, dass sich die Spannung U an dieser Stelle aufbaut[1]. Diese *Induktion* einer Spannung wurde 1831 durch Faraday beobachtet. Diese Messung verifiziert die Gleichung $\operatorname{rot}\boldsymbol{E} = -\dot{\boldsymbol{B}}/c$.

[1]Da das mittlere elektrische Feld im Draht verschwindet, wird die elektrische Feldstärke in den Spalt von 2 → 1 verschoben, $U = \oint d\boldsymbol{r}\cdot\boldsymbol{E} = \int_2^1 d\boldsymbol{r}\cdot\boldsymbol{E}_{\text{spalt}} = -\int_1^2 d\boldsymbol{r}\cdot\boldsymbol{E}_{\text{spalt}}$. Damit hat die am Spalt gemessene Spannung das umgekehrte Vorzeichen.

Wenn ein zeitabhängiges Magnetfeld (wie etwa in Abbildung 16.1) einen Strom in einer geschlossenen Drahtschleife hervorruft, dann schwächt der hervorgerufene Strom das äußere Magnetfeld. Dies wird als *Lenzsche Regel* formuliert: Die Induktionsströme sind so gerichtet, dass ihr Magnetfeld das verursachende Magnetfeld schwächt. Dies führt zu einer Erklärung des Diamagnetismus (Kapitel 32).

Für eine zeitabhängige Kontur $C(t)$ (mit der Fläche $a(t)$) bezeichnen wir die Geschwindigkeit des Linienelements $d\boldsymbol{r}$ mit $\boldsymbol{v}$ (Abbildung 16.2); das Linenelement trage die Ladung q. Für die bewegte Ladung q ist die Coulombkraft $q\,\boldsymbol{E}$ durch die Lorentzkraft $\boldsymbol{F}_{\rm L} = q\,(\boldsymbol{E} + (\boldsymbol{v}/c) \times \boldsymbol{B})$ zu ersetzen. Damit wird die Energieänderung $q\,dU = q\,\boldsymbol{E}\cdot d\boldsymbol{r}$ zu $q\,dU = q\,(\boldsymbol{E} + (\boldsymbol{v}/c) \times \boldsymbol{B})\cdot d\boldsymbol{r}$, und (16.9) wird zu

$$U = \oint_{C(t)} d\boldsymbol{r}\cdot\left(\boldsymbol{E} + \frac{\boldsymbol{v}}{c} \times \boldsymbol{B}\right) \tag{16.10}$$

Dies ist die Induktionsspannung in einer Drahtschleife mit der zeitabhängigen Kontur $C(t)$. Eine spezielle Zeitabhängigkeit der Kontur ergibt sich durch die Bewegung einer starren Drahtschleife.

Die Induktionsspannung U kann mit der Änderung des magnetischen Flusses $\Phi_{\rm m} = \int_{a(t)} \boldsymbol{a}\cdot\boldsymbol{B}$ durch die Kontur verknüpft werden:

$$\frac{d\Phi_{\rm m}}{dt} = \int \frac{d\boldsymbol{a}}{dt}\cdot\boldsymbol{B} + \int d\boldsymbol{a}\cdot\frac{\partial\boldsymbol{B}(\boldsymbol{r},t)}{\partial t} \overset{(16.8)}{=} -c\oint d\boldsymbol{r}\cdot\left(\boldsymbol{E} + \frac{\boldsymbol{v}}{c} \times \boldsymbol{B}\right) \tag{16.11}$$

Für die Umformung des ersten Integrals haben wir $d\boldsymbol{a}/dt = (\boldsymbol{v} \times d\boldsymbol{r})$ verwendet, was aus Abbildung 16.2 abgelesen werden kann. Für das zweite Integral wurde (16.8) eingesetzt.

Aus (16.10) und (16.11) lesen wir nun den Zusammenhang zwischen der Induktionsspannung und der Änderung des magnetischen Flusses ab:

$$\boxed{U = -\frac{1}{c}\,\frac{d\Phi_{\rm m}}{dt} = -\frac{1}{c}\,\frac{d}{dt}\int_{a(t)} d\boldsymbol{a}\cdot\boldsymbol{B}(\boldsymbol{r},t)} \tag{16.12}$$

Dies ist die Hauptform des *Faradayschen Induktionsgesetzes* (auch Faradaysches Gesetz genannt). Das Faradaysche Induktionsgesetz besagt: Die induzierte Spannung wird durch die Änderung des magnetischen Flusses $\Phi_{\rm m} = \int d\boldsymbol{a}\cdot\boldsymbol{B}$ durch die Schleife bestimmt.

Für (16.12) wurde eine zeitabhängige Fläche $a(t)$ zugelassen. Für eine zeitunabhängige Fläche reduziert sich (16.12) auf (16.8). Auch die speziellere Aussage (16.8) wird als Faradaysches Induktionsgesetz bezeichnet.

Eine Anwendung der Induktion ist die Wirbelstrombremse. Eine leitende, rotierende Metallscheibe wird an einer Stelle einem konstanten Magnetfeld ausgesetzt, das senkrecht zur Scheibe steht. Wegen der Drehung der Scheibe kommt es an dieser Stelle zu Induktionsströmen (Wirbelströmen). Die endliche Leitfähigkeit des Metalls bedingt, dass dabei Energie in Wärme umgewandelt wird (31.24). Diese Energie geht der Rotationsenergie der Scheibe verloren.

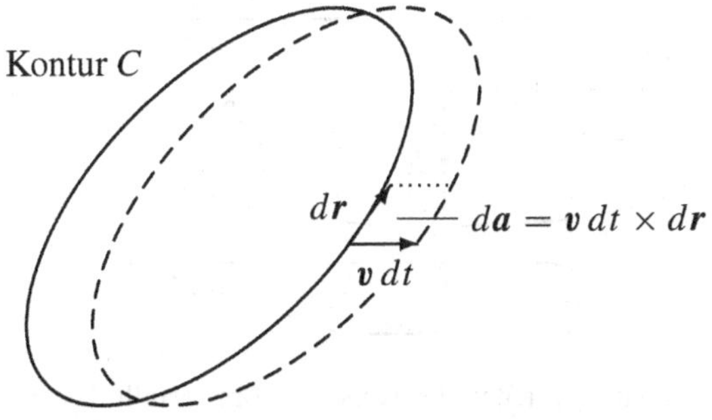

Abbildung 16.2 Das Faradaysche Induktionsgesetz (16.12) lässt eine Zeitabhängigkeit der Kontur $C(t)$ zu. Wenn sich ein herausgegriffenes Linienelement $d\boldsymbol{r}$ mit der Geschwindigkeit $\boldsymbol{v}$ bewegt, liefert es den Beitrag $d\boldsymbol{a} = \boldsymbol{v}\,dt \times d\boldsymbol{r}$ zur Änderung der Fläche. — Man kann für jedes einzelne Linienelement $d\boldsymbol{r}$ eine lokale Geschwindigkeit $\boldsymbol{v}$ verwenden. Daraus ergeben sich dann beliebige stetige Verformungen oder Bewegungen der Kontur (im Gegensatz zur Skizze).

Maxwellscher Verschiebungsstrom

Die Faradayschen Experimente führten zur Ergänzung der Gleichungen (16.1) durch den Induktionsterm in (16.5). Der zweite entscheidende Schritt zur Vervollständigung der Gleichungen (16.1) erfolgte nun durch Maxwell im Jahr 1864. Dazu ging Maxwell von der Kontinuitätsgleichung (16.6) aus, die gemäß (13.10) – (13.12) aus der Ladungserhaltung folgt. Die Kombination der Kontinuitätsgleichung mit $\operatorname{div} \boldsymbol{E}(\boldsymbol{r}, t) = 4\pi \varrho(\boldsymbol{r}, t)$ ergibt

$$\dot{\varrho} + \operatorname{div} \boldsymbol{j} = \operatorname{div}\left(\frac{1}{4\pi}\frac{\partial \boldsymbol{E}}{\partial t} + \boldsymbol{j}\right) = 0 \tag{16.13}$$

Dieses Ergebnis ist nicht kompatibel mit $\operatorname{rot} \boldsymbol{B}(\boldsymbol{r}, t) = 4\pi\, \boldsymbol{j}(\boldsymbol{r}, t)/c$, denn hieraus folgt $\operatorname{div} \boldsymbol{j}(\boldsymbol{r}, t) = 0$. Die Gleichungen werden aber konsistent, wenn man in der inhomogenen magnetischen Feldgleichung den *Maxwellschen Verschiebungsstrom* $\dot{\boldsymbol{E}}/4\pi$ zu $\boldsymbol{j}$ hinzufügt:

$$\operatorname{rot} \boldsymbol{B}(\boldsymbol{r}, t) - \frac{1}{c}\frac{\partial \boldsymbol{E}(\boldsymbol{r}, t)}{\partial t} = \frac{4\pi}{c}\, \boldsymbol{j}(\boldsymbol{r}, t) \tag{16.14}$$

Der Zusatzterm wurde aus der Forderung der Konsistenz mit der Kontinuitätsgleichung abgeleitet. Der Verschiebungsstrom kann aber auch experimentell begründet werden. Dazu betrachten wir die integrale Form von (16.14) in einem stromfreien Bereich:

$$\oint_C d\boldsymbol{r} \cdot \boldsymbol{B} = \frac{1}{c}\frac{\partial}{\partial t}\int_a d\boldsymbol{a} \cdot \boldsymbol{E} \qquad (\boldsymbol{j} = 0) \tag{16.15}$$

Ähnlich wie die Änderung des magnetischen Flusses ein elektrisches Feld bedingt, ruft die Änderung des elektrischen Flusses $\Phi_\mathrm{e} = \oint d\boldsymbol{a} \cdot \boldsymbol{E}$ ein magnetisches Feld hervor. So führt das Kurzschließen eines aufgeladenen Plattenkondensators zu geschlossenen magnetischen Feldlinien (Abbildung 16.3). Dieses Magnetfeld könnte zum Beispiel mit einer Kompassnadel beobachtet werden.

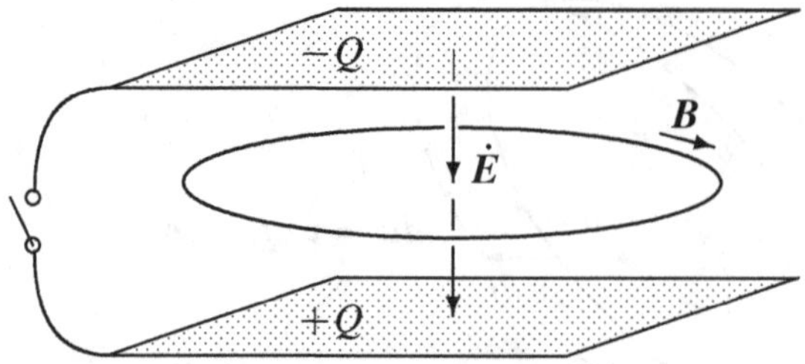

Abbildung 16.3 Beim Kurzschließen des Kondensators zerfällt das elektrische Feld. Diese Zeitabhängigkeit $\dot{\boldsymbol{E}} \neq 0$ bewirkt ein magnetisches Feld mit geschlossenen, kreisförmigen Feldlinien. Dieses Feld hat dieselbe Geometrie wie ein durch die Stromdichte $\boldsymbol{j} \parallel \dot{\boldsymbol{E}}$ erzeugtes. Daher ist auf der rechten Seite von rot $\boldsymbol{B} = (4\pi/c)\,\boldsymbol{j}$ der Maxwellsche Verschiebungsstrom $\dot{\boldsymbol{E}}/c$ hinzuzufügen.

Vereinheitlichte Theorie

Die Maxwellsche Theorie ist ein Standardbeispiel für eine *vereinheitlichte Theorie*. Darunter versteht man, dass zunächst getrennt behandelte Phänomene im Rahmen einer einzigen Theorie verstanden und beschrieben werden können.

Ein erstes Beispiel für eine vereinheitlichte Theorie ist Newtons Gravitationstheorie[2]. Aus dieser Theorie lassen sich sowohl die Fallgesetze wie die Keplergesetze ableiten; vor Newton gab es keine Verbindung zwischen diesen Gesetzen. Es war Newtons herausragende Leistung, den Fall eines Apfels und die Bahn der Venus als Folge der gleichen Kraft und des gleichen Bewegungsgesetzes zu verstehen.

Die Maxwellschen Gleichungen stellen eine vereinheitlichte Theorie dar, weil sie die elektrischen *und* die magnetischen Phänomene auf einer gemeinsamen Grundlage erklären. Historisch wurde zunächst kein Zusammenhang zwischen diesen Phänomenen gesehen.

In den sechziger Jahren entwickelten Weinberg, Salam und Glashow eine vereinheitlichte Theorie für die elektromagnetische und die schwache Wechselwirkung. Diese Theorie sagte die Existenz von Vektorbosonen (Z^0 und $W^{\pm}$) voraus, die in den achtziger Jahren nachgewiesen wurden.

Es ist ein Ziel der Physik, alle Wechselwirkungen, insbesondere auch die starke Wechselwirkung und die Gravitationswechselwirkung, im Rahmen einer vereinheitlichten Theorie zu verstehen. Die Maxwellsche Theorie und ihre Nachfolger (Quantenelektrodynamik, Weinberg-Salam-Theorie) haben hierfür Vorbildcharakter.

Energiebilanz

Wir bestimmen die Energiedichte des elektromagnetischen Felds. Dazu stellen wir die Energiebilanz für ein System aus Feldern und N Ladungen q_i (mit den Orten $\boldsymbol{r}_i$ und den Geschwindigkeiten $\boldsymbol{v}_i$) auf. Das elektromagnetische Feld übt die Kraft

[2] I. Newton, *Philosophiae naturalis principia mathematica*, 1687

(16.7) auf die einzelnen Teilchen aus. Dadurch wird die Energie $E_{\rm mat}$ der Teilchen geändert:

$$dE_{\rm mat} = \sum_{i=1}^{N} \boldsymbol{F}_{{\rm L},i} \cdot d\boldsymbol{r}_i = \sum_{i=1}^{N} q_i \left(\boldsymbol{E} + \frac{\boldsymbol{v}_i}{c} \times \boldsymbol{B} \right) \cdot \boldsymbol{v}_i \, dt = \sum_{i=1}^{N} q_i \, \boldsymbol{v}_i \cdot \boldsymbol{E}(\boldsymbol{r}_i, t)\, dt \tag{16.16}$$

Konkret stelle man sich hierbei etwa Elektronen im Feld eines Kondensators oder in einem Teilchenbeschleuniger vor. In (16.16) verwenden wir die Stromdichte $\boldsymbol{j} = \sum q_i \, \boldsymbol{v}_i \, \delta(\boldsymbol{r} - \boldsymbol{r}_i)$:

$$\frac{dE_{\rm mat}}{dt} = \int d^3r \; \boldsymbol{j}(\boldsymbol{r}, t) \cdot \boldsymbol{E}(\boldsymbol{r}, t) \tag{16.17}$$

Mit Hilfe der Maxwellgleichungen drücken wir $\boldsymbol{j} \cdot \boldsymbol{E}$ durch die Felder aus:

$$\begin{aligned} \boldsymbol{j} \cdot \boldsymbol{E} &= \frac{c}{4\pi} \, \boldsymbol{E} \cdot {\rm rot}\, \boldsymbol{B} - \frac{1}{4\pi} \, \boldsymbol{E} \cdot \frac{\partial \boldsymbol{E}}{\partial t} \\ &= -\frac{c}{4\pi} \, {\rm div} \big(\boldsymbol{E} \times \boldsymbol{B} \big) + \frac{c}{4\pi} \, \boldsymbol{B} \cdot {\rm rot}\, \boldsymbol{E} - \frac{1}{8\pi} \frac{\partial \boldsymbol{E}^2}{\partial t} \\ &= -\frac{c}{4\pi} \, {\rm div} \big(\boldsymbol{E} \times \boldsymbol{B} \big) - \frac{1}{8\pi} \frac{\partial}{\partial t} \big(\boldsymbol{E}^2 + \boldsymbol{B}^2 \big) \end{aligned} \tag{16.18}$$

Bei dieser Umformung haben wir $\nabla \cdot (\boldsymbol{E} \times \boldsymbol{B}) = \boldsymbol{B} \cdot (\nabla \times \boldsymbol{E}) - \boldsymbol{E} \cdot (\nabla \times \boldsymbol{B})$ benutzt. Mit den Abkürzungen

$$\boxed{ w_{\rm em} = w_{\rm em}(\boldsymbol{r}, t) = \frac{1}{8\pi} \big(\boldsymbol{E}^2 + \boldsymbol{B}^2 \big) \qquad \text{Energiedichte} } \tag{16.19}$$

und

$$\boxed{ \boldsymbol{S} = \boldsymbol{S}(\boldsymbol{r}, t) = \frac{c}{4\pi} \big(\boldsymbol{E} \times \boldsymbol{B} \big) \qquad \begin{array}{l} \text{Poyntingvektor} \\ \text{Energiestromdichte} \end{array} } \tag{16.20}$$

schreiben wir (16.18) in der Form

$$\frac{\partial w_{\rm em}}{\partial t} + {\rm div}\, \boldsymbol{S} = -\boldsymbol{j} \cdot \boldsymbol{E} \qquad \text{(Poynting-Theorem)} \tag{16.21}$$

Die folgende Diskussion wird ergeben, dass $w_{\rm em}$ als Energiedichte des elektromagnetischen Felds zu interpretieren ist, und $\boldsymbol{S}/c^2$ als Impulsdichte.

Wir integrieren (16.21) über ein zeitunabhängiges Volumen, wobei wir den Gaußschen Satz verwenden:

$$\frac{\partial}{\partial t} \int_V d^3r \; w_{\rm em}(\boldsymbol{r}, t) + \oint_{a(V)} d\boldsymbol{a} \cdot \boldsymbol{S}(\boldsymbol{r}, t) = -\frac{dE_{\rm mat}}{dt} \tag{16.22}$$

Auf der rechten Seite wurde (16.17) verwendet. Mit $E_{\rm em} = \int_V d^3r \; w_{\rm em}$ wird (16.22) zu

$$\frac{dE_{\rm em}}{dt} + \frac{dE_{\rm mat}}{dt} = -\oint_{a(V)} d\boldsymbol{a} \cdot \boldsymbol{S}(\boldsymbol{r}, t) \tag{16.23}$$

In (16.16) wurde über eine feste Anzahl von materiellen Teilchen summiert. Damit wird in $E_{\rm mat} = \int_V d^3r \ldots$ vorausgesetzt, dass alle N Teilchen im betrachteten Volumen sind und bleiben. Andernfalls würde es in (16.23) einen zusätzlichen Oberflächenterm mit der materiellen Energiestromdichte geben.

Wir betrachten nun ein abgeschlossenes Systems und wählen das Volumen V so, dass das System innerhalb von V liegt. Dann verschwindet das Integral über die Oberfläche $a(V)$ des Volumens, und (16.23) wird zu

$$E = E_{\rm mat} + E_{\rm em} = \text{const.} \qquad \text{(abgeschlossenes System)} \tag{16.24}$$

Als Volumen V kommt insbesondere auch der gesamte Raum in Frage. Für das Verschwinden des Oberflächenintegrals genügt es dann, dass die Felder im Unendlichen mindestens wie $1/r^2$ abfallen.

Die Größe (16.24) hat die Dimension einer Energie. Die Energiegröße, die für ein abgeschlossenes System konstant ist, ist die Gesamtenergie des Systems. Das System besteht aus Feldern und Teilchen; ferner ist bekannt, dass $E_{\rm mat}$ die Energie der Teilchen ist. Hieraus folgt, dass $E_{\rm em}$ die Energie und $w_{\rm em}$ die Energiedichte des elektromagnetischen Felds ist. Die Energiedichte $w_{\rm em} = (\boldsymbol{E}^2 + \boldsymbol{B}^2)/8\pi$ ist eine Verallgemeinerung der aus der Elektrostatik bekannten Energiedichte $u = \boldsymbol{E}^2/8\pi$.

Wir betrachten (16.23) jetzt für ein endliches Volumen V. Die Energie $E_{\rm em}$ der elektromagnetischen Felder kann sich dadurch ändern, dass (i) Energie auf die materiellen Teilchen übertragen wird, oder dass (ii) elektromagnetische Energie die Oberfläche $a(V)$ des Volumens V passiert. Damit ist der Poyntingvektor $\boldsymbol{S}$ die *Energiestromdichte* des elektromagnetischen Felds. Er hat die Dimension

$$[S] = \frac{\text{Energie}}{\text{Fläche} \cdot \text{Zeit}} = \frac{\text{Leistung}}{\text{Fläche}} \tag{16.25}$$

Hieraus folgt $[S/c^2] = \text{Impuls/Volumen}$, das heißt $\boldsymbol{S}/c^2$ ist eine Impulsdichte. Dies legt nahe, dass $\boldsymbol{S}/c^2$ die *Impulsdichte* des elektromagnetischen Felds ist; formal wird dies im nächsten Abschnitt begründet.

Impulsbilanz

Die Ableitung der Impulsbilanz erfolgt analog zur Energiebilanz; sie wird nur sehr knapp dargestellt[3]. Die zeitliche Änderung des Impulses $\boldsymbol{P}_{\rm mat}$ eines Systems von Teilchen folgt aus der Newtonschen Bewegungsgleichung:

$$\frac{d\boldsymbol{P}_{\rm mat}}{dt} = \sum_{i=1}^{N} \frac{d\boldsymbol{p}_i}{dt} = \sum_{i=1}^{N} \boldsymbol{F}_{{\rm L},i} = \sum_{i=1}^{N} q_i \left(\boldsymbol{E}(\boldsymbol{r}_i, t) + \frac{\boldsymbol{v}_i}{c} \times \boldsymbol{B}(\boldsymbol{r}_i, t) \right) \tag{16.26}$$

Hierin führen wir die Ladungsdichte $\varrho = \sum q_i\, \delta(\boldsymbol{r} - \boldsymbol{r}_i)$ und die Stromdichte $\boldsymbol{j} = \sum q_i\, \boldsymbol{v}_i\, \delta(\boldsymbol{r} - \boldsymbol{r}_i)$ ein:

$$\frac{d\boldsymbol{P}_{\rm mat}}{dt} = \int d^3r \left(\varrho(\boldsymbol{r}, t)\, \boldsymbol{E}(\boldsymbol{r}, t) + \frac{\boldsymbol{j}(\boldsymbol{r}, t)}{c} \times \boldsymbol{B}(\boldsymbol{r}, t) \right) \tag{16.27}$$

[3] Dieser Abschnitt kann übersprungen werden.

Wir formen den Integranden wieder mit Hilfe der Maxwellgleichungen um. Dies ergibt nach einigen Zwischenrechnungen[4]

$$\varrho\, \boldsymbol{E} + \frac{\boldsymbol{j} \times \boldsymbol{B}}{c} = -\frac{\partial \boldsymbol{g}_{\text{em}}}{\partial t} + \sum_{i,k=1}^{3} \frac{\partial T_{ik}}{\partial x_k}\, \boldsymbol{e}_i \tag{16.28}$$

Hierbei wurden die Größen

$$\boxed{\boldsymbol{g}_{\text{em}} = \frac{1}{4\pi c}\, \boldsymbol{E} \times \boldsymbol{B} = \frac{\boldsymbol{S}}{c^2} \qquad \text{Impulsdichte}} \tag{16.29}$$

und

$$T_{ik} = \frac{1}{4\pi} \left(E_i\, E_k + B_i\, B_k - \frac{\delta_{ik}}{2} \left(\boldsymbol{E}^2 + \boldsymbol{B}^2\right)\right) \tag{16.30}$$

eingeführt. Im Folgenden wird $\boldsymbol{g}_{\text{em}}$ als Impulsdichte des elektromagnetischen Felds identifiziert. Die Gesamtheit der Größen T_{ik} wird als *Maxwellsche Spannungstensor* bezeichnet.

Wir integrieren (16.28) über ein Volumen V, das das System vollständig umfasst. Der Term mit $\partial T_{ik}/\partial x_k$ wird mit dem Gaußschen Satz in ein Oberflächenintegral verwandelt; für das abgeschlossene System verschwinden die Felder und damit die T_{ik} an der Oberfläche des Volumens. Zusammen mit (16.27) erhalten wir dann

$$\frac{d\boldsymbol{P}_{\text{mat}}}{dt} + \frac{\partial}{\partial t} \int_V d^3r\ \boldsymbol{g}_{\text{em}}(\boldsymbol{r}, t) = \frac{d}{dt} \left(\boldsymbol{P}_{\text{mat}} + \boldsymbol{P}_{\text{em}}\right) = 0 \tag{16.31}$$

oder $\boldsymbol{P}_{\text{mat}} + \boldsymbol{P}_{\text{em}} = \text{const.}$ Dies ist der Impulserhaltungssatz für das abgeschlossene System. Hieraus folgt die Interpretation von $\boldsymbol{g}_{\text{em}}$ als Impulsdichte des Felds. Die Impulsdichte impliziert die Drehimpulsdichte

$$\boldsymbol{l}_{\text{em}} = \boldsymbol{l}_{\text{em}}(\boldsymbol{r}, t) = \boldsymbol{r} \times \boldsymbol{g}_{\text{em}} = \frac{1}{4\pi c}\, \boldsymbol{r} \times \left(\boldsymbol{E} \times \boldsymbol{B}\right) \tag{16.32}$$

[4]Diese Rechnungen werden etwa in Kapitel 6.8 von [6] ausgeführt.

Aufgaben

16.1 Induktion in bewegter rechteckiger Leiterschleife

Eine rechteckige Leiterschleife (Seitenlängen b_1 und b_2) liegt in der x-y-Ebene und bewegt sich mit konstanter, nichtrelativistischer Geschwindigkeit $\boldsymbol{v} = v\, \boldsymbol{e}_x$.

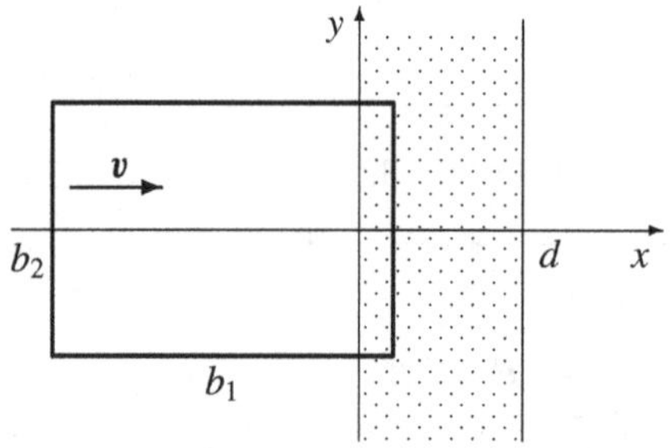

Im Bereich $0 \le x \le d < b_1$ wirkt ein konstantes homogenes Magnetfeld $\boldsymbol{B} = B_0\, \boldsymbol{e}_z$, das in der Skizze durch Punkte markiert ist.

Berechnen Sie die in der Leiterschleife induzierte Ringspannung $U(t)$. Skizzieren Sie die Funktion $U(t)$.

16.2 Induktion in bewegter kreisförmigen Leiterschleife

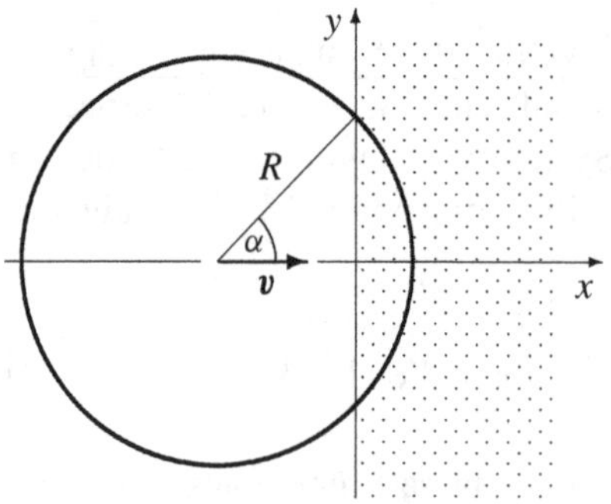

Eine kreisförmige Leiterschleife bewegt sich innerhalb der x-y-Ebene mit konstanter, nichtrelativistischer Geschwindigkeit $\boldsymbol{v} = v\, \boldsymbol{e}_x$. Im Bereich $x > 0$ wirkt ein homogenes Magnetfeld $B_0\, \boldsymbol{e}_z$, das durch Punkte markiert ist.

Berechnen Sie die in der Leiterschleife induzierte Ringspannung $U(t)$. Skizzieren Sie die Funktion $U(t)$.

16.3 Induktion im rotierenden Kreisring

Ein leitender Kreisring ($z = 0$ und $x^2 + y^2 = r_0^2$) rotiert mit konstanter Winkelgeschwindigkeit ω um die x-Achse. Es wirkt das homogene Magnetfeld $\boldsymbol{B} = B\, \boldsymbol{e}_z$.

Welche Spannung $U(t)$ wird in dem Ring induziert? Im Ring sei ein Lämpchen (Widerstand R) angebracht. In dem Lämpchen wird dann die elektrische Leistung $P = U^2/R$ verbraucht. Welches Drehmoment M muss im zeitlichen Mittel auf den Ring ausgeübt werden, damit die Winkelgeschwindigkeit konstant bleibt (die mechanische Reibung soll vernachlässigt werden)?

16.4 Magnetfeld im sich entladenden Plattenkondensator

Ein Plattenkondensator aus zwei parallelen Kreisscheiben (Radius r_0, Abstand d, $d \ll r_0$, Randeffekte werden vernachlässigt) wird langsam über einen Widerstand R entladen. Die Anfangsladungen auf den Platten sind Q_0 und $-\,Q_0$.

Bestimmen Sie die Ladungen $\pm Q(t)$ auf den Platten und das magnetische Feld $\boldsymbol{B}(t)$.

16.5 Felddrehimpuls der rotierenden geladenen Kugel

Eine homogen geladene Kugel (Ladung q, Radius R) rotiert mit der konstanten Winkelgeschwindigkeit $\boldsymbol{\omega}$ um eine Achse durch den Mittelpunkt. Berechnen Sie den Drehimpuls $\boldsymbol{L}_{\text{em}} = \int d^3r \; \boldsymbol{l}_{\text{em}}$ des elektromagnetischen Felds.

17 Allgemeine Lösung

Um die allgemeine Lösung zu finden, werden die Maxwellgleichungen zunächst durch die Einführung der Potenziale Φ und A vereinfacht. Die allgemeine Lösung besteht aus der allgemeinen homogenen Lösung (Wellenlösungen) und aus einer partikulären Lösung (retardierte Potenziale).

Die Potenziale Φ und $\boldsymbol{A}$ werden so eingeführt, dass die homogenen Maxwellgleichungen

$$\operatorname{div} \boldsymbol{B}(\boldsymbol{r}, t) = 0 \tag{17.1}$$

$$\operatorname{rot} \boldsymbol{E}(\boldsymbol{r}, t) + \frac{1}{c}\,\frac{\partial \boldsymbol{B}(\boldsymbol{r}, t)}{\partial t} = 0 \tag{17.2}$$

erfüllt sind. Ein quellfreies Feld, (17.1), kann als Rotationsfeld geschrieben werden:

$$\boldsymbol{B}(\boldsymbol{r}, t) = \operatorname{rot} \boldsymbol{A}(\boldsymbol{r}, t) \tag{17.3}$$

Aus (17.2) und (17.3) folgt

$$\operatorname{rot}\left(\boldsymbol{E} + \frac{1}{c}\,\frac{\partial \boldsymbol{A}}{\partial t}\right) = 0 \tag{17.4}$$

Ein wirbelfreies Feld kann als Gradientenfeld dargestellt werden, also

$$\boldsymbol{E}(\boldsymbol{r}, t) = -\operatorname{grad} \Phi(\boldsymbol{r}, t) - \frac{1}{c}\,\frac{\partial \boldsymbol{A}(\boldsymbol{r}, t)}{\partial t} \tag{17.5}$$

Die sechs Felder $\boldsymbol{E}$ und $\boldsymbol{B}$ können damit auf vier Felder reduziert werden, und zwar auf das skalare Potenzial Φ und das Vektorpotenzial $\boldsymbol{A}$. Gleichung (17.3) ist von derselben Form wie in der Magnetostatik. Verglichen mit der Elektrostatik tritt dagegen in (17.5) ein zusätzlicher Term auf.

Die Feldgleichungen für Φ und $\boldsymbol{A}$ ergeben sich aus den inhomogenen Maxwellgleichungen. Aus $\operatorname{div} \boldsymbol{E} = 4\pi\,\varrho$ folgt

$$\Delta \Phi + \frac{1}{c}\,\frac{\partial (\operatorname{div} \boldsymbol{A})}{\partial t} = -4\pi\,\varrho \tag{17.6}$$

Aus $\operatorname{rot} \boldsymbol{B} - \dot{\boldsymbol{E}}/c = 4\pi\,\boldsymbol{j}/c$ folgt

$$\Delta \boldsymbol{A} - \frac{1}{c^2}\,\frac{\partial^2 \boldsymbol{A}}{\partial t^2} - \operatorname{grad}\left(\operatorname{div} \boldsymbol{A} + \frac{1}{c}\,\frac{\partial \Phi}{\partial t}\right) = -\frac{4\pi}{c}\,\boldsymbol{j} \tag{17.7}$$

Dabei wurde $\operatorname{rot}\operatorname{rot} \boldsymbol{A} = -\Delta \boldsymbol{A} + \operatorname{grad}\operatorname{div} \boldsymbol{A}$ verwendet. Die Gleichungen (17.6) und (17.7) stellen vier gekoppelte partielle Differenzialgleichungen für die vier Felder Φ und $\boldsymbol{A}$ dar.

T. Fließbach, *Elektrodynamik*, https://doi.org/10.1007/978-3-662-64889-6_17

Entkopplung durch Lorenzeichung

Die Potenziale Φ und $\boldsymbol{A}$ sind durch die physikalischen Felder $\boldsymbol{E}$ und $\boldsymbol{B}$ nicht eindeutig festgelegt. Die Transformation

$$\boldsymbol{A}(\boldsymbol{r},t) \quad \longrightarrow \quad \boldsymbol{A}(\boldsymbol{r},t) + \operatorname{grad} \Lambda(\boldsymbol{r},t) \tag{17.8}$$

ändert das $\boldsymbol{B}$-Feld nicht; der Zusatzterm ist die allgemeine Form eines Terms, dessen Rotation verschwindet. Damit auch das $\boldsymbol{E}$-Feld in (17.5) unverändert bleibt, muss gleichzeitig das skalare Potenzial mittransformiert werden:

$$\Phi(\boldsymbol{r},t) \quad \longrightarrow \quad \Phi(\boldsymbol{r},t) - \frac{1}{c}\,\frac{\partial \Lambda(\boldsymbol{r},t)}{\partial t} \tag{17.9}$$

Die Transformation (17.8) und (17.9) heißt *Eichtransformation* (englisch: gauge transformation). Die Felder $\boldsymbol{E}$ und $\boldsymbol{B}$ ändern sich nicht unter einer Eichtransformation mit einem beliebigen skalaren Feld $\Lambda(\boldsymbol{r},t)$.

Wegen der Eichinvarianz können wir eine skalare Bedingung an die Potenziale stellen, die durch eine geeignete Wahl der skalaren Funktion $\Lambda(\boldsymbol{r},t)$ erfüllt wird. Als Bedingung wählen wir die *Lorenzeichung*[1]:

$$\boxed{\operatorname{div}\boldsymbol{A} + \frac{1}{c}\,\frac{\partial \Phi}{\partial t} = 0 \qquad \text{Lorenzeichung}} \tag{17.10}$$

Für beliebige Felder Φ und $\boldsymbol{A}$ wäre die linke Seite von (17.10) eine skalare Funktion $f(\boldsymbol{r},t) \neq 0$. Die Transformation (17.8) und (17.9) fügt den Term $\Delta\Lambda - \partial_t^{\,2}\Lambda/c^2$ hinzu. Man kann nun Λ so wählen, dass $\Delta\Lambda - \partial_t^{\,2}\Lambda/c^2 = -f$. Dann erfüllen die neuen Potenziale die Bedingung (17.10). Praktisch geht man so vor, dass die Potenziale von vornherein durch (17.10) eingeschränkt werden.

Mit (17.10) werden (17.6) und (17.7) zu

$$\boxed{\Delta\Phi(\boldsymbol{r},t) - \frac{1}{c^2}\,\frac{\partial^2 \Phi(\boldsymbol{r},t)}{\partial t^2} = -4\pi\,\varrho(\boldsymbol{r},t)} \tag{17.11}$$

$$\boxed{\Delta\boldsymbol{A}(\boldsymbol{r},t) - \frac{1}{c^2}\,\frac{\partial^2 \boldsymbol{A}(\boldsymbol{r},t)}{\partial t^2} = -\frac{4\pi}{c}\,\boldsymbol{j}(\boldsymbol{r},t)} \tag{17.12}$$

Damit haben wir vier *entkoppelte* Differenzialgleichungen für die Felder Φ, A_x, A_y und A_z erhalten. Die Lorenzeichung hat zur Entkopplung der Gleichungen (17.6)

[1]Benannt nach Ludwig Valentin Lorenz (1829–1891). Die Lorentztransformationen und verwandte Begriffe (insbesondere Lorentztensoren) sind dagegen nach Hendrik Antoon Lorentz (1853–1928, Nobelpreis 1902) benannt. Wegen seiner überragenden Bedeutung wird H. A. Lorentz häufig auch die Eichung (17.10) zugeschrieben. Man findet daher oft die an sich inkorrekte Schreibweise „Lorentzeichung", zum Beispiel in den früheren Auflagen dieses Buchs. Für einen Hinweis zu diesem Punkt bedanke ich mich bei Frank Nachtrab.

und (17.7) geführt, also zu einer wesentlichen Vereinfachung. Die Gleichungen (17.11) und (17.12) sind, zusammen mit (17.3), (17.5) und (17.10), äquivalent zu den Maxwellgleichungen. Wegen (17.10) sind nur drei der vier Felder Φ und $\boldsymbol{A}$ voneinander unabhängig.

Wellengleichungen, die mathematisch äquivalent zu (17.11) oder (17.12) sind, kommen auch in der Mechanik vor. So werden zum Beispiel Dichtewellen (Schallwellen) durch eine Gleichung der Form (17.11) beschrieben. In diesem Fall ist das skalare Feld $\Phi = \varrho_{\rm m}(\boldsymbol{r}, t) - \varrho_{\rm m,0}$ die Abweichung der Massendichte $\varrho_{\rm m}$ vom Gleichgewichtswert $\varrho_{m,0}$, die Konstante c ist die Schallgeschwindigkeit und die rechte Seite beschreibt eine mögliche äußere Kraftdichte.

Jede Komponente von (17.12) hat dieselbe Struktur wie (17.11). Wir können die Diskussion der Lösung daher auf (17.11) beschränken. Die allgemeine Lösung der Differenzialgleichung (17.11) ist von der Form

$$\Phi(\boldsymbol{r}, t) = \Phi_{\rm hom} + \Phi_{\rm part} \tag{17.13}$$

Dabei ist $\Phi_{\rm hom}$ die allgemeine Lösung der homogenen Differenzialgleichung, und $\Phi_{\rm part}$ ist eine spezielle Lösung der inhomogenen Differenzialgleichung.

Lösung der homogenen Gleichung

Wir bestimmen zunächst die allgemeine Lösung der homogenen Gleichung:

$$\Delta\Phi_{\rm hom} - \frac{1}{c^2}\,\frac{\partial^2 \Phi_{\rm hom}}{\partial t^2} = 0 \tag{17.14}$$

Mit dem Separationsansatz

$$\Phi_{\rm hom}(\boldsymbol{r}, t) = X(x)\; Y(y)\; Z(z)\; T(t) \tag{17.15}$$

wird (17.14) zu

$$\frac{X''}{X} + \frac{Y''}{Y} + \frac{Z''}{Z} - \frac{1}{c^2}\,\frac{T''}{T} = 0 \tag{17.16}$$

Jeder einzelne Term muss gleich einer Konstanten sein, da die anderen Terme nicht von der jeweiligen Koordinate abhängen, also

$$\frac{X''}{X} = -k_x^2\,, \qquad \frac{Y''}{Y} = -k_y^2\,, \qquad \frac{Z''}{Z} = -k_z^2\,, \qquad \frac{T''}{T} = -\omega^2 \tag{17.17}$$

Aus (17.16) folgt für die Separationskonstanten

$$\omega^2 = c^2\boldsymbol{k}^2 = c^2\left(k_x^2 + k_y^2 + k_z^2\right) \tag{17.18}$$

Wir lösen die Differenzialgleichung für $X(x)$:

$$\frac{d^2X}{dx^2} = -k_x^2\, X(x) \quad\longrightarrow\quad X(x) = \exp(\pm\mathrm{i}\, k_x x) \tag{17.19}$$

Die Lösungen für $Y(y)$, $Z(z)$ und $T(t)$ sind von der gleichen Form. Damit die Lösungen für $\pm\infty$ nicht divergieren, müssen k_x, k_y, k_z und ω reell sein. Im Ortsanteil nehmen wir nur das positive Vorzeichen in der Exponentialfunktion, lassen dafür aber auch negative k-Werte zu:

$$-\infty < k_x, k_y, k_z < \infty \tag{17.20}$$

Im Zeitanteil berücksichtigen wir zunächst beide Vorzeichen in $T = \exp(\pm \mathrm{i}\omega t)$. Dann können wir uns auf positive Frequenzen ω beschränken:

$$\omega = \omega(k) = c\,|\boldsymbol{k}| = ck = c\,\sqrt{k_x^2 + k_y^2 + k_z^2} \tag{17.21}$$

Damit hat der Separationsansatz zu den Elementarlösungen

$$\Phi_{k_x k_y k_z} = \exp\Big(\mathrm{i}\big[\boldsymbol{k}\cdot\boldsymbol{r} \pm \omega(\boldsymbol{k})\,t\big]\Big) \tag{17.22}$$

geführt, die von drei beliebigen reellen Parametern k_x, k_y und k_z abhängen. Die vierte Separationskonstante ω liegt gemäß (17.21) fest. Wegen der Linearität von (17.14) ist auch eine Überlagerung der Lösungen (17.22) mit verschiedenen $\boldsymbol{k}$-Werten wieder Lösung. Da das Potenzial Φ reell ist, nehmen wir den Realteil (Re) der Überlagerung

$$\boxed{\Phi_{\text{hom}}(\boldsymbol{r},t) = \text{Re}\int d^3k\,\Big(a_1(\boldsymbol{k}) + \mathrm{i}\,a_2(\boldsymbol{k})\Big)\,\exp\big[\,\mathrm{i}(\boldsymbol{k}\cdot\boldsymbol{r} - \omega t)\big]} \tag{17.23}$$

mit den reellen Funktionen $a_1(\boldsymbol{k})$ und $a_2(\boldsymbol{k})$. In Aufgabe 17.1 wird diese Form der Lösung noch einmal auf einem etwas anderen Weg begründet.

Da (17.14) eine Differenzialgleichung 2. Ordnung in der Zeit ist, wird die Lösung durch die Anfangsbedingungen $\Phi(\boldsymbol{r},0) = G(\boldsymbol{r})$ und $\dot{\Phi}(\boldsymbol{r},0) = H(\boldsymbol{r})$ festgelegt. Die Überlagerung (17.23) enthält gerade soviele Integrationskonstanten (die reellen Funktionen $a_1(\boldsymbol{k})$ und $a_2(\boldsymbol{k})$), wie durch die Anfangsbedingungen (die reellen Funktionen $G(\boldsymbol{r})$ und $H(\boldsymbol{r})$) festzulegen sind. Daher ist (17.23) die *allgemeine Lösung* von (17.14).

Entsprechende Lösungen gelten für die Komponenten $A_{i,\,\text{hom}}$ des Vektorpotenzials; dabei muss (17.10) erfüllt sein. Die Lösungen Φ_{hom} und $\boldsymbol{A}_{\text{hom}}$ stellen Wellen dar, die in Kapitel 20 näher untersucht werden.

Retardierte Potenziale

Für die allgemeine Lösung (17.13) benötigen wir noch eine partikuläre Lösung, also eine spezielle Lösung der inhomogenen Gleichung (17.11). Die partikulären Lösungen für Φ und $\boldsymbol{A}$, die wir im Folgenden ableiten, heißen „retardierte Potenziale“.

Wir führen eine Fouriertransformation der Zeitabhängigkeit von $\Phi(\boldsymbol{r},t)$ und $\rho(\boldsymbol{r},t)$ durch:

$$\Phi(\boldsymbol{r},t) = \frac{1}{\sqrt{2\pi}} \int_{-\infty}^{\infty} d\omega\, \Phi_\omega(\boldsymbol{r}) \exp(-\mathrm{i}\omega t) \tag{17.24}$$

$$\varrho(\boldsymbol{r},t) = \frac{1}{\sqrt{2\pi}} \int_{-\infty}^{\infty} d\omega\, \varrho_\omega(\boldsymbol{r}) \exp(-\mathrm{i}\omega t) \tag{17.25}$$

Das Vorzeichen in der Exponentialfunktion ist Konvention; in der Rücktransformation tritt das jeweils andere Vorzeichen auf.

Die transformierten Größen $\Phi_\omega(\boldsymbol{r})$ und $\varrho_\omega(\boldsymbol{r})$ sind Funktionen von $\boldsymbol{r}$ und ω. Wir setzen (17.24) und (17.25) in die Wellengleichung (17.11) ein:

$$\int_{-\infty}^{\infty} d\omega \left(\Delta + \frac{\omega^2}{c^2}\right) \Phi_\omega(\boldsymbol{r}) \exp(-\mathrm{i}\omega t) = -4\pi \int_{-\infty}^{\infty} d\omega\, \varrho_\omega(\boldsymbol{r}) \exp(-\mathrm{i}\omega t) \tag{17.26}$$

Die Funktionen $\exp(-\mathrm{i}\omega t)$ sind für verschiedene ω voneinander unabhängig. Daher muss

$$\left(\Delta + \frac{\omega^2}{c^2}\right) \Phi_\omega(\boldsymbol{r}) = -4\pi\, \varrho_\omega(\boldsymbol{r}) \tag{17.27}$$

gelten. Wir schreiben (3.37) mit $k = \omega/c$ an:

$$\left(\Delta + \frac{\omega^2}{c^2}\right) \frac{\exp(\pm \mathrm{i}\omega|\boldsymbol{r}-\boldsymbol{r}'|/c)}{|\boldsymbol{r}-\boldsymbol{r}'|} = -4\pi\, \delta(\boldsymbol{r}-\boldsymbol{r}') \tag{17.28}$$

Hiermit überprüft man leicht, dass

$$\Phi_\omega(\boldsymbol{r}) = \int d^3r'\, \varrho_\omega(\boldsymbol{r}') \,\frac{\exp(+\mathrm{i}\omega|\boldsymbol{r}-\boldsymbol{r}'|/c)}{|\boldsymbol{r}-\boldsymbol{r}'|} \tag{17.29}$$

Lösung von (17.27) ist. Wie in (17.28) könnten wir in der Exponentialfunktion auch ein Minus- statt des Pluszeichens verwenden; dies führt zu einer anderen Lösung, die unten diskutiert wird. Wir setzen (17.29) in (17.24) ein:

$$\begin{aligned}\Phi(\boldsymbol{r},t) &= \frac{1}{\sqrt{2\pi}} \int d^3r' \int_{-\infty}^{\infty} d\omega\, \frac{\varrho_\omega(\boldsymbol{r}')}{|\boldsymbol{r}-\boldsymbol{r}'|} \exp\big[-\mathrm{i}\omega\, \underbrace{(t - |\boldsymbol{r}-\boldsymbol{r}'|/c)}_{=\,t'}\big] \\ &= \int d^3r'\, \frac{\varrho(\boldsymbol{r}',t')}{|\boldsymbol{r}-\boldsymbol{r}'|}\end{aligned} \tag{17.30}$$

Für eine statische Ladungsverteilung $\varrho(\boldsymbol{r},t) = \varrho(\boldsymbol{r})$ reduziert sich dies auf das aus der Elektrostatik bekannte Integral (6.3). Bei zeitabhängigen Phänomenen genügt es aber nicht, in (6.3) die Zeit t als zusätzliches Argument einzufügen. Vielmehr ist in der Ladungsverteilung das *frühere* Zeitargument

$$t' = t - \delta t = t - \frac{|\boldsymbol{r}-\boldsymbol{r}'|}{c} \tag{17.31}$$

einzusetzen. Dies hat folgende physikalische Bedeutung: Wenn sich die Ladungsverteilung zu einem bestimmten Zeitpunkt t' ändert, dann pflanzt sich die dadurch verursachte Änderung des elektromagnetischen Felds mit der Lichtgeschwindigkeit c fort. In der Entfernung $|\boldsymbol{r} - \boldsymbol{r}'|$ ändert sich das Feld daher erst zur *späteren* Zeit $t = t' + \delta t$. Wegen dieser verspäteten Änderung heißt die Potenziallösung (17.30) auch *retardiert*; wir markieren dies im Folgenden mit einem Index „ret“:

$$\boxed{\Phi_{\text{ret}}(\boldsymbol{r}, t) = \int d^3r' \; \frac{\varrho(\boldsymbol{r}', t - |\boldsymbol{r} - \boldsymbol{r}'|/c)}{|\boldsymbol{r} - \boldsymbol{r}'|}} \tag{17.32}$$

Die analoge Lösung für das Vektorpotenzial ist

$$\boxed{\boldsymbol{A}_{\text{ret}}(\boldsymbol{r}, t) = \frac{1}{c} \int d^3r' \; \frac{\boldsymbol{j}(\boldsymbol{r}', t - |\boldsymbol{r} - \boldsymbol{r}'|/c)}{|\boldsymbol{r} - \boldsymbol{r}'|}} \tag{17.33}$$

Damit haben wir partikuläre Lösungen der Differenzialgleichungen (17.11) und (17.12) gefunden:

$$\Phi_{\text{part}} = \Phi_{\text{ret}}\,, \qquad \boldsymbol{A}_{\text{part}} = \boldsymbol{A}_{\text{ret}} \tag{17.34}$$

In (17.29) hätten wir in der Exponentialfunktion auch das andere Vorzeichen wählen können; wegen (17.28) wäre auch dies Lösung von (17.27). Das andere Vorzeichen führt zur *avancierten* Lösung

$$\Phi_{\text{av}}(\boldsymbol{r}, t) = \int d^3r' \; \frac{\varrho(\boldsymbol{r}', t + |\boldsymbol{r} - \boldsymbol{r}'|/c)}{|\boldsymbol{r} - \boldsymbol{r}'|} \tag{17.35}$$

und zu einem analogen Ausdruck für $\boldsymbol{A}_{\text{av}}$. Jede Linearkombination

$$\Phi_{\text{part}} = a\, \Phi_{\text{ret}} + (1 - a)\, \Phi_{\text{av}} \tag{17.36}$$

ist ebenfalls eine partikuläre Lösung und ergibt zusammen mit der homogenen Lösung die allgemeine Lösung.

Zur Diskussion der physikalischen Bedeutung der retardierten und avancierten Lösung betrachten wir die Dipolantenne eines UKW-Senders. Die Abstrahlung der Antenne (bei $\boldsymbol{r}'$) kommt nach der Zeit $\delta t = |\boldsymbol{r} - \boldsymbol{r}'|/c$ beim Radiohörer (mit einer Empfangsantenne bei $\boldsymbol{r}$) an. Die abgestrahlte Welle wird gerade durch das retardierte Potenzial der oszillierenden Ladungsverteilung der Sendeantenne beschrieben. Die avancierte Lösung ist dagegen aus Kausalitätsgründen auszuschließen; denn in der avancierten Lösung würde die Wirkung (Empfang beim Radiohörer) vor der Ursache (Aussenden der Radiowelle) liegen.

In der Empfangsantenne des UKW-Hörers wird (durch die vom Sender ausgesandte Welle) eine oszillierende Ladungsverteilung induziert. Bezogen auf diese oszillierende Ladungsverteilung sind die zu empfangenden UKW-Wellen avancierte Wellen: Einer eventuellen Modulation der Welle beim Sender entspricht ja eine Modulation der Ladungsverteilung zu einer um δt späteren Zeit; die Änderung der

Ladungsverteilung erfolgt also nach der Änderung des zugehörigen Felds. In diesem Fall erfüllt gerade die avancierte Lösung die Kausalitätsforderung.

Im Prinzip sind alle oszillierenden Ladungsverteilungen formal als Quellterme in den Maxwellgleichungen zu berücksichtigen. Für die Quellen (Sender) sind dann die retardierten, für die Senken (Empfänger) die avancierten Potenziale anzusetzen. Im Folgenden, insbesondere in den Kapiteln 23 und 24, werden wir uns auf den einfachen Fall einer abstrahlenden Quellverteilung und damit auf die retardierten Lösungen beschränken.

Wenn man nur den Abstrahlungsvorgang betrachtet, dann ist $\Phi_{\rm ret}$ die richtige Lösung. Nun kann man jede Lösung in Form der allgemeinen Lösung $\Phi_{\rm allgemein} = \Phi_{\rm part} + \Phi_{\rm hom}$ schreiben. Da $\Phi_{\rm part}$ nur irgendeine partikuläre Lösung sein muss, könnte man hier auch die „falsche" Lösung $\Phi_{\rm part} = \Phi_{\rm av}$ wählen. Die Versuchs- oder Randbedingungen würden dann aber $\Phi_{\rm hom} = \Phi_{\rm ret} - \Phi_{\rm av}$ erzwingen, so dass sich $\Phi_{\rm ret}$ als tatsächliche Lösung ergibt.

Aufgaben

17.1 Fouriertransformation der Wellengleichung

Lösen Sie die homogene Wellengleichung

$$\left(\Delta - \frac{1}{c^2}\frac{\partial^2}{\partial t^2}\right)\Phi(\boldsymbol{r}, t) = 0$$

durch eine Fouriertransformation in den Variablen x, y, z und t.

17.2 Lösung der eindimensionalen Wellengleichung

Zeigen Sie, dass die homogene Lösung

$$\Phi(x, t) = \mathrm{Re}\int_{-\infty}^{\infty} dk\, a(k)\, \exp\big(\mathrm{i}\,(kx - \omega t)\big)\,, \qquad (\omega = c\,|k|) \tag{17.37}$$

der eindimensionalen Wellengleichung $\left(\partial_x^2 - \partial_t^{\,2}/c^2\right)\Phi = 0$ von folgender Form ist:

$$\Phi_{\rm hom}(x, t) = f(x - ct) + g(x + ct) \tag{17.38}$$

Dabei ist $a(k)$ eine komplexe Funktion, f und g sind beliebige, reelle Funktionen. Überprüfen Sie auch durch direktes Einsetzen in die Wellengleichung, dass (17.38) eine homogene Lösung ist. Welche Zeitabhängigkeit hat eine solche Welle für $f(x) = f_0 \exp(-\gamma x^2)$ und $g = 0$?

18 Kovarianz

Die Maxwellgleichungen gelten in allen Inertialsystemen. Formal bedeutet dies, dass sich ihre Form unter Lorentztransformationen nicht ändert; sie sind forminvariant oder kovariant. Dies wird durch eine kovariante Schreibweise zum Ausdruck gebracht. Dabei wird angegeben, wie sich Ladung, Ströme und Felder transformieren. Dies ist die Grundlage für die Berechnung der Felder bewegter Ladungen und für den Dopplereffekt (Kapitel 22 und 23).

Unter dem *Relativitätsprinzip* versteht man die Aussage, dass alle Inertialsysteme (IS) gleichwertig sind. Gleichwertig bedeutet, dass die grundlegenden Gesetze in allen IS die gleiche Form haben. Das Relativitätsprinzip wurde ursprünglich von Galilei aufgestellt. Bis zum Beginn dieses Jahrhunderts wurden die Newtonschen Axiome als relativistische Gesetze betrachtet. Die (angenommene) Gültigkeit der Newtonschen Axiome in allen IS führt zur Galileitransformation für den Übergang zwischen verschiedenen IS (Kapitel 5 in [1]).

Die Galileitransformation impliziert, dass sich Licht in verschiedenen IS unterschiedlich schnell bewegt. Wenn sich Licht (oder irgendetwas anderes) in IS′ mit der Geschwindigkeit c fortpflanzt, dann ergibt sich aus der Galileitransformation

$$\frac{dx'}{dt'} = c \quad \xrightarrow[\text{Galileitransformation}]{x = x' + v\,t',\ t = t'} \quad \frac{dx}{dt} = c + v \tag{18.1}$$

Licht würde sich also in IS mit der Geschwindigkeit $c + v \neq c$ fortpflanzen. Die Maxwellgleichungen haben Wellenlösungen, die sich mit c fortpflanzen. Nach dem Relativitätsprinzip von Galilei wären die Maxwellgleichungen dann nichtrelativistische Gesetze, die nur in einem bestimmten IS gültig sind. Maxwell selbst hatte diese Vorstellung. Das bestimmte IS sollte dasjenige sein, in dem das lichttragende Medium (Äther) ruht. Diese Vorstellung ist naheliegend, wenn man Lichtwellen mit anderen Wellen vergleicht. So misst man *die* Schallgeschwindigkeit in dem IS, in dem das schalltragende Medium (etwa Luft) ruht.

Experimentell stellte sich jedoch heraus (Michelson-Versuch), dass Licht sich in jedem IS mit der gleichen Geschwindigkeit fortpflanzt. Dies wird zu der Aussage verallgemeinert, dass die Maxwellgleichungen relativistisch sind, also

$$\text{Maxwellgleichungen gelten in jedem IS} \tag{18.2}$$

Die Formulierung „alle IS sind gleichwertig" des Relativitätsprinzips bleibt gleich. Seine Bedeutung ändert sich aber, da jetzt die Maxwellgleichungen und nicht mehr

T. Fließbach, *Elektrodynamik*, https://doi.org/10.1007/978-3-662-64889-6_18

die Newtonschen Axiome als grundlegende, also relativistische Gesetze aufgefasst werden. Das neue *Einsteinsche Relativitätsprinzip* bedingt eine andere Transformation zwischen den IS. Es geht von der Invarianz von $c^2 dt^2 - d\boldsymbol{r}^2$ aus, aus der die Konstanz der Lichtgeschwindigkeit unmittelbar folgt:

$$\frac{dx'}{dt'} = c \quad \xrightarrow[\text{Lorentztransformation}]{c^2dt'^2 - dx'^2 = c^2dt^2 - dx^2} \quad \frac{dx}{dt} = c \tag{18.3}$$

Die linearen Transformationen, die $c^2 dt^2 - d\boldsymbol{r}^2$ invariant lassen, sind die Lorentztransformationen (LT). Das Relativitätsprinzip von Einstein ist die physikalische Grundlage der Speziellen Relativitätstheorie.

Die hier nur skizzierten Grundlagen der Speziellen Relativitätstheorie werden in dem Umfang vorausgesetzt, in dem sie üblicherweise in der Mechanik behandelt werden (etwa in Teil IX von [1]). Zur Festlegung der Notation wurden die formalen Grundlagen, insbesondere der Umgang mit Lorentztensoren, in Kapitel 4 zusammengefasst.

Lorentzinvarianz der Ladung

Wir zeigen zunächst, dass (18.2) die Lorentzinvarianz der Ladung impliziert. Der experimentelle Nachweis, dass die Ladung von der Geschwindigkeit unabhängig ist, stellt dann eine weitere Verifikation der Aussage (18.2) dar.

Aus den Maxwellgleichungen (16.5) folgt die Kontinuitätsgleichung (16.6):

$$\frac{\partial \varrho(\boldsymbol{r}, t)}{\partial t} + \operatorname{div} \boldsymbol{j}(\boldsymbol{r}, t) = 0 \tag{18.4}$$

Wir fassen die Zeit- und Ortskoordinaten zu Lorentz- oder 4-Vektoren zusammen:

$$\big(x^\alpha\big) = (ct, x, y, z) = (ct, \boldsymbol{r}), \qquad \big(\partial_\alpha\big) = \left(\frac{\partial}{\partial x^\alpha}\right) \tag{18.5}$$

Die zugehörigen kontra- und kovarianten Komponenten (Kapitel 4) sind

$$\big(x_\alpha\big) = (ct, -x, -y, -z) = (ct, -\boldsymbol{r}) \qquad \big(\partial^\alpha\big) = \left(\frac{\partial}{\partial x_\alpha}\right) \tag{18.6}$$

Wir führen nun folgende, vierfach indizierte Größe ein:

$$\big(j^\alpha\big) = (c\varrho, j_x, j_y, j_z) \tag{18.7}$$

Dies ist zunächst eine Definition und (noch) keine Aussage über das Transformationsverhalten dieser Größe. Damit lässt sich (18.4) in der Form

$$\partial_\alpha\, j^\alpha(x) \,=\, 0 \tag{18.8}$$

schreiben. Es sei daran erinnert (Kapitel 4), dass über zwei gleiche Indizes, von denen einer oben und einer unten steht, summiert wird. Im Argument steht x für

$t, \boldsymbol{r}$ oder für x^0, x^1, x^2, x^3. Mit (18.2) gilt auch (18.8) in allen Inertialsystemen, also

$$\partial'_\alpha \, j'^\alpha(x') = 0 \tag{18.9}$$

Die gestrichenen Größen beziehen sich auf ein beliebiges, relativ zu IS bewegtes IS′. Aus (18.9) und (18.8) folgt, dass $\partial_\alpha \, j^\alpha$ ein Lorentzskalar ist. Da ∂_α ein 4-Vektor ist, gilt für die *Viererstromdichte* j^α:

$$j^\alpha(x) \text{ ist ein 4-Vektorfeld, also } j'^\alpha(x') = \Lambda^\alpha_{\ \beta} \, j^\beta(x) \tag{18.10}$$

Zur Diskussion dieser Transformation von j^α betrachten wir den Fall, dass es in IS nur eine Ladungsdichte ϱ gibt, also $(j^\alpha) = (c\varrho, 0)$. In einem relativ mit $\boldsymbol{v}$ bewegten IS′ ist die Viererstromdichte dann

$$\left(j'^\alpha \right) = \Lambda(\boldsymbol{v}) \, (c\varrho, 0) = \gamma \, (c\varrho, -\varrho \, \boldsymbol{v}) = (c\varrho', -\varrho' \, \boldsymbol{v}) \tag{18.11}$$

wobei $\gamma = 1/\sqrt{1 - v^2/c^2}$. Für die Ladungsdichte, also die Ladung pro Volumen, gilt daher

$$\varrho' = \frac{dq'}{dV'} = \gamma \, \varrho = \gamma \, \frac{dq}{dV} \tag{18.12}$$

Das betrachtete Volumenelement erleidet bei der Transformation in der Richtung von v eine Längenkontraktion, also

$$dV' = dV \, \sqrt{1 - v^2/c^2} = \frac{dV}{\gamma} \tag{18.13}$$

Aus den letzten beiden Gleichungen folgt

$$dq = dq' \tag{18.14}$$

Da dies für jedes Ladungselement gilt, ist die Ladung q ein Lorentzskalar:

$$q = \frac{1}{c} \int d^3r \; j^0(x) = \text{Lorentzskalar} \tag{18.15}$$

In Aufgabe 18.5 wird dieses Ergebnis formaler abgeleitet.

Die Lorentzinvarianz der Ladung bedeutet physikalisch, dass die Ladung eines Teilchens unabhängig von seiner Bewegung ist: Ein geladenes Teilchen, das sich mit $\boldsymbol{v}$ bewegt, ruht (zumindest momentan) in einem IS′, das sich mit $\boldsymbol{v}$ relativ zu IS bewegt. Nach (18.15) ist die Ladung q des bewegten Teilchens immer gleich der Ruhladung q'. Die Größe der Ladung eines Teilchens ist also unabhängig von seiner Geschwindigkeit.

Experimentell wird die Unabhängigkeit der Ladung von der Geschwindigkeit durch die Neutralität des Wasserstoffatoms verifiziert. Ein Proton und ein Elektron haben die Gesamtladung null, und zwar unabhängig davon, ob die Teilchen ruhen oder nicht. Dies gilt zum Beispiel nicht für die Masse; die Ruhmasse des Wasserstoffatoms ist nicht die Summe der Ruhmassen von Proton und Elektron.

Die Neutralität des Wasserstoffatoms wird mit hoher Genauigkeit nachgewiesen. Gäbe es etwa Änderungen der Ladung von der Größe $\mathcal{O}(v^2/c^2)$, so hätte ein Wasserstoffatom wegen $v_{\mathrm{e}} \sim c/100$ eine Ladung $|q| \sim 10^{-4}\,e$. Ein Mol Wasserstoff hätte dann die (riesige) Ladung $Q \sim 6 \cdot 10^{19}\,e \sim 10\,\mathrm{C}$. Die Lorentzinvarianz der Ladung ist eine Konsequenz aus (18.2). Ihre experimentelle Bestätigung ist daher eine Verifikation von (18.2).

Aus der Kontinuitätsgleichung (18.8) folgt die Konstanz der Ladung in folgendem, doppeltem Sinn: Zum einen hängt die Ladung eines abgeschlossenen Systems nicht von der Zeit ab, siehe (13.10) – (13.12). Zum anderen hängt die Ladung nicht von ihrem Bewegungszustand ab (18.14); dies folgt aus der Kovarianz von (18.8).

Kovariante Maxwellgleichungen

Wir stellen nun die kovariante Form der Maxwellgleichungen auf, und zwar zunächst für die Potenziale. Dazu gehen wir von (17.10) – (17.12) aus:

$$\left(\Delta - \frac{1}{c^2}\frac{\partial^2}{\partial t^2}\right)\Phi(\boldsymbol{r},t) = -4\pi\varrho(\boldsymbol{r},t) \tag{18.16}$$

$$\left(\Delta - \frac{1}{c^2}\frac{\partial^2}{\partial t^2}\right)\boldsymbol{A}(\boldsymbol{r},t) = -\frac{4\pi}{c}\,\boldsymbol{j}(\boldsymbol{r},t) \tag{18.17}$$

$$\frac{1}{c}\frac{\partial\Phi(\boldsymbol{r},t)}{\partial t} + \nabla\cdot\boldsymbol{A}(\boldsymbol{r},t) = 0 \tag{18.18}$$

Wir führen folgende, vierfach indizierte Größe ein:

$$\left(A^{\alpha}\right) = \left(\Phi,\, A_x,\, A_y,\, A_z\right) \tag{18.19}$$

Dies ist zunächst eine Definition und (noch) keine Aussage über das Transformationsverhalten dieser Größen. Damit lassen sich die Gleichungen (18.16) und (18.17) in der Form

$$\Box\, A^{\alpha}(x) = \frac{4\pi}{c}\, j^{\alpha}(x) \qquad \text{Kovariante Maxwellgleichungen für die Potenziale} \tag{18.20}$$

zusammenfassen, wobei der d'Alembert-Operator verwendet wurde,

$$\Box = \partial_{\beta}\,\partial^{\beta} = \frac{1}{c^2}\frac{\partial^2}{\partial t^2} - \Delta \tag{18.21}$$

Die Maxwellgleichungen (18.20) gelten in allen IS. Mit j^{α} muss daher auch die linke Seite ein Lorentzvektor sein. Da der d'Alembert-Operator ein Lorentzskalar ist, folgt für das *Viererpotenzial* A^{α}

$$A^{\alpha}(x) \text{ ist ein 4-Vektorfeld} \tag{18.22}$$

Damit ist $\partial_\alpha A^\alpha$ ein Lorentzskalar, und die Lorenzeichung

$$\boxed{\partial_\alpha A^\alpha(x) = 0 \qquad \text{Lorenzeichung}} \tag{18.23}$$

gilt ebenfalls in jedem IS.

Die Maxwellgleichungen (18.20) mit (18.23) und die Kontinuitätsgleichung (18.8) sind *kovariante Gleichungen*, das heißt sie sind forminvariant unter Lorentztransformationen. Es sei daran erinnert, dass „kovariant“ noch die zweite Bedeutung „untenstehend“ für Tensorindizes hat (im Gegensatz zu kontravariant für „obenstehend“).

Wir wollen nun noch die kovariante Form der Maxwellgleichungen für die direkt messbaren Felder $\boldsymbol{E}$ und $\boldsymbol{B}$ aufstellen. Die Verbindung dieser Felder mit den Potenzialen ist in (17.3) und (17.5) gegeben:

$$\boldsymbol{E} = -\nabla\Phi - \frac{1}{c}\frac{\partial \boldsymbol{A}}{\partial t}\,, \qquad \boldsymbol{B} = \nabla \times \boldsymbol{A} \tag{18.24}$$

Durch

$$F^{\alpha\beta} = \partial^\alpha A^\beta - \partial^\beta A^\alpha \qquad \text{(Feldstärketensor)} \tag{18.25}$$

definieren wir den antisymmetrischen *Feldstärketensor* $F^{\alpha\beta}$. Aus dieser Definition folgt sofort, dass $F^{\alpha\beta}$ invariant unter der Transformation

$$A^\alpha \longrightarrow A^\alpha - \partial^\alpha \Lambda \qquad \text{(Eichtransformation)} \tag{18.26}$$

ist. Diese ist die aus (17.8) und (17.9) bekannte Eichtransformation. Aus (18.24) und (18.25) folgen die Komponenten des Feldstärketensors:

$$\left(F^{\alpha\beta}\right) = \begin{pmatrix} 0 & -E_x & -E_y & -E_z \\ E_x & 0 & -B_z & B_y \\ E_y & B_z & 0 & -B_x \\ E_z & -B_y & B_x & 0 \end{pmatrix} \tag{18.27}$$

Dabei sind die Vorzeichen zu beachten: $\partial^i = \partial/\partial x_i = -\partial/\partial x^i = -\nabla \cdot \boldsymbol{e}_i$. Beim Übergang zum kovarianten Feldstärketensor $F_{\alpha\beta}$ bleiben die 00- und ij-Komponenten gleich, während die $0i$- und $i0$-Komponenten ein Minuszeichen erhalten:

$$\left(F_{\alpha\beta}\right) \overset{(4.15)}{=} \left(\eta_{\alpha\gamma}\,\eta_{\beta\delta}\,F^{\gamma\delta}\right) = \begin{pmatrix} 0 & E_x & E_y & E_z \\ -E_x & 0 & -B_z & B_y \\ -E_y & B_z & 0 & -B_x \\ -E_z & -B_y & B_x & 0 \end{pmatrix} \tag{18.28}$$

Aus der Definition (18.25) folgt, dass $F^{\alpha\beta}$ ein Lorentztensor zweiter Stufe ist. Aus dem bekannten Transformationsverhalten dieses Tensors lässt sich dasjenige von $\boldsymbol{E}$ und $\boldsymbol{B}$ ablesen. In Kapitel 22 wird dies explizit ausgewertet.

In (18.20) fügen wir den Term $\partial_\beta\, \partial^\alpha A^\beta = \partial^\alpha\, \partial_\beta\, A^\beta = 0$ hinzu,

$$\partial_\beta \left(\partial^\beta A^\alpha - \partial^\alpha A^\beta \right) = \frac{4\pi}{c}\, j^\alpha \qquad (18.29)$$

Dies sind die vier inhomogenen Maxwellgleichungen für $F^{\alpha\beta}$:

$$\partial_\beta\, F^{\beta\alpha}(x) = \frac{4\pi}{c}\, j^\alpha(x) \qquad \begin{cases} \alpha = 0: & \operatorname{div} \boldsymbol{E} = 4\pi\,\varrho \\ \alpha = i: & \operatorname{rot} \boldsymbol{B} - \dot{\boldsymbol{E}}/c = 4\pi\, \boldsymbol{j}/c \end{cases} \qquad (18.30)$$

Mit Hilfe des total antisymmetrischen Pseudotensors $\varepsilon^{\alpha\beta\delta\gamma}$ aus (4.24) definieren wir den *dualen* Feldstärketensor

$$\left(\widetilde{F}^{\alpha\beta} \right) = \frac{1}{2} \left(\varepsilon^{\alpha\beta\gamma\delta}\, F_{\gamma\delta} \right) = \begin{pmatrix} 0 & -B_x & -B_y & -B_z \\ B_x & 0 & E_z & -E_y \\ B_y & -E_z & 0 & E_x \\ B_z & E_y & -E_x & 0 \end{pmatrix} \qquad (18.31)$$

Der duale Feldstärketensor ist ein antisymmetrischer Lorentzpseudotensor 2. Stufe. Die homogenen Maxwellgleichungen lassen sich mit dem dualen Feldstärketensor ausdrücken:

$$\partial_\beta\, \widetilde{F}^{\beta\alpha} = 0 \qquad \begin{cases} \alpha = 0: & \operatorname{div} \boldsymbol{B} = 0 \\ \alpha = i: & \operatorname{rot} \boldsymbol{E} + \dot{\boldsymbol{B}}/c = 0 \end{cases} \qquad (18.32)$$

Damit lauten die Maxwellgleichungen für die physikalischen Felder $F^{\alpha\beta}$:

$$\boxed{\partial_\beta\, F^{\beta\alpha} = \frac{4\pi}{c}\, j^\alpha\,, \quad \partial_\beta\, \widetilde{F}^{\beta\alpha} = 0 \quad \text{Kovariante Maxwellgleichungen}} \qquad (18.33)$$

Diese Form hat gegenüber (16.5) folgende Vorteile:

1. Die Gleichungen sind von einfacherer Struktur.

2. Die Struktur der Gleichungen spiegelt die Kovarianz gegenüber LT wider. Diese Kovarianz gilt natürlich auch für (16.5), sie ist dort aber nicht offensichtlich.

Verglichen mit (18.33) hat die Formulierung (18.20) und (18.23) den Vorteil noch größerer Einfachheit; denn dort treten nur vier Felder auf und die Feldgleichungen sind entkoppelt. Andererseits haben (18.20) und (18.23) den Nachteil, dass die Potenziale A^α keine unmittelbaren Messgrößen sind.

Die Gleichungen (18.33) wären symmetrischer, wenn die homogenen Gleichungen durch $\partial_\beta \widetilde{F}^{\beta\alpha} = 4\pi\, j^\alpha_{\text{magn}}/c$ ersetzt würden. Dies würde bedeuten, dass es magnetische Quellen gibt, also insbesondere magnetische Monopole. Im Anschluss an (14.8) wurde auf die bisher erfolglose Suche nach magnetischen Monopolen hingewiesen.

Relativistische Verallgemeinerung der Elektrostatik

Angesichts der Kovarianz der Maxwellgleichungen kann man die Frage stellen, inwieweit sich die Maxwellgleichungen zwangsläufig als relativistische Verallgemeinerung der Elektrostatik ergeben. Genügen das Coulombgesetz und das Einsteinsche Relativitätsprinzip, um die Maxwellgleichungen festzulegen?

Um die Feldgleichung der Elektrostatik

$$\Delta\,\Phi(\boldsymbol{r}) = -4\pi\,\varrho(\boldsymbol{r}) \tag{18.34}$$

relativistisch zu verallgemeinern, kann man wie folgt vorgehen. Zunächst wird das Argument $\boldsymbol{r}$ durch $\boldsymbol{r}, t$ ersetzt. Dies allein ergäbe allerdings ein Fernwirkungsgesetz, denn die Änderung von ϱ an einer Stelle würde die gleichzeitige Änderung von Φ an einer anderen Stelle bedingen. Nach der Speziellen Relativitätstheorie können sich Wirkungen aber maximal mit Lichtgeschwindigkeit fortpflanzen. Dies erreicht man durch die Ersetzung

$$\Delta \;\longrightarrow\; -\Box \tag{18.35}$$

in (18.34). Danach ist die adäquate partikuläre Lösung durch das retardierte Potenzial Φ_{ret} gegeben; die Forderung, dass sich die Auswirkungen einer Änderung von ϱ mit Lichtgeschwindigkeit fortpflanzen, ist damit erfüllt. Formal kann die Ersetzung (18.35) dadurch begründet werden, dass in der kovarianten Verallgemeinerung anstelle des 3-Skalars $\Delta = -\partial_i\,\partial^i$ der zugehörige 4-Skalar $\Box = \partial_\alpha\,\partial^\alpha$ zu treten hat.

Wenn man relativ zueinander bewegte IS betrachtet, führt eine Ladungsdichte zwangsläufig auch zu einer Stromdichte. Daher ist die Ladungsdichte durch die 4-Stromdichte zu ersetzen:

$$\varrho \;\longrightarrow\; \left(j^\alpha\right) = (c\varrho,\, \boldsymbol{j}) \tag{18.36}$$

Dementsprechend muss dann Φ auf der linken Seite von (18.34) durch ein 4-Vektorfeld, eben durch $(A^\alpha) = (\Phi, \boldsymbol{A})$, ersetzt werden. Damit erhält man (18.20) als Verallgemeinerung von (18.34).

In diesem Sinn kann die Maxwelltheorie als relativistische Verallgemeinerung der Elektrostatik angesehen werden. Die Maxwellsche Theorie folgt aber nicht zwangsläufig aus dem Coulombgesetz und der Kovarianzforderung. Dies sieht man an folgendem Gegenbeispiel. Die Gravitationskraft hat dieselbe Form wie die Coulombkraft (5.1). Daher ist die Feldgleichung der Newtonschen Gravitationstheorie

$$\Delta\Phi_{\text{grav}}(\boldsymbol{r}) = 4\pi\, G\,\varrho_{\text{m}}(\boldsymbol{r}) \tag{18.37}$$

mathematisch äquivalent zu (18.34). Hierbei ist ϱ_{m} die Massendichte, G die Gravitationskonstante und Φ_{grav} das Gravitationspotenzial. Das Potenzial Φ_{grav} ist über die Kraft $\boldsymbol{F} = -m\,\operatorname{grad}\Phi_{\text{grav}}$ auf eine Masse m definiert. Die relativistische Verallgemeinerung von (18.37) führt nicht zu den Maxwellgleichungen, sondern zu den Einsteinschen Feldgleichungen der Gravitation. Die gemeinsame Struktur von (18.34) und (18.37) bedingt aber eine Reihe von Ähnlichkeiten zwischen dem

Elektromagnetismus und der Gravitation. So gibt es zum Beispiel gravitomagnetische Effekte und Gravitationswellen.

Elektrostatik und Newtonsche Gravitationstheorie sind mathematisch äquivalent. Die relativistischen Verallgemeinerungen führen aber zu verschiedenen Theorien. Daher können die Maxwellgleichungen nicht allein aus der Elektrostatik und der Kovarianzforderung folgen; es müssen andere Aussagen hinzukommen. Dies sind insbesondere das Transformationsverhalten der Quellterme und eine Einfachheitsforderung, wie im Folgenden kurz erläutert wird.

Zunächst ist bei der Verallgemeinerung wesentlich, dass die Ladung ein Lorentzskalar ist (nur dann ist j^α ein 4-Vektor). Im Fall der Gravitation ist dagegen die Masse oder Energie (als Quelle des Felds) kein Lorentzskalar, sondern die 0-Komponente eines Lorentzvektors (des 4-Impulses). Außerdem beschränken wir uns auf eine lineare (und damit besonders einfache) Theorie. Ob dies zu einer gültigen Theorie führt, kann nur durch Experimente entschieden werden. Nichtlineare Terme bedeuten, dass das Feld selbst Quelle des Felds ist. Dies ist bei der Gravitation der Fall, aber auch in der Quantenchromodynamik (Theorie der starken Wechselwirkung). Dagegen ist das elektromagnetische Feld nicht selbst Quelle des Felds; die Photonen (die Quanten des Felds) haben keine Ladung. Die Linearität von (18.34) gilt exakt, während (18.37) nur eine lineare Näherung ist. Ein anderer Punkt, der nicht durch die formale Prozedur der relativistischen Verallgemeinerung zu entscheiden ist, ist die mögliche Existenz magnetischer Ladungen.

Lorentzkraft

Wir ergänzen die kovarianten Feldgleichungen durch die kovarianten Bewegungsgleichungen. Auf eine Punktladung wirkt die Lorentzkraft

$$\boldsymbol{F}_{\rm L} = q\left(\boldsymbol{E} + \frac{\boldsymbol{v}}{c} \times \boldsymbol{B}\right) \tag{18.38}$$

Da wir diese Kraft im Rahmen der Elektrostatik und Magnetostatik eingeführt haben, ist nicht von vornherein klar, ob sie auch relativistisch (in jeder Ordnung von v/c) richtig ist. Wir setzen daher zunächst nur voraus, dass (18.38) im Newtonschen Grenzfall $v/c \to 0$ gilt. Im Grenzfall $v/c \to 0$ gilt außerdem das zweite Newtonsche Axiom:

$$m\,\frac{d\boldsymbol{v}'}{dt'} = q\,\boldsymbol{E}' \qquad \text{(relativistisch richtig in IS}'\text{)} \tag{18.39}$$

Dabei ist IS$'$ das Inertialsystem, in dem das Teilchen zum betrachteten Zeitpunkt die Geschwindigkeit $\boldsymbol{v}' = 0$ hat. Durch eine Lorentztransformation könnten wir aus (18.39) die relativistisch gültige Bewegungsgleichung in dem IS erhalten, in dem das betrachtete Teilchen die Geschwindigkeit $\boldsymbol{v}$ hat. Es ist aber einfacher, von der kovarianten Form der relativistischen Bewegungsgleichung

$$m\,\frac{du^\alpha}{d\tau} = f^\alpha \tag{18.40}$$

auszugehen. Diese Bewegungsgleichung ist aus der Mechanik (Teil IX von [1]) bekannt. Die Ruhmasse m und die Eigenzeit

$$d\tau = dt\,\sqrt{1-\frac{v^2}{c^2}} \qquad (18.41)$$

sind Lorentzskalare. Die 4-Geschwindigkeit

$$\big(u^\alpha\big) = \left(\frac{dx^\alpha}{d\tau}\right) = \left(\frac{c}{\sqrt{1-v^2/c^2}},\,\frac{\boldsymbol{v}}{\sqrt{1-v^2/c^2}}\right) = \gamma\,(c,\,\boldsymbol{v}) \qquad (18.42)$$

ist ein Lorentzvektor. Damit ist die Minkowskikraft f^α auf der rechten Seite von (18.40) ebenfalls ein Lorentzvektor.

Wir suchen die Minkowskikraft f^α, die das elektromagnetische Feld auf ein geladenes Teilchen ausübt. Wegen (18.38) erwarten wir, dass f^α linear in der Feldstärke $F^{\alpha\beta}$, linear in der Geschwindigkeit u^α und proportional zur Ladung q ist. Der einfachste Ansatz ergibt die Bewegungsgleichungen

$$\boxed{m\,\frac{du^\alpha}{d\tau} = \frac{q}{c}\,F^{\alpha\beta}\,u_\beta \qquad \text{Kovariante Bewegungsgleichungen}} \qquad (18.43)$$

Mit folgender Argumentation sieht man, dass dies die richtige Gleichung ist:

1. Die Gleichung (18.43) ist kovariant. Wenn sie in einem IS richtig ist, so gilt sie in jedem anderen IS′. Es genügt also, ihre Gültigkeit in einem speziellen IS′ zu zeigen.

2. Als spezielles Inertialsystem wählen wir das momentan mitbewegte IS′. In IS′ gilt $v' = 0$, $d\tau = dt'$ und damit

$$\left(\frac{du'^\alpha}{d\tau}\right) = \left(0,\,\frac{d\boldsymbol{v}'}{dt'}\right) \qquad \text{(in IS}'\text{)} \qquad (18.44)$$

Wegen $(u'_\alpha) = (c, 0)$ in IS′ wird die rechte Seite von (18.43) zu

$$\frac{q}{c}\,\big(F'^{\alpha\beta}\,u'_\beta\big) = \frac{q}{c}\,\big(F'^{\alpha 0}\,c\big) = \big(0,\,q\,\boldsymbol{E}'\big) \qquad \text{(in IS}'\text{)} \qquad (18.45)$$

Die letzten beiden Gleichungen zeigen, dass (18.43) in IS′ zu (18.39) wird, also gültig ist.

Wir drücken die relativistische Bewegungsgleichung (18.43) mit Hilfe der Geschwindigkeit $\boldsymbol{v}$ und der Felder $\boldsymbol{E}$ und $\boldsymbol{B}$ aus: Für $\alpha = 0$ und $\alpha = i$ ergibt dies:

$$\boxed{\frac{d}{dt}\,\frac{m\,c^2}{\sqrt{1-v^2/c^2}} = q\,\boldsymbol{E}\cdot\boldsymbol{v}} \qquad (18.46)$$

$$\boxed{\frac{d}{dt}\,\frac{m\,\boldsymbol{v}}{\sqrt{1-v^2/c^2}} = q\left(\boldsymbol{E} + \frac{\boldsymbol{v}}{c}\times\boldsymbol{B}\right)} \qquad (18.47)$$

Die Argumente der Felder sind $\boldsymbol{r}$ und t. Dabei ist für $\boldsymbol{r}$ der Ort $\boldsymbol{r}(t)$ des Teilchens einzusetzen und $\boldsymbol{v}(t) = d\boldsymbol{r}/dt$ ist die Geschwindigkeit des Teilchens. Die Gleichungen (18.46, 18.47) verhalten sich zu (18.43) so, wie (16.5) zu (18.33).

Für $v/c \ll 1$ erhalten wir aus (18.47) die Näherung

$$m\,\frac{d\boldsymbol{v}}{dt} = q\left(\boldsymbol{E} + \frac{\boldsymbol{v}}{c}\times\boldsymbol{B}\right) + \mathcal{O}\left(\frac{v^2}{c^2}\right) \qquad (18.48)$$

Nach (18.47) ist die Lorentzkraft (18.38) die relativistisch richtige Kraft. Nach (18.48) kann sie aber auch in der nichtrelativistischen Mechanik verwendet werden. (Die Newtonsche Kraft im engeren Sinn ist die Kraft auf der rechten Seite von (18.39). Diese Kraft unterscheidet sich von der Lorentzkraft durch Terme der Ordnung v^2/c^2.)

Relativistische Energie

Zur Diskussion von (18.46) nehmen wir an, dass das Teilchen sich in einem elektrostatischen Feld $\boldsymbol{E} = -\operatorname{grad}\Phi(\boldsymbol{r})$ bewegt. Mit $d\Phi(\boldsymbol{r}(t))/dt = \operatorname{grad}\Phi\cdot d\boldsymbol{r}/dt = -\boldsymbol{v}\cdot\boldsymbol{E}$ wird (18.46) zu

$$\frac{d}{dt}\left(\frac{m\,c^2}{\sqrt{1-v(t)^2/c^2}} + q\,\Phi(\boldsymbol{r}(t))\right) = 0 \qquad (18.49)$$

Hieraus folgt $\gamma\,m\,c^2 + q\,\Phi = \text{const.}$ oder ausführlicher

$$\underbrace{m\,c^2}_{\text{Ruhenergie}} + \underbrace{m\,c^2\,(\gamma-1)}_{\text{Kinetische Energie}} + \underbrace{q\,\Phi(\boldsymbol{r})}_{\text{Potenzielle Energie}} = \text{const.} \qquad (18.50)$$

Damit haben wir eine *Erhaltungsgröße* aus den Bewegungsgleichungen abgeleitet. Aus der bekannten Bedeutung von $q\,\Phi$ (potenzielle Energie) folgt, dass es sich um die *Energie* des Teilchens im Potenzial handelt. Die Energie des Teilchens ist erhalten, weil es sich in einem zeitunabhängigen Potenzial bewegt. Die ersten beiden Terme in (18.50) werden zusammen auch als *relativistische Energie* oder *Energie* des freien Teilchens bezeichnet:

$$\boxed{E = \frac{m\,c^2}{\sqrt{1-v^2/c^2}} = \text{relativistische Energie}} \qquad (18.51)$$

Damit ist E/c gleich der 0-Komponente des 4-Impulses $p^\alpha = m\,u^\alpha$.

Die *kinetische* Energie $E_{\text{kin}} = E(v) - E(0) = m\,c^2\,(\gamma - 1)$ ist die Energie, die nötig ist, um das ruhende Teilchen auf die Geschwindigkeit v zu bringen. Der Term $E(0) = m\,c^2$ ist die *Ruhenergie* des Teilchens. Die tiefere Bedeutung dieser Beziehung wird als *Äquivalenz von Masse und Energie* bezeichnet (Teil IX in [1]).

Energie-Impuls-Tensor

In diesem Abschnitt wird ein Lorentztensor 2. Stufe eingeführt, der die Energie- und Impulsdichte des elektromagnetischen Felds enthält, und mit dem die Erhaltungssätze kovariant formuliert werden können[1].

In Kapitel 16 hatten wir die Energie- und Impulsdichte des elektromagnetischen Felds eingeführt

$$w_{\text{em}} = \frac{1}{8\pi}\left(\boldsymbol{E}^2 + \boldsymbol{B}^2\right), \qquad \boldsymbol{g}_{\text{em}} = \frac{\boldsymbol{S}}{c^2} = \frac{1}{4\pi c}\,\boldsymbol{E}\times\boldsymbol{B} \tag{18.52}$$

In der Impulserhaltungsgleichung tauchte auch noch der Maxwellsche Spannungstensor T_{ik} auf. In kovarianter Form werden diese Größen als *Energie-Impuls-Tensor* $T^{\alpha\beta}$ zusammengefasst

$$T^{\alpha\beta} = \frac{1}{4\pi}\left(F^{\alpha}_{\ \ \gamma}\,F^{\gamma\beta} + \frac{1}{4}\,\eta^{\alpha\beta}F_{\gamma\delta}\,F^{\gamma\delta}\right) \tag{18.53}$$

Diese Größe ist ein symmetrischer ($T^{\alpha\beta} = T^{\beta\alpha}$) Lorentztensor. Mit (18.52) und (16.30) wird $T^{\alpha\beta}$ zu

$$T = \left(T^{\alpha\beta}\right) = \begin{pmatrix} w_{\text{em}} & c\,\boldsymbol{g}_{\text{em}} \\ c\,\boldsymbol{g}_{\text{em}} & -T_{ik} \end{pmatrix} \tag{18.54}$$

Wir berechnen die Divergenz des Energie-Impuls-Tensors:

$$\begin{aligned} \partial_\alpha\,T^{\alpha\beta} &= \frac{1}{4\pi}\left[\left(\partial^\alpha F_{\alpha\gamma}\right)F^{\gamma\beta} + F_{\alpha\gamma}\left(\partial^\alpha F^{\gamma\beta}\right) + \frac{1}{2}\,F_{\delta\gamma}\,\partial^\beta F^{\delta\gamma}\right] \\ &= -\frac{1}{c}\,F^{\beta\gamma}\,j_\gamma + \frac{1}{8\pi}\,F_{\alpha\gamma}\left(\partial^\alpha F^{\gamma\beta} + \partial^\alpha F^{\gamma\beta} + \partial^\beta F^{\alpha\gamma}\right) \end{aligned} \tag{18.55}$$

Die obere und untere Stellung von zwei gleichen Indizes kann vertauscht werden. Für den ersten Term in der oberen Zeile wurde die inhomogene Maxwellgleichung verwendet. Der zweite Term wurde bei halbiertem Vorfaktor zweimal angeschrieben. Im dritten Term wurde ein Index umbenannt.

Zur weiteren Umformung benutzen wir die homogene Maxwellgleichung

$$\partial^\beta F^{\gamma\delta} + \partial^\delta F^{\beta\gamma} + \partial^\gamma F^{\delta\beta} = 0 \tag{18.56}$$

Für drei verschiedene Indizes folgt diese Form aus $\varepsilon_{\alpha\beta\gamma\delta}\,\partial^\beta F^{\gamma\delta} = 0$, (18.33) mit (18.31). Falls zwei Indizes gleich sind, gilt (18.56) wegen $F^{\alpha\beta} = -F^{\beta\alpha}$. Mit (18.56) ergeben die letzten beiden Terme in (18.55) $-\partial^\gamma F^{\beta\alpha}$ oder $\partial^\gamma F^{\alpha\beta}$:

$$\partial_\alpha\,T^{\alpha\beta} = -\frac{1}{c}\,F^{\beta\gamma}\,j_\gamma + \frac{1}{8\pi}\,F_{\alpha\gamma}\left(\partial^\alpha F^{\gamma\beta} + \partial^\gamma F^{\alpha\beta}\right) = -\frac{1}{c}\,F^{\beta\gamma}\,j_\gamma \tag{18.57}$$

[1] Dieser Abschnitt kann übersprungen werden.

Der im letzten Schritt weggelassene Term ist antisymmetrisch in α und γ und verschwindet bei der Summation über diese Indizes. Das Ergebnis ist der differenzielle Erhaltungssatz für die Energie und den Impuls, wie er aus Kapitel 16 bekannt ist:

$$\partial_\alpha \, T^{\alpha\beta} = -\frac{1}{c} \, F^{\beta\gamma} \, j_\gamma \qquad \begin{cases} \beta = 0: & (16.21) \\ \beta = i: & (16.28) \end{cases} \tag{18.58}$$

Für die weitere Diskussion nehmen wir an, dass es keine geladenen Teilchen gibt, mit denen das elektromagnetische Feld Energie oder Impuls austauschen kann; also $j_\gamma = 0$. Dann gilt $\partial_\alpha \, T^{\alpha\beta} = 0$. Hieraus folgt für ein abgeschlossenes System die Erhaltung des 4-Impulses des Felds: Wir integrieren $\partial_\alpha \, T^{\alpha\beta} = 0$ über ein Volumen, das das System einschließt:

$$0 = \int_V d^3r \; \partial_\alpha \, T^{\alpha\beta} = \frac{1}{c} \, \partial_t \int_V d^3r \; T^{0\beta} + \int_V d^3r \; \partial_i \, T^{i\beta} \tag{18.59}$$

Das letzte Integral wird mit dem Gaußschen Satz in ein Oberflächenintegral umgewandelt. Für das abgeschlossene System verschwinden die Felder an der Oberfläche. (Sofern V der gesamte Raum ist, genügt es, dass die Felder für $r \to \infty$ mindestens wie $1/r^2$ abfallen). Damit gilt

$$P^\beta_{\rm em} = \frac{1}{c} \int_V d^3r \; T^{0\beta} = \text{const.} \qquad \begin{matrix} \text{(abgeschlossenes} \\ \text{System, } j^\alpha = 0) \end{matrix} \tag{18.60}$$

Der Viererimpuls $(P^\alpha_{\rm em}) = (E_{\rm em}/c, \, \boldsymbol{P}_{\rm em})$ enthält die Energie und den Impuls des elektromagnetischen Felds. Im abgeschlossenen System ohne Ladungen sind dies Erhaltungsgrößen.

Aufgaben

18.1 Relativistische Bewegungsgleichungen

Zeigen Sie, dass die Gleichung (18.46) aus den Bewegungsgleichungen (18.47) folgt.

18.2 Teilchen im konstanten elektrischen Feld

Ein Teilchen (Masse m, Ladung q) hat die Anfangsgeschwindigkeit $v_0\, \boldsymbol{e}_x$. Es durchquert das homogene, konstante Feld $\boldsymbol{E} = E\, \boldsymbol{e}_z$ eines Kondensators, das auf den Bereich $0 \le x \le L$ beschränkt ist. Integrieren Sie die relativistische Bewegungsgleichung und berechnen Sie den Ablenkwinkel α für den Fall $q\,E\,L/(mc) \ll \gamma_0\, v_0$, wobei $1/\gamma_0^2 = 1 - v_0^2/c^2$.

18.3 Teilchen im konstanten magnetischen Feld

Ein Teilchen (Masse m, Ladung q) bewegt sich in einem konstanten, homogenen Magnetfeld $\boldsymbol{B} = B\, \boldsymbol{e}_z$. Lösen Sie die kovarianten Bewegungsgleichungen mit den Anfangsbedingungen

$$\big(u^\alpha(\tau = 0)\big) = \big(\gamma_0\, c, \gamma_0\, v_0, 0, 0\big), \qquad \gamma_0 = \frac{1}{\sqrt{1 - {v_0}^2/c^2}}$$

18.4 Homogene Maxwellgleichungen

Zeigen Sie, dass die homogenen Maxwellgleichungen (18.32), $\partial_\beta \widetilde{F}^{\beta\alpha} = 0$ aus den Definitionen $\widetilde{F}^{\alpha\beta} = \varepsilon^{\alpha\beta\gamma\delta} F_{\gamma\delta}/2$ und $F^{\alpha\beta} = \partial^\alpha A^\beta - \partial^\beta A^\alpha$ folgen.

18.5 Ladung als Lorentzskalar

Für den Lorentzvektor $j^\alpha(x)$ gilt $\partial_\alpha j^\alpha = 0$. Zeigen Sie, dass dann die Größe $q = \int d^3r\; j^0/c$ ein Lorentzskalar ist. Überzeugen Sie sich zunächst davon, dass q in der Form

$$q = \frac{1}{c} \int_{x^0 = \text{const.}} da_\alpha\; j^\alpha \tag{18.61}$$

geschrieben werden kann. Dabei ist

$$da_\alpha = \frac{1}{6}\, \varepsilon_{\alpha\beta\gamma\delta}\; da^{\beta\gamma\delta}$$

ein Lorentzvektor und $da^{\beta\gamma\delta}$ ein antisymmetrischer Tensor, der durch die Zuweisungen

$$da^{012} = dx^0 dx^1 dx^2\,, \quad da^{102} = -dx^0 dx^1 dx^2\,, \quad \text{und so weiter}$$

festgelegt wird. Damit stellen die $da^{\beta\gamma\delta}$ dreidimensionale „Flächenelemente“ des vierdimensionalen Minkowskiraums dar.

19 Lagrangeformalismus

In der Mechanik steht der Lagrangeformalismus im Mittelpunkt. Dies ist insbesondere deshalb so, weil die Aufstellung der Lagrangefunktion meist der einfachste Weg zu den Bewegungsgleichungen ist. In der Elektrodynamik haben wir es immer mit denselben Bewegungsgleichungen, den Maxwellgleichungen, zu tun, so dass dieser Gesichtspunkt entfällt. Für allgemeine Untersuchungen ist eine Formulierung als Variationsprinzip aber auch hier von Interesse. Dies gilt etwa für den Zusammenhang zwischen Symmetrien und Erhaltungsgrößen oder für den Vergleich mit anderen Feldtheorien. Daher werden im Folgenden die Grundzüge des Lagrangeformalismus der Elektrodynamik in knapper Form vorgestellt[1].

Im Folgenden werden die Grundlagen der Variationsrechnung (Teil III von [1]) vorausgesetzt. Darüber hinaus sind Vorkenntnisse von Feldern in der Mechanik und ihrer Behandlung im Lagrangeformalismus (etwa die kurze Einführung in die Kontinuumsmechanik in Teil VIII von [1]) von Vorteil.

Wir beginnen mit einem einfachen Beispiel aus der Mechanik. Die Ruhelage einer Saite falle mit dem Intervall $[0, l\,]$ auf der x-Achse zusammen. Die Auslenkung der Saite in y-Richtung werde mit $\phi(x,t)$ bezeichnet. Dann ist

$$L(\phi', \dot{\phi}, \phi, x, t) = \frac{\varrho_{\text{m}}}{2}\,\dot{\phi}^2 - \frac{P}{2}\,\phi'^2 + \phi\, f(x,t) \tag{19.1}$$

die *Lagrangedichte* der Saite. Dabei ist $\dot{\phi} = \partial\phi/\partial t$ und $\phi' = \partial\phi/\partial x$. Die Saite habe die Massendichte ϱ_{m} und sei mit der Kraft P eingespannt. Über die äußere Kraftdichte $f(x,t)$ kann L explizit von x und t abhängen. Der erste Term in (19.1) ist die kinetische Energiedichte der Saitenbewegung, der zweite ist die potenzielle Energiedichte aufgrund der Einspannung, der dritte ist die potenzielle Energiedichte einer Auslenkung im äußeren Kraftfeld. Eine Ableitung der Lagrangedichte (19.1) ist in Kapitel 30 von [1] zu finden.

Wir gehen vom Hamiltonschen Prinzip aus:

$$\delta S = \delta \int_{t_1}^{t_2} dt \int_0^l dx\; L(\phi', \dot{\phi}, \phi, x, t) = 0 \tag{19.2}$$

[1] Dieses Kapitel ist als Ergänzung zu verstehen und kann ohne Verlust der Kontinuität übersprungen werden.

T. Fließbach, *Elektrodynamik*, https://doi.org/10.1007/978-3-662-64889-6_19

Dabei wird $\phi(x,t)$ bei festgehaltenen Randwerten variiert. Aus $\delta S = 0$ folgt die Bewegungsgleichung

$$\frac{\partial^2 \phi}{\partial x^2} - \frac{1}{c^2}\,\frac{\partial^2 \phi}{\partial t^2} = -\,\frac{f(x,t)}{P} \tag{19.3}$$

Hier ist $c = \sqrt{P/\varrho_{\rm m}}$ die Geschwindigkeit der Saitenwellen.

Wir wollen nun für die Maxwellgleichungen ein analoges Variationsprinzip angeben:

$$\delta S = \delta \int dt \int d^3r\ L(\text{Felder}) = \frac{1}{c}\ \delta \int d^4x\ L(\text{Felder}) = 0 \tag{19.4}$$

Der Lagrangeformalismus zeichnet sich dadurch aus, dass die Lagrangedichte oder -funktion in vielen Fällen ein besonders einfacher Ausdruck der dynamischen Größen (Bahnen $q_i(t)$ oder Feld $\phi(x,t)$) ist. Von diesem Gesichtspunkt ausgehend bestimmen wir die Form der Lagrangedichte $L = L(\text{Feld})$ des elektromagnetischen Felds.

Für eine relativistische Theorie sollte die Wirkung $S = \int d^4x\, L$ und damit L ein Lorentzskalar sein. (Die schwächere Bedingung, dass δS ein Lorentzskalar ist, genügt auch.) In Analogie zu Lagrangefunktionen und -dichten der Mechanik, insbesondere zu (19.1), erwarten wir, dass L quadratisch in den Ableitungen des Felds ist. Im Fall der Elektrodynamik hieße das quadratisch in $\partial^\beta A^\alpha$ oder in der Feldstärke $F^{\alpha\beta}$. Der einzige Lorentzskalar, den wir aus $F^{\alpha\beta} F^{\gamma\delta}$ bilden können, ist $F^{\alpha\beta} F_{\alpha\beta}$; denn eine Kontraktion $F_\alpha{}^\alpha$ ergibt null, und $\varepsilon_{\alpha\beta\gamma\delta}\, F^{\alpha\beta} F^{\gamma\delta}$ wäre nur ein Pseudoskalar.

In (19.1) führt die Kraftdichte $f(x,t)$ zu Auslenkungen der Saite und ist damit eine Quelle des Felds $\phi(x,t)$. In der Elektrodynamik sind die Stromdichten j^α die Quellen des Felds. Der einfachste Skalar aus j_α und dem Feld A_α ist $j_\alpha A^\alpha$. Die Größe $j_\alpha A^\alpha$ ist ebenso wie der letzte Term in (19.1) linear im Feld. Zur Begründung dieses Terms kann man auch von der Energiedichte $\varrho\, \Phi = j_0 A^0/c$ einer Ladungsverteilung im elektrostatischen Feld ausgehen, (6.25). Die relativistische Verallgemeinerung $j_0 A^0 \to j_\alpha A^\alpha$ liefert dann das gesuchte Resultat. Diese Überlegungen machen insgesamt den Ansatz

$$\boxed{L\big(\partial^\alpha A^\beta, A^\beta, x\big) = -\frac{1}{16\,\pi}\ F^{\alpha\beta} F_{\alpha\beta} - \frac{1}{c}\ A^\alpha\ j_\alpha(x)} \tag{19.5}$$

plausibel. Die im Argument von L angezeigte x-Abhängigkeit bezieht sich auf die durch die Quellen $j_\alpha(x)$ vorgegebene Abhängigkeit von $(t, \boldsymbol{r}) = (x^0, x^1, x^2, x^3)$. Eine multiplikative Konstante in L ändert (19.4) nicht. Das Verhältnis der beiden Konstanten in (19.5) ist so gewählt, dass (19.4) die inhomogenen Maxwellgleichungen ergibt. Als dynamische Variable werden dabei die Felder A^α betrachtet; die Größen $F^{\alpha\beta}$ sind in (19.5) als Abkürzung für $\partial^\alpha A^\beta - \partial^\beta A^\alpha$ zu verstehen. Die homogenen Maxwellgleichungen folgen direkt aus $F^{\alpha\beta} = \partial^\alpha A^\beta - \partial^\beta A^\alpha$.

Bei der folgenden Ableitung der Euler-Lagrange-Gleichungen betrachten wir eine Variation δA^β, die an den Rändern $t = t_1,\ t = t_2$ und $x^i = \pm\infty$ verschwindet.

Dann fallen bei partiellen Integrationen alle Randterme weg, und wir können δS wie folgt umformen:

$$\begin{aligned}\delta S &= \frac{1}{c}\int d^4x \left[L\big(\partial^\alpha(A^\beta + \delta A^\beta), A^\beta + \delta A^\beta, x\big) - L\big(\partial^\alpha A^\beta, A^\beta, x\big)\right] \\ &= \frac{1}{c}\int d^4x \left[\frac{\partial L}{\partial(\partial^\alpha A^\beta)}\, \partial^\alpha(\delta A^\beta) + \frac{\partial L}{\partial A^\beta}\, \delta A^\beta\right] \\ &\overset{\text{p.I.}}{=} \frac{1}{c}\int d^4x \left[-\partial^\alpha\left(\frac{\partial L}{\partial(\partial^\alpha A^\beta)}\right) + \frac{\partial L}{\partial A^\beta}\right]\delta A^\beta = 0 \end{aligned} \tag{19.6}$$

Da δS für beliebige Variationen δA^β verschwinden soll, folgt

$$\frac{\partial}{\partial x_\alpha}\, \frac{\partial L}{\partial(\partial^\alpha A^\beta)} = \frac{\partial L}{\partial A^\beta} \tag{19.7}$$

In diese allgemeine Form der Euler-Lagrange-Gleichungen setzen wir (19.5) ein. Bei der Auswertung ist zu beachten, dass eine Ableitung nach A^β auch auf A_β wirkt. Da in jedem Term $\sum_{\alpha\beta} ... F^{\alpha\beta}$ die Größe $\partial^\gamma A^\delta$ zweimal vorkommt, ergibt die Ableitung von L nach $\partial^\alpha A^\beta$ viermal $-F_{\alpha\beta}/(16\pi)$. Insgesamt wird dann (19.7) zu

$$\partial^\alpha F_{\alpha\beta} = \frac{4\pi}{c}\, j_\beta \tag{19.8}$$

Kopplung zwischen Feld und Materie

Der Kopplungsterm $j^\alpha A_\alpha$ in (19.5) beschreibt die Kopplung zwischen geladener Materie (j^α) und dem Feld (A_α). Diese Kopplung bedeutet zum einen, dass Ladungen die Quelle von Feldern sind; sie führt daher zur rechten Seite von (19.8). Zum anderen beschreibt der Kopplungsterm die Kräfte, die Felder auf Ladungen ausüben. Dieser Zusammenhang wird im Folgenden diskutiert.

Die Kraft auf ein geladenes Teilchen steht auf der rechten Seite der Bewegungsgleichung (18.43), also

$$m\, \frac{du^\alpha}{d\tau} = \frac{q}{c}\, F^{\alpha\beta} u_\beta \tag{19.9}$$

Die zugehörige Lagrangefunktion ergibt sich aus derjenigen für ein freies Teilchen, $\mathcal{L}_0 = -mc\,(u^\alpha u_\alpha)^{1/2}$ (Kapitel 40 in [1]) und einem Kopplungsterm:

$$\mathcal{L}\big(u^\beta(\tau), x^\beta(\tau)\big) = -mc\,\sqrt{u^\beta u_\beta} - \frac{q}{c}\, A^\alpha\big(x^\beta(\tau)\big)\, u_\alpha \tag{19.10}$$

Die dynamische Größe ist hier die Bahn $x^\alpha(\tau)$ des Teilchens. Aus der Bahn folgt die Geschwindigkeit $u^\alpha = dx^\alpha/d\tau$ und der Impuls $p^\alpha = mu^\alpha$. Das Feld $A_\alpha(x)$ wird in (19.10) als gegeben betrachtet. Im Hamiltonschen Prinzip

$$\delta S = \delta \int_{\tau_1}^{\tau_2} d\tau\; \mathcal{L}\big(u^\beta(\tau), x^\beta(\tau)\big) = 0 \tag{19.11}$$

wird die Bahn $x^\alpha(\tau)$ bei festen Randwerten variiert. Daraus folgen die Bewegungsgleichungen

$$\frac{d}{d\tau}\frac{\partial\mathcal{L}}{\partial u^\alpha} = \frac{\partial\mathcal{L}}{\partial x^\alpha} \tag{19.12}$$

Wenn man (19.10) einsetzt und $u^\alpha u_\alpha = c^2$ berücksichtigt, erhält man (19.9). Man beachte, dass $u^\alpha u_\alpha = c^2$ nicht in (19.10) eingesetzt werden darf; denn $\mathcal{L}$ ist keine physikalische Größe mit bestimmten Werten, vielmehr kommt es auf die funktionale Form von $\mathcal{L}$ an. Ebensowenig darf zum Beispiel in der klassischen Mechanik der Energie- oder Drehimpulssatz in $\mathcal{L}$ eingesetzt werden.

Der Kopplungsterm in (19.10) ist dadurch begründet, dass mit ihm (19.12) die richtige Bewegungsgleichung (19.9) ergibt. Er sieht zunächst anders aus als der Kopplungsterm in (19.5). Um beide Kopplungsterme zu vergleichen, schreiben wir die 4-Stromdichte $j^\alpha(x)$ für eine mit $u^\alpha(\tau)$ bewegte Punktladung an:

$$j^\alpha = q\,c\;\delta\big(\boldsymbol{r}-\boldsymbol{r}(t)\big)\,u^\alpha\,\frac{d\tau}{dx^0} = q\,c\int d\tau\;\delta^{(4)}\big(x - x^\beta(\tau)\big)\;u^\alpha(\tau) \tag{19.13}$$

Dabei wurde $(j^\alpha) = \varrho\,(c, \boldsymbol{v})$, $\varrho = q\,\delta(\boldsymbol{r}-\boldsymbol{r}(t))$, $(c, \boldsymbol{v}) = (dx^\alpha/dt) = c\,(dx^\alpha/dx^0)$ und $u^\alpha = dx^\alpha/d\tau$ verwendet. Für den letzten Schritt wurde $\int d\tau\;\delta(x^0 - x^0(\tau)) = 1/|dx^0/d\tau|$ (siehe (3.19)) eingesetzt. In der vierdimensionalen δ-Funktion steht x für (x^0, x^1, x^2, x^3). Wir setzen nun (19.13) in den Kopplungsterm in (19.5) ein und bestimmen dessen Beitrag zur Wirkung $S = \int d^4x\; L/c$:

$$-\frac{1}{c^2}\int d^4x\;A^\alpha(x)\;j_\alpha(x) \overset{(19.13)}{=} -\frac{q}{c}\int d\tau\;A^\alpha\big(x^\beta(\tau)\big)\;u_\alpha(\tau) \tag{19.14}$$

Der Kopplungsterm in (19.10) ist also äquivalent zu dem in (19.5).

In den Maxwellgleichungen (19.8) betrachtet man die Quellverteilung $j^\alpha(x)$ als vorgegeben. In der Bewegungsgleichung (19.9) betrachtet man das Feld $A_\alpha(x)$ als vorgegeben. Im allgemeinen Fall stellen (19.8) und (19.9) jedoch gekoppelte Gleichungen für die Felder und die Bahnen von Teilchen dar; dabei ist für jedes geladene Teilchen eine Gleichung der Form (19.9) anzusetzen. Die Lagrangefunktion des Gesamtsystems ergibt sich dann aus dem Beitrag der freien Felder (erster Term in (19.5)), dem Beitrag $\mathcal{L}_0$ der freien Teilchen (erster Term in (19.10)) und aus dem gemeinsamen Kopplungsterm. Dabei ist von der Lagrangedichte L der Felder zur Lagrangefunktion $\mathcal{L} = \int d^3r\; L$ überzugehen. Die Variation von $\int dt\;(\mathcal{L} + \mathcal{L}_0)$ nach $A_\alpha(x)$ *und* $x_\alpha(\tau)$ ergibt dann die gekoppelten Gleichungen (19.8) und (19.9).

Anstelle von $x^\alpha(\tau)$ kann auch $\boldsymbol{r}(t)$ als dynamische Variable gewählt werden; denn wegen $u^\alpha u_\alpha = c^2$ sind nur drei der vier Funktionen $x^\alpha(\tau)$ voneinander unabhängig. Die zugehörige Lagrangefunktion für die relativistische Bewegung eines Teilchens im elektromagnetischen Feld lautet dann (Kapitel 40 in [1]):

$$\mathcal{L}(\boldsymbol{r}, \boldsymbol{v}, t) = -m\,c^2\sqrt{1 - \frac{v(t)^2}{c^2}} - q\,\Phi\big(\boldsymbol{r}, t\big) + \frac{q}{c}\,\boldsymbol{v}\cdot\boldsymbol{A}\big(\boldsymbol{r}, t\big) \tag{19.15}$$

Hierbei ist $\boldsymbol{v}(t) = d\boldsymbol{r}/dt$. Aus $\delta\int dt\;\mathcal{L} = 0$ folgt (18.47).

Aufgaben

19.1 Eichtransformation

Welchen Zusatzterm erhält die Lagrangedichte

$$L = -\frac{1}{16\pi}\, F^{\alpha\beta} F_{\alpha\beta} - \frac{1}{c}\, A^{\alpha} j_{\alpha}$$

durch eine Eichtransformation $A^{\alpha} \to A^{\alpha} - \partial^{\alpha}\Lambda$? Zeigen Sie, dass sich dieser Term als Divergenz $\partial^{\alpha} V_{\alpha}$ schreiben lässt. Welchen Beitrag liefert dieser Term dann in der Wirkung?

19.2 Erhaltung des Viererimpulses

Die Lagrangedichte $L(A^{\alpha}, \partial^{\alpha}A^{\beta}, x^{\gamma}) = -F^{\alpha\beta} F_{\alpha\beta}/(16\pi)$ des freien elektromagnetischen Felds hängt nicht explizit von x^{γ} ab; eine solche Abhängigkeit ergäbe sich nur für äußere Quellen $j^{\alpha}(x^{\gamma}) \neq 0$. Formal wird diese zeitliche und räumliche Translationsinvarianz durch $\partial_{\alpha} L = 0$ ausgedrückt. Zeigen Sie, dass hieraus der Erhaltungssatz

$$\partial_{\alpha} T^{\alpha\beta} = 0 \quad \text{für} \quad T^{\alpha\beta} = \frac{1}{4\pi}\left[F^{\alpha\gamma} F_{\gamma}{}^{\beta} + \frac{1}{4}\,\eta^{\alpha\beta} F^{\gamma\delta} F_{\gamma\delta}\right]$$

folgt. Die Größe $T^{\alpha\beta}$ ist der Energie-Impuls-Tensor. Aus $\partial_{\alpha} T^{\alpha\beta} = 0$ folgt die Erhaltung des Viererimpulses für ein abgeschlossenes System.

V Maxwellgleichungen: Anwendungen

20 Ebene Wellen

Im Teil V werden die wichtigsten Anwendungen der Maxwellgleichungen behandelt. Dazu gehören insbesondere elektromagnetische Wellen, die Felder bewegter Ladungen und die Streuung von Licht an Elektronen.

In diesem Kapitel untersuchen wir die Eigenschaften einer ebenen und monochromatischen Welle. Die Verbindung zu den Quanten des Felds, den Photonen, wird diskutiert.

Im quellfreien Fall, $j^\alpha = 0$, lauten die Maxwellgleichungen (18.20, 18.23):

$$\Box A^\alpha = 0 \tag{20.1}$$

$$\partial_\alpha A^\alpha = 0 \tag{20.2}$$

Die Felder $F^{\alpha\beta} = \partial^\alpha A^\beta - \partial^\beta A^\alpha$ sind invariant gegenüber der Eichtransformation

$$A^\alpha \longleftrightarrow A^{*\alpha} = A^\alpha + \partial^\alpha \Lambda \tag{20.3}$$

Daher war es möglich, die Bedingung (20.2) an die Potenziale zu stellen. Wir wiederholen den zugrundeliegenden Gedankengang. Angenommen, die Potenziale $A^{*\alpha}$ erfüllen die Bedingung (20.2) nicht:

$$\partial_\alpha A^{*\alpha} = f(x) \neq 0 \tag{20.4}$$

Dann gehen wir gemäß (20.3) zu anderen Potenzialen A^α über. Für sie gilt

$$\partial_\alpha A^\alpha = f(x) - \Box \Lambda \tag{20.5}$$

Wir wählen nun Λ so, dass (20.2) erfüllt ist, also

$$\Box \Lambda(x) = f(x) \tag{20.6}$$

Die allgemeine Lösung dieser Gleichung ist von der Form (17.13):

$$\Lambda = \Lambda_{\text{hom}} + \Lambda_{\text{part}} \tag{20.7}$$

T. Fließbach, *Elektrodynamik*, https://doi.org/10.1007/978-3-662-64889-6_20

Die Bedingung (20.2) kann durch eine partikuläre Lösung Λ_{part} erfüllt werden. Damit ist Λ_{hom} nicht festgelegt. Ohne die Bedingung (20.2) zu verletzen, können die Potenziale daher durch die spezielle Eichtransformation

$$A^\alpha \longleftrightarrow A^{*\alpha} = A^\alpha + \partial^\alpha \Lambda_{\text{hom}} \tag{20.8}$$

noch einmal geändert werden. Für gegebenes $A^{*\alpha} = A^{*\alpha}_{\text{hom}}$ wählen wir Λ_{hom} so, dass $\partial^0 \Lambda_{\text{hom}} = \Phi^*$. Wegen

$$A^\alpha = A^{*\alpha} - \partial^\alpha \Lambda_{\text{hom}} = (0, \boldsymbol{A}) \tag{20.9}$$

können wir dann neben (20.2) noch die zusätzliche Eichbedingung

$$A^0 = \Phi = 0 \qquad (\text{Eichbedingung für } j^\alpha = 0) \tag{20.10}$$

stellen. Hieraus und aus (20.2) folgt $\operatorname{div} \boldsymbol{A} = 0$, also die Coulombeichung (auch Strahlungseichung genannt). Insgesamt erhalten wir

$$\boxed{\left(\Delta - \frac{1}{c^2}\frac{\partial^2}{\partial t^2}\right)\boldsymbol{A}(\boldsymbol{r}, t) = 0\,, \quad \operatorname{div} \boldsymbol{A}(\boldsymbol{r}, t) = 0\,, \quad \Phi(\boldsymbol{r}, t) = 0} \tag{20.11}$$

Damit sind nur zwei der vier Felder A^α voneinander unabhängig. Dies entspricht den beiden Polarisationsrichtungen der Welle.

Die allgemeine Lösung der homogenen Wellengleichung wurde in Kapitel 17 angegeben. Im Folgenden soll vor allem die *ebene, monochromatische* Welle untersucht werden.

Ebenes Wellenpaket

Eine Welle heißt *eben*, wenn sie nur in einer Richtung vom Ort abhängt. Wir legen die z-Achse des Koordinatensystems in diese Richtung:

$$\boldsymbol{A}(\boldsymbol{r}, t) = \boldsymbol{A}(z, t) \qquad (\text{ebene Welle}) \tag{20.12}$$

Wegen $(\partial_z{}^2 - \partial_t{}^2/c^2)\, f(z \pm ct) = 0$ sind die Felder

$$A_i(z, t) = f_i(z - ct) + g_i(z + ct) \tag{20.13}$$

mit beliebigen Funktionen f_i und g_i Lösung der Maxwellgleichungen. Dies sind Wellenpakete, die sich mit der Geschwindigkeit c in $\pm z$-Richtung verschieben. Aus $\operatorname{div} \boldsymbol{A} = 0$ folgt $A_3' = f_3' + g_3' = 0$, was nur $A_3 = \text{const.}$ zulässt. Da eine Konstante keinen Beitrag zu den Feldern $\boldsymbol{E}$ und $\boldsymbol{B}$ ergibt, können wir $A_3 = 0$ setzen. Damit steht $\boldsymbol{A}$ senkrecht zur Ausbreitungsrichtung. Eine solche Welle heißt *transversal*.

Da die Wellengleichung eine Differenzialgleichung 2. Ordnung in der Zeit ist, wird die Lösung durch die Anfangsbedingungen $A_i(z, 0) = F_i(z)$ und $\dot{A}_i(z, 0) = G_i(z)$ festgelegt. Nun enthält (20.13) gerade soviele Integrationskonstanten (die

Funktionen f_i und g_i), wie durch die Anfangsbedingungen (die Funktionen F_i und G_i) festzulegen sind. Daher ist (20.13) die allgemeine Lösung. Die Lösung (20.13) kann auch in der Form (17.23) geschrieben werden (Aufgabe 17.2). Alle hier betrachteten Funktionen (f_i, g_i, F_i, G_i) sind reell.

Mit (20.13) sind auch das elektrische und das magnetische Feld Funktionen der Argumente $z \pm ct$. Die Feldkonfiguration zu einem bestimmten Zeitpunkt t_0 ist zu einem späteren Zeitpunkt $t_0 + \Delta t$ um die Strecke $\Delta z = \pm c\, \Delta t$ in z-Richtung verschoben, ansonsten aber völlig unverändert. Das Wellenpaket $f_i(z - ct)$ in (20.13) pflanzt sich also *ohne Änderung der Form* in z-Richtung mit der Geschwindigkeit c fort; unabhängig hiervon läuft das Paket $g_i(z + ct)$ mit c in $-z$-Richtung. Dagegen laufen ein elektromagnetisches Wellenpaket in Materie oder ein quantenmechanisches Wellenpaket im Laufe der Zeit auseinander. Eine solche *Dispersion* eines Wellenpakets wird in Kapitel 33 behandelt.

Wir erläutern die Bedeutung von *eben* noch dadurch, dass wir die ebene Welle einer Kugelwelle gegenüberstellen. Dabei beschränken wir uns auf eine bestimmte Frequenz $\omega = ck$:

$$\boldsymbol{A}(\boldsymbol{r}, t) = \begin{cases} \mathrm{Re}\, \boldsymbol{A}_0 \exp\big(\mathrm{i}(\pm kz - \omega t)\big) & \text{(Ebene Welle)} \\[2mm] \mathrm{Re}\, \dfrac{\boldsymbol{A}_0}{r} \exp\big(\mathrm{i}(\pm kr - \omega t)\big) & \text{(Kugelwelle)} \end{cases} \qquad (20.14)$$

Die ebene Welle entspricht der in (17.22) gefundenen Elementarlösung. Die Kugelwelle löst die Wellengleichung im Bereich $r \neq 0$, wie man aus (3.34) sieht. Die Realteilbildung (Re) wird unten näher diskutiert.

Die Flächen mit konstanter Phase werden *Phasenflächen* genannt. Für die ebene Welle sind durch $\pm kz - \omega t = \text{const.}$ Ebenen definiert, die mit der Geschwindigkeit c in $\pm z$-Richtung laufen. Für die Kugelwelle sind durch $\pm kr - \omega t = \text{const.}$ konzentrische Kugeloberflächen definiert, die mit der Geschwindigkeit c in $\pm \boldsymbol{e}_r$-Richtung laufen. Die Vergrößerung (Verkleinerung) der Kugeloberfläche wird von einer entsprechenden Verkleinerung (Vergrößerung) der Amplitude $\boldsymbol{A} \propto 1/r$ begleitet. Eine auslaufende Kugelwelle (Pluszeichen) kann durch eine oszillierende Ladungsverteilung bei $r = 0$ erzeugt werden (Kapitel 24). Im Allgemeinen hängen die Phasenflächen von den Quellen und vom Medium (Kapitel 38) ab.

Monochromatische, ebene Welle

Wellen mit einer bestimmten Frequenz ω heißen *monochromatisch*. Die allgemeine Zeitabhängigkeit solcher Wellen ist von der Form $a_1 \cos(\omega t) + a_2 \sin(\omega t)$ mit zwei reellen Amplituden a_1 und a_2. Für viele Rechnungen ist es bequemer, stattdessen die Lösung $\exp(-\mathrm{i}\omega t)$ mit einer komplexen Amplitude $a_1 + \mathrm{i}a_2$ zu verwenden:

$$\mathrm{Re}\,(a_1 + \mathrm{i}a_2) \exp(-\mathrm{i}\omega t) = a_1 \cos(\omega t) + a_2 \sin(\omega t) \qquad (20.15)$$

Anstelle des Realteils (Re) könnte man genauso gut den Imaginärteil (Im) verwenden. Man erhält keine neue Lösung, wenn ω durch $-\omega$ ersetzt wird; daher können wir uns auf positive Frequenzen ω beschränken.

Die Felder $\boldsymbol{E}$ und $\boldsymbol{B}$ sind reell; dies gilt dann auch für das Vektorpotenzial $\boldsymbol{A}$. Die Einschränkungen *eben* und *monochromatisch* reduzieren die allgemeine Lösung (17.23) der Wellengleichung auf die Elementarlösung (17.22). Der allgemeine Ansatz für eine monochromatische, ebene Welle lautet damit:

$$\boxed{\boldsymbol{A}(\boldsymbol{r},t) = \text{Re}\, \boldsymbol{A}_0 \exp\big[\,\mathrm{i}\,(\boldsymbol{k}\cdot\boldsymbol{r} - \omega t)\big]} \tag{20.16}$$

Die Welle (20.16) ist eben, weil sie nur in einer Richtung (der von $\boldsymbol{k}$) vom Ort abhängt. Sie ist monochromatisch, weil sie nur eine bestimmte Frequenz enthält. Sie ist Lösung der Wellengleichung in (20.11), falls

$$\boxed{\omega = c\,|\boldsymbol{k}| = c\,k} \tag{20.17}$$

Die Frequenz ω ist positiv und die Komponenten k_x, k_y und k_z des Wellenvektors sind reell:

$$\omega > 0\,, \qquad -\infty < k_x, k_y,\, k_z < \infty \tag{20.18}$$

Die Wellengleichung in (20.11) wird durch (20.16) mit einer beliebigen, im Allgemeinen komplexen Amplitude $\boldsymbol{A}_0$ gelöst. Aus der zweiten Bedingung in (20.11) folgt aber die Einschränkung

$$\text{div}\,\boldsymbol{A} = \text{Re}\,\mathrm{i}\,\boldsymbol{k}\cdot\boldsymbol{A}_0 \exp\big(\mathrm{i}\,(\boldsymbol{k}\cdot\boldsymbol{r} - \omega t)\big) = 0 \tag{20.19}$$

Da dies für beliebige Orten und Zeiten gilt, muss $\boldsymbol{k}\cdot\boldsymbol{A}_0 = 0$ sein. Wir multiplizieren nun (20.16) skalar mit $\boldsymbol{k}$; dabei können wir den reellen Vektor $\boldsymbol{k}$ mit dem Re-Zeichen vertauschen. Aus $\boldsymbol{k}\cdot\boldsymbol{A}_0 = 0$ folgt dann $\boldsymbol{k}\cdot\boldsymbol{A} = 0$ oder

$$\boldsymbol{A} \perp \boldsymbol{k} \tag{20.20}$$

Wir berechnen nun das elektrische und magnetische Feld:

$$\boldsymbol{E}(\boldsymbol{r},t) = -\frac{1}{c}\frac{\partial \boldsymbol{A}}{\partial t} = \text{Re}\,\mathrm{i}k\boldsymbol{A}_0 \exp\big[\,\mathrm{i}\,(\boldsymbol{k}\cdot\boldsymbol{r} - \omega t)\big] = \text{Re}\,\boldsymbol{E}_0 \exp\big[\,\mathrm{i}\,(\boldsymbol{k}\cdot\boldsymbol{r} - \omega t)\big] \tag{20.21}$$

$$\boldsymbol{B}(\boldsymbol{r},t) = \nabla\times\boldsymbol{A} = \text{Re}\,\mathrm{i}\boldsymbol{k}\times\boldsymbol{A}_0 \exp\big[\,\mathrm{i}\,(\boldsymbol{k}\cdot\boldsymbol{r} - \omega t)\big] = \text{Re}\,\boldsymbol{B}_0 \exp\big[\,\mathrm{i}\,(\boldsymbol{k}\cdot\boldsymbol{r} - \omega t)\big] \tag{20.22}$$

Dabei wurde $\Phi = 0$ und $\omega = ck$ benutzt. In den jeweils letzten Ausdrücken wurden die komplexen Amplituden $\boldsymbol{E}_0$ und $\boldsymbol{B}_0$ eingeführt:

$$\boldsymbol{E}_0 = \mathrm{i}\,k\boldsymbol{A}_0\,, \qquad \boldsymbol{B}_0 = \mathrm{i}\,\boldsymbol{k}\times\boldsymbol{A}_0 \tag{20.23}$$

Aus (20.21) und (20.22) folgen noch die Beziehungen

$$\begin{aligned}\boldsymbol{B}(\boldsymbol{r},t) &= \text{Re}\,\mathrm{i}\boldsymbol{k}\times\boldsymbol{A}_0 \exp\big[\,\mathrm{i}\,(\boldsymbol{k}\cdot\boldsymbol{r} - \omega t)\big] \qquad (20.24)\\ &= (\boldsymbol{k}/k)\times\text{Re}\,\mathrm{i}k\boldsymbol{A}_0 \exp\big[\,\mathrm{i}\,(\boldsymbol{k}\cdot\boldsymbol{r} - \omega t)\big] = (\boldsymbol{k}/k)\times\boldsymbol{E}(\boldsymbol{r},t)\end{aligned}$$

$$\begin{aligned}(\boldsymbol{k}/k)\cdot\boldsymbol{E}(\boldsymbol{r},t) &= (\boldsymbol{k}/k)\cdot\text{Re}\,\mathrm{i}k\boldsymbol{A}_0 \exp\big[\,\mathrm{i}\,(\boldsymbol{k}\cdot\boldsymbol{r} - \omega t)\big]\\ &= \text{Re}\,\mathrm{i}\boldsymbol{k}\cdot\boldsymbol{A}_0 \exp\big[\,\mathrm{i}\,(\boldsymbol{k}\cdot\boldsymbol{r} - \omega t)\big] \overset{(20.19)}{=} 0 \qquad (20.25)\end{aligned}$$

Hierbei wurde verwendet, dass der reelle Vektor $\boldsymbol{k}$ mit dem Re-Zeichen vertauscht werden darf. Die Amplituden $\boldsymbol{A}_0$, $\boldsymbol{E}_0$ und $\boldsymbol{B}_0$ sind im Allgemeinen komplex. Für die reellen physikalischen Felder $\boldsymbol{E}$ und $\boldsymbol{B}$ folgt aus den letzten beiden Gleichungen:

$$\boxed{\boldsymbol{E}(\boldsymbol{r},t) \perp \boldsymbol{k}, \qquad \boldsymbol{B}(\boldsymbol{r},t) \perp \boldsymbol{k}} \tag{20.26}$$

$$\boxed{\big|\boldsymbol{E}(\boldsymbol{r},t)\big| = \big|\boldsymbol{B}(\boldsymbol{r},t)\big|, \qquad \boldsymbol{E}(\boldsymbol{r},t) \perp \boldsymbol{B}(\boldsymbol{r},t)} \tag{20.27}$$

Diskussion

Der *Wellenvektor* $\boldsymbol{k}$ gibt die *Ausbreitungsrichtung* der Welle an. Man betrachte etwa eine bestimmte Phasenfläche $\boldsymbol{k}\cdot\boldsymbol{r} - \omega t = \text{const}$. Diese ebene Phasenfläche verschiebt sich mit der Phasengeschwindigkeit $c = \omega/k$ in Richtung von $\boldsymbol{k}/k$. Aus (20.26) folgt, dass die Energiestromdichte $\boldsymbol{S} = c\,\boldsymbol{E}\times\boldsymbol{B}/4\pi$, (16.20), parallel zu $\boldsymbol{k}$ ist. Daher ist $\boldsymbol{k}$ die Richtung des Energietransports der Welle.

Wenn das Vektorfeld einer Welle und der Wellenvektor parallel zueinander stehen, heißt die Welle *longitudinal*. Schallwellen in Gasen und Flüssigkeiten sind longitudinal, Schallwellen in Festkörper können transversal oder longitudinal sein. Hierbei beschreibt das Vektorfeld die Auslenkungen aus der Ruhelage.

Wegen (20.26) sind elektromagnetische Wellen *transversal*; das elektrische und das magnetische Feld stehen senkrecht zu $\boldsymbol{k}$. Außerdem stehen das elektrische und das magnetische Feld aufeinander senkrecht.

Das elektrische und magnetische Feld der Welle haben an jeder Stelle $\boldsymbol{r}$, t denselben Betrag. Damit haben Felder an jeweils denselben Stellen Maxima und Nullstellen; sie sind *in Phase* oder *phasengleich*.

Geht man in $\boldsymbol{k}$-Richtung um eine Wellenlänge

$$\lambda = \frac{2\pi}{k} \qquad \text{(Wellenlänge)} \tag{20.28}$$

weiter, so ändert sich die Phase um $k\lambda = 2\pi$, und $\boldsymbol{A}(\boldsymbol{r},t)$ hat denselben Wert. Insbesondere ist der Abstand zwischen zwei benachbarten Maxima des Felds $\boldsymbol{A}$ gleich λ. Die Wellenzahl $k = 2\pi/\lambda$ ist gleich 2π mal der Anzahl der Wellenberge pro Längeneinheit. Neben der (Kreis-) Frequenz ω benutzt man auch die Frequenz ν im engeren Sinn,

$$\nu = \frac{\omega}{2\pi} = \frac{c}{\lambda} \tag{20.29}$$

Die Frequenz wird in Hertz, die Wellenlänge in Meter gemessen:

$$[\nu] = \frac{1}{\text{s}} = 1\,\text{Hertz} = 1\,\text{Hz}, \qquad [\lambda] = 1\,\text{m} \tag{20.30}$$

Die üblichen Bezeichnungen der in einer Welle vorkommenden Größen sind in Tabelle 20.1 zusammengestellt.

Tabelle 20.1 Die Tabelle gibt die Bezeichnungen für die in einer elektromagnetischen Welle vorkommenden Größen an. Diese Größen treten auch bei anderen Wellen auf. Für Schallwellen ist die Amplitude die Abweichung von der Gleichgewichtsdichte (Gas, Flüssigkeit) oder die Auslenkung aus der Gleichgewichtslage (Festkörper); die Schallgeschwindigkeit ist $c_S \approx 330\,\mathrm{m/s}$ in Luft und $c_S \approx 5000\,\mathrm{m/s}$ in Eisen.

Bezeichnung	Symbol	Beziehungen
Amplitude	$\boldsymbol{A}_0$	$\boldsymbol{A}_0 \perp \boldsymbol{k}$
Wellenvektor	$\boldsymbol{k}$	$\boldsymbol{S} \parallel \boldsymbol{k}$
Wellenzahl	k	$k = \lvert\boldsymbol{k}\rvert = \omega/c$
Wellenlänge	λ	$\lambda = 2\pi/k$
(Kreis-)Frequenz	ω	$\omega = ck$
Frequenz	ν	$\nu = \omega/2\pi = c/\lambda$
Phasengeschwindigkeit	c	$c = \omega/k = 3 \cdot 10^8\,\mathrm{m/s}$
Phase	φ	$\varphi = \boldsymbol{k} \cdot \boldsymbol{r} - \omega t$

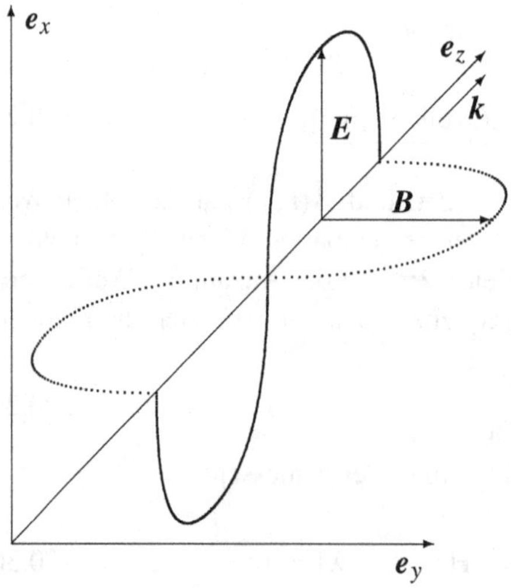

Abbildung 20.1 Elektrisches Feld $\boldsymbol{E}(z,t) = E(z,t)\,\boldsymbol{e}_x$ und magnetisches Feld $\boldsymbol{B}(z,t) = B(z,t)\,\boldsymbol{e}_y$ der linear polarisierten Welle (20.32) zu einem bestimmten Zeitpunkt. An einem festen Ort oszillieren die Felder zwischen den Werten $\pm k A_0$. Effektiv verschieben sich die skizzierten Felder mit der Geschwindigkeit c in Richtung des Wellenvektors $\boldsymbol{k} = k\,\boldsymbol{e}_z$.

Beispiel

Wir betrachten den Spezialfall

$$\boldsymbol{k} = k\, \boldsymbol{e}_z\,, \qquad \boldsymbol{A}_0 = -A_0\, \boldsymbol{e}_x\,, \qquad A_0 = \text{reell} \tag{20.31}$$

Die Felder dieser Welle

$$E_x = B_y = k\, A_0 \sin(kz - \omega t)\,, \qquad E_y = E_z = B_x = B_z = 0 \tag{20.32}$$

sind in Abbildung 20.1 skizziert. An einem festen Ort oszillieren das elektrische und magnetische Feld phasengleich zwischen den Werten $\pm k\, A_0$. Ein Wellenberg, etwa ein bestimmtes Maximum von E_x, bewegt sich mit der Geschwindigkeit c in z-Richtung.

Polarisation

Wir gehen von einer bestimmten Ausbreitungsrichtung $\boldsymbol{k}$ der Welle aus. Die Richtungen der Felder $\boldsymbol{E}$ und $\boldsymbol{B}$ sind durch $\boldsymbol{E} \perp \boldsymbol{k}$, $\boldsymbol{B} \perp \boldsymbol{k}$ und $\boldsymbol{E} \perp \boldsymbol{B}$ noch nicht festgelegt. So kann $\boldsymbol{E}$ eine beliebige Richtung innerhalb der Ebenen $\boldsymbol{k}\cdot\boldsymbol{r} = 0$ haben. Unter der *Polarisation* der Welle versteht man die Zeitabhängigkeit dieser Richtung. Dabei bedeutet *lineare* Polarisation eine konstante Richtung und *zirkulare* Polarisation eine Drehung dieser Richtung mit konstanter Winkelgeschwindigkeit; dies wird im Folgenden erläutert. Unter unpolarisiertem Licht versteht man ein Ensemble von Wellenpaketen, in denen die Richtungen von $\boldsymbol{E}$ statistisch verteilt sind.

Der komplexe Amplitudenvektor $\boldsymbol{E}_0$ kann in zwei reelle Vektoren, $\boldsymbol{a}_1$ und $\boldsymbol{a}_2$, zerlegt werden:

$$\boldsymbol{E}_0 = \boldsymbol{a}_1 + \mathrm{i}\, \boldsymbol{a}_2 = (\boldsymbol{b}_1 + \mathrm{i}\, \boldsymbol{b}_2)\, \exp(-\mathrm{i}\alpha) \tag{20.33}$$

Im letzten Ausdruck haben wir einen zunächst beliebigen Phasenfaktor abgespalten. Dadurch kann der verbleibende Vektor $\boldsymbol{b}_1 + \mathrm{i}\, \boldsymbol{b}_2$ (mit reellem $\boldsymbol{b}_1$, $\boldsymbol{b}_2$) aber nicht reell gemacht werden; denn die drei komplexen Komponenten von $\boldsymbol{E}_0$ haben im Allgemeinen verschiedene Phasen.

Das Skalarprodukt $\boldsymbol{E}_0^2 = \boldsymbol{E}_0 \cdot \boldsymbol{E}_0$ ist eine komplexe Zahl. Wir spalten diese Zahl in ihren Betrag und Phase auf:

$$\boldsymbol{E}_0^2 = \left|\boldsymbol{E}_0^2\right| \exp(\mathrm{i}\gamma) = \big(\boldsymbol{b}_1 + \mathrm{i}\, \boldsymbol{b}_2\big)^2 \exp(-2\mathrm{i}\alpha) \tag{20.34}$$

Wenn wir nun $\alpha = -\gamma/2$ wählen, dann ist $(\boldsymbol{b}_1 + \mathrm{i}\, \boldsymbol{b}_2)^2$ gleich $|\boldsymbol{E}_0^2|$, also reell:

$$\big(\boldsymbol{b}_1 + \mathrm{i}\, \boldsymbol{b}_2\big)^2 = \boldsymbol{b}_1^2 - \boldsymbol{b}_2^2 + 2\,\mathrm{i}\, \boldsymbol{b}_1 \cdot \boldsymbol{b}_2 = \text{reell} \tag{20.35}$$

Also gilt $\boldsymbol{b}_1 \cdot \boldsymbol{b}_2 = 0$ und $\boldsymbol{b}_1 \perp \boldsymbol{b}_2$. Aus $\boldsymbol{k} \cdot \boldsymbol{E}_0 = 0$ folgt $\boldsymbol{k} \cdot (\boldsymbol{b}_1 + \mathrm{i}\, \boldsymbol{b}_2) = 0$ und damit $\boldsymbol{b}_1 \perp \boldsymbol{k}$ und $\boldsymbol{b}_2 \perp \boldsymbol{k}$. Wenn weder $\boldsymbol{b}_1$ noch $\boldsymbol{b}_2$ null sind, können wir ein kartesisches Koordinatensystem mit den Basisvektoren $\boldsymbol{e}_1$, $\boldsymbol{e}_2$ und $\boldsymbol{e}_3$ so wählen, dass

$$\boldsymbol{e}_1 = \frac{\boldsymbol{b}_1}{b_1}\,, \qquad \boldsymbol{e}_2 = \mp\frac{\boldsymbol{b}_2}{b_2}\,, \qquad \boldsymbol{e}_3 = \frac{\boldsymbol{k}}{k} \tag{20.36}$$

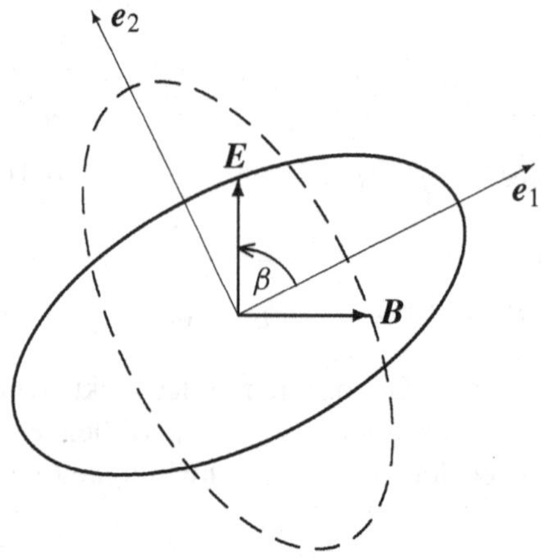

Abbildung 20.2 An einem festen Ort dreht sich der Feldvektor $\boldsymbol{E}(\boldsymbol{r}, t)$ einer ebenen Welle mit $\beta = \beta(t)$ aus (20.39) und beschreibt dabei eine Ellipse. Der magnetische Feldvektor $\boldsymbol{B}$ steht senkrecht zu $\boldsymbol{E}$; er beschreibt die gestrichelte Ellipse. Der Wellenvektor steht senkrecht auf der Bildebene.

Das Vorzeichen in $\boldsymbol{e}_2$ wird so festgesetzt, dass sich ein rechtshändiges System ergibt. Einer der beiden Vektoren $\boldsymbol{b}_1$ oder $\boldsymbol{b}_2$ könnte null sein; dann ist der zugehörige Basisvektor senkrecht zu den beiden anderen zu wählen.

Mit (20.36) wird das elektrische Feld (20.21) zu

$$\begin{aligned}\boldsymbol{E}(\boldsymbol{r},t) &= \mathrm{Re}\,\big(b_1\,\boldsymbol{e}_1 \mp \mathrm{i} b_2\,\boldsymbol{e}_2\big)\,\exp\big[\,\mathrm{i}\,(\boldsymbol{k}\cdot\boldsymbol{r} - \omega t - \alpha)\big] \\ &= \boldsymbol{e}_1\,b_1\cos(\boldsymbol{k}\cdot\boldsymbol{r} - \omega t - \alpha) \pm \boldsymbol{e}_2\,b_2\sin(\boldsymbol{k}\cdot\boldsymbol{r} - \omega t - \alpha) \\ &= E_1(\boldsymbol{r},t)\,\boldsymbol{e}_1 + E_2(\boldsymbol{r},t)\,\boldsymbol{e}_2 \end{aligned} \tag{20.37}$$

Für die kartesischen Komponenten $E_1 = b_1\cos(...)$ und $E_2 = b_2\sin(...)$ gilt

$$\frac{E_1^2}{b_1^2} + \frac{E_2^2}{b_2^2} = 1 \tag{20.38}$$

In der E_1-E_2-Ebene beschreibt der Vektor $\boldsymbol{E} := (E_1, E_2, 0)$ also eine Ellipse, Abbildung 20.2. An einer festen Stelle $\boldsymbol{r}$ dreht sich $\boldsymbol{E}$ um die $\boldsymbol{k}$-Achse. Den Winkel, den $\boldsymbol{E}$ mit der $\boldsymbol{e}_1$-Achse einschließt, nennen wir β. Für $\beta(t)$ erhalten wir

$$\tan\beta(t) = \frac{E_2}{E_1} = \mp\,\frac{b_2}{b_1}\,\tan(\omega t + \delta) \tag{20.39}$$

Dabei ist $\delta = \alpha - \boldsymbol{k}\cdot\boldsymbol{r}$. Je nach Vorzeichen dreht sich der $\boldsymbol{E}$-Vektor mit der Kreisfrequenz ω links oder rechts herum. Ein ganzer Durchlauf der Ellipse erfolgt während der Periode $T = 2\pi/\omega$.

Das $\boldsymbol{B}$-Feld ist durch $\boldsymbol{B}(\boldsymbol{r},t) = (\boldsymbol{k}/k) \times \boldsymbol{E}(\boldsymbol{r},t)$ gegeben, (20.27). Daher beschreibt der $\boldsymbol{B}$-Vektor eine Ellipse, die um $\pi/2$ gegenüber derjenigen von $\boldsymbol{E}$ verdreht ist.

Die Ableitung von (20.37) erfolgte für eine beliebige komplexe Amplitude $\boldsymbol{E}_0$. Das Ergebnis stellt daher den allgemeinsten Fall einer ebenen, monochromatischen Welle dar. Zur einfacheren Darstellung wurde das Koordinatensystem geschickt gewählt: Zunächst wird die $\boldsymbol{e}_3$-Achse in Richtung von $\boldsymbol{k}$ gelegt. Für zwei beliebige, dazu senkrechte Koordinatenachsen erhielte man anstelle von (20.38) eine gedrehte Ellipse. Die Wahl (20.36) von $\boldsymbol{e}_1$ und $\boldsymbol{e}_2$ bewirkt, dass diese Ellipse in Hauptachsenform vorliegt.

Die ebene, monochromatische Welle ist im allgemeinen Fall *elliptisch polarisiert*. Die Lage und Form der Ellipse wird durch die Vektoren $\boldsymbol{b}_1$ und $\boldsymbol{b}_2$ festgelegt. Dabei gibt es zwei einfache Spezialfälle: Eine Halbachse der Ellipse ist null, oder beide Halbachsen sind gleich lang:

$$\boldsymbol{E}_0 \exp(\mathrm{i}\alpha) = \boldsymbol{b}_1 + \mathrm{i}\,\boldsymbol{b}_2 = \begin{cases} b\,\boldsymbol{e}_1 \text{ oder } b\,\boldsymbol{e}_2 & \text{linear polarisiert} \\ b\,(\boldsymbol{e}_1 \pm \mathrm{i}\,\boldsymbol{e}_2) & \text{zirkular polarisiert} \end{cases} \tag{20.40}$$

Der allgemeine Fall kann als Überlagerung der beiden linear polarisierten oder der beiden zirkular polarisierten Lösungen dargestellt werden.

Energie und Impuls

Wir berechnen die Energie- und Impulsdichte der ebenen, monochromatischen Welle (20.21, 20.22). An einem bestimmten Ort oszillieren diese Größen zwischen null und dem Maximalwert; wir bestimmen daher die zeitgemittelten Größen. Alle Felder können in der Form

$$a(t) = \mathrm{Re}\, a_0 \exp(-\mathrm{i}\omega t)\,, \qquad b(t) = \mathrm{Re}\, b_0 \exp(-\mathrm{i}\omega t) \tag{20.41}$$

mit komplexem a_0 und b_0 geschrieben werden. Die zu berechnenden Größen sind quadratisch in den Feldern. Wir untersuchen daher

$$a(t)\, b(t) = \frac{1}{4}\Big(a_0 \exp(-\mathrm{i}\omega t) + a_0^* \exp(\mathrm{i}\omega t)\Big)\Big(b_0 \exp(-\mathrm{i}\omega t) + b_0^* \exp(\mathrm{i}\omega t)\Big) \tag{20.42}$$

Bei einer Mittelung über die Zeit fallen die oszillierenden Anteile weg:

$$\big\langle a(t)\, b(t)\big\rangle = \frac{1}{4}\left(a_0 b_0^* + a_0^* b_0\right) = \frac{1}{2}\,\mathrm{Re}\left(a_0 b_0^*\right) \tag{20.43}$$

Die Klammern $\langle \ldots \rangle$ stehen für die Zeitmittelung. Wir setzen nun die Felder ein, zum Beispiel $a(t) = \boldsymbol{E}(\boldsymbol{r}, t)$ und $a_0 = \boldsymbol{E}_0 \exp(\mathrm{i}\boldsymbol{k}\cdot\boldsymbol{r})$. Die zeitgemittelte Energiedichte ist

$$\begin{aligned} \langle w_{\mathrm{em}}\rangle &= \frac{1}{8\pi}\left\langle \boldsymbol{E}^2 + \boldsymbol{B}^2\right\rangle = \frac{1}{16\pi}\Big(\mathrm{Re}\left(\boldsymbol{E}_0\cdot\boldsymbol{E}_0^*\right) + \mathrm{Re}\left(\boldsymbol{B}_0\cdot\boldsymbol{B}_0^*\right)\Big) \\ &= \frac{1}{8\pi}\,\boldsymbol{B}_0\cdot\boldsymbol{B}_0^* = \frac{1}{8\pi}\,\boldsymbol{E}_0\cdot\boldsymbol{E}_0^* \end{aligned} \tag{20.44}$$

Das Ergebnis kann – wie angegeben – alternativ durch $\boldsymbol{E}_0$ oder $\boldsymbol{B}_0$ ausgedrückt werden. Die zeitgemittelte Energiestromdichte ist

$$\langle \boldsymbol{S}\rangle = \frac{c}{4\pi}\left\langle \boldsymbol{E}\times\boldsymbol{B}\right\rangle = \frac{c}{8\pi}\,\mathrm{Re}\left(\boldsymbol{E}_0\times\boldsymbol{B}_0^*\right) = \langle w_{\mathrm{em}}\rangle\, c\,\frac{\boldsymbol{k}}{k} \tag{20.45}$$

Dies bedeutet, dass die Welle ihre Energie mit der Geschwindigkeit c in Richtung des Wellenvektors transportiert.

Die Gesamtenergie $\int d^3r\ \langle w_{\text{em}} \rangle$ der ebenen, monochromatischen Welle ist unendlich. Insofern ist diese Wellenform ein unrealistisches Modell. Tatsächlich gibt es nur endliche Wellenpakete. Solche Wellenpakete können als Überlagerung (17.23) von ebenen Wellen dargestellt werden. Die hier diskutierten Eigenschaften, insbesondere die Polarisationseigenschaften, können auf solche Wellenpakete übertragen werden.

Ein endliches Wellenpaket (Aufgabe 20.2) ist nicht mehr strikt monochromatisch. Eine räumliche Begrenzung der Länge l bedingt vielmehr die Frequenzunschärfe

$$\frac{\Delta\nu}{\nu} \gtrsim \frac{\lambda}{l} \qquad \text{(Wellenpaket der Größe } l\,) \tag{20.46}$$

Für ein Wellenpaket mit $l \gg \lambda$ kann die Frequenzunschärfe klein sein. In diesem Fall kann das Wellenpaket für viele Zwecke durch eine ebene, monochromatische Welle, mit der man einfacher rechnen kann, ersetzt werden.

Elektromagnetisches Spektrum

Die Tabelle 20.2 ordnet den elektromagnetischen Wellen verschiedener Frequenzen bekannte Erscheinungsformen zu. Der untere Bereich mit $\nu < 3 \cdot 10^4\,$Hz oder $\lambda > 10\,$km oder wird als Niederfrequenz bezeichnet. Bei diesen großen Wellenlängen werden oft Begrenzungen eine Rolle spielen; im nächsten Kapitel werden die Modifikationen bei Begrenzungen durch Leiter diskutiert.

Sichtbares Licht ist nur ein kleiner Ausschnitt des Spektrums. Es liegt im Wellenlängenbereich

$$\lambda_{\text{sichtbar}} = 4 \ldots 8 \cdot 10^{-7}\,\text{m} \tag{20.47}$$

Der untere Bereich entspricht den Farben *violett* und *blau*, der obere der Farbe *rot*. Eine bestimmte Frequenz bedeutet hier eine bestimmte Farbe. Dies erklärt den Begriff monochromatisch (also einfarbig) für die Welle (20.16).

Atome können elektromagnetische Strahlung im sichtbaren Bereich des Spektrums (und in benachbarten Bereichen) absorbieren oder emittieren. Die Wellenlängen in (20.47) sind ungefähr um einen Faktor 10^4 größer als der Bohrsche Radius $a_{\text{B}} \approx 5 \cdot 10^{-11}\,$m, der die Größe der Atome charakterisiert. Die abgesandte Strahlung tritt in Quanten mit der Energie $\hbar\omega$ auf. Die Abstrahlung eines Lichtquants dauert etwa $\tau \sim 10^{-8}\,$s; daraus ergibt sich ein Wellenpaket der Länge $l_{\text{c}} \sim 3\,$m und eine entsprechende Frequenzunschärfe (20.46). Abstrahlungsvorgänge werden in Kapitel 24 diskutiert.

Monochromatische Wellen sind Lösungen der Maxwellgleichungen für beliebige Frequenzen im Bereich $0 < \nu < \infty$. Effektiv gibt es aber Begrenzungen des Frequenzbereichs:

Tabelle 20.2 Elektromagnetische Wellen treten in verschiedenen Erscheinungsformen auf. Die fünf Dekaden der Radiowellen werden als Langwelle, Mittelwelle, Kurzwelle, UKW und UHF bezeichnet. Der Bereich für Licht kann in die Abschnitte infrarot, sichtbar und ultraviolett aufgeteilt werden. Die Grenze zwischen Röntgen- und Gammastrahlung ist nicht scharf. Die Gammastrahlung im engeren Sinn bezieht sich auf die Strahlung von Atomkernen. Gammastrahlung mit noch größeren Frequenzen kommt in der Höhenstrahlung vor.

Bezeichnung	Frequenz ν in Hz
Radiowellen	$3 \cdot 10^4 \ldots 3 \cdot 10^9$
Mikrowellen	$3 \cdot 10^9 \ldots 10^{12}$
Licht	$10^{12} \ldots 5 \cdot 10^{17}$
Röntgenstrahlen	$3 \cdot 10^{16} \ldots 3 \cdot 10^{20}$
Gammastrahlen	$3 \cdot 10^{19} \ldots 3 \cdot 10^{22}$ und höher

- Für $\nu \to 0$ geht die Wellenlänge λ gegen unendlich. Ein Wellenpaket mit wohldefinierter Frequenz ($\Delta\nu \ll \nu$) muss daher entsprechend groß sein, $l \sim \lambda\,\nu/\Delta\nu \gg \lambda$. Zumindest bei Experimenten auf der Erde gibt es dann Begrenzungen, die zu Randbedingungen und minimalen Frequenzen führen.

  Als Beispiel sei auf die Schumann-Resonanzen verwiesen, bei denen die Begrenzung durch die Erdoberfläche und die Ionosphäre zu diskreten Frequenzen führt. In (21.30) ist ihre minimale Frequenz $\nu \approx 8\,\text{Hz}$ angegeben.

- Für $\nu \to \infty$ wird der Teilchencharakter der elektromagnetischen Strahlung dominierend. Dieser Teilchencharakter wird im Rest dieses Kapitels qualitativ diskutiert. Quantitativ können solche Vorgänge im Rahmen der Quantenelektrodynamik beschrieben werden.

  Bei Übergängen im Atomkern kann es zu Emissionen von γ-Quanten mit der Energie $\hbar\omega$ von einigen MeV kommen. Hierfür kann man keine Welle konstruieren, die ein klassisches elektromagnetisches Feld definiert. Röntgenlaser ($\hbar\omega \sim$ keV) erscheinen dagegen noch realisierbar.

Photonen

Die Elektrodynamik ist eine klassische Feldtheorie. Dabei wird implizit vorausgesetzt, dass die Quantisierung des Felds keine Rolle spielt. Wir skizzieren in diesem Abschnitt den Zusammenhang zwischen dem klassischen Feld und den Feldquanten. Für praktische Anwendungen genügt oft eine elementare Quantisierung des Felds.

Wir vergleichen zunächst die *Quantisierung* eines mechanischen Oszillators mit derjenigen des elektromagnetischen Felds:

1. Die Quantisierung eines eindimensionalen Oszillators mit der Frequenz ω führt zu den Energieeigenwerten
$$E_n = \hbar\omega\left(n + \frac{1}{2}\right) \tag{20.48}$$
Dabei ist $\hbar$ die Plancksche Konstante. Die E_n sind die möglichen Energiewerte der stationären Zustände des Systems. Durch ein solches Oszillatormodell werden zum Beispiel die Vibrationen eines O_2-Moleküls beschrieben. Experimentell kann man im Absorptionsspektrum (im Infraroten) diskrete Linien sehen, die den Energiedifferenzen $\hbar\omega$ entsprechen.

2. Elektromagnetische Strahlung besteht aus einzelnen Energieklumpen oder Quanten der Größe
$$E = \hbar\omega \qquad \text{(Photon)} \tag{20.49}$$
Diese Quanten heißen *Photonen*. Ihre Existenz wird durch zahlreiche Experimente belegt, etwa durch die Plancksche Strahlungsverteilung, durch den Photo- und den Comptoneffekt.

   In einem Hohlraum aus Metall können stehende elektromagnetische Wellen (Kapitel 21) angeregt werden. Diese Anregungen sind Eigenschwingungen des Systems, deren Quantisierung zu (20.48) führt.

Wir betrachten nun den *klassischen Grenzfall* der beiden Fälle:

1. Eine Masse $m = 1\,\text{g}$ sei an einer Feder aufgehängt und oszilliere mit der Eigenfrequenz $\omega = 1/\text{s}$; die Amplitude der Auslenkung sei $a = 1\,\text{cm}$. Auch dieser Oszillator hat die quantenmechanischen Energieeigenwerte (20.48). Die Anzahl der Schwingungsquanten n ist in diesem Fall aber so groß, dass die Quantisierung keine Rolle spielt. Für die angegebenen Werte gilt $n \approx E_{\text{klass}}/\hbar\omega \approx 10^{27}$, wobei $E_{\text{klass}} = m a^2\omega^2/2$. Die möglichen Energien E_n stellen praktisch ein Kontinuum dar, so wie dies in der klassischen Mechanik angenommen wird.

2. Den klassischen Grenzfall der elektromagnetischen Welle erhält man zum Beispiel für einen Laserpuls mit einer Energie $E_{\text{Puls}} = 1\,\text{J}$. Das Laserlicht liege beim roten Ende des sichtbaren Spektrums; dann ist die Energie eines Photons $\hbar\omega \approx 2\,\text{eV} \approx 3 \cdot 10^{-19}\,\text{J}$. Daraus folgt die Anzahl der Photonen in einem Puls:
$$N = \frac{E_{\text{Puls}}}{\hbar\omega} \approx 3 \cdot 10^{18}\ \text{Photonen} \tag{20.50}$$
Dies ist mit der Schwingungsquantenzahl $n \gg 1$ des makroskopischen, mechanischen Oszillators zu vergleichen.

Im klassischen Grenzfall ist die Quantisierung der Energie unwichtig; sie wird in der zugehörigen Theorie (klassische Mechanik, klassische Elektrodynamik) auch nicht behandelt.

Der Vergleich des Laserlichts mit einer klassischen elektromagnetischen Welle bedarf gewisser Einschränkungen, die wir hier nur andeuten. Zum einen wird Laserlicht durch einen sogenannten kohärenten Zustand beschrieben, in dem die Phase der Welle und die Anzahl der Photonen im Rahmen der quantenmechanischen Unschärfe festgelegt sind. Zum anderen ist die Symmetrie der quantenmechanischen Wellenfunktion (Ununterscheidbarkeit der Photonen) für die besondere Stabilität des Laserlichts wichtig.

Als Modell des Photons betrachten wir ein Wellenpaket mit der Energie $\hbar\omega = \int d^3r\, \langle w_{\rm em}\rangle$. Das Wellenpaket habe im Rahmen der Unsicherheit (20.46) den Wellenvektor $\boldsymbol{k}$. Die Impulsdichte des elektromagnetischen Felds ist $\boldsymbol{S}/c^2$. Hiermit berechnen wir den Impuls des Wellenpakets:

$$\boldsymbol{p} = \frac{1}{c^2}\int d^3r\, \langle \boldsymbol{S}\rangle \stackrel{(20.45)}{=} \frac{\boldsymbol{k}}{k}\int d^3r\, \frac{\langle w_{\rm em}\rangle}{c} = \frac{\boldsymbol{k}}{k}\,\frac{\hbar\omega}{c} = \hbar\boldsymbol{k} \qquad \text{(Photon)} \qquad (20.51)$$

Der experimentelle Nachweis, dass Photonen diesen Impuls haben, erfolgt insbesondere durch die inelastische Streuung von Photonen an Elektronen (Comptoneffekt). Die Energie- und Impulsbilanz der beteiligten Teilchen führt zu einer charakteristischen Relation zwischen der Frequenzänderung des Photons und dem Streuwinkel.

Aus (20.49) und (20.51) folgt

$$E^2 = c^2 p^2 \qquad \text{(Photon)} \qquad (20.52)$$

Der Vergleich mit der allgemeinen relativistischen Energie-Impulsbeziehung $E^2 = m^2c^4 + c^2p^2$ zeigt, dass die Photonen masselos sind:

$$m = 0 \qquad \text{(Photon)} \qquad (20.53)$$

Zur Aufstellung einer quantenmechanischen Wellengleichung geht man üblicherweise von der Energie-Impulsbeziehung aus und verwendet die Ersetzungsregeln $\boldsymbol{p} \to -\mathrm{i}\hbar\nabla$ und $E \to \mathrm{i}\hbar\,\partial_t$. Für (20.52) führt dies zu einer Wellengleichung der Form (20.11). Die möglichen Spineinstellungen werden dann durch mehrkomponentige Wellenfunktionen beschrieben.

Photonen sind reale Teilchen, denen eine Energie $E = \hbar\omega$, ein Impuls $\boldsymbol{p} = \hbar\boldsymbol{k}$ und der Spin 1 (siehe unten) zugeordnet werden kann. Ebenso wie bei materiellen Teilchen besteht ein Welle-Teilchen-Dualismus (Kapitel 1 von [3]). Das heißt, dass sich elektromagnetische Strahlung wie eine Welle (Interferenzeffekte), aber auch wie ein Strahl aus Teilchen (Photoeffekt) verhalten kann.

Photonen können in beliebiger Zahl dieselbe Wellenfunktion annehmen. Dies gilt allgemein für Bosonen (Teilchen mit ganzzahligem Spin); Fermionen (Teilchen mit halbzahligem Spin) genügen dagegen dem Pauliprinzip. Wenn sehr viele Photonen dieselbe Wellenfunktion haben, dann ist die Wellenfunktion selbst (und nicht nur ihr Betragsquadrat) Messgröße. So ist zum Beispiel das elektrische Feld, das von einem Radiosender ausgeht, messbar. In diesem Fall spielt (wie oben beim Laser) die Quantisierung der elektromagnetischen Welle eine untergeordnete Rolle.

Wir stellen noch den Zusammenhang zwischen der Polarisation der elektromagnetischen Welle und der Spineinstellung der Feldquanten her. Dazu betrachten wir das Verhalten von A^α unter Drehungen. Für die zirkular polarisierte Welle mit $\boldsymbol{k} = k\,\boldsymbol{e}_z$ erhalten wir mit $\boldsymbol{E} = -\dot{\boldsymbol{A}}/c = \mathrm{i}k\boldsymbol{A}$ (hier ohne Realteilbildung):

$$\big(A^\alpha\big) = \big(0, \boldsymbol{E}/\mathrm{i}k\big) \overset{(20.40)}{=} \frac{b}{\mathrm{i}k}\,(0, 1, \pm\mathrm{i}, 0)\,\exp\big[\,\mathrm{i}(kz - \omega t - \alpha)\big] \tag{20.54}$$

Eine Drehung um die z-Achse um den Winkel ϕ_0 wird durch die Transformationsmatrix

$$\big(\Lambda^\alpha_{\ \beta}\big) = \begin{pmatrix} 1 & 0 & 0 & 0 \\ 0 & \cos\phi_0 & \sin\phi_0 & 0 \\ 0 & -\sin\phi_0 & \cos\phi_0 & 0 \\ 0 & 0 & 0 & 1 \end{pmatrix} \tag{20.55}$$

vermittelt. Für die Welle (20.54) ergibt diese Transformation

$$A'^\alpha = \Lambda^\alpha_{\ \beta}\, A^\beta = \exp(\pm\,\mathrm{i}\phi_0)\, A^\alpha \tag{20.56}$$

In einer quantisierten Theorie wird A^α zur Wellenfunktion der Photonen. Bei Drehsymmetrie um die z-Achse ist eine Wellenfunktion von der Form $\Psi \propto \exp(\mathrm{i}m\phi)$; dabei ist $m\hbar$ die Projektion des Drehimpulses auf die z-Achse und ϕ ist der zugehörige Azimutwinkel. Bei Drehung um den Winkel ϕ_0 erhält $\Psi \propto \exp(\mathrm{i}m\phi)$ den zusätzlichen Faktor $\exp(\mathrm{i}m\phi_0)$. Eine Wellenfunktion, die sich wie (20.56) transformiert, beschreibt also ein Teilchen mit $m = \pm 1$; die Projektion des Drehimpulses auf die z-Richtung hat die möglichen Werte $\pm\,\hbar$. Daher ist einem Photon ein Spin $\boldsymbol{s}$ zuzuordnen, der in z- oder Impulsrichtung die Projektion

$$\frac{\boldsymbol{k}}{k}\cdot\boldsymbol{s} = \pm\,\hbar \qquad \text{(Photon)} \tag{20.57}$$

hat. Da höhere z-Projektionen nicht vorkommen, hat ein Photon den Spin 1. Dieser Spin kann sich parallel oder antiparallel zum Impuls einstellen. Diese Einstellungen entsprechen den beiden möglichen zirkularen Polarisationen.

Quantenmechanisch erwartet man für Spin 1 zunächst drei Spineinstellungen, $(\boldsymbol{k}/k)\cdot\boldsymbol{s}/\hbar = 0,\ \pm 1$. Die Spinprojektion null in Impulsrichtung kommt aber nicht vor. Für diese Projektion müsste in (20.56) $A'^\alpha = A^\alpha$ gelten. Dies würde $(A^\alpha) \propto (0, 0, 0, 1)$ implizieren. Ein solches A^α ist aber durch die Eichbedingung $\operatorname{div}\boldsymbol{A} = 0$ ausgeschlossen.

Zwei klassische Wellenpakete streuen nicht aneinander: Wenn $\boldsymbol{E}_1(\boldsymbol{r}, t)$ und $\boldsymbol{E}_2(\boldsymbol{r}, t)$ Lösungen der Maxwellgleichungen sind, dann ist $\boldsymbol{E} = \boldsymbol{E}_1(\boldsymbol{r}, t) + \boldsymbol{E}_2(\boldsymbol{r}, t)$ ebenfalls Lösung; dies folgt aus der Linearität der Maxwellgleichungen. Konkret können sich die Strahlen von zwei Taschenlampen ungehindert durchkreuzen. (Allerdings besteht das Licht einer Taschenlampe aus vielen Wellenpaketen, die einzelnen Photonen entsprechen). Abweichend von der klassischen Theorie gibt es tatsächlich einen sehr kleinen, aber messbaren Wirkungsquerschnitt für die Streuung von Photonen an Photonen. Er wird durch Erzeugung und Vernichtung virtueller Elektron-Positronpaare verursacht und kann in der Quantenelektrodynamik berechnet werden.

Aufgaben

20.1 Ebene elektromagnetische Welle

Durch $\boldsymbol{A} = A(x - ct)\,\boldsymbol{e}_z$ und $\Phi = 0$ ist eine ebene elektromagnetische Welle definiert. Bestimmen Sie das $\boldsymbol{E}$- und $\boldsymbol{B}$-Feld, die Energiedichte w_{em} und den Poyntingvektor $\boldsymbol{S}$.

•

20.2 Eindimensionales Wellenpaket

Die Potenziale eines elektromagnetischen Wellenpakets sind:

$$\boldsymbol{A} = A(x - ct)\,\boldsymbol{e}_z\,, \qquad A(x) = \int_{-\infty}^{\infty} dk\, f(k)\, \exp(ikx)\,, \qquad \Phi = 0$$

Betrachten Sie die folgenden Fälle:

(i) $f(k) = f_0 \exp(-\gamma k^2/2)$

(ii) $f(k) = f_0 \exp(\,-\alpha\,|k|)$

(iii) $f(k) = f_0\, \Theta(\kappa - |k|)$

Skizzieren Sie jeweils die Form des Wellenpakets $A(x - ct)$ im Ortsraum, und geben Sie sein Zentrum $\overline{x}$ und seine Breite Δx an.

20.3 Zirkular polarisiertes Wellenpaket

Eine zirkular polarisierte Welle mit den Komponenten

$$\begin{aligned} E_x &= E_0(x, y)\, \exp\big[\mathrm{i}(kz - \omega t)\big] \\ E_y &= \pm\mathrm{i}\, E_0(x, y)\, \exp\big[\mathrm{i}(kz - \omega t)\big] \end{aligned}$$

ist in x- und y-Richtung begrenzt; die Amplitude $E_0(x, y)$ ist eine reelle und in den Variablen x und y gerade Funktion. Das Wellenpaket soll sich in diesen Richtungen über viele Wellenlängen erstrecken, so dass

$$\left|\frac{\partial E_0}{\partial x}\right| \ll \frac{E_0}{\lambda} \qquad \text{und} \qquad \left|\frac{\partial E_0}{\partial y}\right| \ll \frac{E_0}{\lambda}$$

Eine noch schwächere z-Abhängigkeit in $E_0(x, y, z)$ soll das Wellenpaket letztlich auch in z-Richtung begrenzen; diese Abhängigkeit soll aber in den folgenden Rechnungen nicht explizit berücksichtigt werden.

Lesen Sie E_z und $\boldsymbol{B}$ aus den Maxwellgleichungen ab (jeweils nur die führenden Terme). Berechnen Sie die zeitgemittelten Größen: Energiedichte $\langle w_{\text{em}}\rangle$, Poyntingvektor $\langle \boldsymbol{S}\rangle$ und Drehimpulsdichte $\boldsymbol{r} \times \langle \boldsymbol{S}\rangle/c^2$. Setzen Sie die Gesamtenergie W gleich $\hbar\omega$, also der Energie eines Photons. Welchen Drehimpuls hat dieses Photon dann?

21 Hohlraumwellen

Wir untersuchen Wellenlösungen in einem Volumen, das durch Metallwände begrenzt wird. Innerhalb des Volumens gelten die freien Maxwellgleichungen. Auf den Metallrändern werden Ladungen und Ströme influenziert, die im Allgemeinen nicht bekannt sind. Es können jedoch die Randbedingungen für das elektrische und magnetische Feld angegeben werden. Wir behandeln einen Hohlraumresonator und einen Wellenleiter.

Wenn ein Volumen von einer geschlossenen Metallfläche begrenzt ist, sind nur bestimmte Eigenschwingungen des elektromagnetischen Felds möglich; hier sprechen wir von einem Hohlraumresonator. Wenn das Volumen in einer Richtung unbegrenzt ist, können sich in dieser Richtung Wellen ausbreiten; dies nennen wir einen Wellenleiter. In beiden Fällen beschränken wir uns auf einfache Geometrien des Volumens, Abbildung 21.1.

Wegen der freien Verschiebbarkeit von Ladungen im Metall verschwinden die Tangentialkomponenten des elektrischen Felds am Rand R des betrachteten Volumens:

$$\boldsymbol{t} \cdot \boldsymbol{E}(\boldsymbol{r}, t)\big|_{\mathrm{R}} = 0 \tag{21.1}$$

Wegen $\operatorname{rot} \boldsymbol{E} = -\dot{\boldsymbol{B}}/c = \mathrm{i}\omega \boldsymbol{B}/c$ induziert ein periodisches Magnetfeld elektrische Felder, die senkrecht zu $\boldsymbol{B}(\boldsymbol{r}, t)$ stehen. Wegen (21.1) müssen solche elektrischen Felder in tangentialer Richtung null sein. Daher muss die Normalkomponente von $\boldsymbol{B}$ verschwinden:

$$\boldsymbol{n} \cdot \boldsymbol{B}(\boldsymbol{r}, t)\big|_{\mathrm{R}} = 0 \tag{21.2}$$

Die Bedingungen (21.1) und (21.2) sind Idealisierungen; die tatsächliche Situation im Metall ist komplizierter und wird in Teil VI näher untersucht. In Kapitel 7 wurde (21.1) für statische Felder begründet. Die Verallgemeinerung auf zeitabhängige Felder ist möglich, wenn die Felder sich nicht zu schnell ändern; denn dann können sich die beweglichen Ladungen wie im statischen Fall verschieben. Für periodische Lösungen, die wir untersuchen, darf daher die Frequenz nicht zu hoch sein. Die Bedingungen (21.1) und (21.2) sind brauchbare Näherungen für Radiofrequenzen, sie sind aber etwa im ultravioletten Bereich ungültig (dort sind Metalle transparent, Kapitel 34). Tatsächlich dringt das elektromagnetische Feld auch bei Radiofrequenzen etwas in das Metall ein. Dies führt zu Ohmschen Verlusten und damit zu einer Dämpfung der Schwingungen oder Wellen. Solche Dämpfungseffekte werden hier nicht berücksichtigt.

T. Fließbach, *Elektrodynamik*, https://doi.org/10.1007/978-3-662-64889-6_21

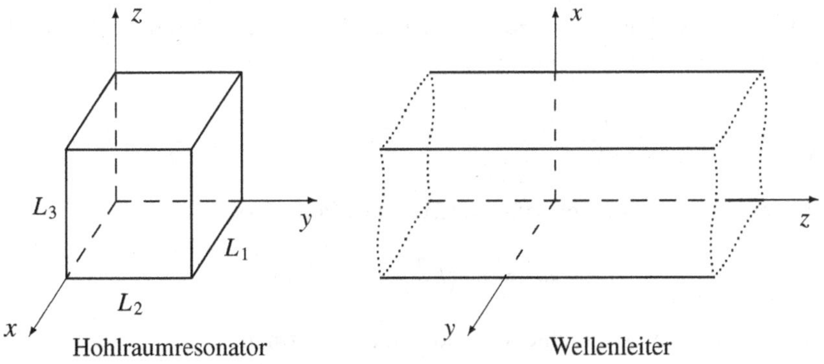

Abbildung 21.1 Der Hohlraumresonator ist ein geschlossener Metallkörper, der Wellenleiter ist dagegen in einer Richtung unbegrenzt. Der Einfachheit halber betrachten wir rechteckige Begrenzungen.

Innerhalb des Hohlraums gebe es keine Ladungen, $\varrho = 0$ und $\boldsymbol{j} = 0$. Dann gelten dort die freien Maxwellgleichungen:

$$\operatorname{div}\boldsymbol{E} = 0\,, \qquad \operatorname{rot}\boldsymbol{E} = -\dot{\boldsymbol{B}}/c\,, \qquad \operatorname{rot}\boldsymbol{B} = \dot{\boldsymbol{E}}/c\,, \qquad \operatorname{div}\boldsymbol{B} = 0 \tag{21.3}$$

Wir verwenden dies in $\Delta\boldsymbol{E} = -\operatorname{rot}\operatorname{rot}\boldsymbol{E} + \operatorname{grad}\operatorname{div}\boldsymbol{E}$ und erhalten

$$\boxed{\left(\Delta - \frac{1}{c^2}\,\frac{\partial^2}{\partial t^2}\right)\boldsymbol{E}(\boldsymbol{r}, t) = 0} \tag{21.4}$$

Die entsprechende Berechnung von $\Delta\boldsymbol{B}$ ergibt

$$\boxed{\left(\Delta - \frac{1}{c^2}\,\frac{\partial^2}{\partial t^2}\right)\boldsymbol{B}(\boldsymbol{r}, t) = 0} \tag{21.5}$$

Die Wellengleichungen (21.4) und (21.5) können die Maxwellgleichungen nicht vollständig ersetzen. Insbesondere sind die kartesischen Komponenten von $\boldsymbol{E}$ und $\boldsymbol{B}$ nach (21.3) nicht voneinander unabhängig.

Wir suchen nun Lösungen, die die Randbedingungen (21.1) und (21.2) erfüllen. Solche Lösungen sind wesentlich durch die Geometrie des Hohlraums bestimmt. Wir beschränken uns auf einen quaderförmigen Hohlraum und auf einen Wellenleiter mit einem rechteckigen Querschnitt, Abbildung 21.1. In diesen Fällen führt ein Separationsansatz in kartesischen Koordinaten zum Ziel.

Für die x-Komponente von $\boldsymbol{E} = \sum E_i\,\boldsymbol{e}_i$ lautet der Separationsansatz

$$E_1(x, y, z, t) = X(x)\;Y(y)\;Z(z)\;T(t) \tag{21.6}$$

Wir setzen dies in die Wellengleichung (21.4) ein:

$$\frac{X''}{X} + \frac{Y''}{Y} + \frac{Z''}{Z} - \frac{1}{c^2}\,\frac{T''}{T} = 0 \tag{21.7}$$

Jeder Term muss gleich einer Konstanten sein, weil die anderen Terme nicht von der jeweiligen Koordinate abhängen:

$$\frac{X''}{X} = -k_1^2\,, \qquad \frac{Y''}{Y} = -k_2^2\,, \qquad \frac{Z''}{Z} = -k_3^2\,, \qquad \frac{T''}{T} = -\omega^2 \tag{21.8}$$

Diese Separationskonstanten müssen (21.7) erfüllen, also

$$\omega^2 = c^2 \left(k_1^2 + k_2^2 + k_3^2\right) \tag{21.9}$$

Für die Lösung gibt es verschiedene, äquivalente Formen:

$$X(x) = \begin{cases} \sin(k_1 x + \alpha_1) & \text{oder} \\ \sin(k_1 x),\ \cos(k_1 x) & \text{oder} \\ \exp(\pm\,\mathrm{i} k_1 x) & \end{cases} \tag{21.10}$$

Für X, Y und Z verwenden wir die erste Form. Für T setzen wir dagegen $T = \mathrm{Re}\, A \exp(-\mathrm{i}\omega t)$ mit $\omega > 0$ und einer komplexen Amplitude A an; dies ist äquivalent zu einer Überlagerung von $\sin(\omega t)$ und $\cos(\omega t)$, (20.15). Eine Amplitude tritt im Produktansatz (21.6) effektiv nur einmal auf. Damit sind die Lösungen von der Form

$$E_1 = \mathrm{Re}\left[C_1 \sin(k_1 x + \alpha_1) \sin(k_2 y + \alpha_2) \sin(k_3 z + \alpha_3) \exp(-\mathrm{i}\omega t)\right] \tag{21.11}$$

Zur Vereinfachung der Schreibweise vereinbaren wir:

- Das Zeichen Re für die Bildung des Realteils wird im Folgenden nicht mehr mit angeschrieben.

Hohlraumresonator

Als Hohlraum betrachten wir einen Quader (Abbildung 21.1 links), dessen Wände aus Metall sind. Das Volumen des Hohlraums ist durch

$$0 \le x \le L_1\,, \qquad 0 \le y \le L_2\,, \qquad 0 \le z \le L_3 \tag{21.12}$$

festgelegt. Die x-Komponente $E_1(x, y, z, t)$ des elektrischen Felds ist Tangentialkomponente an den Wänden $y = 0$, $y = L_2$, $z = 0$ und $z = L_3$. Damit wird die Randbedingung (21.1) zu

$$E_1(x, y, 0, t) = E_1(x, y, L_3, t) = E_1(x, 0, z, t) = E_1(x, L_2, z, t) = 0 \tag{21.13}$$

Für $E_1 \propto Z(z) = \sin(k_3 z + \alpha_3)$ folgt hieraus $\alpha_3 = 0$ und $\sin(k_3 L_3) = 0$, also

$$k_3 = \frac{n\,\pi}{L_3} \quad \text{mit} \quad n = 0, 1, 2, 3, \ldots \tag{21.14}$$

Negative n-Werte ergeben nur ein Vorzeichen in der Amplitude und müssen daher nicht berücksichtigt werden. In diesem Kapitel bezeichnen wir abkürzend n selbst (anstelle von k_3) als *Wellenzahl*. Für $E_1 \propto Y(y) = \sin(k_2\, y + \alpha_2)$ folgt aus (21.13) entsprechend $\alpha_2 = 0$ und $k_2 = m\,\pi/L_2$. Die Randbedingung schränkt $X(x)$ in E_1 nicht ein. Damit erhalten wir

$$E_1 \;=\; C_1\, X(x)\, \sin\left(\frac{m\,\pi\, y}{L_2}\right) \sin\left(\frac{n\,\pi\, z}{L_3}\right) \exp(-\mathrm{i}\omega t) \tag{21.15}$$

Das gleiche Verfahren ergibt für die y- und z-Komponente

$$E_2 \;=\; C_2\, Y(y)\, \sin\left(\frac{l\,\pi\, x}{L_1}\right) \sin\left(\frac{n'\,\pi\, z}{L_3}\right) \exp(-\mathrm{i}\omega' t) \tag{21.16}$$

$$E_3 \;=\; C_3\, Z(z)\, \sin\left(\frac{l'\,\pi\, x}{L_1}\right) \sin\left(\frac{m'\,\pi\, y}{L_2}\right) \exp(-\mathrm{i}\omega'' t) \tag{21.17}$$

Die möglichen Werte von n, n', l, l', m und m' sind 0, 1, 2, 3, ... Da in (21.4) die Komponenten von $\boldsymbol{E}$ entkoppelt sind, ergeben sich zunächst jeweils unabhängige Separationskonstanten, die durch Striche gekennzeichnet wurden. Neben (21.4) und (21.5) gelten aber noch die Maxwellgleichungen. Wegen (21.3) gilt

$$\begin{aligned} \operatorname{div}\boldsymbol{E} \;=\;& C_1\, X'(x)\, \sin\left(\frac{m\,\pi\, y}{L_2}\right) \sin\left(\frac{n\,\pi\, z}{L_3}\right) \exp(-\mathrm{i}\omega t) \\ &+ C_2\, Y'(y)\, \sin\left(\frac{l\,\pi\, x}{L_1}\right) \sin\left(\frac{n'\,\pi\, z}{L_3}\right) \exp(-\mathrm{i}\omega' t) \\ &+ C_3\, Z'(z)\, \sin\left(\frac{l'\,\pi\, x}{L_1}\right) \sin\left(\frac{m'\,\pi\, y}{L_2}\right) \exp(-\mathrm{i}\omega'' t) \;=\; 0 \end{aligned} \tag{21.18}$$

Diese Gleichung kann nur dann zu allen Zeiten und an allen Orten erfüllt werden, wenn

$$\omega = \omega' = \omega''\,, \qquad l = l'\,, \qquad m = m'\,, \qquad n = n' \tag{21.19}$$

und

$$X'(x) \propto \sin\left(\frac{l\,\pi\, x}{L_1}\right), \quad Y'(y) \propto \sin\left(\frac{m\,\pi\, y}{L_2}\right), \quad Z'(z) \propto \sin\left(\frac{n\,\pi\, z}{L_3}\right) \tag{21.20}$$

gilt. Die Integration ergibt $X(x) \propto \cos(l\,\pi x/L_1)$; da die Amplitude C_1 in (21.15) noch nicht festgelegt ist, können wir $X(x) = \cos(l\,\pi x/L_1)$ setzen. Mit $Y(y)$ und $Z(z)$ verfahren wir entsprechend. Damit werden (21.15) bis (21.17) zu

$$E_1 \;=\; C_1\, \cos\left(\frac{l\,\pi\, x}{L_1}\right) \sin\left(\frac{m\,\pi\, y}{L_2}\right) \sin\left(\frac{n\,\pi\, z}{L_3}\right) \exp(-\mathrm{i}\omega t) \tag{21.21}$$

$$E_2 \;=\; C_2\, \sin\left(\frac{l\,\pi\, x}{L_1}\right) \cos\left(\frac{m\,\pi\, y}{L_2}\right) \sin\left(\frac{n\,\pi\, z}{L_3}\right) \exp(-\mathrm{i}\omega t) \tag{21.22}$$

$$E_3 \;=\; C_3 \,\sin\left(\frac{l\,\pi\,x}{L_1}\right)\,\sin\left(\frac{m\,\pi\,y}{L_2}\right)\,\cos\left(\frac{n\,\pi\,z}{L_3}\right)\,\exp(-\mathrm{i}\omega t) \tag{21.23}$$

Die Wellenzahlen l, m und n können die Werte 0, 1, 2, ... annehmen. Nur eine Wellenzahl darf null sein; denn sonst ergäbe sich $\boldsymbol{E} = 0$ und damit auch $\boldsymbol{B} = 0$. Die Wellenzahlen bestimmen nach (21.9) die Frequenz

$$\omega^2 = \left(\omega_{lmn}\right)^2 = c^2\,\pi^2\left(\frac{l^2}{L_1^2}+\frac{m^2}{L_2^2}+\frac{n^2}{L_3^2}\right) \qquad (l, m, n = 0, 1, 2, \ldots) \tag{21.24}$$

Für (21.21) – (21.23) wird div $\boldsymbol{E} = 0$ zu

$$C_1\,\frac{l\,\pi}{L_1}+C_2\,\frac{m\,\pi}{L_2}+C_3\,\frac{n\,\pi}{L_3}=0 \tag{21.25}$$

Bei vorgegebenen Wellenzahlen l, m und n können zwei Amplituden frei gewählt werden. Dies entspricht den beiden möglichen Polarisationsrichtungen der freien Welle (Kapitel 20).

Für die betrachteten periodischen Felder gilt $\partial_t \boldsymbol{B} = -\mathrm{i}\omega \boldsymbol{B}$. Hieraus, aus rot $\boldsymbol{E} = -\dot{\boldsymbol{B}}/c$ und aus (21.21) – (21.23) folgen alle Komponenten des magnetischen Felds:

$$\begin{aligned} B_3 \;&=\; -\frac{\mathrm{i}c}{\omega}\left(\frac{\partial E_2}{\partial x}-\frac{\partial E_1}{\partial y}\right) \\ &=\; -\frac{\mathrm{i}c}{\omega}\left(\frac{C_2\,l\,\pi}{L_1}-\frac{C_1\,m\,\pi}{L_2}\right)\cos\left(\frac{l\,\pi\,x}{L_1}\right)\cos\left(\frac{m\,\pi\,y}{L_2}\right)\sin\left(\frac{n\,\pi\,z}{L_3}\right)\exp(-\mathrm{i}\omega t) \end{aligned} \tag{21.26}$$

$$B_1 \;=\; -\frac{\mathrm{i}c}{\omega}\left(\frac{\partial E_3}{\partial y}-\frac{\partial E_2}{\partial z}\right), \qquad B_2 = -\frac{\mathrm{i}c}{\omega}\left(\frac{\partial E_1}{\partial z}-\frac{\partial E_3}{\partial x}\right) \tag{21.27}$$

Die Randbedingung (21.2) ist erfüllt:

$$B_3(x, y, 0) = B_3(x, y, L_3) = 0 \tag{21.28}$$

In (21.21) – (21.23), (21.26) und (21.27) ist jeweils der Realteil der rechten Seite zu nehmen. Gleichung (21.24) enthält nur reelle Größen, in (21.25) muss sowohl Real- wie der Imaginärteil verschwinden.

Man überprüft leicht, dass die gefundene Lösung allen Maxwellgleichungen und den Randbedingungen genügt: Die Randbedingungen werden jeweils durch die Sinusfunktion und die Ganzzahligkeit von l, m und n erfüllt. Wegen (21.24) sind die Felder $\boldsymbol{E}$ und $\boldsymbol{B}$ Lösungen der Wellengleichungen (21.4) und (21.5). Diese Wellengleichungen entsprechen zwei vektoriellen Gleichungen in (21.3). Darüber hinaus enthält (21.3) noch zwei unabhängige skalare Gleichungen. Wegen (21.25) ist div $\boldsymbol{E} = 0$ erfüllt. Die Konstruktion von $\boldsymbol{B}$ aus $\dot{\boldsymbol{B}} = -c$ rot $\boldsymbol{E}$ garantiert div $\boldsymbol{B} = 0$.

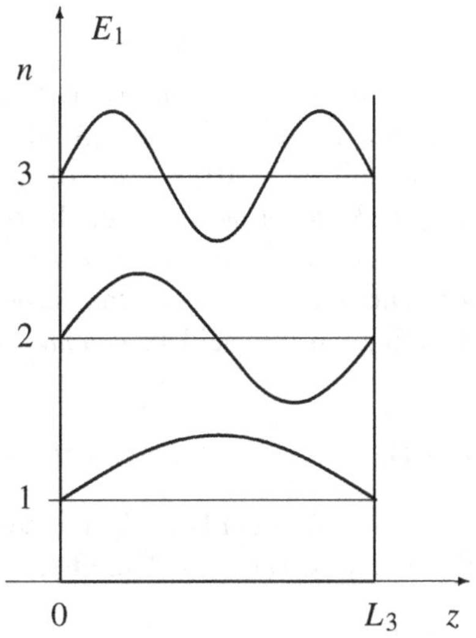

Abbildung 21.2 Die Eigenmoden des Hohlraumresonators sind stehende Wellen. Als Beispiel ist die z-Abhängigkeit der Komponente E_1 des elektrischen Felds (21.21) – (21.23) für die Schwingungszahlen $n = 1, 2$ und 3 gezeigt. Für die Eigenschwingungen einer eingespannten Saite oder die Wellenfunktion eines Teilchens im Kasten erhält man dasselbe Bild.

Diskussion der Lösungen

Die in Kapitel 20 untersuchten freien Wellen (ohne Begrenzungen) treten mit beliebigen Frequenzen ω auf. Die Randbedingungen des Hohlraums lassen dagegen nur ganz bestimmte *Eigenfrequenzen* ω_{lmn} zu, (21.24). Die zugehörigen Lösungen für $\boldsymbol{E}$ und $\boldsymbol{B}$ sind *stehende Wellen*, das heißt die Position der Wellenberge und -täler ist zeitlich konstant (Abbildung 21.2). Die Anzahl der Knoten (Stellen, denen das Feld verschwindet) ist $l - 1$, $m - 1$ und $n - 1$; dabei sind die beiden Randknoten nicht mitgezählt. Jeder Richtung kann eine Wellenlänge (gleich dem Abstand zwischen zwei Maxima) zugeordnet werden:

$$\lambda_1 = \frac{2L_1}{l}\,, \qquad \lambda_2 = \frac{2L_2}{m}\,, \qquad \lambda_3 = \frac{2L_3}{n} \tag{21.29}$$

So passt zum Beispiel für $n = 2$ (mittlerer Teil in Abbildung 21.2) gerade eine ganze Wellenlänge in den Hohlraum.

Die Lösung (21.21) – (21.23) ist eine ungedämpfte, harmonische Schwingung. Für gegebenes n, l und m ist sie eine *Eigenschwingung* (oder *Eigenmode*) des Hohlraums. Eine Eigenschwingung kann mehr oder weniger stark angeregt sein. Die Stärke der Anregung wird durch die Amplituden C_i bestimmt. Die Eigenschwingungen des Hohlraums können mit denen einer eingespannten Saite verglichen werden (Abbildung 21.2).

In realen Systemen sind die Schwingungen gedämpft; denn das Feld dringt etwas in die Metallwand ein, induziert Ströme und damit Ohmsche Verluste. Durch äußere Anregungen können aber Schwingungen erzwungen werden.

Die allgemeine Lösung der Maxwellgleichung für den quaderförmigen Hohlraum ergibt sich als Linearkombination der hier gefundenen Lösungen (21.21) – (21.23). Diese allgemeine Lösung enthält unendlich viele Konstanten, die durch die Anfangsbedingungen festgelegt werden.

Schumann-Resonanzen

Die Oberfläche der Erde (Radius $R \approx 6400\,\text{km}$) und die Ionosphäre (teilweise ionisierte Schicht in einer Höhe von etwa 100 km) haben endliche Leitfähigkeiten. Die Leitfähigkeit σ wird in Kapitel 31 definiert; es gilt $\sigma \approx 10^9\,\text{s}^{-1}$ für Meerwasser und $\sigma \approx 10^3 \ldots 10^6\,\text{s}^{-1}$ für die Ionosphäre. Die Erdoberfläche und die Ionosphäre können näherungsweise als konzentrische, leitende Kugeloberflächen betrachtet werden, die einen Hohlraum einschließen. Die in diesem kugelschalenförmigen Hohlraum auftretenden elektromagnetischen Eigenmoden heißen *Schumann-Resonanzen*. Die unterste Frequenz liegt bei

$$\nu = \frac{\omega}{2\pi} \approx \frac{1}{2\pi}\,\frac{c}{R} \approx 8\ \text{Hz} \tag{21.30}$$

Diese und die nächsthöheren Resonanzen ragen deutlich aus dem Hintergrund des elektromagnetischen Rauschens in der Atmosphäre heraus. Da sie gedämpft sind, haben sie endliche Breiten (von wenigen Hertz).

Hohlraumstrahlung

Die Eigenmoden eines Hohlraums werden bei endlicher Temperatur statistisch angeregt. Die Frequenzverteilung dieser Hohlraumwellen ist die Plancksche Strahlungsverteilung.

Für nicht zu kleine Temperaturen haben die meisten angeregten Moden Wellenzahlen l, m und n, die viel größer als 1 sind. Für die Komponenten der Wellenvektoren bedeutet dies $k_i \gg \Delta k_i = \pi/L_i$. Die diskreten Wellenvektoren liegen dann so dicht beieinander, dass Summen über Wellenzahlen durch Integrale ersetzt werden können:

$$\sum_{l,m,n} \ldots = \int_0^\infty \frac{dk_1}{\Delta k_1} \int_0^\infty \frac{dk_2}{\Delta k_2} \int_0^\infty \frac{dk_3}{\Delta k_3} \ldots = \frac{V}{(2\pi)^3} \int d^3k\ \ldots \tag{21.31}$$

Dabei ist $V = L_1 L_2 L_3$ das Volumen des Hohlraums. Die Eigenfrequenzen eines bestimmten Hohlraumresonators hängen von seiner Größe und Gestalt ab. Für Moden mit $k \gg \Delta k$ sind die Wände des Hohlraums jedoch von untergeordneter Bedeutung. Für die Abzählung der Moden kann daher ein Hohlraum beliebiger Gestalt, also insbesondere auch ein Quader, genommen werden. Die Summation (21.31) hängt dann nur vom Volumen des Hohlraums ab.

Für eine Mode mit einem bestimmten k-Wert können nach (21.25) zwei Amplituden beliebig gewählt werden; dies entspricht den beiden Polarisationsrichtungen einer freien Welle (Kapitel 20) oder den beiden Spineinstellungen eines Photons. In der Summe über alle möglichen Zustände oder Moden wird dies durch einen Faktor 2 berücksichtigt.

Mit (21.31) und dem Faktor 2 wird die Energie der elektromagnetischen Wellen im Hohlraum wie folgt berechnet:

$$E(T,V) = \frac{2V}{(2\pi)^3} \int d^3k\ \hbar\omega\ \overline{n(\omega)} = V \int_0^\infty d\omega\ w(\omega) \tag{21.32}$$

Dabei ist $\overline{n(\omega)} = \big[\exp(\hbar\,\omega/k_{\rm B}T) - 1\big]^{-1}$ die mittlere Anzahl der Anregungsquanten $\hbar\,\omega$ in einer bestimmten Mode; $k_{\rm B}$ ist die Boltzmannkonstante und T die Temperatur. Die in (21.32) eingeführte spektrale Energiedichte $w(\omega)$ ist die *Plancksche Strahlungsverteilung*:

$$w(\omega) = \frac{\hbar}{\pi^2 c^3}\,\frac{\omega^3}{\exp(\hbar\,\omega/k_{\rm B}T) - 1} \tag{21.33}$$

Eine detaillierte Ableitung dieser Frequenzverteilung wird in Kapitel 34 meiner *Statistischen Physik* [4] gegeben.

Eine Strahlung mit der Frequenzverteilung (21.33) würde durch ein kleines Loch im Hohlraumresonator abgestrahlt werden. Der Anwendungsbereich von (21.33) geht weit über Hohlraumstrahlung hinaus. Das Modell des Hohlraumresonators dient vor allem der einfachen Abzählung (21.31) der Moden.

Im Plasma der Sonnenoberfläche sind heiße Materie und elektromagnetische Strahlung im thermischen Gleichgewicht. Dies führt zu der Frequenzverteilung (21.33). Aus dem Vergleich der Frequenzverteilung des Sonnenlichts mit (21.33) erhält man die Temperatur der Sonnenoberfläche, $T \approx 6000$ Kelvin.

Wellenleiter

Als Hohlraum betrachten wir jetzt den in z-Richtung unbegrenzten Wellenleiter, dessen Volumen durch

$$0 \le x \le L_1, \qquad 0 \le y \le L_2 \tag{21.34}$$

begrenzt ist (Abbildung 21.1 rechts) Wir gehen wieder von dem Separationsansatz (21.6) aus. Da die Begrenzung in z-Richtung fehlt, sind die Werte von $k = k_3$ in $Z(z) = \exp(\pm\mathrm{i}kz)$ kontinuierlich. Die Lösung der anderen Faktoren $X(x)$, $Y(y)$ und $T(t)$ des Separationsansatzes verläuft analog zum Hohlraumresonator. Damit erhalten wir anstelle von (21.21) – (21.23) die Lösung

$$E_1 = C_1 \cos\left(\frac{l\,\pi\,x}{L_1}\right) \sin\left(\frac{m\,\pi\,y}{L_2}\right) \exp\big[\,\mathrm{i}(kz - \omega t)\big] \tag{21.35}$$

$$E_2 = C_2 \sin\left(\frac{l\,\pi\,x}{L_1}\right) \cos\left(\frac{m\,\pi\,y}{L_2}\right) \exp\big[\,\mathrm{i}(kz - \omega t)\big] \tag{21.36}$$

$$E_3 = C_3 \sin\left(\frac{l\,\pi\,x}{L_1}\right) \sin\left(\frac{m\,\pi\,y}{L_2}\right) \exp\big[\,\mathrm{i}(kz - \omega t)\big] \tag{21.37}$$

Dabei haben wir uns auf das positive Vorzeichen im Exponenten von $Z(z) = \exp(+\mathrm{i}kz)$ beschränkt, also auf Wellen, die in $+z$-Richtung fortschreiten. Die Bedingung (21.9) wird zu

$$\omega^2 = c^2\pi^2\left(\frac{l^2}{L_1^2} + \frac{m^2}{L_2^2} + \frac{k^2}{\pi^2}\right) \tag{21.38}$$

Aus $\operatorname{div} \boldsymbol{E} = 0$ folgt

$$C_1 \frac{l\pi}{L_1} + C_2 \frac{m\pi}{L_2} - \mathrm{i} C_3 k = 0 \qquad (21.39)$$

Die B_3-Komponente kann wie in (21.26) bestimmt werden,

$$\begin{aligned} B_3 &= -\frac{\mathrm{i}c}{\omega} \left(\frac{\partial E_2}{\partial x} - \frac{\partial E_1}{\partial y} \right) \\ &= -\frac{\mathrm{i}c}{\omega} \left(\frac{C_2\, l\pi}{L_1} - \frac{C_1\, m\pi}{L_2} \right) \cos\left(\frac{l\pi x}{L_1} \right) \cos\left(\frac{m\pi y}{L_2} \right) \exp\left[\mathrm{i}(kz - \omega t) \right] \end{aligned} \qquad (21.40)$$

Die B_1 und B_2-Komponenten folgen aus (21.27). Auf den rechten Seiten von (21.35) – (21.37) und (21.40) ist der Realteil zu nehmen. Man überprüft wiederum leicht, dass das $\boldsymbol{E}$- und $\boldsymbol{B}$-Feld alle Maxwellgleichungen und die Randbedingungen erfüllen.

Diskussion der Lösungen

Bei freien Wellen (Kapitel 20) stehen das elektrische und das magnetische Feld senkrecht zur Ausbreitungsrichtung, also $(E_3, B_3) = (0, 0)$ für $\boldsymbol{k} = k\,\boldsymbol{e}_z$. Wellen mit dieser Eigenschaft heißen TEM-Wellen (TEM steht für transversale elektromagnetische Mode). Wir zeigen zunächst: Im Wellenleiter gibt es keine TEM-Wellen; denn aus $(E_3, B_3) = (0, 0)$ folgt $\boldsymbol{E} = \boldsymbol{B} = 0$.

Für $E_3 = 0$ ist entweder $C_3 = 0$, oder eine der Wellenzahlen (l oder m) verschwindet. Betrachten wir zunächst den Fall $l = 0$ (die Diskussion für $m = 0$ läuft ganz parallel). Aus $l = 0$ und $B_3 = 0$ folgt $C_1 m = 0$ und damit $E_1 = 0$. Dann verschwinden alle Komponenten von $\boldsymbol{E}$ (E_2 verschwindet wegen $l = 0$). Für Wellenlösungen folgt dann $\boldsymbol{B} = 0$ aus (21.3).

Wir betrachten nun die Alternative $C_3 = 0$. Aus (21.39) und $B_3 = 0$ folgt

$$\frac{l\pi}{L_1} C_1 + \frac{m\pi}{L_2} C_2 = 0, \qquad \frac{m\pi}{L_2} C_1 - \frac{l\pi}{L_1} C_2 = 0 \qquad (21.41)$$

Hieraus folgt entweder die triviale Lösung $C_1 = C_2 = 0$ oder das Verschwinden der Determinante des Gleichungssystems. Für beliebiges L_1 und L_2 verschwindet die Determinante aber nur für $l = m = 0$. Damit ergibt sich wieder $\boldsymbol{E} = \boldsymbol{B} = 0$.

Für $(E_3, B_3) = (0, 0)$ gibt es also keine Wellenlösung; im Wellenleiter kann sich keine TEM-Welle fortpflanzen. Für eine nichtverschwindende Lösung muss also $(E_3, B_3) \neq (0, 0)$ gelten. Deshalb können die möglichen Lösungen in die beiden Fälle $E_3 = 0$, $B_3 \neq 0$ und $E_3 \neq 0$, $B_3 = 0$ eingeteilt werden:

$$\text{Transversale elektrische Welle (TE):} \qquad E_3 = 0, \quad \boldsymbol{E} \perp k\,\boldsymbol{e}_z \qquad (21.42)$$

$$\text{Transversale magnetische Welle (TM):} \qquad B_3 = 0, \quad \boldsymbol{B} \perp k\,\boldsymbol{e}_z \qquad (21.43)$$

Die Bezeichnungen geben an, welches Feld senkrecht auf der Fortpflanzungsrichtung $\boldsymbol{e}_z$ der Hohlraumwellen steht. Die allgemeine Lösung kann eine Linearkombination der beiden Fälle sein. Im Folgenden geben wir jeweils eine einfache Lösung an.

Transversale elektrische Welle

Es gilt $E_3 = 0$. Wegen $B_3 \neq 0$ ist $l = m = 0$ nicht möglich. Eine der einfachsten Lösungen ist

$$l = 1, \qquad m = 0 \tag{21.44}$$

Hierfür gilt

$$\omega = c\,\sqrt{\frac{\pi^2}{L_1^2} + k^2} \tag{21.45}$$

Wegen $m = 0$ gilt $E_1 = 0$. Aus $E_1 = E_3 = 0$ folgt $B_2 = 0$, siehe (21.27). Insgesamt gilt für diese spezielle Welle

$$E_1 = E_3 = B_2 = 0, \quad E_2 \neq 0, \quad B_1 \neq 0, \quad B_3 \neq 0, \tag{21.46}$$

Die Frequenz (21.45) erfüllt die Bedingung

$$\omega > \omega_{\text{kr}} = \frac{c\,\pi}{L_1} \tag{21.47}$$

Im Wellenleiter kann sich eine Welle nur oberhalb der kritischen Frequenz ω_{kr} ausbreiten. Der Wellenleiter kann daher als Hochpassfilter dienen.

Transversale magnetische Welle

Es gilt $B_3 = 0$. Wegen $E_3 \neq 0$ darf weder l noch m verschwinden. Die niedrigsten Knotenzahlen sind also

$$l = 1, \qquad m = 1 \tag{21.48}$$

Die zugehörige Frequenz ist

$$\omega = c\,\sqrt{\frac{\pi^2}{L_1^2} + \frac{\pi^2}{L_2^2} + k^2} \tag{21.49}$$

Wegen der Voraussetzung $E_3 \neq 0$ ist $C_3 \neq 0$. Aus (21.40) und $B_3 = 0$ folgt $C_1 \propto C_2$. Da wir $C_1 = C_2 = 0$ ausschließen, gilt $C_1 \neq 0$ und $C_2 \neq 0$. Damit sind alle Komponenten außer B_3 ungleich null. Ähnlich wie für (21.45) gibt es eine untere Grenze ω_{kr} für die Frequenz der Welle.

Koaxialkabel

Ein bekanntes Beispiel für einen Wellenleiter ist das Koaxialkabel, mit dem UHF-Signale von der Antenne zum Fernseher geleitet werden. Die Seele und die Abschirmung des Kabels bilden konzentrische Kreiszylinder, zwischen denen sich die Welle fortpflanzt. Wegen der andersartigen Geometrie ist die oben angegebene Lösung nicht unmittelbar übertragbar. Die dominierenden Moden sind in diesem Fall transversale elektromagnetische Wellen (TEM). Diese Welle haben nur transversale Komponenten (also $E_3 = B_3 = 0$), und es gilt $\boldsymbol{B} = \pm\,\boldsymbol{e}_3 \times \boldsymbol{E}$ wie für eine freie Welle. Im Gegensatz zu TE und TM gibt es keine Untergrenze für die Frequenz.

22 Transformation der Felder

Wir behandeln einige Konsequenzen der Kovarianz der Maxwellgleichungen. Der Feldstärketensor

$$F = \left(F^{\alpha\beta}\right) = \begin{pmatrix} 0 & -E_x & -E_y & -E_z \\ E_x & 0 & -B_z & B_y \\ E_y & B_z & 0 & -B_x \\ E_z & -B_y & B_x & 0 \end{pmatrix} \tag{22.1}$$

ist ein Lorentztensor. Daraus folgen die Transformationen des $\boldsymbol{E}$*- und* $\boldsymbol{B}$*-Felds beim Übergang in ein anderes Inertialsystem. Als Anwendung berechnen wir das Feld einer gleichförmig bewegten Ladung. Für eine monochromatische, ebene Welle ist* $(k^\alpha) = (\omega/c\,,\, \boldsymbol{k})$ *ein Lorentzvektor. Hieraus folgt der Dopplereffekt und die Aberration von Sternlicht.*

Da $F^{\alpha\beta}$ ein Lorentztensor ist, gilt für dasselbe Feld in einem anderen Inertialsystem IS′

$$F'^{\alpha\beta} = \Lambda^\alpha_{\ \gamma}\, \Lambda^\beta_{\ \delta}\, F^{\gamma\delta} \quad \text{oder} \quad F' = \Lambda\, F \Lambda^{\mathrm{T}} \tag{22.2}$$

Das System IS′ bewege sich relativ zu IS mit der Geschwindigkeit $\boldsymbol{v} = v\, \boldsymbol{e}_x$, die Koordinatenachsen seien parallel und zum Zeitpunkt $t = t' = 0$ liegen die Ursprünge an derselben Stelle (wie in Abbildung 22.1). Dann sind IS und IS′ durch die spezielle Lorentztransformation mit

$$\Lambda = \left(\Lambda^\alpha_{\ \beta}\right) = \begin{pmatrix} \gamma & -\gamma\, v/c & 0 & 0 \\ -\gamma\, v/c & \gamma & 0 & 0 \\ 0 & 0 & 1 & 0 \\ 0 & 0 & 0 & 1 \end{pmatrix} \tag{22.3}$$

verbunden; dabei ist $\gamma = 1/\sqrt{1 - v^2/c^2}$. Durch Matrixmultiplikation erhalten wir

$$F' = \Lambda\, F \Lambda^{\mathrm{T}} = \begin{pmatrix} 0 & -E_x & -E_y\gamma + B_z\gamma\, v/c & -E_z\gamma - B_y\gamma\, v/c \\ & 0 & -B_z\gamma + E_y\gamma\, v/c & B_y\gamma + E_z\gamma\, v/c \\ & & 0 & -B_x \\ & & & 0 \end{pmatrix} \tag{22.4}$$

T. Fließbach, *Elektrodynamik*, https://doi.org/10.1007/978-3-662-64889-6_22

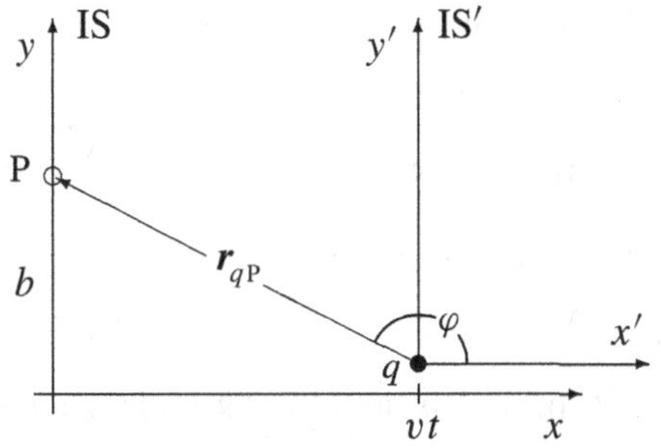

Abbildung 22.1 Es soll das elektromagnetische Feld einer gleichförmig bewegten Ladung q bestimmt werden. Im Inertialsystem IS′, in dessen Ursprung die Ladung ruht, ist das Feld bekannt. Durch eine Lorentztransformation ergibt sich daraus das gesuchte Feld in IS. Konkret wird das Feld berechnet, das ein Beobachter misst, der in IS am Punkt P ruht.

Die Elemente links von der Diagonale ergeben sich aus $F'^{\alpha\beta} = -F'^{\beta\alpha}$; sie wurden nicht mit angeschrieben. Analog zu (22.1) gilt in IS′

$$F' = \left(F'^{\alpha\beta}\right) = \begin{pmatrix} 0 & -E'_x & -E'_y & -E'_z \\ & 0 & -B'_z & B'_y \\ & & 0 & -B'_x \\ & & & 0 \end{pmatrix} \tag{22.5}$$

Aus dem Vergleich von (22.4) mit (22.5) erhalten wir die Transformation zwischen den Komponenten der Felder in IS′ und IS. Die Teile des Felds, die parallel oder senkrecht zu $\boldsymbol{v}$ stehen, transformieren sich unterschiedlich:

$$\boxed{\begin{aligned} \boldsymbol{E}'_{\parallel} &= \boldsymbol{E}_{\parallel}\,, \qquad & \boldsymbol{E}'_{\perp} &= \gamma\left(\boldsymbol{E}_{\perp} + \frac{\boldsymbol{v}}{c}\times\boldsymbol{B}\right) \\ \boldsymbol{B}'_{\parallel} &= \boldsymbol{B}_{\parallel}\,, \qquad & \boldsymbol{B}'_{\perp} &= \gamma\left(\boldsymbol{B}_{\perp} - \frac{\boldsymbol{v}}{c}\times\boldsymbol{E}\right) \end{aligned}} \tag{22.6}$$

Durch $\boldsymbol{v} \to -\boldsymbol{v}$ erhält man hieraus die Umkehrtransformation:

$$\begin{aligned} \boldsymbol{E}_{\parallel} &= \boldsymbol{E}'_{\parallel}\,, \qquad & \boldsymbol{E}_{\perp} &= \gamma\left(\boldsymbol{E}'_{\perp} - \frac{\boldsymbol{v}}{c}\times\boldsymbol{B}'\right) \\ \boldsymbol{B}_{\parallel} &= \boldsymbol{B}'_{\parallel}\,, \qquad & \boldsymbol{B}_{\perp} &= \gamma\left(\boldsymbol{B}'_{\perp} + \frac{\boldsymbol{v}}{c}\times\boldsymbol{E}'\right) \end{aligned} \tag{22.7}$$

Gleichförmig bewegte Ladung

Wir bestimmen das elektromagnetische Feld einer gleichförmig bewegten Ladung. Die konstante Geschwindigkeit der Ladung sei $\boldsymbol{v}$, ihre Stärke sei q. Wir legen das Inertialsystem so, dass die Ladung sich entlang der x-Achse bewegt (Abbildung 22.1). Für das beobachtete Feld kommt es nur auf den Abstand b von der geradlinigen Bahn der Ladung an. Daher genügt es, das Feld an einem beliebigen Beobachtungspunkt P auf der y-Achse zu berechnen.

Wir betrachten ein Inertialsystem IS′, in dessen Ursprung die Ladung ruht (Abbildung 22.1). IS und IS′ sind durch die Transformation (22.3) verbunden. Für den

Vektor von der Ladung zum Beobachtungspunkt P gilt

$$\begin{aligned} \boldsymbol{r}_{q\mathrm{P}} &:= (-vt,\, b, 0) \qquad &\text{in IS} \\ \boldsymbol{r}'_{q\mathrm{P}} = \boldsymbol{r}' &:= (-vt', b, 0) \qquad &\text{in IS}' \end{aligned} \tag{22.8}$$

Der Zusammenhang zwischen t und t' ist durch (22.3) gegeben:

$$t' = \gamma\left(t - vx/c^2\right) = \gamma\, t \tag{22.9}$$

Dabei wurde $x = 0$ für die Stelle P eingesetzt. Im Ruhsystem IS′ der Ladung sind Felder am Ort P durch

$$\boldsymbol{E}' = q\, \frac{\boldsymbol{r}'}{r'^3} \quad \text{und} \quad \boldsymbol{B}' = 0 \tag{22.10}$$

gegeben. Die kartesischen Komponenten des elektrischen Felds lauten

$$E'_x = -q\, \frac{vt'}{r'^3}\,, \qquad E'_y = q\, \frac{b}{r'^3}\,, \qquad E'_z = 0 \tag{22.11}$$

Dabei ist

$$r'^3 = \left|\boldsymbol{r}'_{q\mathrm{P}}\right|^3 = \left(b^2 + v^2 t'^2\right)^{3/2} = \left(b^2 + \gamma^2 v^2 t^2\right)^{3/2} \tag{22.12}$$

Aus (22.7) und $\boldsymbol{B}' = 0$ folgt

$$\begin{aligned} &E_x = E'_x\,, \qquad E_y = \gamma\, E'_y\,, \qquad E_z = \gamma\, E'_z \\ &B_x = 0\,, \qquad B_y = -\gamma\, \frac{v}{c}\, E'_z\,, \qquad B_z = \gamma\, \frac{v}{c}\, E'_y \end{aligned} \tag{22.13}$$

Hierin setzen wir (22.11) und (22.12) ein:

$$\boxed{\begin{aligned} &E_x = \frac{-q\gamma vt}{(b^2 + \gamma^2 v^2 t^2)^{3/2}}\,, \qquad E_y = \frac{\gamma q b}{(b^2 + \gamma^2 v^2 t^2)^{3/2}} \\ &E_z = B_x = B_y = 0\,, \qquad B_z = \frac{\gamma q b v/c}{(b^2 + \gamma^2 v^2 t^2)^{3/2}} \end{aligned}} \tag{22.14}$$

Dies sind die elektrischen und magnetischen Felder einer gleichförmig bewegten Ladung. Das Magnetfeld, das an der Stelle P berechnet wurde, steht senkrecht zur Bewegungsrichtung (x-Achse) und senkrecht zum Verbindungsvektor $\boldsymbol{r}_{q\mathrm{P}}$, also senkrecht zur Bildebene von Abbildung 22.1. Räumlich ergeben sich für die magnetischen Feldlinien Kreise, deren Mittelpunkte auf der Bewegungsachse liegen.

Langsam bewegte Ladung

Zur Diskussion des Ergebnisses betrachten wir zunächst das Feld der bewegten Ladung in erster Ordnung in v/c. Aus (22.14) folgt

$$\boldsymbol{E} = q\, \frac{\boldsymbol{r}}{r^3}\left(1 + \mathcal{O}\left(v^2/c^2\right)\right), \qquad \boldsymbol{B} = \frac{q}{c}\, \frac{\boldsymbol{v} \times \boldsymbol{r}}{r^3}\left(1 + \mathcal{O}\left(v^2/c^2\right)\right) \tag{22.15}$$

wobei $\boldsymbol{r} := (-vt, b, 0)$. Das elektrische Feld ist in dieser Ordnung dasselbe wie für die ruhende Ladung. Das zusätzliche magnetische Feld

$$\boldsymbol{B} = \frac{\boldsymbol{v}}{c} \times \boldsymbol{E} \qquad (v \ll c) \tag{22.16}$$

kann als relativistischer Effekt in erster Ordnung in v/c aufgefasst werden:

$$|\boldsymbol{B}| = |\boldsymbol{E}| \cdot \mathcal{O}\Big(\frac{v}{c}\Big) \tag{22.17}$$

Magnetfelder langsam bewegter Ladungen (oder Ladungsverteilungen) sind also klein verglichen mit den zugehörigen elektrischen Feldern. Für die Kräfte zwischen zwei Ladungen gilt dann

$$\frac{|\boldsymbol{F}_{\text{magn}}|}{|\boldsymbol{F}_{\text{Coulomb}}|} = \mathcal{O}\Big(\frac{v_1 v_2}{c^2}\Big) \tag{22.18}$$

In diesem Sinn sind magnetische Effekte kleine, relativistische Effekte.

Als Anwendung betrachten wir ein Wasserstoffatom. Für die Abschätzung der Größenordnung genügt eine halbklassische Betrachtung. Das Elektron (Masse m_{e}) bewege sich auf einer Kreisbahn (Radius r) um das Proton. Aus dem Kräftegleichgewicht $e^2/r^2 = m_{\text{e}} v_{\text{e}}^2/r$ ergibt sich bei einem Drehimpuls $\hbar = m_{\text{e}} v_{\text{e}} r$ eine Geschwindigkeit $v_{\text{e}}/c = \alpha = e^2/(\hbar c) \approx 1/137$ für das Elektron. Dies ist nur eine grobe Abschätzung, also $v_{\text{e}} \sim \alpha c$. Tatsächlich bewegen sich das Elektron und das Proton um den gemeinsamen Schwerpunkt. Im Schwerpunktsystem gelten dann

$$v_{\text{e}} \sim \alpha c \quad \text{und} \quad v_{\text{p}} \sim \frac{m_{\text{e}}}{m_{\text{p}}}\, \alpha c \tag{22.19}$$

Damit ist die relative Stärke der magnetischen Wechselwirkung gleich

$$\left| \frac{\boldsymbol{F}_{\text{magn}}}{\boldsymbol{F}_{\text{Coulomb}}} \right| \sim \frac{v_{\text{e}}\, v_{\text{p}}}{c^2} \sim 10^{-7} \tag{22.20}$$

Die magnetischen Kräfte können nicht dadurch eliminiert werden, dass man ins Ruhsystem des Protons geht; denn dies ist kein Inertialsystem. Die magnetischen Kräfte sind aber so klein, dass sie im Allgemeinen neben der Coulombkraft $\boldsymbol{F}_{\text{el}}$ vernachlässigt werden können. Im Wasserstoffatom gibt es auch noch eine Wechselwirkung der magnetischen Dipolmomente von Proton und Elektron. Sie ist von derselben Größenordnung wie (22.20), führt aber im Gegensatz dazu zu einer beobachtbaren Aufspaltung des Grundzustands (Hyperfeinstruktur).

Im Positronium (dem gebundene System aus einem Positron und einem Elektron) fehlt der Faktor $m_{\text{e}}/m_{\text{p}}$ in (22.19); das Verhältnis $F_{\text{magn}}/F_{\text{Coulomb}}$ ist dann von der Größe $\alpha^2 = 10^{-4}$. In diesem Fall gehören die magnetischen Kräfte zu den führenden relativistischen Korrekturen; sie treten zu den aus dem Wasserstoffproblem bekannten Korrekturen (Spin-Bahn-Kopplung, Zitterbewegung, relativistische Energie-Impuls-Beziehung, Kapitel 41 in [3]) hinzu.

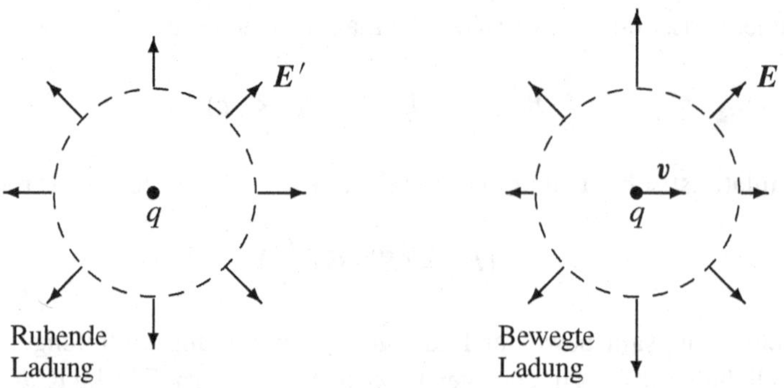

Abbildung 22.2 Das elektrische Feld einer ruhenden Ladung ist sphärisch (links). Das Feld (22.23) der bewegten Ladung ist dagegen in Bewegungsrichtung reduziert und senkrecht dazu verstärkt (rechts). Das links gezeigte Feld $\boldsymbol{E}'$ ist dasjenige im Ruhsystem IS′ der Ladung, das rechts gezeigte $\boldsymbol{E}$ dasjenige in einem Inertialsystem, in dem sich die Ladung bewegt.

Relativistische Effekte

Für $v \to c$ weicht das $\boldsymbol{E}$-Feld in (22.14) stark von der Kugelsymmetrie des $\boldsymbol{E}'$-Felds ab. In IS betrachten wir die Abhängigkeit des Felds vom Winkel φ zwischen $\boldsymbol{v}$ und dem Vektor $\boldsymbol{r} = (-vt, b, 0)$ von der Ladung zum Beobachtungspunkt:

$$\cos\varphi = \frac{\boldsymbol{v}\cdot\boldsymbol{r}}{v\,r} = -\frac{v\,t}{r} \tag{22.21}$$

Wir verwenden die Umformung

$$\begin{aligned} r'^2 &= b^2 + (\gamma\, v t)^2 = r^2 + (\gamma^2 - 1)(v t)^2 \\ &= r^2\gamma^2 \left(\frac{1}{\gamma^2} + \left(1 - \frac{1}{\gamma^2}\right)\cos^2\varphi\right) = r^2\gamma^2\left(1 - \frac{v^2}{c^2}\,\sin^2\varphi\right) \end{aligned} \tag{22.22}$$

Damit wird das $\boldsymbol{E}$-Feld aus der ersten Zeile von (22.14) zu

$$\boldsymbol{E} = \frac{\gamma\, q\, \boldsymbol{r}}{r'^3} = \frac{q\,\boldsymbol{r}}{r^3}\; \frac{1 - \dfrac{v^2}{c^2}}{\left(1 - \dfrac{v^2}{c^2}\,\sin^2\varphi\right)^{3/2}} \tag{22.23}$$

Dies bedeutet, dass das Feld – verglichen mit dem einer ruhenden Ladung – parallel zu $\boldsymbol{v}$ schwächer und senkrecht dazu stärker ist (Abbildung 22.2). Insbesondere gilt

$$\frac{|\boldsymbol{E}|}{q/r^2} = \begin{cases} 1 - \dfrac{v^2}{c^2} & (\varphi = 0,\, \pi) \\ \dfrac{1}{\sqrt{1 - v^2/c^2}} & (\varphi = \pm\pi/2,\, \pm 3\pi/2) \end{cases} \tag{22.24}$$

Dopplereffekt

Das Vektorpotenzial der monochromatischen, ebenen Welle (20.16) lautet

$$A(r,t) = \mathrm{Re}\, A_0 \exp\big[\mathrm{i}(k\cdot r - \omega t)\big] = \mathrm{Re}\, A_0 \exp\big[-\mathrm{i}\,k^\alpha x_\alpha\big] \tag{22.25}$$

Im letzten Ausdruck wurde die Phase

$$\omega t - k\cdot r = k^\alpha x_\alpha \tag{22.26}$$

als Skalarprodukt von $(x_\alpha) = (ct, -r)$ mit der indizierten Größe

$$\big(k^\alpha\big) = \Big(\frac{\omega}{c}\,,\, k\Big) \tag{22.27}$$

geschrieben. Wir begründen, dass k^α ein Lorentzvektor ist: Eine Quelle sende eine endliche Anzahl von Wellenbergen aus; diese Anzahl ist gleich der Phasendifferenz zwischen dem Anfang und dem Ende der Welle geteilt durch 2π. Durch die Lorentztransformation kann diese diskrete Zahl nicht geändert werden; denn jeder Knoten der Welle (mit $E = B = 0$) bleibt bei der Lorentztransformation erhalten. Daher muss die Phase $k^\alpha x_\alpha$ ein Lorentzskalar sein. Da x_α ein Lorentzvektor ist, muss dies auch für k^α gelten, also

$$k'^\alpha = \Lambda^\alpha_\beta\, k^\beta \tag{22.28}$$

Nach (20.17) gilt

$$k^\alpha k_\alpha = \omega^2/c^2 - k^2 = 0 \tag{22.29}$$

Die elektromagnetische Welle (22.25) wird in einem anderen Inertialsystem IS′ durch die entsprechend transformierten Größen beschrieben. Dabei bleibt die Phase $k^\alpha x_\alpha = k'^\alpha x'_\alpha$ invariant. Das gilt auch für (22.29); aus $\omega^2 = c^2 k^2$ wird daher $\omega'^2 = c^2 k'^2$.

Als Anwendung von (22.28) betrachten wir den Dopplereffekt. Eine Quelle sende eine Welle aus, die im Ruhsystem RS = IS′ der Quelle die Frequenz $\omega' = \omega_{\mathrm{RS}}$ habe. Die Quelle, also IS′, bewege sich relativ in IS mit der Geschwindigkeit $v = v\,e_x = v\,e_1$, Abbildung 22.3. Ein in IS ruhender Beobachter misst die Frequenz ω, die im Allgemeinen von ω' abweicht. Diese Frequenzänderung wird als *Dopplereffekt* bezeichnet. Der Dopplereffekt wird durch die Relativbewegung zwischen Quelle und Empfänger verursacht.

Für die spezielle Lorentztransformation (22.3) schreiben wir die 0-Komponente von (22.28) an:

$$k'^0 = \frac{k^0 - v k^1/c}{\sqrt{1 - v^2/c^2}} \qquad \text{oder} \qquad \omega_{\mathrm{RS}} = \gamma\,(\omega - v k^1) \tag{22.30}$$

Dabei gibt $k'^0 = \omega'/c = \omega_{\mathrm{RS}}/c$ die Frequenz in IS′ an, also im Ruhsystem der Quelle. Dagegen ist $ck^0 = \omega$ die Frequenz in IS, also die Frequenz, die ein in IS ruhender Beobachter misst.

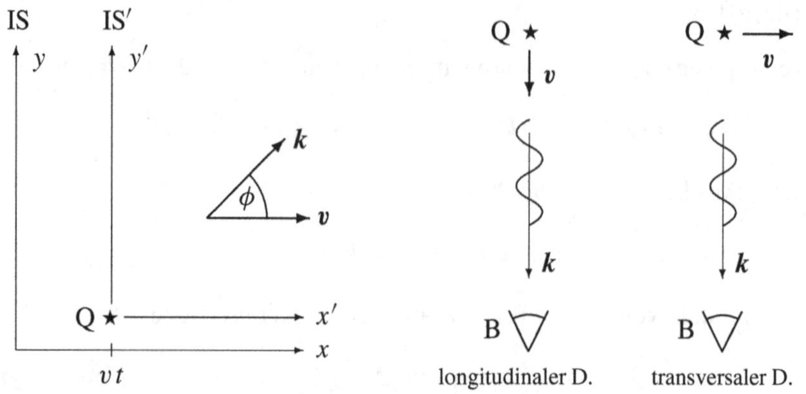

Abbildung 22.3 Unter Dopplereffekt versteht man die Frequenzverschiebung, die ein Beobachter B für eine bewegte Quelle Q misst. Zur Berechnung des Effekts führt man ein IS′ ein, in dem die Quelle momentan ruht (links). Aus dem Wellenvektor k'^{α} in IS′ erhält man durch Lorentztransformation den gesuchten Wellenvektor $(k^{\beta}) = (\omega/c, \boldsymbol{k})$ in IS. Die Frequenzverschiebung hängt vom Winkel ϕ zwischen $\boldsymbol{k}$ und der Relativgeschwindigkeit $\boldsymbol{v}$ ab. Man unterscheidet die Spezialfälle des longitudinalen und des transversalen Dopplereffekts (rechts).

Wegen $\boldsymbol{v} = v\,\boldsymbol{e}_x$ gilt

$$v k^1 = \boldsymbol{v} \cdot \boldsymbol{k} = v\,k \cos\phi = v\,\frac{\omega}{c}\,\cos\phi \tag{22.31}$$

Dabei ist ϕ der Winkel, den der Beobachter in IS zwischen der Ausbreitungsrichtung $\boldsymbol{k}$ der Welle und der Geschwindigkeit $\boldsymbol{v}$ der Quelle sieht. Wir setzen (22.31) in (22.30) ein und lösen nach ω auf:

$$\boxed{\omega = \omega_{\rm RS}\,\frac{\sqrt{1 - v^2/c^2}}{1 - (v/c)\,\cos\phi} \qquad \text{Dopplereffekt}} \tag{22.32}$$

Der Dopplereffekt ist die Änderung $\omega_{\rm RS} \to \omega$ aufgrund der Bewegung der Quelle. Der Faktor $1 - (v/c)\,\cos\phi$ ist ein kinematischer Effekt, der bereits aus der Galileitransformation folgt. Der Faktor $(1 - v^2/c^2)^{1/2}$ ist dagegen ein relativistischer Effekt, der der Zeitdilatation entspricht. Dieser Faktor ist im relativistischen Grenzfall wichtig.

In erster Ordnung v/c erhalten wir aus (22.32) den linearen oder *longitudinalen Dopplereffekt*

$$\omega \approx \omega_{\rm RS}\left(1 + \frac{v}{c}\,\cos\phi\right) \qquad (v \ll c) \tag{22.33}$$

Für $\phi = \pi/2$ verschwindet der lineare Beitrag und wir erhalten den quadratischen oder *transversalen Dopplereffekt*

$$\omega \approx \omega_{\rm RS}\left(1 - \frac{v^2}{2c^2}\right) \qquad (v \ll c,\ \ \phi = \pi/2) \tag{22.34}$$

Im nichtrelativistischen Fall wird der quadratische Dopplereffekt normalerweise vom linearen überlagert und ist dann nicht zu beobachten.

Wir betrachten den relativistischen Grenzfall $v \to c$ für $\phi = 0$ und $\phi = \pi$:

$$\omega = \omega_{\rm RS} \cdot \begin{cases} \sqrt{\dfrac{1+v/c}{1-v/c}} \;\stackrel{v\to c}{\longrightarrow}\; \infty & (\phi = 0) \\[2ex] \sqrt{\dfrac{1-v/c}{1+v/c}} \;\stackrel{v\to c}{\longrightarrow}\; 0 & (\phi = \pi) \end{cases} \tag{22.35}$$

Bewegt sich eine Quelle auf uns zu ($\phi = 0$), so geht die beobachtete Frequenz ω für $v \to c$ gegen unendlich. Das Licht einer Quelle, die sich von uns weg bewegt ($\phi = \pi$), wird dagegen für $v \to c$ immer energieärmer, $\omega \to 0$. Im Grenzfall $v \to c$ können wir die Quelle nicht mehr sehen.

Die Frequenzverschiebung wird durch die dimensionslose *Rotverschiebung* z ausgedrückt:

$$z = \frac{\lambda}{\lambda_{\rm RS}} - 1 = \frac{\omega_{\rm RS}}{\omega} - 1 \tag{22.36}$$

Im sichtbaren Bereich (20.47) des elektromagnetischen Spektrums bedeutet $z > 0$ eine Verschiebung zum roten Ende hin. Die Bezeichnung „Rotverschiebung“ wird im gesamten Spektrum für die Aussage $z > 0$ verwendet; gelegentlich wird auch der Rotverschiebungsparameter z selbst „Rotverschiebung“ genannt.

Anwendungen

Eine Anwendung der Dopplerverschiebung ist die Radarfalle der Polizei. Ein Radarstrahl wird auf ein fahrendes Auto gerichtet. Wenn das Auto sich mit der Geschwindigkeit $v = |\boldsymbol{v}|$ entfernt, empfängt es diesen Strahl mit der Rotverschiebung $z = v/c$. Das Metall des Autos reflektiert eine Welle mit der verschobenen Frequenz. Wegen der Bewegung des Autos kommt die reflektierte Welle mit einer nochmaligen Verschiebung bei der Radarfalle an, also mit $z = 2v/c$. Für $v = 50\,\text{km/h}$ ist $z = 10^{-7}$; für $\nu_{\rm RS} = 10^{10}\,\text{Hz}$ ist die Frequenzverschiebung dann $\Delta\nu = \nu_{\rm RS}\, z = 10^3\,\text{Hz}$. In der Radarfalle führt eine Überlagerung der ausgesandten und der reflektierten Welle zu einem Signal mit der Frequenz $\Delta\nu$; dieses $\Delta\nu$ kann leicht gemessen werden.

Dopplerverschiebungen gibt es auch bei Schallwellen. Man kann sie bei einem schnell vorbeifahrenden, hupenden Auto beobachten. Während das Auto auf einen zufährt, ist der Hupton höher, während es sich entfernt, ist der Ton tiefer. Zuerst kommen die Wellenberge in kürzeren zeitlichen Abständen an (also mit größerer Frequenz), dann in gedehnten Abständen (mit kleinerer Frequenz). Dieses Bild macht die Frequenzverschiebung plausibel.

Die Analogie zwischen Schall- und Lichtwellen gilt nur bedingt. Insbesondere breitet sich Licht im leeren Raum aus, während Schall ein wellentragendes Medium (etwa Luft) benötigt. Beim Schall ist das IS, in dem das Medium ruht, ausgezeichnet. Die Resultate hängen von den Geschwindigkeiten der Quelle und des Beobachters in diesem IS ab, und nicht nur wie in (22.23) von der Relativgeschwindigkeit. Im Grenzfall kleiner Geschwindigkeiten gilt aber (22.33) auch für den Schall (wobei c die Schallgeschwindigkeit ist). Für $v \to c$ ergeben sich jedoch wesentliche Unterschiede.

Atome emittieren und absorbieren Licht an bestimmten Stellen des elektromagnetischen Spektrums; dies führt zu einer Linienstruktur, die für jede Atomsorte charakteristisch ist. Auf der Erde erreicht uns Licht von Sternen und Galaxien, in dem solche Linienstrukturen enthalten sind. Gegenüber der bekannten, auf der Erde gemessenen Linienstruktur findet man dabei oft Verschiebungen der gesamten Struktur. Ein Grund für diese Verschiebung ist der Dopplereffekt bei bewegter Quelle. Licht von einem Doppelsternsystem zeigt zum Beispiel periodische Dopplerverschiebungen. Daraus kann die Bahnperiode der Keplerellipsen abgelesen werden, auf denen sich die beiden Sterne umkreisen.

Bei Licht von Sternen und Galaxien gibt es noch andere Ursachen für Frequenzverschiebungen. Zum einen erleidet Licht von einer Sternoberfläche eine Gravitationsrotverschiebung, wenn es das Gravitationsfeld des Sterns verlässt. Zum anderen kommt es aufgrund der Expansion des Kosmos zur kosmologischen Rotverschiebung im Licht weit entfernter Galaxien. Wir stellen die drei erwähnten Effekte in der niedrigsten Näherung gegenüber:

$$z = \begin{cases} v/c & \text{Dopplerrotverschiebung} \\ -\Phi_{\text{grav}}/c^2 & \text{Gravitationsrotverschiebung} \\ HD/c & \text{Kosmologische Rotverschiebung} \end{cases} \tag{22.37}$$

Der erste Fall gilt für eine Quelle (Stern), die sich mit der Geschwindigkeit v entfernt. Im zweiten Fall ist $\Phi_{\text{grav}} < 0$ das Newtonsche Gravitationspotenzial an der Sternoberfläche, von der das Licht ausgeht. Im dritten Fall ist D der Abstand der Quelle (Galaxie) und H ist die Hubble-Konstante, die die gegenwärtige Expansion des Kosmos bestimmt ($1/H \approx 20$ Milliarden Jahre).

Aberration

In IS gebe es eine Welle, die entlang der z-Achse einfällt (Abbildung 22.4). Ihr Wellenvektor lautet

$$\left(k^\alpha\right) = (\omega/c, \boldsymbol{k}) = (k, 0, 0, -k) \tag{22.38}$$

Mit der Transformation (22.3) gehen wir nun zu IS$'$ über. In IS$'$ ist der Wellenvektor von der Form

$$\left(k'^\alpha\right) = \left(\omega'/c, \boldsymbol{k}'\right) = \left(k'^0, -\gamma\,\frac{v}{c}\,k, 0, -k\right) \tag{22.39}$$

In IS$'$ schließt der Vektor $\boldsymbol{k}'$ dann einen Winkel φ_{A} mit der z'-Achse ein:

$$\tan\varphi_{\text{A}} = \frac{k'^1}{k'^3} = \frac{v/c}{\sqrt{1 - v^2/c^2}} \tag{22.40}$$

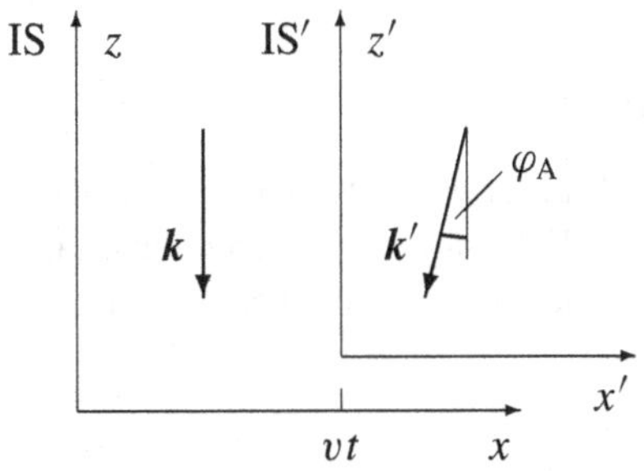

Abbildung 22.4 Eine ebene Welle mit dem Wellenvektor $\boldsymbol{k}$ in IS hat in IS′ einen etwas anders gerichteten Wellenvektor $\boldsymbol{k}'$. Hiermit kann die *Aberration* erklärt werden: Die Bahnbewegung der Erde um die Sonne führt dazu, dass sich ein bestimmter Stern auf einem kleinen Kreis zu bewegen scheint.

Wir stellen uns vor, dass das Licht in IS′ beobachtet wird. Dann ist $\varphi_{\rm A}$ die Änderung der Richtung der Welle aufgrund der Bewegung des Beobachters.

Im nichtrelativistischen Grenzfall gilt

$$\varphi_{\rm A} \approx \frac{v}{c} \qquad (v \ll c) \tag{22.41}$$

So wie der lineare Dopplereffekt ist dies ein kinematischer Effekt, der sich auch aus der Galileitransformation ergibt. Im Gegensatz zum Dopplereffekt spielen relativistische Effekte (also der Faktor γ in (22.40)) praktisch keine Rolle.

Eine bekannte Anwendung ist die scheinbare Änderung von Sternpositionen aufgrund der Bewegung der Erde um die Sonne. Das System IS sei das Ruhsystem der Sonne, und IS′ sei ein momentan mit der Erde mitbewegtes System. Für die Erdumlaufbahn gilt $v/c \approx 10^{-4}$. Daher beschreibt ein Stern, der senkrecht zur Umlaufbahn steht, im Laufe des Jahres einen Kreis mit einem Öffnungswinkel $\varphi_{\rm A} \approx 10^{-4}\,(180 \cdot 3600''/\pi) \approx 20''$. Die Formel (22.41) für diese *Aberration* wurde 1728 von dem Astronomen Bradley angegeben.

Aufgaben

22.1 Invarianten des elektromagnetischen Felds

Wie transformieren sich $\boldsymbol{E}^2 - \boldsymbol{B}^2$ und $\boldsymbol{E} \cdot \boldsymbol{B}$ unter Lorentztransformationen? Drücken Sie dazu die beiden Ausdrücke durch den Feldstärketensor und den dualen Feldstärketensor aus, oder transformieren Sie die elektromagnetischen Felder.

22.2 Felder einer vorbeifliegenden Ladung

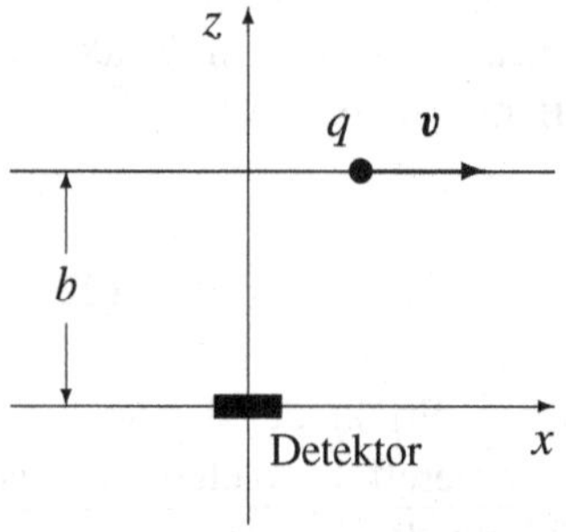

Eine relativistisch bewegte Ladung q hat die Bahnkurve $\boldsymbol{r}(t) = vt\,\boldsymbol{e}_x + b\,\boldsymbol{e}_z$. Berechnen Sie die integrierten Felder

$$\int_{-\infty}^{\infty} dt\,\boldsymbol{E} \qquad \text{und} \qquad \int_{-\infty}^{\infty} dt\,\boldsymbol{B}$$

die ein Detektor bei $\boldsymbol{r} = 0$ misst. Spalten Sie dazu die Felder in zu $\boldsymbol{v}$ parallele und senkrechte Anteile auf.

22.3 Energiestrom einer gleichförmig bewegten Ladung

Eine Punktladung q bewegt sich mit konstanter nichtrelativistischer Geschwindigkeit $\boldsymbol{v}$. Berechnen Sie die Energiedichte w_{em} und den Poyntingvektor $\boldsymbol{S}$. Wie groß ist der Energiestrom $\oint d\boldsymbol{a} \cdot \boldsymbol{S}$ durch eine Kugeloberfläche a, in deren Zentrum sich momentan die Ladung befindet?

22.4 Ladung ist unabhängig von der Geschwindigkeit

Eine Punktladung q bewegt sich mit konstanter relativistischer Geschwindigkeit $\boldsymbol{v}$. Berechnen Sie das Integral $\oint_a d\boldsymbol{a} \cdot \boldsymbol{E}$ über das elektrische Feld $\boldsymbol{E}$ und eine ruhende, geschlossene Fläche a, die die Ladung einschließt. Betrachten Sie zunächst eine Kugeloberfläche mit dem Teilchen im Zentrum. Zeigen Sie dann, dass das Ergebnis nicht von der Form der Fläche abhängt. Das Ergebnis $\oint_a d\boldsymbol{a} \cdot \boldsymbol{E} = 4\pi q$ impliziert, dass die Ladung unabhängig von der Geschwindigkeit ist.

22.5 Elektromagnetische Massen der bewegten geladenen Kugel

Eine homogen geladene Kugel (Radius R, Ladung q) wird als Modell eines Teilchens betrachtet. Geben Sie die Energie W_{em} der elektromagnetischen Felder der ruhenden Kugel an. Durch $W_{\text{em}} = m_0\, c^2$ wird eine Ruhmasse m_0 definiert.

Die Kugel bewegt sich nun mit konstanter, nichtrelativistischer Geschwindigkeit $\boldsymbol{v}$. Berechnen Sie den Impuls $\boldsymbol{P}_{\text{em}}$ des elektromagnetischen Felds der bewegten Kugel (vernachlässigen Sie Terme der relativen Größe v^2/c^2). Durch $\boldsymbol{P}_{\text{em}} = \overline{m}\,\boldsymbol{v}$ wird eine andere Masse $\overline{m}$ definiert. Vergleichen Sie $\overline{m}$ mit m_0.

22.6 Zur Aberration

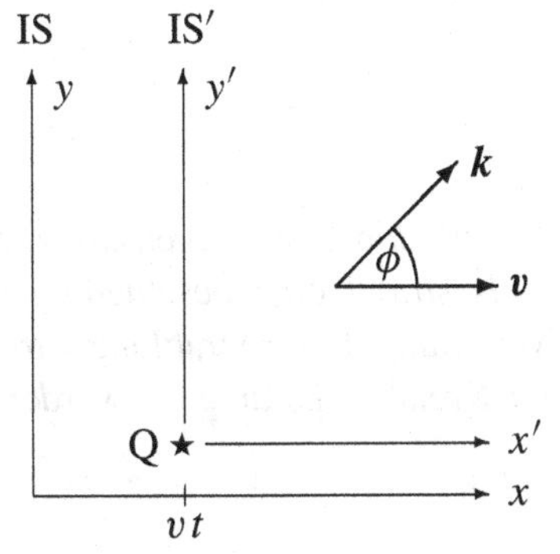

Eine im Inertialsystem IS' ruhende Quelle sendet eine ebene Welle mit der Frequenz $\omega' = \omega_{\text{RS}}$ und mit dem Wellenvektor

$$\boldsymbol{k}' = k' \cos\phi' \, \boldsymbol{e}_x + k' \sin\phi' \, \boldsymbol{e}_y$$

aus. Die Quelle und IS' bewegen sich relativ zu einem Beobachter in IS mit der Geschwindigkeit $\boldsymbol{v} = v\,\boldsymbol{e}_x$. Unter welchem Winkel ϕ zur x-Achse sieht der Beobachter die Welle? Geben Sie die Beziehung zwischen ϕ und ϕ' an.

23 Beschleunigte Ladung

Wir berechnen das Feld einer beliebig bewegten Punktladung. Im Gegensatz zur gleichförmig bewegten Ladung des vorigen Kapitels strahlt eine beschleunigte Ladung elektromagnetische Wellen ab. Die Winkelverteilung dieser Strahlung wird untersucht. Die Strahlungsverluste von Linear- und Kreisbeschleunigern werden gegenübergestellt[1].

Eine Punktladung mit der Bahn $\boldsymbol{r}_0(t)$ hat die Ladungs- und Stromverteilung

$$\varrho(\boldsymbol{r}, t) = q\, \delta(\boldsymbol{r} - \boldsymbol{r}_0(t))\,, \qquad \boldsymbol{j}(\boldsymbol{r}, t) = q\, \dot{\boldsymbol{r}}_0(t)\, \delta(\boldsymbol{r} - \boldsymbol{r}_0(t)) \tag{23.1}$$

Der prinzipielle Weg zur Berechnung der Abstrahlung ist folgender: Die Quellterme (23.1) werden in die retardierten Potenziale (17.32)- (17.33) eingesetzt. Diese Integrale werden ausgewertet. Aus den resultierenden Potenzialen werden die elektromagnetischen Felder und schließlich der Poyntingvektor berechnet. Die Ableitung kann wesentlich vereinfacht werden, indem die Potenziale zunächst im momentanen Ruhsystem bestimmt werden.

In den retardierten Potenzialen $A^{\alpha}_{\text{ret}}(\boldsymbol{r}, t)$ geht die Ladungsverteilung zur retardierten Zeit

$$t_{\text{ret}} = t - \frac{|\boldsymbol{r} - \boldsymbol{r}_0(t_{\text{ret}})|}{c} \tag{23.2}$$

ein. Den Vektor vom Ort Q der Ladung zum Beobachtungspunkt P (Abbildung 23.1) bezeichnen wir mit

$$\boldsymbol{R}(t_{\text{ret}}) = \boldsymbol{r} - \boldsymbol{r}_0(t_{\text{ret}}) \tag{23.3}$$

Für die Größe

$$(R^{\alpha}) = \big(c\,(t - t_{\text{ret}}),\ \boldsymbol{r} - \boldsymbol{r}_0(t_{\text{ret}})\big) = (R, \boldsymbol{R}) \tag{23.4}$$

folgt aus (23.2)

$$R^{\alpha} R_{\alpha} = c^2 (t - t_{\text{ret}})^2 - \big|\boldsymbol{r} - \boldsymbol{r}_0(t_{\text{ret}})\big|^2 = 0 \tag{23.5}$$

Dies gilt in einem beliebigen IS. Daher ist $R_{\alpha} R^{\alpha}$ ein Lorentzskalar und R_{α} ein Lorentzvektor. Für die Nullkomponente gilt

$$R^0 = R_0 = c\,(t - t_{\text{ret}}) = |\boldsymbol{R}| = R \tag{23.6}$$

[1]Dieses Kapitel kann auch übersprungen werden. Im Anschluss an Kapitel 24 sollte dann der letzte Abschnitt „Strahlungsverlust" gelesen werden und die in Abbildung 23.3 und 23.4 dargestellten Ergebnisse sollten zur Kenntnis genommen werden.

T. Fließbach, *Elektrodynamik*, https://doi.org/10.1007/978-3-662-64889-6_23

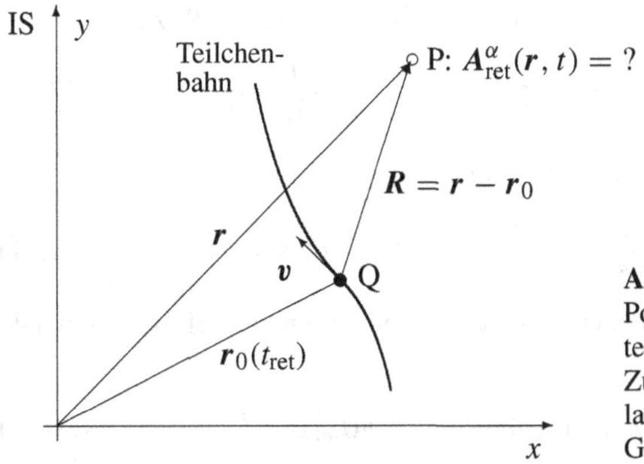

Abbildung 23.1 Am Ort P soll das Potenzial $A^\alpha(\boldsymbol r, t)$ einer beschleunigten Punktladung berechnet werden. Zur Zeit $t_{\rm ret}$ befindet sich die Punktladung an der Stelle Q und hat die Geschwindigkeit $\boldsymbol v = \boldsymbol v(t_{\rm ret})$.

In Abbildung 23.1 ist die Position $\boldsymbol r_0(t_{\rm ret})$ der Ladung gezeigt. Wir betrachten nun das Inertialsystem IS′, das sich mit $\boldsymbol v = \dot{\boldsymbol r}_0(t_{\rm ret})$ relativ zu IS bewegt; über $t_{\rm ret}$ aus (23.2) hängt IS′ von t und $\boldsymbol r$ ab. In IS′ ruht die Ladung momentan. Daher können die Potenziale in IS′ leicht angegeben werden:

$$\Phi'_{\rm ret}(\boldsymbol r', t') = \frac{q}{|\boldsymbol r' - \boldsymbol r'_0(t'_{\rm ret})|} = \frac{q}{R'(t'_{\rm ret})}\,, \qquad \boldsymbol A'(\boldsymbol r', t') = 0 \tag{23.7}$$

Formal kann man dies auch durch Einsetzen von $\varrho'(\boldsymbol r', t') = q\ \delta(\boldsymbol r' - \boldsymbol r'_0(t'))$ und $\boldsymbol j' = 0$ in (17.32) und (17.33) erhalten. Aus (23.7) erhalten wir die Potenziale in IS durch die Lorentztransformation $A^\alpha = \Lambda^\alpha_{\ \beta}(-\boldsymbol v)\, A'^\beta$. Wir vermeiden die explizite Ausführung dieser Transformation, indem wir (23.7) in kovarianter Form schreiben. Zur Bildung dieser kovarianten Form kommen die 4-Vektoren R^α und u^α in Frage. Im momentanen Ruhsystem IS′ gilt

$$(u'^\alpha) = (c, 0)\,, \qquad (R^\beta u_\beta)' = c\,R' \qquad \text{(in IS}'\text{)} \tag{23.8}$$

Daher reduziert sich der Ausdruck

$$A^\alpha(\boldsymbol r, t) = \left.\frac{q\,u^\alpha}{u^\beta R_\beta}\right|_{\rm ret} \qquad \text{(Liénard-Wiechert-Potenziale)} \tag{23.9}$$

in IS′ auf (23.7). Der Index „ret“ besagt, dass die entsprechende Größe zur retardierten Zeit $t_{\rm ret}$ zu nehmen ist.

Die Gültigkeit der Liénard-Wiechert-Potenziale folgt aus:

1. Die Gleichung (23.9) wird im momentanen Ruhsystem IS′ zu (23.7). Damit ist (23.9) in IS′ richtig.

2. Die Gleichung (23.9) ist kovariant. Wenn (23.9) in einem bestimmten Inertialsystem gilt, dann folgt daraus die Gültigkeit in einem beliebigen Inertialsystem.

Mit $(A^\alpha) = (\Phi, \boldsymbol{A})$, $(u^\alpha) = \gamma\,(c, \boldsymbol{v})$ und $(R^\alpha) = (R, \boldsymbol{R})$ wird (23.9) zu

$$\Phi(\boldsymbol{r}, t) = \frac{q}{R - \boldsymbol{R}\cdot\boldsymbol{v}/c}\bigg|_{\text{ret}}, \qquad \boldsymbol{A}(\boldsymbol{r}, t) = \frac{q}{c}\,\frac{\boldsymbol{v}}{R - \boldsymbol{R}\cdot\boldsymbol{v}/c}\bigg|_{\text{ret}} \tag{23.10}$$

Hiermit können die elektromagnetischen Felder

$$\boldsymbol{E} = -\operatorname{grad}\Phi(\boldsymbol{r}, t) - \frac{1}{c}\,\frac{\partial \boldsymbol{A}(\boldsymbol{r}, t)}{\partial t}, \qquad \boldsymbol{B} = \operatorname{rot}\boldsymbol{A}(\boldsymbol{r}, t) \tag{23.11}$$

berechnet werden. Dies erfordert einige Zwischenrechnungen, weil die Potenziale (23.10) als Funktionen von

$$\boldsymbol{R} = \boldsymbol{R}(\boldsymbol{r}, t_{\text{ret}}) \quad \text{und} \quad \boldsymbol{v} = \boldsymbol{v}(t_{\text{ret}}) \tag{23.12}$$

gegeben sind. Für die Felder (23.11) müssen die Potenziale nach $\boldsymbol{r}$ und t abgeleitet werden; hierbei ist $t_{\text{ret}} = t_{\text{ret}}(\boldsymbol{r}, t)$ zu berücksichtigen.

Die Größen $\boldsymbol{R}(\boldsymbol{r}, t_{\text{ret}})$ und $t_{\text{ret}}(\boldsymbol{r}, t)$ sind in (23.2) – (23.4) definiert. Wir differenzieren $\boldsymbol{R}^2 = R^2$ partiell nach t_{ret},

$$2R\,\frac{\partial R}{\partial t_{\text{ret}}} = 2\boldsymbol{R}\cdot\frac{\partial \boldsymbol{R}}{\partial t_{\text{ret}}} = -2\boldsymbol{R}\cdot\dot{\boldsymbol{r}}_0(t_{\text{ret}}) = -2\boldsymbol{R}\cdot\boldsymbol{v} \tag{23.13}$$

Damit erhalten wir

$$\frac{\partial R}{\partial t} = \frac{\partial R}{\partial t_{\text{ret}}}\,\frac{\partial t_{\text{ret}}}{\partial t} = -\,\frac{\boldsymbol{R}\cdot\boldsymbol{v}}{R}\,\frac{\partial t_{\text{ret}}}{\partial t} \tag{23.14}$$

Wegen $R = R^0 = c\,(t - t_{\text{ret}})$ gilt andererseits

$$\frac{\partial R}{\partial t} = c\left(1 - \frac{\partial t_{\text{ret}}}{\partial t}\right) \tag{23.15}$$

Aus den letzten beiden Gleichungen folgt

$$\frac{\partial t_{\text{ret}}}{\partial t} = \frac{1}{1 - \boldsymbol{R}\cdot\boldsymbol{v}/Rc} = \frac{1}{1 - \boldsymbol{\beta}\cdot\boldsymbol{e}_R} \tag{23.16}$$

wobei

$$\boldsymbol{\beta} = \frac{\boldsymbol{v}}{c} \quad \text{und} \quad \boldsymbol{e}_R = \frac{\boldsymbol{R}}{R} \tag{23.17}$$

Wir differenzieren nun noch $R = R^0 = c\,(t - t_{\text{ret}})$ nach den Koordinaten,

$$\nabla R = \begin{cases} \nabla R^0 = \nabla c\,(t - t_{\text{ret}}) = -c\,\nabla t_{\text{ret}} \\[2ex] \nabla\,\big|\boldsymbol{r} - \boldsymbol{r}_0(t_{\text{ret}})\big| = \dfrac{\boldsymbol{R}}{R} + \dfrac{\partial R}{\partial t_{\text{ret}}}\,\nabla t_{\text{ret}} \end{cases} \tag{23.18}$$

Wir setzen die rechten Seiten gleich und verwenden $\partial R/\partial t_{\text{ret}} = -\boldsymbol{R}\cdot\boldsymbol{v}/R$ aus (23.13). Damit erhalten wir

$$\nabla t_{\text{ret}} = -\frac{1}{c}\,\frac{\boldsymbol{R}}{R - \boldsymbol{R}\cdot\boldsymbol{v}/c} = -\frac{1}{c}\,\frac{\boldsymbol{e}_R}{1 - \boldsymbol{\beta}\cdot\boldsymbol{e}_R} \tag{23.19}$$

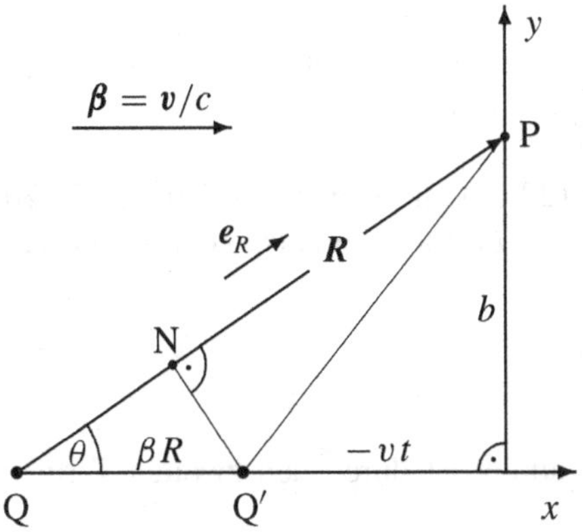

Abbildung 23.2 Die Position einer gleichförmig mit $\boldsymbol{v} = v\,\boldsymbol{e}_x$ bewegten Ladung zur Zeit $t_{\rm ret}$ sei Q (wie in Abbildung 23.1). Zur Zeit t, zu der die Felder berechnet werden sollen, ist die Ladung dann an einer anderen Position Q′. Aus der Abbildung können Beziehungen zwischen den auftretenden Längen abgelesen werden. Zur Zeit $t = 0$ hat die Ladung den kürzesten Abstand zum Beobachtungspunkt P; für die eingezeichnete Position ist t negativ.

Mit (23.16) und (23.19) sind die Voraussetzungen geschaffen, um die Ableitungen in (23.11) mit (23.10) auszuführen. Nach einigen Zwischenrechnungen erhält man

$$\boxed{\boldsymbol{E}(\boldsymbol{r},t) = \left.\frac{q\,(\boldsymbol{e}_R - \boldsymbol{\beta})}{R^2\gamma^2\,(1-\boldsymbol{\beta}\cdot\boldsymbol{e}_R)^3}\right|_{\rm ret} + \left.\frac{q\,\boldsymbol{e}_R \times [(\boldsymbol{e}_R - \boldsymbol{\beta})\times\dot{\boldsymbol{\beta}}]}{c\,R\,(1-\boldsymbol{\beta}\cdot\boldsymbol{e}_R)^3}\right|_{\rm ret}} \tag{23.20}$$

und

$$\boldsymbol{B} = \boldsymbol{e}_R \times \boldsymbol{E} \tag{23.21}$$

Der erste Term in (23.20) ist gleich dem Feld (22.14) der gleichförmig bewegten Ladung; er ist proportional zu $1/R^2$. Der zweite Term ist proportional zu $1/R$ und verschwindet für $\boldsymbol{\beta} = \text{const}$. Er führt zu einer Energiestromdichte $S \propto 1/R^2$ und einem endlichen Wert für die abgestrahlte Leistung.

Die Übereinstimmung des ersten Terms in (23.20) mit (22.14) ist nicht offensichtlich, weil in (23.20) die Position Q der Ladung q zur Zeit $t_{\rm ret}$ eingeht, während sich (22.14) auf die Position Q′ zur Beobachtungszeit t bezieht. Die geometrische Situation zusammen mit den hier und in Kapitel 22 benutzten Größen ist in Abbildung 23.2 skizziert. Aus dieser Skizze kann man ablesen:

$$\begin{aligned}
\overline{\rm QQ'} &= v\,(t - t_{\rm ret}) &&= \beta R \\
\overline{\rm NQ} &= \overline{\rm QQ'}\cos\theta &&= (\boldsymbol{\beta}\cdot\boldsymbol{e}_R)R \\
\overline{\rm NP} &= R - \overline{\rm NQ} &&= (1-\boldsymbol{\beta}\cdot\boldsymbol{e}_R)R
\end{aligned} \tag{23.22}$$

Damit können wir folgende Verbindung herstellen:

$$\begin{aligned}
\big((1-\boldsymbol{\beta}\cdot\boldsymbol{e}_R)R\big)^2 &= \overline{\rm NP}^{\,2} = \overline{\rm Q'P}^{\,2} - \overline{\rm NQ'}^{\,2} = b^2 + v^2t^2 - (\beta R)^2\sin^2\theta \\
&= b^2 + v^2t^2 - \beta^2 b^2 = \frac{b^2 + \gamma^2 v^2 t^2}{\gamma^2}
\end{aligned} \tag{23.23}$$

Mit $\boldsymbol{\beta} \cdot \boldsymbol{e}_y = 0$ und $R\, \boldsymbol{e}_R \cdot \boldsymbol{e}_y = b$ erhalten wir

$$E_y \overset{(\dot{\beta}=0)}{=} \frac{q\,(\boldsymbol{e}_R - \boldsymbol{\beta})_y}{R^2 \gamma^2 (1 - \boldsymbol{\beta} \cdot \boldsymbol{e}_R)^3} = \frac{q\,\gamma\, b}{(b^2 + \gamma^2 v^2 t^2)^{3/2}} \tag{23.24}$$

Für E_y ist damit die Übereinstimmung von (22.14) mit dem ersten Term in (23.20) gezeigt. Mit $R\,(\boldsymbol{e}_R - \boldsymbol{\beta})_x = \beta R - vt - \beta R = -vt$ folgt der entsprechende Zusammenhang für E_x.

Strahlungsfeld

Das Strahlungsfeld einer beschleunigten Ladung ist durch den zweiten Term in (23.20) gegeben:

$$\boldsymbol{E}_{\text{str}}(\boldsymbol{r}, t) = \left. \frac{q\, \boldsymbol{e}_R \times [(\boldsymbol{e}_R - \boldsymbol{\beta}) \times \dot{\boldsymbol{\beta}}]}{c\, R\, (1 - \boldsymbol{\beta} \cdot \boldsymbol{e}_R)^3} \right|_{\text{ret}}, \qquad \boldsymbol{B}_{\text{str}} = \boldsymbol{e}_R \times \boldsymbol{E}_{\text{str}} \tag{23.25}$$

Hieraus folgt für die radiale Komponente der Energiestromdichte

$$\boldsymbol{S} \cdot \boldsymbol{e}_R = \frac{c}{4\pi}\, \boldsymbol{e}_R \cdot \big(\boldsymbol{E}_{\text{str}} \times \boldsymbol{B}_{\text{str}}\big) = \frac{q^2}{4\pi c\, R^2} \left. \frac{|\boldsymbol{e}_R \times [(\boldsymbol{e}_R - \boldsymbol{\beta}) \times \dot{\boldsymbol{\beta}}]|^2}{(1 - \boldsymbol{\beta} \cdot \boldsymbol{e}_R)^6} \right|_{\text{ret}} \tag{23.26}$$

Durch das Flächenelement $R^2 d\Omega$ geht die Leistung $dP = \boldsymbol{S} \cdot \boldsymbol{e}_R\, R^2 d\Omega$, also

$$\frac{dP}{d\Omega} = R^2\, \boldsymbol{S} \cdot \boldsymbol{e}_R = \frac{q^2}{4\pi c} \left. \frac{|\boldsymbol{e}_R \times [(\boldsymbol{e}_R - \boldsymbol{\beta}) \times \dot{\boldsymbol{\beta}}]|^2}{(1 - \boldsymbol{\beta} \cdot \boldsymbol{e}_R)^6} \right|_{\text{ret}} \tag{23.27}$$

Dabei ist dP die Energie pro Zeitintervall dt, die durch das Raumwinkelelement $d\Omega$ geht. Vom Standpunkt des abstrahlenden Teilchens ist es naheliegend, die pro Zeitintervall dt_{ret} abgestrahlte Energie zu betrachten. Dieser Energiestrom dP' ergibt sich zu

$$\frac{dP'}{d\Omega} = \frac{dP}{d\Omega}\, \frac{\partial t}{\partial t_{\text{ret}}} \overset{(23.16)}{=} \frac{q^2}{4\pi c}\, \frac{|\boldsymbol{e}_R \times [(\boldsymbol{e}_R - \boldsymbol{\beta}) \times \dot{\boldsymbol{\beta}}]|^2}{(1 - \boldsymbol{\beta} \cdot \boldsymbol{e}_R)^5} \tag{23.28}$$

Wir werten diesen Ausdruck für die beiden Sonderfälle $\beta \ll 1$ und $\boldsymbol{\beta} \parallel \dot{\boldsymbol{\beta}}$ aus. Dabei verwenden wir die Winkel θ und θ':

$$\cos\theta = \frac{\boldsymbol{e}_R \cdot \boldsymbol{\beta}}{\beta}, \qquad \cos\theta' = \frac{\boldsymbol{e}_R \cdot \dot{\boldsymbol{\beta}}}{\dot{\beta}} \tag{23.29}$$

Im nichtrelativistischen Grenzfall reduzieren sich (23.27) und (23.28) auf

$$\boxed{\frac{dP}{d\Omega} = \frac{dP'}{d\Omega} = \frac{q^2}{4\pi c^3}\, \dot{\boldsymbol{v}}^2 \sin^2\theta' \qquad (v \ll c)} \tag{23.30}$$

Für $\boldsymbol{\beta} \parallel \dot{\boldsymbol{\beta}}$ gilt $\theta = \theta'$. Dann wird (23.28) zu

$$\boxed{\frac{dP'}{d\Omega} = \frac{q^2}{4\pi c^3}\, \dot{\boldsymbol{v}}^2\, \frac{\sin^2\theta}{(1-\beta\,\cos\theta)^5} \qquad (\boldsymbol{v} \parallel \dot{\boldsymbol{v}})} \tag{23.31}$$

Diese Winkelverteilung ist in Abbildung 23.3 und 23.4 als Funktion des Winkels dargestellt. Mit zunehmender (relativistischer) Geschwindigkeit verschiebt sich der Strahlungskegel in Vorwärtsrichtung. Zugleich nimmt die Strahlungsleistung stark zu.

Beschleunigte Elektronen werden zur Erzeugung von Röntgenstrahlen benutzt: In einer Vakuumröhre wird eine hohe Spannung (etwa 5 keV bis 10 MeV) zwischen Kathode und Anode gelegt. Die Elektronen treten aus der beheizten Kathode aus, durchlaufen die Potenzialdifferenz V und prallen mit hoher Energie auf die Anode. Dort werden sie im Coulombfeld der Atomkerne abgelenkt und abgebremst. Etwa 1% ihrer Energie wird als *Bremsstrahlung* abgegeben; dies ist die gewünschte Röntgenstrahlung. Die restliche Energie wird in Wärme umgewandelt. Die Bremsstrahlung hat eine kontinuierliche Frequenzverteilung, die bei $\hbar\,\omega_{\text{max}} = |eV|$ abbricht; denn $|eV|$ ist die maximale Energie beim Durchlaufen der Potenzialdifferenz.

Strahlungsverlust

Die Winkelintegration über (23.30) ergibt

$$P = \frac{2q^2}{3c^3}\, \dot{\boldsymbol{v}}^2 \qquad (v \ll c) \tag{23.32}$$

Für relativistische Geschwindigkeiten erhält man die Strahlungsleistung P durch Winkelintegration über (23.27) oder aus der kovarianten Verallgemeinerung von (23.32). Wir gehen den zweiten, einfacheren Weg.

Die abgestrahlte Leistung P ist elektromagnetische Feldenergie pro Zeit, also $dE_{\text{str}} = P\,dt = P\,dx^0/c$. Die Energie E_{str} des elektromagnetischen (Strahlungs-) Felds ist die 0-Komponente eines 4-Vektors, (18.60). Da dx^0 ebenfalls eine solche 0-Komponente ist, muss

$$P \text{ ist ein Lorentzskalar} \tag{23.33}$$

gelten. Wir suchen nun einen Lorentzskalar, der sich für $v/c \to 0$ auf (23.32) reduziert. Die relativistische Verallgemeinerung von $d\boldsymbol{v}/dt$ ist $du^\alpha/d\tau$; dabei ist u^α die 4-Geschwindigkeit und $d\tau$ das Eigenzeitintervall. Die naheliegende Verallgemeinerung von (23.32) ist daher

$$P = -\frac{2q^2}{3c^3}\,\frac{du^\alpha}{d\tau}\,\frac{du_\alpha}{d\tau} \tag{23.34}$$

Dieser Ausdruck ist richtig, weil er kovariant ist und weil er sich für $v/c \to 0$ auf die als richtig bekannte Gleichung (23.32) reduziert.

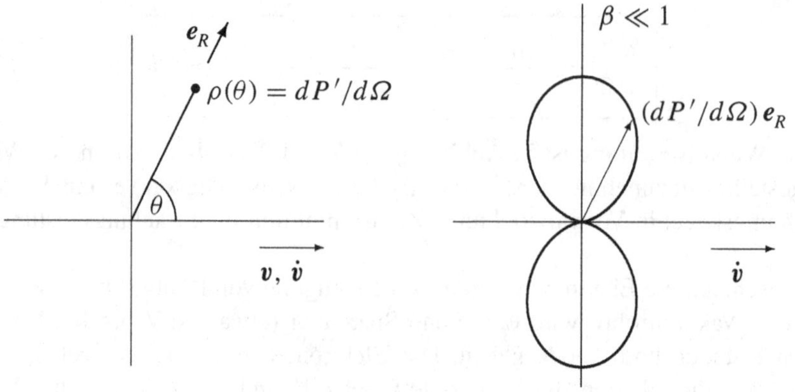

Abbildung 23.3 Die Strahlungsleistung (23.31) wird als Polarkoordinate $\rho = dP'/d\Omega$ im ρ-θ-Diagramm aufgetragen (links). Dabei ist θ der Winkel zwischen $v \parallel \dot{v}$ und der Ausstrahlungsrichtung e_R. Rechts ist die Strahlungsleistung $dP'/d\Omega \propto \sin^2\theta$ für $\beta \ll 1$ gezeigt. In Richtung von e_r ist ein Vektor mit dem Betrag $dP'/d\Omega$ eingezeichnet; er ist proportional zu $\dot{v}^2$. Für $\beta \ll 1$ ist die Abstrahlung unabhängig von der Richtung von v. Die abgestrahlte Leistung ist proportional zu $\dot{v}^2$.

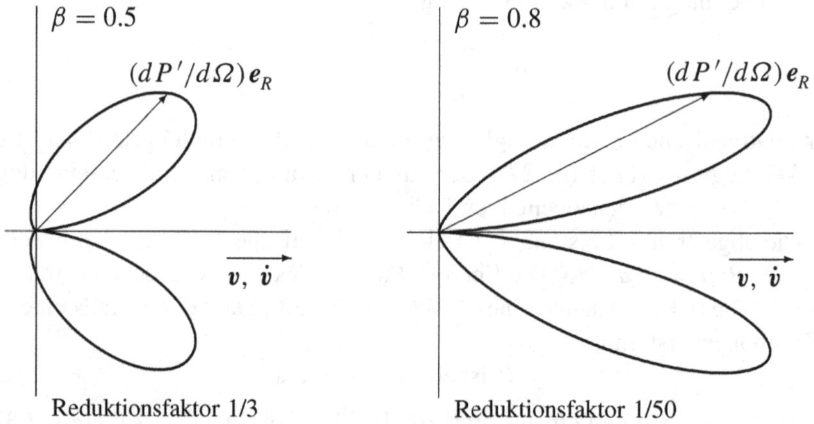

Abbildung 23.4 Winkelverteilung der Abstrahlung (23.31) einer beschleunigten Ladung für $\beta = 0.5$ und $\beta = 0.8$, jeweils für $v \parallel \dot{v}$. Mit zunehmender Geschwindigkeit wächst die Strahlung stark an und ist immer mehr nach vorn gerichtet. Die Abbildungen 23.3 und 23.4 skalieren mit dem Wert von $\dot{v}^2$. Die Kurven in Abbildung 23.4 wären in jeder Richtung um den Faktor 3 beziehungsweise 50 zu strecken, wenn man sie in Abbildung 23.3 rechts einzeichnen wollte und dabei jeweils denselben Wert von $\dot{v}^2$ voraussetzt.

Wir berechnen die Ableitung der 4-Geschwindigkeit:

$$\begin{aligned}\frac{d(u^\alpha)}{d\tau} &= \gamma\,\frac{d(u^\alpha)}{dt} = \gamma\,\frac{d}{dt}\big(\gamma c, \gamma\boldsymbol{v}\big) = \gamma^4\,\frac{\boldsymbol{v}\cdot\dot{\boldsymbol{v}}}{c^2}\,\big(c, \boldsymbol{v}\big) + \gamma^2\,\big(0, \dot{\boldsymbol{v}}\big) \\ &= \gamma^4\left(\frac{\boldsymbol{v}\cdot\dot{\boldsymbol{v}}}{c}, \frac{\boldsymbol{v}\cdot\dot{\boldsymbol{v}}}{c^2}\,\boldsymbol{v} + \left(1-\frac{\boldsymbol{v}^2}{c^2}\right)\dot{\boldsymbol{v}}\right)\end{aligned} \tag{23.35}$$

Damit wird (23.34) zu

$$P = \frac{2q^2}{3c^3}\,\gamma^6\left(\dot{\boldsymbol{v}}^2 - \frac{(\boldsymbol{v}\times\dot{\boldsymbol{v}})^2}{c^2}\right) \tag{23.36}$$

Hieraus folgen die beiden Spezialfälle

$$\boxed{P = \frac{2q^2}{3c^3}\,\gamma^6\left(\frac{d\boldsymbol{v}}{dt}\right)^2 = \frac{2q^2}{3m^2c^3}\left(\frac{d\boldsymbol{p}}{dt}\right)^2 \qquad (\boldsymbol{v}\parallel\dot{\boldsymbol{v}})} \tag{23.37}$$

$$\boxed{P = \frac{2q^2}{3c^3}\,\gamma^4\left(\frac{d\boldsymbol{v}}{dt}\right)^2 = \frac{2q^2}{3m^2c^3}\,\gamma^2\left(\frac{d\boldsymbol{p}}{dt}\right)^2 \qquad (\boldsymbol{v}\perp\dot{\boldsymbol{v}})} \tag{23.38}$$

Die jeweils ersten Ausdrücke ergeben sich unmittelbar aus (23.36). Die jeweils zweiten Ausdrücke mit dem relativistischen Impuls $\boldsymbol{p} = m\gamma\,\boldsymbol{v}$ erhält man, wenn man $d\gamma/dt = \gamma^3\boldsymbol{v}\cdot\dot{\boldsymbol{v}}/c^2$ berücksichtigt. An diesen zweiten Ausdrücken erkennt man: Bei gleicher Größe der beschleunigenden Kraft (gleiches $|d\boldsymbol{p}/dt|$) ist die emittierte Strahlung für $\boldsymbol{v}\perp\dot{\boldsymbol{v}}$ um einen Faktor γ^2 größer als für $\boldsymbol{v}\parallel\dot{\boldsymbol{v}}$.

In Beschleunigern sollen Teilchen auf hohe Energien gebracht werden. Die Strahlungsleistung P reduziert die Energie der Teilchen; wir sprechen daher von Strahlungsverlusten. Wir diskutieren die relativistischen Strahlungsverluste für einen Linear- und einen Kreisbeschleuniger.

Linearbeschleuniger

Wir schätzen die Strahlungsverluste eines relativistischen Elektrons ($v \approx c$, $q = -e$, Masse m_e) in einem Linearbeschleuniger ab. Am Linearbeschleuniger SLAC in Stanford/USA werden Elektronen auf einer Strecke von 3 km auf 50 GeV gebracht. Wir berechnen die Strecke ℓ, auf der die Energie des Elektrons $m_e c^2 = 0.5\,\text{MeV}$ erhöht wird:

$$\ell = \frac{m_e c^2}{dE/d\ell} = \frac{0.5\,\text{MeV}}{50\,\text{GeV}/3\,\text{km}} = 3\,\text{cm} \tag{23.39}$$

Für den hochrelativistischen Fall ($E \gg m_e c^2$) gilt $E = (m_e^2 c^4 + c^2 p^2)^{1/2} \approx c\,p$ und $v \approx c$. Daraus folgt

$$\frac{dp}{dt} \approx \frac{d(E/c)}{d\ell/c} = \frac{dE}{d\ell} = \frac{m_e c^2}{\ell} \tag{23.40}$$

Wir setzen dies in (23.37) ein und berechnen so die längs der Strecke $\ell \approx 3\,\mathrm{cm}$ abgestrahlte Energie ΔE_{str}:

$$\Delta E_{\mathrm{str}} \approx P\,\frac{\ell}{c} \approx \frac{2e^2}{3m_{\mathrm{e}}^2 c^3}\left(\frac{m_{\mathrm{e}}c^2}{\ell}\right)^2 \frac{\ell}{c} = \frac{2}{3}\frac{e^2}{\ell} \approx \frac{2}{3}\,\frac{14.4\,\mathrm{eV}}{3\,\mathrm{cm}/\mathrm{Å}} \approx 3\cdot 10^{-8}\,\mathrm{eV} \tag{23.41}$$

Hierbei wurde $e^2/\mathrm{Å} = 14.4\,\mathrm{eV}$ verwendet. Der resultierende Energieverlust ist vernachlässigbar klein (verglichen mit dem Energiegewinn $\Delta E = m_{\mathrm{e}}c^2 \approx 5\cdot 10^5\,\mathrm{eV}$). Dies gilt auch für andere Teilchen und Energien in einem Linearbeschleuniger.

Speicherring

Geladene Teilchen, die sich mit konstanter Geschwindigkeit $|\boldsymbol{v}|$ auf einem Kreis bewegen, sind beschleunigt und geben elektromagnetische Strahlung ab. Diese Strahlung heißt *Synchrotronstrahlung* nach dem gleichnamigen Beschleunigertyp. Die Strahlungsverluste aufgrund der Kreisbeschleunigung sind ein zentrales Problem von Kreisbeschleunigern und Speicherringen der Hochenergiephysik. Andererseits ist die Synchrotronstrahlung ein wichtiges Untersuchungsmittel für andere Zweige der Physik, insbesondere für die Festkörperphysik.

Für ein relativistisches Teilchen auf einer Kreisbahn ($|\boldsymbol{v}| = \text{const.} \approx c$) mit dem Radius R_{o} ist die Beschleunigung

$$\left|\frac{d\boldsymbol{v}}{dt}\right| = \frac{v^2}{R_{\mathrm{o}}} \approx \frac{c^2}{R_{\mathrm{o}}} \tag{23.42}$$

Damit wird (23.38) zu

$$P \approx \frac{2c\,q^2}{3}\,\frac{\gamma^4}{R_{\mathrm{o}}^2} \tag{23.43}$$

Die Strahlungsverluste steigen mit der vierten Potenz von γ oder der Energie an. Als Beispiel betrachten wir Elektronen ($m_{\mathrm{e}}c^2 = 0.5\,\mathrm{MeV}$) in der Hadron-Elektron-Ring-Anlage (HERA) in Hamburg (bis 2007 in Betrieb). HERA hatte einen Radius von $R_{\mathrm{o}} \approx 1\,\mathrm{km}$. Für Elektronen mit der Energie $E = \gamma\, m_{\mathrm{e}}c^2 = 30\,\mathrm{GeV}$ gilt $\gamma^4 \approx 1.3\cdot 10^{19}$. Damit beträgt der Energieverlust ΔE_{str} nach einem Umlauf

$$\Delta E_{\mathrm{str}} = P\,\frac{2\pi R_{\mathrm{o}}}{v} \approx \frac{4\pi}{3}\,\gamma^4\,\frac{e^2}{R_{\mathrm{o}}} \approx 5.4\cdot 10^{19}\,\frac{14.4\,\mathrm{eV}}{\mathrm{km}/\mathrm{Å}} \approx 80\,\mathrm{MeV} \tag{23.44}$$

Diese Energie muss jeweils während einer Umlaufzeit $2\pi R_{\mathrm{o}}/c \approx 2\cdot 10^{-5}\,\mathrm{s}$ übertragen werden, damit die Energie des betrachteten Elektrons konstant bleibt.

Zur Verringerung der Energieverluste kann man den Radius R_{o} des Speicherrings oder des Kreisbeschleunigers größer machen; bei vorgegebener Energie $E = \gamma\, m c^2$ ist dies nach (23.43) der einzige zu beeinflussende Parameter. So hatte der bis zum Jahr 2000 betriebene Large-Elektron-Positron-Storage-Ring (LEP) am CERN in Genf einen Radius von etwa $R_{\mathrm{o}} \approx 4.3\,\mathrm{km}$ und erreichte Teilchenenergien von 100 GeV.

Im Jahr 2010 ging in der vorhandenen Tunnelanlage des LEP der Large-Hadron-Collider (LHC) in Betrieb. Im LHC werden je nach Betriebsmodus Protonen oder Bleikerne beschleunigt und zur Kollision gebracht. Aufgrund der größeren Masse der Hadronen verlieren sie weniger Energie durch Synchrotronstrahlung und können daher höhere Energien erreichen (konkret 13 TeV für Protonen). Ein großer Erfolg des LHC war 2012 der Nachweis des Higgs-Bosons.

Wegen der großen Strahlungsverluste auf Kreisbahnen werden für höhere Energien auch Linearbeschleuniger geplant. Im geplanten International Linear Collider (ILC) sollen Elektronen und Positronen mit Schwerpunktsenergien zwischen 200 und 500 GeV kollidieren.

Aufgaben

23.1 Retardierte Potenziale der gleichförmig bewegten Ladung

Bestimmen Sie die retardierten Potenziale Φ_{ret} und $\boldsymbol{A}_{\text{ret}}$ einer gleichförmig bewegten Punktladung. Geben Sie auch die elektromagnetischen Felder an.

24 Dipolstrahlung

Wir berechnen die Strahlung, die von einer oszillierenden Ladungsverteilung ausgeht. Die oszillierende Ladungsverteilung kann zum Beispiel eine UKW-Sendeantenne oder ein klassisches Elektron auf seiner Kreisbahn im Atom sein (Abbildung 24.1). Wir beschränken uns auf den nichtrelativistischen Fall.

Die Quellverteilung soll periodisch sein:

$$j^{\alpha}(\boldsymbol{r}', t) = \mathrm{Re}\left(j^{\alpha}(\boldsymbol{r}') \exp(-\mathrm{i}\omega t)\right) \tag{24.1}$$

Für den Ortsanteil $j^{\alpha}(\boldsymbol{r}')$ führen wir keinen neuen Buchstaben ein; außerdem schreiben wir das Re-Zeichen im Folgenden meist nicht mit an. Diese Notation verwenden wir auch für die elektromagnetischen Felder und ihre Potenziale. Die Ladungsverteilung sei auf einen endlichen Bereich begrenzt:

$$j^{\alpha}(\boldsymbol{r}') = \begin{cases} \text{beliebig} & (r' < R_0) \\ 0 & (r' > R_0) \end{cases} \tag{24.2}$$

Wir wollen das Feld in großem Abstand r bestimmen. Dazu entwickeln wir die retardierten Potenziale nach Potenzen von R_0/r. Der niedrigste Beitrag zur Strahlung kommt vom Dipolmoment der oszillierenden Ladungsverteilung.

Wir setzen (24.1) in das retardierte Vektorpotenzial (17.33) ein:

$$\begin{aligned} \boldsymbol{A}_{\mathrm{ret}}(\boldsymbol{r}, t) &= \frac{1}{c} \int d^3r' \; \frac{\boldsymbol{j}(\boldsymbol{r}', t - |\boldsymbol{r} - \boldsymbol{r}'|/c)}{|\boldsymbol{r} - \boldsymbol{r}'|} \qquad (24.3) \\ &= \frac{1}{c} \exp(-\mathrm{i}\omega t) \int d^3r' \; \boldsymbol{j}(\boldsymbol{r}') \; \frac{\exp(\mathrm{i}k|\boldsymbol{r} - \boldsymbol{r}'|)}{|\boldsymbol{r} - \boldsymbol{r}'|} = \boldsymbol{A}(\boldsymbol{r}) \exp(-\mathrm{i}\omega t) \end{aligned}$$

Dabei haben wir die Wellenzahl

$$k = \frac{\omega}{c} \tag{24.4}$$

und den Ortsanteil des Vektorpotenzials eingeführt:

$$\boldsymbol{A}(\boldsymbol{r}) = \frac{1}{c} \int d^3r' \; \boldsymbol{j}(\boldsymbol{r}') \; \frac{\exp(\mathrm{i}k|\boldsymbol{r} - \boldsymbol{r}'|)}{|\boldsymbol{r} - \boldsymbol{r}'|} \tag{24.5}$$

Hier und im Folgenden lassen wir den Index „ret" weg. Der Ortsanteil des Magnetfelds ist $\boldsymbol{B}(\boldsymbol{r}) = \mathrm{rot}\, \boldsymbol{A}(\boldsymbol{r})$. Außerhalb der Ladungsverteilung gilt die Maxwellgleichung $\partial_t \boldsymbol{E}(\boldsymbol{r}, t) = c \;\mathrm{rot}\, \boldsymbol{B}(\boldsymbol{r}, t)$; sie ergibt $-\mathrm{i}\,\omega\, \boldsymbol{E}(\boldsymbol{r}) = c \;\mathrm{rot}\, \boldsymbol{B}(\boldsymbol{r})$. Im Bereich $r > R_0$ können daher alle Felder durch (24.5) ausgedrückt werden:

$$\boldsymbol{B}(\boldsymbol{r}) = \nabla \times \boldsymbol{A}(\boldsymbol{r})\,, \qquad \boldsymbol{E}(\boldsymbol{r}) = \frac{\mathrm{i}}{k}\; \nabla \times \boldsymbol{B}(\boldsymbol{r}) \qquad (r > R_0) \tag{24.6}$$

T. Fließbach, *Elektrodynamik*, https://doi.org/10.1007/978-3-662-64889-6_24

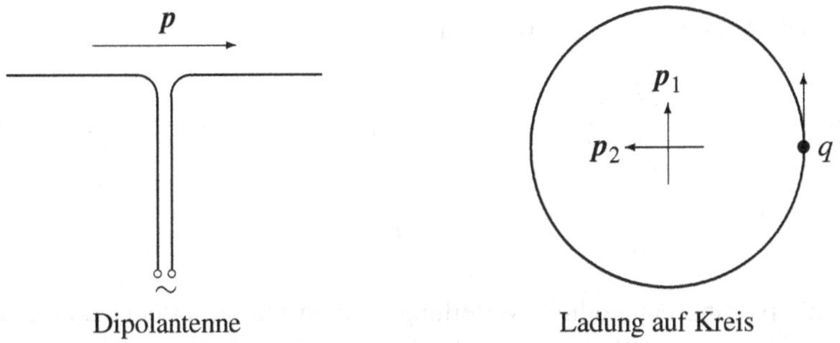

Abbildung 24.1 Zwei Beispiele für eine oszillierende Ladungsverteilung (24.1): Durch einen hochfrequenten Wechselstrom werden die links gezeigten beiden Drähte gegenphasig aufgeladen. Die Form der beiden Drähte ist typisch für eine UKW-Antenne. Die rechts gezeigte Kreisbewegung einer Ladung kann als Überlagerung von zwei oszillierenden Dipolen, $\boldsymbol{p}_1$ und $\boldsymbol{p}_2$, aufgefasst werden. Ein solches Bild legen wir der Berechnung der Abstrahlung in einem halbklassischen Atommodell zugrunde.

Die zeitabhängigen Felder $\boldsymbol{E}(\boldsymbol{r},t)$ und $\boldsymbol{B}(\boldsymbol{r},t)$ ergeben sich hieraus wie in (24.1). Das retardierte Potenzial Φ_{ret} wird nicht benötigt; es ist wegen der Lorenzeichung (17.10) auch keine von $\boldsymbol{A}_{\text{ret}}$ unabhängige Größe. Aus (24.6) kann der Poyntingvektor und damit die abgestrahlte Leistung berechnet werden.

Für die folgenden Rechnungen setzen wir

$$\boxed{R_0 \ll \lambda \ll r \qquad \text{(Voraussetzungen)}} \tag{24.7}$$

voraus; dabei ist $\lambda = 2\pi/k = 2\pi c/\omega$. Die Bedingung $r \gg \lambda$ kann dadurch erfüllt werden, dass die Beobachtung (Messung der Felder mit einem Detektor, Empfang der Radiowellen mit einer Antenne) in hinreichend großem Abstand r ausgeführt wird. Die Bedingung $R_0 \ll \lambda$ schränkt die Ladungsverteilung (24.1) durch

$$R_0\,\omega \ll c \qquad \text{oder} \qquad v_{\max} \ll c \tag{24.8}$$

ein. Die Verteilung (24.1) kann Ladungen enthalten, die mit der Frequenz ω und der Amplitude R_0 hin- und heroszillieren. Ihre maximale Geschwindigkeit ist $v_{\max} = R_0\,\omega$; sie muss klein gegenüber c sein.

Im klassischen Wasserstoffatom bewegt sich das Elektron mit der Geschwindigkeit $v_{\text{e}} \approx 10^{-2}\,c$, so dass (24.8) erfüllt ist. Bei einer UKW- oder Fernsehantenne liegt zunächst die Frequenz ω fest. Dann schränkt $R_0 \ll \lambda$ die Größe der Dipolantenne ein. Eine Antenne wie in Abbildung 24.1 links ist allerdings für $R_0 \approx \lambda/4$ am wirkungsvollsten. Eine kleinere Antenne strahlt weniger Leistung ab oder nimmt als Empfangsantenne weniger Leistung auf.

Wir werten nun (24.5) unter der Einschränkung (24.7) aus. In (24.5) sind die Vektoren $\boldsymbol{r}'$ durch $r' \le R_0$ beschränkt. Wegen $R_0 \ll r$ können wir den Abstand

$|\boldsymbol{r}-\boldsymbol{r}'|$ nach Potenzen von r' entwickeln:

$$|\boldsymbol{r}-\boldsymbol{r}'| = r + \sum_{i=1}^{3} \left.\frac{\partial\,|\boldsymbol{r}-\boldsymbol{r}'|}{\partial x_i'}\right|_{r'=0} \cdot x_i' + \ldots = r - \boldsymbol{e}_r \cdot \boldsymbol{r}' + \ldots \tag{24.9}$$

Der Einheitsvektor

$$\boldsymbol{e}_r = \frac{\boldsymbol{r}}{r} \tag{24.10}$$

zeigt vom Ursprung der Ladungsverteilung zu dem Punkt, an dem die Felder berechnet werden sollen. Wir entwickeln die relevanten Teile des Integranden in (24.5):

$$\frac{1}{|\boldsymbol{r}-\boldsymbol{r}'|} = \frac{1}{r}\left(1 + \frac{\boldsymbol{e}_r \cdot \boldsymbol{r}'}{r} + \ldots\right) = \frac{1}{r}\Big(1 + \mathcal{O}(r'/r)\Big) \tag{24.11}$$

$$\exp(\mathrm{i}k|\boldsymbol{r}-\boldsymbol{r}'|) = \exp(\mathrm{i}kr)\,\exp\big(-\mathrm{i}k\boldsymbol{e}_r \cdot \boldsymbol{r}'\big)\Big(1 + \mathcal{O}(r'/r)\Big) \tag{24.12}$$

Unter Vernachlässigung der Terme der relativen Größe r'/r wird (24.5) zu

$$\boldsymbol{A}(\boldsymbol{r}) = \frac{1}{c}\,\frac{\exp(\mathrm{i}kr)}{r} \int d^3r'\; \boldsymbol{j}(\boldsymbol{r}')\, \exp(-\mathrm{i}k\boldsymbol{e}_r \cdot \boldsymbol{r}') \tag{24.13}$$

Bisher haben wir $r \gg R_0$ ausgenutzt. Die in (24.7) auch enthaltene Bedingung $\lambda \gg R_0$ ermöglicht die folgende *Langwellennäherung*:

$$\exp(-\mathrm{i}k\boldsymbol{e}_r \cdot \boldsymbol{r}') = 1 - \mathrm{i}k\boldsymbol{e}_r \cdot \boldsymbol{r}' \pm \ldots = 1 + \mathcal{O}(R_0/\lambda) \approx 1 \tag{24.14}$$

Damit erhalten wir

$$\boldsymbol{A}(\boldsymbol{r}) = \frac{1}{c}\,\frac{\exp(\mathrm{i}kr)}{r} \int d^3r'\; \boldsymbol{j}(\boldsymbol{r}') \tag{24.15}$$

Aus der Kontinuitätsgleichung folgt

$$-\frac{\partial \varrho(\boldsymbol{r},t)}{\partial t} = \operatorname{div}\boldsymbol{j}(\boldsymbol{r},t) \quad \stackrel{(24.1)}{\longrightarrow} \quad \mathrm{i}\,\omega\varrho(\boldsymbol{r}) = \nabla \cdot \boldsymbol{j}(\boldsymbol{r}) \tag{24.16}$$

Wir formen das Integral in (24.15) um,

$$\int d^3r\; \boldsymbol{j}(\boldsymbol{r}) = \int d^3r\; (\boldsymbol{j}\cdot\nabla)\,\boldsymbol{r} \stackrel{\text{(p.I.)}}{=} -\int d^3r\; \boldsymbol{r}\,(\nabla\cdot\boldsymbol{j}) = -\mathrm{i}\omega \int d^3r\; \boldsymbol{r}\,\varrho(\boldsymbol{r}) \tag{24.17}$$

und führen das Dipolmoment der Ladungsverteilung ein:

$$\boldsymbol{p} = \int d^3r\; \boldsymbol{r}\,\varrho(\boldsymbol{r})\,, \qquad \boldsymbol{p}(t) = \int d^3r\; \boldsymbol{r}\,\varrho(\boldsymbol{r},t) = \operatorname{Re}\Big(\boldsymbol{p}\,\exp(-\mathrm{i}\omega t)\Big) \tag{24.18}$$

Für $\boldsymbol{p}$ und $\boldsymbol{p}(t)$ verwenden wir ebenso wie für $\varrho(\boldsymbol{r})$ und $\varrho(\boldsymbol{r},t)$ denselben Buchstaben. Wir setzen nun (24.17) mit (24.18) in (24.15) ein:

$$\boldsymbol{A}(\boldsymbol{r}) = -\mathrm{i}k\,\boldsymbol{p}\;\frac{\exp(\mathrm{i}kr)}{r} \tag{24.19}$$

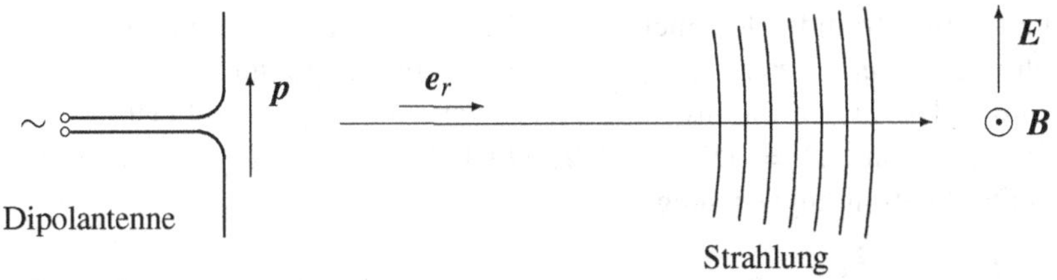

Abbildung 24.2 Für das Strahlungsfeld gilt $\boldsymbol{E} \perp \boldsymbol{e}_r$, $\boldsymbol{B} \perp \boldsymbol{e}_r$ und $\boldsymbol{B} \perp \boldsymbol{E}$. Die Energiestromdichte $\boldsymbol{S} = c\,\boldsymbol{E} \times \boldsymbol{B}/4\pi$ zeigt in Richtung von $\boldsymbol{e}_r$. Für die Abbildung wurde $\boldsymbol{e}_r$ in Richtung der maximalen Strahlungsleistung gewählt, $\boldsymbol{e}_r \perp \boldsymbol{p}$. Dann ist $\boldsymbol{E} \parallel \boldsymbol{p}$ und das magnetische Feld $\boldsymbol{B}$ steht senkrecht zur Bildebene (⊙). Für einen optimalen Empfang muss eine Empfangsantenne parallel zu $\boldsymbol{E}$ ausgerichtet werden.

Dies beschreibt eine *auslaufende Kugelwelle.* Das Dipolmoment $\boldsymbol{p}$ bestimmt die Amplitude der Welle, die Frequenz der oszillierenden Ladungsverteilung legt die Wellenzahl $k = \omega/c$ fest. Wären wir in (24.3) vom avancierten Potential $\boldsymbol{A}_{\text{av}}$ ausgegangen, hätten wir an dieser Stelle eine einlaufende Kugelwelle mit $\exp(-\mathrm{i}kr)/r$ erhalten. In diesem Fall würde die Quellverteilung die Strahlung absorbieren (zum Beispiel eine UKW-Empfangsantenne).

Wegen

$$\frac{d}{dr}\,\frac{\exp(\mathrm{i}kr)}{r} = \frac{\exp(\mathrm{i}kr)}{r}\left(\mathrm{i}k - \frac{1}{r}\right) \approx \mathrm{i}k\,\frac{\exp(\mathrm{i}kr)}{r} \qquad (\lambda \ll r) \qquad (24.20)$$

kann der Nabla-Operator bei der Anwendung auf (24.19) durch $\mathrm{i}k\,\boldsymbol{e}_r$ ersetzt werden. Mit (24.19) und $\nabla = \mathrm{i}k\,\boldsymbol{e}_r$ werten wir (24.6) aus:

$$\boxed{\begin{aligned} \boldsymbol{B}(\boldsymbol{r}) &= k^2\,(\boldsymbol{e}_r \times \boldsymbol{p})\;\frac{\exp(\mathrm{i}kr)}{r} \\ \boldsymbol{E}(\boldsymbol{r}) &= k^2\,(\boldsymbol{e}_r \times \boldsymbol{p}) \times \boldsymbol{e}_r\;\frac{\exp(\mathrm{i}kr)}{r} \end{aligned} \qquad (R_0 \ll \lambda \ll r)} \qquad (24.21)$$

Die tatsächlichen Felder ergeben sich, wenn der Faktor $\exp(-\mathrm{i}\omega t)$ berücksichtigt und der Realteil genommen wird, zum Beispiel

$$\boldsymbol{B}(\boldsymbol{r},t) = k^2\,\mathrm{Re}\left[(\boldsymbol{e}_r \times \boldsymbol{p})\;\frac{\exp(\mathrm{i}(kr - \omega t))}{r}\right] \qquad (24.22)$$

In (24.1) ist $j^{\alpha}(\boldsymbol{r})$ im Allgemeinen komplex; dies gilt dann auch für das Dipolmoment $\boldsymbol{p}$.

Die Felder $\boldsymbol{E}$ und $\boldsymbol{B}$ aus (24.21) stehen, wie bei der ebenen Welle, senkrecht zur Ausbreitungsrichtung $\boldsymbol{e}_r$ und senkrecht aufeinander. Für $\boldsymbol{e}_r \perp \boldsymbol{p}$ sind die Felder in Abbildung 24.2 skizziert. In großer Entfernung vom Sender kann die Welle lokal durch eine ebene Welle angenähert werden (dabei werden die Phasenflächen lokal durch Tangentialebenen angenähert).

Die Energiestromdichte (Energie pro Zeit und Fläche) $\boldsymbol{S} = c\,\boldsymbol{E} \times \boldsymbol{B}/4\pi$ zeigt in Richtung von $\boldsymbol{e}_r = \boldsymbol{r}/r$, also von der oszillierenden Ladungsverteilung zentral nach außen. Die in den Raumwinkel $d\Omega = d\cos\theta\, d\phi$ gehende Leistung (Energie pro Zeit) ist dann $dP = \langle \boldsymbol{S}\rangle\, \boldsymbol{e}_r\, r^2 d\Omega$. Mit Hilfe von (20.43) berechnen wir die zeitgemittelte Strahlungsleistung:

$$
\begin{aligned}
\frac{dP}{d\Omega} &= \frac{c\,r^2 \boldsymbol{e}_r}{4\pi} \cdot \big\langle \boldsymbol{E}(\boldsymbol{r},t) \times \boldsymbol{B}(\boldsymbol{r},t) \big\rangle = \frac{c\,r^2 \boldsymbol{e}_r}{8\pi} \cdot \Big[\mathrm{Re}\, \boldsymbol{E}(\boldsymbol{r}) \times \boldsymbol{B}^*(\boldsymbol{r}) \Big] \\
&= \frac{c\,k^4}{8\pi}\, \boldsymbol{e}_r \cdot \Big[\big((\boldsymbol{e}_r \times \boldsymbol{p}) \times \boldsymbol{e}_r \big) \times \big(\boldsymbol{e}_r \times \boldsymbol{p}^* \big) \Big] \\
&= \frac{\omega^4}{8\pi c^3}\, \big(\boldsymbol{e}_r \times \boldsymbol{p} \big) \cdot \big(\boldsymbol{e}_r \times \boldsymbol{p}^* \big) = \frac{\omega^4}{8\pi c^3}\, \big| \boldsymbol{e}_r \times \boldsymbol{p} \big|^2
\end{aligned}
\qquad (24.23)
$$

Die Faktoren $\boldsymbol{e}_r$, $(\boldsymbol{e}_r \times \boldsymbol{p}) \times \boldsymbol{e}_r$ und $\boldsymbol{e}_r \times \boldsymbol{p}^*$ des Spatprodukts können zyklisch vertauscht werden, so dass man das Skalarprodukt von $(\boldsymbol{e}_r \times \boldsymbol{p}) \times \boldsymbol{e}_r$ mit $(\boldsymbol{e}_r \times \boldsymbol{p}^*) \times \boldsymbol{e}_r$ erhält. Hieraus folgt das reelle Ergebnis.

Das Verhalten $\boldsymbol{E} \propto 1/r$ und $\boldsymbol{B} \propto 1/r$ ist charakteristisch für Strahlungsfelder. Dieses Verhalten impliziert, dass $\boldsymbol{S} \cdot \boldsymbol{e}_r\, r^2$ für $r \to \infty$ unabhängig von r ist. Damit ist der Energiestrom in einem bestimmten Raumwinkel konstant, und es wird Strahlung nach außen abgegeben. Das Feld einer gleichförmig bewegten Ladung fällt dagegen mit $1/r^2$ ab; eine solche Ladung strahlt nicht.

Die Diskussion der Winkelabhängigkeit von (24.23) vereinfacht sich, wenn wir annehmen, dass alle Komponenten von $\boldsymbol{p}$ dieselbe Phase haben:

$$
\begin{pmatrix} p_1 \\ p_2 \\ p_3 \end{pmatrix} = \begin{pmatrix} |p_1| \\ |p_2| \\ |p_3| \end{pmatrix} \exp(\mathrm{i}\delta) \qquad \text{oder} \qquad \boldsymbol{p} = \boldsymbol{p}_\mathrm{r} \exp(\mathrm{i}\delta) \qquad (24.24)
$$

Im Allgemeinen legt ein komplexer Vektor zwei verschiedene Richtungen fest, nämlich $\mathrm{Re}\,\boldsymbol{p}$ und $\mathrm{Im}\,\boldsymbol{p}$. Für (24.24) fallen diese beiden Richtungen zusammen. Wir führen den Winkel θ zwischen den (reellen) Vektoren $\boldsymbol{p}_\mathrm{r} := (|p_1|, |p_2|, |p_3|)$ und $\boldsymbol{e}_r$ ein:

$$
\cos\theta = \frac{\boldsymbol{p}_\mathrm{r} \cdot \boldsymbol{e}_r}{|\boldsymbol{p}_\mathrm{r}|} \qquad (24.25)
$$

Wir werten (24.23) mit (24.24) und (24.25) aus:

$$
\boxed{\frac{dP}{d\Omega} = \frac{\omega^4}{8\pi c^3}\, \big|\boldsymbol{p}\big|^2 \sin^2\theta \qquad \text{Abstrahlung eines oszillierenden Dipols}} \qquad (24.26)
$$

Dabei ist $|\boldsymbol{p}|^2 = \boldsymbol{p} \cdot \boldsymbol{p}^* = \boldsymbol{p}_\mathrm{r}^2$. Die Winkelabhängigkeit der Dipolstrahlung ist in Abbildung 24.3 skizziert.

Die gesamte abgestrahlte Leistung ergibt sich durch Integration über den vollen Raumwinkel:

$$
\boxed{P = \frac{\omega^4}{3c^3}\, \big|\boldsymbol{p}\big|^2 \qquad \text{Dipolformel}} \qquad (24.27)
$$

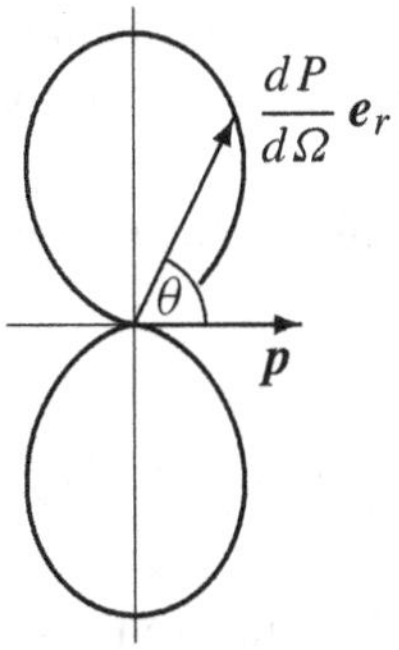

Abbildung 24.3 Der Winkel zwischen dem oszillierenden Dipol $\boldsymbol{p}$ und der Richtung der Abstrahlung $\boldsymbol{e}_r$ wird mit θ bezeichnet. In Richtung von $\boldsymbol{e}_r$ ist ein Vektor mit dem Betrag $dP/d\Omega$ eingezeichnet. Die Endpunkte dieses Vektors ergeben die gezeigte Kurve.

Wesentlich an der Dipolstrahlung ist die Proportionalität zu ω^4 und zu $|\boldsymbol{p}|^2$, und die Winkelabhängigkeit mit $\sin^2\theta$. Die Polarisation der Strahlung folgt aus (24.21): Es gilt $\boldsymbol{E} \perp \boldsymbol{e}_r$, $\boldsymbol{B} \perp \boldsymbol{e}_r$ und $\boldsymbol{E} \perp \boldsymbol{B}$.

Eine Berücksichtigung des nächsten Terms in (24.14) führt zu einem magnetischen Dipol und einem elektrischen Quadrupol (Aufgabe 24.4). Für den magnetischen Dipol erhält man analog zu (24.27)

$$P = \frac{\omega^4}{3c^3}\,|\boldsymbol{m}|^2 \qquad \text{(magnetischer Dipol)} \tag{24.28}$$

Der nächste Term in der Entwicklung (20.14) ist proportional zu kr'. Der zusätzliche Faktor r im Integral (24.18) kann zu einem Quadrupolmoment Q anstelle eines Dipolmoments führen. Der begleitende Faktor $k = \omega/c$ geht quadratisch in die Leistung ein. Damit erhält man $P = \mathcal{O}(1)\,(\omega^6/c^5)\,Q^2$ für die Strahlungsleistung eines oszillierenden Quadrupols. Dieses Ergebnis kann man auch durch eine Überlagerung zweier oszillierender Dipole erhalten (Aufgabe 24.5).

Die verschiedenen Strahlungsfelder werden auch mit E1 (elektrisches Dipolfeld), E2 (elektrisches Quadrupolfeld), M1 (magnetisches Dipolfeld) undsoweiter bezeichnet.

Oszillierende Punktladung

Eine Punktladung führe eine harmonische Schwingung aus. Die Bahnkurve $\boldsymbol{r}(t)$ und Beschleunigung $\dot{\boldsymbol{v}}(t)$ sind

$$\boldsymbol{r}(t) = \boldsymbol{r}_0\,\cos(\omega t)\,, \qquad \dot{\boldsymbol{v}}(t) = -\boldsymbol{r}_0\,\omega^2\cos(\omega t) \tag{24.29}$$

Diese Ladung erzeugt das zeitabhängige Dipolmoment

$$\boldsymbol{p}(t) = \int d^3r\;\boldsymbol{r}\,\varrho(\boldsymbol{r},t) = q\,\boldsymbol{r}_0\,\cos(\omega t) = \mathrm{Re}\Big(q\,\boldsymbol{r}_0\,\exp(-\mathrm{i}\omega t)\Big) \tag{24.30}$$

Dies ist von der in (24.18) vorausgesetzten Form. In (24.27) ist die zeitunabhängige Amplitude $\boldsymbol{p} = q\,\boldsymbol{r}_0$ einzusetzen, also

$$P = \frac{\omega^4 q^2 r_0^2}{3\,c^3} = \frac{2\,q^2}{3\,c^3}\,\langle\dot{\boldsymbol{v}}^2\rangle \tag{24.31}$$

Nach (23.32) gilt $P = (2q^2/3c^3)\,\dot{\boldsymbol{v}}^2$ für eine beliebig beschleunigte Punktladung mit $v \ll c$. Hier wurde das Ergebnis unter zusätzlichen Annahmen (harmonische Bewegung und Zeitmittelung) gefunden.

Für eine Ladung, die sich mit der Winkelgeschwindigkeit ω auf einem Kreis (Radius R) bewegt, gilt $|\dot{\boldsymbol{v}}| = \omega^2 R$. Damit wird (24.31) zu

$$P = \frac{2\,\omega^4}{3\,c^3}\,q^2 R^2 \qquad \text{(Ladung auf einer Kreisbahn)} \qquad (24.32)$$

In Aufgabe 24.2 wird gezeigt, dass die Kreisbewegung als Überlagerung von zwei oszillierenden Dipolen (Abbildung 24.1 rechts) aufgefasst werden kann.

Lebensdauer von Atomzuständen

Wir gehen von dem halbklassischen Bohrschen Atommodell des Wasserstoffatoms aus: Ein Elektron (Masse $m_{\rm e}$, Ladung $-e$) umkreist ein Proton (Masse $m_{\rm p}$, Ladung e), wobei der Drehimpuls ein Vielfaches von $\hbar$ ist. Für eine Kreisbahn lautet das Kräftegleichgewicht und die Drehimpulsquantisierung:

$$\frac{m_{\rm e}\,v^2}{r} = \frac{e^2}{r^2}\,, \qquad m_{\rm e}\,v\,r = \hbar\,n \qquad (24.33)$$

Die reduzierte Masse konnte wegen $m_{\rm p} \gg m_{\rm e}$ durch $m_{\rm e}$ angenähert werden. Die Quantenzahlen n dürfen die Werte 1, 2, ... annehmen. Für $n = 1$ erhalten wir aus (24.33)

$$r = a_{\rm B} = \frac{\hbar^2}{m_{\rm e}e^2}\,, \qquad v = v_{\rm at} = \frac{e^2}{\hbar} = \frac{e^2}{\hbar c}\,c = \alpha\,c \qquad (24.34)$$

Dabei haben wir den *Bohrschen Radius* $a_{\rm B}$ und die *Feinstrukturkonstante* α eingeführt:

$$a_{\rm B} \approx 0.53\,\text{Å}\,, \qquad \alpha = \frac{e^2}{\hbar c} \approx \frac{1}{137} \qquad (24.35)$$

Wegen $v/c \approx 10^{-2}$ ist $R/\lambda \ll 1$ erfüllt; bei Übergängen im sichtbaren Bereich gilt sogar $R/\lambda \approx a_{\rm B}/\lambda_{\rm sichtbar} \approx 10^{-4}$. Aus (24.34) folgt die Umlauffrequenz

$$\omega_{\rm at} = \frac{v_{\rm at}}{a_{\rm B}} = \frac{m_{\rm e}\,e^4}{\hbar^3} \approx 4\cdot 10^{16}\ {\rm s}^{-1} \qquad (24.36)$$

Für die Kreisbewegung setzen wir $q = -e$, $\omega = \omega_{\rm at}$ und $R = a_{\rm B}$ in (24.32) ein:

$$P = \frac{2}{3}\,\frac{e^2}{a_{\rm B}}\,\alpha^3\,\omega_{\rm at} \qquad (24.37)$$

Dabei haben wir $\omega_{\rm at} = v_{\rm at}/a_{\rm B} = \alpha\,c/a_{\rm B}$ verwendet.

Ohne Quantisierung der Bahnen würde das Elektron fortlaufend diese Leistung abstrahlen und schließlich auf das Proton stürzen. Im Rahmen des Bohrschen Modells werden die Bahnen durch die Quantisierungsbedingung $m\,v\,r = \hbar\,n$ eingeschränkt. Daher sind nur Bahnen mit den diskreten Energien

$$E_n = \frac{e^2}{a_{\rm B}}\,\frac{1}{2n^2} = \frac{E_{\rm at}}{2n^2} = \frac{\hbar\,\omega_{\rm at}}{2n^2} \qquad (n = 1, 2, \ldots) \tag{24.38}$$

möglich. Die Energieskala ist durch die atomare Energieeinheit

$$E_{\rm at} = \hbar\,\omega_{\rm at} = \frac{e^2}{a_{\rm B}} = \alpha^2\,m_{\rm e}\,c^2 \approx 27.2\,{\rm eV} \tag{24.39}$$

charakterisiert. Ein angeregter Atomzustand (mit einer Elektronenbahn mit $n \geq 2$) geht durch Abstrahlung eines Photons in niedrigere Zustände über. Er hat daher eine endliche Lebenszeit τ. Die Lebenszeit τ ist durch die Zeit bestimmt, die nötig ist, um die erforderliche Energie abzugeben:

$$\tau \sim \frac{E_{\rm at}}{P} \approx \frac{1}{\alpha^3}\,\frac{1}{\omega_{\rm at}} \tag{24.40}$$

Grob gesagt sind etwa $\alpha^{-3} \approx 10^6$ Umläufe nötig, um diese Energie abzustrahlen. Mit $\omega_{\rm at} \approx 4 \cdot 10^{16}\,{\rm s}^{-1}$ ergibt (24.40) den Wert $\tau \sim 10^{-10}\,$s.

Auch die quantenmechanische Rechnung ergibt ein Resultat der Form (24.40). Dabei ist die Frequenz durch die Energiedifferenz der beiden beteiligten Zustände gegeben:

$$\omega_{\rm at} \;\to\; \omega_{mn} = \frac{E_m - E_n}{\hbar} \tag{24.41}$$

Die Frequenzen ω_{mn} können deutlich kleiner als $\omega_{\rm at}$ sein; für sichtbares Licht ist $\hbar\,\omega_{mn} \approx 2...3\,$eV verglichen mit $\hbar\,\omega_{\rm at} \approx 27\,$eV. Damit sind die quantenmechanischen (wie auch die tatsächlichen) Lebenszeiten angeregter Atomzustände deutlich größer als nach der Abschätzung (24.40). Sie liegen bei

$$\tau \sim 10^{-8}\,{\rm s} \tag{24.42}$$

Das während dieser Zeit ausgesandte Photon entspricht dann einem Wellenpaket der Ausdehnung

$$l_{\rm c} \sim c\,\tau \approx 3\,{\rm m} \tag{24.43}$$

Diese Länge heißt auch Kohärenzlänge. Wellen sind *kohärent*, wenn ihre Phasen zueinander in fester Beziehung stehen (etwa $\varphi_1 = \varphi_2 + \delta\alpha$ mit $\delta\alpha = {\rm const.}$). Dies ist für verschiedene Teile eines Wellenpakets der Länge $l_{\rm c}$ der Fall, oder aber für die beiden Wellenpakete, die sich bei der Streuung eines Wellenpakets an einem Doppelspalt ergeben (Kapitel 36). Natürliches Licht besteht aus einem Gemisch von Wellenpaketen der Größe $l_{\rm c}$. Die Zentren, Phasen und Polarisationen dieser Wellenpakete sind statistisch verteilt; das Gemisch ist daher inkohärent.

Strahlungskraft

Aus (18.47) folgt, dass sich ein geladenes Teilchen in einem konstanten, homogenen Magnetfeld auf einer Kreisbahn bewegen kann. Eine solche Bewegung impliziert, dass die Energie des Teilchens konstant ist. Tatsächlich strahlt das Teilchen aber elektromagnetische Wellen ab, und zwar mit der Leistung (24.32). Im nichtrelativistischen Grenzfall ergänzen wir die Bewegungsgleichung

$$m\,\dot{\boldsymbol{v}} = \boldsymbol{F}_{\text{ext}} + \boldsymbol{F}_{\text{str}} \tag{24.44}$$

durch eine *Strahlungskraft* $\boldsymbol{F}_{\text{str}}$, die die Rückwirkung der Abstrahlung auf das beschleunigte Teilchen beschreiben soll. Die Kraft $\boldsymbol{F}_{\text{ext}}$ beschreibe andere, externe Kräfte; im betrachteten Beispiel ist $\boldsymbol{F}_{\text{ext}} = q\,(\boldsymbol{v}/c) \times \boldsymbol{B}$ die Kraft im homogenen Magnetfeld $\boldsymbol{B}$.

Die Strahlungskraft $\boldsymbol{F}_{\text{str}}$ bestimmen wir nun so, dass die Energiebilanz im Mittel erfüllt ist. Eine beliebige Kraft $\boldsymbol{F}$ überträgt auf das Teilchen die Energie $\boldsymbol{F}\cdot d\boldsymbol{r}$, wenn dieses sich um $d\boldsymbol{r}$ bewegt. Damit ist $\boldsymbol{F}\cdot\boldsymbol{v}$ die auf das Teilchen übertragene Leistung. Die vom Teilchen abgegebene Energie pro Zeit aufgrund der Strahlungskraft ist also $-\boldsymbol{F}_{\text{str}}\cdot\boldsymbol{v}$. Wir gehen von einer harmonischen Bewegung aus und verlangen, dass die Strahlungskraft die (im Mittel) abgestrahlte Leistung (24.31) ergibt:

$$\frac{2q^2}{3c^3}\left\langle \dot{\boldsymbol{v}}^2 \right\rangle = -\langle \boldsymbol{F}_{\text{str}}\cdot\boldsymbol{v}\rangle \tag{24.45}$$

Die Mittelung erfolgt durch Integration über eine Schwingungsperiode $T = 2\pi/\omega$:

$$\left\langle \dot{\boldsymbol{v}}^2 \right\rangle = \frac{1}{T}\int_0^T dt\;\dot{\boldsymbol{v}}\cdot\dot{\boldsymbol{v}} = -\frac{1}{T}\int_0^T dt\;\ddot{\boldsymbol{v}}\cdot\boldsymbol{v} = -\langle \ddot{\boldsymbol{v}}\cdot\boldsymbol{v}\rangle \tag{24.46}$$

Die Randterme bei der partiellen Integration verschwinden, weil die Bewegung periodisch ist. Aus den letzten beiden Gleichungen folgt, dass

$$\boldsymbol{F}_{\text{str}} = \frac{2q^2}{3c^3}\,\ddot{\boldsymbol{v}} \tag{24.47}$$

eine *im Mittel* ausgeglichene Energiebilanz garantiert. Damit die durch $\boldsymbol{F}_{\text{str}}$ verursachte Abweichung von der periodischen Bewegung klein ist, muss

$$\left|\boldsymbol{F}_{\text{str}}\right| \ll \left|\boldsymbol{F}_{\text{ext}}\right| \tag{24.48}$$

gelten. Die vorausgesetzte periodische Bewegung schließt zum Beispiel $\dot{\boldsymbol{v}} = \text{const.}$ aus (was $\boldsymbol{F}_{\text{str}} = 0$ ergäbe, obwohl Strahlung ausgesendet wird). Auch $\boldsymbol{F}_{\text{ext}} = 0$ ist nicht zugelassen; dies würde im Übrigen zu unsinnigen Lösungen der Bewegungsgleichung (24.44) führen, Aufgabe 24.7.

Die Kraft $\boldsymbol{F}_{\text{str}}$ hat ihren Ursprung in der Abstrahlung. Sie müsste sich daher aus der Wechselwirkung der zeitabhängigen Ladungsverteilung mit dem erzeugten elektromagnetischen Strahlungsfeld ergeben. Für die hier betrachtete Punktladung ist das Strahlungsfeld (also $\boldsymbol{A}_{\text{ret}}$ oder auch $\boldsymbol{A}_{\text{av}}$) an der Stelle der Ladung selbst unendlich. Der Versuch, die Rückwirkung des Strahlungsfelds auf die beschleunigte Ladung zu berechnen, führt daher zu Problemen. Dies ist vergleichbar mit dem Problem der unendlichen Feldenergie einer Punktladung in der Elektrostatik.

Aufgaben

24.1 Periodische Ladungsdichte

Für eine periodische Ladungsdichte gilt $\varrho(\boldsymbol{r}, t+T) = \varrho(\boldsymbol{r}, t)$. Schreiben Sie die Ladungsdichte in der Form $\varrho(\boldsymbol{r}, t) = \text{Re} \sum_n \varrho_n(\boldsymbol{r}) \exp(-\mathrm{i}\,\omega_n t)$, und geben Sie die Größen $\varrho_n(\boldsymbol{r})$ und ω_n an.

24.2 Geladenes Teilchen auf Kreisbahn

Ein Teilchen mit der Ladung q bewegt sich mit der Winkelgeschwindigkeit ω auf einem Kreis (Radius $R \ll c/\omega$) und erzeugt die Ladungsdichte

$$\varrho(\boldsymbol{r}, t) = q\, \delta\big(x - R\cos(\omega t + \alpha)\big)\, \delta\big(y - R\sin(\omega t + \alpha)\big)\, \delta(z)$$

Berechnen Sie das Dipolmoment $\boldsymbol{p}(t)$ dieser Ladungsverteilung und geben Sie die komplexe Amplitude $\boldsymbol{p}$ von $\boldsymbol{p}(t) = \text{Re}\big[\boldsymbol{p}\exp(-\mathrm{i}\,\omega t)\big]$ an. Berechnen Sie die Strahlungsleistung $dP/d\Omega$ und P.

24.3 Mehrere geladene Teilchen auf Kreisbahn

Auf der Kreisbahn (Radius $R \ll c/\omega$) laufen N äquidistant verteilte Ladungen q um. Hierfür ist die Ladungsdichte

$$\varrho(\boldsymbol{r}, t) = q \sum_{\nu=0}^{N-1} \Big[\delta\big(x - R\cos(\omega t + \alpha_\nu)\big)\, \delta\big(y - R\sin(\omega t + \alpha_\nu)\big)\Big]\, \delta(z)$$

wobei $\alpha_\nu = 2\pi\nu/N$ ($\nu = 0, 1, \ldots N-1$ mit $N \geq 2$). Zeigen Sie, dass diese Konfiguration keine Dipolstrahlung aussendet. Verwenden Sie dazu die Ergebnisse von Aufgabe 24.2 und das Superpositionsprinzip.

24.4 Magnetische Dipol- und elektrische Quadrupolstrahlung

Betrachten Sie die Abstrahlung einer oszillierenden Ladungsverteilung $\varrho(\boldsymbol{r}, t) = \varrho(\boldsymbol{r}) \exp(-\mathrm{i}\,\omega t)$, deren elektrisches Dipolmoment verschwindet. Berechnen Sie die führenden Beiträge zum Vektorpotenzial

$$\boldsymbol{A}(\boldsymbol{r}) = \frac{1}{c}\, \frac{\exp(\mathrm{i}\,kr)}{r} \int d^3r'\; \boldsymbol{j}(\boldsymbol{r}')\, \exp(-\mathrm{i}\,k\, \boldsymbol{e}_r \cdot \boldsymbol{r}')$$

in der Fernzone. Mit der Relation

$$\frac{1}{c}\,(\boldsymbol{e}_r \cdot \boldsymbol{r}')\, \boldsymbol{j}(\boldsymbol{r}') = \frac{1}{2c}\Big[(\boldsymbol{e}_r \cdot \boldsymbol{r}')\, \boldsymbol{j}(\boldsymbol{r}') + \big(\boldsymbol{e}_r \cdot \boldsymbol{j}(\boldsymbol{r}')\big)\, \boldsymbol{r}'\Big] + \frac{1}{2c}\big(\boldsymbol{r}' \times \boldsymbol{j}(\boldsymbol{r}')\big) \times \boldsymbol{e}_r$$

ergeben sich zwei Beiträge, $\boldsymbol{A}(\boldsymbol{r}) = \boldsymbol{A}_{\text{el}}(\boldsymbol{r}) + \boldsymbol{A}_{\text{mag}}(\boldsymbol{r})$. Überprüfen Sie die Beziehung

$$\frac{1}{2c} \int d^3r' \Big[(\boldsymbol{e}_r \cdot \boldsymbol{r}')\, \boldsymbol{j}(\boldsymbol{r}') + \big(\boldsymbol{e}_r \cdot \boldsymbol{j}(\boldsymbol{r}')\big)\, \boldsymbol{r}'\Big] = -\frac{\mathrm{i}\,k}{2} \int d^3r'\; \varrho(\boldsymbol{r}')\, (\boldsymbol{e}_r \cdot \boldsymbol{r}')\, \boldsymbol{r}'$$

und vereinfachen Sie damit den elektrischen Anteil. Berechnen Sie die elektromagnetischen Strahlungsfelder und die abgestrahlte Leistung.

24.5 Antenne mit angelegter Wechselspannung

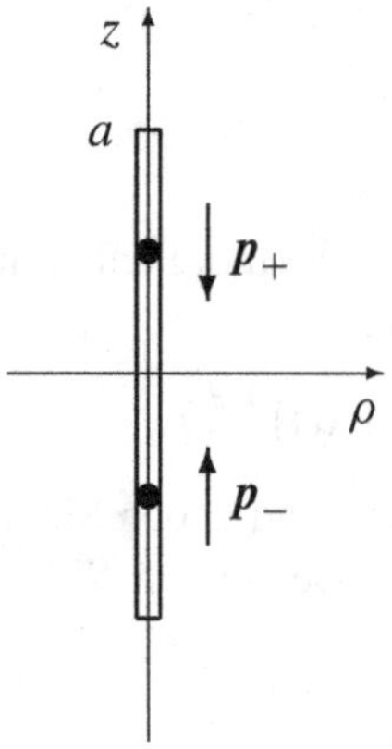

In einem Draht der Länge $2a$ wird durch eine Wechselspannung die oszillierende Ladungsverteilung

$$\varrho(\boldsymbol{r}, t) = \varrho(\boldsymbol{r}) \exp(-\mathrm{i}\,\omega t)$$

$$\varrho(\boldsymbol{r}) = \frac{q}{2a}\, \delta(x)\, \delta(y)\, \cos(\pi z/a)\, \Theta\big(a - |z|\big)$$

erzeugt. Es gilt $a \ll c/\omega$.

Wie groß ist das Dipolmoment der Ladungsverteilung? Ersetzen Sie die Ladungsverteilung durch zwei Dipole und überlagern Sie die beiden Dipolstrahlungsfelder für $r \gg \lambda$. Bestimmen Sie $\boldsymbol{E}$, $\boldsymbol{B}$ und die abgestrahlte Leistung $dP/d\Omega$ und P.

24.6 Antennengitter

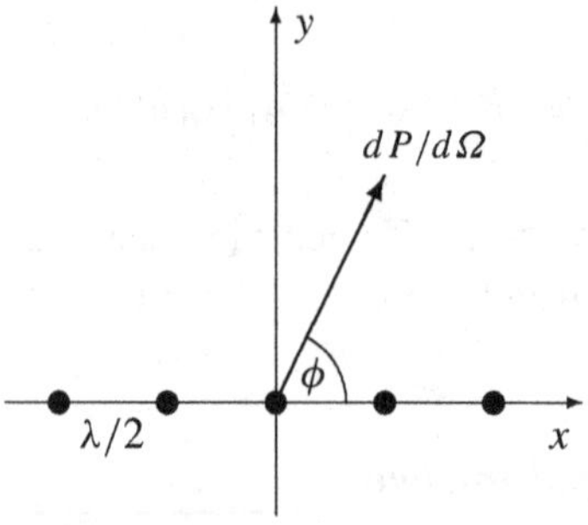

Entlang der x-Achse sind $(2N + 1)$ Antennen jeweils im Abstand $\lambda/2$ angeordnet. Sie strahlen als in z-Richtung ausgerichtete Dipole phasengleich mit der Frequenz $\omega = 2\pi/\lambda$. Berechnen Sie die abgestrahlte Leistung $dP/d\Omega$ für große Entfernungen $|\boldsymbol{r}| \gg \lambda$ als Funktion der Winkel θ und ϕ. Vergleichen Sie die Leistung $dP/d\Omega$ mit derjenigen von $(2N+1)$ Antennen im Ursprung.

24.7 Bewegungsgleichung mit Strahlungskraft

Zeigen Sie, dass die Bewegungsgleichung $m\,\dot{\boldsymbol{v}} = \boldsymbol{F}_{\text{ext}} + \boldsymbol{F}_{\text{str}}$ mit der Strahlungskraft $\boldsymbol{F}_{\text{str}} = 2q^2\,\ddot{\boldsymbol{v}}/(3c^3)$ bei verschwindender äußerer Kraft $\boldsymbol{F}_{\text{ext}}$ zu unsinnigen Lösungen führt.

25 Streuung von Licht

Im Feld einer elektromagnetischen Welle schwingt ein geladenes Teilchen hin und her. Das so oszillierende Teilchen sendet dann elektromagnetische Strahlung aus. Durch diesen Prozess wird die elektromagnetische Welle gestreut. Wir berechnen den Wirkungsquerschnitt für die Streuung von Licht an Atomen (Abbildung 25.1). Wir behandeln die Thomsonstreuung, die Rayleighstreuung, die Resonanzfluoreszenz und den Übergang zwischen kohärenter und inkohärenter Streuung.

Ein Elektron (Ladung $q = -e$, Masse m_e) bewege sich in einem harmonischen Oszillatorpotenzial (Frequenz ω_0, Dämpfung Γ). Zusätzlich sollen die Felder

$$\boldsymbol{E}(\boldsymbol{r}, t) = \mathrm{Re}\, \boldsymbol{E}_0 \exp\big[\,\mathrm{i}(\boldsymbol{k}\cdot\boldsymbol{r} - \omega t)\big] \tag{25.1}$$

und $\boldsymbol{B}(\boldsymbol{r}, t) = (\boldsymbol{k}/k)\times\boldsymbol{E}$ einer elektromagnetischen Welle (20.21) auf das Elektron wirken. Dann lautet die Bewegungsgleichung für die Bahn $\boldsymbol{r}_0(t)$ des Elektrons:

$$m_\mathrm{e}\,\ddot{\boldsymbol{r}}_0 + m_\mathrm{e}\,\Gamma\,\dot{\boldsymbol{r}}_0 + m_\mathrm{e}\,\omega_0^2\,\boldsymbol{r}_0 = -e\,\boldsymbol{E}_0\,\exp\big[\,\mathrm{i}(\boldsymbol{k}\cdot\boldsymbol{r}_0 - \omega t)\big] + \mathcal{O}(v/c) \tag{25.2}$$

Die Geschwindigkeit $\boldsymbol{v} = \dot{\boldsymbol{r}}_0(t)$ sei nichtrelativistisch, $v \ll c$. Dann ist die Kraft des Magnetfelds von der relativen Größe $v/c \ll 1$; sie wird vernachlässigt. Von Gleichung (25.2) ist der Realteil zu nehmen; die Realteilbildung wird hier nicht explizit angeschrieben.

Das Oszillatormodell (25.2) kann auf ein im Atom gebundenes Elektron angewendet werden; dabei ist ω_0 gleich $\omega_\mathrm{at} = m_\mathrm{e}\,e^4/\hbar^3$, (24.36), zu setzen. Dies ergibt ein Modell für die Streuung von Licht an Atomen, Abbildung 25.1. In der folgenden Diskussion betrachten wir vor allem diesen Fall.

Die Reibungskraft $-m_\mathrm{e}\,\Gamma\,\dot{\boldsymbol{r}}_0$ in (25.2) beschreibt alle Prozesse, durch die das Elektron Energie verliert. Solche Prozesse sind Stöße des Atoms mit anderen Atomen oder die vom Elektron abgegebene Strahlung. Für den zweiten Fall können wir Γ aus der Strahlungskraft (24.47) bestimmen: Verglichen mit den anderen Kräften ist die Strahlungskraft im Atom von der relativen Größe $\alpha^3 \sim 10^{-6}$. In einem so kleinen Term kann die ungestörte Lösung $\boldsymbol{r}_0(t) = \boldsymbol{a}\,\exp(-\mathrm{i}\omega_0 t)$ verwendet werden, also

$$\boldsymbol{F}_\mathrm{str} = \frac{2e^2}{3c^3}\,\ddot{\boldsymbol{v}} \approx -\frac{2e^2}{3c^3}\,\omega_0^2\,\boldsymbol{v} = -m_\mathrm{e}\,\Gamma_\mathrm{str}\,\boldsymbol{v} \tag{25.3}$$

Im letzten Schritt haben wir $\boldsymbol{F}_\mathrm{str}$ gleich der Dämpfungskraft in (25.2) mit $\Gamma = \Gamma_\mathrm{str}$ gesetzt. Daraus erhalten wir

$$\Gamma_\mathrm{str} = \frac{2e^2\omega_0^2}{3m_\mathrm{e}c^3}\,, \qquad \Gamma_\mathrm{str} \overset{\omega_0=\omega_\mathrm{at}}{=} \frac{2}{3}\,\alpha^3\,\omega_\mathrm{at} \sim 10^{-6}\,\omega_\mathrm{at} \tag{25.4}$$

T. Fließbach, *Elektrodynamik*, https://doi.org/10.1007/978-3-662-64889-6_25

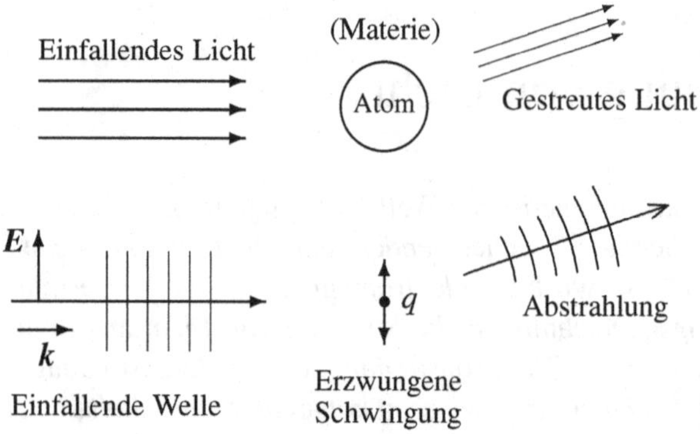

Abbildung 25.1 Licht kann von Materie gestreut werden (oben). Wir untersuchen Streuvorgänge, die durch einzelne Atome hervorgerufen werden. In der theoretischen Behandlung (unten) wird das einfallende Licht durch eine ebene, elektromagnetische Welle beschrieben. Ein harmonisch gebundenes Teilchen simuliert das im Atom gebundene Elektron. Die elektromagnetischen Kräfte der Welle regen das geladene Teilchen zu Schwingungen an. Diese erzwungenen Schwingungen stellen einen oszillierenden Dipol dar, der nach der Dipolformel in verschiedene Richtungen abstrahlt.

Im Folgenden lassen wir die Werte von Γ und ω_0 zunächst als Modellparameter offen.

Für die Wellenlänge $\lambda = 2\pi c/\omega$ des einfallenden Lichts soll gelten

$$\lambda \gg r_0(t) \quad \text{oder} \quad \lambda \gg a_\mathrm{B} \tag{25.5}$$

Für das Elektron im Atom muss die Wellenlänge groß gegenüber dem Bohrschen Radius a_B sein, für das freie Elektron ($\omega_0 = 0$) darf die durch die Welle erzeugte Auslenkung r_0 nicht zu groß sein. Mit

$$\exp(\mathrm{i}\boldsymbol{k}\cdot\boldsymbol{r}_0) = 1 + \mathcal{O}(r_0/\lambda) \approx 1 \tag{25.6}$$

wird (25.2) zu

$$m_\mathrm{e}\,\ddot{\boldsymbol{r}}_0 + m_\mathrm{e}\,\Gamma\,\dot{\boldsymbol{r}}_0 + m_\mathrm{e}\,\omega_0^2\,\boldsymbol{r}_0 = -e\,\boldsymbol{E}_0\,\exp(-\mathrm{i}\omega t) \tag{25.7}$$

Diese lineare, inhomogene Differenzialgleichung beschreibt den wohlbekannten Fall eines gedämpften harmonischen Oszillators mit periodischer Anregung. Die allgemeine Lösung setzt sich aus der homogenen und einer partikulären Lösung zusammen:

$$\boldsymbol{r}_0(t) = \boldsymbol{r}_{0,\,\mathrm{hom}}(t) + \boldsymbol{r}_{0,\,\mathrm{part}}(t) \tag{25.8}$$

Die allgemeine homogene Lösung klingt durch die Dämpfung ab, $\boldsymbol{r}_{0,\mathrm{hom}} \approx 0$ für $t \gg 1/\Gamma$. Wir betrachten daher nur die partikuläre Lösung, also die erzwungene Schwingung. Der Ansatz

$$\boldsymbol{r}_0(t) = \boldsymbol{r}_{0,\mathrm{part}}(t) = \boldsymbol{a}\,\exp(-\mathrm{i}\omega t) \tag{25.9}$$

führt in (25.7) zu

$$\big(-\omega^2 - \mathrm{i}\,\Gamma\omega + \omega_0^2\big)\,\boldsymbol{a} = -\frac{e}{m_\mathrm{e}}\,\boldsymbol{E}_0 \tag{25.10}$$

Hieraus erhalten wir das zeitabhängige Dipolmoment $\boldsymbol{p}(t)$ des Elektrons:

$$\boldsymbol{p}(t) = -e\,\boldsymbol{r}_0(t) = -e\,\boldsymbol{a}\,\exp(-\mathrm{i}\omega t) = \frac{e^2\,\boldsymbol{E}_0/m_\mathrm{e}}{\omega_0^2 - \omega^2 - \mathrm{i}\,\Gamma\omega}\,\exp(-\mathrm{i}\omega t) \tag{25.11}$$

Das Dipolmoment $\boldsymbol{p}(t)$ ist proportional zum Feld $\boldsymbol{E} = \boldsymbol{E}_0\,\exp(-\mathrm{i}\omega t)$; es wird durch das Feld *induziert*. (Im engeren Sinn spricht man von „induzierten" Strömen und dem Faradayschen Induktionsgesetz. Wir verwenden „induziert" auch allgemeiner für „durch äußere Felder hervorgerufen".) Der Proportionalitätsfaktor

$$\boxed{\alpha_\mathrm{e}(\omega) = \frac{e^2/m_\mathrm{e}}{\omega_0^2 - \omega^2 - \mathrm{i}\,\Gamma\omega}} \tag{25.12}$$

in $\boldsymbol{p} = \alpha_\mathrm{e}\,\boldsymbol{E}$ heißt elektrische *Polarisierbarkeit*. Diese Größe spielt eine wichtige Rolle für die Elektrodynamik in Materie (Teil VI).

Wir nehmen an, dass alle Komponenten von $\boldsymbol{E}_0$ dieselbe Phase haben, so dass (24.25) erfüllt ist. Wir setzen (25.11) in (24.26) ein:

$$\frac{dP}{d\Omega} = \frac{\omega^4\,|\boldsymbol{p}|^2\,\sin^2\theta}{8\pi c^3} = \frac{c}{8\pi}\left(\frac{e^2}{m_\mathrm{e}c^2}\right)^2 \frac{\omega^4\,\sin^2\theta}{(\omega_0^2 - \omega^2)^2 + \omega^2\,\Gamma^2}\,|\boldsymbol{E}_0|^2 \tag{25.13}$$

Dabei ist θ der Winkel zwischen $\boldsymbol{E}_0$ und der Richtung der Abstrahlung:

$$\theta = \sphericalangle(\boldsymbol{p}, \boldsymbol{e}_r) = \sphericalangle(\boldsymbol{E}_0, \boldsymbol{e}_r) \tag{25.14}$$

Das einfallende Licht induziert ein zeitabhängiges Dipolmoment; dieses induzierte Dipolmoment strahlt Wellen der gleichen Frequenz ab. Dieser Vorgang bedeutet eine *elastische Streuung* des Lichts. Unter „elastisch" versteht man „ohne Energieverlust", im betrachteten Fall also „ohne Frequenzänderung". (Im Gegensatz dazu ist der Comptoneffekt die inelastische Streuung von Licht an freien Elektronen.)

Wir definieren den differenziellen *Wirkungsquerschnitt* durch

$$\frac{d\sigma}{d\Omega} = \frac{\text{gestreute Teilchen/Zeit}/d\Omega}{\text{einfall. Teilchen/Zeit/Fläche}} = \frac{\text{abgestrahlte Leistung pro } d\Omega}{\text{einfallende Leistung pro Fläche}} = \frac{dP/d\Omega}{\langle|\boldsymbol{S}|\rangle} \tag{25.15}$$

Wir haben zuerst die übliche Definition mit „Teilchen pro Zeit" angegeben. Wenn man hierin Zähler und Nenner mit der Energie $\hbar\omega$ eines Photons multipliziert, erhält man stattdessen „Energie pro Zeit" oder „Leistung". Nach (20.45, 20.44) gilt für die einfallende Energiestromdichte (Leistung pro Fläche):

$$\langle|\boldsymbol{S}|\rangle = c\,\langle w_\mathrm{em}\rangle = \frac{c}{8\pi}\,|\boldsymbol{E}_0|^2 \tag{25.16}$$

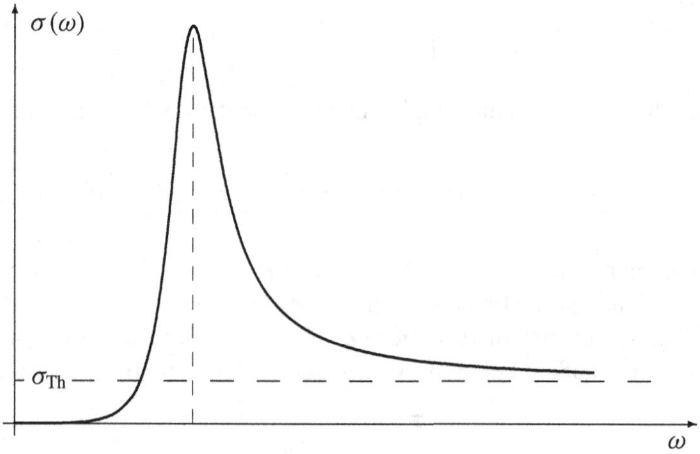

Abbildung 25.2 Der Wirkungsquerschnitt $\sigma(\omega)$ für die Streuung von Licht an Atomen wurde im Oszillatormodell (25.2) berechnet. Die Frequenzabhängigkeit ist für $\Gamma/\omega_0 = 1/3$ gezeigt. Tatsächlich ist das Verhältnis Γ/ω_0 meist viel kleiner; die Resonanzkurve ist dann entsprechend schmaler und höher. Falls Γ nur die Strahlungsdämpfung (25.4) enthält, gilt $\Gamma_{\mathrm{str}}/\omega_{\mathrm{at}} \sim \alpha^3 \sim 10^{-6}$. Die sehr scharfe Resonanzkurve hat dann ihre *natürliche Linienbreite*.

Damit erhalten wir

$$\frac{d\sigma}{d\Omega} = \frac{dP/d\Omega}{\langle |\boldsymbol{S}| \rangle} = \left(\frac{e^2}{m_{\mathrm{e}}c^2}\right)^2 \frac{\omega^4}{(\omega_0^2 - \omega^2)^2 + \omega^2\Gamma^2}\,\sin^2\theta \tag{25.17}$$

Der Winkel θ ist durch (25.14) definiert. (Bei anderen Streuprozessen bezeichnet θ üblicherweise einen anderen Winkel, und zwar den Winkel zwischen der Richtung $\boldsymbol{k}$ der einfallenden Welle und der Richtung $\boldsymbol{e}_r$ der auslaufenden Welle.)

Aus (25.17) folgt der totale Wirkungsquerschnitt für die Streuung von Licht an einem Elektron:

$$\boxed{\sigma = \sigma(\omega) = \frac{8\pi}{3}\left(\frac{e^2}{m_{\mathrm{e}}c^2}\right)^2 \frac{\omega^4}{(\omega_0^2 - \omega^2)^2 + \omega^2\Gamma^2}} \tag{25.18}$$

Für ausgewählte Parameterwerte ist die Funktion $\sigma(\omega)$ in Abbildung 25.2 gezeigt. Der Wirkungsquerschnitt σ ist die Fläche, an der die einfallende Stromdichte (hier Energiestromdichte, sonst Teilchenstromdichte) effektiv gestreut wird. Diese Fläche ist durch den Faktor $(e^2/m_{\mathrm{e}}c^2)^2$ bestimmt, der unten numerisch angegeben wird.

Polarisation des Streulichts

Wir diskutieren zunächst die Polarisation des Streulichts. Dazu betrachten wir noch einmal Abbildung 25.1. Das induzierte Dipolmoment $\boldsymbol{p}$ ist parallel zum Feldvektor $\boldsymbol{E}$ der einfallenden Welle. Nach (24.21) erfolgt keine Abstrahlung in Richtung von $\boldsymbol{p}$, also in die Richtung „oben“ im Bild. Steht der Feldvektor $\boldsymbol{E}$ aber senkrecht zur Bildebene, so gilt dies auch für $\boldsymbol{p}$, und die Abstrahlung in Richtung „oben“ verschwindet nicht. Dies bedeutet für den Einfall von nichtpolarisiertem Licht auf Materie: Bei einem Streuwinkel von 90° ist das gestreute Licht polarisiert. Der Feldvektor $\boldsymbol{E}_{\text{str}}$ des Streulichts steht dabei senkrecht auf der von $\boldsymbol{k}$ (einfallende Welle) und $\boldsymbol{e}_r$ (Ausfallsrichtung) gebildeten Ebene. Bei anderen Streuwinkeln ergibt sich im Allgemeinen teilweise polarisiertes Licht.

Thomsonstreuung

Wir betrachten einige Grenzfälle des Wirkungsquerschnitts (25.18). Der Grenzfall sehr hoher Frequenzen wird als *Thomsonstreuung* bezeichnet:

$$\boxed{\sigma_{\text{Th}} = \frac{8\pi}{3}\left(\frac{e^2}{m_{\text{e}}c^2}\right)^2 = 0.665 \cdot 10^{-24}\,\text{cm}^2 \qquad \begin{array}{c}\text{Thomsonstreuung}\\ (\omega \gg \omega_0)\end{array}} \tag{25.19}$$

Für hohe Frequenzen folgt das Elektron der alternierenden Feldstärke der Welle immer weniger, $r_0 \propto 1/\omega^2$. Da die abgestrahlte Dipolleistung P mit ω^4 anwächst, nähert sich der Wirkungsquerschnitt schließlich dem endlichen Wert σ_{Th}.

Die Quantenelektrodynamik (QED) ergibt im nichtrelativistischen Fall für freie Elektronen ($\omega_0 = 0$):

$$\sigma(\text{QED}) = \sigma_{\text{Th}}\big(1 + \mathcal{O}(v/c)\big) \qquad (\text{freie Elektronen}, \hbar\omega \ll m_{\text{e}}c^2) \tag{25.20}$$

Für hinreichend hohe Frequenzen ist die Voraussetzung (25.5) unserer Rechnung nicht mehr erfüllt; auch (25.20) gilt dann nicht. Experimentell fällt der elastische Wirkungsquerschnitt bei Frequenzen im Bereich $\hbar\omega \sim m_{\text{e}}c^2$ ab und geht für $\omega \to \infty$ gegen null. Dieses Verhalten – wie auch alle anderen Experimente mit Elektronen und Photonen – werden von der vollen (relativistischen) QED korrekt beschrieben.

Setzt man σ_{Th} gleich dem geometrischen Wirkungsquerschnitt für die Streuung an einer Kugel mit dem Radius R_0, so ergibt sich

$$\sigma_{\text{Th}} = \pi R_0^2 \quad \longrightarrow \quad R_0 \approx 4.6\,\text{fm} = \mathcal{O}(R_{\text{e}}) \tag{25.21}$$

Abgesehen von numerischen Faktoren ist R_0 gleich dem klassischen Elektronradius $R_{\text{e}} = 3e^2/(5m_{\text{e}}c^2) \approx 1.7\,\text{fm}$ aus (6.35).

Rayleighstreuung

Für kleine Frequenzen ergibt (25.18) den Grenzfall der *Rayleighstreuung*

$$\boxed{\sigma = \sigma_{\text{Th}}\,\frac{\omega^4}{\omega_0^4} \qquad \begin{array}{c}\text{Rayleighstreuung}\\ (\omega \ll \omega_0)\end{array}} \tag{25.22}$$

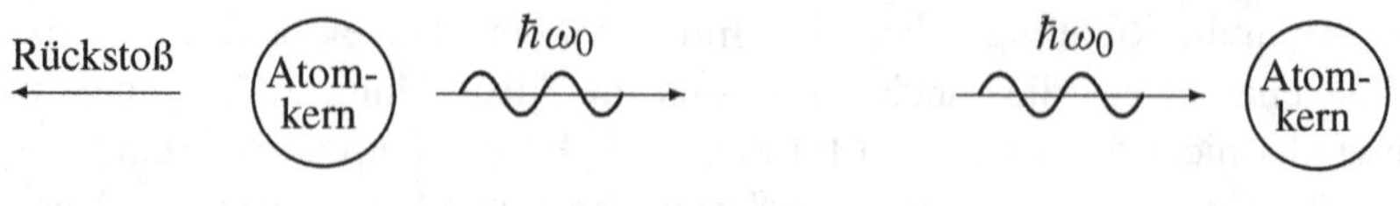

Abbildung 25.3 Ein Atomkern sendet ein γ-Quant mit einer bestimmten Frequenz aus (zum Beispiel $\hbar\omega_0 = 14.4\,\text{keV}$ für ^{57}Fe). Ein Atomkern der gleichen Sorte kann dieses γ-Quant wieder absorbieren. Diese Resonanzfluoreszenz wird normalerweise dadurch behindert, dass der Rückstoß auf den emittierenden Atomkern zu einer Frequenzverschiebung führt. Unter geeigneten Bedingungen kann der Rückstoß mit endlicher Wahrscheinlichkeit vom gesamten Kristallverband aufgenommen werden; die Frequenzverschiebung ist dann vernachlässigbar klein. Diese rückstoßfreie Resonanzfluoreszenz ist unter dem Namen Mößbauer-Effekt bekannt.

Wegen

$$\frac{\hbar\,\omega_{\text{sichtbar}}}{\hbar\,\omega_{\text{at}}} \approx 0.1 \tag{25.23}$$

können wir (25.22) auf die Streuung von sichtbarem Licht an Atomen anwenden. Die ω^4-Abhängigkeit führt dazu, dass blaues Sonnenlicht in der Atmosphäre stärker als rotes gestreut wird:

$$\frac{\sigma_{\text{blau}}}{\sigma_{\text{rot}}} = \frac{\omega_{\text{blau}}^4}{\omega_{\text{rot}}^4} \approx 10 \tag{25.24}$$

Dabei haben wir $\omega_{\text{blau}}/\omega_{\text{rot}} = \lambda_{\text{rot}}/\lambda_{\text{blau}} \approx 1.8$ verwendet. Das Streulicht enthält also etwa zehnmal mehr blaues als rotes Licht. Daher erscheint der Himmel blau. Ein Sonnenuntergang kann dagegen rot erscheinen, weil der blaue Anteil durch die Streuung reduziert wurde.

Resonanzfluoreszenz

Bei $\omega = \omega_0$ hat der Wirkungsquerschnitt (25.18) ein Maximum der Stärke

$$\boxed{\sigma_{\text{res}} = \frac{8\pi}{3}\left(\frac{e^2}{m_{\text{e}}c^2}\right)^2 \frac{\omega_0^2}{\Gamma^2} \qquad \begin{array}{c}\text{Resonanzstreuung}\\ (\omega = \omega_0)\end{array}} \tag{25.25}$$

Dieser Grenzfall ergibt sich insbesondere dann, wenn Strahlung eines bestimmten Atomübergangs von einem Atom derselben Sorte wieder absorbiert wird. Diese *Resonanzfluoreszenz* kann es auch für Übergänge im Atomkern geben (Abbildung 25.3).

Ein Atom (oder Molekül oder Atomkern) hat im Allgemeinen viele Resonanzfrequenzen, die durch Messung des Wirkungsquerschnitts für elektromagnetische Wellen bestimmt werden können. Dabei entsprechen die möglichen Resonanzfrequenzen $\hbar\,\omega_j$ den Energiedifferenzen von Zuständen des betrachteten Systems. Die Breite der Resonanz entspricht der Unschärfe $\Delta E \sim \hbar/\tau$ dieser Energiezustände aufgrund ihrer endlichen Lebensdauer τ.

Wir setzen $\omega_0/\Gamma = \omega_{\rm at}/\Gamma_{\rm str} = 3/(2\alpha^3)$, (25.4), und $(e^2/a_{\rm B})/m_{\rm e}c^2 = \alpha^2$ in (25.25) ein:

$$\sigma_{\rm res} = \frac{8\pi}{3}\left(\frac{e^2/a_{\rm B}}{m_{\rm e}c^2}\right)^2 a_{\rm B}^2 \left(\frac{3}{2\alpha^3}\right)^2 = \frac{6\pi}{\alpha^2}\, a_{\rm B}^2 \tag{25.26}$$

Dies entspricht dem geometrischen Wirkungsquerschnitt $\sigma = \pi\, R_0^2$ an einer Kugel mit einem Radius $R_0 \approx 3 \cdot 10^2\, a_{\rm B}$, also an einer Fläche, die etwa 10^5 mal größer als der Querschnitt des Atoms ist. Dieser Fall eines sehr scharfen, sehr hohen Maximums ergibt sich aber nur dann, wenn die Breite Γ gleich $\Gamma_{\rm str}$ ist; also wenn neben der Abstrahlung keine anderen Effekte zu Γ beitragen. Diese Breite heißt auch *natürliche Linienbreite*.

Die Breite einer Resonanz wird durch alle Prozesse vergrößert, die die zugehörige Lebensdauer verkürzen. Hinzu kommt noch die Dopplerverbreiterung aufgrund des Rückstoßes, den ein Atom (oder Atomkern) bei der Emission (Absorption) erleidet (Abbildung 25.3). Speziell im Mößbauer-Effekt wird dieser Rückstoß durch den Kristall aufgenommen, in dem der betrachtete Atomkern eingebunden ist. Dadurch kommt es hier zur *rückstoßfreien Resonanzfluoreszenz*, dem Mößbauereffekt; dann hat die emittierte γ-Strahlung ihre natürliche Linienbreite. Die außerordentliche Schärfe einer solchen γ-Strahlung erlaubt es, Frequenzen mit extrem hoher Präzision zu messen.

Kohärente und inkohärente Streuung

Wir betrachten jetzt die Streuung von Licht an N gleichartigen Streuzentren, die an den Orten $\boldsymbol{r}_j$ lokalisiert sind. Die einfallende Welle induziert die Dipolmomente $\boldsymbol{p}_j(t) \propto \boldsymbol{E}(\boldsymbol{r}_j, t)$. Damit enthalten die $\boldsymbol{p}_j$ den Phasenfaktor $\exp(\mathrm{i}\boldsymbol{k}\cdot\boldsymbol{r}_j)$, der die Wegdifferenzen der einfallenden Welle zu den Streuzentren widerspiegelt. Ein weiterer Faktor $\exp(-\mathrm{i}\,k\,\boldsymbol{e}_r\cdot\boldsymbol{r}_j)$ ergibt sich aus den Wegdifferenzen von den Streuzentren zum Beobachtungspunkt. Wir addieren die Streuwellen der einzelnen, oszillierenden Dipole und erhalten so

$$\left(\frac{d\sigma}{d\Omega}\right)_N = \frac{d\sigma}{d\Omega}\left|\sum_{j=1}^{N}\exp(\mathrm{i}\boldsymbol{q}\cdot\boldsymbol{r}_j)\right|^2 = \frac{d\sigma}{d\Omega}\,\big|F(\boldsymbol{q})\big|^2 \qquad \text{mit } \boldsymbol{q} = \boldsymbol{k} - k\,\boldsymbol{e}_r \tag{25.27}$$

Der Wirkungsquerschnitt $d\sigma/d\Omega$, (25.18), für ein einzelnes Streuzentrum wird dem Betragsquadrat des *Formfaktors* $F(\boldsymbol{q})$ multipliziert. Der Formfaktor ist die Fouriertransformierte der Dichte $\sum_j \delta(\boldsymbol{r}-\boldsymbol{r}_j)$ der Streuzentren. Aus dem experimentellen Wirkungsquerschnitts $(d\sigma/d\Omega)_N$ kann auf $F(\boldsymbol{q})$ und damit auf die räumliche Verteilung der Streuzentren zurückgeschlossen werden (Aufgabe 25.2). Im Folgenden betrachten wir eine statistische Verteilung der Streuzentren (etwa die Moleküle eines Gases). Wir werten $|F(\boldsymbol{q})|^2$ aus:

$$\big|F(\boldsymbol{q})\big|^2 = \sum_{i=1}^{N}\sum_{j=1}^{N}\exp\big[\mathrm{i}\boldsymbol{q}\cdot(\boldsymbol{r}_i-\boldsymbol{r}_j)\big] = N + 2\sum_{i=2}^{N}\sum_{j=1}^{i-1}\cos\big[\boldsymbol{q}\cdot(\boldsymbol{r}_i-\boldsymbol{r}_j)\big] \tag{25.28}$$

Die Terme mit $i = j$ ergeben den Beitrag N; für $i \neq j$ wurden der (i, j)- und der (j, i)-Term zusammengefasst.

Eine große Zahl $N \gg 1$ von Streuzentren sei über einen Bereich mit dem Radius R verteilt; es gelte $|\boldsymbol{r}_j| \leq R$. Aus (25.28) folgen dann die beiden Grenzfälle

$$\left|F(\boldsymbol{q})\right|^2 \approx \begin{cases} N^2 & (R \ll \lambda, \text{ kohärente Streuung}) \\ N & (R \gg \lambda, \text{ inkohärente Streuung}) \end{cases} \tag{25.29}$$

Für $R \ll \lambda$ gilt $\boldsymbol{q} \cdot (\boldsymbol{r}_i - \boldsymbol{r}_j) \ll 1$ und $\cos\left[\boldsymbol{q} \cdot (\boldsymbol{r}_i - \boldsymbol{r}_j)\right] \approx 1$. Für $R \gg \lambda$ kommen dagegen positive und negative Werte der Cosinusfunktion mit gleichem Gewicht vor; in der Doppelsumme überleben dann nur die Beiträge mit $i = j$.

Bei der kohärenten Streuung schwingen die einzelnen Dipole in Phase; dann überlagern sich die Felder kohärent und der Wirkungsquerschnitt erhält einen Faktor N^2. Bei der inkohärenten Streuung addieren sich dagegen effektiv die Wirkungsquerschnitte (Faktor N).

Als Beispiel betrachten wir die Streuung von sichtbarem Licht am Wasserdampf in der Atmosphäre (also an einzelnen Wassermolekülen in Luft). Kohärent streuen können nur jeweils die Moleküle, die sich in einem Volumen befinden, das klein gegenüber λ^3 ist. Ansonsten ist die Streuung inkohärent.

Unter geeigneten Bedingungen (etwa bei einer Temperaturänderung) kondensiert der Wasserdampf, der in der Luft enthalten ist, zu Nebel oder Wolken. Die Kondensation beginnt mit Wassertropfen, deren Durchmesser d klein gegenüber der Wellenlänge ist. Als Beispiel betrachten wir einen kugelförmigen Tropfen mit dem Radius $d/2 = 200\,\text{Å}$, der $N \approx 10^6$ Moleküle enthält[1]. Wegen $d \ll \lambda$ streuen die N Moleküle dieses Tropfens kohärent.

Bei der Bildung eines Nebels aus kleinen Tropfen kommt es zum Übergang von inkohärenter zu kohärenter (innerhalb eines Tropfens) Streuung. Dies bedeutet eine Erhöhung des Streuquerschnitts um den Faktor N, also um mehrere Größenordnungen in obigem Beispiel. Obwohl die Menge des Wassers sich nicht ändert, wird die Luft plötzlich undurchsichtig, wenn ein Teil des Wasserdampfs zu Nebel kondensiert.

Da der Effekt proportional zu N ist, wächst er zunächst mit der Größe der Wassertropfen an. Sobald der Durchmesser d aber mit λ vergleichbar wird, schwingen die Moleküle in verschiedenen Bereichen des Tropfens nicht mehr kohärent; es tritt dann keine weitere Verstärkung ein. Eine gewöhnliche Wolke besteht aus Tropfen, deren Durchmesser d im Bereich von $2 \ldots 50 \cdot 10^{-6}\,\text{m}$ liegen (also $d \gg \lambda$). Eine solche Wolke ist wegen der Brechung und Reflexion des Lichts (Kapitel 37) an der Oberfläche der vielen Wassertropfen undurchsichtig. Homogenes Wasser ist dagegen wieder relativ durchsichtig (Abbildung 34.4).

[1]Das Volumen des Tropfens ist $V = \pi d^3/6 \approx 3 \cdot 10^7\,\text{Å}^3$. Ein Wassermolekül nimmt das Volumen $v = 18\,\text{cm}^3/6 \cdot 10^{23} \approx 30\,\text{Å}^3$ ein. Hieraus folgt $N = V/v \approx 10^6$. Bei 100% Luftfeuchtigkeit und einer Temperatur von 20 °C befinden sich in einem gleich großen Luftvolumen V nur etwa 30 Wassermoleküle.

Aufgaben

25.1 Klassisches Wasserstoffatom

Ein Elektron bewegt sich klassisch auf einer Kreisbahn mit Radius r um ein Proton; es wirke die Coulombkraft $\boldsymbol{F} = -\boldsymbol{e}_r\, e^2/r^2$. Drücken Sie die Energie E und den Drehimpuls L als Funktion des Bahnradius r aus. Berechnen Sie die abgestrahlte Leistung P.
Die abgestrahlte Leistung führt zu einer Abnahme des Bahnradius $r(t)$. Stellen Sie eine Differenzialgleichung für $r(t)$ auf und integrieren Sie diese mit der Anfangsbedingung $r(0) = a_{\rm B}$ (Bohrscher Radius). Schätzen Sie die Spiralzeit τ ab, nach der das Elektron auf das Proton fällt. Diskutieren Sie den zeitlichen Verlauf der Energie $E(t)$ und des Drehimpulses $L(t)$.

25.2 Strukturfunktion für kubisches Gitter

Der Formfaktor $F(\boldsymbol{q})$ eines kubischen Gitters aus $N = N_x\, N_y\, N_z$ Streuzentren ist

$$F(\boldsymbol{q}) = \sum_{j=1}^{N} \exp(\mathrm{i}\,\boldsymbol{q} \cdot \boldsymbol{r}_j) \qquad \text{mit} \quad \boldsymbol{r}_j = a\big(n_x \boldsymbol{e}_x + n_y \boldsymbol{e}_y + n_z \boldsymbol{e}_z\big)$$

wobei $j = (n_x, n_y, n_z)$ und $n_x = 0, 1, \ldots, N_x - 1$ und so fort.

Berechnen Sie die Strukturfunktion $|F(\boldsymbol{q})|^2$. Bestimmen Sie die Richtungen der Intensitätsmaxima des Wirkungsquerschnitts $d\sigma/d\Omega \propto |F(\boldsymbol{q})|^2$ für $N \gg 1$.

26 Schwingkreis

Ein aktiver Schwingkreises (Abbildung 26.1) stellt eine oszillierende Ladungsverteilung dar und strahlt daher elektromagnetische Wellen ab. In vielen praktischen Fällen kann man näherungsweise die Rückwirkung dieser Abstrahlung auf die Vorgänge im Schwingkreis vernachlässigen. Dies geschieht in der quasistatischen Näherung, in der bestimmte Zeitableitungen in den Maxwellgleichungen als kleine Terme eingestuft und weggelassen werden. Wir untersuchen diese quasistatische Näherung für den Schwingkreis. Anschließend werden die Strahlungsverluste eines Schwingkreises abgeschätzt.

Abbildung 26.1 zeigt einen Parallelschwingkreis aus einer Spule und einem Kondensator. Die Kapazität C des Kondensators wurde in (8.22) eingeführt, die Selbstinduktivität L der Spule (mit N_S Windungen) in (14.28):

$$Q = C\,U \tag{26.1}$$

$$I = \frac{N_\mathrm{S}}{c\,L}\,\Phi_\mathrm{m} \tag{26.2}$$

Diese Gleichungen wurden im Rahmen der Elektrostatik und Magnetostatik aufgestellt. Die übliche Behandlung des Schwingkreises besteht nun darin, dass man diese Gleichungen auch im zeitabhängigen Fall verwendet:

$$Q(t) \approx C\,U(t) \qquad \text{(quasistatisch)} \tag{26.3}$$

$$I(t) \approx \frac{N_\mathrm{S}}{c\,L}\,\Phi_\mathrm{m}(t) \qquad \text{(quasistatisch)} \tag{26.4}$$

Nach dem Faradayschen Induktionsgesetz (16.12) führt die zeitliche Veränderung des magnetischen Flusses Φ_m zu einer Spannung U an den Enden der Spule:

$$U(t) = -\,\frac{N_\mathrm{S}}{c}\,\frac{d\Phi_\mathrm{m}}{dt} \tag{26.5}$$

Im Parallelschwingkreis ist dies gleich der Spannung am Kondensator. Außerdem ist die Ladungsänderung $\dot{Q} = dQ/dt$ auf dem Kondensator gleich dem Strom I durch die Spule. Aus $I = \dot{Q}$ und (26.3) – (26.5) erhalten wir

$$U(t) = -\,\frac{N_\mathrm{S}}{c}\,\frac{d\Phi_\mathrm{m}}{dt} = -L\,\frac{dI}{dt} = -L\,\ddot{Q} = -L\,C\,\ddot{U}(t) \tag{26.6}$$

T. Fließbach, *Elektrodynamik*, https://doi.org/10.1007/978-3-662-64889-6_26

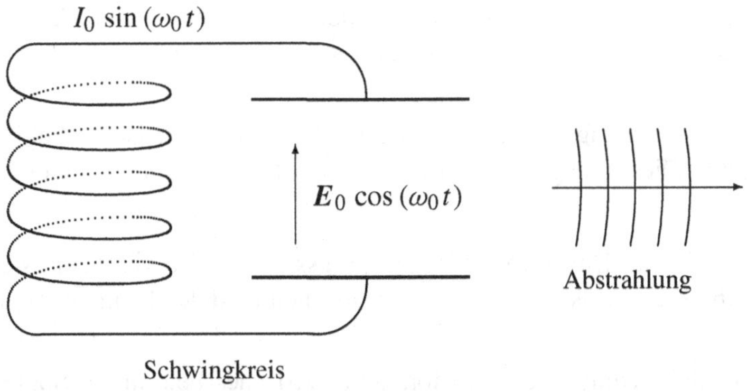

Abbildung 26.1 Eine Spule und ein Kondensator, die parallel miteinander verbunden sind, bilden einen Schwingkreis. In ihm kann die Energie zwischen der Spule und dem Kondensator, also zwischen magnetischer und elektrischer Feldenergie, hin- und heroszillieren. Als oszillierende Ladungsverteilung strahlt der Schwingkreis elektromagnetische Wellen ab. Der Schwingkreis wird üblicherweise in der quasistatischen Näherung behandelt, bei der die Rückwirkung der Abstrahlung auf den Schwingkreis selbst vernachlässigt wird.

Die Lösung dieser Differenzialgleichung ist $U = U_0 \cos(\omega_0 t + \varphi)$. Der Schwingkreis stellt daher einen Oszillator mit der charakteristischen Frequenz

$$\boxed{\omega_0 = \frac{1}{\sqrt{LC}} \qquad \text{Eigenfrequenz des Schwingkreises}} \tag{26.7}$$

dar. Im Schwingkreis oszilliert die Energie zwischen elektrischer (Kondensator) und magnetischer (Spule) Feldenergie. Man kann dies mit einem mechanischen Pendel vergleichen, bei dem die Energie zwischen kinetischer und potenzieller Energie wechselt.

Wir untersuchen nun, wie die Gleichungen für den Schwingkreis durch die Maxwellgleichungen

$$\text{div}\, \boldsymbol{E}(\boldsymbol{r},t) = 4\pi \varrho(\boldsymbol{r},t)\,, \qquad \text{rot}\, \boldsymbol{E}(\boldsymbol{r},t) + \underbrace{\frac{1}{c}\frac{\partial \boldsymbol{B}(\boldsymbol{r},t)}{\partial t}}_{\text{Induktion}} = 0 \tag{26.8}$$

$$\text{rot}\, \boldsymbol{B}(\boldsymbol{r},t) - \underbrace{\frac{1}{c}\frac{\partial \boldsymbol{E}(\boldsymbol{r},t)}{\partial t}}_{\text{Verschiebungsstrom}} = \frac{4\pi}{c}\, \boldsymbol{j}(\boldsymbol{r},t)\,, \qquad \text{div}\, \boldsymbol{B}(\boldsymbol{r},t) = 0 \tag{26.9}$$

begründet werden können. Im *statischen* Fall können (26.1) aus (26.8) und (26.2) aus (26.9) abgeleitet werden. Diese Ableitung kann auf (26.3) und (26.4) übertragen werden, wenn wir die Terme mit den Zeitableitungen vernachlässigen, die Zeit t aber als Parameter zulassen. Konkret heißt das:

- Für den Kondensator: Der Term „Induktion“ wird vernachlässigt. Dann hat (26.8) die Struktur der elektrostatischen Feldgleichungen; hieraus folgt (26.3).

  Tatsächlich bedingt der Verschiebungsstrom ein magnetisches Feld im Kondensator. Dieses magnetische Feld ist aber klein gegenüber dem elektrischen Feld.

- Für die Spule: Der Term „Verschiebungsstrom“ wird vernachlässigt. Dann hat (26.9) die Struktur der magnetostatischen Feldgleichungen; hieraus folgt (26.4).

  Tatsächlich bedingt die Induktion ein elektrisches Feld in der Spule. Dieses elektrische Feld ist aber klein gegenüber dem magnetischen Feld.

Jede dieser Näherungen setzt voraus, dass die auftretenden Änderungen hinreichend *langsam* sind. Die *quasistatische Näherung* besteht in der Vernachlässigung eines der beiden Terme, des Verschiebungsstroms oder der Induktion. Welcher Term zu vernachlässigen ist, hängt von der betrachteten Situation ab. Es können nicht generell *beide* Terme weggelassen werden; insbesondere benötigen wir den Term „Induktion“ für (26.5).

In der Literatur wird vielfach die Vernachlässigung des Verschiebungsstroms als *die* quasistatische Näherung bezeichnet. Dies liegt an der überragenden praktischen Bedeutung des Faradayschen Induktionsgesetzes; so ist für Generatoren, Elektromotoren und Transformatoren der Term „Induktion“ wichtig, der „Verschiebungsstrom“ aber meist nicht. Vom Standpunkt der Elektrodynamik aus sind jedoch beide Näherungen (Vernachlässigung des Verschiebungsstroms oder der Induktion) gleichberechtigt. Beide Terme zusammen führen zur Abstrahlung bei zeitabhängigen Vorgängen.

Kondensator

Mit der Näherung

$$\operatorname{rot} \boldsymbol{E}(\boldsymbol{r}, t) = -\frac{1}{c}\,\frac{\partial \boldsymbol{B}(\boldsymbol{r}, t)}{\partial t} \approx 0 \qquad (26.10)$$

wird (26.8) zu den Feldgleichungen der Elektrostatik, in denen die Zeit t lediglich als Parameter auftritt. In dieser Näherung erhält man (26.3), also den aus der Elektrostatik bekannten Zusammenhang zwischen der Ladung Q und der Spannung U.

Die Näherung (26.10) ist gleichbedeutend mit

$$\boldsymbol{E}(\boldsymbol{r}, t) = -\operatorname{grad} \Phi(\boldsymbol{r}, t) - \frac{1}{c}\,\frac{\partial \boldsymbol{A}(\boldsymbol{r}, t)}{\partial t} \approx -\operatorname{grad} \Phi(\boldsymbol{r}, t) \qquad (26.11)$$

Diese Näherung ist gerechtfertigt, falls

$$\frac{1}{c}\left|\frac{\partial \boldsymbol{A}}{\partial t}\right| \ll |\boldsymbol{E}| \qquad \begin{array}{l}\text{(quasistatische Näherung}\\ \text{für den Kondensator)}\end{array} \qquad (26.12)$$

Zur Untersuchung dieser Bedingung gehen wir von einer lokalisierten, periodischen Feld- und Ladungskonfiguration aus. Die räumliche Begrenzung sei durch die Länge ℓ charakterisiert, die Frequenz sei ω. Konkret stelle man sich einen Plattenkondensator mit der Fläche $A_{\rm C} = \ell^2$ und dem Plattenabstand $d = \ell$ vor, an dem eine periodische Spannung anliegt. Wir setzen nun

$$\frac{\omega \ell}{c} \ll 1 \tag{26.13}$$

voraus und zeigen, dass dann (26.12) gilt.

Die Periodizität der Quellen und Felder wird durch den Faktor $\exp(-\mathrm{i}\omega t)$ beschrieben. Dann gilt

$$\frac{\partial \boldsymbol{E}}{\partial t} = -\mathrm{i}\omega \boldsymbol{E}\,, \qquad \frac{\partial \boldsymbol{B}}{\partial t} = -\mathrm{i}\omega \boldsymbol{B} \tag{26.14}$$

Die mit der Ladungsverteilung verbundenen Felder ändern sich um einen wesentlichen Betrag auf der Längenskala ℓ. Damit schätzen wir die Größenordnung der Ortsableitungen ab:

$$\left|\frac{\partial E_i}{\partial x_j}\right| \sim \frac{E}{\ell}\,, \qquad \left|\frac{\partial B_i}{\partial x_j}\right| \sim \frac{B}{\ell}\,, \qquad \left|\frac{\partial A_i}{\partial x_j}\right| \sim \frac{A}{\ell} \tag{26.15}$$

Auf der rechten Seite stehen die mittleren Beträge E, B und A der Felder. Diese Abschätzung gibt die Größenordnung der jeweiligen Feldableitung an, sofern sie nicht verschwindet (wie etwa $\operatorname{div} \boldsymbol{B} = 0$). Elektromagnetische Felder variieren unabhängig von der Geometrie der Quellverteilung auch mit der Wellenlänge λ. Wegen (26.13) gilt aber $\lambda \gg \ell$ und Beiträge wie $|\partial E_i/\partial x_j| \sim E/\lambda \ll E/\ell$ können in (26.15) vernachlässigt werden.

Im Kondensator entsteht nun wegen $\dot{\boldsymbol{E}} \neq 0$ und des Verschiebungsstroms ein Magnetfeld. Für $\omega \to 0$ verschwindet dieses Magnetfeld, für langsame Oszillationen ist es schwach. Mit Hilfe von (26.14) und (26.15) schätzen wir die Größenordnung des Magnetfelds im Kondensator ab:

$$\operatorname{rot} \boldsymbol{B} \stackrel{j=0}{=} \frac{1}{c}\frac{\partial \boldsymbol{E}}{\partial t} \quad \longrightarrow \quad \frac{B}{\ell} \sim \frac{\omega}{c}\, E \tag{26.16}$$

Aus $\boldsymbol{B} = \operatorname{rot} \boldsymbol{A}$ folgt $B \sim A/\ell$. Hiermit erhalten wir:

$$\frac{1}{c}\left|\frac{\partial \boldsymbol{A}}{\partial t}\right| = \frac{\omega}{c}\, A \sim \frac{\omega \ell}{c}\, B \sim \frac{\omega^2 \ell^2}{c^2}\, |\boldsymbol{E}| \tag{26.17}$$

Damit ist gezeigt, dass (26.12) unter der Voraussetzung (26.13) gültig ist.

Spule

Mit der Näherung

$$\operatorname{rot} \boldsymbol{B}(\boldsymbol{r}, t) = \frac{1}{c}\frac{\partial \boldsymbol{E}(\boldsymbol{r}, t)}{\partial t} + \frac{4\pi}{c}\, \boldsymbol{j}(\boldsymbol{r}, t) \approx \frac{4\pi}{c}\, \boldsymbol{j}(\boldsymbol{r}, t) \tag{26.18}$$

wird (26.9) zu den Feldgleichungen der Magnetostatik, in denen die Zeit t lediglich als Parameter auftritt. In dieser Näherung erhält man (26.4), also den aus der Magnetostatik bekannten Zusammenhang zwischen dem Strom I und dem magnetischem Fluss $\Phi_{\rm m}$.

Die Voraussetzung für die Näherung (26.18) ist $|\partial \boldsymbol{E}/\partial t| \ll |\,\boldsymbol{j}\,|$ oder

$$\frac{1}{c}\left|\frac{\partial \boldsymbol{E}}{\partial t}\right| \ll \left|\text{rot}\,\boldsymbol{B}\right| \qquad \text{(quasistatische Näherung für die Spule)} \tag{26.19}$$

Zur Untersuchung dieser Bedingung gehen wir wieder von einer lokalisierten, periodischen Feld- und Ladungskonfiguration aus. Die räumliche Begrenzung sei durch die Länge ℓ charakterisiert, die Frequenz sei ω. Konkret stelle man sich eine Spule mit dem Durchmesser ℓ und der Länge ℓ vor, durch die ein periodischer Strom fließt. Wir setzen (26.13) voraus.

In der Spule entsteht nun wegen $\dot{\boldsymbol{B}} \neq 0$ und des Terms „Induktion" ein elektrisches Feld. Für $\omega \to 0$ verschwindet das elektrische Feld, für langsame Oszillationen ist es daher schwach. Mit Hilfe von (26.14) und (26.15) erhalten wir für die Größenordnung des elektrischen Felds in der Spule

$$\text{rot}\,\boldsymbol{E} = -\frac{1}{c}\frac{\partial \boldsymbol{B}}{\partial t} \quad \longrightarrow \quad \frac{E}{\ell} \sim \frac{\omega}{c}\,B \tag{26.20}$$

Hiermit schätzen wir die linke Seite von (26.19) ab:

$$\frac{1}{c}\left|\frac{\partial \boldsymbol{E}}{\partial t}\right| = \frac{\omega}{c}\,E \sim \frac{\omega^2 \ell}{c^2}\,B \sim \frac{\omega^2\ell^2}{c^2}\left|\text{rot}\,\boldsymbol{B}\right| \tag{26.21}$$

Damit ist gezeigt, dass (26.18) unter der Voraussetzung (26.13) gültig ist.

Quasistatische Näherung

In beiden Fällen, dem Kondensator und der Spule, sind die jeweils vernachlässigten Terme von der relativen Größe $\omega^2\ell^2/c^2$. In beiden Fällen lautet die Bedingung für die quasistatische Näherung

$$\boxed{\frac{\omega\ell}{c} \ll 1 \qquad \text{Bedingung für quasistatische Näherung}} \tag{26.22}$$

Der Frequenz ω und der Länge ℓ kann man die Geschwindigkeit $v = \omega\ell$ zuordnen. Dies ist die maximale Geschwindigkeit von Ladungsträgern, die in der Ladungsverteilung hin- und heroszillieren. (Die Driftgeschwindigkeiten der Elektronen in den Drähten sind aber viel kleiner.) Mit $v = \omega\ell$ wird (26.22) zu $v/c \ll 1$. Die quasistatische Näherung kann daher auch als nichtrelativistische Näherung angesehen werden.

Die Bedeutung der quasistatischen Näherung in den Maxwellgleichungen hängt – wie oben diskutiert – von der betrachteten Konfiguration ab. Je nach Konfiguration (Spule oder Kondensator) sind verschiedene Terme zu vernachlässigen, denn

$$\text{Magnetfeld im Kondensator:} \qquad B \sim \frac{\omega \ell}{c}\, E \ll E \tag{26.23}$$

$$\text{Elektrisches Feld in der Spule:} \qquad E \sim \frac{\omega \ell}{c}\, B \ll B \tag{26.24}$$

Beide Näherungen sind zueinander komplementär.

Beim Übergang von (26.1) – (26.2) zu (26.3) – (26.4) wird die Zeit t lediglich als Parameter betrachtet, nicht aber als Variable, die über Zeitableitungen Einfluss auf die Dynamik der Prozesse hat. Dies entspricht der Vernachlässigung der Retardierung in

$$A^{\alpha}_{\text{ret}}(\boldsymbol{r}, t) = \frac{1}{c} \int d^3r' \; \frac{j^{\alpha}(\boldsymbol{r}', t - |\boldsymbol{r} - \boldsymbol{r}'|/c)}{|\boldsymbol{r} - \boldsymbol{r}'|} \approx \frac{1}{c} \int d^3r' \; \frac{j^{\alpha}(\boldsymbol{r}', t)}{|\boldsymbol{r} - \boldsymbol{r}'|} \tag{26.25}$$

Mit dieser Näherung können die Zusammenhänge $\varrho \leftrightarrow \Phi$ (also $Q \leftrightarrow U$) und $\boldsymbol{j} \leftrightarrow \boldsymbol{A}$ (also $I \leftrightarrow \Phi_{\text{m}}$) wie in der statischen Theorie berechnet werden.

Die Näherung (26.25) kann durch (26.22) begründet werden. Für eine lokalisierte Feld- und Ladungskonfiguration gilt $r \lesssim \ell$, $r' \lesssim \ell$ und damit $|\boldsymbol{r} - \boldsymbol{r}'| \lesssim \ell$. Für eine periodische Ladungsverteilung ergibt die Retardierung eine Phasenverschiebung $\Delta\varphi = \omega\, \Delta t_{\text{ret}} = \omega\, |\boldsymbol{r} - \boldsymbol{r}'|/c \sim \omega \ell / c$. Wegen $\Delta\varphi \ll 1$ ist dann die Näherung $j^{\alpha}(\boldsymbol{r}', t - |\boldsymbol{r} - \boldsymbol{r}'|/c) \approx j^{\alpha}(\boldsymbol{r}', t)$ möglich.

Physikalisch ist die Retardierung die Grundlage von Abstrahlungsphänomenen (Kapitel 24). Ihre Vernachlässigung in (26.25) bedeutet daher, dass wir die Rückwirkung der Abstrahlung auf den Schwingkreis nicht berücksichtigen.

Abstrahlung

Der Schwingkreis stellt eine oszillierende Ladungsverteilung dar und strahlt daher Energie ab. Solange die Energieverluste klein sind, kann die Abstrahlung auf der Grundlage von (26.3) und (26.4) behandelt werden.

Aus (26.6) und (26.7) folgt $\ddot{Q} = -\omega_0^2\, Q$. Für die spätere Diskussion fügen wir in dieser Differenzialgleichung einen Dämpfungsterm hinzu:

$$\ddot{Q}(t) + \Gamma\, \dot{Q}(t) + \omega_0^2\, Q(t) = 0 \tag{26.26}$$

Für $\Gamma < \omega_0$ ist

$$Q(t) = Q_0\, \exp(-\Gamma t/2)\, \cos(w_0 t + \varphi) \tag{26.27}$$

mit $w_0^2 = \omega_0^2 - \Gamma^2/4$ die allgemeine Lösung dieser Differenzialgleichung (Kapitel 24 in [1]). Für $\Gamma \ll \omega_0$ beschreibt (26.27) eine schwach gedämpfte Schwingung mit $w_0 \approx \omega_0$. Wir betrachten hier zunächst die ungedämpfte Schwingung $Q(t) = Q_0\, \cos(\omega_0 t + \varphi)$ und wenden hierauf die Dipolformel an.

Die Kapazität des Plattenkondensators ist aus (8.41) bekannt, die Induktivität der Zylinderspule aus (14.29):

$$C = \frac{A_\mathrm{C}}{4\pi d}\,, \qquad L = \frac{4\pi}{c^2}\, {N_\mathrm{S}}^2\, \frac{A_\mathrm{S}}{\ell} \tag{26.28}$$

Der Einfachheit halber nehmen wir für alle Größen dieselbe Längenskala an:

$$A_\mathrm{C} = \ell_0^2\,, \qquad d = \ell_0\,, \qquad A_\mathrm{S} = \ell_0^2\,, \qquad \ell = \ell_0 \tag{26.29}$$

Dann ist die Eigenfrequenz des Schwingkreises

$$\omega_0 = \frac{1}{\sqrt{LC}} = \frac{c}{\ell_0}\,\frac{1}{N_\mathrm{S}} \tag{26.30}$$

Die Bedingung (26.22) für die quasistatische Näherung wird damit zu

$$\frac{\omega_0\,\ell_0}{c} = \frac{1}{N_\mathrm{S}} \ll 1 \tag{26.31}$$

Sie ist für $N_\mathrm{S} \gg 1$ erfüllt. Als spezielles Beispiel betrachten wir

$$\ell_0 = 1\,\mathrm{cm}\,, \quad N_\mathrm{S} = 100 \quad \longrightarrow \quad \nu = \frac{\omega_0}{2\pi} \approx 50\,\mathrm{MHz} \tag{26.32}$$

Eine Radiowelle dieser Frequenz liegt im UKW-Bereich. Der Schwingkreis eines UKW-Empfängers ist allerdings anders dimensioniert, etwa $A_\mathrm{C} = 10\,\mathrm{cm}^2$, $d = 0.1\,\mathrm{cm}$, $N_\mathrm{S} = 10$, A_S und ℓ wie oben.

Die Bedingung (26.31) impliziert $\lambda \gg \ell_0$. Damit ist die Voraussetzung der Langwellennäherung (24.14) gegeben und die Abstrahlungsverluste können mit der Dipolformel berechnet werden. Der Kondensator stellt einen oszillierenden Dipol der Stärke $p \sim Q_0\,\ell_0$ dar. Die Spule ist ein oszillierender magnetischer Dipol (15.8) der Stärke

$$m = \frac{1}{2c}\left|\int d^3r\;\boldsymbol{r}\times\boldsymbol{j}\,\right| \sim \frac{1}{c}\,\ell_0^2\, I\, N_\mathrm{S} \sim \ell_0\,\frac{I}{\omega_0} \sim \ell_0\, Q_0 \sim p \tag{26.33}$$

Nach (24.27) und (24.28) strahlen ein elektrischer und magnetischer Dipol gleich stark. Für die gesamte abgestrahlte Leistung gilt daher

$$P \sim \frac{\omega_0^4\, Q_0^2\, \ell_0^2}{c^3} \tag{26.34}$$

Die Energie des Schwingkreises ist gleich der maximalen Energie (8.28) des Kondensators:

$$E_0 = \frac{Q_0^2}{2C} \sim \frac{Q_0^2}{\ell_0} \tag{26.35}$$

Während einer Periode $T = 2\pi/\omega_0$ strahlt der Schwingkreis die Energie PT ab. Wir berechnen die Anzahl $n_{\rm osz}$ der Oszillationen, nach der eine Energie der Größe E_0 abgestrahlt ist:

$$n_{\rm osz} = \frac{E_0}{PT} = \frac{\omega_0 E_0}{2\pi P} \sim \frac{c^3}{\omega_0^3\, l_0^3} \sim N_{\rm S}^3 = 10^6 \tag{26.36}$$

Diese Abstrahlung kann durch den Dämpfungsterm in (26.26) und (26.27) mit

$$\Gamma = \Gamma_{\rm str} \sim \frac{\omega_0}{N_{\rm S}^3} \tag{26.37}$$

beschrieben werden. Neben der Strahlungsdämpfung tragen alle Prozesse zur Dämpfung bei, die dem Schwingkreis Energie entziehen. Dabei sind die Ohmschen Verluste oft wichtiger als die Abstrahlungsverluste.

Durch geeignete Konstruktion des Schwingkreises kann die Abstrahlung verringert werden. So könnte man für den Schwingkreis eines UKW-Empfängers etwa $A_{\rm C} = 10\,{\rm cm}^2$, $d = 0.1\,{\rm cm}$, $N_{\rm S} = 10$, $A_{\rm S} = 1\,{\rm cm}^2$ und $\ell = 1\,{\rm cm}$ wählen. Gegenüber dem oben betrachteten Fall wird die Kapazität wird um den Faktor 100 größer, und die Induktivität wird um den Faktor 100 kleiner. Damit erhält man dieselbe Eigenfrequenz. Das elektrische und das magnetische Dipolmoment werden beide um einen Faktor 10 kleiner, so dass sich die Abstrahlung auf $1/100$ reduziert. Im Schwingkreis eines Radioempfängers ist die Abstrahlung unerwünscht, weil sie die Güte des Schwingkreises verschlechtert und weil sie innerhalb des Geräts zu störenden Rückkopplungen führen kann.

Verbindet man den in Abbildung 26.1 gezeigten Kondensator durch einen kreisförmigen Drahtbügel ($N_{\rm S} \sim 1$), so wird $\omega_0\,\ell/c \sim 1$. Dann ist die Voraussetzung für die quasistatische Näherung nicht mehr erfüllt. Aus (26.37) ergäbe sich $\Gamma_{\rm str} \sim \omega_0$, also eine sehr starke Abstrahlung (allerdings ist die Ableitung von (26.37) auch nicht mehr gültig).

Für $\omega\ell/c \gg 1$ wären die Kondensatorplatten nur noch räumliche Grenzflächen für Wellen, die sich dazwischen ausbreiten; die Formel (26.3) hat dann vollends ihren Sinn verloren.

Aufgaben

26.1 Magnetfeld im Kondensator

Zwei parallele Kreisscheiben (Abstand d, Radius R, $R \gg d$) bilden einen Kondensator. Die Scheiben werden mit den Ladungen $Q(t) = Q_0 \cos(\omega t)$ und $-Q(t)$ aufgeladen.

Geben Sie das elektrische Feld in quasistatischer Näherung und unter Vernachlässigung von Randeffekten an. Bestimmen Sie das zugehörige Magnetfeld aus den Maxwellgleichungen.

Berechnen Sie den Poyntingvektor im Bereich zwischen den Platten. Bestimmen Sie damit den Energiefluss P (Energie pro Zeit), der durch die Mantelfläche $2\pi R d$ des Kondensators entweicht. Vergleichen Sie das Ergebnis mit der Leistung, die dem Kondensator von außen zugeführt wird.

26.2 Schwingkreis

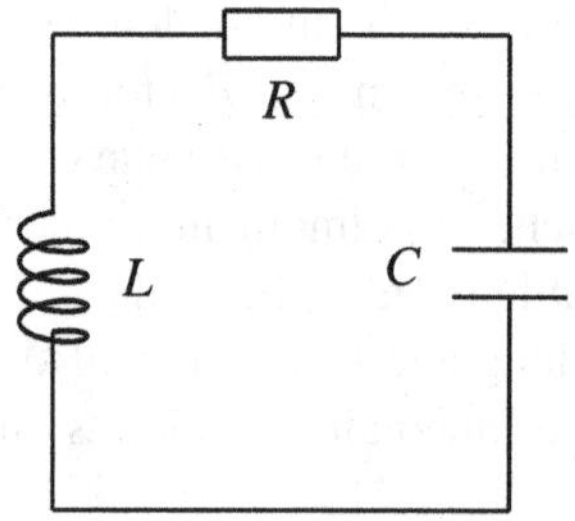

Ein Schwingkreis besteht aus einer Spule (Selbstinduktivität L), einem Kondensator (Kapazität C) und einem Widerstand. Im Widerstand kommt es zum Spannungsabfall $U_R(t) = R\, I(t)$. Stellen Sie die Differenzialgleichung für die Ladung $Q(t)$ auf dem Kondensator in quasistatischer Näherung auf. Wie lautet die allgemeine Lösung im Fall $R < 2\sqrt{L/C}$?

VI Elektrodynamik in Materie

27 Mikroskopische Maxwellgleichungen

Die Maxwellgleichungen sind grundlegende Naturgesetze mit einem weiten Gültigkeitsbereich, sie gelten insbesondere auch in Materie. Häufig ist man nur an der Reaktion der Materie auf zusätzliche elektromagnetische Felder interessiert, nicht aber an den Feldern der ungestörten Materie. Unter diesem Gesichtspunkt leiten wir die Maxwellgleichungen in Materie ab.

Dazu werden die Felder aufgeteilt, und zwar in (i) die Felder der ungestörten Materie, (ii) zusätzliche Felder (Störung der Materie) und (iii) induzierte Felder (Reaktion der Materie). Für alle diese Felder werden zunächst mikroskopische Maxwellgleichungen aufgestellt[1].

Zu den möglichen Erscheinungsformen der Materie gehören Plasmen, Gase, Flüssigkeiten oder Festkörper. Im Folgenden beziehen wir uns häufig auf einen Festkörper, daneben aber auch auf andere Aggregatszustände. Dabei werden nur sehr elementare Kenntnisse über die Struktur eines Festkörpers vorausgesetzt.

Die bisherigen Maxwellgleichungen (16.5) schreiben wir in der Form

$$\begin{aligned} \operatorname{div} \boldsymbol{E}_{\text{tot}} &= 4\pi\,\varrho_{\text{tot}}\,, \qquad & \operatorname{rot} \boldsymbol{E}_{\text{tot}} + \frac{1}{c}\,\frac{\partial \boldsymbol{B}_{\text{tot}}}{\partial t} &= 0 \\ \operatorname{div} \boldsymbol{B}_{\text{tot}} &= 0\,, \qquad & \operatorname{rot} \boldsymbol{B}_{\text{tot}} - \frac{1}{c}\,\frac{\partial \boldsymbol{E}_{\text{tot}}}{\partial t} &= \frac{4\pi}{c}\,\boldsymbol{j}_{\text{tot}} \end{aligned} \tag{27.1}$$

Die Felder und Quellen hängen von den Argumenten $\boldsymbol{r}$ und t ab. Der Index „tot“ (für total) bedeutet, dass wir alle Quellen und Felder berücksichtigen, die im System vorkommen; das System besteht aus der betrachteten Materie und zusätzlichen Feldern oder Quellen. Die Felder $\boldsymbol{E}_{\text{tot}}$, $\boldsymbol{B}_{\text{tot}}$ und Quellen ϱ_{tot}, $\boldsymbol{j}_{\text{tot}}$ sind daher die tatsächlichen Felder und Quellen. Die bisher hierfür verwendeten Bezeichnungen $\boldsymbol{E}$, $\boldsymbol{B}$, ϱ und $\boldsymbol{j}$ werden im Folgenden für *andere* Größen benutzt. Zur Unterscheidung von den Maxwellgleichungen in Materie nennen wir (16.5) auch Maxwellgleichungen im Vakuum.

[1]Hierbei folge ich Anregungen von Peter Vogl vom Walter Schottky Institut der TU München

T. Fließbach, *Elektrodynamik*, https://doi.org/10.1007/978-3-662-64889-6_27

Wir denken uns eine zunächst nicht spezifizierte, aber wohldefinierte Aufteilung $\varrho = \varrho_A + \varrho_B$ und $\boldsymbol{j} = \boldsymbol{j}_A + \boldsymbol{j}_B$ der Quellen. Die zugehörigen Felder werden entsprechend bezeichnet. Da die Maxwellgleichungen *linear* in den Feldern und den Quelltermen sind, können wir sie für die einzelnen Bestandteile anschreiben, etwa

$$\operatorname{div} \boldsymbol{E} = 4\pi\,\varrho \quad \xleftrightarrow{\;\varrho = \varrho_A + \varrho_B\;} \quad \begin{array}{l} \operatorname{div} \boldsymbol{E}_A = 4\pi\,\varrho_A \\ \operatorname{div} \boldsymbol{E}_B = 4\pi\,\varrho_B \end{array} \tag{27.2}$$

Wegen ihrer Linearität funktioniert dies für alle Maxwellgleichungen. Im Folgenden wählen wir eine Aufteilung der Quellen und Felder, die der experimentellen Situation angepasst ist.

Im Rahmen der „Elektrodynamik in Materie" besteht ein Experiment darin, dass die Materie zusätzlichen Feldern ausgesetzt wird, zum Beispiel:

- Das Materiestück wird in das elektrische Feld eines Kondensators oder das magnetische Feld einer Spule gebracht.
- Zusätzliche Ladungen oder Ströme können auf oder in das Materiestück gebracht werden; sie erzeugen ein elektromagnetisches Feld im Bereich der Materie. Dieses Beispiel zeigt, dass die zusätzlichen Quellen nicht unbedingt externe (äußere) Quellen sind.
- Das Materiestück wird in das Feld einer elektromagnetischen Welle gebracht. In diesem Fall werden die Quellen, die die Welle erzeugen, nicht explizit betrachtet.

Die experimentelle Situation legt folgende Aufteilung der Quellen und Felder nahe: Zunächst gibt es die Quellen und Felder der ungestörten Materie (Index „0"); die Materie sei im Grundzustand oder in einem thermodynamischen Gleichgewichtszustand. Die *zusätzlichen* (Index „ext" für extra) Felder *induzieren* (Index „ind") nun eine Reaktion der Materie. Damit erhalten wir folgende Aufteilung (siehe auch Tabelle 27.1):

$$\begin{aligned} \varrho_{\text{tot}} &= \varrho_0 + \varrho_{\text{ext}} + \varrho_{\text{ind}} &&= \varrho_0 + \varrho \\ \boldsymbol{j}_{\text{tot}} &= \boldsymbol{j}_0 + \boldsymbol{j}_{\text{ext}} + \boldsymbol{j}_{\text{ind}} &&= \boldsymbol{j}_0 + \boldsymbol{j} \\ \boldsymbol{E}_{\text{tot}} &= \boldsymbol{E}_0 + \boldsymbol{E}_{\text{ext}} + \boldsymbol{E}_{\text{ind}} &&= \boldsymbol{E}_0 + \boldsymbol{E} \\ \boldsymbol{B}_{\text{tot}} &= \boldsymbol{B}_0 + \boldsymbol{B}_{\text{ext}} + \boldsymbol{B}_{\text{ind}} &&= \boldsymbol{B}_0 + \boldsymbol{B} \end{aligned} \tag{27.3}$$

Auf ein geladenes Teilchen (etwa ein Elektron) in der Materie wirkt die Lorentzkraft $\boldsymbol{F}_L = \boldsymbol{F}_{\text{tot}} = \boldsymbol{F}_0 + \boldsymbol{F}$. Effektiv wirksam ist aber nur die Kraft

$$\boldsymbol{F} = q\left(\boldsymbol{E}(\boldsymbol{r},t) + \frac{\boldsymbol{v}}{c} \times \boldsymbol{B}(\boldsymbol{r},t)\right) \tag{27.4}$$

Im klassischen Gleichgewichtszustand sind alle Kräfte im Gleichgewicht; die Beiträge zu $\boldsymbol{F}_0$ heben sich daher gegenseitig auf. Der quantenmechanische Grundzustand ist stationär; die Kräfte $\boldsymbol{F}_0$ sind daher effektiv ausbalanciert. Im Experiment

Tabelle 27.1 Aufteilung der Quellen und Felder in Materie, am Beispiel der Ladungsdichte dargestellt. Eine mögliche Form der Bestandteile der Ladungsdichte ist in Abbildung 28.1 skizziert. Die Aufteilung der Quellen und Felder wird auf die Maxwellgleichungen übertragen.

ϱ_{tot}	Gesamtladungsdichte, die bisher mit ϱ bezeichnet wurde.
ϱ_0	Ladungsdichte der *ungestörten Materie*.
ϱ_{ext}	Zusätzliche Ladungsdichte. Der Index „ext" steht für extra, kann häufig auch als extern interpretiert werden. Dieser Anteil entspricht der *Störung* der Materie.
ϱ_{ind}	Induzierte Ladungsdichte. Dieser Anteil entspricht der *Reaktion* der Materie auf die Störung. Die induzierte Ladungsdichte ist die Änderung der Ladungsdichte ϱ_0.
ϱ	$= \varrho_{\text{ext}} + \varrho_{\text{ind}}$. Bezeichnungswechsel!

hat man es meist mit einem thermodynamischen Gleichgewichtszustand (endliche Temperatur) zu tun; man stelle sich etwa ein klassisches Gas mit Atom-Atom-Stößen vor. Dann verschwinden die Kräfte $\boldsymbol{F}_0$ im statistischen Mittel. Insofern sind die effektiv wirksamen Kräfte in Materie durch (27.4) gegeben. Dies ist auch der Grund für die Bezeichnung der hierin auftretenden Felder mit $\boldsymbol{E}$ und $\boldsymbol{B}$; denn die bisher so bezeichneten Felder wurden ja auch durch ihre Kraftwirkung definiert.

Wir teilen (27.1) nach dem Schema (27.2) mit $\varrho_{\text{tot}} = \varrho_0 + \varrho$ auf. Daraus erhalten wir die Maxwellgleichungen für die Felder $\boldsymbol{E}$ und $\boldsymbol{B}$:

$$\begin{aligned} &\operatorname{div} \boldsymbol{E}(\boldsymbol{r},t) = 4\pi\varrho(\boldsymbol{r},t)\,, \qquad \operatorname{rot} \boldsymbol{E}(\boldsymbol{r},t) + \frac{1}{c}\frac{\partial \boldsymbol{B}(\boldsymbol{r},t)}{\partial t} = 0 \\ &\operatorname{div} \boldsymbol{B}(\boldsymbol{r},t) = 0\,, \qquad \operatorname{rot} \boldsymbol{B}(\boldsymbol{r},t) - \frac{1}{c}\frac{\partial \boldsymbol{E}(\boldsymbol{r},t)}{\partial t} = \frac{4\pi}{c}\,\boldsymbol{j}(\boldsymbol{r},t) \end{aligned} \tag{27.5}$$

und entsprechende Gleichungen für $\boldsymbol{E}_0$ und $\boldsymbol{B}_0$, die uns im Folgenden nicht interessieren. Nach demselben Schema teilen wir die Maxwellgleichungen (27.5) weiter in die Anteile „ext" und „ind" auf:

$$\begin{aligned} \operatorname{div} \boldsymbol{E}_{\text{ext}} &= 4\pi\varrho_{\text{ext}}\,, & \operatorname{rot} \boldsymbol{E}_{\text{ext}} + \frac{1}{c}\frac{\partial \boldsymbol{B}_{\text{ext}}}{\partial t} &= 0 \\ \operatorname{div} \boldsymbol{B}_{\text{ext}} &= 0\,, & \operatorname{rot} \boldsymbol{B}_{\text{ext}} - \frac{1}{c}\frac{\partial \boldsymbol{E}_{\text{ext}}}{\partial t} &= \frac{4\pi}{c}\,\boldsymbol{j}_{\text{ext}} \end{aligned} \tag{27.6}$$

$$\begin{aligned} \operatorname{div} \boldsymbol{E}_{\text{ind}} &= 4\pi\varrho_{\text{ind}}\,, & \operatorname{rot} \boldsymbol{E}_{\text{ind}} + \frac{1}{c}\frac{\partial \boldsymbol{B}_{\text{ind}}}{\partial t} &= 0 \\ \operatorname{div} \boldsymbol{B}_{\text{ind}} &= 0\,, & \operatorname{rot} \boldsymbol{B}_{\text{ind}} - \frac{1}{c}\frac{\partial \boldsymbol{E}_{\text{ind}}}{\partial t} &= \frac{4\pi}{c}\,\boldsymbol{j}_{\text{ind}} \end{aligned} \tag{27.7}$$

Hiermit haben wir Maxwellgleichungen in Materie für die effektiv wirksamen Felder $\boldsymbol{E} = \boldsymbol{E}_{\text{ext}} + \boldsymbol{E}_{\text{ind}}$ und $\boldsymbol{B} = \boldsymbol{B}_{\text{ext}} + \boldsymbol{B}_{\text{ind}}$ aufgestellt. Die Ableitung verwendete keine räumliche Mittelung und keine Näherung. Die Maxwellgleichungen (27.5) und (27.7) sind daher noch mikroskopisch und ebenso exakt wie die Maxwellgleichungen im Vakuum (27.1).

Die Lösung der Gleichungen (27.6) wird meist einfach sein; man denke etwa an die Ladungsdichte ϱ_{ext} auf den Platten eines Kondensators, die ein homogenes Feld erzeugen. Das eigentliche Problem besteht dagegen in der Bestimmung der induzierten Quellen. Der Aufbau der Materie und ihre Reaktion auf zusätzliche elektromagnetische Felder sind im Allgemeinen komplex. Insbesondere ist die Reaktion der Materie an einer bestimmten Stelle von den wirksamen Feldern $\boldsymbol{E}$ und $\boldsymbol{B}$ (und nicht etwa nur von $\boldsymbol{E}_{\text{ext}}$ und $\boldsymbol{B}_{\text{ext}}$) abhängig; die wirksamen Felder hängen aber selbst von den induzierten Quellen ab. Über die induzierten Quellen sind die Gleichungen (27.6) und (27.7) miteinander gekoppelt (wegen $\varrho_{\text{ind}} = \varrho_{\text{ind}}[\boldsymbol{E}, \boldsymbol{B}]$ und $\boldsymbol{j}_{\text{ind}} = \boldsymbol{j}_{\text{ind}}[\boldsymbol{E}, \boldsymbol{B}]$).

Die theoretische Behandlung der induzierten Felder erfolgt in der Regel im Rahmen des *linearen Response* (Kapitel 28). Durch weitere Näherungen werden wir schließlich eine für unsere Zwecke praktikable Form der Maxwellgleichungen erreichen (Kapitel 29).

Makroskopische und mikroskopische Felder

Ein Festkörper ist aus Elementarzellen aufgebaut; dies sind die kleinsten identischen Einheiten des Kristallgitters. Für einfache Stoffe hat die Elementarzelle Abmessungen von wenigen Ångström ($1\,\text{Å} = 10^{-10}\,\text{m}$). Auf der gleichen Skala variiert die Struktur in einem Gas aus Atomen oder Molekülen. Atomkerne und Elektronen betrachten wir in diesem Zusammenhang als elementare Teilchen.

Als *makroskopisch* bezeichnen wir Felder, die im Bereich einer Elementarzelle nahezu konstant sind. Wenn ein Feld dagegen in diesem Bereich wesentlich variiert, bezeichnen wir es als *mikroskopisch.* Für die in (27.5) – (27.7) auftretenden Felder gilt im Allgemeinen:

$$\begin{array}{ll} \text{makroskopisch:} & \varrho_{\text{ext}},\ \boldsymbol{j}_{\text{ext}},\ \boldsymbol{E}_{\text{ext}},\ \boldsymbol{B}_{\text{ext}} \\ \text{mikroskopisch:} & \varrho_{\text{ind}},\ \boldsymbol{j}_{\text{ind}},\ \boldsymbol{E}_{\text{ind}},\ \boldsymbol{B}_{\text{ind}},\ \boldsymbol{E},\ \boldsymbol{B} \end{array} \tag{27.8}$$

Die mikroskopische Struktur eines Festkörpers variiert im Bereich einer Elementarzelle, die eines Gases im Bereich eines Atoms. Daher werden sich in der Regel auch ϱ_{ind} und $\boldsymbol{j}_{\text{ind}}$ in diesem Bereich wesentlich ändern, und zwar auch dann, wenn die Felder $\boldsymbol{E}_{\text{ext}}$ und $\boldsymbol{B}_{\text{ext}}$ konstant sind (Abbildung 28.1). Damit enthalten $\boldsymbol{E}_{\text{ind}}$, $\boldsymbol{B}_{\text{ind}}$, $\boldsymbol{E} = \boldsymbol{E}_{\text{ext}} + \boldsymbol{E}_{\text{ind}}$ und $\boldsymbol{B} = \boldsymbol{B}_{\text{ext}} + \boldsymbol{B}_{\text{ind}}$ mikroskopische Strukturen; die Maxwellgleichungen (27.5) und (27.7) sind *mikroskopische* Gleichungen.

Wenn man an mikroskopischen Details nicht interessiert ist, kann man sie durch eine räumliche Mittelung über viele Atomabstände oder Gitterkonstanten eliminieren. Die Mittelung über ein Feld $A = A(\boldsymbol{r}, t)$ wird durch die Faltung mit einer geeigneten Funktion $f(\boldsymbol{r})$ definiert:

$$\langle A\rangle(\boldsymbol{r},t)=\int d^3r'\;A(\boldsymbol{r}',t)\;f(\boldsymbol{r}-\boldsymbol{r}')\quad\text{mit}\quad\int d^3r'\;f(\boldsymbol{r}-\boldsymbol{r}')=1 \tag{27.9}$$

Gelegentlich findet man die Schreibweise $\langle A(\boldsymbol{r},t)\rangle$ anstelle von $\langle A\rangle(\boldsymbol{r},t)$. Da bei der Mittelung über das Argument $\boldsymbol{r}$ von $A(\boldsymbol{r},t)$ integriert wird, hängt das Ergebnis aber nicht von *diesem* Argument ab. Vielmehr ergibt sich eine andere Ortsabhängigkeit für die gemittelte Größe $\langle A\rangle$. Vom logischen Standpunkt ist die hier gewählte Schreibweise vorzuziehen.

Die Funktion $f(\boldsymbol{r})$ sei bei $r=0$ lokalisiert und nicht negativ. Eine mögliche Wahl ist die Gaußfunktion

$$f(\boldsymbol{r}-\boldsymbol{r}')=\frac{1}{\pi^{3/2}\,b^3}\,\exp\left(-\,\frac{|\boldsymbol{r}-\boldsymbol{r}'|^2}{b^2}\right)\quad\text{mit}\quad a\ll b\ll\lambda \tag{27.10}$$

Die mikroskopische Skala sei durch die Länge a bestimmt; im Festkörper ist a die Gitterkonstante. Die Mittelungslänge b soll sich über viele (zumindest aber mehrere) Elementarzellen erstrecken. Andererseits soll b klein sein gegenüber der Skala, auf der die zu studierenden Phänomene variieren. Für eine Welle ist diese Skala durch die Wellenlänge λ bestimmt.

Andere Darstellungen

Viele Lehrbücher gehen bei der Einführung der Maxwellgleichungen in Materie in zwei Punkten anders vor:

1. Die Gleichungen (27.1) werden räumlich gemittelt. Wegen

   $$\langle \boldsymbol{E}_0\rangle=0\,,\qquad\langle \boldsymbol{B}_0\rangle=0 \tag{27.11}$$

   erhält man Maxwellgleichungen der Form (27.5) für die *räumlich gemittelten* Felder $\boldsymbol{E}$ und $\boldsymbol{B}$. Ab Kapitel 29 betrachten auch wir diese makroskopischen Felder und die zugehörigen Maxwellgleichungen.

   Der Grund für den hier gewählten Ausgangspunkt ist: Wenn die Felder von vornherein gemittelt werden, wird die mikroskopische Struktur der wirksamen Felder $\boldsymbol{E}$ und $\boldsymbol{B}$ eliminiert. Dann ist es auch prinzipiell unmöglich, die exakte Reaktion der Materie auf ein äußeres Feld (also etwa das exakte ϱ_{ind}) zu berechnen; genau dies wollen die Festkörperphysiker aber heute tun. Im Rahmen dieses Buchs kommt eine Lösung der mikroskopischen Maxwellgleichungen zwar nicht in Frage. Diese Gleichungen sind aber von grundsätzlicher Bedeutung, und mit ihrer Aufstellung ist eine physikalisch adäquate Aufteilung der Felder verbunden.

2. Häufig nimmt man eine etwas andere Aufteilung der Ladungen vor:

   $$\varrho=\varrho_{\text{ext}}+\varrho_{\text{ind}}=\underbrace{\varrho_{\text{ext}}+\varrho_{\text{ind}}^{\text{frei}}}_{\varrho_{\text{frei}}}+\underbrace{\varrho_{\text{ind}}^{\text{geb}}}_{\varrho_{\text{pol}}} \tag{27.12}$$

Mit „frei“ werden die Ladungen bezeichnet, die beim Anlegen eines äußeren elektrischen Feldes zum Strom beitragen, mit „gebunden“ alle anderen. In einem Metall sind etwa die Elektronen im teilweise gefüllten Energieband (Leitungsband) freie Ladungen, die in den gefüllten Energiebändern gebundene Ladungen. (Die Bezeichnungen sind nicht allzu wörtlich zu nehmen: Die Elektronen des Leitungsbands sind nicht wirklich freie Teilchen, und die Wellenfunktionen der Elektronen in den gefüllten Bändern sind nicht lokalisiert wie etwa gebundene Elektronenzustände im Atom).

Der Grund für die hier gewählte Aufteilung $\varrho = \varrho_{\text{ext}} + \varrho_{\text{ind}}$ ist: Sie entspricht der Unterscheidung zwischen einerseits der Störung der Materie durch zusätzliche Felder oder Ladungen, und andererseits der Reaktion (Response) der Materie. Diese Aufteilung wird sowohl der experimentellen Situation wie der theoretischen Behandlung am besten gerecht. Hinzu kommt, dass die Aufteilung der induzierten Ladungsverteilung in „freie“ und „gebundene“ Anteile in der Regel nicht eindeutig ist (zum Beispiel für schwach gebundene Ladungen in einem Halbleiter).

28 Linearer Response

Die induzierten Felder sind häufig proportional zu den zusätzlichen Feldern. Dies bedeutet einen linearen Response der Materie auf die äußere Störung. Als Proportionalitätskoeffizienten treten die Dielektrizität ε und die Permeabilität μ auf.

Wir geben die möglichen funktionalen Abhängigkeiten der mikroskopischen Dielektrizität ε an. Danach beschränken wir uns auf räumlich gemittelte Felder und führen die makroskopische dielektrische Funktion ein.

Die Aufteilung (27.3) der Felder, $\boldsymbol{E}_{\text{tot}} = \boldsymbol{E}_0 + \boldsymbol{E}_{\text{ext}} + \boldsymbol{E}_{\text{ind}}$ und $\boldsymbol{B}_{\text{tot}} = \boldsymbol{B}_0 + \boldsymbol{B}_{\text{ext}} + \boldsymbol{B}_{\text{ind}}$, entspricht der experimentellen Situation. Zugleich ist diese Aufteilung für die theoretische Behandlung besonders geeignet, denn in vielen Fällen können die extra Felder (die Störung) als *klein* betrachtet werden. Dann kann eine *lineare* Relation zwischen der Reaktion und der Störung des Systems angenommen werden.

Das ungestörte elektrische Feld $\boldsymbol{E}_0$ in der Elementarzelle eines Festkörpers oder in einem Atom ist von der Größe $E_0 \sim e/(1\,\text{Å})^2 \sim 10^9\,\text{V/cm}$; dabei ist e die Elementarladung. Verglichen damit sind die zusätzlichen (extra) Felder im Allgemeinen sehr klein. Man stelle sich etwa einen Plattenkondensator vor, der ein Feld der Stärke $E_{\text{ext}} = 10^3\,\text{V/cm}$ erzeugt (Abbildung 28.1). Als äußere Störung ist $\boldsymbol{E}_{\text{ext}}$ die Ursache für eine Reaktion des Systems. Wegen $E_{\text{ext}} \ll E_0$ kann man erwarten, dass die Reaktion des Systems (etwa die Abweichung der Ladungsverteilung von der Gleichgewichtsverteilung) *linear* zum Störfeld ist, also $\varrho_{\text{ind}} \propto \boldsymbol{E}_{\text{ext}}$. Dies impliziert $\boldsymbol{E}_{\text{ind}} \propto \boldsymbol{E}_{\text{ext}}$ und $\boldsymbol{E} = \boldsymbol{E}_{\text{ext}} + \boldsymbol{E}_{\text{ind}} \propto \boldsymbol{E}_{\text{ext}}$. Die Annahme eines *linearen Response* (response bedeutet Antwort) auf eine kleine Störung wird in vielen Gebieten der Physik verwendet.

Die lineare Beziehung $\boldsymbol{E} \propto \boldsymbol{E}_{\text{ext}}$ und ihr magnetisches Analogon schreiben wir in der Form

$$\boxed{\boldsymbol{E} = \varepsilon^{-1}\,\boldsymbol{E}_{\text{ext}}\,, \qquad \boldsymbol{B} = \mu\,\boldsymbol{B}_{\text{ext}}} \tag{28.1}$$

Hiermit wird ausgedrückt, dass eine doppelt so starke Störung eine doppelt so große Reaktion hervorruft. Ansonsten ist die Schreibweise (28.1) eher symbolisch. Insbesondere haben die Felder $\boldsymbol{E}$ und $\boldsymbol{E}_{\text{ext}}$ im Allgemeinen unterschiedliche Orts- und Zeitabhängigkeiten und sind nicht parallel zueinander. Dies wird in nächsten Abschnitt noch eingehend diskutiert.

In (28.1) steht rechts jeweils die Störung (Ursache) und links die Reaktion (Response, Wirkung). Die Größen ε^{-1} und μ werden daher *Responsefunktionen* (auch Antwortfunktionen) genannt. Aus historischen Gründen erhält ε (und nicht die Responsefunktion ε^{-1}) den Namen *Dielektrizität*. Die Größe μ heißt *Permeabilität*.

T. Fließbach, *Elektrodynamik*, https://doi.org/10.1007/978-3-662-64889-6_28

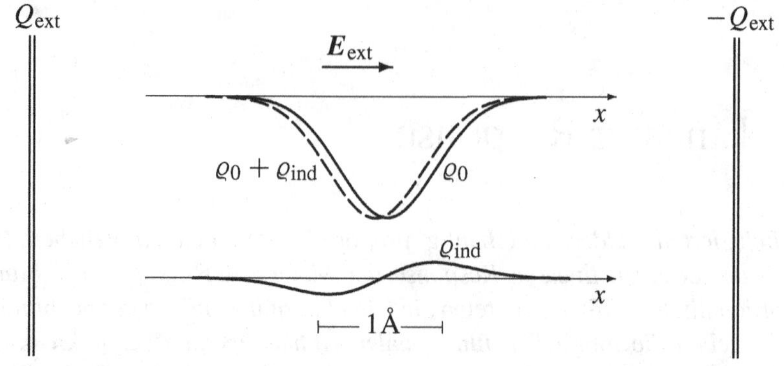

Abbildung 28.1 Die Ladungsdichte ϱ_{ext} auf den Platten eines Kondensators erzeugt das äußere Feld $\boldsymbol{E}_{\text{ext}}$; die Kondensatorplatten sollen viel größer und viel weiter voneinander entfernt sein als in der Skizze. In das homogene Feld $\boldsymbol{E}_{\text{ext}}$ wird Materie gebracht. Wir betrachten speziell die Ladungsverteilung $\varrho_0 = -e\,|\psi(\boldsymbol{r})|^2$ eines Elektrons in einem Atom ($\psi(\boldsymbol{r})$ sei die gebundene Wellenfunktion des Elektrons). Das äußere Feld führt nun zu einer Änderung dieser Ladungsverteilung (durchgezogene Linie) zu $\varrho_0 + \varrho_{\text{ind}}$ (gestrichelte Linie). Für die Skizze wurde angenommen, dass die Änderung in einer Verschiebung der Ladungsverteilung besteht. Wichtig sind folgende Punkte: (i) Die induzierte Ladungsdichte variiert auf mikroskopischer Skala; daher enthalten auch $\varrho = \varrho_{\text{ext}} + \varrho_{\text{ind}}$ und $\boldsymbol{E} = \boldsymbol{E}_{\text{ext}} + \boldsymbol{E}_{\text{ind}}$ mikroskopische Strukturen. (ii) Das äußere Feld ist im Allgemeinen sehr klein, etwa $E_{\text{ext}}/E_0 \sim 10^{-6}$ für $E_{\text{ext}} = 10^3\,\text{V/cm}$. Die relative Verschiebung und $|\varrho_{\text{ind}}/\varrho_0|$ sind dann ebenfalls von der Größe 10^{-6} (und nicht 10^{-1} wie in der Skizze).

Die Größen sind so definiert, dass $\varepsilon^{-1} = 1$ und $\mu = 1$, wenn es keine Reaktion des Systems gibt oder wenn keine Materie vorhanden ist, also wenn $\boldsymbol{E}_{\text{ind}} = 0$ und $\boldsymbol{B}_{\text{ind}} = 0$.

Mikroskopische Responsefunktion

Stellvertretend für die auftretenden Response-Beziehungen untersuchen wir die allgemeine Form von $\boldsymbol{E} = \varepsilon^{-1}\,\boldsymbol{E}_{\text{ext}}$. Wir betrachten nacheinander die Tensorstruktur, die Linearität, die Abhängigkeit von Zustandsgrößen und vom Ort und von der Zeit. Wir beginnen mit den ersten beiden Punkten:

(i) Das induzierte Feld $\boldsymbol{E}_{\text{ind}}$ ist im Allgemeinen nicht parallel zum zusätzlichen Feld $\boldsymbol{E}_{\text{ext}}$. Dann ist auch $\boldsymbol{E} = \boldsymbol{E}_{\text{ext}} + \boldsymbol{E}_{\text{ind}}$ nicht parallel zu $\boldsymbol{E}_{\text{ext}}$. Daher stellt ε^{-1} einen Tensor 2. Stufe mit den Komponenten $\varepsilon^{-1}_{ij} = (\varepsilon^{-1})_{ij}$ dar.

(ii) Für starke Felder (wie etwa im Laserlicht) können nichtlineare Terme wichtig sein. Solche Terme führen zu spezifischen Effekten wie der Streuung von Wellen aneinander oder der Frequenzverdopplung.

Diese beiden Effekte lassen sich in kartesischen Komponenten durch

$$E_i = \sum_{j=1}^{3} \varepsilon^{-1}_{ij}\, E_{\text{ext},\,j} + \sum_{j,\,k=1}^{3} \gamma_{ijk}\, E_{\text{ext},\,j}\, E_{\text{ext},\,k} + \ldots \tag{28.2}$$

beschreiben. Im Rahmen des linearen Response-Modells wird nur der lineare Term berücksichtigt. Dies ist in vielen Fällen ausreichend.

Wir fügen die möglichen Abhängigkeiten von den Argumenten hinzu:

$$E_i(\boldsymbol{r},t) = \sum_{j=1}^{3} \int d^3r' \int dt' \, \varepsilon_{ij}^{-1}(\boldsymbol{r},\boldsymbol{r}',t-t';T,P)\, E_{\text{ext},j}(\boldsymbol{r}',t') \tag{28.3}$$

Hierdurch werden folgende Effekte beschrieben:

(iii) Die Reaktion der Materie auf Störungen hängt vom Zustand der Materie ab. Der thermodynamische Zustand von homogener Materie wird im einfachsten Fall durch die Temperatur T und den Druck P festgelegt. Die Dielektrizität hängt daher (wie andere Materialparameter) von der Temperatur und vom Druck ab. Im Folgenden werden diese Abhängigkeiten nicht mehr explizit angeschrieben.

(iv) Die Störung der Materie an der Stelle $\boldsymbol{r}'$ zur Zeit t' kann Reaktionen an anderen Stellen $\boldsymbol{r}$ und zu anderen (späteren) Zeiten t bewirken. Als Analogon betrachte man ein Klavier: Die Störung an einer bestimmten Stelle (der Anschlag einer bestimmten Taste) bewirkt eine Reaktion an anderen Stellen und zu späteren Zeiten (eine gedämpfte Schwingung der Klaviersaite und des Resonanzkörpers).

Wegen der Homogenität der Zeit kann die Beziehung zwischen Störung und Reaktion nur von der Zeitdifferenz $t - t'$ abhängen. (Der Zustand der ungestörten Materie sei zeitunabhängig). Die Materie mit ihrer mikroskopischen Struktur ist dagegen räumlich nicht homogen; daher hängt ε_{ij}^{-1} von $\boldsymbol{r}$ und $\boldsymbol{r}'$ ab. Beide Punkte kann man sich am Beispiel des Klaviers klar machen.

Das Materiestück soll so groß sein, dass wir Oberflächeneffekte vernachlässigen können. Dann erstreckt sich die Ortsintegration in (28.3) über den gesamten Raum. Die Zeitintegration läuft von $-\infty$ bis $+\infty$.

Die Reaktion ($\boldsymbol{E}_{\text{ind}}$) des Systems kann nur *nach* der Störung ($\boldsymbol{E}_{\text{ext}}$) erfolgen; diese Bedingung wird auch *Kausalität* genannt. Subtrahiert man in (28.3) auf beiden Seiten $E_{\text{ext},i}(\boldsymbol{r},t)$, so wird die linke Seite zu $E_{\text{ind},i}(\boldsymbol{r},t)$, und auf der rechten Seite tritt $\varepsilon_{ij}^{-1} - \delta_{ij}\,\delta(\boldsymbol{r}-\boldsymbol{r}')\,\delta(t-t')$ an die Stelle von ε_{ij}^{-1}. Wegen der Kausalität muss $E_{\text{ind},i}(\boldsymbol{r},t)$ vor der Störung, also für $t < t'$, verschwinden. Dies bedeutet

$$\varepsilon_{ij}^{-1}(\boldsymbol{r},\boldsymbol{r}',t-t') = 0 \quad \text{für } t < t' \qquad \text{(Kausalität)} \tag{28.4}$$

Im kristallinen Festkörper ist die Ortsabhängigkeit der (mikroskopischen) Dielektrizität sehr kompliziert. Insbesondere führt auch ein konstantes äußeres $\boldsymbol{E}_{\text{ext}}$-Feld zu $\boldsymbol{E}$-Feldern, die innerhalb einer Elementarzelle erheblich (bis zu einer Größenordnung) variieren. Im Folgenden beschränken wir uns daher auf eine einfache makroskopische Näherung.

Makroskopische Responsefunktion

Wir führen in (28.3) die räumliche Mittelung (27.9) durch:

$$\langle E_i\rangle(\boldsymbol{r},t) = \sum_{j=1}^{3} \int d^3r' \int dt' \, \langle \varepsilon^{-1}_{ij}\rangle(\boldsymbol{r}-\boldsymbol{r}', t-t') \, E_{\text{ext},\,j}(\boldsymbol{r}',t') \tag{28.5}$$

Die Mittelung wird bezüglich der $\boldsymbol{r}$-Abhängigkeit ausgeführt; dies ergibt zunächst die Mittelungsklammern bei E_i. Das Integral über $\boldsymbol{r}'$ impliziert eine Mittelung der $\boldsymbol{r}'$-Abhängigkeit von $\varepsilon^{-1}_{ij}(\boldsymbol{r},\boldsymbol{r}')$; dabei spielt der Faktor $E_{\text{ext},\,j}(\boldsymbol{r}',t')$ keine Rolle, weil dieses Feld von vornherein makroskopisch ist. Damit wird über beide Argumente von $\varepsilon^{-1}_{ij}(\boldsymbol{r},\boldsymbol{r}')$ gemittelt und wir erhalten die gemittelte Responsefunktion. Nach einer räumlichen Mittelung stellt die Materie ein *homogenes* Medium[1] dar; dabei betrachten wir nur eine Stoffsorte und keine Begrenzungen der Materie (die die Homogenität verletzen würden). Wegen dieser räumlichen Homogenität kann die Responsefunktion dann nur von der Differenz $\boldsymbol{r}-\boldsymbol{r}'$ abhängen.

In der Fouriertransformation

$$f(\boldsymbol{k},\omega) = \int d^3r \int dt \; f(\boldsymbol{r},t) \exp(\mathrm{i}\boldsymbol{k}\cdot\boldsymbol{r}) \exp(\mathrm{i}\omega t) \tag{28.6}$$

$$f(\boldsymbol{r},t) = \frac{1}{(2\pi)^4} \int d^3k \int d\omega \; f(\boldsymbol{k},\omega) \exp(-\mathrm{i}\boldsymbol{k}\cdot\boldsymbol{r}) \exp(-\mathrm{i}\omega t) \tag{28.7}$$

für den Ort und die Zeit verwenden wir dasselbe Symbol f für die Funktion und ihre Fouriertransformierte; die Unterscheidung zwischen beiden Größen erfolgt anhand der Argumente. Wir führen diese Transformation auf beiden Seiten in (28.5) aus. Dabei wird die Faltung auf der rechten Seite zu einem Produkt:

$$\langle E_i\rangle(\boldsymbol{k},\omega) = \sum_{j=1}^{3} \langle \varepsilon^{-1}_{ij}\rangle(\boldsymbol{k},\omega) \, E_{\text{ext},\,j}(\boldsymbol{k},\omega) \tag{28.8}$$

Wir vernachlässigen nun die $\boldsymbol{k}$-Abhängigkeit der Responsefunktion,

$$\langle \varepsilon^{-1}_{ij}\rangle(\boldsymbol{k},\omega) \approx \langle \varepsilon^{-1}_{ij}\rangle(0,\omega) \tag{28.9}$$

Damit ergibt die Fourierrücktransformation von (28.8)

$$\langle E_i\rangle(\boldsymbol{r},\omega) = \sum_{j=1}^{3} \langle \varepsilon^{-1}_{ij}\rangle(0,\omega) \, E_{\text{ext},\,j}(\boldsymbol{r},\omega) \tag{28.10}$$

Wegen (28.9) haben die Felder $\boldsymbol{E}_{\text{ext}}$ und $\boldsymbol{E}$ dieselbe Ortsabhängigkeit. Mit dieser Näherung vernachlässigen wir Nichtlokalitäten in (28.5); konkret bedeutet dies zum

[1] Unter *Medium* versteht man das den Raum kontinuierlich ausfüllende Mittel, in dem sich Ursache und Wirkung (insbesondere auch Wellen) fortpflanzen. So ist zum Beispiel Luft ein Medium für Schallwellen.

Beispiel den Verzicht darauf, die räumliche Propagation einer lokalisierten Störung zu beschreiben.

Bisher stand rechts immer die Störung ($\boldsymbol{E}_{\text{ext}}$) und links die Reaktion ($\boldsymbol{E}_{\text{ind}}$, in $\boldsymbol{E}$ enthalten) der Materie. Es ist jedoch allgemein üblich, $\boldsymbol{E}_{\text{ext}}$ als Funktion von $\boldsymbol{E}$ zu schreiben. Dazu führen wir die zur Matrix $\langle\varepsilon^{-1}\rangle = (\langle\varepsilon^{-1}_{ij}\rangle)$ inverse Matrix ein:

$$\varepsilon_{ij}^{\text{makro}}(\omega) = \left(\frac{1}{\langle\varepsilon^{-1}\rangle(0,\omega)}\right)_{ij} \tag{28.11}$$

Der Index „makro" gibt an, dass es sich um eine makroskopische Größe handelt. Mit (28.11) wird (28.10) zu

$$\begin{aligned} E_{\text{ext},\,i}(\boldsymbol{r},\omega) &= \sum_{j=1}^{3} \varepsilon_{ij}^{\text{makro}}(\omega)\, \langle E_j\rangle(\boldsymbol{r},\omega) \\ E_{\text{ext},\,i}(\boldsymbol{r},\omega) &= \sum_{j=1}^{3} \varepsilon_{ij}(\omega)\, E_j(\boldsymbol{r},\omega) \qquad \text{(vereinfachte Notation!)} \end{aligned} \tag{28.12}$$

Die erste Zeile gibt das Ergebnis in der bisherigen Notation an. Zur Vereinfachung der Notation lassen wir ab jetzt die Mittelungsklammer und den Index „makro" weg (zweite Zeile).

Als letzte Vereinfachung beschränken wir uns auf isotrope Medien. Wenn keine Richtung ausgezeichnet ist, muss $\boldsymbol{E}$ parallel zu $\boldsymbol{E}_{\text{ext}}$ sein, also

$$\varepsilon_{ij}(\omega) = \varepsilon(\omega)\,\delta_{ij} \qquad \text{(isotropes Medium)} \tag{28.13}$$

Isotrope Medien sind insbesondere Flüssigkeiten und Gase. Festkörper haben dagegen im Allgemeinen Polarisierbarkeiten, die für die verschiedenen Kristallachsen unterschiedlich sind. Speziell für einen kubischen Kristall gilt aber (28.13). (In einem Koordinatensystem, dessen Achsen parallel zu den Kristallachsen stehen, gilt (28.13) offensichtlich wegen der kubischen Symmetrie. Der Übergang in ein anderes Koordinatensystem erfolgt durch eine orthogonale Transformation. Nach (2.11) ändert eine solche Transformation (28.13) nicht). Mit (28.13) wird (28.12) zu

$$\boxed{\boldsymbol{E}_{\text{ext}}(\boldsymbol{r},\omega) = \varepsilon(\omega)\,\boldsymbol{E}(\boldsymbol{r},\omega) \qquad \text{(homogener, isotroper Fall)}} \tag{28.14}$$

Wir bezeichnen $\varepsilon(\omega)$ als *dielektrische Funktion*; hierin ist viel weniger Information enthalten als in der mikroskopischen Dielektrizität ε in (28.3). Die dielektrische Funktion $\varepsilon(\omega)$ ist dimensionslos. Wegen der Verwendung des Faktors $\exp(-\mathrm{i}\omega t)$ ist $\varepsilon(\omega)$ im Allgemeinen komplex. Der Grenzfall $\omega \to 0$ ergibt die *Dielektrizitätskonstante*

$$\varepsilon = \varepsilon(0) \qquad \text{(Dielektrizitätskonstante)} \tag{28.15}$$

Die dielektrische Funktion $\varepsilon(\omega)$ ist eine Materialeigenschaft. Für Wasser ist die gemessene dielektrische Funktion in Abbildung 34.3 und 34.4 skizziert.

Im Gegensatz zu (28.11) gilt im magnetischen Fall $\mu_{ij}^{\text{makro}} = \langle \mu_{ij} \rangle$, denn in $\boldsymbol{B} = \mu\, \boldsymbol{B}_{\text{ext}}$ ist die logische Stellung von $\boldsymbol{B}$ und $\boldsymbol{B}_{\text{ext}}$ zugleich die allgemein übliche. Analog zu (28.14) erhalten wir

$$\boldsymbol{B}(\boldsymbol{r}, \omega) = \mu(\omega)\; \boldsymbol{B}_{\text{ext}}(\boldsymbol{r}, \omega) \qquad \text{(homogener, isotroper Fall)} \qquad (28.16)$$

Wir fassen die Annahmen, unter denen wir die makroskopischen Responsebeziehungen (28.14) und (28.16) erhalten haben, unter der Bezeichnung „homogener, isotroper Fall“ zusammen. Hierbei wird vorausgesetzt, dass die Materie den gesamten Raum ausfüllt; denn Begrenzungen der Materie verletzen die Homogenität und Isotropie. Für die Isotropie ist auch die Näherung (28.9) notwendig.

29 Makroskopische Maxwellgleichungen

Eine räumliche Mittelung führt von den mikroskopischen zu den makroskopischen Maxwellgleichungen. Für die dabei auftretenden Größen geben wir einfache Näherungen an: Die induzierte Ladungsverteilung wird durch die Dipolmomente der einzelnen Atome (Moleküle, Elementarzellen) dargestellt. Die dielektrische Funktion $\varepsilon = 1 + 4\pi\, n_0 \alpha_{\rm e}$ wird durch die Dichte n_0 und die elektrische Polarisierbarkeit $\alpha_{\rm e}$ der Atome ausgedrückt. Abschließend wird die Energiebilanz eines Systems aus elektromagnetischen Feldern und geladenen Teilchen behandelt.

Die räumliche Mittelung (27.9) vertauscht mit partiellen Ableitungen:

$$\begin{aligned}\frac{\partial \langle A\rangle}{\partial x} &= \int d^3r'\; A(\boldsymbol{r}', t)\;\frac{\partial f(\boldsymbol{r}-\boldsymbol{r}')}{\partial x} = -\int d^3r'\; A(\boldsymbol{r}', t)\;\frac{\partial f(\boldsymbol{r}-\boldsymbol{r}')}{\partial x'} \\ &\overset{\text{p.I.}}{=} \int d^3r'\;\frac{\partial A(\boldsymbol{r}', t)}{\partial x'}\; f(\boldsymbol{r}-\boldsymbol{r}') = \left\langle \frac{\partial A}{\partial x}\right\rangle \end{aligned} \tag{29.1}$$

Damit gilt $\langle \operatorname{div} \boldsymbol{A}\rangle = \operatorname{div}\langle \boldsymbol{A}\rangle$ und $\langle \operatorname{rot} \boldsymbol{A}\rangle = \operatorname{rot}\langle \boldsymbol{A}\rangle$. Natürlich vertauscht die räumliche Mittelung auch mit einer Zeitableitung. Eine räumliche Mittelung über die Maxwellgleichungen (27.5) oder (27.6, 27.7) ergibt damit sofort Maxwellgleichungen derselben Form für die makroskopischen Größen.

Wir mitteln räumlich über die Maxwellgleichungen (27.5). Zugleich setzen wir die Aufteilungen $\varrho = \varrho_{\rm ext} + \varrho_{\rm ind}$ und $\boldsymbol{j} = \boldsymbol{j}_{\rm ext} + \boldsymbol{j}_{\rm ind}$ ein:

$$\begin{aligned} &\operatorname{div}\langle \boldsymbol{E}\rangle = 4\pi\big(\langle\varrho_{\rm ext}\rangle + \langle\varrho_{\rm ind}\rangle\big)\,, \qquad \operatorname{rot}\langle \boldsymbol{E}\rangle + \frac{1}{c}\,\frac{\partial\langle \boldsymbol{B}\rangle}{\partial t} = 0 \\ &\operatorname{div}\langle \boldsymbol{B}\rangle = 0\,, \qquad \operatorname{rot}\langle \boldsymbol{B}\rangle - \frac{1}{c}\,\frac{\partial\langle \boldsymbol{E}\rangle}{\partial t} = \frac{4\pi}{c}\,\big(\langle \boldsymbol{j}_{\rm ext}\rangle + \langle \boldsymbol{j}_{\rm ind}\rangle\big)\end{aligned} \tag{29.2}$$

Polarisation

Wir leiten einen Näherungsausdruck für die gemittelte Ladungsdichte $\langle\varrho_{\rm ind}\rangle$ ab. Dazu denken wir uns die Materie in mikroskopische Einheiten aufgeteilt. In einem Gas oder einer Flüssigkeit wählen wir als Einheiten die einzelnen Atome oder Moleküle, in einem Festkörper eine Elementarzelle. Die Einheiten sollen neutral sein, das heißt ihre Gesamtladung soll verschwinden. Die Änderung der Ladungsverteilung in der ν-ten Einheit (aufgrund der zusätzlichen Felder) bezeichnen wir mit $\Delta\varrho_\nu(\boldsymbol{r}-\boldsymbol{r}_\nu, t)$. Dabei ist $\boldsymbol{r}_\nu$ der Vektor zum Zentrum der ν-ten Einheit (etwa der Schwerpunkt des Atoms); dieser Vektor könnte auch zeitabhängig sein, $\boldsymbol{r}_\nu = \boldsymbol{r}_\nu(t)$.

T. Fließbach, *Elektrodynamik*, https://doi.org/10.1007/978-3-662-64889-6_29

Die induzierte Ladung ergibt sich als Summe über alle Einheiten:

$$\varrho_{\text{ind}}(\boldsymbol{r}, t) = \sum_{\nu} \Delta\varrho_{\nu}(\boldsymbol{r} - \boldsymbol{r}_{\nu}, t) \tag{29.3}$$

Der Index ν von $\Delta\varrho_{\nu}$ lässt zu, dass es verschiedene Einheiten (Atome) gibt. Wenn alle Einheiten identisch sind, dann entfällt dieser Index.

Der Vektor $\boldsymbol{r}' = \boldsymbol{r} - \boldsymbol{r}_{\nu}$ im Argument von $\varrho(\boldsymbol{r}', t)$ zeigt vom Zentrum der Einheit zu der betrachteten Stelle. Wegen der endlichen Größe der mikroskopischen Einheiten gilt:

$$\Delta\varrho_{\nu}(\boldsymbol{r}', t) = \begin{cases} 0 & |\boldsymbol{r}'| \gg a \\ \text{beliebig} & |\boldsymbol{r}'| \lesssim a \end{cases} \tag{29.4}$$

Dabei bezeichnet a die Längenausdehnung der mikroskopischen Einheiten (Atom, Elementarzelle).

Ein zusätzliches Feld kann die Form der Ladungsverteilung, aber nicht die Gesamtladung einer mikroskopischen Einheit ändern. Daher gilt

$$\int d^3r \; \Delta\varrho_{\nu}(\boldsymbol{r}, t) = 0 \tag{29.5}$$

Unter Berücksichtigung der Eigenschaften (29.4) und (29.5) führen wir nun die räumliche Mittelung über die induzierte Ladungsverteilung (29.3) durch:

$$\begin{aligned} \langle\varrho_{\text{ind}}\rangle(\boldsymbol{r}, t) &= \Big\langle \sum_{\nu} \Delta\varrho_{\nu} \Big\rangle = \sum_{\nu} \int d^3\tilde{r} \; \Delta\varrho_{\nu}(\tilde{\boldsymbol{r}} - \boldsymbol{r}_{\nu}, t) \; f(\boldsymbol{r} - \tilde{\boldsymbol{r}}) \\ &= \sum_{\nu} \int d^3r' \; \Delta\varrho_{\nu}(\boldsymbol{r}', t) \; f(\boldsymbol{r} - \boldsymbol{r}_{\nu} - \boldsymbol{r}') \qquad (29.6) \\ = \sum_{\nu} f(\boldsymbol{r} - \boldsymbol{r}_{\nu}) &\underbrace{\int d^3r' \; \Delta\varrho_{\nu}(\boldsymbol{r}', t)}_{=0} - \sum_{\nu} \nabla f(\boldsymbol{r} - \boldsymbol{r}_{\nu}) \cdot \underbrace{\int d^3r' \; \boldsymbol{r}' \; \Delta\varrho_{\nu}(\boldsymbol{r}', t)}_{=\boldsymbol{p}_{\nu}(t)} + \ldots \end{aligned}$$

Die Funktion $f(\boldsymbol{r} - \boldsymbol{r}_{\nu} - \boldsymbol{r}')$ wurde nach Potenzen von $\boldsymbol{r}'$ entwickelt. Wegen $\partial^n f/\partial x^n \sim f/b^n$ und $r' \lesssim a$ ist dies eine Entwicklung nach Potenzen von $a/b \ll 1$; dabei ist b die Reichweite der Mittelungsfunktion.

Der erste nichtverschwindende Beitrag der Entwicklung (29.6) kann durch die Dipolmomente $\boldsymbol{p}_{\nu}(t)$ der mikroskopischen Einheiten (Atome, Elementarzellen) ausgedrückt werden. Unter Vernachlässigung der nächsten Terme (höhere Multipolmomente) erhalten wir

$$\begin{aligned} \langle\varrho_{\text{ind}}\rangle(\boldsymbol{r}, t) &= -\sum_{\nu} \boldsymbol{p}_{\nu}(t) \cdot \nabla f(\boldsymbol{r} - \boldsymbol{r}_{\nu}) = -\nabla \cdot \Big(\sum_{\nu} \boldsymbol{p}_{\nu}(t) \, f(\boldsymbol{r} - \boldsymbol{r}_{\nu}) \Big) = \\ -\nabla \cdot \int d^3r' \sum_{\nu} \boldsymbol{p}_{\nu} \, \delta(\boldsymbol{r}' - \boldsymbol{r}_{\nu}) \, f(\boldsymbol{r} - \boldsymbol{r}') &= -\nabla \cdot \Big\langle \sum_{\nu} \boldsymbol{p}_{\nu} \, \delta\big(\boldsymbol{r}' - \boldsymbol{r}_{\nu}\big) \Big\rangle(\boldsymbol{r}, t) \end{aligned} \tag{29.7}$$

Die zu mittelnde Größe hängt von $\boldsymbol{r}'$ ab, die gemittelte Größe (das Ergebnis der Mittelung) hängt von $\boldsymbol{r}$ ab. Das Ergebnis kann außerdem von der Zeit abhängen, und zwar über $\boldsymbol{p}_\nu = \boldsymbol{p}_\nu(t)$ und über $\boldsymbol{r}_\nu = \boldsymbol{r}_\nu(t)$. Durch

$$\boldsymbol{P}(\boldsymbol{r},t) = \Big\langle \sum_\nu \boldsymbol{p}_\nu \, \delta\big(\boldsymbol{r}' - \boldsymbol{r}_\nu\big)\Big\rangle(\boldsymbol{r},t) = \frac{\text{elektrisches Dipolmoment}}{\text{Volumen}} \tag{29.8}$$

führen wir die *Polarisation* $\boldsymbol{P}$ ein. Unter Umständen muss man die Entwicklung (29.6) zu höheren Multipolmomenten fortsetzen. So verschwindet zum Beispiel das Dipolfeld der Elementarzelle eines Siliziumkristalls aus Symmetriegründen.

Aus (29.7) und (29.8) folgt

$$\operatorname{div} \boldsymbol{P} = -\langle \varrho_{\text{ind}} \rangle \tag{29.9}$$

Magnetisierung

Die analoge Behandlung von $\langle \boldsymbol{j}_{\text{ind}} \rangle = \langle \sum \boldsymbol{j}_\nu \rangle$ führt zu

$$\operatorname{rot} \boldsymbol{M} = \frac{1}{c}\,\langle \boldsymbol{j}_{\text{ind}} \rangle - \frac{1}{c}\,\frac{\partial \boldsymbol{P}}{\partial t} \tag{29.10}$$

mit der *Magnetisierung*

$$\boldsymbol{M}(\boldsymbol{r},t) = \Big\langle \sum_\nu \boldsymbol{\mu}_\nu \, \delta(\boldsymbol{r}' - \boldsymbol{r}_\nu)\Big\rangle(\boldsymbol{r},t) = \frac{\text{magnetisches Dipolmoment}}{\text{Volumen}} \tag{29.11}$$

Der führende Beitrag zu $\langle \boldsymbol{j}_{\text{ind}} \rangle$ kommt also von den magnetischen Momenten $\boldsymbol{\mu}_\nu = \int d^3r\, \boldsymbol{r} \times \boldsymbol{j}_\nu / 2c$ der mikroskopischen Einheiten.

Maxwellgleichungen mit den Feldern *D* und *H*

In (29.2) lassen wir jetzt die Mittelungsklammern bei den Feldern weg, also

$$\langle \boldsymbol{E} \rangle \to \boldsymbol{E}\,, \quad \langle \boldsymbol{B} \rangle \to \boldsymbol{B} \quad \text{(vereinfachte Notation!)} \tag{29.12}$$

Die zusätzlichen Quellen sind von vornherein makroskopisch, also $\langle \varrho_{\text{ext}} \rangle = \varrho_{\text{ext}}$ und $\langle \boldsymbol{j}_{\text{ext}} \rangle = \boldsymbol{j}_{\text{ext}}$. Durch

$$\boldsymbol{E} = \boldsymbol{D} - 4\pi \boldsymbol{P}\,, \qquad \boldsymbol{B} = \boldsymbol{H} + 4\pi \boldsymbol{M} \tag{29.13}$$

definieren wir die *dielektrische Verschiebung* $\boldsymbol{D}$ und die *magnetische Feldstärke* $\boldsymbol{H}$. Die Bezeichnungen sind historisch bedingt und teilweise irreführend. Daher sei noch einmal betont, dass $\boldsymbol{E}$ und $\boldsymbol{B}$ die grundlegenden Felder sind (wegen 27.4).

Wir setzen nun $\langle \varrho_{\text{ind}} \rangle = -\operatorname{div} \boldsymbol{P}$ und $\langle \boldsymbol{j}_{\text{ind}} \rangle = c \operatorname{rot} \boldsymbol{M} + \dot{\boldsymbol{P}}$ in (29.2) ein. Mit der Notation (29.12) und den Bezeichnungen (29.13) erhalten wir daraus die *makroskopischen Maxwellgleichungen*

$$\boxed{\begin{aligned} &\operatorname{div} \boldsymbol{D} = 4\pi \varrho_{\text{ext}}\,, \qquad && \operatorname{rot} \boldsymbol{E} + \frac{1}{c}\frac{\partial \boldsymbol{B}}{\partial t} = 0 \\ &\operatorname{div} \boldsymbol{B} = 0\,, && \operatorname{rot} \boldsymbol{H} - \frac{1}{c}\frac{\partial \boldsymbol{D}}{\partial t} = \frac{4\pi}{c}\,\boldsymbol{j}_{\text{ext}} \end{aligned}} \tag{29.14}$$

Suszeptibilität

In Kapitel 25 hatten wir ein Oszillatormodell für die Polarisation eines Atoms eingeführt. Dies führte zum induzierten Dipolmoment $\boldsymbol{p}(t) = \alpha_{\mathrm{e}}(\omega)\, \boldsymbol{E}(t)$ mit der Polarisierbarkeit $\alpha_{\mathrm{e}}(\omega)$, (25.12). Wir nehmen an, dass ein solcher Zusammenhang für die Dipolmomente in (29.8) gilt:

$$\boldsymbol{P}(\boldsymbol{r}, t) = \alpha_{\mathrm{e}}(\omega)\, \boldsymbol{E}(\boldsymbol{r}, t) \Big\langle \sum_{\nu} \delta(\boldsymbol{r}' - \boldsymbol{r}_{\nu}) \Big\rangle (\boldsymbol{r}) = n_0(\boldsymbol{r})\, \alpha_{\mathrm{e}}(\omega)\, \boldsymbol{E}(\boldsymbol{r}, t) \qquad (29.15)$$

Die Dichte $n_0(\boldsymbol{r})$ der Atome sei zeitunabhängig (die eventuellen Zeitabhängigkeiten der $\boldsymbol{r}_{\nu}(t)$ können durch die Mittelung verschwinden). Die Zeitabhängigkeit in $\boldsymbol{p}(t) = \alpha_{\mathrm{e}}(\omega)\, \boldsymbol{E}(t)$, (25.11), besteht in dem Faktor $\exp(-\mathrm{i}\omega t)$. Daher gilt $\boldsymbol{E}(\boldsymbol{r}, t) = \boldsymbol{E}(\boldsymbol{r}, \omega) \exp(-\mathrm{i}\omega t)$ und $\boldsymbol{P}(\boldsymbol{r}, t) = \boldsymbol{P}(\boldsymbol{r}, \omega) \exp(-\mathrm{i}\omega t)$. Ohne den Faktor $\exp(-\mathrm{i}\omega t)$ wird (29.15) zu

$$\boldsymbol{P}(\boldsymbol{r}, \omega) = \chi_{\mathrm{e}}(\boldsymbol{r}, \omega)\, \boldsymbol{E}(\boldsymbol{r}, \omega) \qquad (29.16)$$

mit der elektrischen *Suszeptibilität*

$$\boxed{\chi_{\mathrm{e}}(\boldsymbol{r}, \omega) = n_0(\boldsymbol{r})\, \alpha_{\mathrm{e}}(\omega)} \qquad (29.17)$$

Dieser Zusammenhang zwischen der atomaren Polarisierbarkeit α_{e} und der Suszeptibilität χ_{e} ist eine Näherung. Einige der dazu nötigen Annahmen wurden bereits in Kapitel 28 diskutiert: Gültigkeit des linearen Response, makroskopische Näherung und Isotropie ($\boldsymbol{P} \parallel \boldsymbol{E}$). Homogenität wurde für (29.17) aber nicht vorausgesetzt. Bei der jetzigen Ableitung kamen folgende Annahmen hinzu:

(i) Die induzierte Ladungsverteilung kann durch die induzierten Dipole der einzelnen Einheiten (Elementarzelle, Atom) angenähert werden.

(ii) Die Dipole der einzelnen Einheiten stellen sich unabhängig voneinander ein. Alle Einheiten sind von derselben Art.

(iii) Die gemittelte Dichte $n_0(\boldsymbol{r})$ der Atome ist zeitunabhängig.

(iii) In $\boldsymbol{p}_{\nu} = \alpha_{\mathrm{e}}\, \boldsymbol{E}$ kann das mittlere wirksame Feld $\boldsymbol{E}$ verwendet werden.[1]

Diese zusätzlichen Voraussetzungen sind im Allgemeinen für ein verdünntes Gas erfüllt; im Festkörper sind sie dagegen mehr oder weniger stark verletzt.

[1] An sich wäre das am Ort des Atoms wirksame, *lokale* Feld $\boldsymbol{E}_{\mathrm{lok}} = \boldsymbol{E}_{\mathrm{ext}} + \boldsymbol{E}_{\mathrm{ind}}$ zu nehmen, also $\boldsymbol{p}_{\nu} = \alpha_{\mathrm{e}}\, \boldsymbol{E}_{\mathrm{lok}}$. Das Feld $\boldsymbol{E}_{\mathrm{lok}}$ variiert im Bereich einer Gitterzelle (im Gegensatz zum räumlich gemittelten Feld $\boldsymbol{E} = \boldsymbol{E}_{\mathrm{ext}} + \langle \boldsymbol{E}_{\mathrm{ind}} \rangle$).

Homogener, isotroper Fall

Wir stellen einen Zusammenhang zwischen den Feldern $\boldsymbol{E}_{\text{ext}}$, $\boldsymbol{E}_{\text{ind}}$, $\boldsymbol{B}_{\text{ext}}$, $\boldsymbol{B}_{\text{ind}}$ und $\boldsymbol{D}$, $\boldsymbol{P}$, $\boldsymbol{H}$, $\boldsymbol{M}$ her. Dazu vergleichen wir (29.9, 29.10) und die inhomogenen Gleichungen in (29.14) mit den inhomogenen, räumlich gemittelten Gleichungen in (27.6) und (27.7); die Mittelungsklammern lassen wir weg. Dieser Vergleich ergibt

$$\begin{aligned} \operatorname{div}\boldsymbol{D} &= \operatorname{div}\boldsymbol{E}_{\text{ext}}, & \operatorname{rot}\boldsymbol{H} - \dot{\boldsymbol{D}}/c &= \operatorname{rot}\boldsymbol{B}_{\text{ext}} - \dot{\boldsymbol{E}}_{\text{ext}}/c \\ -4\pi\operatorname{div}\boldsymbol{P} &= \operatorname{div}\boldsymbol{E}_{\text{ind}}, & 4\pi\operatorname{rot}\boldsymbol{M} + 4\pi\dot{\boldsymbol{P}}/c &= \operatorname{rot}\boldsymbol{B}_{\text{ind}} - \dot{\boldsymbol{E}}_{\text{ind}}/c \end{aligned} \tag{29.18}$$

Im isotropen und homogenen Fall gilt (29.16) mit $\chi = \chi(\omega)$, also

$$\boldsymbol{P}(\boldsymbol{r},\omega) = \chi_{\text{e}}(\omega)\,\boldsymbol{E}(\boldsymbol{r},\omega) \tag{29.19}$$

Damit haben $\boldsymbol{P}$ und $\boldsymbol{E}$ dieselbe Ortsabhängigkeit und Richtung. Dann können sich $\boldsymbol{D} = \boldsymbol{E} + 4\pi\boldsymbol{P}$ und $\boldsymbol{E}_{\text{ext}} = \varepsilon(\omega)\,\boldsymbol{E}$ nur um einen skalaren, ortsunabhängigen Faktor unterscheiden. Aus $\operatorname{div}\boldsymbol{D} = \operatorname{div}\boldsymbol{E}_{\text{ext}}$ folgt dann, dass dieser Faktor gleich 1 ist (vorausgesetzt die Divergenz verschwindet nicht). Diese Diskussion gilt analog für die anderen Felder. Damit erhalten wir

$$\begin{aligned} \boldsymbol{D} &= \boldsymbol{E}_{\text{ext}}, & \boldsymbol{H} &= \boldsymbol{B}_{\text{ext}} \\ -4\pi\boldsymbol{P} &= \boldsymbol{E}_{\text{ind}}, & 4\pi\boldsymbol{M} &= \boldsymbol{B}_{\text{ind}} \end{aligned} \qquad \text{(homogener, isotroper Fall)} \tag{29.20}$$

Diese Beziehungen gelten nicht für ein begrenztes Materiestück, denn Begrenzungen verletzen die Homogenität und im Allgemeinen auch die Isotropie. Beispiele hierfür sind das Feld $\boldsymbol{E}_{\text{ind}}$ einer homogen polarisierten Kugel (Aufgabe 30.3) oder das in Abbildung 30.3 dargestellte Problem.

Wir vergleichen noch die Aufteilungen (27.3) und (29.13) der Felder $\boldsymbol{E}$ und $\boldsymbol{B}$ miteinander:

$$\begin{aligned} \boldsymbol{E} &= \boldsymbol{E}_{\text{ext}} + \boldsymbol{E}_{\text{ind}} = \boldsymbol{D} - 4\pi\boldsymbol{P} \\ \boldsymbol{B} &= \boldsymbol{B}_{\text{ext}} + \boldsymbol{B}_{\text{ind}} = \boldsymbol{H} + 4\pi\boldsymbol{M} \end{aligned} \tag{29.21}$$

Für den homogenen, isotropen Fall sind diese Aufteilungen jeweils gleich.

Mit $\boldsymbol{D} = \boldsymbol{E}_{\text{ext}}$ und $\boldsymbol{H} = \boldsymbol{B}_{\text{ext}}$ erhalten die Responsebeziehungen (28.14) und (28.16) die Form

$$\boldsymbol{D}(\boldsymbol{r},\omega) = \varepsilon(\omega)\,\boldsymbol{E}(\boldsymbol{r},\omega) \tag{29.22}$$

$$\boldsymbol{B}(\boldsymbol{r},\omega) = \mu(\omega)\,\boldsymbol{H}(\boldsymbol{r},\omega) \tag{29.23}$$

Wie bereits diskutiert, passt die Stellung der Felder in diesen beiden Beziehungen nicht zusammen. Vielmehr entsprechen sich die grundlegenden Felder $\boldsymbol{E}$ und $\boldsymbol{B}$, und die Felder $\boldsymbol{D} = \boldsymbol{E}_{\text{ext}}$ und $\boldsymbol{H} = \boldsymbol{B}_{\text{ext}}$.

Makroskopische Maxwellgleichungen mit $\boldsymbol{\varepsilon}$ und $\boldsymbol{\mu}$

Im Folgenden verwenden wir die Bezeichnung ε und μ wie in (29.22, 29.23), auch wenn der homogene, isotrope Fall nicht vorliegt. Diese Verwendung deckt sich mit der in Lehrbüchern üblichen Behandlung der makroskopischen Elektrodynamik. Im homogenen, isotropen Fall (29.20) fällt dies mit dem Gebrauch in Kapitel 28 zusammen.

Aus $\boldsymbol{D} = \varepsilon \boldsymbol{E}$, $\boldsymbol{D} = \boldsymbol{E} + 4\pi \boldsymbol{P}$, und $\boldsymbol{P} = \chi_e \boldsymbol{E}$ folgt

$$\varepsilon = 1 + 4\pi\, \chi_e \tag{29.24}$$

Speziell mit der Suszeptibilität (29.17) erhalten wir

$$\varepsilon(\boldsymbol{r}, \omega) = 1 + 4\pi\, n_0(\boldsymbol{r})\, \alpha_e(\omega) \tag{29.25}$$

Die Ortsabhängigkeit von $n_0(\boldsymbol{r})$ berücksichtigt Inhomogenitäten oder räumliche Begrenzungen der Materie. Wir können auch eine Ortsabhängigkeit von $\alpha_e(\boldsymbol{r}, \omega)$ zulassen, um unterschiedliche Polarisierbarkeiten verschiedener Materialien zu beschreiben. Im Folgenden werden wir die Form

$$\boldsymbol{D}(\boldsymbol{r}, \omega) = \varepsilon(\boldsymbol{r}, \omega)\, \boldsymbol{E}(\boldsymbol{r}, \omega) \tag{29.26}$$

$$\boldsymbol{B}(\boldsymbol{r}, \omega) = \mu(\boldsymbol{r}, \omega)\, \boldsymbol{H}(\boldsymbol{r}, \omega) \tag{29.27}$$

der Responsebeziehungen voraussetzen. Die zeitabhängigen Felder ergeben sich dann aus

$$\boldsymbol{D}(\boldsymbol{r}, t) = \frac{1}{2\pi} \int_0^\infty d\omega\; \varepsilon(\boldsymbol{r}, \omega)\, \boldsymbol{E}(\boldsymbol{r}, \omega) \exp(-\mathrm{i}\omega t) \tag{29.28}$$

und $\boldsymbol{E}(\boldsymbol{r}, t) = \int_0^\infty d\omega\; \boldsymbol{E}(\boldsymbol{r}, \omega) \exp(-\mathrm{i}\omega t)/2\pi$.

Für (29.28) schreiben wir kurz $\boldsymbol{D} = \varepsilon\, \boldsymbol{E}$. Damit und mit $\boldsymbol{H} = \boldsymbol{B}/\mu$ wird (29.14) zu

$$\boxed{\begin{array}{ll} \operatorname{div}(\varepsilon\, \boldsymbol{E}) = 4\pi\, \varrho_{\text{ext}}\,, & \operatorname{rot} \boldsymbol{E} + \dfrac{1}{c} \dfrac{\partial \boldsymbol{B}}{\partial t} = 0 \\[2ex] \operatorname{div} \boldsymbol{B} = 0\,, & \operatorname{rot} \dfrac{\boldsymbol{B}}{\mu} - \dfrac{1}{c} \dfrac{\partial(\varepsilon\, \boldsymbol{E})}{\partial t} = \dfrac{4\pi}{c}\, \boldsymbol{j}_{\text{ext}} \end{array}} \tag{29.29}$$

Für gegebene Quellen ϱ_{ext}, $\boldsymbol{j}_{\text{ext}}$ und Materialgrößen ε, μ ist dies ein geschlossenes System von Gleichungen für die Felder $\boldsymbol{E}$ und $\boldsymbol{B}$. In allen konkreten Anwendungen werden wir die Maxwellgleichungen in dieser Form verwenden.

Für die makroskopischen Maxwellgleichungen haben wir nunmehr zwei Formen angegeben, (29.14) und (29.29). Dabei sind wir von den makroskopischen, aber noch exakten Gleichungen (29.2) ausgegangen. Für den Schritt zu (29.14) wurden lediglich (29.9) und (29.10) benötigt. Dies ist keine starke Einschränkung; insbesondere schließen (29.9) und (29.10) die Berücksichtigung höherer Multipole nicht aus. Dagegen verwenden wir in (29.29) die Responsebeziehungen (29.26) und (29.27), in deren Ableitung eine Reihe von Annahmen einging.

Energiebilanz

Wir gehen von der Lorentzkraft auf ein zusätzliches Teilchen mit der Ladung q aus; diese Ladung ist als Bestandteil der Ladungsdichte $\varrho_{\rm ext}$ anzusehen. Eine räumliche Mittelung über die in Materie effektiv wirksame Kraft (27.4) ergibt $\langle \boldsymbol{F}\rangle = q\,(\langle \boldsymbol{E}\rangle + \boldsymbol{v}\times\langle \boldsymbol{B}\rangle/c)$. Wie in den makroskopischen Maxwellgleichungen lassen wir die Mittelungsklammern weg:

$$\boldsymbol{F} = q\left(\boldsymbol{E}(\boldsymbol{r},t) + \frac{\boldsymbol{v}}{c}\times \boldsymbol{B}(\boldsymbol{r},t)\right) \tag{29.30}$$

Da die Lorentzkraft die übliche Form hat, können die Überlegungen des Abschnitts „Energiebilanz" aus Kapitel 16 leicht übertragen werden. Analog zu (16.18) wird $\boldsymbol{j}_{\rm ext}\cdot\boldsymbol{E}$ mit Hilfe der Maxwellgleichungen (29.14) durch die Felder ausgedrückt:

$$\begin{aligned}\boldsymbol{j}_{\rm ext}\cdot\boldsymbol{E} &= \frac{c}{4\pi}\,\boldsymbol{E}\cdot\operatorname{rot}\boldsymbol{H} - \frac{1}{4\pi}\,\boldsymbol{E}\cdot\frac{\partial\boldsymbol{D}}{\partial t}\\ &= -\frac{c}{4\pi}\operatorname{div}(\boldsymbol{E}\times\boldsymbol{H}) + \frac{c}{4\pi}\,\boldsymbol{H}\cdot\operatorname{rot}\boldsymbol{E} - \frac{1}{4\pi}\,\boldsymbol{E}\cdot\frac{\partial\boldsymbol{D}}{\partial t}\\ &= -\operatorname{div}\boldsymbol{S} - \frac{\partial w_{\rm em}}{\partial t}\end{aligned} \tag{29.31}$$

Im letzten Schritt haben wir den Poyntingvektor

$$\boldsymbol{S}(\boldsymbol{r},t) = \frac{c}{4\pi}\,\boldsymbol{E}\times\boldsymbol{H} \qquad \text{(Energiestromdichte)} \tag{29.32}$$

und $\partial w_{\rm em}/\partial t = (\boldsymbol{E}\cdot\dot{\boldsymbol{D}} + \boldsymbol{H}\cdot\dot{\boldsymbol{B}})/4\pi$ eingeführt. Für $\boldsymbol{D} = \varepsilon\,\boldsymbol{E}$ und $\boldsymbol{H} = \boldsymbol{B}/\mu$ mit zeitunabhängigen Größen ε und μ erhalten wir

$$w_{\rm em} = \frac{1}{8\pi}\left(\boldsymbol{E}\cdot\boldsymbol{D} + \boldsymbol{H}\cdot\boldsymbol{B}\right) \qquad \text{(Energiedichte)} \tag{29.33}$$

Das Ergebnis von (29.31)

$$\frac{\partial w_{\rm em}}{\partial t} + \operatorname{div}\boldsymbol{S} = -\,\boldsymbol{j}_{\rm ext}\cdot\boldsymbol{E} \qquad \text{(Poynting-Theorem)} \tag{29.34}$$

ist das Poynting-Theorem in Materie.

Analog zur (16.16) und (16.17) erhalten wir $dE_{\rm mat}/dt = \int d^3r\;\boldsymbol{j}_{\rm ext}\cdot\boldsymbol{E}$ für die Änderung der kinetischen Energie der materiellen Ladungsträger. Wir integrieren dies über ein zusammenhängendes Volumen V mit der Oberfläche $a(V)$:

$$\frac{dE_{\rm em}}{dt} + \frac{dE_{\rm mat}}{dt} = -\oint_{a(V)} d\boldsymbol{a}\cdot\boldsymbol{S}(\boldsymbol{r},t) \tag{29.35}$$

Voraussetzung hierfür ist (wie in Kapitel 16 diskutiert), dass nur ein elektromagnetischer (und keine materieller) Energiestrom durch die Oberfläche $a(V)$ geht.

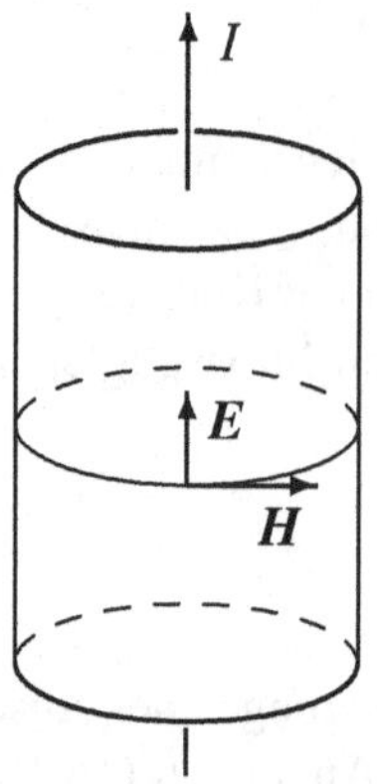

Abbildung 29.1 Ein Draht wird homogen von einem konstanten Strom I durchflossen. An der Oberfläche des Drahtes ist die Energiestromdichte $\boldsymbol{S} = c\boldsymbol{E} \times \boldsymbol{H}/4\pi$ überall nach innen gerichtet. Die einströmende Feldenergie wird als kinetische Energie auf die bewegten Ladungen übertragen. Die Ladungen geben diese Energie durch Stöße an das Metall ab.

Wir betrachten nun ein abgeschlossenes Systems und wählen das Volumen V so, dass das System innerhalb von V liegt. Dann verschwindet das Integral über die Oberfläche $a(V)$ des Volumens, und (29.35) wird zu

$$E = E_{\text{mat}} + E_{\text{em}} = \text{const.} \qquad \text{(abgeschlossenes System)} \tag{29.36}$$

Als Volumen V kommt insbesondere auch der gesamte Raum in Frage. Für das Verschwinden des Oberflächenintegrals genügt es dann, dass die Felder im Unendlichen mindestens wie $1/r^2$ abfallen.

Die Größe (29.36) hat die Dimension einer Energie. Die Energiegröße, die für ein abgeschlossenes System konstant ist, ist die Gesamtenergie des Systems. Das System besteht aus Feldern und Teilchen; ferner ist bekannt, dass E_{mat} die Energie der Teilchen ist. Hieraus folgt, dass E_{em} die Energie und w_{em} die *Energiedichte* des elektromagnetischen Felds ist. Die zugehörige *Energiestromdichte* ist dann $\boldsymbol{S}$.

Als Anwendung von (29.35) betrachten wir in Abbildung 29.1 einen Draht, der von der konstanten Stromdichte j_{ext} durchflossen wird. In diesem Fall zeigt $\boldsymbol{S}$ überall an der Oberfläche des Drahtes nach innen; es strömt also Feldenergie in den Draht hinein. Da die Felder konstant sind, gilt $\partial w_{\text{em}}/\partial t = 0$. Nach (29.35) erhöht die in den Draht strömende Feldenergie die Energie E_{mat} der Elektronen, die den Strom tragen. Die Elektronen selbst geben die Energie durch Stöße an das Gitter (oder an Phononen) weiter; dieser zweite Schritt ist in der Bilanzgleichung (29.35) nicht berücksichtigt. Die in den Draht strömende Energie wird so schließlich in Wärme umgewandelt.

Im stationären Fall muss die in den Draht hineinfließende Feldenergie in gleichem Umfang an anderer Stelle dem Feld zugeführt werden. Dies geschieht an den Stellen des Generators oder der Batterie.

30 Erste Anwendungen

Wir diskutieren einige Anwendungen der makroskopischen Maxwellgleichungen. Um den Fall verschiedener Materialien (zum Beispiel Luft und Glas) behandeln zu können, leiten wir die Stetigkeitsbedingungen für die Felder an der Grenzfläche zwischen zwei Medien ab. Danach lösen wir zwei einfache Probleme der makroskopischen Elektrostatik.

Stetigkeitsbedingungen

Aus den makroskopischen Maxwellgleichungen (29.14) leiten wir Stetigkeitsbedingungen für die Felder an der Grenzfläche zwischen zwei Medien ab, Abbildung 30.1. Auf der Grenzfläche lassen wir eine Flächenladung σ_{ext} und einen Oberflächenstrom $\boldsymbol{J}_{\text{ext}}$ zu. Der Oberflächenstrom ist gleich $\boldsymbol{J}_{\text{ext}} = \sigma_{\text{ext}}\,\boldsymbol{v}$, wenn alle Ladungsträger in σ_{ext} dieselbe (zur Oberfläche parallele) Geschwindigkeit $\boldsymbol{v}$ haben.

Aus zwei kleinen Flächenelementen a, die parallel zur Grenzfläche liegen, bilden wir ein Volumenelement ΔV (Abbildung 30.1). Der Abstand zwischen den beiden Flächenelementen wird dabei (beliebig) klein gewählt. Wir wenden den Gaußschen Satz auf $\operatorname{div}\boldsymbol{D} = 4\pi\,\varrho_{\text{ext}}$ und ΔV an:

$$\oint_{A(\Delta V)} d\boldsymbol{A}\cdot\boldsymbol{D} = a\,\boldsymbol{n}\cdot(\boldsymbol{D}_2-\boldsymbol{D}_1) = 4\pi\int_{\Delta V} d^3r\;\varrho_{\text{ext}} = 4\pi\,q_{\text{ext}} \qquad (30.1)$$

Hierbei ist $\boldsymbol{n}$ der in Abbildung 30.1 gezeigte Normalenvektor, und q_{ext} ist die in ΔV enthaltene zusätzliche Ladung. Mit der Oberflächenladung $\sigma_{\text{ext}} = q_{\text{ext}}/a$ erhalten wir hieraus

$$(\boldsymbol{D}_2-\boldsymbol{D}_1)\cdot\boldsymbol{n} = 4\pi\,\sigma_{\text{ext}} \qquad (30.2)$$

Eine analoge Anwendung des Gaußschen Satzes auf $\operatorname{div}\boldsymbol{B} = 0$ ergibt

$$(\boldsymbol{B}_2-\boldsymbol{B}_1)\cdot\boldsymbol{n} = 0 \qquad (30.3)$$

Aus zwei kleinen Linienelementen der Länge ℓ, die parallel zur Grenzfläche liegen, bilden wir die Rechteckfläche ΔA (Abbildung 30.1). Der Abstand zwischen den beiden Linienelementen wird dabei (beliebig) klein gewählt. Für diese Fläche wenden den Stokesschen Satz auf $\operatorname{rot}\boldsymbol{H} = (4\pi/c)\,\boldsymbol{j}_{\text{ext}} + \dot{\boldsymbol{D}}/c$ an:

$$\oint_C d\boldsymbol{s}\cdot\boldsymbol{H} = \ell\,\boldsymbol{t}\cdot(\boldsymbol{H}_2-\boldsymbol{H}_1) = \frac{1}{c}\int_{\Delta A} d\boldsymbol{A}\cdot\left(4\pi\,\boldsymbol{j}_{\text{ext}} + \frac{\partial\boldsymbol{D}}{\partial t}\right) = \frac{4\pi}{c}\,i_{\text{ext}} \qquad (30.4)$$

T. Fließbach, *Elektrodynamik*, https://doi.org/10.1007/978-3-662-64889-6_30

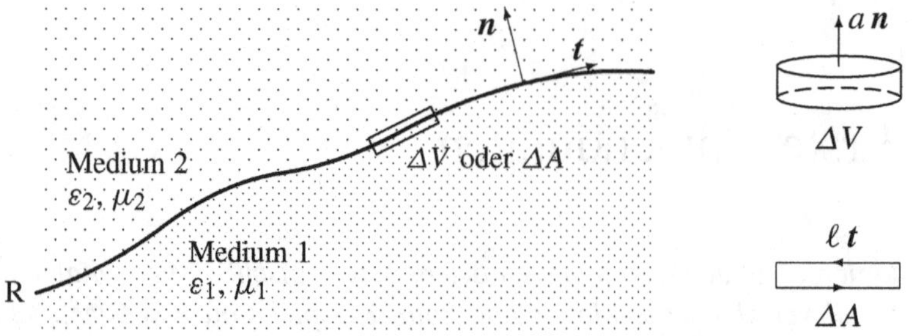

Abbildung 30.1 An der Grenzfläche R zwischen zwei homogenen Medien gibt es bestimmte Stetigkeitsbedingungen für die Felder. Zu ihrer Ableitung werden ein Volumenelement ΔV und ein Flächenelement ΔA benutzt, deren Form rechts skizziert ist.

Die Größe $\partial \boldsymbol{D}/\partial t$ sei an der Grenzfläche endlich; dann geht dieser Beitrag mit der kleinen Seitenlänge von ΔA gegen null. Auf der rechten Seite ist i_{ext} der Strom durch ΔA. Nach Division durch ℓ steht auf der rechten Seite der Oberflächenstrom $J_{\text{ext}} = i_{\text{ext}}/\ell$ (Strom/Länge = (Ladung/Fläche) × Geschwindigkeit). Es gibt zwei unabhängige Tangentenvektoren $\boldsymbol{t}$ und damit zwei Bedingungen der Form (30.4), die zu

$$\boldsymbol{n} \times (\boldsymbol{H}_2 - \boldsymbol{H}_1) = \frac{4\pi}{c}\, \boldsymbol{J}_{\text{ext}} \tag{30.5}$$

zusammengefasst werden können. Analog dazu führt die Anwendung des Stokesschen Satzes auf $\operatorname{rot} \boldsymbol{E} = -\dot{\boldsymbol{B}}/c$ zu

$$\boldsymbol{n} \times (\boldsymbol{E}_2 - \boldsymbol{E}_1) = 0 \tag{30.6}$$

Wir fassen die Bedingungen für den Fall zusammen, dass es keine zusätzlichen Ladungen auf der Grenzfläche gibt:

1. Die Tangentialkomponenten von $\boldsymbol{E}$ sind stetig.
2. Die Normalkomponente von $\boldsymbol{D}$ ist stetig ($\sigma_{\text{ext}} = 0$).
3. Die Normalkomponente von $\boldsymbol{B}$ ist stetig.
4. Die Tangentialkomponenten von $\boldsymbol{H}$ sind stetig ($\boldsymbol{J}_{\text{ext}} = 0$).

Elektrostatik

Aus (29.29) erhalten wir im elektrostatischen Fall

$$\operatorname{div}\big(\varepsilon(\boldsymbol{r})\, \boldsymbol{E}(\boldsymbol{r})\big) = 4\pi\, \varrho_{\text{ext}} \tag{30.7}$$

$$\operatorname{rot} \boldsymbol{E}(\boldsymbol{r}) = 0 \tag{30.8}$$

Dies sind die Grundgleichungen der Elektrostatik in Materie. Die erste Gleichung schreiben wir auch in der Form $\operatorname{div} \boldsymbol{D} = 4\pi\, \varrho_{\text{ext}}$.

Im Folgenden betrachten wir speziell einen Vakuumbereich ($\varepsilon = 1$) und einen von Materie mit $\varepsilon > 1$ ausgefüllten Bereich. Die Materie bezeichnen wir in diesem Zusammenhang als *Dielektrikum*; Tabelle 31.1 listet die Dielektrizitätskonstanten ε einiger Stoffe auf. An der Grenzfläche zwischen Vakuum und Dielektrikum gelten die Stetigkeitsbedingungen (30.2) und (30.6).

Dielektrikum im Kondensator

In einen Plattenkondensator (Plattenfläche A_C, Abstand d) befinde sich ein quaderförmiges Dielektrikum, Abbildung 30.2. Diese Anordnung sei senkrecht zur z-Richtung so ausgedehnt, dass wir Randeffekte vernachlässigen können. Wegen der Symmetrie des Problems gilt dann $\boldsymbol{E} = E(z)\,\boldsymbol{e}_z$ und $\boldsymbol{D} = D(z)\,\boldsymbol{e}_z$.

Wir betrachten die (dünnen) Kondensatorplatten als Flächen, auf die wir (30.2) anwenden können. Mit $\boldsymbol{D}_1 = 0$ (außerhalb des Kondensators) und $\boldsymbol{D}_2 = \boldsymbol{D}$ (innerhalb), und aus $\sigma_{\text{ext}} = Q_{\text{ext}}/A_C$ (untere Platte) folgt dann

$$\boldsymbol{D} = 4\pi\,\frac{Q_{\text{ext}}}{A_C}\,\boldsymbol{e}_z \qquad \text{(mit oder ohne Medium)} \tag{30.9}$$

Nach (30.7) gilt $\operatorname{div}\boldsymbol{D} = 0$ innerhalb des Kondensators. Für $\boldsymbol{D} = D(z)\,\boldsymbol{e}_z$ bedeutet dies $dD(z)/dz = 0$, also $D(z) = \text{const.}$ Damit gilt das in (30.9) zunächst an der Grenzfläche bestimmte Feld überall zwischen den Platten (im Vakuum). Das Feld $\boldsymbol{D}$ ändert sich auch dann nicht, wenn parallel zu den Platten ein Dielektrikum in den Kondensator gebracht wird (Abbildung 30.2); denn an der Grenzfläche zwischen Vakuum und Dielektrikum ist $\boldsymbol{D}$ stetig (eine Oberflächenladungsdichte σ_{ext} an diesen Grenzflächen wird ausgeschlossen).

Mit $\varepsilon_{\text{vak}} = 1$ und $\varepsilon_{\text{med}} = \varepsilon$ können wir die Felder $\boldsymbol{P} = (\boldsymbol{D} - \boldsymbol{E})/4\pi$ und $\boldsymbol{E} = \boldsymbol{D}/\varepsilon$ angeben:

$$\boldsymbol{E} = \begin{cases} \boldsymbol{D} \\ \dfrac{\boldsymbol{D}}{\varepsilon} \end{cases} \quad \text{und} \quad \boldsymbol{P} = \begin{cases} 0 & \text{(Vakuum)} \\ \dfrac{\varepsilon - 1}{4\pi\varepsilon}\,\boldsymbol{D} & \text{(Medium)} \end{cases} \tag{30.10}$$

An der Grenzfläche Dielektrikum-Vakuum werten wir $\operatorname{div}\boldsymbol{P} = -\varrho_{\text{ind}}$ analog zu (30.1) und (30.2) aus. Dies ergibt $(\boldsymbol{P}_2 - \boldsymbol{P}_1)\cdot\boldsymbol{n} = -\sigma_{\text{ind}}$, also die induzierte Oberflächenladung

$$\sigma_{\text{ind}} = \pm\,\frac{\varepsilon - 1}{\varepsilon}\,\frac{Q_{\text{ext}}}{A_C} \tag{30.11}$$

Das Pluszeichen gilt für die obere Grenzfläche des Mediums in Abbildung 30.2, das Minuszeichen für die untere.

Die Polarisation $\boldsymbol{P}$ des Dielektrikums und die induzierten Oberflächenladungen σ_{ind} hängen wie folgt zusammen: Durch das zusätzliche Feld werden die positiven und negativen Ladungen jeder mikroskopischen Einheit (Atom, Elementarzelle) etwas gegeneinander verschoben. In der makroskopischen Näherung bilden die positiven und negativen Ladungen jeweils einen homogen geladenen Quader. Die Polarisation bedeutet eine kleine Verschiebung dieser beiden Quader gegeneinander.

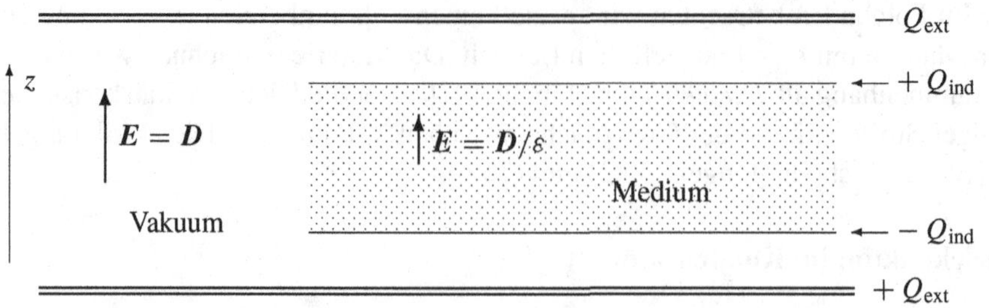

Abbildung 30.2 Die Ladungen $\pm Q_{ext}$ auf den Kondensatorplatten erzeugen das Feld $\boldsymbol{E}_{ext}$. In der gegebenen einfachen Geometrie ist $\boldsymbol{D} = \boldsymbol{E}_{ext}$. In dieses Feld wird ein Stück Materie gebracht. Die Polarisation dieses Mediums führt zu den induzierten Polarisationsladungen $\pm Q_{ind}$ an den Grenzflächen; dabei ist $Q_{ind} = Q_{ext}(\varepsilon - 1)/\varepsilon$. Die Ladungen sind Flächenladungen; die Angaben beziehen sich jeweils auf dieselbe Fläche. Die induzierten Ladungen schirmen das $\boldsymbol{E}$-Feld teilweise ab; für $\varepsilon > 1$ ist das $\boldsymbol{E}$-Feld im Medium schwächer als im Vakuum.

Dann heben sich die positiven und negativen Ladungen im Inneren auf; am Rand entstehen aber die Oberflächenladungen σ_{ind}. Die Polarisationsladungen sind also der sichtbare Ausdruck der homogenen Volumenpolarisation.

Die induzierte Ladung Q_{ind} auf dem Dielektrikum ist proportional zur Ladung Q_{ext} auf dem Kondensator (jeweils auf dieselbe Fläche bezogen):

$$Q_{ind} = \frac{\varepsilon - 1}{\varepsilon}\, Q_{ext} \stackrel{\varepsilon \to \infty}{\longrightarrow} Q_{ext} \tag{30.12}$$

Für $\varepsilon = 2$ ist $Q_{ind} = Q_{ext}/2$; das Feld der Kondensatorladungen wird gerade zur Hälfte abgeschirmt. Die Dielektrizitätskonstante eines Metalls ist unendlich, (31.30). In diesem Grenzfall ist $Q_{ind} = Q_{ext}$. Das Feld der Kondensatorladungen wird vollständig abgeschirmt, so dass im Metall $\boldsymbol{E} = 0$ gilt. Nach (30.11) gibt es einen fließenden Übergang von $\sigma_{ind} = 0$ (Vakuum, $\varepsilon = 1$) zu $\sigma_{ind} = \pm\sigma_{ext}$ für $\varepsilon \to \infty$ (Metall, vollständige Abschirmung des externen Felds).

Wir betrachten noch die Spannung U des mit $\pm Q_{ext}$ geladenen Kondensators (Plattenfläche A_C, Abstand d). Ohne Medium ist die Spannung $U_{vak} = E_{vak}\, d$. Schieben wir nun das Medium ein (es fülle den Platz zwischen den Platten vollständig aus), so sinkt die Spannung auf $U_{med} = E_{med}\, d = U_{vak}/\varepsilon$. Aus dem Verhältnis der Spannungen oder Kapazitäten kann man leicht die Dielektrizitätskonstante ε bestimmen:

$$\varepsilon = \frac{U_{vak}}{U_{med}} = \frac{C_{med}}{C_{vak}} \tag{30.13}$$

Man kann auch eine Wechselspannung $U = U_0 \cos(\omega t)$ anlegen und die maximale Ladung Q_0 mit und ohne Medium messen. Sofern die quasistatische Näherung (Kapitel 26) zulässig ist, erhält man so die Kapazität $C = Q_0/U_0$ und die dielektrische Funktion $\varepsilon(\omega) = C_{med}/C_{vak}$. Im Gültigkeitsbereich der quasistatischen Näherung wird meist $\varepsilon(\omega) \approx \varepsilon(0)$ gelten.

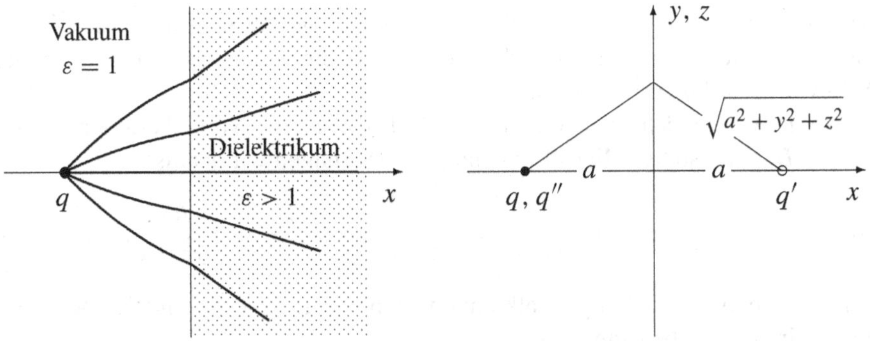

Abbildung 30.3 Der Bereich $x \geq 0$ sei von einem Dielektrikum (punktiert) ausgefüllt. Eine Punktladung polarisiert das Dielektrikum. Das Feld kann mit Hilfe von Bildladungen, deren Positionen rechts angegeben sind, berechnet werden. Im linken Teil sind einige Feldlinien skizziert.

Punktladung und Dielektrikum

Der Halbraum $x \geq 0$ sei von einem Dielektrikum mit $\varepsilon > 1$ ausgefüllt (Abbildung 30.3). Im Vakuumbereich befinde sich bei $-a\,\boldsymbol{e}_x$ eine Punktladung der Stärke q. Es soll das elektrostatische Feld im gesamten Raum bestimmt werden. Mit $\varrho_{\text{ext}} = q\,\delta(\boldsymbol{r} + a\,\boldsymbol{e}_z)$ lauten die Maxwellgleichungen (30.7, 30.8):

$$\operatorname{div}\big(\varepsilon(\boldsymbol{r})\,\boldsymbol{E}(\boldsymbol{r})\big) = 4\pi\,q\,\delta(\boldsymbol{r} + a\,\boldsymbol{e}_x)\,, \qquad \operatorname{rot}\boldsymbol{E}(\boldsymbol{r}) = 0 \tag{30.14}$$

Dabei ist

$$\varepsilon(\boldsymbol{r}) = \begin{cases} 1 & (x < 0) \\ \varepsilon & (x > 0) \end{cases} \tag{30.15}$$

Das Feld der Punktladung q ist gleich $\boldsymbol{E}_{\text{ext}} = q\,(\boldsymbol{r} + a\,\boldsymbol{e}_x)/|\boldsymbol{r} + a\,\boldsymbol{e}_x|^3$. Im homogenen isotropen Fall (29.20) konnten wir $\boldsymbol{D}$ mit $\boldsymbol{E}_{\text{ext}}$ identifizieren. Der jetzige Fall ist jedoch inhomogen (30.15), und es gilt $\boldsymbol{D} \neq \boldsymbol{E}_{\text{ext}}$. Bei der formalen Lösung bedeutet der Sprung in $\varepsilon(\boldsymbol{r})$, dass die zweite Gleichung in (30.14) zu $\operatorname{rot}\boldsymbol{D} \neq 0$ führt (im Gegensatz zu $\operatorname{rot}\boldsymbol{E}_{\text{ext}} = 0$).

Die Gleichungen (30.14) können ersetzt werden durch die entsprechenden Gleichungen in den Bereichen $x > 0$ und $x < 0$ *und* die Stetigkeitsbedingungen bei $x = 0$. Wir schreiben (30.14) nach Bereichen getrennt an:

$$\begin{aligned} \operatorname{div}\boldsymbol{E}(\boldsymbol{r}) &= 4\pi q\,\delta(\boldsymbol{r} + a\,\boldsymbol{e}_x)\,, & \operatorname{rot}\boldsymbol{E} &= 0 \qquad (x < 0) \\ \varepsilon\,\operatorname{div}\boldsymbol{E}(\boldsymbol{r}) &= 0\,, & \operatorname{rot}\boldsymbol{E} &= 0 \qquad (x > 0) \end{aligned} \tag{30.16}$$

Das Problem kann mit Hilfe von Bildladungen gelöst werden. Man überzeugt sich zunächst davon, dass der Ansatz

$$\boldsymbol{E}(\boldsymbol{r}) = \begin{cases} q\,\dfrac{\boldsymbol{r} + a\,\boldsymbol{e}_x}{|\boldsymbol{r} + a\,\boldsymbol{e}_x|^3} + q'\,\dfrac{\boldsymbol{r} - a\,\boldsymbol{e}_x}{|\boldsymbol{r} - a\,\boldsymbol{e}_x|^3} & (x < 0) \\[2ex] q''\,\dfrac{\boldsymbol{r} + a\,\boldsymbol{e}_x}{|\boldsymbol{r} + a\,\boldsymbol{e}_x|^3} & (x > 0) \end{cases} \tag{30.17}$$

die Gleichungen (30.16) löst, und zwar für beliebige Werte von q' und q''. Wie wir gleich sehen werden, können die Stetigkeitsbedingungen dann durch geeignete Wahl von q' und q'' erfüllt werden.

An der Grenzfläche $x = 0$ ist $\sigma_{\text{ext}} = 0$. Daher ist die Normalkomponente von $\boldsymbol{D}$, also D_x, hier stetig. Mit (30.15) und (30.17) erhalten wir daraus

$$q\,\frac{a}{|a^2+y^2+z^2|^{3/2}} + q'\,\frac{-a}{|a^2+y^2+z^2|^{3/2}} = \varepsilon\, q''\,\frac{a}{|a^2+y^2+z^2|^{3/2}} \tag{30.18}$$

Außerdem müssen die Tangentialkomponenten von $\boldsymbol{E}$, also E_y und E_z, bei $x = 0$ stetig sein. Für E_y bedeutet dies

$$q\,\frac{y}{|a^2+y^2+z^2|^{3/2}} + q'\,\frac{y}{|a^2+y^2+z^2|^{3/2}} = q''\,\frac{y}{|a^2+y^2+z^2|^{3/2}} \tag{30.19}$$

Die Stetigkeit von E_z führt zu einer äquivalenten Bedingung. Damit werden alle Stetigkeitsbedingungen erfüllt, falls $q - q' = \varepsilon\, q''$ und $q + q' = q''$. Hieraus folgen

$$q' = -q\,\frac{\varepsilon-1}{\varepsilon+1} \quad \text{und} \quad q'' = \frac{2q}{\varepsilon+1} \tag{30.20}$$

Man überprüft folgende Grenzfälle:

- $\varepsilon = 1$ (überall Vakuum). Dann ist $q' = 0$ und $q'' = q$. Die Lösung $\boldsymbol{E} = \boldsymbol{E}_{\text{ext}} = q\,(\boldsymbol{r} + a\,\boldsymbol{e}_x)/|\boldsymbol{r} + a\,\boldsymbol{e}_x|^3$ gilt im ganzen Raum.

- $\varepsilon = \infty$ (Dielektrikum ist Metall). Dann ist $q' = -q$ und $q'' = 0$. Wegen $q'' = 0$ verschwindet das Feld im Dielektrikum. Dieses Problem wurde bereits in Kapitel 8 gelöst.

Aufgaben

30.1 Punktladung und Dielektrikum

Bestimmen Sie die induzierte Ladungsdichte ϱ_{ind} für die in Abbildung 30.3 dargestellte Anordnung.

30.2 Potenzial aus externer Ladungsdichte und Polarisation

In einem Dielektrikum sind die Ladungsdichte $\varrho_{\text{ext}}(\boldsymbol{r})$ und die Polarisation $\boldsymbol{P}(\boldsymbol{r})$ gegeben. Zeigen Sie, dass das elektrostatische Potenzial

$$\Phi(\boldsymbol{r}) = \Phi_{\text{ext}}(\boldsymbol{r}) + \Phi_{\text{ind}}(\boldsymbol{r}) = \int d^3r' \, \frac{\varrho_{\text{ext}}(\boldsymbol{r}')}{|\boldsymbol{r}-\boldsymbol{r}'|} + \int d^3r' \, \frac{\boldsymbol{P}(\boldsymbol{r}')\cdot(\boldsymbol{r}-\boldsymbol{r}')}{|\boldsymbol{r}-\boldsymbol{r}'|^3} \tag{30.21}$$

die makroskopische Maxwellgleichung $\operatorname{div}\boldsymbol{D} = \operatorname{div}(\boldsymbol{E} + 4\pi\,\boldsymbol{P}) = 4\pi\,\varrho_{\text{ext}}$ löst.

30.3 Homogen polarisierte Kugel

Bestimmen Sie das elektrische Feld $\boldsymbol{E}$ einer homogen polarisierten Kugel (Radius R, $\varrho_{\text{ext}} = 0$). Skizzieren Sie den Feldverlauf, und berechnen Sie die induzierte Ladungsdichte. Verwenden Sie (30.21).

31 Dielektrische Funktion

Wir diskutieren das Lorentzmodell für die makroskopische dielektrische Funktion $\varepsilon(\omega)$. Die Kramers-Kronig-Relationen verknüpfen den Real- und den Imaginärteil von $\varepsilon(\omega)$. Die Leitfähigkeit σ wird im Rahmen des Lorentzmodells eingeführt. Die Dielektrizitätskonstanten $\varepsilon(0)$ von Stoffen mit und ohne permanentes elektrisches Dipolmoment werden abgeschätzt.

Lorentzmodell

In Kapitel 25 haben wir ein im Atom gebundenes Elektron (Ladung $-e$, Masse m_e) durch ein Oszillatormodell (Eigenfrequenz ω_0, Dämpfung Γ) beschrieben. Ein mit der Frequenz ω oszillierendes Feld $\boldsymbol{E}$ induziert ein Dipolmoment der Form $\boldsymbol{p} = \alpha_\mathrm{e}\, \boldsymbol{E}$. Nach (25.12) ist die elektrische Polarisierbarkeit α_e gleich

$$\alpha_\mathrm{e}(\omega) = \frac{e^2/m_\mathrm{e}}{\omega_0^2 - \omega^2 - \mathrm{i}\omega\Gamma} \tag{31.1}$$

Die Polarisierbarkeit α_e ist komplex, weil die Zeitabhängigkeiten durch den Faktor $\exp(-\mathrm{i}\omega t)$ beschrieben werden. Der Betrag von α_e bestimmt die Amplitude der erzwungenen Schwingung, der Imaginärteil die Dissipation. Mit (29.25) und einer konstanten Dichte n_0 der Atome erhalten wir

$$\varepsilon(\omega) = 1 + 4\pi n_0\, \alpha_\mathrm{e}(\omega) = 1 + \frac{4\pi\, n_0\, e^2/m_\mathrm{e}}{\omega_0^2 - \omega^2 - \mathrm{i}\omega\Gamma} \tag{31.2}$$

Wir verallgemeinern dies auf den Fall, dass es in jedem Atom $Z = \sum f_j$ gebundene Elektronen gibt, von denen jeweils f_j dieselbe Eigenfrequenz ω_j und Dämpfung Γ_j haben:

$$\boxed{\varepsilon(\omega) = 1 + \frac{4\pi n_0\, e^2}{m_\mathrm{e}} \sum_j \frac{f_j}{\omega_j^2 - \omega^2 - \mathrm{i}\omega\Gamma_j}} \tag{31.3}$$

Dieses Modell für $\varepsilon(\omega)$ bezeichnen wir als *Lorentzmodell*. Für inhomogene Dichte $n_0(\boldsymbol{r})$ oder für Atome mit unterschiedlicher Polarisierbarkeit $\alpha_\mathrm{e}(\boldsymbol{r}, \omega)$ kann dies zu einem Modell für $\varepsilon(\boldsymbol{r}, \omega)$ verallgemeinert werden.

Ein Ausdruck der Form (31.3) lässt sich auch in der quantenmechanischen Störungstheorie ableiten. In diesem Fall sind die $\hbar\omega_j$ dann die Energiedifferenzen zwischen zwei Elektronenzuständen,

$$\hbar\omega_j = E_{n'} - E_n \tag{31.4}$$

T. Fließbach, *Elektrodynamik*, https://doi.org/10.1007/978-3-662-64889-6_31

Die Bindungsenergien der Elektronen im Coulombfeld des Z-fach geladenen Atomkerns sind $E_n = -(Z^2/2n^2)\,\hbar\,\omega_{\text{at}}$. Die ω_j können in einem weiten Bereich um ω_{at} herum liegen. Die f_j sind im quantenmechanischen Fall relative Übergangsstärken, die gemäß $\sum_j f_j = 1$ normiert werden; die Anzahl Z der Elektronen wird als Faktor in (31.3) hinzugefügt.

Die Form (31.3) kann auch auf andere Systeme angewandt werden, in denen Anregungen mit den Eigenfrequenzen ω_j und mit den relativen Stärken f_j an ein elektrisches Feld koppeln. Wir fassen daher (31.3) auch als allgemeine Form der dielektrischen Funktion $\varepsilon(\omega)$ mit zunächst noch nicht festgelegten Parametern ω_j, f_j und Γ_j auf. Im Kristallgitter eines Festkörpers könnte ω_j der Abstand zweier Energiebänder sein. Ein anderes Beispiel sind Molekülschwingungen: Die Atome eines Moleküls können Schwingungen mit charakteristischen Frequenzen ω_j ausführen; diese Frequenzen liegen im Infraroten. Wenn die Atome eines Moleküls eine effektive Ladung haben (etwa in der Ionenbindung), können die Schwingungen durch ein elektrisches Feld angeregt werden. Die Stärken f_j der Ankopplung an das elektrische Feld hängen von der effektiven Ladung der Atome und vom Schwingungstyp ab.

Im Rest dieses Kapitels behandeln wir einige Konsequenzen des Lorentzmodells (Kramers-Kronig-Relationen, Leitfähigkeit, Grenzfall $\varepsilon(0)$). Die Frequenzabhängigkeit der dielektrischen Funktion in realen Materialien wird in Kapitel 34 untersucht.

Kramers-Kronig-Relationen

Wir leiten Dispersionsgesetze ab, in denen der Realteil $\text{Re}\,\varepsilon(\omega)$ und der Imaginärteil $\text{Im}\,\varepsilon(\omega)$ der dielektrischen Funktion durcheinander ausgedrückt werden. Dieser Abschnitt ist etwas formaler und benutzt Beziehungen aus der Funktionentheorie. Da die Ergebnisse im Folgenden nicht vorausgesetzt werden, kann dieser Abschnitt übersprungen werden.

Wir fassen $\varepsilon(\omega)$ als komplexwertige Funktion der komplexen Variablen ω auf; direkte physikalische Bedeutung kommen nur dem Real- und Imaginärteil von $\varepsilon(\omega)$ für reelle Werte von ω zu. Aus der (relativ allgemeinen) Form (31.3) der dielektrischen Funktion folgt:

$$\varepsilon(\omega) \;\text{ ist analytisch für }\; \text{Im}(\omega) \geq 0 \tag{31.5}$$

$$\varepsilon^*(\omega) = \varepsilon(-\omega) \tag{31.6}$$

Analytisch bedeutet, dass die komplexe Funktion $\varepsilon(\omega)$ differenzierbar ist. Man prüft leicht nach, dass die Pole von (31.2) in der unteren ω-Ebene (also bei $\text{Im}(\omega) < 0$) liegen; nur an diesen Stellen ist die Funktion $\varepsilon(\omega)$ nicht differenzierbar.

Diese Aussagen (31.5) und (31.6) können alternativ aus relativ schwachen Annahmen abgeleitet werden: In $\boldsymbol{P} = \chi_{\text{e}}\,\boldsymbol{E}$ schreiben wir alle Zeitargumente mit an: $\boldsymbol{P}(t) = \int dt'\,\chi_{\text{e}}(t-t')\,\boldsymbol{E}(t')$; dabei sind alle Größen reell. Das wirksame Feld $\boldsymbol{E}$ kann als Ursache der Polarisation $\boldsymbol{P}$ betrachtet werden. Wegen der Kausalität muss

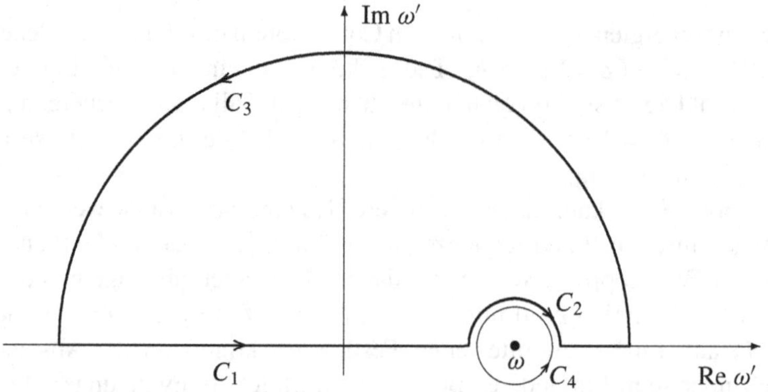

Abbildung 31.1 Der Weg C der komplexen Integration (31.7) besteht aus den Teilwegen C_1, C_2 und C_3. Der Radius des Halbkreises C_3 soll gegen unendlich gehen, der von C_2 gegen null. Der Weg C_2 wird durch $-(1/2) \times C_4$ ersetzt.

daher $\chi_e(t-t') = 0$ für $t-t' < 0$ gelten. Dies bestimmt die untere Integralgrenze in $\varepsilon(\omega) = 1 + 4\pi \int_0^\infty dt \; \chi_e(t) \exp(i\omega t)$. Aus diesem Ausdruck für $\varepsilon(\omega)$ (mit reellem χ_e) folgen (31.5) und (31.6).

Wir berechnen nun ein Integral längs der in Abbildung 31.1 gezeigten Kontur C, die sich aus den drei Wegen C_1, C_2 und C_3 zusammensetzt:

$$\oint_C d\omega' \; \frac{\varepsilon(\omega')-1}{\omega'-\omega} = \mathrm{P}\int_{-\infty}^{\infty} \ldots + \int_{C_2} \ldots + \int_{C_3} \ldots = \mathrm{P}\int_{-\infty}^{\infty} \ldots - \frac{1}{2}\int_{C_4} \ldots = 0 \tag{31.7}$$

Hierbei bezeichnet P das Hauptwertintegral. Das Integral über C_2 wurde durch den kleinen Kreis C_4 ersetzt (mal minus 1/2). Das Integral über C_3 verschwindet, wie im nächsten Absatz erläutert wird. Das geschlossene Integral über C verschwindet, weil der Integrand in diesem Bereich analytisch ist; insbesondere befindet sich kein Pol innerhalb der Kontur C.

Für den Radius $R_0 = |\omega|$ des Halbkreises C_3 soll $R_0 \to \infty$ gelten. Nach (31.3) fällt $\varepsilon(\omega) - 1$ für $\omega \to \infty$ wie $1/\omega^2$ ab. Auf dem Weg C_3 verhält sich der Integrand in (31.7) daher für $R_0 \to \infty$ wie $1/R_0^3$. Der Integrationsweg hat die Länge πR_0. Damit verschwindet das Integral über C_3 für $R_0 \to \infty$.

Das Integral über C_4 ergibt nach dem Residuensatz[1] $2\pi i\,[\varepsilon(\omega) - 1]$. Damit folgt aus (31.7)

$$\varepsilon(\omega) - 1 = \frac{1}{i\pi}\,\mathrm{P}\int_{-\infty}^{\infty} d\omega' \; \frac{\varepsilon(\omega')-1}{\omega'-\omega} \tag{31.8}$$

[1]Es gilt $2\pi i f(z_0) = \oint dz\, f(z)/(z-z_0)$, wenn die Funktion $f(z)$ im Bereich der Kontur des Linienintegrals differenzierbar ist und z_0 innerhalb der Kontur liegt. Die zunächst beliebige Kontur kann zu einem kleinen Kreis (mit dem Radius ϵ) um z_0 herum verformt werden, weil geschlossene Integrale über differenzierbare Funktionen null ergeben. Für den kleinen Kreis gilt $z = z_0 + \epsilon \exp(i\varphi)$ und $dz = i\epsilon \exp(i\varphi)\, d\varphi$. Die Funktion $f(z)$ kann in der Form $f(z_0 + \mathcal{O}(\epsilon))$ vor das Integral gezogen werden. Das verbleibende Integral ist $\oint dz/(z-z_0) = i\int d\varphi = 2\pi i$. Der Limes $\epsilon \to 0$ macht dann $f(z_0 + \mathcal{O}(\epsilon))$ zu $f(z_0)$.

Von dieser Gleichung nehmen wir den Real- und Imaginärteil:

$$\mathrm{Re}\;\varepsilon(\omega) \;=\; 1+\frac{1}{\pi}\,\mathrm{P}\int_{-\infty}^{\infty} d\omega'\;\frac{\mathrm{Im}\;\varepsilon(\omega')}{\omega'-\omega} \tag{31.9}$$

$$\mathrm{Im}\;\varepsilon(\omega) \;=\; -\frac{1}{\pi}\,\mathrm{P}\int_{-\infty}^{\infty} d\omega'\;\frac{\mathrm{Re}\;\varepsilon(\omega')-1}{\omega'-\omega} \tag{31.10}$$

Aus (31.6) folgt

$$\mathrm{Re}\;\varepsilon(-\omega)=\mathrm{Re}\;\varepsilon(\omega), \qquad \mathrm{Im}\;\varepsilon(-\omega)=-\mathrm{Im}\;\varepsilon(\omega) \tag{31.11}$$

Hiermit und mit $\int_{-\infty}^{\infty} d\omega\;f(\omega)=\int_0^{\infty} d\omega\,(f(\omega)+f(-\omega))$ erhalten wir die endgültige Form der *Dispersionsgesetze*:

$$\mathrm{Re}\;\varepsilon(\omega) \;=\; 1+\frac{2}{\pi}\,\mathrm{P}\int_{0}^{\infty} d\omega'\;\frac{\omega'\,\mathrm{Im}\;\varepsilon(\omega')}{\omega'^2-\omega^2} \tag{31.12}$$

$$\mathrm{Im}\;\varepsilon(\omega) \;=\; -\frac{2\omega}{\pi}\,\mathrm{P}\int_{0}^{\infty} d\omega'\;\frac{\mathrm{Re}\;\varepsilon(\omega')-1}{\omega'^2-\omega^2} \tag{31.13}$$

Diese *Kramers-Kronig-Relationen* geben einen Zusammenhang zwischen dem Real- und Imaginärteil von ε an. Sie können dazu dienen, eine Größe aus der anderen zu berechnen, oder dazu, die Konsistenz von gemessenen Größen $\mathrm{Re}\,\varepsilon(\omega)$ und $\mathrm{Im}\,\varepsilon(\omega)$ zu überprüfen.

Leitfähigkeit

Wir zeigen, dass die Leitfähigkeit eines Materials durch seine dielektrische Funktion beschrieben wird. Dabei beziehen wir uns zunächst auf ein Metall. Im Kristallgitter eines Metalls gibt es Elektronen, die sich (weitgehend) frei bewegen können; meist gibt es pro Atom näherungsweise ein solches Elektron. Für ein freies Elektron verschwindet die Eigenfrequenz im Oszillatormodells (25.2). Für ein freies und $Z-1$ gebundene Elektronen pro Atom setzen wir daher die Frequenzen

$$\omega_1=0\,, \qquad \omega_j\neq 0 \quad \text{für } j=2,3,... \tag{31.14}$$

und $\Gamma_1=\Gamma$ in das Lorentzmodell (31.3) ein:

$$\varepsilon(\omega) \;=\; \varepsilon_0(\omega)-\frac{4\pi n_0\,e^2}{m_\mathrm{e}}\;\frac{1}{\omega(\omega+\mathrm{i}\,\Gamma)} \;=\; \varepsilon_0(\omega)+\mathrm{i}\,\frac{4\pi\sigma}{\omega} \tag{31.15}$$

Dieses spezielle Lorentzmodell wird auch *Drude-Modell* genannt. Im ersten Term $\varepsilon_0(\omega)$ ist die 1 und der Beitrag der gebundenen Elektronen enthalten. Im zweiten Term wurde der $1/\omega$-Faktor (der für $\omega\to 0$ dominiert) herausgezogen und der Koeffizient mit $4\pi\,\mathrm{i}\,\sigma$ abgekürzt. Aus dem Vergleich der zweiten Terme in (31.15) folgt

$$\sigma(\omega) \;=\; \frac{n_0\,e^2}{m_\mathrm{e}\,\Gamma}\;\frac{1}{1-\mathrm{i}\omega/\Gamma} \qquad \text{(Leitfähigkeit)} \tag{31.16}$$

Diese Größe heißt *Leitfähigkeit*; der Grund hierfür wird sofort klar werden. Wir betrachten Felder der Form $\boldsymbol{E}(\boldsymbol{r},t) = \mathrm{Re}\,\boldsymbol{E}(\boldsymbol{r})\,\exp(-\mathrm{i}\omega t)$. Hierfür wird eine Zeitableitung zum Faktor $-\mathrm{i}\omega$. Damit lautet die letzte Maxwellgleichung in (29.29):

$$\mathrm{rot}\,\frac{\boldsymbol{B}}{\mu} + \frac{\mathrm{i}\omega}{c}\underbrace{\left(\varepsilon_0 + \mathrm{i}\,\frac{4\pi\sigma}{\omega}\right)}_{=\,\varepsilon}\boldsymbol{E} = \frac{4\pi}{c}\,\boldsymbol{j}_{\text{ext}} \tag{31.17}$$

Wir bringen den Term mit σ auf die rechte Seite:

$$\mathrm{rot}\,\frac{\boldsymbol{B}}{\mu} + \frac{\mathrm{i}\omega}{c}\left(\varepsilon_0\,\boldsymbol{E}\right) = \frac{4\pi}{c}\left(\boldsymbol{j}_{\text{ext}} + \sigma\,\boldsymbol{E}\right) \tag{31.18}$$

Dieses Ergebnis bedeutet, dass die freien Elektronen einen Beitrag zur Stromdichte ergeben:

$$\boxed{\boldsymbol{j}_{\text{ind}}^{\text{frei}} = \sigma\,\boldsymbol{E} \qquad \text{Ohmsches Gesetz}} \tag{31.19}$$

Ein Material ist *leitfähig*, wenn ein angelegtes elektrisches Feld eine Stromdichte induziert. Die Bezeichnung *Ohmsches Gesetz* meint explizit die *lineare* Abhängigkeit der Stromdichte vom elektrischen Feld. In realen Materialien treten nicht selten Abweichungen von dieser Linearität auf.

Die Stromdichte (31.19) ist ein Teil der induzierten Quellen: Für $\mu = 1$ und $\varepsilon_0 = 1$ wird die linke Seite in (31.18) zu $\mathrm{rot}\,\boldsymbol{B} - \dot{\boldsymbol{E}}/c$. Nach (29.2) ist dies gleich $4\pi\,(\boldsymbol{j}_{\text{ext}} + \boldsymbol{j}_{\text{ind}})/c$; also ist $\sigma\,\boldsymbol{E} = \boldsymbol{j}_{\text{ind}}$. Im Allgemeinen ($\varepsilon_0 \neq 1$, $\mu \neq 1$) ist $\sigma\,\boldsymbol{E}$ nur ein Teil von $\boldsymbol{j}_{\text{ind}}$; dies wurde in (31.19) durch den zusätzlichen Index „frei" gekennzeichnet. Im Lorentzmodell kommt der „freie" Anteil von den Elektronen mit $\omega_1 = 0$, die anderen (gebundenen) Anteile von $\omega_j \neq 0$. Hieran erkennt man aber auch, dass der Übergang Isolator – Leiter fließend ist; entscheidend ist die Bindungsenergie des am schwächsten gebundenen Elektrons. Materialien im Übergangsbereich sind Halbleiter.

Wir geben den experimentellen Wert der statischen Leitfähigkeit

$$\sigma(0) = \frac{n_0\,e^2}{m_{\text{e}}\,\Gamma} \qquad \text{(statische Leitfähigkeit)} \tag{31.20}$$

für Kupfer an:

$$\sigma(0) \approx 6\cdot 10^{17}\,\mathrm{s}^{-1}\,, \qquad \Gamma \approx 4\cdot 10^{13}\,\mathrm{s}^{-1} \qquad (\text{Kupfer},\ T = 0^{\circ}\mathrm{C}) \tag{31.21}$$

Der Wert für Γ wurde aus (31.20) mit $n_0 \approx 1/(12\,\text{Å}^3)$ bestimmt. Die statische Leitfähigkeit ist reell.

Der Materialparameter σ unterliegt allen Abhängigkeiten, wie sie in Kapitel 28 für die Dielektrizität diskutiert wurden. In der makroskopischen Näherung berücksichtigen wir wie in (28.14) nur die Abhängigkeit von der Frequenz. Die Frequenzabhängigkeit (31.16) kann im Hochfrequenzbereich (etwa bis $\omega \sim 10^{10}\,\mathrm{s}^{-1}$ für UHF) vernachlässigt werden; denn hier gilt $\omega \ll \Gamma$ und $\sigma(\omega) \approx \sigma(0)$. In diesem Bereich hat $\sigma(\omega)$ einen Imaginärteil der relativen Größe $\omega/\Gamma \ll 1$; er bedeutet eine Phasenverschiebung zwischen dem oszillierenden elektrischen Feld und dem induzierten Strom. Für $\omega > \Gamma$ wird die dielektrische Funktion (31.15) des Metalls in Kapitel 34 diskutiert.

Mittlere Stoßzeit

Die Bewegungsgleichung (25.2), die dem Lorentzmodell zugrunde liegt, hat Lösungen der Form $\boldsymbol{v}(t) = \boldsymbol{v}(0)\,\exp(-\Gamma t)$ für die Geschwindigkeit des betrachteten Elektrons (für $\omega_0 = 0$). Damit ist

$$\tau = \frac{1}{\Gamma} \qquad \text{(Stoßzeit)} \tag{31.22}$$

die Zeit, in der das Elektron einen wesentlichen Teil seiner Anfangsgeschwindigkeit verliert. Diese Größe kann als *mittlere Stoßzeit* für das Gas der freien Elektronen aufgefasst werden. In einem einfachen kinetischen Gasmodell mit der Stoßzeit τ kann die Leitfähigkeit auch direkt abgeleitet werden (Kapitel 43 in [4]). Der entscheidende Punkt dabei ist, dass jedes Teilchen (Masse m, Ladung q) jeweils zwischen zwei Stößen durch das elektrische Feld beschleunigt wird. Dadurch erreicht es eine mittlere Driftgeschwindigkeit $\overline{\boldsymbol{v}} \approx q\boldsymbol{E}\tau/m$. Dies ergibt die Stromdichte $\boldsymbol{j} = n_0\, q\, \overline{\boldsymbol{v}} = \sigma \boldsymbol{E}$ mit $\sigma = n_0 q^2 \tau/m$. Dieses Modell ist auch auf die Leitfähigkeit in einem teilweise ionisierten gewöhnlichen Gas anwendbar.

In $\boldsymbol{j} = \sigma \boldsymbol{E}$ ist $\boldsymbol{E}$ das wirksame elektrische Feld $\boldsymbol{E} = \boldsymbol{E}_{\text{ext}} + \langle \boldsymbol{E}_{\text{ind}} \rangle$. Sofern $\langle \boldsymbol{E}_{\text{ind}} \rangle$ nicht zur Driftgeschwindigkeit beiträgt, erhält man $\boldsymbol{j} = \sigma \boldsymbol{E}_{\text{ext}}$. Dies wird in der Regel für ein statisches äußeres Feld gelten.

Joulesche Wärme

Für einen stromdurchflossenen Draht (Länge ℓ, Querschnitt a) setzen wir die Spannung $U = E\,\ell$ und den Strom $I = j\,a$ in $j = \sigma E$ ein und erhalten

$$I = \frac{U}{R} \quad \text{mit} \quad R = \frac{\ell}{\sigma a} \tag{31.23}$$

Die Beziehung $I = U/R$ wird ebenfalls Ohmsches Gesetz genannt. Das Verhältnis U/I definiert den *Widerstand* R. Im MKSA-System wird die Einheit des Widerstands $[R] = \text{V}/\text{A} = \Omega$ mit Ohm bezeichnet und durch ein großes Omega abgekürzt. Für reale Widerstände kann die lineare Abhängigkeit des Stroms von der Spannung eine brauchbare Näherung sein.

Das angelegte Feld beschleunigt die Elektronen, es überträgt also Energie auf sie. Jeweils nach der Zeit τ stoßen die Elektronen und verlieren ihre zusätzliche Energie. Dadurch wird diese Energie in andere Formen (insbesondere Gitterschwingungen) umgewandelt. Sie verteilt sich schließlich statistisch über alle zur Verfügung stehenden Freiheitsgrade und wird damit zu Wärme. Wenn die Ladung ΔQ den Widerstand durchquert, nimmt sie die Energie $\Delta E = U\,\Delta Q$ auf. Die auf die Ladung übertragene Leistung ist dann $P = \Delta E/\Delta t = U\,\Delta Q/\Delta t$. Mit $I = \Delta Q/\Delta t$ wird dies zu

$$P = U I = R\, I^2 = \frac{U^2}{R} \tag{31.24}$$

Die im Widerstand entstehende Wärme wird *Joulesche Wärme* genannt.

Supraleiter

Ein wichtiger, ganz anderer Leitertyp ist der Supraleiter. In ihm können Ströme reibungsfrei fließen. Dann führt die Bewegungsgleichung $m\,\dot{\boldsymbol{v}} = q\,\boldsymbol{E}$ zu

$$\frac{\partial \boldsymbol{j}}{\partial t} = n_0 q\ \dot{\boldsymbol{v}} = \frac{n_0\, q^2}{m}\ \boldsymbol{E} \tag{31.25}$$

Im Supraleiter führt eine angelegte Kraft $q\,\boldsymbol{E}$ zu konstanter Beschleunigung; im stationären Fall kann es daher kein elektrisches Feld im Supraleiter geben. Im Ohmschen Leiter herrscht dagegen Reibung; die oben diskutierten Stöße entsprechen der Reibungskraft $-m\,\boldsymbol{v}/\tau$ in der Bewegungsgleichung $m\,(\dot{\boldsymbol{v}} + \boldsymbol{v}/\tau) = q\,\boldsymbol{E}$. Die angelegte Kraft $q\,\boldsymbol{E}$ führt dann zur stationären Driftgeschwindigkeit $\overline{\boldsymbol{v}} = q\,\boldsymbol{E}\,\tau/m$.

Dielektrizitätskonstante

In diesem Abschnitt behandeln wir die *Dielektrizitätskonstante*, also den statischen Grenzfall $\varepsilon(0)$ der dielektrischen Funktion $\varepsilon(\omega)$. Wir betrachten zunächst einen *Isolator*, der durch das Lorentzmodell (31.3) mit $\omega_j \sim \omega_{\rm at}$ beschrieben wird. Dann wird $\varepsilon(\omega) \approx \varepsilon(0)$ für $\omega \ll \omega_{\rm at}$ gelten; zu wesentlichen Frequenzabhängigkeiten kommt es dann erst im optischen Bereich.

Für $\omega_0 = \omega_{\rm at} = m_{\rm e}\,e^4/\hbar^3$, (24.36), erhalten wir aus (31.1) die statische Polarisierbarkeit

$$\alpha_{\rm e}(0) = \left(\frac{\hbar^2}{m_{\rm e}\,e^2}\right)^3 = a_{\rm B}^3 \tag{31.26}$$

Dabei ist $a_{\rm B}$ der Bohrsche Radius. Wir betrachten zwei alternative Modelle: Für eine leitende Metallkugel gilt $\alpha_{\rm e}(0) = R^3$, (10.44). In der Quantenmechanik berechnet man die Polarisierbarkeit im Rahmen der Störungstheorie (quadratischer Starkeffekt in Teil VII von [3]). Für das Wasserstoffatom erhält man dann $\alpha_{\rm e}(0) = 4.5\,a_{\rm B}^3$.

Erstaunlicherweise liefern diese ganz verschiedenartigen Modelle vergleichbare Ergebnisse. Dies ist in der Physik oft so und kann durch Dimensionsbetrachtungen plausibel gemacht werden. Da $\varepsilon = 1 + 4\pi n_0\,\alpha_{\rm e}$ dimensionslos ist, gilt $[\alpha_{\rm e}] = [1/n_0] = (\text{Länge})^3$. Wenn das betrachtete Modell des Atoms (wie klassischer Oszillator, leitende Kugel, gebundene Quantenzustände im Coulombpotenzial) nur eine Länge ℓ enthält, dann ist das Ergebnis $\alpha_{\rm e} \propto \ell^3$ zwingend. In der Regel sind auftretende numerische Faktoren von der Größenordnung 1, also $\alpha_{\rm e} \sim \ell^3$. Für ein sinnvolles Resultat genügt es daher, dass der Modellparameter ℓ die Größe des Atoms richtig wiedergibt.

Tabelle 31.1 Dielektrizitätskonstanten für einige feste, flüssige und gasförmige Stoffe. Die Werte gelten für eine Temperatur von 20 °C und einen Druck von 1 bar.

Stoff	$\varepsilon(0)$	Stoff	$\varepsilon(0)$	Stoff	$\varepsilon(0)$
Diamant	5.5	Wasser	80	Helium	1.00007
Glas	4...10	Aceton	22	Luft	1.00059
Silizium	11.7	Ethanol	25	Wasserstoff	1.00026

Wir schätzen die Dielektrizitätskonstante für Wasserstoffgas (bei Zimmertemperatur und Normaldruck) ab. Die Dichte der H_2-Moleküle im Gas ist $6 \cdot 10^{23}/(22 \cdot 10^3\,\text{cm}^3)$; die Dichte n_0 der Atome ist dann doppelt so groß. Aus (31.26) und $a_{\text{B}} \approx 5 \cdot 10^{-11}$ m erhalten wir

$$\varepsilon(0) = 1 + 4\pi n_0 \alpha_{\text{e}}(0) \approx 1.0001 \tag{31.27}$$

Mit dem quantenmechanischen Wert $\alpha_{\text{e}}(0) = 4.5\, a_{\text{B}}^3$ für das Wasserstoffatom erhält man $\varepsilon(0) = 1 \approx 1.00045$. Der experimentelle Wert (Tabelle 31.1) für Wasserstoffgas liegt zwischen diesen beiden Werten. Im klassischen Modell ist die verwendete Frequenz effektiv zu hoch (vergleiche (31.4)). Die quantenmechanische Rechnung bezieht sich auf die Polarisierbarkeit von Wasserstoffatomen; dies kann nur eine Näherung für die Polarisierbarkeit der H_2-Moleküle sein.

Für Atome mit vielen Elektronen verwenden wir das Lorentzmodell (31.3). Für $\omega = 0$, $\omega_j \approx \omega_{\text{at}}$ und $\sum f_j = Z$ erhalten wir

$$\varepsilon(0) = 1 + \frac{4\pi n_0\, e^2}{m_{\text{e}}} \sum_j \frac{f_j}{\omega_j^2} \sim 1 + \omega_{\text{P}}^2\, \frac{Z}{\omega_{\text{at}}^2} \approx 1 + 0.2\, Z \tag{31.28}$$

Der Vorfaktor wurde durch ω_{P}^2 abgekürzt. Mit $n_0 \sim 0.1\,\text{Å}^{-3}$ (Festkörperdichte), $a_{\text{B}} = 0.53$ Å, $c/a_{\text{B}} = \omega_{\text{at}}/\alpha$ und $e^2/a_{\text{B}} = \alpha^2\, m_{\text{e}} c^2$ erhalten wir

$$\omega_{\text{P}}^2 = \frac{4\pi n_0\, e^2}{m_{\text{e}}} = \frac{4\pi}{10}\, \frac{e^2}{\text{Å}}\, \frac{1}{m_{\text{e}} c^2}\, \frac{c^2}{\text{Å}^2} \approx 0.2\, \frac{e^2/a_{\text{B}}}{m_{\text{e}} c^2} \left(\frac{c}{a_{\text{B}}}\right)^2 = 0.2\, \omega_{\text{at}}^2 \tag{31.29}$$

Dies wurde im letzten Ausdruck in (31.28) eingesetzt. In einem realistischen Modell sind die ω_j die Anregungsfrequenzen des Systems. Dies bedeutet, dass $\varepsilon(0)$ durch das Verhalten der am schwächsten gebundenen Elektronen dominiert wird; die Elektronen in den unteren Schalen oder Energiebändern tragen kaum bei. Die grobe Abschätzung $\varepsilon(0) \sim 1 + 0.2\, Z$ macht die Größe der experimentellen Werte, die in der Tabelle 31.1 für einige feste Körper (linke Spalte) angegeben sind, plausibel. Für Halbleiter wie Silizium gibt es kleinere ω_j und man erhält höhere Werte $\varepsilon \sim 10$. Für Gase (rechte Spalte) ist $\varepsilon(0) - 1$ wegen der geringeren Dichte viel kleiner. In Flüssigkeiten können die permanenten elektrischen Dipolmomente der Moleküle den Hauptbeitrag ergeben (Paraelektrika).

Die Dielektrizitätskonstante kann dadurch bestimmt werden, dass man die Kapazität eines Kondensators mit und ohne Dielektrikum misst, (30.13).

Metall

Für freie Elektronen in einem statischen Feld ($\omega = 0$) erfolgt die Auslenkung in Richtung des Felds, und sie ist beliebig groß, daher

$$\varepsilon(0) = +\infty \qquad (31.30)$$

Praktisch ist die Auslenkung durch die Oberfläche des Metalls begrenzt.

Sobald wir uns dem statischen Fall nur annähern ($\omega \to 0$), gibt es im realen Metall Stöße der Elektronen. Aus (31.15) folgt dann $\varepsilon = \varepsilon_o + 4\pi\, \mathrm{i}\, \sigma$ mit der Leitfähigkeit σ. In Kapitel 34 wird das Drude-Modell (31.15) für Metalle noch weiter untersucht.

Paraelektrikum

In einem *Paraelektrikum* gibt es drehbare Moleküle, die ein permanentes elektrisches Dipolmoment haben. Das Standardbeispiel für ein Paraelektrikum ist Wasser. Im H_2O-Molekül tendieren die Elektronen der beiden Wasserstoffatome dazu, sich beim Sauerstoffatom aufzuhalten. Dadurch ergibt sich beim Sauerstoffatom eine Elektronenkonfiguration ähnlich der des Edelgases Neon. Die Energie dieser Konfiguration ist abgesenkt; dadurch ist das Molekül gebunden. Die Richtungen vom Sauerstoffatom zu den beiden Wasserstoffatomen bilden einen Winkel von etwa 105°. Da die Wasserstoffatome effektiv positiv sind, das Sauerstoffatom aber negativ geladen ist, hat das Molekül ein Dipolmoment der Größe $p \sim e\,(1\,\text{Å})$.

Wir gehen davon aus, dass die betrachteten Moleküle drehbar sind; dies ist meist nur im flüssigen oder gasförmigen Zustand der Fall. Dann liegt lediglich der Betrag $p = |\boldsymbol{p}|$, nicht aber die Richtung der einzelnen Dipolmomente fest. Die potenzielle Energie des Dipols ist durch (12.30) gegeben:

$$W = -\,\boldsymbol{p}\cdot\boldsymbol{E} = -\,p\,E\cos(\theta) = W(\theta) \qquad (31.30)$$

Dabei ist $\boldsymbol{E}$ das in der Materie wirksame Feld. Wir betrachten zunächst ein statisches Feld.

Das elektrische Feld versucht den Dipol so auszurichten, dass die Energie W minimal ist; dies ist für $\boldsymbol{p} \parallel \boldsymbol{E}$ der Fall. Die Temperaturbewegung wirkt dieser Tendenz zur Ausrichtung entgegen. Im statistischen Gleichgewicht ist die Wahrscheinlichkeit $w(\theta)\,d\theta$, einen herausgegriffenen Dipol mit einem Winkel zwischen θ und $\theta + d\theta$ zu finden, durch den Boltzmannfaktor bestimmt:

$$w(\theta)\,d\theta = \frac{1}{z(T)}\,\exp\Big(-\frac{W(\theta)}{k_{\mathrm{B}}T}\Big)\,d(\cos\theta) \qquad (31.31)$$

Dabei ist T die Temperatur und k_{B} die Boltzmannkonstante. Die Normierung $\int d\theta\; w(\theta) = 1$ bestimmt die Größe $z(T)$,

$$z(T) = \int_{-1}^{1} d(\cos\theta)\;\exp\Big(-\frac{W(\theta)}{k_{\mathrm{B}}T}\Big) \qquad (31.32)$$

Tabelle 31.2 Die Temperaturabhängigkeit der Dielektrizitätskonstanten von Wasser (bei Normaldruck). Die experimentellen Werte ε_{exp} sind mit dem nach (31.38) zu erwartenden $1/T$-Verhalten für $\varepsilon - 1$ verglichen. Der absolute Wert bei 20 °C (also bei $T = 293.15\,\text{K}$) wurde angepasst.

Temperatur	0 °C	10 °C	20 °C	30 °C	40 °C	50 °C
ε_{exp} für Wasser	87.8	83.9	80.1	76.5	73.0	69.7
$\varepsilon - 1 = \text{const.}/T$	86.0	82.9	80.1	77.5	75.0	72.8

Wir legen die z-Achse des Koordinatensystems in Richtung von $\boldsymbol{E}$ und berechnen den Mittelwert $\overline{p_z}$ der Dipolkomponente $p_z = p\,\cos\theta$:

$$\overline{p_z} = \frac{p}{z(T)} \int_{-1}^{1} d(\cos\theta)\ \cos\theta\ \exp\Big(-\frac{W(\theta)}{k_{\text{B}}T}\Big) \tag{31.33}$$

Die Integration kann elementar ausgeführt werden. Wir beschränken uns auf hohe Temperaturen

$$pE \ll k_{\text{B}}T \tag{31.34}$$

Wir setzen $t = \cos\theta$ und entwickeln die Exponentialfunktion in (31.34):

$$\overline{p_z} = \frac{p \int_{-1}^{1} dt\ t\,(1 + t\,(pE/k_{\text{B}}T) + \ldots)}{\int_{-1}^{1} dt\ \ (1 + t\,(pE/k_{\text{B}}T) + \ldots)} = \frac{p^2 E}{3k_{\text{B}}T}\left(1 + \mathcal{O}\Big(\frac{pE}{k_{\text{B}}T}\Big)\right) \tag{31.35}$$

Korrekturen der Größe $\mathcal{O}(pE/k_{\text{B}}T)$ werden im Folgenden vernachlässigt. Für die Komponenten senkrecht zum Feld tritt in (31.34) anstelle von $\cos\theta$ der Faktor $\sin\theta$. Dann verschwindet das Integral:

$$\overline{p_x} = \overline{p_y} = 0 \tag{31.36}$$

Damit ist das mittlere Dipolmoment parallel zum Feld, also $\overline{\boldsymbol{p}} = \alpha_{\text{e}}\,\boldsymbol{E}$. Aus (31.36) können wir die statische Polarisierbarkeit ablesen:

$$\alpha_{\text{e}}(0) = \frac{\overline{p_z}}{E} = \frac{p^2}{3k_{\text{B}}T} \tag{31.37}$$

Wir setzen die Moleküldichte $n_0 \approx 0.03\,\text{Å}^{-3}$ von Wasser, das Dipolmoment $p \sim e\,(1\,\text{Å})$ der Moleküle, $k_{\text{B}}T = \text{eV}/40$ und $e^2/(1\,\text{Å}) = 14.4\,\text{eV}$ ein:

$$\varepsilon = 1 + 4\pi\,n_0\,\alpha_{\text{e}}(0) = 1 + 4\pi\ \frac{0.03\,e^2}{3\,\text{Å}}\ \frac{40}{\text{eV}} \approx 73 \tag{31.38}$$

Der experimentelle Wert liegt bei $\varepsilon_{\text{exp}} \approx 80$. Es gibt auch andere Flüssigkeiten mit ähnlich hohen Werten (Tabelle 31.1, mittlere Spalte).

Im hier betrachteten Modell wurde angenommen, dass die Moleküle sich frei drehen und unabhängig voneinander einstellen können. In realen Materialien sind diese Voraussetzungen im Allgemeinen nur näherungsweise erfüllt. In Tabelle 31.2 vergleichen wir die Modellvorhersage für die Temperaturabhängigkeit von $\varepsilon - 1$ mit den experimentellen Resultaten für Wasser. Die experimentelle Temperaturabhängigkeit ist etwas stärker als die theoretische. Wegen der Wasserstoffbrücken zwischen den Molekülen stellen sich die Wassermoleküle nicht völlig frei und unabhängig voneinander ein.

Unsere Ableitung bezog sich auf ein statisches elektrisches Feld. Für ein oszillierendes Feld (etwa eine elektromagnetische Welle) steht der Ausrichtung der Dipole (neben der Temperatur) auch noch die Reibung und die Trägheit der Drehbewegung der Moleküle entgegen. Die Trägheit bedeutet, dass für hohe Frequenzen die Ausrichtung der Dipole dem Feld schließlich nicht mehr folgen kann; der Übergang liegt im Mikrowellenbereich. Die Reibung impliziert, dass die Welle gedämpft ist. Diese Effekte werden in Wasser beobachtet (Abbildung 34.3 und 34.4).

Ferroelektrikum

Es gibt Molekülkristalle, in denen die polaren Moleküle mehr oder weniger leicht ihre Orientierung ändern können. Für hohe Temperaturen zeigen diese Festkörper paraelektrisches Verhalten, wie es im letzten Abschnitt diskutiert wurde. Für tiefere Temperaturen kann die Wechselwirkung zwischen benachbarten Dipolen zu einer Ausrichtung führen. Es entsteht dann eine *spontane* Polarisation, also eine Polarisation ohne äußeres Feld. Solche Stoffe heißen *Ferroelektrika.* Im Kapitel 32 gehen wir etwas ausführlicher auf den vergleichbaren magnetischen Fall, den Ferromagnetismus ein.

Körper mit permanentem elektrischen Dipolfeld heißen *Elektrete.* Bestimmte Harze (mit polaren Molekülen) bilden ein Elektret, wenn man sie unter dem Einfluss eines starken elektrischen Felds erstarren lässt. Analog zum Dauermagnet kann ein Elektret auch durch die globale Ausrichtung der spontanen Polarisation in einem Ferroelektrikum entstehen.

Aufgaben

31.1 Dipoleinstellung im thermischen Gleichgewicht

Ein permanenter elektrischer Dipol $\boldsymbol{p}$ hat im elektrischen Feld $\boldsymbol{E} = E\,\boldsymbol{e}_z$ die potenzielle Energie $W(\theta) = -\boldsymbol{p} \cdot \boldsymbol{E} = -\,p\,E\,\cos\theta$. Dann bestimmt (31.34) mit (31.33) den Gleichgewichtswert $\overline{p_z}$ der Dipolkomponente $p_z = p\,\cos\theta$. Berechnen Sie ohne Näherungen $\overline{p_z}$ als Funktion der Temperatur T. Diskutieren Sie das Ergebnis graphisch.

31.2 Leitfähigkeit in SI-Einheiten

Der Ausdruck für die statische Leitfähigkeit

$$\sigma = \frac{n_0\,e^2}{m_\mathrm{e}\,\Gamma}$$

gilt sowohl im Gauß- wie im SI-System. Gehen Sie von $n_0 \approx 1/(12\,\text{Å}^3)$ und $\Gamma \approx 4 \cdot 10^{13}\,\mathrm{s}^{-1}$ (für Kupfer) aus, und bestimmen Sie die Leitfähigkeit in SI-Einheiten. Ein Kupferdraht von 10 Meter Länge und einem Querschnitt von $1\,\mathrm{mm}^2$ stellt einen Ohmschen Widerstand R dar. Welchen Wert hat R in Ohm?

32 Permeabilitätskonstante

Wir stellen einfache atomistische Modelle des Paramagnetismus (permanente magnetische Dipolmomente) und des Diamagnetismus (induzierte magnetische Dipolmomente) vor. Dabei wird jeweils die Größenordnung der magnetischen Suszeptibilität abgeschätzt. Wir beschränken uns auf die statische makroskopische Permeabilität, also auf die Permeabilitätskonstante. Der Ferromagnetismus wird kurz diskutiert.

In einfachen Fällen ist das induzierte magnetische Dipolmoment $\boldsymbol{\mu}$ eines Atoms oder Moleküls proportional zum wirksamen Feld, also $\boldsymbol{\mu} = \alpha_\mathrm{m}\, \boldsymbol{B}$; der Koeffizient α_m ist die magnetische Polarisierbarkeit. Nach (29.11) ist die Magnetisierung $\boldsymbol{M}$ gleich dem Dipolmoment pro Volumen. Mit der Dichte n_0 der Atome erhalten wir daher

$$\boldsymbol{M} = n_0\, \boldsymbol{\mu} = n_0\, \alpha_\mathrm{m}\, \boldsymbol{B} \tag{32.1}$$

Die *magnetische Suszeptibilität* χ_m wird durch

$$\boldsymbol{M} = \chi_\mathrm{m}\, \boldsymbol{H} \tag{32.2}$$

definiert. Hierin setzen wir $\boldsymbol{H} = \boldsymbol{B} - 4\pi \boldsymbol{M}$ ein und lösen nach $\boldsymbol{M}$ auf:

$$\boldsymbol{M} = \frac{\chi_\mathrm{m}}{1 + 4\pi\, \chi_\mathrm{m}}\, \boldsymbol{B} \approx \chi_\mathrm{m}\, \boldsymbol{B} \qquad (|\chi_\mathrm{m}| \ll 1) \tag{32.3}$$

Für den Para- und Diamagnetismus gilt, wie hier vorausgesetzt, $|\chi_\mathrm{m}| \ll 1$. Mit $\boldsymbol{M} = \chi_\mathrm{m}\, \boldsymbol{B}$ haben wir die zu $\boldsymbol{P} = \chi_\mathrm{e}\, \boldsymbol{E}$ analoge Form erreicht. Der Vergleich von (32.1) und (32.3) ergibt

$$\chi_\mathrm{m} = n_0\, \alpha_\mathrm{m} \qquad (|\chi_\mathrm{m}| \ll 1) \tag{32.4}$$

Aus $\boldsymbol{B} = \boldsymbol{H} + 4\pi \boldsymbol{M} = \mu\, \boldsymbol{H}$ und (32.2) erhalten wir

$$\mu = 1 + 4\pi\, \chi_\mathrm{m} \tag{32.5}$$

In (29.17) haben wir eine makroskopische Permeabilitätsfunktion der Form $\mu(\boldsymbol{r}, \omega)$ zugelassen. Wir beschränken uns hier aber auf den homogenen und statischen Fall, also auf die Permeabilitätskonstante[1].

[1] Im Folgenden verwenden wir den Buchstaben μ mit Indizes, die klarstellen, ob die Permeabilität (μ_para, μ_dia) oder Komponenten des magnetischen Dipolmoments $\boldsymbol{\mu}$ (etwa μ_z) gemeint sind.

T. Fließbach, *Elektrodynamik*, https://doi.org/10.1007/978-3-662-64889-6_32

Je nach Vorzeichen der Suszeptibilität bezeichnen wir einen Stoff als paramagnetisch oder als diamagnetisch:

$$\begin{aligned} \text{paramagnetisch:} \quad & \chi_{\mathrm{m}} > 0 \\ \text{diamagnetisch:} \quad & \chi_{\mathrm{m}} < 0 \end{aligned} \tag{32.6}$$

Paramagnetismus entsteht durch die Ausrichtung vorhandener magnetischer Momente (Spin und/oder Bahndrehimpuls von Elektronen). Paramagnetismus tritt nur auf, wenn die Atome ungepaarte Elektronen haben. Diamagnetismus entsteht durch atomare Ströme, die durch das angelegte Magnetfeld induziert werden. Diamagnetismus tritt in allen Atomen auf.

In ferromagnetischen Materialien kommt es zu wesentlich stärkeren Magnetisierungen als beim Dia- oder Paramagnetismus. Sofern die lineare Relation $\boldsymbol{M} = \chi_{\mathrm{m}}\, \boldsymbol{H}$ überhaupt anwendbar ist, ist $\chi_{\mathrm{m}} \gg 1$ möglich.

Paramagnetismus

Aufgrund ihres Spins und ihres Bahndrehimpulses können die Elektronen in Atomen oder Molekülen permanente magnetische Momente $|\boldsymbol{\mu}| = \text{const.}$ haben. Wir nehmen an, dass die einzelnen Dipole sich unabhängig voneinander einstellen. Das in Materie wirksame Magnetfeld $\boldsymbol{B}$ versucht, die Dipole auszurichten, die Temperaturbewegung wirkt auf eine Gleichverteilung über alle Richtungen hin. Ähnlich wie bei Paraelektrika (Kapitel 31) ergibt sich daraus eine temperaturabhängige Magnetisierung in Richtung des angelegten Felds, also $\chi_{\mathrm{para}} > 0$.

Wesentlich für paramagnetisches Verhalten ist, dass die Wechselwirkung zwischen den magnetischen Dipolen keine entscheidende Rolle spielt; in dem vorgestellten Modell wird sie völlig vernachlässigt. Im ferromagnetischen Fall führt gerade diese Wechselwirkung zur spontanen Magnetisierung.

In (15.19) haben wir folgenden Zusammenhang zwischen dem Drehimpuls $\boldsymbol{L}$ und magnetischem Moment $\boldsymbol{\mu}$ geladener Teilchen hergestellt:

$$\boldsymbol{\mu} = \frac{g\,q}{2mc}\, \boldsymbol{L} \tag{32.7}$$

Der Drehimpuls $\boldsymbol{L}$ ist der Spin oder Bahndrehimpuls des Teilchens. Da das magnetische Moment umgekehrt proportional zur Masse ist, sehen wir von den magnetischen Momenten der Nukleonen im Atomkern ab und betrachten nur Elektronen. Der Einfachheit halber stellen wir uns im Folgenden ein Atom mit abgeschlossenen Schalen und einem zusätzlichen Elektron vor. Abgeschlossene Elektronenschalen haben den Gesamtdrehimpuls null. Das Elektron hat einen Spin $\hbar/2$; hierfür ist der gyromagnetische Faktor $g = 2$. Das beitragende Elektron habe Bahndrehimpuls null; andernfalls ergibt sich aus der Koppelung von Spin und Bahndrehimpuls ein komplizierterer Ausdruck für den g-Faktor.

Die Energie des Dipols im äußeren Feld ist durch (15.28) gegeben, $W = -\boldsymbol{\mu}\cdot\boldsymbol{B}$. Der Mittelwert des magnetischen Moments in Richtung des Magnetfelds $\boldsymbol{B} = B\,\boldsymbol{e}_z$ ergibt sich wie in (31.31)–(31.36):

$$\overline{\mu_z} = \overline{\boldsymbol{\mu}\cdot\boldsymbol{e}_z} = \frac{|\boldsymbol{\mu}|^2 B}{3k_{\mathrm{B}}T} \tag{32.8}$$

Daraus folgt die statische Polarisierbarkeit

$$\alpha_{\mathrm{para}}(0) = \frac{|\boldsymbol{\mu}|^2}{3k_{\mathrm{B}}T} \sim \frac{e^2\hbar^2}{12\,m_{\mathrm{e}}^2c^2}\,\frac{1}{k_{\mathrm{B}}T} \tag{32.9}$$

Im letzten Ausdruck haben wir $|\boldsymbol{\mu}| \sim e\hbar/2m_{\mathrm{e}}c$ eingesetzt; dies ist die nach (32.7) zu erwartende Größenordnung für Elektronen. Für eine numerische Abschätzung der Suszeptibilität setzen wir $n_0 \sim 0.1\,\text{Å}^{-3}$ (Festkörperdichte), $e^2/(1\,\text{Å}) = 14.4\,\text{eV}$, $\hbar c/e^2 = 137$, $m_{\mathrm{e}}c^2 = 5\cdot 10^5\,\text{eV}$ und $k_{\mathrm{B}}T = \text{eV}/40$ ein:

$$\chi_{\mathrm{para}} = n_0\,\alpha_{\mathrm{para}}(0) \sim \frac{0.1}{12}\,\frac{e^2}{\text{Å}}\left(\frac{\hbar c}{\text{Å}}\right)^2\left(\frac{1}{m_{\mathrm{e}}c^2}\right)^2\frac{40}{\text{eV}} \approx 7\cdot 10^{-5} \tag{32.10}$$

Hieraus folgt die Permeabilitätskonstante

$$\mu_{\mathrm{para}} - 1 = 4\pi\,\chi_{\mathrm{para}} \sim 10^{-3} \tag{32.11}$$

Diamagnetismus

Schaltet man im Bereich einer Leiterschleife ein Magnetfeld ein, so wird in der Schleife eine Spannung erzeugt (Faradaysches Induktionsgesetz). Diese Spannung ist so gerichtet, dass der von ihr hervorgerufene Strom das angelegte Magnetfeld schwächt (Lenzsche Regel). Damit ist die Magnetisierung $\boldsymbol{M}$ dem $\boldsymbol{B}$-Feld entgegengesetzt und die Suszeptibilität ist negativ, $\chi_{\mathrm{dia}} < 0$.

Zur quantitativen Abschätzung des Diamagnetismus betrachten wir die klassische Bewegungsgleichung eines Teilchens mit der Masse m und der Ladung q. Auf das Teilchen wirke ein elektrostatisches Feld $\boldsymbol{E} = -\operatorname{grad}\Phi$ und ein äußeres Magnetfeld $\boldsymbol{B}$:

$$m\,\dot{\boldsymbol{v}} = -q\,\operatorname{grad}\Phi + \frac{q}{c}\,\boldsymbol{v}\times\boldsymbol{B} \qquad \text{(in IS)} \tag{32.12}$$

Diese Bewegungsgleichung bezieht sich auf ein Inertialsystem (IS). Wir betrachten nun dieselbe Bewegung in einem Koordinatensystem KS′, das relativ zu IS mit der Frequenz $\boldsymbol{\omega}$ rotiert. In KS′ treten zusätzlich die Coriolis- und die Zentrifugalkraft ($\mathcal{O}(\omega^2)$) auf (Kapitel 6 in [1]):

$$m\,\dot{\boldsymbol{v}}' = -\,q\,\operatorname{grad}\Phi + \frac{q}{c}\,\boldsymbol{v}'\times\boldsymbol{B} + 2m\,\boldsymbol{v}'\times\boldsymbol{\omega} + \mathcal{O}(\omega^2) \tag{32.13}$$

Wir setzen $\boldsymbol{\omega}$ gleich der *Larmorfrequenz*

$$\boldsymbol{\omega}_{\mathrm{L}} = -\frac{q}{2mc}\,\boldsymbol{B} \tag{32.14}$$

Dann kompensiert die Corioliskraft gerade die magnetische Kraft:

$$m\,\dot{\boldsymbol{v}}' = -\,q\ \mathrm{grad}\,\Phi + \mathcal{O}\big(\omega_{\mathrm{L}}^2\big) \qquad (\text{in KS}') \tag{32.15}$$

In der Regel sind $\boldsymbol{B}$ und damit $\boldsymbol{\omega}_{\mathrm{L}}$ so klein, dass der Term $\mathcal{O}(\omega_{\mathrm{L}}^2)$ der Zentrifugalkraft vernachlässigt werden kann. Damit erhalten wir in KS$'$ die ungestörte Bewegung, also die Bewegung ohne Magnetfeld. Nun rotiert KS$'$ gegenüber IS mit $\boldsymbol{\omega}_{\mathrm{L}}$. Die Bewegung in IS ist daher eine mit $\boldsymbol{\omega}_{\mathrm{L}}$ rotierende ungestörte Bewegung. Das Magnetfeld führt also zu einer Präzession mit der Drehfrequenz $\boldsymbol{\omega}_{\mathrm{L}} \parallel -q\,\boldsymbol{B}$. Damit wird ein Kreisstrom induziert, der ein Magnetfeld erzeugt (siehe etwa Abbildung 15.1), das dem ursprünglichen Magnetfeld entgegengesetzt ist. Diese Aussage ist unabhängig vom Vorzeichen der Ladung.

Wir wenden dieses Modell nun auf ein Elektron (Masse $m = m_{\mathrm{e}}$, Ladung $q = -e$) in einem Atom an. Das Elektron habe im Mittel den Abstand eines Bohrschen Radius a_{B} von der Magnetfeldachse, die durch den Atomkern geht (klassisch könnte man eine Kreisbahn mit diesem Radius betrachten, wobei die Bahnebene senkrecht zum Magnetfeld steht). Dann ergibt die Larmorpräzession den zusätzlichen Drehimpuls $\boldsymbol{L} = m_{\mathrm{e}}\,a_{\mathrm{B}}^2\,\boldsymbol{\omega}_{\mathrm{L}}$. Wir setzen $\boldsymbol{L}_{\mathrm{L}} = m_{\mathrm{e}}\,a_{\mathrm{B}}^2\,\boldsymbol{\omega}_{\mathrm{L}}$, $q = -e$ und $g = 1$ in (32.7) ein, und multiplizieren das Ergebnis mit der Anzahl Z der (pro Atom) beitragenden Elektronen. Daraus erhalten wir das *induzierte* magnetische Moment eines Atomes

$$\boldsymbol{\mu} = Z\,\frac{q}{2mc}\,\boldsymbol{L}_{\mathrm{L}} = \frac{-Ze}{2m_{\mathrm{e}}c}\,m_{\mathrm{e}}a_{\mathrm{B}}^2\,\boldsymbol{\omega}_{\mathrm{L}} = -\frac{Ze^2a_{\mathrm{B}}^2}{4m_{\mathrm{e}}c^2}\,\boldsymbol{B} = \alpha_{\mathrm{dia}}\,\boldsymbol{B} \tag{32.16}$$

Für die numerische Abschätzung setzen wir $n_0 \sim 0.1\,\text{Å}^{-3}$ (Festkörperdichte), $a_{\mathrm{B}} = 0.53\,\text{Å}$, $e^2/(1\,\text{Å}) = 14.4\,\mathrm{eV}$, $m_{\mathrm{e}}c^2 = 5\cdot 10^5\,\mathrm{eV}$ und $Z = 10$ ein:

$$\chi_{\mathrm{dia}} = n_0\,\alpha_{\mathrm{dia}} = -\,n_0\,\frac{Ze^2a_{\mathrm{B}}^2}{4m_{\mathrm{e}}c^2} \sim -\frac{0.1\,Z}{4}\,\frac{e^2}{\text{Å}}\left(\frac{a_{\mathrm{B}}}{\text{Å}}\right)^2\frac{1}{m_{\mathrm{e}}c^2} \approx -2\cdot 10^{-6} \tag{32.17}$$

Die Permeabilitätskonstante ist dann

$$\mu_{\mathrm{dia}} - 1 = 4\pi\,\chi_{\mathrm{dia}} \sim -3\cdot 10^{-5} \tag{32.18}$$

Die Werte (32.11) und (32.18) geben die typische Größenordnung für Flüssigkeiten und Festkörper an. Für Gase ist die Dichte n_0 und damit auch die Suszeptibilität χ_{m} etwa um einen Faktor 10^4 kleiner.

Wenn es ungepaarte Elektronen gibt, überwiegen die paramagnetischen Effekte; denn aus (32.10) und (32.17) folgt $|\chi_{\mathrm{para}}| \gg |\chi_{\mathrm{dia}}|$. In diesem Fall ist der Stoff effektiv paramagnetisch. Wenn es keine ungepaarten Elektronen gibt, ist der Stoff diamagnetisch.

Ferromagnetismus

Der Ferromagnetismus tritt in speziellen Materialien auf, zum Beispiel in Eisen, Kobalt, Nickel und einer Reihe von Legierungen. In einem *Ferromagneten* erfolgt unterhalb einer kritischen Temperatur T_c eine Ausrichtung der Spins der ungepaarten Elektronen. Dadurch ergibt sich ohne äußeres Magnetfeld, also „spontan", eine Magnetisierung $\boldsymbol{M}_s$.

Der Grund für dieses Verhalten ist die Wechselwirkung zwischen den Spins benachbarter Elektronen. Diese Wechselwirkung kann in der Form $W = -I\, \boldsymbol{s}_i \cdot \boldsymbol{s}_j$ geschrieben werden (Heisenbergmodell). Die Ursache dieser Wechselwirkung ist das Austauschintegral der Coulombwechselwirkung der beiden Elektronen.

Weit oberhalb der Temperatur T_c ist das Material paramagnetisch. Bei Annäherung an T_c verhält sich die Suszeptibilität wie

$$\chi_{\text{ferro}} = \frac{\text{const.}}{T - T_c} \qquad (T > T_c) \tag{32.19}$$

Dieses *Curie-Weiss-Gesetz* wird in [4], Kapitel 36, abgeleitet.

Für $T < T_c$ ist die globale Magnetisierung eines Ferromagneten zunächst null, weil sich einzelne (Weisssche) Bezirke ausbilden, in denen die spontane Magnetisierung $\boldsymbol{M}_s$ jeweils in andere Richtungen zeigt. Durch ein angelegtes Magnetfeld kann die Magnetisierung dieser Bereiche ausgerichtet werden. Für nicht zu große Felder ergibt sich eine globale Magnetisierung $\boldsymbol{M} = \chi_{\text{ferro}}\, \boldsymbol{H}$ mit

$$\chi_{\text{ferro}} \gg 1 \qquad (T < T_c) \tag{32.20}$$

Die Proportionalität zwischen $\boldsymbol{M}$ und $\boldsymbol{H}$ gilt aber nur sehr eingeschränkt. So ergibt sich für starke Felder durch Ausrichtung aller Bezirke eine Sättigungsmagnetisierung. Außerdem ist die Ausrichtung der einzelnen Bezirke von der Vorgeschichte der Probe abhängig (Hysterese).

Aufgaben

32.1 Vektorpotenzial aus externer Stromdichte und Magnetisierung

In einem magnetischen Medium sind die Stromdichte $\boldsymbol{j}_{\text{ext}}(\boldsymbol{r})$ und die Magnetisierung $\boldsymbol{M}(\boldsymbol{r})$ gegeben. Zeigen Sie, dass das Vektorpotenzial

$$\boldsymbol{A}(\boldsymbol{r}) = \boldsymbol{A}_{\text{ext}}(\boldsymbol{r}) + \boldsymbol{A}_{\text{ind}}(\boldsymbol{r}) = \frac{1}{c}\int d^3r'\,\frac{\boldsymbol{j}_{\text{ext}}(\boldsymbol{r}')}{|\boldsymbol{r}-\boldsymbol{r}'|} + \int d^3r'\,\frac{\boldsymbol{M}(\boldsymbol{r}')\times(\boldsymbol{r}-\boldsymbol{r}')}{|\boldsymbol{r}-\boldsymbol{r}'|^3} \tag{32.21}$$

die makroskopische Maxwellgleichung $\operatorname{rot}\boldsymbol{H} = \operatorname{rot}(\boldsymbol{B} - 4\pi\boldsymbol{M}) = 4\pi\,\boldsymbol{j}_{\text{ext}}/c$ löst.

32.2 Homogen magnetisierte Kugel

Bestimmen Sie das magnetische Feld $\boldsymbol{B}$ einer homogen polarisierten Kugel (Radius R, $\boldsymbol{j}_{\text{ext}} = 0$). Skizzieren Sie den Feldverlauf, und berechnen Sie die induzierte Stromdichte. Verwenden Sie (32.21).

32.3 Magnetisierung durch äußeres Feld

Eine Kugel (Radius R, Permeabilität μ) befindet sich in einem äußeren homogenen Magnetfeld $\boldsymbol{B}_0$. Das Feld bewirkt eine homogene Magnetisierung $\boldsymbol{M}_0$ der Kugel. Bestimmen Sie $\boldsymbol{M}_0$ aus $\boldsymbol{B}_0$ und μ. Gehen Sie dazu von

$$\boldsymbol{H} = \boldsymbol{B} - 4\pi\boldsymbol{M} = \boldsymbol{B}/\mu$$

aus. Skizzieren Sie die Feldlinien für den Fall $\mu > 1$. Welche Stärke hat das $\boldsymbol{H}$-Feld im Inneren der Kugel für $\mu \gg 1$?

32.4 Hochpermeable Kugelschale im äußeren Feld

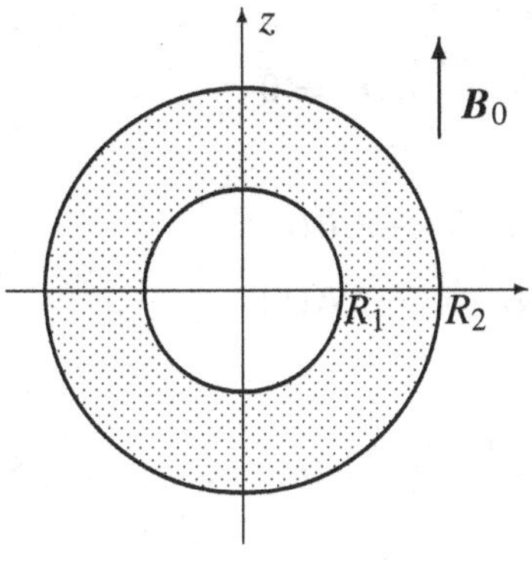

Eine Kugelschale (Radien R_1 und R_2) mit der Permeabilität μ befindet sich im äußeren homogenen Magnetfeld $\boldsymbol{B}_0 = B_0\,\boldsymbol{e}_z$. In den einzelnen Bereichen kann man $\boldsymbol{H} = -\operatorname{grad}\Psi$ mit einem magnetischen Potenzial

$$\Psi(r,\theta) = \sum_{l=0}^{\infty}\left(a_l\,r^l + \frac{b_l}{r^{l+1}}\right)P_l(\cos\theta)$$

ansetzen. Begründen Sie diesen Ansatz, und bestimmen Sie die Koeffizienten a_l und b_l. Diskutieren Sie den Grenzfall $\mu \gg 1$.

33 Wellenlösungen

Wir untersuchen elektromagnetische Wellen in homogener Materie. Für eine monochromatische, ebene Welle diskutieren wir die Unterschiede zur Vakuumlösung. Anschließend behandeln wir die Dispersion von Wellenpaketen, die durch die Frequenzabhängigkeit der Responsefunktionen entsteht.

Monochromatische, ebene Welle

Wir betrachten ein homogenes und isotropes Medium mit den makroskopischen Responsefunktionen

$$\varepsilon = \varepsilon(\omega)\,, \qquad \mu = \mu(\omega) \tag{33.1}$$

Wir untersuchen zunächst Lösungen mit einer festen Frequenz ω:

$$\begin{aligned} \boldsymbol{E}(\boldsymbol{r},t) &= \mathrm{Re}\; \boldsymbol{E}(\boldsymbol{r})\, \exp(-\mathrm{i}\omega t)\,, \qquad & \boldsymbol{D}(\boldsymbol{r},t) &= \mathrm{Re}\; \varepsilon(\omega)\, \boldsymbol{E}(\boldsymbol{r})\, \exp(-\mathrm{i}\omega t) \\ \boldsymbol{B}(\boldsymbol{r},t) &= \mathrm{Re}\; \boldsymbol{B}(\boldsymbol{r})\, \exp(-\mathrm{i}\omega t)\,, \qquad & \boldsymbol{H}(\boldsymbol{r},t) &= \mathrm{Re}\; \frac{\boldsymbol{B}(\boldsymbol{r})}{\mu(\omega)}\, \exp(-\mathrm{i}\omega t) \end{aligned} \tag{33.2}$$

Hierbei wird ω = reell vorausgesetzt. Die Größen $\boldsymbol{E}(\boldsymbol{r})$, $\boldsymbol{B}(\boldsymbol{r})$, ε und μ sind im Allgemeinen komplex. Das Zeichen Re für die Bildung des Realteils wird im Folgenden meist unterdrückt.

Wir setzen die Felder (33.2) in die quellfreien ($\varrho_{\text{ext}} = 0$, $\boldsymbol{j}_{\text{ext}} = 0$) makroskopischen Maxwellgleichungen (29.29) ein:

$$\begin{aligned} \operatorname{div} \boldsymbol{E}(\boldsymbol{r}) = 0\,, \qquad & \operatorname{rot} \boldsymbol{E}(\boldsymbol{r}) - \frac{\mathrm{i}\omega}{c}\, \boldsymbol{B}(\boldsymbol{r}) = 0 \\ \operatorname{div} \boldsymbol{B}(\boldsymbol{r}) = 0\,, \qquad & \operatorname{rot} \boldsymbol{B}(\boldsymbol{r}) + \frac{\mathrm{i}\omega\, \varepsilon(\omega)\, \mu(\omega)}{c}\, \boldsymbol{E}(\boldsymbol{r}) = 0 \end{aligned} \tag{33.3}$$

Mit

$$\begin{aligned} \operatorname{rot}\operatorname{rot} \boldsymbol{B}(\boldsymbol{r}) &= -\Delta \boldsymbol{B} + \operatorname{grad}\operatorname{div} \boldsymbol{B} &= -\Delta \boldsymbol{B}(\boldsymbol{r}) \\ \operatorname{rot}\operatorname{rot} \boldsymbol{E}(\boldsymbol{r}) &= -\Delta \boldsymbol{E} + \operatorname{grad}\operatorname{div} \boldsymbol{E} &= -\Delta \boldsymbol{E}(\boldsymbol{r}) \end{aligned} \tag{33.4}$$

erhalten wir

$$\Big(\Delta + \frac{\omega^2\, \varepsilon\mu}{c^2}\Big) \boldsymbol{B}(\boldsymbol{r}) = 0 \quad \text{und} \quad \Big(\Delta + \frac{\omega^2\, \varepsilon\mu}{c^2}\Big) \boldsymbol{E}(\boldsymbol{r}) = 0 \tag{33.5}$$

Diese Gleichungen werden durch die Ansätze

$$\boldsymbol{E}(\boldsymbol{r}) = \boldsymbol{E}_0\, \exp(\mathrm{i}\boldsymbol{k}\cdot\boldsymbol{r})\,, \qquad \boldsymbol{B}(\boldsymbol{r}) = \boldsymbol{B}_0\, \exp(\mathrm{i}\boldsymbol{k}\cdot\boldsymbol{r}) \tag{33.6}$$

T. Fließbach, *Elektrodynamik*, https://doi.org/10.1007/978-3-662-64889-6_33

mit beliebigen Amplituden $\boldsymbol{E}_0$ und $\boldsymbol{B}_0$ gelöst, falls der Wellenvektor $\boldsymbol{k}$ die Bedingung

$$\omega^2 = \frac{c^2 \boldsymbol{k}^2}{\varepsilon \mu} = \frac{c^2 k^2}{n^2} \tag{33.7}$$

erfüllt. Der hier eingeführte *Brechungsindex n* ist im Allgemeinen komplex:

$$\boxed{n = \sqrt{\varepsilon \mu} = n_\mathrm{r} + \mathrm{i}\kappa = |n| \exp(\mathrm{i}\delta) \qquad \text{Brechungsindex}} \tag{33.8}$$

Gelegentlich wird der Realteil n_r allein als Brechungsindex (im engeren Sinn) bezeichnet. Die reellen Größen n_r und κ werden auch *optische Konstanten* (des betrachteten Materials) genannt. Nach (31.3) ist klar, dass diese Größen keine konstanten Größen sind; sie hängen insbesondere von der Frequenz des Lichts ab.

Mit n ist auch der Wellenvektor $\boldsymbol{k}$ komplex; denn die anderen Größen (c und ω) in (33.7) sind reell. Daher enthält $\boldsymbol{k} = \boldsymbol{k}_\mathrm{r} + \mathrm{i}\,\boldsymbol{k}_\mathrm{i}$ zwei reelle Vektoren $\boldsymbol{k}_\mathrm{r}$ und $\boldsymbol{k}_\mathrm{i}$, die im Allgemeinen verschiedene Richtungen haben. Für die Welle der Form

$$\exp(\mathrm{i}\boldsymbol{k} \cdot \boldsymbol{r}) = \exp(\mathrm{i}\boldsymbol{k}_\mathrm{r} \cdot \boldsymbol{r}) \exp(-\boldsymbol{k}_\mathrm{i} \cdot \boldsymbol{r}) \tag{33.9}$$

sind die Phasenflächen $\boldsymbol{k}_\mathrm{r} \cdot \boldsymbol{r} = \text{const.}$ verschieden von den Flächen $\boldsymbol{k}_\mathrm{i} \cdot \boldsymbol{r} = \text{const.}$ gleicher Amplituden. Im Folgenden beschränken wir uns auf den Fall $\boldsymbol{k}_\mathrm{r} \parallel \boldsymbol{k}_\mathrm{i}$. Dazu setzen wir

$$\boldsymbol{k} = n\, \boldsymbol{k}_0 \tag{33.10}$$

wobei $\boldsymbol{k}_0$ ein reeller Vektor mit beliebiger Richtung ist. Aus (33.7) folgt $k_0 = \omega/c$. Auf den Ebenen $\boldsymbol{k}_0 \cdot \boldsymbol{r} = \text{const.}$ hat die komplexe Welle jeweils denselben Wert; daher die Bezeichnung als „ebene Welle". Auf einer solchen Ebene sind sowohl die Amplitude wie die Phase konstant.

Aus den Maxwellgleichungen folgen noch Bedingungen für die Amplituden $\boldsymbol{E}_0$ und $\boldsymbol{B}_0$, die in (33.5) nicht enthalten sind. Um diese Bedingungen zu erhalten, setzen wir (33.6) in alle vier Gleichungen (33.3) ein, wobei wir $\varepsilon\mu = n^2$ und $\boldsymbol{k} = n\,\boldsymbol{k}_0$ berücksichtigen:

$$\begin{aligned} \boldsymbol{k}_0 \cdot \boldsymbol{E}_0 &= 0\,, \qquad & \boldsymbol{k}_0 \times (n\, \boldsymbol{E}_0) &= k_0\, \boldsymbol{B}_0 \\ \boldsymbol{k}_0 \cdot \boldsymbol{B}_0 &= 0\,, \qquad & \boldsymbol{k}_0 \times \boldsymbol{B}_0 &= -k_0\, (n\, \boldsymbol{E}_0) \end{aligned} \tag{33.11}$$

Wir berechnen nun die reellen Felder $\boldsymbol{E}$ und $\boldsymbol{B}$ aus (33.2), wobei wir (33.8), (33.10) und (33.11) berücksichtigen:

$$\boldsymbol{E} = \mathrm{Re}\Big(\boldsymbol{E}_0 \exp\left[\,\mathrm{i}(n_\mathrm{r}\boldsymbol{k}_0 \cdot \boldsymbol{r} - \omega t)\right]\Big) \exp(-\kappa\, \boldsymbol{k}_0 \cdot \boldsymbol{r}) \tag{33.12}$$

$$\boldsymbol{B} = |n|\, (\boldsymbol{k}_0/k_0) \times \mathrm{Re}\Big(\boldsymbol{E}_0 \exp\left[\,\mathrm{i}(n_\mathrm{r}\boldsymbol{k}_0 \cdot \boldsymbol{r} - \omega t + \delta)\right]\Big) \exp(-\kappa\, \boldsymbol{k}_0 \cdot \boldsymbol{r}) \tag{33.13}$$

Zur Festlegung dieser Lösung ist ein Wellenvektor $\boldsymbol{k}_0$ (reell, beliebige Richtung, $k_0 = \omega/c$) und ein Amplitudenvektor $\boldsymbol{E}_0$ (im Allgemeinen komplex, $\boldsymbol{k}_0 \cdot \boldsymbol{E}_0 = 0$)

zu wählen. Speziell für eine reelle Amplitude $\boldsymbol{E}_0$ ergibt (33.12, 33.13) eine linear polarisierte Welle:

$$\boldsymbol{E} = \boldsymbol{E}_0 \cos(n_\mathrm{r}\, \boldsymbol{k}_0 \cdot \boldsymbol{r} - \omega t)\, \exp(-\kappa\, \boldsymbol{k}_0 \cdot \boldsymbol{r}) \qquad (33.14)$$

$$\boldsymbol{B} = |n|\, (\boldsymbol{k}_0/k_0) \times \boldsymbol{E}_0 \cos(n_\mathrm{r}\, \boldsymbol{k}_0 \cdot \boldsymbol{r} - \omega t + \delta)\, \exp(-\kappa\, \boldsymbol{k}_0 \cdot \boldsymbol{r}) \qquad (33.15)$$

In diesem Fall bilden $\boldsymbol{k}_0$, $\boldsymbol{E}_0$ und $\boldsymbol{B}_0$ drei orthogonale Vektoren.

Wir diskutieren die Eigenschaften der Materiewelle (33.12, 33.13) im Einzelnen. Dabei geben wir jeweils die Gemeinsamkeiten und die Unterschiede zur Vakuumlösung (mit $n = 1$, also $n_\mathrm{r} = 1$ und $\kappa = 0$) an:

1. *Transversalität:* Es gilt

$$\boldsymbol{E}(\boldsymbol{r}, t) \perp \boldsymbol{k}_0\,, \qquad \boldsymbol{B}(\boldsymbol{r}, t) \perp \boldsymbol{k}_0 \qquad (33.16)$$

   Für die erste Aussage multipliziert man (33.12) mit $\boldsymbol{k}_0$, zieht den reellen Vektor $\boldsymbol{k}_0$ unter das Realteilzeichen und berücksichtigt $\boldsymbol{E}_0\, \boldsymbol{k}_0 = 0$ aus (33.11). Die zweite Aussage folgt sofort aus der Multiplikation von (33.13) mit $\boldsymbol{k}_0$.

   Die elektromagnetische Welle ist also transversal, ebenso wie die Welle im Vakuum.

2. *Polarisation:* Wir vergleichen die Materielösung (33.12) mit der Vakuumlösung (20.24). Die Unterschiede (reeller Faktor n_r im Wellenvektor und Dämpfungsfaktor $\exp(-\kappa\, \boldsymbol{k}_0 \cdot \boldsymbol{r})$) haben keinen direkten Einfluss auf die Zeitabhängigkeit des Feldvektors. Daher kann die Polarisation wie in Kapitel 20 behandelt werden. Die Lösung (33.12) stellt daher im Allgemeinen eine elliptisch polarisierte Welle dar.

   Durch (33.14) und (33.15) ist speziell eine linear polarisierte Welle gegeben.

3. *Phasengeschwindigkeit:* Für $\boldsymbol{k}_0 = k_0\, \boldsymbol{e}_z$ und $n_\mathrm{r} k_0 z - \omega t = 0$ hat (33.12) eine feste Phase; in (33.14) bestimmt dieses $z = z_\mathrm{max}$ die Position des Maximums. Die Position des Maximums verschiebt sich mit der *Phasengeschwindigkeit* $v_\mathrm{P} = z_\mathrm{max}/t$, also mit

$$v_\mathrm{P} = \frac{c}{n_\mathrm{r}} \qquad (33.17)$$

   Mit dieser Geschwindigkeit verschieben sich jeweils die Punkte mit einer bestimmten Phase (wie zum Beispiel die Maxima) in $\boldsymbol{k}_0$-Richtung. Wie wir unten noch sehen werden, ist dies nicht die Geschwindigkeit eines Lichtsignals.

4. *Wellenlänge:* Zwei benachbarte Maxima des Felds sind durch die Phase 2π voneinander getrennt. Der zugehörige räumliche Abstand ist die Wellenlänge λ. Aus $n_\mathrm{r} k_0 \lambda = 2\pi$ folgt

$$\lambda = \frac{\lambda_0}{n_\mathrm{r}} \qquad (33.18)$$

   Dabei ist $\lambda_0 = 2\pi/k_0$ die Wellenlänge im Vakuum.

5. *Phasenverschiebung und Amplitudenverhältnis:* Aus (33.12, 33.13) folgt

$$\frac{|\boldsymbol{B}(\boldsymbol{r},t+\delta/\omega)|}{|\boldsymbol{E}(\boldsymbol{r},t)|}=|n| \tag{33.19}$$

Die Zeitverschiebung im $\boldsymbol{B}$-Feld bedeutet eine Phasenverschiebung um den Winkel

$$\delta=\arctan\frac{\kappa}{n_{\mathrm{r}}} \tag{33.20}$$

Die Maxima von $\boldsymbol{E}$ und $\boldsymbol{B}$ liegen nicht an derselben Stelle. Das Verhältnis der maximalen Amplitude des magnetischen und elektrischen Felds ist gleich $|n|$. Bei der Vakuumwelle sind $\boldsymbol{B}$ und $\boldsymbol{E}$ dagegen phasengleich und haben dieselbe Stärke, (20.27) und Abbildung 20.1.

6. *Dämpfung:* Die elektromagnetische Welle in Materie ist für $\kappa\neq 0$ gedämpft. Wir führen den *Absorptionskoeffizienten* α,

$$\alpha=2k_0\kappa \tag{33.21}$$

ein und berechnen die Energiedichte (29.33) für die Welle:

$$w_{\mathrm{em}}=\frac{1}{8\pi}\left(\varepsilon\,|\boldsymbol{E}|^2+|\boldsymbol{B}|^2/\mu\right)\propto\exp(-\alpha\,\ell) \tag{33.22}$$

Dabei ist $\ell=\boldsymbol{k}_0\cdot\boldsymbol{r}/k_0$. Auf der Länge $1/\alpha$ fällt die Intensität der Welle auf den e-ten Teil ab. In der Regel ist $\mathrm{Im}\,\varepsilon\ll\mathrm{Re}\,\varepsilon$ und $\mu\approx 1$. Dann ist der Absorptionskoeffizient proportional zum Imaginärteil von ε,

$$\alpha(\omega)=\frac{2\omega}{c}\,\mathrm{Im}\sqrt{\varepsilon\mu}\approx\frac{\omega}{c}\,\frac{\mathrm{Im}\;\varepsilon(\omega)}{\sqrt{\mathrm{Re}\;\varepsilon(\omega)}} \tag{33.23}$$

Diskussion der Dämpfung

Die Dämpfung der Welle bedeutet, dass sie Energie verliert. Diese Energie wird an die Materie abgegeben. Wir studieren diesen Zusammenhang näher im Oszillatormodell (25.2).

Stellvertretend für Materie betrachten wir ein Teilchen (Masse m, Ladung q), das harmonisch gebunden ist (Eigenfrequenz ω_0, Dämpfung $\varGamma$). Die Auslenkung $\boldsymbol{r}_0(t)$ eines Teilchens im Feld einer Welle wird durch (25.7) bestimmt:

$$m\left(\ddot{\boldsymbol{r}}_0+\varGamma\,\dot{\boldsymbol{r}}_0+\omega_0^2\,\boldsymbol{r}_0\right)=q\,\boldsymbol{E}_0\,\exp(-\mathrm{i}\omega t) \tag{33.24}$$

Hierfür wurde $\lambda\gg r_0$ vorausgesetzt. Zur Vereinfachung nehmen wir im Folgenden $\boldsymbol{E}_0=$ reell an. Im eingeschwungenen Zustand lautet die Lösung

$$\begin{aligned}\boldsymbol{r}_0(t)\;&=\;\frac{q\,\boldsymbol{E}_0}{m}\,\mathrm{Re}\left(\frac{\exp(-\mathrm{i}\omega t)}{\omega_0^2-\omega^2-\mathrm{i}\omega\varGamma}\right)= \\ &=\;\frac{q\,\boldsymbol{E}_0}{m}\left(\frac{(\omega_0^2-\omega^2)\cos(\omega t)}{(\omega_0^2-\omega^2)^2+\omega^2\varGamma^2}+\frac{\omega\,\varGamma\,\sin(\omega t)}{(\omega_0^2-\omega^2)^2+\omega^2\varGamma^2}\right)\end{aligned} \tag{33.25}$$

Durch die Kraft

$$\boldsymbol{F} = q \,\mathrm{Re}\, \boldsymbol{E}_0 \exp(-\mathrm{i}\omega t) = q\, \boldsymbol{E}_0 \cos(\omega t) \tag{33.26}$$

wird die Leistung $P = \boldsymbol{F} \cdot \dot{\boldsymbol{r}}_0$ auf das Teilchen übertragen. Wir mitteln diese Leistung über eine Periode $T = 2\pi/\omega$:

$$P = \big\langle \boldsymbol{F} \cdot \dot{\boldsymbol{r}}_0 \big\rangle = \frac{1}{T} \int_t^{t+T} dt\, \boldsymbol{F}(t) \cdot \dot{\boldsymbol{r}}_0(t) = \frac{q^2 \boldsymbol{E}_0^2}{2m}\, \frac{\omega^2 \Gamma}{(\omega_0^2 - \omega^2)^2 + \omega^2 \Gamma^2} \tag{33.27}$$

Das Oszillatormodell ergibt die dielektrische Funktion (31.2),

$$\varepsilon(\omega) = 1 + \frac{4\pi n_0\, q^2/m}{\omega_0^2 - \omega^2 - \mathrm{i}\omega\Gamma} \tag{33.28}$$

Dabei ist n_0 die Anzahl der Oszillatoren (Atome) pro Volumen. Die absorbierte Leistung pro Volumen ist $n_0 P$. Sie kann durch den Imaginärteil der dielektrischen Funktion ausgedrückt werden:

$$n_0\, P = \frac{1}{8\pi}\, \boldsymbol{E}_0^2\, \omega\, \mathrm{Im}\, \varepsilon(\omega) \tag{33.29}$$

Diese Leistung wird von der Welle auf das Teilchen übertragen und verschwindet über den Reibungsterm in (33.24) in nicht näher spezifizierte andere Freiheitsgrade (Abstrahlung in andere Richtungen, Wärmebewegung). Damit geht diese Leistung der Welle verloren; die Welle ist gedämpft.

Telegraphengleichung

Für einen Leiter (Metall) haben wir aus dem Lorentzmodell die Form (31.15) erhalten, also $\varepsilon = \varepsilon_0(\omega) + 4\pi\mathrm{i}\sigma/\omega$. Wenn wir dies in die Wellengleichung (33.5) für das elektrische Feld einsetzen, erhalten wir

$$\left(\Delta + \frac{\omega^2 \varepsilon_0 \mu}{c^2}\right) \boldsymbol{E}(\boldsymbol{r}) = -4\pi\mathrm{i}\, \frac{\sigma\omega\mu}{c^2}\, \boldsymbol{E}(\boldsymbol{r}) \tag{33.30}$$

Wenn wir mit $-\mathrm{i}\omega \to \partial_t$ zur zeitabhängigen Form zurückgehen, dann ist die rechte Seite proportional zu $\partial \boldsymbol{E}(\boldsymbol{r}, t)/\partial t$. Eine analoge Form gilt für das magnetische Feld. Diese Form der Wellengleichung mit einer linearen Zeitableitung wird *Telegraphengleichung* genannt.

Die Lösung von (33.30) kann wie oben erfolgen, nur dass der komplexe Brechungsindex jetzt durch $n^2 = \mu(\varepsilon_0 + 4\pi\mathrm{i}\sigma/\omega)$ gegeben ist. Für hochfrequente Wellen kommt der wesentliche Beitrag zur Dämpfung von der Leitfähigkeit. Tatsächlich dringen solche Wellen nur sehr wenig in das Metall ein; der metallische Draht einer Telegraphenleitung dient im Wesentlichen als Führung der Wellen. Die Eindringtiefe wird im nächsten Kapitel (Abschnitt „Metall“) als Skineffekt quantitativ diskutiert.

Wellenpaket

Eine Überlagerung von Lösungen (33.6) mit verschiedenen $\boldsymbol{k}$-Vektoren ist wieder Lösung; dies folgt aus der Linearität der Maxwellgleichungen (29.29). In diesem Abschnitt diskutieren wir einige Eigenschaften von solchen Überlagerungen oder Wellenpaketen. Die Diskussion bezieht sich auch auf andere Wellenformen wie zum Beispiel Schallwellen.

Im betrachteten Frequenzbereich sei der Brechungsindex reell:

$$n = n(\omega) = \text{reell} \qquad \text{(transparentes Medium)} \tag{33.31}$$

Ein Medium mit reellem n ist durchsichtig (transparent), weil der Dämpfungskoeffizient verschwindet, $\alpha = 2k_0 \operatorname{Im} n = 0$. Nach (33.7) ist dann auch die Wellenzahl $k = |\boldsymbol{k}|$ reell. Wir lösen (33.7), $k^2 = \omega^2\, n(\omega)^2/c^2$, nach ω auf:

$$\omega = \omega(k) \qquad (\text{aus } n = n(\omega)) \tag{33.32}$$

Die Beziehung zwischen Frequenz und Wellenzahl heißt *Dispersionsrelation.* Dispersionsrelationen lassen sich auch für andere Wellen angeben, zum Beispiel:

$$\omega(k) = \begin{cases} c\,k & \text{Licht im Vakuum} \\ \sqrt{\omega_{\text{P}}^2 + c^2k^2} & \text{Plasmawelle (34.25), Hohlraumwelle (21.45), (21.49)} \\ \hbar k^2/(2m) & \text{Freie Schrödingerwelle} \\ c_{\text{S}}\,k & \text{Schallwelle, akustische Phononen} \\ \approx \text{const.} & \text{Optische Phononen} \end{cases} \tag{33.33}$$

Eine Abweichung von dem linearen Zusammenhang $\omega \propto k$ führt zu *Dispersionseffekten*. Für elektromagnetische Wellen in Materie impliziert $n(\omega) \neq \text{const.}$ solche Effekte.

Damit Dispersionseffekte auftreten, müssen verschiedene k- oder ω-Werte in der Welle vorkommen; es muss sich also um ein Wellenpaket handeln. Dispergieren heißt wörtlich auseinanderlaufen oder verbreiten. Dies bedeutet konkret:

- Die verschiedenen Anteile des Wellenpakets bewegen sich mit unterschiedlicher Phasengeschwindigkeit $v_{\text{P}} = c/n(\omega)$. Dadurch fließt das Wellenpaket im Laufe der Zeit räumlich auseinander. Dies wird im Folgenden näher untersucht.

- Die verschiedenen Anteile des Wellenpakets werden an einer Grenzfläche zwischen zwei Medien unterschiedlich stark gebrochen und laufen deshalb auseinander (Abbildung 34.1).

Der Einfachheit halber betrachten wir nur eine Komponente der Felder $\boldsymbol{E}$ oder $\boldsymbol{B}$, die wir mit ψ bezeichnen. In der folgenden Diskussion kann ψ auch das Wellenfeld einer der in (33.33) genannten Wellen sein. Wir beschränken uns auf $\boldsymbol{k} = k\,\boldsymbol{e}_z$. Die allgemeine Form eines solchen Wellenpakets ist

$$\psi(z,t) = \frac{1}{\sqrt{2\pi}} \int_{-\infty}^{\infty} dk\; A(k)\, \exp\big[\mathrm{i}\big(kz - \omega(k)\,t\big)\big] \tag{33.34}$$

Dies ist Lösung der Wellengleichung, wenn $\omega(k)$ die zugehörige Dispersionsrelation erfüllt.

Wir betrachten zunächst eine einzelne k-Komponente des Wellenpakets, also $\psi_k = A(k)\,\exp[\,\mathrm{i}\,(kz - \omega(k)\,t)]$. Der Ort $z_{\max}$ eines Wellenbergs hat eine konstante Phase, $k z_{\max} - \omega(k)\,t = \text{const}$. Der Wellenberg pflanzt sich mit der *Phasengeschwindigkeit* $v_{\mathrm{P}} = z_{\max}/t$ fort:

$$v_{\mathrm{P}} = \frac{\omega(k)}{k} \qquad \text{(Phasengeschwindigkeit)} \tag{33.35}$$

Für Plasmawellen mit $\omega^2 = \omega_{\mathrm{P}}^2 + c^2k^2$ gilt zum Beispiel

$$v_{\mathrm{P}} = c\,\sqrt{1 + \frac{\omega_{\mathrm{P}}^2}{c^2k^2}} \tag{33.36}$$

Zur Zeit $t = 0$ hat das Wellenpaket (33.34) die Form

$$\psi_0(z) = \psi(z,0) = \widetilde{A}(z) \tag{33.37}$$

Dabei ist $\widetilde{A}(z)$ die Fouriertransformierte von $A(k)$,

$$\widetilde{A}(z) = \frac{1}{\sqrt{2\pi}} \int_{-\infty}^{\infty} dk\; A(k)\, \exp(\mathrm{i}kz) \tag{33.38}$$

Wir betrachten im Folgenden ein bei $k = k_{\mathrm{o}}$ *lokalisiertes Wellenpaket*. Als konkretes Beispiel verwenden wir

$$A(k) = C\, \exp\big(-a\,(k-k_{\mathrm{o}})^2\big) \tag{33.39}$$

In diesem Fall ist auch $|\psi_0(z)|$ eine Gaußfunktion. Der Realteil $\mathrm{Re}\,\psi_0$ und die Amplitudenfunktion $A(k)$ sind in Abbildung 33.1 skizziert.

Wegen der vorausgesetzten Lokalisierung von $A(k)$ ist es sinnvoll, $\omega(k)$ in (33.34) bei k_{o} zu entwickeln:

$$\begin{aligned} \omega(k) &= \omega(k_{\mathrm{o}}) + \left(\frac{d\omega}{dk}\right)_{k_{\mathrm{o}}} (k-k_{\mathrm{o}}) + \frac{1}{2}\left(\frac{d^2\omega}{dk^2}\right)_{k_{\mathrm{o}}} (k-k_{\mathrm{o}})^2 + \ldots \\ &= \omega_{\mathrm{o}} + v_{\mathrm{G}}\,(k-k_{\mathrm{o}}) + \beta\,(k-k_{\mathrm{o}})^2 + \ldots \end{aligned} \tag{33.40}$$

Als Entwicklungskoeffizienten treten die *Gruppengeschwindigkeit*

$$v_{\mathrm{G}} = \left(\frac{d\omega}{dk}\right)_{k_{\mathrm{o}}} \qquad \text{(Gruppengeschwindigkeit)} \tag{33.41}$$

und der *Dispersionsparameter* auf,

$$\beta = \frac{1}{2}\left(\frac{d^2\omega}{dk^2}\right)_{k_0} \qquad \text{(Dispersionsparameter)} \qquad (33.42)$$

In der niedrigsten Näherung brechen wir (33.40) beim linearen Term ab und setzen $\omega \approx \omega_0 + v_G\,(k - k_0)$ in (33.34) ein:

$$\begin{aligned}\psi(z,t) &\approx \exp\big[\,\mathrm{i}\,(k_0 v_G - \omega_0)t\big]\,\frac{1}{\sqrt{2\pi}}\int_{-\infty}^{\infty} dk\; A(k)\,\exp\big[\mathrm{i}k\,(z - v_G t)\big] \\ &= \exp\big[\,\mathrm{i}\,(k_0 v_G - \omega_0)t\big]\,\psi_0(z - v_G t) \qquad (33.43)\end{aligned}$$

Die Intensität der Welle ist

$$\big|\psi(z,t)\big|^2 \approx \big|\psi_0(z - v_G t)\big|^2 \qquad \text{(lineare Näherung der Dispersionsrelation)} \qquad (33.44)$$

Im elektromagnetischen Fall ist ψ eine der Komponenten von $\boldsymbol{E}$ oder $\boldsymbol{B}$, und $|\psi|^2$ ist proportional zur Energiedichte.

In der Näherung (33.43) wird das Wellenpaket ohne Änderung seiner Form, also ohne Dispersion, mit der Geschwindigkeit v_G in z-Richtung verschoben. Diese Geschwindigkeit v_G, mit der die ganze Wellengruppe (Wellenpaket) verschoben wird, heißt *Gruppengeschwindigkeit*. Wenn man über die lineare Näherung hinausgeht, ist v_G die Geschwindigkeit des Schwerpunkts des Wellenpakets; dies wird sich aus (33.48) ergeben. Das Wellenpaket könnte als Signal verwendet werden; dann ist v_G auch die Signalgeschwindigkeit.

Als Beispiel setzen wir die Dispersionsrelation (33.33) für Plasma- oder Hohlraumwellen in (33.41) ein:

$$v_G = \left(\frac{d\omega}{dk}\right)_{k_0} = \frac{c}{\sqrt{1 + \omega_P^2/c^2 k_0^2}} \qquad (33.45)$$

Für eine lineare Dispersionsrelation gilt

$$v_G = v_P = c\,, \qquad (\text{für } \omega = ck) \qquad (33.46)$$

In diesem Fall gilt (33.44) exakt, das heißt die Welle breitet sich dispersionsfrei aus. Dies gilt insbesondere für elektromagnetische Wellen im Vakuum.

Bei einer nichtlinearen Dispersionsrelation verbreitert sich das Wellenpaket im Laufe der Zeit, es dispergiert. Dies kann man so verstehen, dass sich die einzelnen Bestandteile (Frequenzen) des Wellenpakets mit unterschiedlicher Geschwindigkeit bewegen. Die führende Abweichung von der Linearität ist durch den Dispersionsparameter (33.42) gegeben. Wir berechnen die Dispersion des Wellenpakets (33.34)

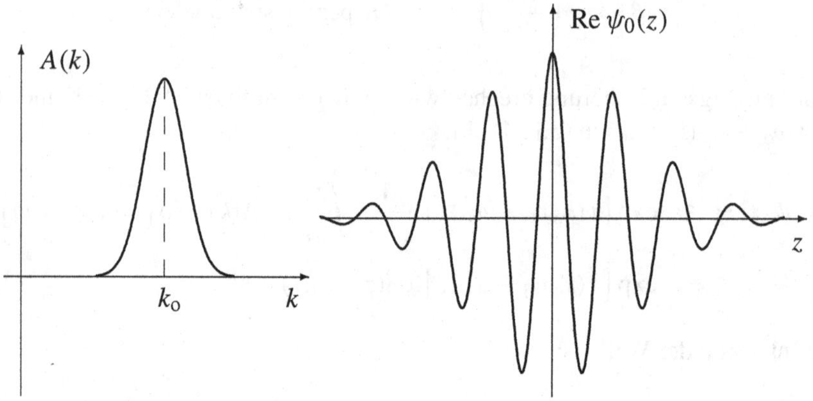

Abbildung 33.1 Links ist die Amplitudenfunktion $A(k)$ mit $a^{1/2}\, k_o = 6$ gezeigt. Rechts ist der Realteil der zugehörigen Wellenfunktion (33.34) für $t = 0$ abgebildet; die Funktion $\psi_0(z) = \psi(z, 0)$ ergibt sich aus (33.47).

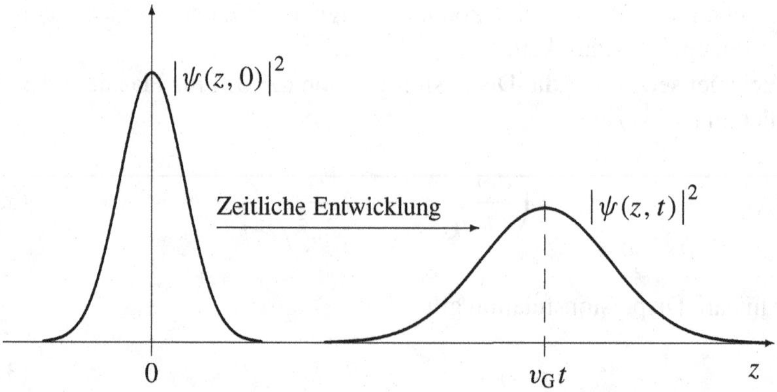

Abbildung 33.2 Gezeigt ist die Intensitätsverteilung (33.48) des Wellenpakets (33.34) mit (33.39) für zwei Zeiten. Der Schwerpunkt des Wellenpakets bewegt sich mit der Gruppengeschwindigkeit v_G in z-Richtung. Gleichzeitig wird das Wellenpaket breiter, es dispergiert. Eine solche Dispersion tritt nur dann nicht auf, wenn die Dispersionsrelation linear ist, also wenn $\omega \propto k$.

mit (33.39) und (33.40):

$$\begin{aligned}\psi(z,t) &= \frac{C}{\sqrt{2\pi}}\int_{-\infty}^{\infty} dk\, \exp\big[-a\,(k-k_{\rm o})^2\big]\, \exp\,(\mathrm{i}kz)\\ &\qquad \cdot \exp\Big(-\mathrm{i}\big[\omega_{\rm o}+v_{\rm G}(k-k_{\rm o})+\beta(k-k_{\rm o})^2\big]\,t\Big)\\ &= \frac{C}{\sqrt{2}}\,\frac{\exp[\mathrm{i}\,(k_{\rm o}z-\omega_{\rm o}t)]}{\sqrt{a+\mathrm{i}\beta t}}\,\exp\bigg(-\frac{(z-v_{\rm G}t)^2}{4\,(a+\mathrm{i}\beta t)}\bigg)\end{aligned} \tag{33.47}$$

Die Welle hat die Intensität

$$\boxed{\big|\psi(z,t)\big|^2 = \frac{|C|^2}{2\sqrt{a^2+\beta^2t^2}}\,\exp\bigg(-\frac{a\,(z-v_{\rm G}\,t)^2}{2\,(a^2+\beta^2\,t^2)}\bigg)} \tag{33.48}$$

Hieran sehen wir zunächst, dass sich das Zentrum des Wellenpakets mit der Gruppengeschwindigkeit $v_{\rm G}$ bewegt. Außerdem wird das Wellenpaket im Laufe der Zeit breiter, es *dispergiert*. Dieses Verhalten ist in Abbildung 33.2 skizziert.

Die Breite eines Gaußpakets $\exp(-z^2/2\,\Delta z^2)$ wird durch Δz charakterisiert. Für (33.48) gilt

$$\Delta z(t) = \sqrt{\frac{a^2+\beta^2t^2}{a}} \tag{33.49}$$

Der Parameter $\sqrt{a}$ legt die Breite $\Delta z(0)$ zur Zeit null fest. Im Laufe der Zeit verbreitert sich das Paket gemäß

$$\frac{\Delta z(t)}{\Delta z(0)} = \sqrt{1+\frac{\beta^2t^2}{a^2}} \tag{33.50}$$

Dieser Effekt heißt *Dispersion des Wellenpakets.*

Wegen $n = n(\omega)$ zeigen elektromagnetische Wellen in Materie in der Regel Dispersion. Für freie Schrödingerwellen folgt aus $\beta = \hbar/2m$ die quantenmechanische Dispersion. Unter dem Gesichtspunkt der Entwicklung (33.40) ist die dispersionsfreie Ausbreitung eher als Sonderfall anzusehen. Licht breitet sich im Vakuum exakt und in Luft in sehr guter Näherung dispersionsfrei aus. Im hörbaren Bereich ist die Dispersion von Schallwellen in Luft (Wasser, Eisen) ebenfalls sehr klein.

Maximale Signalgeschwindigkeit

Im Verlauf der Diskussion haben wir die Phasengeschwindigkeit $v_{\rm P}$ und die Gruppengeschwindigkeit $v_{\rm G}$ eingeführt:

$$v_{\rm P} = \frac{\omega(k)}{k}\,, \qquad v_{\rm G} = \left(\frac{d\omega}{dk}\right)_{k_{\rm o}} \tag{33.51}$$

Die Phasengeschwindigkeit ist die Geschwindigkeit von Maxima oder Minima einer ausgedehnten Welle. Die Gruppengeschwindigkeit hatten wir als die Geschwindigkeit des Schwerpunkts eines Wellenpakets erhalten.

Im dispersionsfreien Fall gilt $v_{\mathrm{P}} = v_{\mathrm{G}} = c$. Die Phasengeschwindigkeit $v_{\mathrm{P}} = c/n_{\mathrm{r}}$, (33.17), einer elektromagnetischen Welle in Materie ist meist kleiner als c. Wie das Beispiel der Plasmawelle zeigt, ist aber auch $v_{\mathrm{P}} > c$ möglich, (33.36). Die Gruppengeschwindigkeit (33.41) der Plasmawelle ist dagegen kleiner als c.

Nach der Speziellen Relativitätstheorie können sich Signale nicht schneller als mit Lichtgeschwindigkeit ausbreiten. Ein Signal hat notwendig eine endliche räumliche Ausdehnung; es besteht also immer aus einem Wellenpaket. Für das oben untersuchte Wellenpaket (33.47) ist die Gruppengeschwindigkeit die Signalgeschwindigkeit. Unter den gegebenen Voraussetzungen gilt $v_{\mathrm{G}} \leq c$. Die Voraussetzungen waren eine reelle Dispersionsrelation und die Entwicklung (33.40) (langsam veränderliches $\omega(k)$).

Unter bestimmten Umständen (Dispersion in der Nähe von Resonanzen, 'instantanes' Tunneln in einem Hohlleiter[1]) können sich Gruppengeschwindigkeiten ergeben, die größer als c sind; dies sind dann keine Signalgeschwindigkeiten. In diesen Fällen muss der Transport von Energie genauer untersucht werden; der Energietransport ist das entscheidende Kriterium einer Signalübertragung. Bei der Bestimmung der effektiven Geschwindigkeit des Energietransports muss dann insbesondere die Absorption berücksichtigt werden.

[1]Siehe hierzu G. Nimtz, *Instantanes Tunneln*, Physikalische Blätter 49 (1993) 1119, und nachfolgende Diskussion von P. Thoma, Th. Weiland und G. Eilenberger unter dem Titel *Wie real ist das Instantane Tunneln?*, Physikalische Blätter 50 (1994) 313.

34 Dispersion und Absorption

Unter Dispersion versteht man die Frequenzabhängigkeit des Brechungsindex $n = n_{\mathrm{r}} + \mathrm{i}\kappa$. Im Rahmen des Lorentzmodells untersuchen wir diese Frequenzabhängigkeit für verschiedene Materialtypen (Isolator, Metall, Plasma) und diskutieren die sich daraus ergebenden Effekte für elektromagnetische Wellen in Materie. Die Frequenzabhängigkeit des Realteils $n_{\mathrm{r}}(\omega)$ führt zur Aufspaltung eines Lichtstrahls im Prisma (Abbildung 34.1) und zur Verbreiterung eines Wellenpakets (Abbildung 33.2); in beiden Fällen kommt es zu einer Dispersion im Wortsinn, also einem Auseinanderlaufen. Der Imaginärteil κ bestimmt die Absorption der Welle.

Isolator

Für die Permeabilität μ und die dielektrische Funktion ε des Mediums gelte

$$\mu = 1, \qquad \varepsilon = \varepsilon(\omega), \qquad \varepsilon(0) = \text{endlich} \tag{34.1}$$

Die letzte Bedingung bedeutet, dass die Leitfähigkeit σ des Materials verschwindet (Kapitel 31). Das betrachtete Medium ist daher ein *Isolator*. Als Beispiel betrachten wir insbesondere Wasser.

Wir gehen vom Lorentzmodell (31.3) aus:

$$\varepsilon(\omega) = 1 + \frac{4\pi n_0\, e^2}{m_{\mathrm{e}}} \sum_j \frac{f_j}{\omega_j^2 - \omega^2 - \mathrm{i}\omega\Gamma_j} \qquad (\omega_j \neq 0) \tag{34.2}$$

Die Bedingung $\omega_j \neq 0$ garantiert, dass $\varepsilon(0)$ endlich ist.

Wie bereits in Kapitel 31 diskutiert, können wir (34.2) als allgemeine Form der dielektrischen Funktion auffassen. Dabei sind die ω_j die Frequenzen der möglichen Eigenschwingungen des Materials. Dies kann sich auf die Bewegung der Elektronen (im Atom oder Molekül), auf Molekülschwingungen oder auf Gitterschwingungen im Festkörper beziehen.

Für den Vorfaktor in (34.2) führen wir die *Plasmafrequenz* ω_{P} ein, die bereits in (31.29) numerisch abgeschätzt wurde:

$$\omega_{\mathrm{P}}^2 = \frac{4\pi n_0\, e^2}{m_{\mathrm{e}}} \approx 0.2\, \omega_{\mathrm{at}}^2\,, \qquad \omega_{\mathrm{P}} \approx 2 \cdot 10^{16}\,\mathrm{s}^{-1} \tag{34.3}$$

Hierbei wurde die Dichte $n_0 \sim 0.1\,\text{Å}^{-3}$ eines Festkörpers oder einer Flüssigkeit eingesetzt. Nach (31.28) kann der Realteil der Dielektrizitätskonstante einige Einheiten betragen.

T. Fließbach, *Elektrodynamik*, https://doi.org/10.1007/978-3-662-64889-6_34

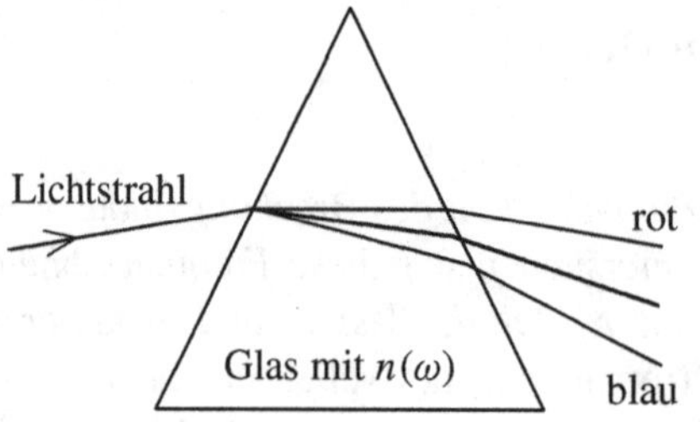

Abbildung 34.1 Ein weißer Lichtstrahl fällt auf ein Glasprisma. Da der Brechungsindex frequenzabhängig ist, ergibt sich für jeden Frequenz- oder Farbanteil des Lichts ein etwas anderer Brechungswinkel. Dies führt zu einer Auffächerung, also einer *Dispersion* des Strahls.

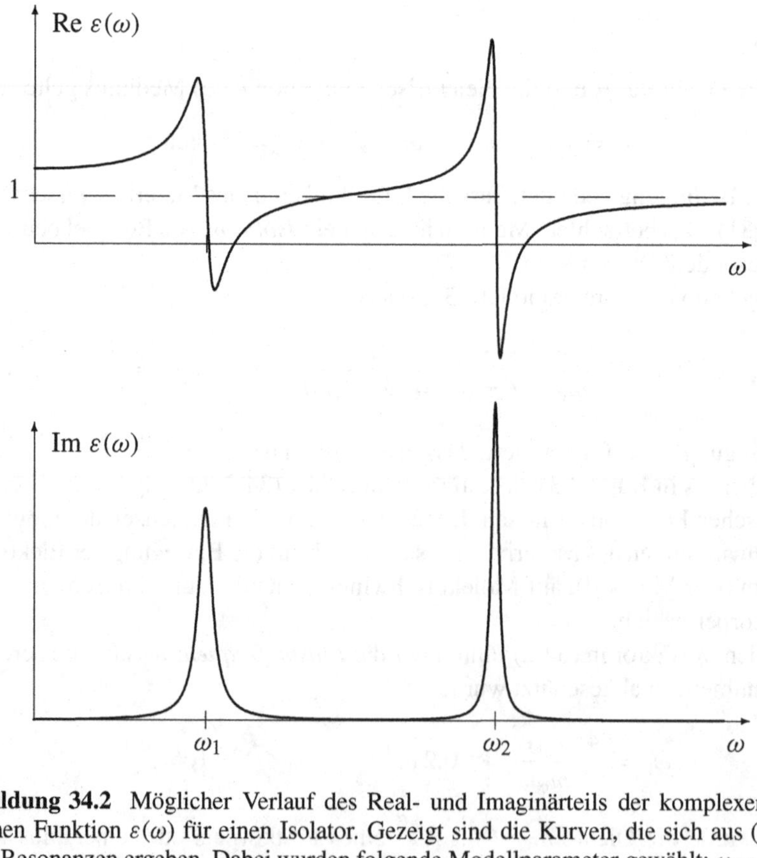

Abbildung 34.2 Möglicher Verlauf des Real- und Imaginärteils der komplexen dielektrischen Funktion $\varepsilon(\omega)$ für einen Isolator. Gezeigt sind die Kurven, die sich aus (34.2) für zwei Resonanzen ergeben. Dabei wurden folgende Modellparameter gewählt: $\omega_2 = 8\,\omega_1/3$, $\Gamma_1 = \omega_1/10$, $\Gamma_2 = \Gamma_1/2$, $f_2/f_1 = 2$ und $\omega_{\rm p}^2\, f_2 = \omega_2^2/4$.

Wir untersuchen das Verhalten von $\varepsilon(\omega)$ in der Nähe einer bestimmten Resonanz ω_j. Die Breite Γ_j der Resonanz sei klein gegenüber den Abständen $\Delta\omega \sim |\omega_i - \omega_j|$. Für $\omega \approx \omega_j$ ergibt dann der Term mit ω_j den Hauptbeitrag zur Summe in (34.2):

$$\mathrm{Re}\,\varepsilon(\omega) = \frac{\omega_{\mathrm{P}}^2\, f_j\, (\omega_j^2 - \omega^2)}{(\omega_j^2 - \omega^2)^2 + \omega^2\,\Gamma_j^2} + g(\omega) \qquad (\omega \approx \omega_j) \tag{34.4}$$

$$\mathrm{Im}\,\varepsilon(\omega) = \frac{\omega_{\mathrm{P}}^2\, f_j\, \omega\, \Gamma_j}{(\omega_j^2 - \omega^2)^2 + \omega^2\,\Gamma_j^2} + \mathcal{O}(\Gamma/\Delta\omega) \qquad (\omega \approx \omega_j) \tag{34.5}$$

Die Funktion $g(\omega)$ besteht aus der 1 und den nichtresonanten Beiträgen der Summe in (34.2); unter den angeführten Bedingungen ist $g(\omega)$ im Bereich der betrachteten Resonanz nur schwach veränderlich. Für schwache Dämpfung ($\Gamma_i \ll \omega_i$) ist der Imaginärteil jeweils auf die Umgebung der Resonanz beschränkt; die Beiträge der entfernten Resonanzen sind von der Ordnung $\Gamma/\Delta\omega$. Abbildung 34.2 skizziert die Frequenzabhängigkeit von $\mathrm{Re}\,\varepsilon(\omega)$ und $\mathrm{Im}\,\varepsilon(\omega)$ für den Fall von zwei Resonanzen.

Die dielektrische Funktion bestimmt den Brechungsindex $n = \sqrt{\varepsilon}$. Die Bedeutung des Brechungsindex für elektromagnetische Wellen wurde in Kapitel 33 diskutiert. Er bestimmt insbesondere die Größen

$$n_r(\omega) = \mathrm{Re}\,n \approx \sqrt{\mathrm{Re}\,\varepsilon(\omega)} \qquad \text{(Brechungsindex)} \tag{34.6}$$

$$\alpha(\omega) = 2k_0\,\mathrm{Im}\,n \approx \frac{\omega}{c}\,\frac{\mathrm{Im}\,\varepsilon(\omega)}{\sqrt{\mathrm{Re}\,\varepsilon(\omega)}} \qquad \text{(Absorptionskoeffizient)} \tag{34.7}$$

Die Bezeichnung „Brechungsindex“ wurde hier im engeren Sinn für den Realteil des (komplexen) Brechungsindex n verwandt. Die angegebenen Näherungen setzen $\mathrm{Im}\,\varepsilon \ll \mathrm{Re}\,\varepsilon$ voraus.

In Abbildung 34.2 gilt meist $dn_r/d\omega > 0$; dies wird als *normale* Dispersion bezeichnet. In der Umgebung der Resonanzen kommt zu $dn_r/d\omega < 0$, also zu *anomaler* Dispersion. Konkret bedeutet normale Dispersion, dass blaues Licht im Prisma stärker gebrochen wird als rotes (Abbildung 34.1).

Einige Isolatoren wie etwa Wasser haben Moleküle mit permanentem Dipolmoment. Diese Dipolmomente können sich in einem äußeren Feld ausrichten. Dies führt zur statischen Polarisierbarkeit (31.38) und damit zu

$$\varepsilon(\omega) = 1 + 4\pi n_0\,\frac{p^2}{3k_{\mathrm{B}}T} \qquad (\omega \approx 0) \tag{34.8}$$

Die Abschätzung (31.39) ergab $\varepsilon(0) \approx 73$ für Wasser. Für hinreichend große Frequenzen kann die Drehbewegung der Moleküle dem Feld nicht mehr folgen und der Beitrag der permanenten Dipole verschwindet. Der Zwischenbereich ist durch erhöhten Energieübertrag des Felds an die Drehbewegung der Moleküle gekennzeichnet, also durch einen Beitrag zu $\mathrm{Im}\,\varepsilon(\omega)$. Im Gültigkeitsbereich von (34.8) sind die Beiträge der induzierten Dipolmomente in (34.2) vernachlässigbar klein.

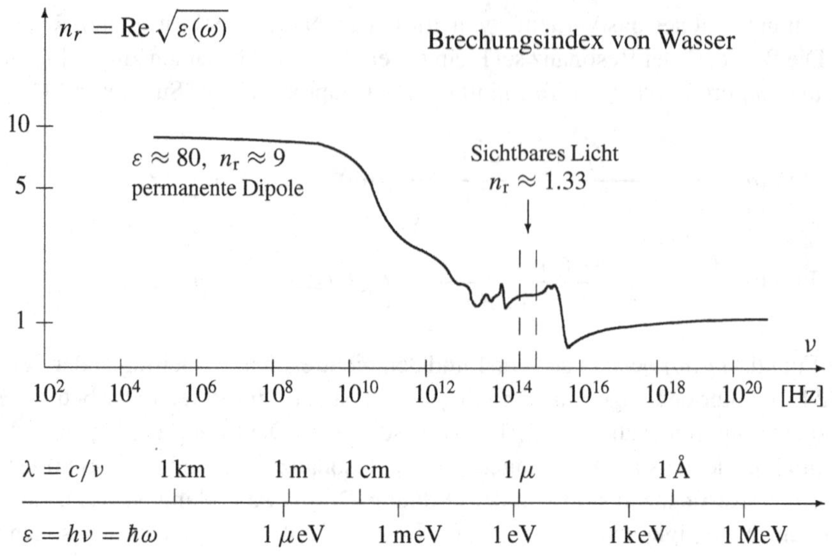

Abbildung 34.3 Der experimentelle Brechungsindex $n_r = \mathrm{Re}\,\sqrt{\varepsilon}$ für Wasser als Funktion der Frequenz $\nu = \omega/2\pi$. Als alternative Skalen sind unten die Energie $\varepsilon = h\nu$ eines Photons und die Wellenlänge λ angegeben. Im sichtbaren Bereich (Wellenlängen $\lambda \approx 4 \ldots 7 \cdot 10^{-7}$ m) hat der Brechungsindex den bekannten Wert von $n_\mathrm{r} \approx 1.33$. Bei kleineren Frequenzen, insbesondere im Radiowellenbereich, richten sich die permanenten Dipole der Wassermoleküle im alternierenden elektrischen Feld aus. Dies führt zu einer starken Polarisation und $n_\mathrm{r} \approx 9$.

Wir vergleichen das modellmäßig untersuchte Verhalten von $\varepsilon(\omega)$, Abbildung 34.2, (34.2) und (34.8), mit dem tatsächlichen Verhalten von Wasser, Abbildung 34.3 und 34.4. Die H_2O-Moleküle haben ein großes permanentes Dipolmoment. Die eben diskutierte Frequenzabhängigkeit dieses Beitrags führt zu

$$\varepsilon \approx \begin{cases} 80 & \text{für } \nu \lesssim 10^{10}\,\text{Hz} \quad \text{(Radiowellen)} \\ 1.8 & \text{für } \nu \sim 5 \cdot 10^{14}\,\text{Hz} \quad \text{(sichtbares Licht)} \end{cases} \tag{34.9}$$

Während etwa UHF-Wellen mit $n_\mathrm{r} \approx 9$ stark gebrochen werden, gilt für sichtbares Licht der Wert $n_\mathrm{r} \approx 1.33$. Der Abfall von 9 auf Werte der Größe 1 ist mit zunehmender Absorption verbunden. In diesem Bereich ist die Dispersion anomal, $dn_r/d\omega < 0$. Zu Absorption kommt es, wie nach (34.5) zu erwarten, auch im Bereich der Resonanzen.

Mit dem Abfall (34.9) von ε ist ein starker Anstieg der Absorption verbunden. Diese Absorption ist für viele technische Anwendungen von Bedeutung:

- Schlechtes Wetter beeinträchtigt den Fernsehempfang über einen Satelliten ($\lambda \approx 3$ cm) meist stärker als den von (nicht zu weit entfernten) terrestrischen Sendern ($\lambda \approx 30$ cm). Deshalb sollte die Empfangsschüssel nicht zu klein sein.

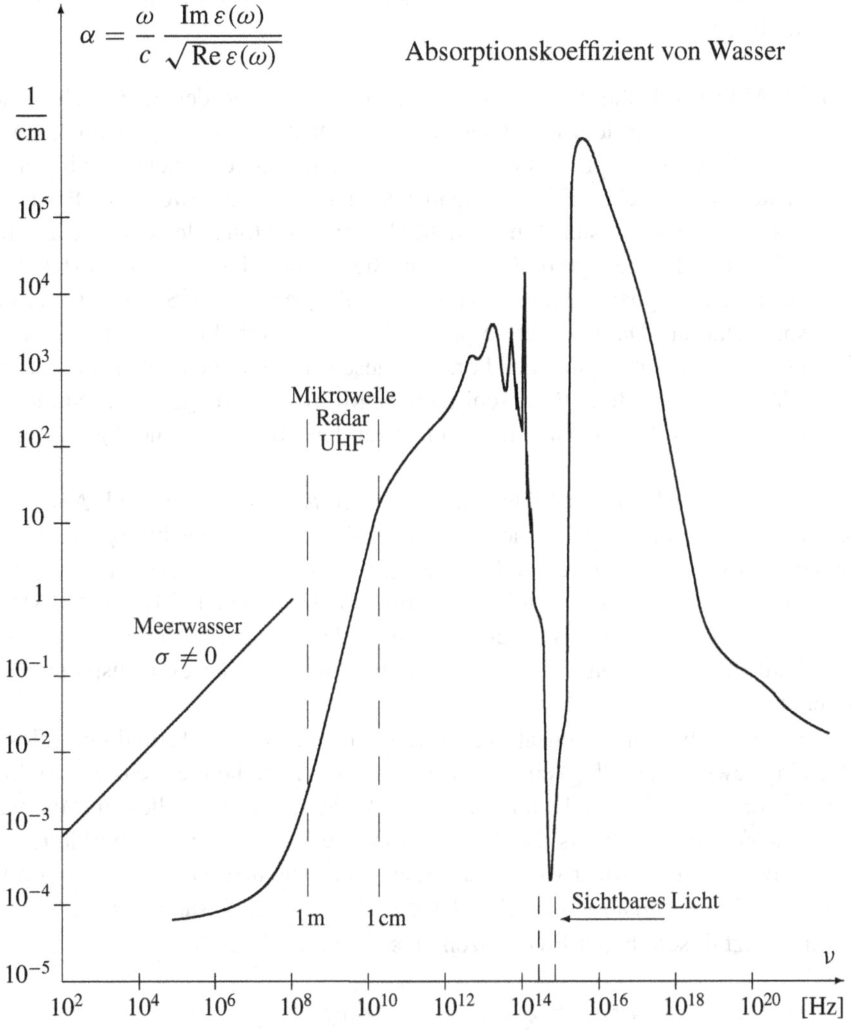

Abbildung 34.4 Der experimentelle Absorptionskoeffizient $\alpha \propto \mathrm{Im}\,(\varepsilon)$ als Funktion der Frequenz $\nu = \omega/2\pi$ für Wasser. Auf der Länge $1/\alpha$ fällt die Intensität einer elektromagnetischen Welle in Wasser auf den e-ten Teil ab. Im Bereich $\lambda \sim 100\ldots 1$ cm steigt die Absorption stark an; dies ist durch den Energieverlust bei alternierender Ausrichtung der permanenten Dipole bedingt. In diesem Bereich gibt es viele technische Anwendungen, wie Mikrowellen ($\lambda \sim 30\ldots 0.03$ cm), Radar ($\lambda \sim 60\ldots 0.8$ cm), Fernsehwellen (UHF-Bereich: $\lambda \sim 100\ldots 10$ cm) und die von Nachrichtensatelliten benutzten Wellen ($\lambda \sim 6\ldots 1$ cm). Im Bereich des sichtbaren Lichts ($\lambda \approx 4\ldots 8\cdot 10^{-7}$ m) sinkt der Absorptionskoeffizient um viele Größenordnungen ab.

- Das Radar in der Flugzeugnavigation ($\lambda \approx 30\,\text{cm}$) funktioniert auch bei Nebel oder Regen. Hochauflösendes Radar (etwa $\lambda \approx 1\,\text{cm}$) wird dagegen stärker behindert.

- Im Mikrowellenherd ($\lambda \approx 1\,\text{cm}$) ist die Absorption der eigentliche Nutzeffekt. Die Energie wird zunächst in die Drehung von H_2O-Molekülen in der Speise gepumpt; in Frage kommen auch andere Moleküle mit permanentem elektrischen Dipolmoment (Vorsicht bei irgendwelchem Plastikgeschirr!). Über die sich hin- und herdrehenden Moleküle wird die Energie auf andere Freiheitsgrade übertragen. Sie verteilt sich schließlich statistisch auf alle verfügbaren Freiheitsgrade; die Temperatur der Speisen steigt entsprechend an. Da die Energie primär in die wasserhaltigen Bestandteile gepumpt wird, erhitzt sich das Porzellangeschirr vorwiegend über die normale Wärmeleitung. Metalltöpfe schirmen die Mikrowellen dagegen ab (Skineffekt (34.16) – (34.20)); sie sind daher nicht für den Mikrowellenherd geeignet.

Als *sichtbar* bezeichnen wir Licht, für das unsere Augen sensitiv sind. Abbildung 34.4 zeigt die physikalische Ursache für die biologische Auszeichnung dieses Frequenzbereichs: Wasser ist gerade hier transparent. Die Länge $1/\alpha$, auf der die Intensität einer Welle um den Faktor e sinkt, liegt im Sichtbaren bei 10 bis 100 Meter; dies bezieht sich auf reines Wasser. Außerhalb des sichtbaren Bereichs sinkt $1/\alpha$ schnell auf Bruchteile von Millimetern. Die Evolution hat dieses Transparenzfenster genutzt.

Meerwasser hat im Gegensatz zur Voraussetzung (34.1) aufgrund der gelösten Salze eine gewisse Leitfähigkeit. Dies trägt für nicht zu hohe Frequenzen zum Imaginärteil von ε bei, (31.15). Durch diesen Effekt werden Radiowellen im Meerwasser viel stärker gedämpft, als dies bei Süßwasser der Fall wäre; in Abbildung 34.4 ist die Absorption für Meerwasser gesondert eingezeichnet. Diese Absorption behindert die Kommunikation zwischen Unterseebooten durch Radiowellen.

Im Grenzfall sehr hoher Frequenzen $\omega \gg \omega_j$ wird (34.2) zu

$$\varepsilon(\omega) \approx 1 - \frac{4\pi n_0\, e^2}{m_\text{e}} \sum_j \frac{f_j}{\omega^2} = 1 - \frac{Z\omega_\text{P}^2}{\omega^2} \qquad (\omega \gg \omega_j) \tag{34.10}$$

Die Plasmafrequenz ω_P wurde in (34.3) angegeben. Im Bereich $\omega^2 \gg Z\omega_\text{P}^2 \sim \omega_\text{at}^2$ nähert sich $\varepsilon(\omega)$ aus (34.10) asymptotisch der 1 an. Dieses Verhalten erkennt man für $\operatorname{Re}\varepsilon$ in Abbildung 34.3. Für $\omega \gg \omega_j$ verhalten sich die Elektronen praktisch wie freie Teilchen. Der Imaginärteil von ε kommt dann von der Thomsonstreuung (Kapitel 25); er ist in (34.10) nicht berücksichtigt.

Für sehr viel höhere Frequenzen ($\hbar\omega \gtrsim 1\,\text{MeV}$) führen die Anregungen von Nukleonen in Atomkernen zu weiteren Resonanzen. Diese Phänomene werden üblicherweise durch den Wirkungsquerschnitt für die Streuung von γ-Strahlen an Atomkernen beschrieben, nicht aber durch die dielektrische Funktion.

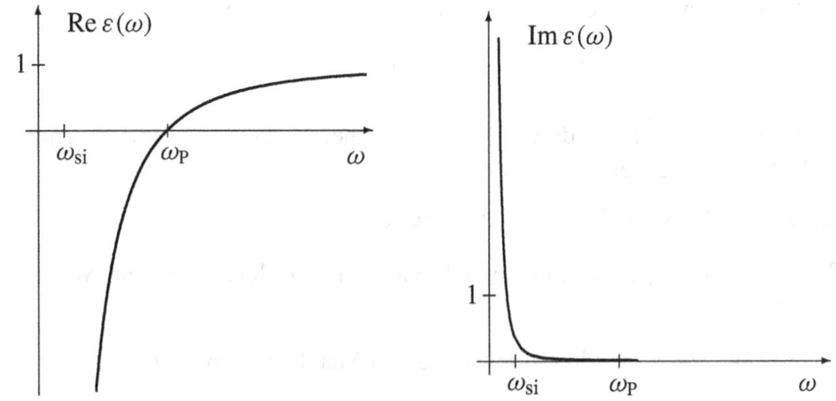

Abbildung 34.5 Der Real- und Imaginärteil der dielektrischen Funktion $\varepsilon(\omega)$ eines Metalls aus (34.13). Für das Verhältnis Γ/ω_{P} wurde der Wert für Kupfer gewählt, also etwa $3 \cdot 10^{-3}$. In der Mitte des sichtbaren Bereichs ist $\varepsilon(\omega_{\text{si}}) \approx -30$. Für $\omega \to 0$ erhalten wir $\text{Re}\,\varepsilon \to -\infty$ und $\text{Im}\,\varepsilon \to +\mathrm{i}\,\infty$. Dies entspricht der gegenläufigen Auslenkung freier Elektronen, wobei Amplitude und Energieverlust mit $\omega \to 0$ anwachsen. Im Anschluss an (31.30) wurde der Zusammenhang mit dem statischen Wert $\varepsilon(0) = +\infty$ diskutiert.

Metall

Im Rahmen des Lorentzmodells wird ein Metall dadurch beschrieben, dass es pro Atom oder Elementarzelle ein freies Elektron ($\omega_1 = 0$, $\Gamma_1 = \Gamma$) gibt. Hierfür erhalten wir die dielektrische Funktion (31.15):

$$\varepsilon(\omega) = \varepsilon_{\text{o}}(\omega) - \frac{4\pi n_0 e^2}{m_{\text{e}}} \frac{1}{\omega(\omega + \mathrm{i}\,\Gamma)} = \varepsilon_{\text{o}}(\omega) - \frac{\omega_{\text{P}}^2}{\omega(\omega + \mathrm{i}\,\Gamma)} \tag{34.11}$$

Im ersten Term $\varepsilon_{\text{o}}(\omega)$ sind die Beiträge der gebundenen Elektronen zusammengefasst; die zugehörigen Effekte wurden im Abschnitt „Isolator“ diskutiert. Im Folgenden schließen wir den Bereich $\omega \sim \omega_j \pm \Gamma_j$ der Resonanzen von $\varepsilon_{\text{o}}(\omega)$ aus. Dann gilt näherungsweise

$$\varepsilon_{\text{o}}(\omega) \approx \text{reell}\,, \qquad \varepsilon_{\text{o}}(\omega) \approx \text{const.}\,, \qquad \varepsilon_{\text{o}}(\omega) = \mathcal{O}(1) \tag{34.12}$$

Wir setzen $\varepsilon_{\text{o}}(\omega) = 1$ und spalten die dielektrische Funktion in Real- und Imaginärteil auf:

$$\text{Re}\;\varepsilon(\omega) = 1 - \frac{\omega_{\text{P}}^2}{\omega^2 + \Gamma^2}\,, \qquad \text{Im}\;\varepsilon(\omega) = \frac{\omega_{\text{P}}^2\,\Gamma}{\omega(\omega^2 + \Gamma^2)} \tag{34.13}$$

Diese beiden Funktionen sind in Abbildung 34.5 dargestellt. Nach (31.15) – (31.19) bestimmt die Amplitude der $1/\omega$-Divergenz die Leitfähigkeit. Für $\omega \ll \Gamma$ erhalten wir aus (31.20) die Leitfähigkeit

$$\sigma = \sigma(0) = \frac{\omega_{\text{P}}^2}{4\pi\,\Gamma} = \frac{n_0\,e^2}{m_{\text{e}}\,\Gamma} \tag{34.14}$$

In der Diskussion verwenden wir die Werte (31.21) für Kupfer:

$$\Gamma = \frac{1}{\tau} \approx 4 \cdot 10^{13}\,\mathrm{s}^{-1}\,, \qquad \sigma \approx 6 \cdot 10^{17}\,\mathrm{s}^{-1}\,, \qquad \omega_{\mathrm{P}} \approx 2 \cdot 10^{16}\,\mathrm{s}^{-1} \tag{34.15}$$

Wir unterscheiden nun drei Frequenzbereiche, in denen sich jeweils charakteristische Effekte ergeben:

1. $\omega \ll \Gamma$: Dieser Fall führt zum Skineffekt.
2. $\Gamma \ll \omega < \omega_{\mathrm{P}}/\sqrt{\varepsilon_0}$: Sichtbares Licht wird von Metallen nahezu vollständig reflektiert.
3. $\omega > \omega_{\mathrm{P}}/\sqrt{\varepsilon_0}$: Im Ultravioletten werden Metalle transparent.

Skineffekt

Für $\omega \ll \Gamma$ wird (34.11) zu

$$\varepsilon(\omega) \approx \varepsilon_0(\omega) + \mathrm{i}\,\frac{4\pi\sigma}{\omega} \qquad (\omega \ll \Gamma) \tag{34.16}$$

Aus $\omega \ll \Gamma$ und (34.15) folgt $\omega \ll \sigma$. Wegen $\varepsilon_0 = \mathcal{O}(1)$ gilt dann $\sigma/\omega \gg \varepsilon_0$. Damit erhalten wir

$$n = \sqrt{\varepsilon} = \sqrt{\varepsilon_0 + \mathrm{i}\,\frac{4\pi\sigma}{\omega}} \approx \sqrt{\mathrm{i}\,\frac{4\pi\sigma}{\omega}} = (1+\mathrm{i})\sqrt{\frac{2\pi\sigma}{\omega}} \tag{34.17}$$

Für eine Welle mit $\boldsymbol{k} = n\,k_0\,\boldsymbol{e}_z$ bedeutet dies

$$\exp(\mathrm{i}\boldsymbol{k}\cdot\boldsymbol{r}) = \exp(\mathrm{i}k_0 n z) = \exp\left(\mathrm{i}\,\frac{z}{d_{\mathrm{skin}}}\right)\exp\left(-\,\frac{z}{d_{\mathrm{skin}}}\right) \tag{34.18}$$

Wir werten die Länge d_{skin} mit (34.17) und mit $k_0 = \omega/c$ aus:

$$d_{\mathrm{skin}} = \frac{c}{\sqrt{2\pi\sigma\,\omega}} = \frac{c}{2\pi\,\sqrt{\sigma\,\nu}} \tag{34.19}$$

Für Kupfer mit $\sigma = 5 \cdot 10^{17}\,\mathrm{s}^{-1}$ erhalten wir im UHF-Bereich

$$d_{\mathrm{skin}} = 2 \cdot 10^{-4}\ \mathrm{cm} \qquad \text{für } \nu = 10^{9}\ \mathrm{Hz} \tag{34.20}$$

Die Voraussetzung $\omega = 2\pi\nu \ll \Gamma$ ist erfüllt. Wir betrachten ein elektrisches Feld mit dieser Frequenz, das die Stromdichte $\boldsymbol{j} = \sigma\boldsymbol{E}$ hervorruft. Nach (34.18) und (34.20) kann das Feld aber nur in die äußerste Oberfläche des Drahtes eindringen. Damit ist auch die Stromdichte $\boldsymbol{j}(\boldsymbol{r}) \propto \boldsymbol{E}(\boldsymbol{r})$ auf die äußere Haut (englisch: skin) des Drahtes beschränkt. Dieser Effekt heißt *Skineffekt*.

Wegen des Skineffekts ist ein versilberter Draht für den Transport hochfrequenter Ströme genauso geeignet wie ein solider Silberdraht. Die Leitfähigkeit von Silber ist höher als die von Kupfer; Silber ist aber wesentlich teurer als Kupfer. Daher verwendet man zum Beispiel im Empfangsteil eines Fernsehers versilberte Kupferdrähte.

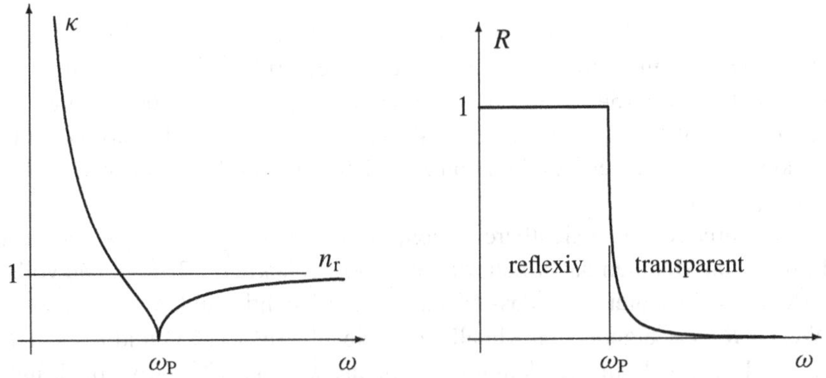

Abbildung 34.6 Der Imaginärteil κ und der Realteil n_r des Brechungsindex n für die dielektrische Funktion (34.21) mit $\varepsilon_o = 1$ (links). Unterhalb von ω_P gilt $n = i\kappa$, oberhalb $n = n_r$. Hieraus folgt das Verhalten des Reflexionskoeffizienten (rechts). Das Umschlagen vom reflexiven zum transparenten Verhalten ist charakteristisch für ein Metall oder ein Plasma.

Reflexivität im Sichtbaren – Transparenz im Ultravioletten

Für $\omega \gg \Gamma$ wird (34.11) zu

$$\varepsilon(\omega) = \varepsilon_o(\omega) - \frac{\omega_P^2}{\omega^2} = \begin{cases} \text{negativ} & \left(\omega < \omega_P/\sqrt{\varepsilon_o}\right) \\ \text{positiv} & \left(\omega > \omega_P/\sqrt{\varepsilon_o}\right) \end{cases} \tag{34.21}$$

Hierbei setzen wir $\varepsilon_o =$ reell voraus. Aus (34.21) folgt der Brechungsindex:

$$n = \sqrt{\varepsilon(\omega)} = \begin{cases} i\kappa = i\sqrt{\omega_P^2/\omega^2 - \varepsilon_o} & (\omega < \omega_P/\sqrt{\varepsilon_o}, \text{ Reflexivität}) \\ n_r = \sqrt{\varepsilon_o - \omega_P^2/\omega^2} & (\omega > \omega_P/\sqrt{\varepsilon_o}, \text{ Transparenz}) \end{cases} \tag{34.22}$$

Diese Frequenzabhängigkeit ist in Abbildung 34.6 links skizziert.

Wenn eine Welle auf eine Grenzschicht zwischen zwei Medien (etwa Luft und Metall) trifft, dann wird im Allgemeinen ein Teil der Welle reflektiert. Der *Reflexionskoeffizient* R gibt das Verhältnis aus der reflektierten zur einfallenden Energiestromdichte an. Ein imaginärer Brechungsindex bedeutet, dass sich in diesem Medium keine Welle ausbreiten kann. Eine Welle mit $\omega < \omega_P/\sqrt{\varepsilon_o}$, die auf eine Metalloberfläche fällt, wird daher vollständig reflektiert, $R = 1$. Für höhere Frequenzen, $\omega > \omega_P/\sqrt{\varepsilon_o}$, ist der Brechungsindex dagegen reell und das Metall ist transparent. In diesem Fall pflanzt sich eine einfallende Welle zum Teil im Metall fort, zum Teil wird sie reflektiert. In Abbildung 34.6 rechts ist die Abhängigkeit des Reflexionskoeffizienten von der Frequenz skizziert (für $\varepsilon_o = 1$). Der quantitative Ausdruck für den Reflexionskoeffizienten $R(\omega)$, der dieser Abbildung zugrunde liegt, wird in Kapitel 37 angegeben.

Im Lorentzmodell wie auch in realen Materialien hat $\varepsilon_\text{o}(\omega)$ bei $\omega \sim \omega_\text{P}/\sqrt{\varepsilon_\text{o}}$ einen kleinen Imaginärteil. Dann gibt es keine (reelle) Frequenz ω, bei der die dielektrische Funktion (34.21) exakt verschwindet. Dadurch wird der abrupte Übergang vom reflexiven zum transparenten Verhalten etwas ausgeschmiert. Die folgende Diskussion geht daher lediglich von $R \approx 1$ für $\omega < \omega_\text{P}/\sqrt{\varepsilon_\text{o}}$ und von $\kappa \approx 0$ für $\omega < \omega_\text{P}/\sqrt{\varepsilon_\text{o}}$ aus.

Für die Frequenz von sichtbarem Licht gilt $\omega_\text{si} \approx \omega_\text{P}/5 < \omega_\text{P}/\sqrt{\varepsilon_\text{o}}$. Sichtbares Licht wird von Metallen daher nahezu vollständig reflektiert ($R \approx 1$). Die vollständige Reflexion bedeutet auch, dass Metalle undurchsichtig sind.

Wegen $R \approx 1$ eignen sich Metalle als Spiegel. Aus (34.21) und $\varepsilon_\text{o} \approx 1$ folgt $\varepsilon(\omega) \approx -15 \ldots -45$ im sichtbaren Bereich, also $\kappa \sim 4 \ldots 7$. Die Welle dringt nur auf der Länge $\mathcal{O}(\lambda/2\pi\kappa)$ in das Metall ein. Für einen Spiegel genügt daher eine dünne Silberschicht auf Glas.

Für $\omega > \omega_\text{P}/\sqrt{\varepsilon_\text{o}}$ gilt $\kappa \approx 0$. Die Dämpfung einer Welle ist also sehr klein; das Medium ist transparent. Die kritische Frequenz liegt für $\varepsilon_\text{o} = 1$ bei $\omega_\text{P} \approx 2{\cdot}10^{16}\,\text{s}^{-1}$, also im Ultravioletten. Wenn die Frequenz ω den Wert $\omega_\text{P}/\sqrt{\varepsilon_\text{o}}$ übersteigt, wird das zuvor undurchsichtige Metall durchsichtig. Dieser Effekt wird als *Transparenz im Ultravioletten* bezeichnet.

Der tatsächliche Wert der kritischen Frequenz $\omega_\text{P}/\sqrt{\varepsilon_\text{o}}$ hängt von der Dichte n_0 in (34.3) und vom Wert von $\varepsilon_\text{o} = \mathcal{O}(1)$ ab. Für die Alkalimetalle Lithium, Natrium und Kalium wird der Übergang zur Transparenz etwa bei den Frequenzen $\omega \approx 1.2$, 0.9 und $0.6 \cdot 10^{16}\,\text{s}^{-1}$ beobachtet (zum Vergleich $\omega_\text{violett} \approx 0.5 \cdot 10^{16}\,\text{s}^{-1}$).

Plasma

Abschließend betrachten wir ein Plasma aus freien Elektronen und Ionen. Wegen der freibeweglichen Ladungen können wir von der Form (34.11) für das Metall ausgehen, wobei aber die Parameter des Plasmas einzusetzen sind.

In der dielektrischen Funktion dominiert der Beitrag der freien Elektronen, die wegen ihrer kleineren Masse leichter als die Ionen auszulenken sind. Wir beschränken uns auf den Fall $\omega \gg \Gamma = 1/\tau$; dabei ist τ die Stoßzeit der Elektronen. Hierfür übernehmen wir (34.21) mit $\varepsilon_\text{o} = 1$:

$$\varepsilon(\omega) = 1 - \frac{\omega_\text{P}^2}{\omega^2} \qquad (\omega \gg 1/\tau) \tag{34.23}$$

Dabei ist in

$$\omega_\text{P}^2 = \frac{4\pi n_0 e^2}{m_\text{e}} \tag{34.24}$$

die Dichte n_0 der freien Elektronen einzusetzen. Wir setzen $\varepsilon(\omega) = n^2 = c^2k^2/\omega^2$ in (34.23) ein und lösen nach ω^2 auf:

$$\omega^2 = \omega_\text{P}^2 + c^2k^2 \qquad \begin{array}{c}\text{(Dispersionsrelation}\\ \text{für Plasmawellen)}\end{array} \tag{34.25}$$

Für hohe Frequenzen ist die Abweichung von $n = 1$ oder $\omega = ck$ klein. Dies gilt zum Beispiel für die Dispersion von Sternlicht im interstellaren Raum. In diesem Fall ist n_0 und damit $\omega_{\rm P}$ klein; für die relevanten Frequenzen weicht (34.25) nur wenig von $\omega = ck$ ab.

Aus (34.23) folgt

$$n(\omega) = \sqrt{\varepsilon(\omega)} = \begin{cases} \text{imaginär} & (\omega < \omega_{\rm P}, \ \text{Reflexivität}) \\ \text{reell} & (\omega > \omega_{\rm P}, \ \text{Transparenz}) \end{cases} \tag{34.26}$$

Für den Übergang vom reflexiven zum transparenten Verhalten geben wir zwei Beispiele an:

- Wegen der Reflexion an der Ionosphäre ist im Kurzwellenbereich weltweiter Rundfunk möglich. Im UKW-Bereich ist die Ionosphäre dagegen transparent.
- Beim Wiedereintritt in die Atmosphäre bricht die Funkverbindung zwischen einer Raumfähre und der Bodenstation ab. Beim Wiedereintritt erhitzt sich die Luft, die das Raumschiff umströmt, sehr stark. Dadurch steigt die Dichte n_0 der ionisierten Teilchen in dieser Luftschicht an. Die Plasmafrequenz ist dann vorübergehend größer als die Frequenz der Funkwellen, und die ionisierte Luftschicht lässt keine Funkwellen mehr durch.

Die Wechselwirkung von Plasma mit elektromagnetischen Feldern ist ein umfangreiches Forschungsgebiet, das durch die angegebenen Formeln auch nicht andeutungsweise repräsentiert wird. Als ein Anwendungsbereich seien die Einschließung und die Kompression von heißem Plasma durch elektromagnetische Felder erwähnt, die für die kontrollierte Fusion wichtig sind.

VII Elemente der Optik

35 Huygenssches Prinzip

Die Optik ist die Lehre von der Ausbreitung des Lichts oder allgemeiner der elektromagnetischen Wellen. Ausgangspunkt sind daher die Maxwellgleichungen und ihre Wellenlösungen im Vakuum (Kapitel 20) oder in Materie (Kapitel 33). Die Optik ist ein großes und eigenständiges Gebiet[1]*, von dem wir im Teil VII einige Grundlagen (Beugung und Interferenz, Reflexion und Brechung, geometrische Optik) behandeln.*

Eine elektromagnetische Welle falle auf eine Blende, also auf eine undurchlässige Fläche mit Öffnungen. Das Wellenfeld hinter der Blende kann dann (in einer sehr brauchbaren Näherung) mit Hilfe des Huygensschen Prinzips berechnet werden. Nach diesem Prinzip geht von jedem Punkt der Blendenöffnung eine Kugelwelle aus. Im Rahmen der Kirchhoffschen Beugungstheorie leiten wir in diesem Kapitel das Huygenssche Prinzip ab. Das Ergebnis kann in der Fraunhoferschen Näherung vereinfacht werden.

Wir betrachten monochromatische Wellenfelder im Vakuum:

$$\boldsymbol{E}(\boldsymbol{r},t) = \boldsymbol{E}(\boldsymbol{r})\,\exp(-\mathrm{i}\omega t)\,, \qquad \boldsymbol{B}(\boldsymbol{r},t) = \boldsymbol{B}(\boldsymbol{r})\,\exp(-\mathrm{i}\omega t) \tag{35.1}$$

Die Realteilbildung wird nicht mit angeschrieben. Im quellfreien Bereich folgen aus den Maxwellgleichungen (im Vakuum) die Wellengleichungen (21.4) und (21.5). Für (35.1) ergeben sie

$$\left(\Delta + k^2\right)\begin{pmatrix}\boldsymbol{E}(\boldsymbol{r})\\ \boldsymbol{B}(\boldsymbol{r})\end{pmatrix} = 0 \qquad (k = \omega/c) \tag{35.2}$$

Für jede Komponente des elektromagnetischen Felds (also etwa für $\psi = E_x$) gilt damit

$$\left(\Delta + k^2\right)\psi(\boldsymbol{r}) = 0 \tag{35.3}$$

[1]Als modernes Lehrbuch sei die *Optik* von S. G. Lipson, H. S. Lipson und D. S. Tannhauser, Springer-Verlag 1997, genannt.

T. Fließbach, *Elektrodynamik*, https://doi.org/10.1007/978-3-662-64889-6_35

Wir untersuchen im Folgenden nur Konsequenzen dieser *skalaren* (einkomponentigen) Wellengleichung. Damit vernachlässigen wir alle Polarisationseffekte. Dies ist für viele Anwendungen ausreichend.

Wir betrachten die in Abbildung 35.1 und 35.2 skizzierte Situation. Vor der Blende gebe es bei $\boldsymbol{r}''$ ein Punktquelle, hinter der Blende ist das Wellenfeld gesucht:

$$\psi(\boldsymbol{r}) = \begin{cases} C\, \dfrac{\exp(\mathrm{i}k|\boldsymbol{r}-\boldsymbol{r}''|)}{|\boldsymbol{r}-\boldsymbol{r}''|} & \text{vor der Blende} \\ ? & \text{hinter der Blende} \end{cases} \tag{35.4}$$

Mit Ausnahme des Punkts $\boldsymbol{r}''$ der Quelle erfüllt $\psi(\boldsymbol{r})$ die Wellengleichung (35.3). Die Lage und Form der Blende und ihrer Öffnungen werde durch eine Fläche A beschrieben. Die Fläche A soll ein Volumen V einschließen; dazu wird sie gegebenenfalls weitab von den Öffnungen zu einer geschlossenen Fläche ergänzt (etwa durch eine große Halbkugel).

Zur Berechnung des Felds $\psi(\boldsymbol{r})$ hinter der Blende gehen wir vom zweiten Greenschen Satz (1.31)

$$\int_V d^3r\, \big(\psi(\boldsymbol{r})\,\Delta G - G\,\Delta\psi(\boldsymbol{r})\big) = \oint_A d\boldsymbol{A}\cdot\big(\psi(\boldsymbol{r})\,\nabla G - G\,\nabla\psi(\boldsymbol{r})\big) \tag{35.5}$$

mit

$$G(\boldsymbol{r},\boldsymbol{r}') = \frac{\exp(\mathrm{i}k|\boldsymbol{r}-\boldsymbol{r}'|)}{|\boldsymbol{r}-\boldsymbol{r}'|} \tag{35.6}$$

aus. Nach (3.37) gilt

$$\big(\Delta + k^2\big)\, G(\boldsymbol{r},\boldsymbol{r}') = -4\pi\,\delta(\boldsymbol{r}-\boldsymbol{r}') \tag{35.7}$$

Auf der linken Seite von (35.5) können wir zunächst beide Δ-Operatoren durch $\Delta + k^2$ ersetzen; denn die zusätzlichen Terme mit k^2 heben sich auf. Danach verwenden wir auf dieser linken Seite (35.3) und (35.7) und erhalten so

$$\psi(\boldsymbol{r}') = \frac{1}{4\pi}\oint_A d\boldsymbol{A}\cdot\Big(G(\boldsymbol{r},\boldsymbol{r}')\,\nabla\psi(\boldsymbol{r}) - \psi(\boldsymbol{r})\,\nabla G(\boldsymbol{r},\boldsymbol{r}')\Big) \tag{35.8}$$

Der Vektor $\boldsymbol{r}$ zeigt zu einem Punkt der Fläche A, über die integriert wird. Der Vektor $\boldsymbol{r}'$ zeigt zu einem Punkt innerhalb von V, an dem das Wellenfeld $\psi(\boldsymbol{r}')$ berechnet werden soll.

Die Blende absorbiere das Licht vollständig (außerhalb der Öffnungen). Dies macht die folgenden Annahmen der *Kirchhoffschen Beugungstheorie* für das Feld ψ auf der Fläche A plausibel:

1. Auf der Blende verschwinden das Feld und seine Ableitung. Die Integration in (35.8) kann daher auf die Öffnungen der Blende beschränkt werden.

2. In den Öffnungen ist ψ das ungestörte Feld der Quelle (erste Zeile in (35.4).

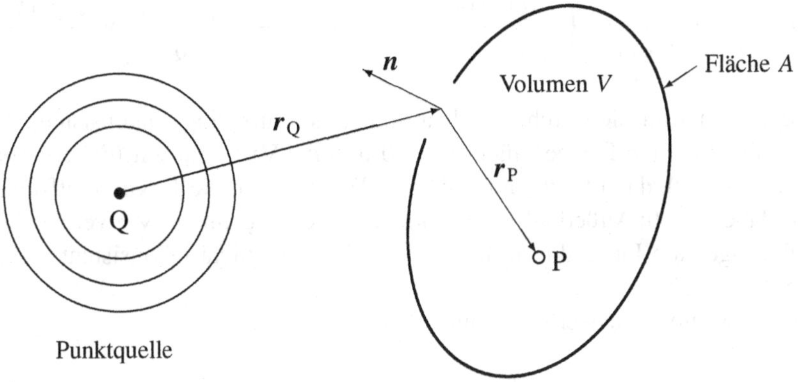

Abbildung 35.1 Die Kugelwelle einer Quelle Q fällt auf eine Blende (geschlossene Fläche A mit einer Öffnung). Gesucht ist das Wellenfeld am Punkt P innerhalb des Volumens V.

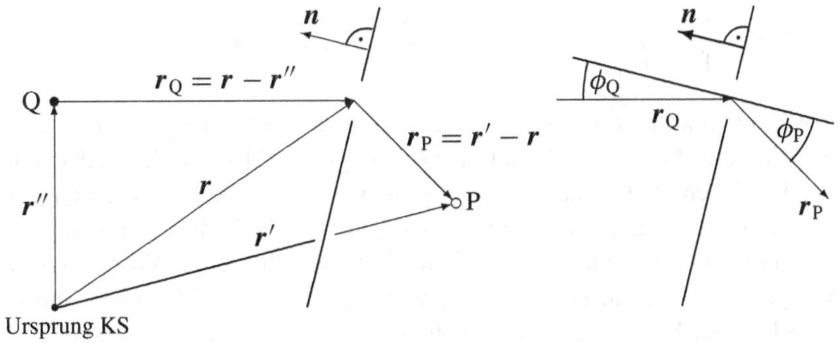

Abbildung 35.2 Ergänzend zu Abbildung 35.1 werden einige Vektoren und Winkel definiert, die in der Rechnung auftreten. Der Vektor $\boldsymbol{r}$ zeigt zu einem Punkt der Blendenöffnung, $\boldsymbol{r}''$ gibt den Ort der Quelle an, $\boldsymbol{n}$ ist ein Einheitsvektor, der senkrecht auf der Fläche steht. Bei $\boldsymbol{r}'$ soll das Wellenfeld berechnet werden. Für die im rechten Teil definierten Winkel gilt $\boldsymbol{n} \cdot \boldsymbol{r}_Q = -r_Q \cos\phi_Q$ und $\boldsymbol{n} \cdot \boldsymbol{r}_P = -r_P \cos\phi_P$.

Mit den Bezeichnungen aus Abbildung 35.2 erhalten wir $G = \exp(\mathrm{i}kr_\mathrm{P})/r_\mathrm{P}$ und $\psi = A\,\exp(\mathrm{i}kr_\mathrm{Q})/r_\mathrm{Q}$. Hiermit und mit den Kirchhoffschen Annahmen wird (35.8) zu

$$\psi(\boldsymbol{r}') \approx \frac{C}{4\pi}\int_{\text{Öffnungen}} dA\,\boldsymbol{n}\cdot\left(\frac{\exp(\mathrm{i}kr_\mathrm{P})}{r_\mathrm{P}}\,\nabla\,\frac{\exp(\mathrm{i}kr_\mathrm{Q})}{r_\mathrm{Q}} - \frac{\exp(\mathrm{i}kr_\mathrm{Q})}{r_\mathrm{Q}}\,\nabla\,\frac{\exp(\mathrm{i}kr_\mathrm{P})}{r_\mathrm{P}}\right) \tag{35.9}$$

Mathematisch sind die Kirchhoffschen Annahmen allerdings inkonsistent: Wenn auf einem endlichen Flächenstück $\psi = 0$ und $\boldsymbol{n}\cdot\nabla\psi = 0$ gilt (dabei ist $\boldsymbol{n}$ ein Normalenvektor), dann folgt daraus $\psi \equiv 0$. Wir ersetzen die 1. Kirchhoffsche Annahme daher durch: Außerhalb der Öffnungen ergeben ψ und $\boldsymbol{n}\cdot\nabla\psi$ vernachlässigbare Beiträge zum Integral (35.8). Diese Annahme ist nicht inkonsistent und führt zu (35.9) als Näherung.

Für die weitere Auswertung nehmen wir

$$r_\mathrm{Q} \gg \lambda\,, \qquad r_\mathrm{P} \gg \lambda \tag{35.10}$$

an. Wir führen nun die Ableitungen im Integranden von (35.9) aus. Mit $\boldsymbol{r}_\mathrm{Q} = \boldsymbol{r} - \boldsymbol{r}''$ und dem Winkel ϕ_Q aus Abbildung 35.2 erhalten wir

$$\boldsymbol{n}\cdot\nabla\,\frac{\exp(\mathrm{i}kr_\mathrm{Q})}{r_\mathrm{Q}} = \frac{\boldsymbol{n}\cdot\boldsymbol{r}_\mathrm{Q}}{r_\mathrm{Q}}\left(\mathrm{i}k - \frac{1}{r_\mathrm{Q}}\right)\frac{\exp(\mathrm{i}kr_\mathrm{Q})}{r_\mathrm{Q}} \approx -\mathrm{i}k\,\cos\phi_\mathrm{Q}\,\frac{\exp(\mathrm{i}kr_\mathrm{Q})}{r_\mathrm{Q}} \tag{35.11}$$

Die entsprechende Formel für $\boldsymbol{r}_\mathrm{P} = \boldsymbol{r}' - \boldsymbol{r}$ enthält vom Nachdifferenzieren ein zusätzliches Minuszeichen (∇ wirkt auf $\boldsymbol{r}$). Wir setzen die Ausdrücke für die Ableitungen in (35.9) ein:

$$\psi(\boldsymbol{r}') \approx \frac{-\mathrm{i}kC}{4\pi}\int_{\text{Öffnungen}} dA\,\frac{\exp(\mathrm{i}kr_\mathrm{P})}{r_\mathrm{P}}\,\frac{\exp(\mathrm{i}kr_\mathrm{Q})}{r_\mathrm{Q}}\,\big(\cos\phi_\mathrm{Q} + \cos\phi_\mathrm{P}\big) \tag{35.12}$$

Die erwähnte Inkonsistenz der 1. Kirchhoffschen Annahme kann formal durch eine modifizierte Greensche Funktion $G(\boldsymbol{r},\boldsymbol{r}')$ vermieden werden (Abschnitt 9.8 in [6]). In diesem Fall erhält man anstelle von $\cos\phi_\mathrm{Q} + \cos\phi_\mathrm{P}$ einen anderen Winkelfaktor, und zwar $2\cos\phi_\mathrm{Q}$ oder $2\cos\phi_\mathrm{P}$ je nach Näherungsannahme. Wir beschränken uns im Folgenden auf kleine Winkel und nähern den Winkelfaktor durch $\cos\phi_\mathrm{Q} + \cos\phi_\mathrm{P} \approx 2$ an. Dadurch umgehen wir auch Modifikationen, die bei einer Korrektur der Kirchhoffschen Annahmen auftreten können. In dieser Näherung wird (35.12) zu

$$\boxed{\psi(\boldsymbol{r}') \approx \frac{-\mathrm{i}kC}{2\pi}\int_{\text{Öffnungen}} dA\,\frac{\exp(\mathrm{i}kr_\mathrm{Q})}{r_\mathrm{Q}}\,\frac{\exp(\mathrm{i}kr_\mathrm{P})}{r_\mathrm{P}}} \tag{35.13}$$

Dies ist das *Huygenssche Prinzip*: Von jedem Punkt der Öffnung geht eine Kugelwelle $\exp(\mathrm{i}kr_\mathrm{P})/r_\mathrm{P}$ aus. Ihre Stärke und insbesondere ihre Phase wird von der einfallenden Kugelwelle $C\,\exp(\mathrm{i}kr_\mathrm{Q})/r_\mathrm{Q}$ bestimmt. Als mögliche Verallgemeinerung können auch mehrere Quellen zugelassen werden; dann ist $C \exp(\mathrm{i}k r_{\mathrm{Q}})/r_{\mathrm{Q}}$ durch die Überlagerung der Felder aller dieser Quellen zu ersetzen.

Wir vereinfachen (35.13) noch durch die Annahme, dass der Abstand r_{Q} zur Quelle viel größer als der Durchmesser d der Blendenöffnung ist, und dass die Welle senkrecht auf eine ebene Blende fällt. Dann gilt im Bereich der Blendenöffnung

$$\frac{\exp(\mathrm{i}k r_{\mathrm{Q}})}{r_{\mathrm{Q}}} \approx \text{const.} \qquad (r_{\mathrm{Q}} \gg d, \text{ senkrechter Einfall}) \tag{35.14}$$

Eine konstante Phase im Bereich der Blende bedeutet, dass die Kugelwelle hier lokal durch eine ebene Welle angenähert wird. Damit wird (35.13) zu

$$\boxed{\psi(\boldsymbol{r}') \approx C' \int_{\text{Öffnungen}} dA \; \frac{\exp(\mathrm{i}k r_{\mathrm{P}})}{r_{\mathrm{P}}} \qquad \begin{array}{l}\text{Huygenssches Prinzip}\\ \text{für senkrechten Einfall}\\ \text{einer ebenen Welle}\end{array}} \tag{35.15}$$

Die Vorfaktoren wurden durch C' abgekürzt. Damit lautet das Huygenssche Prinzip: Von jedem Punkt der Blendenöffnung geht eine Kugelwelle aus.

Huygens stellte sein Prinzip bereits 1679 auf. Die hier gegebene Begründung geht auf Kirchhoff (1882) zurück. Trotz der Probleme in der Ableitung ist das Huygenssche Prinzip eine gute und sehr nützliche Näherung. Für eine weiterführende Diskussion (Winkelfaktoren, Polarisation) sei auf Jackson [6] verwiesen.

Nach dem Huygensschen Prinzip sind Beugung und Streuung verwandte Phänomene. Bei der Streuung fällt Licht auf Streuzentren (etwa Atome oder Striche eines Gitters). In Kapitel 25 wurde (mit Polarisationseffekten) berechnet, wie ein Atom zu Dipolschwingungen angeregt wird und dadurch seinerseits zur Quelle einer auslaufenden Kugelwelle wird. Damit geht von jedem Atom (oder Streuzentrum) eine Kugelwelle aus, so wie von jedem Punkt der Öffnung in (35.13).

Fraunhofersche Beugung

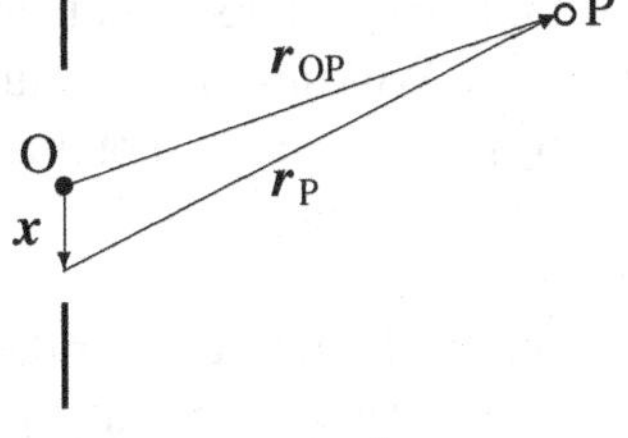

Abbildung 35.3 Wir führen einen Vektor $\boldsymbol{r}_{\mathrm{OP}}$ von einem festen Punkt O der Blendenöffnung zum Beobachtungspunkt P ein. Dann ist $\boldsymbol{r}_{\mathrm{P}} = \boldsymbol{r}_{\mathrm{OP}} - \boldsymbol{x}$, wobei $\boldsymbol{x} := (\xi, \eta)$ ein (zweidimensionaler) Vektor in der Ebene der Blendenöffnung ist.

Wir entwickeln $r_{\mathrm{P}}^2 = (\boldsymbol{r}_{\mathrm{OP}} - \boldsymbol{x})^2 = (x_{\mathrm{OP}} - \xi)^2 + (y_{\mathrm{OP}} - \eta)^2 + z_{\mathrm{OP}}^2$ nach Potenzen von $\boldsymbol{x}$,

$$r_{\mathrm{P}}^2 = r_{\mathrm{OP}}^2 \left(1 - \frac{2\,\boldsymbol{k}_{\mathrm{OP}} \cdot \boldsymbol{x}}{k\, r_{\mathrm{OP}}} + \frac{x^2}{r_{\mathrm{OP}}^2} \right) \tag{35.16}$$

wobei

$$\boldsymbol{k}_{\mathrm{OP}} = k\, \frac{\boldsymbol{r}_{\mathrm{OP}}}{r_{\mathrm{OP}}} \tag{35.17}$$

Wir verwenden die Entwicklung (35.16) im Integranden von (35.15):

$$\begin{aligned} \frac{\exp(\mathrm{i}k r_{\mathrm{P}})}{r_{\mathrm{P}}} &\approx \frac{\exp(\mathrm{i}k r_{\mathrm{OP}})}{r_{\mathrm{OP}}} \exp(-\mathrm{i}\boldsymbol{k}_{\mathrm{OP}} \cdot \boldsymbol{x}) \exp\left(\frac{\mathrm{i}k x^2}{2\, r_{\mathrm{OP}}}\right) \\ &\approx \frac{\exp(\mathrm{i}k r_{\mathrm{OP}})}{r_{\mathrm{OP}}} \exp(-\mathrm{i}\boldsymbol{k}_{\mathrm{OP}} \cdot \boldsymbol{x}) \qquad \text{für } D \gg \frac{\pi a^2}{\lambda} \end{aligned} \tag{35.18}$$

Für hinreichend großen Abstand D zwischen Blende und Schirm ist der letzte Exponentialfaktor in der ersten Zeile ungefähr gleich 1; dabei ist $D \approx r_{\mathrm{P}} \approx r_{\mathrm{OP}}$, und a kennzeichnet die Größe der Blendenöffnung. Für $D \le \pi a^2/\lambda$ muss dieser Exponentialfaktor dagegen berücksichtigt werden; dieser Fall wird in der Literatur unter der Bezeichnung *Fresnelsche Beugung* diskutiert.

Mit (35.18) wird (35.15) zur *Fraunhofersche Beugung* oder *Näherung*:

$$\boxed{\psi(\boldsymbol{r}') \approx C' \, \frac{\exp(\mathrm{i}k r_{\mathrm{OP}})}{r_{\mathrm{OP}}} \int_{\text{Öffnung}} d^2x \, \exp(-\mathrm{i}\boldsymbol{k}_{\mathrm{OP}} \cdot \boldsymbol{x})} \tag{35.19}$$

Wenn sich Materie in der Öffnung der Blende befindet, dann ist die Stärke der ausgehenden Wellen (Kapitel 25) ortsabhängig. Dies kann dadurch berücksichtigt werden, dass der Vorfaktor C' durch $B(\boldsymbol{x})$ ersetzt und unter das Integral geschrieben wird:

$$\psi(\boldsymbol{r}') \approx \frac{\exp(\mathrm{i}k r_{\mathrm{OP}})}{r_{\mathrm{OP}}} \int_{\text{Öffnung}} d^2x \, B(\boldsymbol{x}) \exp(-\mathrm{i}\boldsymbol{k}_{\mathrm{OP}} \cdot \boldsymbol{x}) \tag{35.20}$$

Das Integral ist die Fouriertransformierte von $B(\boldsymbol{x})$, also der zweidimensionalen Struktur in der Öffnung. Aus dem Beugungsmuster erhält man $|\psi|^2$ und damit das Betragsquadrat der Fouriertransformierten.

Es ist häufig so, dass ein Streuexperiment zur Fouriertransformierten der zu untersuchenden Struktur führt. Als Beispiel sei die Bornsche Näherung (in Teil VII von [3]) angeführt: Dabei wird die Streuung von Teilchen an einem Target auf die Streuung an einem Potenzial (zwischen dem Projektil und einem Targetteilchen) zurückgeführt. In der Bornschen Näherung ist der berechnete Wirkungsquerschnitt dann proportional zum Betragsquadrat der Fouriertransformierten dieses Potenzials. Ein vergleichbares Ergebnis haben wir in (25.27) für die Streuung von Licht erhalten.

Ein Standardproblem bei dieser Art von *Abbildung* (der Struktur $B(\boldsymbol{x})$ oder des Potenzials) ist, dass man nur den Betrag, nicht aber die Phase der Fouriertransformierten erhält. Ein weiteres Problem ist, dass das Experiment immer nur einen endlichen Bereich von $\boldsymbol{k}$-Werten umfasst. Um $B(\boldsymbol{x})$ (oder das Potenzial) zu erhalten, muss man daher zusätzliche Annahmen machen. Man könnte etwa einen plausiblen Ansatz für $B(\boldsymbol{x})$ machen, der von einigen Parametern abhängt. Der Vergleich der Fouriertransformierten des Ansatzes und des Experiments kann dann die Parameter festlegen.

36 Interferenz und Beugung

Das Huygenssche Prinzip wird auf einige einfache und wichtige Fälle angewandt. Zunächst behandeln wir die Interferenzeffekte, die sich bei der Streuung von Licht an einem Doppelspalt oder an zwei kleinen Öffnungen ergeben können. Wir diskutieren die Schattenbildung und im Zusammenhang damit die Unschärfe des Schattenrands aufgrund von Beugungseffekten. In der Fraunhoferschen Näherung berechnen wir die Beugung an einer rechteckigen Blende.

Interferenz am Doppelspalt

Eine Blende habe zwei spaltförmige Öffnungen, deren Abstand d vergleichbar mit der Wellenlänge λ ist. Wenn Licht auf diese Blende fällt, beobachtet man auf dem Schirm ein Interferenzmuster (Abbildung 36.1). Dieses Experiment wurde 1801 von T. Young durchgeführt. Die dabei gefundene Interferenz stand im Widerspruch zu Newtons allgemein akzeptierter Meinung, dass Licht aus Teilchenstrahlen bestehe.

Für ein vereinfachte Rechnung betrachten wir eine Blende, die anstelle der beiden Spalte zwei kleine kreisförmige Öffnungen (mit der Fläche a) hat; die qualitative Abbildung 36.1 gilt auch hierfür. Auf die Blende fällt eine ebene Welle senkrecht ein. Wir gehen von der Fraunhoferschen Näherung (35.19) aus. Der Durchmesser der Öffnungen sei so klein, dass $\exp(-\mathrm{i}\,\boldsymbol{k}_{\mathrm{OP}}\cdot\boldsymbol{x}) \approx 1$ gilt. Dann ergibt das Integral in (35.19) für jede Öffnung die Fläche a. Damit wird (35.19) zu

$$\psi(\boldsymbol{r}) = C\left(\frac{\exp(\mathrm{i}kr_1)}{r_1} + \frac{\exp(\mathrm{i}kr_2)}{r_2}\right) \tag{36.1}$$

Dabei sind r_1 und r_2 die Abstände von den Öffnungen zu einem Punkt auf dem Schirm. Der Vorfaktor wurde mit $C'a = C$ abgekürzt. Die Intensität I auf dem Schirm (etwa die Schwärzung einer Photoplatte) ist dann

$$I = |\psi|^2 = |C|^2\left(\frac{1}{r_1^2} + \frac{1}{r_2^2} + \frac{2}{r_1 r_2}\cos\big[k(r_1 - r_2)\big]\right) \tag{36.2}$$

Hieraus folgt die für Wellen typische *Interferenz*:

$$I = \begin{cases} \dfrac{|C|^2\,(r_1+r_2)^2}{r_2^2\,r_1^2} \approx \dfrac{4\,|C|^2}{r^2} & \text{für } \cos(...) = 1 \\[2ex] \dfrac{|C|^2\,(r_1-r_2)^2}{r_2^2\,r_1^2} \approx 0 & \text{für } \cos(...) = -1 \end{cases} \tag{36.3}$$

T. Fließbach, *Elektrodynamik*, https://doi.org/10.1007/978-3-662-64889-6_36

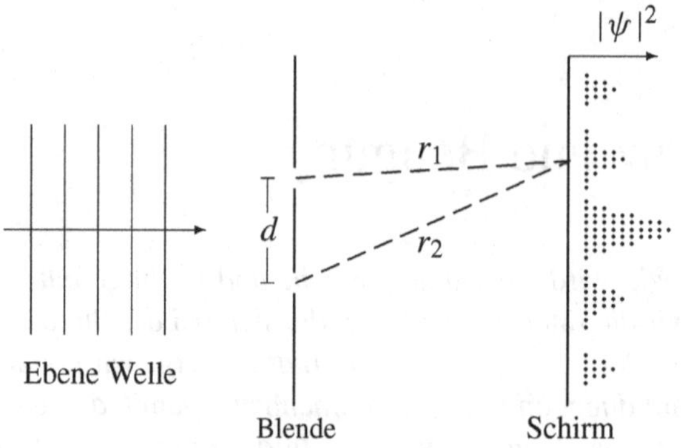

Abbildung 36.1 Eine Welle fällt auf eine Wand mit zwei gleichen Öffnungen (Loch oder Spalt), deren Abstand d vergleichbar mit der Wellenlänge λ ist. Nach dem Huygensschen Prinzip geht von jeder der beiden Öffnungen eine Kugelwelle aus. Rechts vom Schirm ist die messbare Intensität $|\psi|^2$ schematisch aufgetragen.

Je nach dem Vorzeichen des Cosinus ergibt sich eine Verstärkung oder Abschwächung. Für die Näherungsausdrücke wurde im Amplitudenfaktor $r_1 \approx r_2 \approx r$ eingesetzt. Die Näherung $r_1 \approx r_2 \approx r$ darf aber nicht in der Cosinusfunktion verwendet werden; denn hier sind ja gerade kleine Änderungen ($\sim \lambda$) der Wegdifferenz $r_1 - r_2$ entscheidend. Abhängig von der Wegdifferenz $r_1 - r_2$ treffen am Schirm Wellenberg auf Wellenberg (konstruktive Interferenz) oder Wellenberg auf Wellental (destruktive Interferenz). Bei konstruktiver Interferenz ist die Intensität etwa doppelt so groß wie die Summe der Intensitäten der Einzelwellen.

Für beliebige Blenden sind (35.13), (35.15) oder (35.19) die Grundlage zur Berechnung der Interferenzeffekte: Die von den Punkten der Öffnung ausgehenden Wellen $\exp(\mathrm{i}kr_{\mathrm{P}})/r_{\mathrm{P}}$ werden addiert. Am Beobachtungspunkt haben sie im Allgemeinen verschiedene Phasen. Ihre Addition führt daher zu Interferenz, also zu Verstärkung oder Auslöschung.

Ein Interferenzmuster wird entscheidend bestimmt durch das Verhältnis der Wellenlänge λ zum Abstand d der Streuzentren. Damit es zu deutlichen Interferenzerscheinungen kommt, müssen beide Größen noch vergleichbar sein (etwa $\lambda \sim d$ oder auch $\lambda \sim 10\,d$). Unter Streuzentren verstehen wir hier die Punkte der Blendenöffnung, von denen nach dem Huygensschen Prinzip Kugelwellen ausgehen, oder auch die streuenden Atome eines Kristallgitters oder Striche eines optischen Gitters. Hierzu sei auf die Streuung von Röntgenstrahlen am Kristallgitter (Laue 1912) und auf die Aufgaben 25.2 und 36.1 verwiesen.

Kohärenzlänge

Wir sind davon ausgegangen, dass eine ebene Welle (oder die Kugelwelle einer Quelle) auf die Öffnungen des Schirms fällt. Nun besteht natürliches Licht aus einzelnen Wellenpaketen, die relativ zueinander statistisch verteilte Phasen und Orte haben. Die Ersetzung eines Wellenpakets durch eine ebene Welle oder Kugelwelle ist nur zulässig, wenn die Ausdehnung des Wellenpakets groß gegenüber den relevanten Abmessungen (wie dem Lochabstand d in Abbildung 36.1) des Systems ist. Nach (24.42) kann einem Photon in natürlichem Licht ein Wellenpaket mit der Abmessung

$$\ell_{\rm c} \sim 3\,{\rm m} \tag{36.4}$$

zugeordnet werden. Man sagt, das Licht hat die *Kohärenzlänge* $\ell_{\rm c}$. Sofern die relevanten Abmessungen klein gegenüber $\ell_{\rm c}$ sind, können wir die Rechnung mit unendlich ausgedehnten Wellen (wie $\exp(\mathrm{i}kr)/r$) durchführen.

Im Doppelspaltexperiment führen die einzelnen Wellenpakete zu der in Abbildung 36.1 skizzierten Interferenz (wegen $d \sim \lambda \ll \ell_{\rm c}$). Dabei ist jedes einzelne Wellenpaket als quantenmechanische Wellenfunktion eines einzelnen Photons zu interpretieren. In diesem Sinn interferieren einzelne Photonen mit sich selbst. Insbesondere kommt es auch dann zur Interferenz, wenn die einfallende Welle in Abbildung 36.1 so geringe Intensität hat, dass die einzelnen Photonen zeitlich getrennt voneinander ankommen.

Aus der quantenmechanischen Wellenfunktion für Photonen wird die klassische Welle der Elektrodynamik, wenn sehr viele Photonen dieselbe Wellenfunktion haben. In diesem Fall ist die Wellenfunktion selbst (etwa $\boldsymbol{E}$ und $\boldsymbol{B}$) und nicht nur deren Betragsquadrat eine Messgröße. Dies gilt zum Beispiel für Radiowellen oder Laserlicht.

Im Youngschen Experiment wurde natürliches Licht verwendet. Daher zeigt das Experiment die Interferenz der quantenmechanischen Wellenfunktion einzelner Photonen, nicht aber die Interferenz einer klassischen elektromagnetischen Welle. Dieser Unterschied (quantenmechanische Wellenfunktion — klassische elektromagnetische Welle) betrifft die Interpretation der Funktion ψ. Sobald man zur Intensität $|\psi|^2$ oder Energiedichte übergeht, ist dieser Unterschied praktisch nicht relevant. Insofern spielen diese Fragen für das Ergebnis (36.2) und seine Ableitung keine Rolle.

Schattenbildung und Beugung

Die geradlinige Ausbreitung von Licht, insbesondere die Schattenbildung hinter einem Hindernis, kann mit Hilfe des Huygensschen Prinzips verstanden werden. Wir diskutieren dies qualitativ für einen Spalt mit einer Breite d, die groß gegenüber der Wellenlänge λ ist (Abbildung 36.2).

Von jedem Punkt der Spaltöffnung geht nach dem Huygensschen Prinzip eine Kugelwelle aus. Die Phasenflächen sind Kugeloberflächen mit dem jeweiligen Ausgangspunkt als Zentrum. Wie in Abbildung 36.2 angedeutet, haben diese Flächen eine Einhüllende, die etwa dem nach rechts verschobenen Spalt entspricht. Auf der Einhüllenden interferieren die Kugelwellen benachbarter Ausgangspunkte positiv miteinander. Dadurch hat die Welle insgesamt eine Wellenfront, die der Spaltbreite entspricht. An anderen Stellen kommen die Kugelwellen dagegen mit verschiedenen Phasen an und mitteln sich weg.

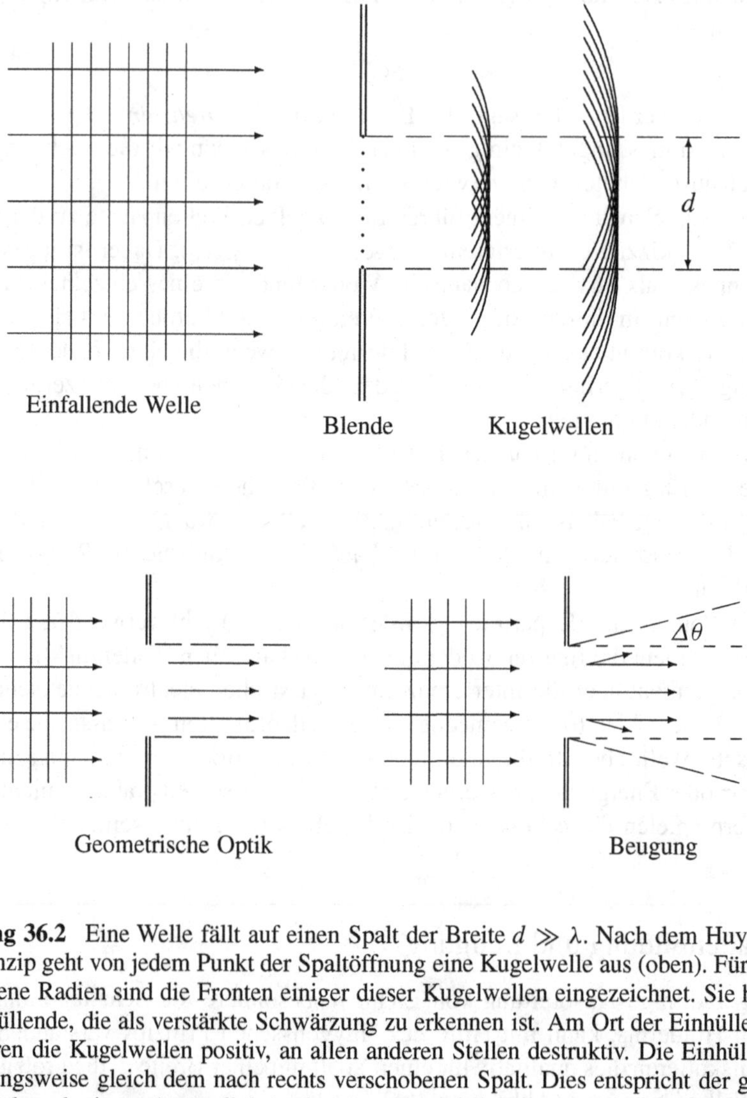

Abbildung 36.2 Eine Welle fällt auf einen Spalt der Breite $d \gg \lambda$. Nach dem Huygensschen Prinzip geht von jedem Punkt der Spaltöffnung eine Kugelwelle aus (oben). Für zwei verschiedene Radien sind die Fronten einiger dieser Kugelwellen eingezeichnet. Sie haben eine Einhüllende, die als verstärkte Schwärzung zu erkennen ist. Am Ort der Einhüllenden interferieren die Kugelwellen positiv, an allen anderen Stellen destruktiv. Die Einhüllende ist näherungsweise gleich dem nach rechts verschobenen Spalt. Dies entspricht der geradlinigen Lichtausbreitung (unten links), also dem Grenzfall der geometrischen Optik. Man erkennt auch, dass die Begrenzung nicht scharf ist. Vielmehr wird der Lichtstrahl etwas gebeugt (unten rechts), und zwar im Winkelbereich $\Delta\theta \sim \lambda/d \ll 1$. Bei einem Spalt von 5 mm Breite und Licht im sichtbaren Bereich beträgt $\Delta\theta$ etwa zwei Bogenminuten. Die Abbildung illustriert den Zusammenhang zwischen der Interferenz (dem Wellencharakter) und den anderen in diesem Kapitel diskutierten Phänomenen, also dem Schatten (Bereich destruktiver Interferenz), der Beugung (teilweise Interferenz) und der geradlinigen Lichtausbreitung (Bereich positiver Interferenz).

Dies ist eine qualitative Erklärung der Schattenbildung hinter der Blende. Die Erklärung und die in Abbildung 36.2 skizzierten Wellenfronten legen nahe, dass die Schattengrenze nicht völlig scharf ist. Tatsächlich wird das Licht an der Spaltgrenze um einen Winkel der Größe $\Delta\theta$ abgelenkt. Diese Beugung kann man so verstehen: Der Spalt blendet ein Wellenpaket mit der Ausdehnung d (senkrecht zu $\boldsymbol{k}$) aus. Nach (20.46) hat der Wellenvektor dann eine Unschärfe $\Delta k/k \sim \lambda/d$ in Richtung der Spaltbegrenzung. Dies impliziert eine Unschärfe Δk der Komponente des Wellenvektors $\boldsymbol{k}$ in dieser Richtung. Daraus folgt die Winkelunschärfe $\Delta\theta \sim \Delta k/k$ oder

$$\Delta\theta \sim \frac{\lambda}{d} \qquad \text{(Beugung)} \tag{36.5}$$

Im Bereich dieses Winkels ist die Begrenzung des Lichts hinter der Blende unscharf (Abbildung 36.2 unten rechts). Dieser Effekt wird *Beugung* genannt. Die Vernachlässigung der Beugung führt zum Grenzfall der geometrischen Optik (Kapitel 38).

Die hier vorgestellte qualitative Behandlung der Beugung und Schattenbildung kann für einfache Geometrien mit Hilfe des Huygensschen Prinzips quantitativ durchgeführt werden. Für einen Rechteckspalt wird dies im folgenden Abschnitt gezeigt.

Historisch wurde die Schattenbildung als Argument gegen die Wellentheorie von Licht angeführt; sie schien viel eher verständlich in einem Modell, das von Teilchenstrahlen ausging (Newton). Die Klärung dieses Punkts mit Hilfe des Huygensschen Prinzips und die Beobachtung von Interferenzeffekten führten zur Durchsetzung der Wellentheorie des Lichts im 19. Jahrhundert. Durch Quanteneffekte (Photoeffekt, Comptoneffekt) wurde Anfang dieses Jahrhunderts deutlich, dass Licht doch auch Teilchencharakter hat; Licht unterliegt wie Materiewellen dem Welle-Teilchen-Dualismus.

Beugung am Spalt

In der Fraunhoferschen Näherung berechnen wir die Beugung an einer rechteckigen Öffnung. In der Öffnungsfläche $A_{\text{Öffnung}}$ verwenden wir die Koordinaten $\boldsymbol{x} := (\xi, \eta)$:

$$A_{\text{Öffnung}} = \big\{\xi, \eta:\ |\xi| \le a,\ |\eta| \le b\big\} \tag{36.6}$$

Für den Abstand D des Schirms gelte die Bedingung für die Fraunhofersche Näherung (35.19)

$$D \gg \frac{\pi a^2}{\lambda}, \qquad D \gg \frac{\pi a^2}{\lambda} \tag{36.7}$$

In Abbildung 36.3 ist der Grenzfall $b \to \infty$ des Spalts skizziert. Wir werten (35.19) aus:

$$\begin{aligned} \psi(\boldsymbol{r}') &= C \int_{\text{Öffnung}} dA\ \exp\,(-\,\mathrm{i}\,\boldsymbol{k}_{\text{OP}} \cdot \boldsymbol{x}) \\ &= C \int_{-a}^{a} d\xi \int_{-b}^{b} d\eta\ \exp\big(-\,\mathrm{i}\,(\boldsymbol{k}_{\text{OP}} \cdot \boldsymbol{e}_x)\,\xi\big)\ \exp\big(-\,\mathrm{i}\,(\boldsymbol{k}_{\text{OP}} \cdot \boldsymbol{e}_y)\,\eta\big) \end{aligned} \tag{36.8}$$

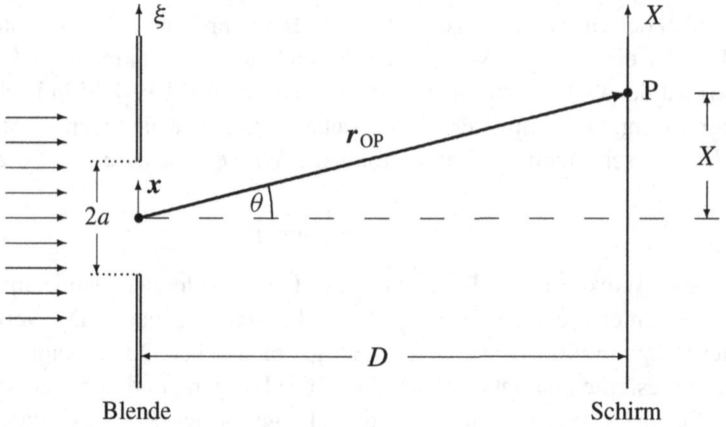

Abbildung 36.3 Licht fällt senkrecht auf einen Spalt der Breite $2a$. Beobachtet wird die Intensität I auf einem Schirm im Abstand $D \gg a$. Die Intensität (Abbildung 36.4) hat ein dominantes Maximum in Vorwärtsrichtung.

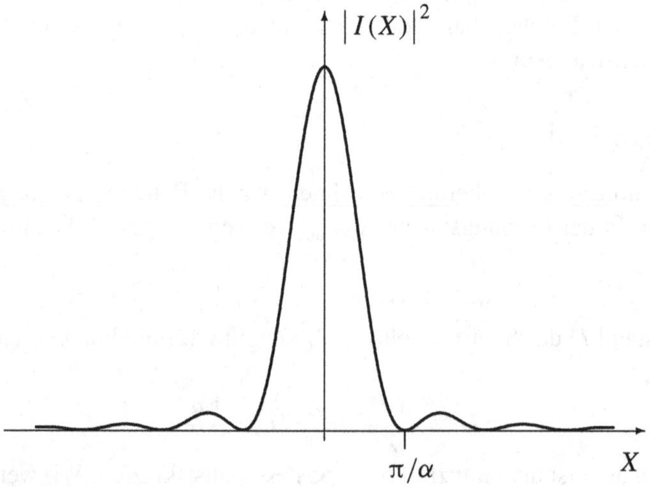

Abbildung 36.4 Interferenzmuster bei der Beugung an einem Spalt. Gezeigt ist die in (36.13) berechnete Intensität $I(X)$. Das Hauptmaximum liegt bei $X = 0$, die Nebenmaxima bei $\alpha X = \pm(2n+1)\,\pi/2$.

Der Vorfaktor wurde durch $C = C' \exp(\mathrm{i}k r_{\text{OP}})/r_{\text{OP}} \approx$ const. abgekürzt. Der Vektor $\boldsymbol{k}_{\text{OP}}$ zeigt vom Mittelpunkt der Öffnung zum Beobachtungspunkt. Es gilt

$$\boldsymbol{k}_{\text{OP}} \cdot \boldsymbol{e}_x \overset{(35.17)}{=} k\,\frac{\boldsymbol{r}_{\text{OP}} \cdot \boldsymbol{e}_x}{r_{\text{OP}}} = k\,\frac{X}{r_{\text{OP}}} \approx \frac{kX}{D} \tag{36.9}$$

und entsprechend $\boldsymbol{k}_{\text{OP}} \cdot \boldsymbol{e}_y = kY/D$; dabei sind X und Y die kartesischen Koordinaten des Beobachtungspunkts auf dem Schirm. Das Integral (36.8) ergibt

$$\psi(X, Y) = 4Cab\,\frac{\sin(\alpha X)}{\alpha X}\,\frac{\sin(\beta Y)}{\beta Y} \tag{36.10}$$

wobei

$$\alpha = \frac{ka}{D} \quad \text{und} \quad \beta = \frac{kb}{D} \tag{36.11}$$

Die X-Y-Abhängigkeit der Intensität auf dem Schirm ist dann

$$I(X, Y) = |\psi|^2 = I(0, 0)\,\frac{\sin^2(\alpha X)}{\alpha^2 X^2}\,\frac{\sin^2(\beta Y)}{\beta^2 Y^2} \tag{36.12}$$

Im Grenzfall $b \to \infty$ (Spalt anstelle von rechteckiger Öffnung) fällt die Y-Abhängigkeit weg. Die Intensität auf dem Schirm wird dann zu

$$\boxed{\frac{I(X)}{I(0)} = \frac{\sin^2(\alpha X)}{\alpha^2 X^2} \approx \frac{\sin^2(ka\theta)}{(ka\theta)^2} \qquad \text{Beugung am Spalt}} \tag{36.13}$$

Die Intensität $|I(X)|^2$ ist in Abbildung 36.4 gezeigt. Der Näherungsausdruck ergibt sich für kleine Winkel $\theta \approx X/D$. Die Breite der Winkelverteilung kann durch den Winkel $\Delta\theta$ der ersten Nullstelle bei $\alpha X = kaX/D = \pi$ charakterisiert werden:

$$\Delta\theta \approx \frac{\pi}{ka} = \frac{\lambda}{2a} \tag{36.14}$$

Die Winkelabweichung von der geradlinigen Ausbreitung ist also von der Größe λ/a; dies haben wir bereits in (36.5) festgestellt.

Die Breite des Hauptmaximums ist umgekehrt proportional zur Größe des Spalts. Diesen Zusammenhang findet man in vielen Streuexperimenten, wobei an die Stelle der Spaltgröße die Größe eines streuenden Objekts treten kann. So ist zum Beispiel der Formfaktor F in (25.27) die Fouriertransformierte der Dichte der Streuzentren; die Breite des Hauptpeaks der Fouriertransformierten ist invers proportional zur Breite der Funktion selbst.

Unter Vernachlässigung der Beugung erhält man geradlinige Ausbreitung des Lichts. Die geradlinige Ausbreitung entspricht dem dominanten Maximum von (36.13) bei $\theta = 0$. Für den endlichen Spalt bedeutet dies die Ausblendung der Lichtstrahlen auf einen Bereich der Breite $2a$. Für ein Hindernis im Lichtstrahl bedeutet es die (geometrische) Schattenbildung.

Aufgaben

36.1 Streuung am Strichgitter

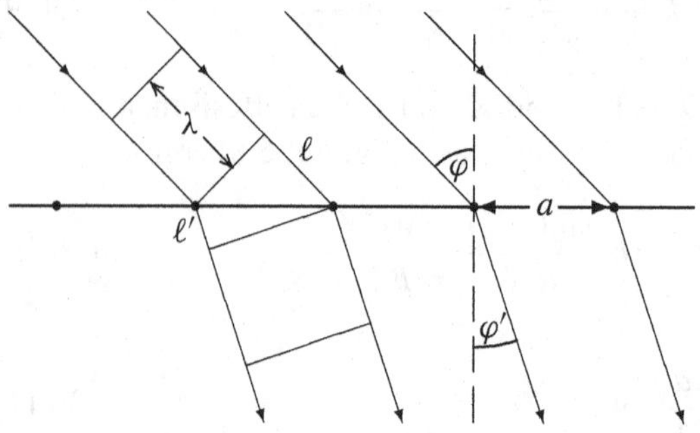

Eine ebene Welle wird an einem *Strichgitter* gestreut. Es könnte sich um sichtbares Licht handeln, das auf eine Glasscheibe mit eingeritzten Strichen (senkrecht zur Bildebene, durch dicke Punkte markiert) fällt. Nach dem Huygensschen Prinzip geht von jedem Strich eine Zylinderwelle aus.

Geben Sie die Phasendifferenz Δ zweier benachbarter Zylinderwellen in Abhängigkeit vom Einfallwinkel φ, Ausfallwinkel φ', vom Gitterabstand a und der Wellenlänge λ an. Zeigen Sie, dass für N Striche die Aufsummation der einzelnen Wellen (skalare Näherung) zur Intensität

$$I \propto \frac{\sin^2(N\Delta/2)}{\sin^2(\Delta/2)} \tag{36.15}$$

führt. Skizzieren Sie diese Funktion in Abhängigkeit von Δ. Geben Sie die Bedingung für φ, φ', a, und λ an, bei der es zu Hauptstreumaxima kommt.

37 Reflexion und Brechung

Zwei homogene Medien, etwa Luft und Wasser, sollen eine gemeinsame ebene Grenzfläche haben, Abbildung 37.1. In einem Medium laufe eine ebene, elektromagnetische Welle auf die Grenzfläche zu. Dann wird die Welle an der Grenzfläche teilweise reflektiert, teilweise wird sie ins andere Medium transmittiert. Dieser Vorgang wird auf der Grundlage der Wellenlösungen in Materie (Kapitel 33) quantitativ untersucht. Als Ergebnis erhält man Winkel- und Intensitätsbeziehungen für die reflektierte und die transmittierte Welle.

Für die Materialkonstanten der beiden Medien nehmen wir an:

$$\begin{aligned} &\text{Medium 1:} \quad \mu = 1, \qquad n = \sqrt{\varepsilon} = \text{reell} \\ &\text{Medium 2:} \quad \mu' = 1, \qquad n' = \sqrt{\varepsilon'} = n'_{\mathrm{r}} + \mathrm{i}\,\kappa' \end{aligned} \tag{37.1}$$

Nach Kapitel 32 haben die meisten Materialien eine Permeabilität $\mu \approx 1$. Dagegen beträgt $\varepsilon(\omega)$ häufig einige Einheiten. Das Medium 1, in dem die Welle einfällt, soll transparent sein.

Die Grenzfläche zwischen den Medien sei die x-y-Ebene (Abbildung 37.1). Im Medium 1 falle die Welle

$$\boldsymbol{E} = \boldsymbol{E}_0 \exp\big[\,\mathrm{i}(\boldsymbol{k}\cdot\boldsymbol{r} - \omega t)\big], \qquad \boldsymbol{B} = \frac{\boldsymbol{k}\times\boldsymbol{E}}{k_0} \qquad (z < 0) \tag{37.2}$$

ein. Diese Welle transportiert Energie in Richtung des reellen Wellenvektors $\boldsymbol{k}$. In Abbildung 37.1 ist der Strahl eingezeichnet, der zum Ursprung des gewählten Koordinatensystems führt.

Die makroskopischen Maxwellgleichungen implizieren Randbedingungen, die in Kapitel 30 aufgestellt wurden. Ohne Oberflächenladungen und -ströme lauten diese Bedingungen:

$$\boldsymbol{e}_z\cdot\boldsymbol{D}, \quad \boldsymbol{e}_z\cdot\boldsymbol{B}, \quad \boldsymbol{e}_z\times\boldsymbol{E} \quad \text{und} \quad \boldsymbol{e}_z\times\boldsymbol{H} \quad \text{sind stetig bei } z = 0 \tag{37.3}$$

Um diese Randbedingungen zu erfüllen, müssen außer (37.2) weitere Felder mit gleicher Zeitabhängigkeit vorhanden sein. Wir machen die Ansätze

$$\boldsymbol{E}'' = \boldsymbol{E}''_0 \exp\big[\,\mathrm{i}(\boldsymbol{k}''\cdot\boldsymbol{r} - \omega t)\big], \qquad \boldsymbol{B}'' = \frac{\boldsymbol{k}''\times\boldsymbol{E}''}{k_0} \qquad (z < 0) \tag{37.4}$$

T. Fließbach, *Elektrodynamik*, https://doi.org/10.1007/978-3-662-64889-6_37

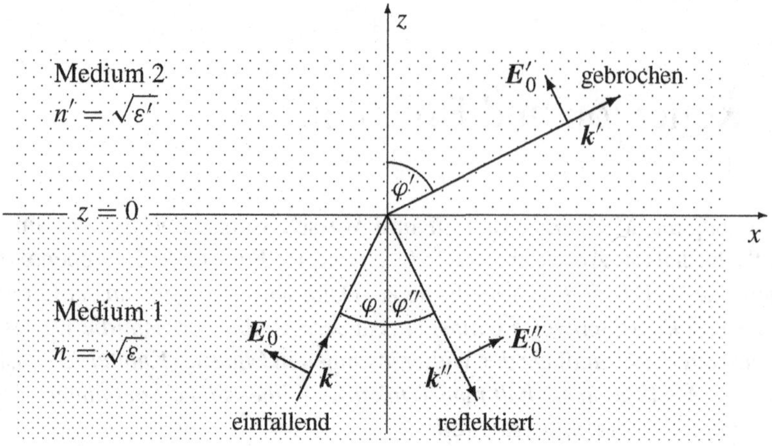

Abbildung 37.1 Ein Lichtstrahl fällt auf die Grenzfläche $z = 0$ zwischen zwei homogenen Medien. Der Strahl wird teilweise reflektiert (Winkel φ'') und teilweise transmittiert (φ'). In der Skizze gilt $n > n'$; das Medium 1 könnte Glas, das Medium 2 Luft sein. Wenn man den Einfallswinkel φ vergrößert, geht φ' schließlich gegen $\pi/2$. Wenn φ noch größer ist, wird der einfallende Strahl total reflektiert.

für die reflektierte Welle und

$$\boldsymbol{E}' = \boldsymbol{E}_0' \exp\left[\mathrm{i}(\boldsymbol{k}' \cdot \boldsymbol{r} - \omega t)\right], \qquad \boldsymbol{B}' = \frac{\boldsymbol{k}' \times \boldsymbol{E}'}{k_0} \qquad (z > 0) \tag{37.5}$$

für die transmittierte oder gebrochene Welle. Die Realteilbildung wird in diesem Kapitel nicht explizit angeschrieben. Die Form der Ansätze folgt aus (33.2), (33.6) und (33.11). Nach (33.7) gilt

$$\frac{\boldsymbol{k}^2}{n^2} = \frac{\boldsymbol{k}'^2}{n'^2} = \frac{\boldsymbol{k}''^2}{n^2} = k_0^2\,, \qquad k_0 = \frac{\omega}{c} = \text{reell} \tag{37.6}$$

Hieraus folgt

$$k = n\,k_0\,, \qquad k' = \sqrt{\boldsymbol{k}' \cdot \boldsymbol{k}'} = n'\,k_0\,, \qquad k'' = n\,k_0 \tag{37.7}$$

Wegen (37.1) sind $\boldsymbol{k}, \boldsymbol{k}''$, k und k'' reell, $\boldsymbol{k}'$ und k' dagegen im Allgemeinen komplex. Dabei ist k' der Betrag des Vektors $\boldsymbol{k}'$; es wird nicht der Betrag der komplexen Zahl genommen.

Jede der Wellen (37.2), (37.4) und (37.5) löst die makroskopischen Maxwellgleichungen im jeweiligen Bereich. Wegen der Linearität der Maxwellgleichungen ist auch $\boldsymbol{E} + \boldsymbol{E}''$ Lösung für $z < 0$. An der Grenzfläche implizieren die Maxwellgleichungen die Randbedingungen (37.3). Wenn wir die Randbedingungen mit den Wellen (37.2), (37.4) und (37.5) erfüllen können, haben wir eine Lösung der Maxwellgleichungen (im gesamten Raum) gefunden.

Die einfallende Welle (mit dem Wellenvektor $\boldsymbol{k}$ und der Amplitude $\boldsymbol{E}_0$) wird durch den experimentellen Aufbau vorgegeben. Mit Hilfe der Randbedingungen werden wir hieraus die reflektierte und die transmittierte Welle berechnen, das heißt wir bestimmen die Größen $\boldsymbol{k}'$, $\boldsymbol{k}''$, $\boldsymbol{E}_0'$ und $\boldsymbol{E}_0''$ als Funktion von $\boldsymbol{k}$ und $\boldsymbol{E}_0$.

Winkelbeziehungen

Die Bedingungen (37.3) müssen an jeder Stelle der x-y-Ebene und zu jeder Zeit t erfüllt werden. Dafür stehen die Parameter $\boldsymbol{k}'$, $\boldsymbol{k}''$, $\boldsymbol{E}_0'$ und $\boldsymbol{E}_0''$ zur Verfügung. Da die Anzahl der Parameter endlich ist, müssen die Wellen (37.4) und (37.5) die gleiche x-, y- und t-Abhängigkeit wie (37.2) haben. Deshalb wurde in (37.2), (37.4) und (37.5) von vornherein dieselbe Frequenz $\omega'' = \omega' = \omega$ angesetzt. Damit die Ortsabhängigkeit in der x-y-Ebene gleich ist, muss

$$\left(\boldsymbol{k}\cdot\boldsymbol{r}\right)_{z=0} = \left(\boldsymbol{k}'\cdot\boldsymbol{r}\right)_{z=0} = \left(\boldsymbol{k}''\cdot\boldsymbol{r}\right)_{z=0} \tag{37.8}$$

gelten. Ausgeschrieben bedeutet dies

$$k_x\, x + k_y\, y = k_x'\, x + k_y'\, y = k_x''\, x + k_y''\, y \tag{37.9}$$

Der Wellenvektor der einfallenden Welle und der Normalenvektor der Grenzfläche definieren die *Einfallsebene*. Dies ist zugleich die Bildebene in Abbildung 37.1. Wir wählen das Koordinatensystem so, dass die Einfallsebene die x-z-Ebene ist. Eine Reflexion oder Streuung aus der Einfallsebene heraus ist nicht möglich (weil die Grenzfläche symmetrisch bezüglich dieser Ebene ist). Damit liegen alle Wellenvektoren in dieser Ebene. Daher gilt $k_y = k_y' = k_y'' = 0$, und (37.9) wird zu

$$k_x = k_x' = k_x'' \tag{37.10}$$

Wir definieren die Winkel φ, φ' und φ'' durch

$$k_x = k\,\sin\varphi, \qquad k_x' = k'\,\sin\varphi', \qquad k_x'' = k''\,\sin\varphi'' \tag{37.11}$$

Die reellen Vektoren $\boldsymbol{k}$ und $\boldsymbol{k}''$ schließen die Winkel φ und φ'' mit der z-Achse ein (Abbildung 37.1). Dieselbe Interpretation gilt für φ', falls n' reell ist. Für komplexes n' ergibt (37.11) aber einen komplexen Wert für φ'; dieser Fall wird unten diskutiert.

Reflexionsgesetz

Mit (37.11) wird $k_x = k_x''$ zu

$$k\,\sin\varphi = k''\,\sin\varphi'' \tag{37.12}$$

Mit $k = k''$, (37.7), folgt hieraus

$$\boxed{\varphi = \varphi'' \qquad \text{Reflexionsgesetz}} \tag{37.13}$$

Der Einfallswinkel ist gleich dem Ausfallswinkel.

Brechungsgesetz

Mit (37.11) wird $k_x = k'_x$ zu

$$k \sin\varphi = k' \sin\varphi' \tag{37.14}$$

Mit $k/n = k'/n'$, (37.7), folgt hieraus

$$\boxed{\frac{\sin\varphi'}{\sin\varphi} = \frac{n}{n'} \qquad \text{Brechungsgesetz}} \tag{37.15}$$

Das Brechungsgesetz wird auch Gesetz von Snellius genannt. Falls das Medium 2 transparent ist (n' und damit $\boldsymbol{k}'$ reell), bestimmt das Brechungsgesetz einen reellen Winkel φ' für die Richtung der gebrochenen Welle. Auf diesen Fall bezieht sich der in Abbildung 37.1 eingezeichnete Winkel φ'.

Brechungsgesetz für absorbierendes Medium

Das Medium 1 sei transparent ($\kappa = \operatorname{Im} n = 0$), das Medium 2 absorbiere Licht ($\kappa' = \operatorname{Im} n' \neq 0$). Dann ergibt sich aus (37.15) ein komplexer Winkel φ'. Wir diskutieren die geometrische Bedeutung dieses Winkels.

Mit n' ist auch der Wellenvektor $\boldsymbol{k}'$ komplex. Wir schreiben diesen Vektor als $\boldsymbol{k}' = \boldsymbol{k}'_{\rm r} + {\rm i}\,\boldsymbol{k}'_{\rm i}$ mit reellem $\boldsymbol{k}'_{\rm r}$ und $\boldsymbol{k}'_{\rm i}$. Im absorbierenden Medium ist die Welle dann proportional zu

$$\exp({\rm i}\boldsymbol{k}' \cdot \boldsymbol{r}) = \exp({\rm i}\,\boldsymbol{k}'_{\rm r} \cdot \boldsymbol{r})\,\exp(-\boldsymbol{k}'_{\rm i} \cdot \boldsymbol{r}) \tag{37.16}$$

Wegen $k'_y = 0$ und $k'_x = k_x =$ reell gilt $\boldsymbol{k}'_{\rm i} \parallel \boldsymbol{e}_z$. Damit hängt der Dämpfungsfaktor nur vom Abstand zur Grenzebene ab; die zur Grenzebene parallelen Ebenen sind Flächen gleicher Amplitude. Die Flächen konstanter Phase sind dagegen die zu $\boldsymbol{k}'_{\rm r}$ senkrechten Ebenen.

Wir werten $\boldsymbol{k}'^2 = k_0^2\, n'^2$ explizit aus:

$$\boldsymbol{k}'^2 = \left(\boldsymbol{k}'_{\rm r} + {\rm i}\,\boldsymbol{k}'_{\rm i}\right)^2 = k'^2_{\rm r} - k'^2_{\rm i} + 2\,{\rm i}\,k'_{\rm r} k'_{\rm i}\, \cos\phi' = k_0^2\left(n'^2_{\rm r} - \kappa'^2 + 2\,{\rm i}\, n'_{\rm r}\kappa'\right) \tag{37.17}$$

Wegen $\boldsymbol{k}'_{\rm i} \parallel \boldsymbol{e}_z$ ist ϕ' der Winkel zwischen $\boldsymbol{k}'_{\rm r}$ und der z-Achse. Für schwache Dämpfung, $\kappa' \ll n'_{\rm r}$, erhalten wir hieraus

$$k'_{\rm r} \approx k_0\, n'_{\rm r}\,, \qquad k'_{\rm i} \sim k_0\, \kappa' \qquad (\kappa' \ll n'_{\rm r}) \tag{37.18}$$

Innerhalb einer Wellenlänge ändert sich der Exponent des Dämpfungsfaktors in (37.16) um einen Betrag der Größe $k'_{\rm i}\lambda' \sim \kappa'/n'_{\rm r} \ll 1$; die Welle (37.16) pflanzt sich also über viele Wellenlängen hinweg fort. Dann definiert $\boldsymbol{k}'_{\rm r} = \operatorname{Re} \boldsymbol{k}'$ die beobachtbare Richtung des gebrochenen Strahls. Aus

$$\sin\phi' = \frac{\boldsymbol{k}'_{\rm r} \cdot \boldsymbol{e}_x}{k'_{\rm r}} = \frac{\operatorname{Re} k'_x}{k_0\, n'_{\rm r}} = \frac{k_x}{k_0\, n'_{\rm r}} = \frac{k_0\, n\, \sin\varphi}{k_0\, n'_{\rm r}} \tag{37.19}$$

erhalten wir das Brechungsgesetz

$$\frac{\sin\phi'}{\sin\varphi} = \frac{n}{n'_{\mathrm{r}}} \qquad \text{Brechungsgesetz } (\kappa' \ll n'_{\mathrm{r}}) \tag{37.20}$$

Dies bestimmt den Winkel ϕ', den der gebrochene Strahl mit der z-Achse bildet; in Abbildung 37.1 ist φ' durch ϕ' zu ersetzen.

Für ein stark absorbierendes Medium sind die Verhältnisse theoretisch und experimentell komplizierter. Die theoretische Behandlung geht von der exakten Beziehung (37.17) aus. Experimentell bestimmt man die optischen Konstanten des Mediums 2 vorzugsweise aus der Reflexion.

Allgemeine Gültigkeit des Reflexions- und Brechungsgesetzes

Die Ableitung des Reflexions- und Brechungsgesetzes benutzte nur die Wellenform $\exp[\,\mathrm{i}(\boldsymbol{k}\cdot\boldsymbol{r} - \omega t)]$ und die Bedingung (37.8). Es wurde kein Gebrauch von den besonderen Eigenschaften der elektromagnetischen Wellen oder von der speziellen Form der Randbedingungen (37.3) gemacht. Daher gelten das Brechungs- und Reflexionsgesetz auch für andere Wellen.

Intensitätsbeziehungen

Im Gegensatz zum Brechungs- und Reflexionsgesetz hängen die Intensität und Polarisation der reflektierten und transmittierten Welle wesentlich vom Vektorcharakter der Welle ab. Wir schreiben zunächst die Randbedingungen (37.3) der Reihe nach an, wobei wir $\mu = \mu' = 1$ berücksichtigen:

$$\big(\varepsilon\,(\boldsymbol{E}_0 + \boldsymbol{E}''_0) - \varepsilon'\,\boldsymbol{E}'_0\big)\cdot\boldsymbol{e}_z = 0 \tag{37.21}$$

$$\big(\boldsymbol{k}\times\boldsymbol{E}_0 + \boldsymbol{k}''\times\boldsymbol{E}''_0 - \boldsymbol{k}'\times\boldsymbol{E}'_0\big)\cdot\boldsymbol{e}_z = 0 \tag{37.22}$$

$$\big(\boldsymbol{E}_0 + \boldsymbol{E}''_0 - \boldsymbol{E}'_0\big)\times\boldsymbol{e}_z = 0 \tag{37.23}$$

$$\big(\boldsymbol{k}\times\boldsymbol{E}_0 + \boldsymbol{k}''\times\boldsymbol{E}''_0 - \boldsymbol{k}'\times\boldsymbol{E}'_0\big)\times\boldsymbol{e}_z = 0 \tag{37.24}$$

Der Polarisationsvektor $\boldsymbol{E}_0$ der einfallenden Welle kann in die Bestandteile parallel und senkrecht zur Einfallsebene aufgeteilt werden:

$$\boldsymbol{E}_0 = \boldsymbol{E}_{0\parallel} + \boldsymbol{E}_{0\perp} \qquad \text{(relativ zur Einfallsebene)} \tag{37.25}$$

Die Grenzfläche ist symmetrisch unter einer Spiegelung an der Einfallsebene. Bei der Reflexion oder Brechung kann der Feldvektor daher weder aus der Einfallsebene hinausgedreht werden, noch kann seine Orthogonalität zu dieser Ebene geändert werden. Daher können die beiden Anteile getrennt behandelt werden.

Wir beschränken uns im Folgenden auf den Fall $\boldsymbol{E}_0 = \boldsymbol{E}_{0\|}$; der andere Fall $\boldsymbol{E}_0 = \boldsymbol{E}_{0\perp}$ wird in Aufgabe 37.3 behandelt. Im betrachteten Fall gilt

$$\boldsymbol{E}_0 \cdot \boldsymbol{e}_y = \boldsymbol{E}_0' \cdot \boldsymbol{e}_y = \boldsymbol{E}_0'' \cdot \boldsymbol{e}_y = 0 \qquad (\text{für } \boldsymbol{E}_0 = \boldsymbol{E}_{0\|}) \tag{37.26}$$

Hierdurch und durch

$$\boldsymbol{E}_0 \cdot \boldsymbol{k} = \boldsymbol{E}_0' \cdot \boldsymbol{k}' = \boldsymbol{E}_0'' \cdot \boldsymbol{k}'' = 0 \tag{37.27}$$

sind die Vektoren $\boldsymbol{E}_0$, $\boldsymbol{E}_0'$ und $\boldsymbol{E}_0''$ festgelegt. Diese Vektoren sind in Abbildung 37.1 eingezeichnet; die Abbildung (nicht aber die folgende Rechnung) setzt ein reelles n' voraus.

Wir werten die Randbedingungen (37.21) – (37.24) mit (37.26, 37.27) aus. Die Bedingung (37.22) ist trivial erfüllt, weil alle $\boldsymbol{k}$- und $\boldsymbol{E}$-Vektoren in der Einfallsebene liegen; die Kreuzprodukte sind dann parallel zu $\boldsymbol{e}_y$. In den verbleibenden Bedingungen (37.21), (37.23) und (37.24) verwenden wir $\varepsilon = n^2$, $\varepsilon' = n'^2$, $k'' = k$, $k' = k\, n'/n$, die in (37.11) definierten Winkel und $\varphi'' = \varphi$:

$$n^2 \left(E_0 + E_0''\right) \sin\varphi - n'^2\, E_0' \sin\varphi' \;=\; 0 \tag{37.28}$$

$$\left(E_0 - E_0''\right) \cos\varphi - E_0' \cos\varphi' \;=\; 0 \tag{37.29}$$

$$n \left(E_0 + E_0''\right) - n'\, E_0' \;=\; 0 \tag{37.30}$$

Die Amplituden $E_0 = \sqrt{\boldsymbol{E}_0^2}$, E_0' und E_0'' sind im Allgemeinen komplex. Wegen (37.15) ist (37.28) äquivalent zu (37.30). Es genügt daher, die beiden Gleichungen (37.29) und (37.30) zu betrachten.

Die Größen E_0 und φ sind durch die einfallende Welle bestimmt; über das Brechungsgesetz liegt auch φ' fest. Dann stellen (37.29) und (37.30) zwei Gleichungen zur Bestimmung der beiden Unbekannten E_0' und E_0'' dar. Mit diesen beiden Gleichungen sind alle Randbedingungen (37.3) erfüllt, so dass (37.2), (37.4) und (37.5) die Maxwellgleichungen im gesamten Raum lösen. Die Auflösung von (37.29) und (37.30) nach E_0' und E_0'' ergibt die *Fresnelschen Formeln*:

$$\boxed{\begin{aligned} \left(\frac{E_0'}{E_0}\right)_{\|} &= \frac{2\,n\,n'\cos\varphi}{n'^2\cos\varphi + n\sqrt{n'^2 - n^2\sin^2\varphi}} \\ \left(\frac{E_0''}{E_0}\right)_{\|} &= \frac{n'^2\cos\varphi - n\sqrt{n'^2 - n^2\sin^2\varphi}}{n'^2\cos\varphi + n\sqrt{n'^2 - n^2\sin^2\varphi}} \end{aligned}} \tag{37.31}$$

Der Index $\|$ bezeichnet die hier untersuchte Polarisation $\boldsymbol{E}_0 = \boldsymbol{E}_{0\|}$.

Die Intensitäten der einfallenden und der reflektierten Welle sind proportional zu $|E_0|^2$ und zu $|E_0''|^2$. Da es sich um dasselbe Medium handelt, sind die Proportionalitätskoeffizienten gleich. Damit ist

$$R(\varphi) = \left|\frac{E_0''}{E_0}\right|^2 \qquad (\text{Reflexionskoeffizient}) \tag{37.32}$$

der Bruchteil der reflektierten Intensität. Da direkt an der Grenzfläche keine Intensität verloren geht, gilt für den Bruchteil der transmittierten Intensität $T = 1 - R$. Im Allgemeinen sind diese Koeffizienten als Verhältnisse von Energiestromdichten (29.32) zu berechnen. Dabei sind die zeitlich gemittelten Komponenten senkrecht zur Grenzfläche relevant, also $R = \langle S_z'' \rangle / \langle S_z \rangle$ und $T = \langle S_z' \rangle / \langle S_z \rangle$. Bei der Auswertung dieser Ausdrücke sind die unterschiedlichen optischen Konstanten in den beiden Medien zu beachten.

Die Abbildungen 37.2 und 37.3 zeigen die Winkelabhängigkeiten von $R_{\|}(\varphi)$, (37.32) mit (37.31), und $R_{\perp}(\varphi)$, (37.32) mit (37.41), mit reellem n und n'.

Speziell für senkrechten Einfall ($\varphi = 0$) gilt $R_{\|}(0) = R_{\perp}(0) = R(0)$. Mit (37.31) erhalten wir:

$$R(0) = \left| \frac{E_0''}{E_0} \right|^2 = \left| \frac{n' - n}{n' + n} \right|^2 = \frac{(n_{\rm r}' - n)^2 + \kappa'^2}{(n_{\rm r}' + n)^2 + \kappa'^2} \tag{37.33}$$

Für die Grenzfläche zwischen Luft ($n \approx 1$) und Glas ($n_{\rm r}' \approx 1.5$ und $\kappa' \approx 0$) ergibt sich $R(0) = 4\%$ unabhängig davon, in welchem Medium das Licht einfällt.

Sichtbares Licht falle senkrecht auf eine ebene Metall- oder Wasseroberfläche. Das Medium 1 sei Luft mit $n \approx 1$. Dann erhalten wir

$$\begin{array}{lllll} \text{Wasser:} & n_r' \approx 1.33, \ \kappa' \ll n_{\rm r}' & \longrightarrow & R(0) \approx 0.02 \\ \text{Metall:} & n' \approx i\kappa' & \longrightarrow & R(0) \approx 1 \end{array} \tag{37.34}$$

Wegen $T = 1 - R \approx 1$ kann man durch eine ruhige Wasseroberfläche senkrecht hindurchsehen. Nach Abbildung 37.2 gilt dies auch für nicht zu flache Winkel; dabei sind allerdings die unterschiedlichen Intensitäten des reflektierten (Himmel) und des gebrochenen (Seegrund) Lichts zu berücksichtigen. Eine Metalloberfläche kann wegen $R \approx 1$ als Spiegel dienen; da sich wegen $n' \approx i\kappa'$ im Metall keine Welle ausbreitet, gilt $R \approx 1$ für beliebige Einfallswinkel.

Als Beispiel für die Frequenzabhängigkeit des Reflexionskoeffizienten $R(\varphi, \omega)$ betrachten wir den senkrechten Einfall von Licht auf eine Metalloberfläche. Dazu setzen wir die Brechungsindizes n' aus (34.22) und $n \approx 1$ für Luft in (37.33) ein:

$$R(0, \omega) = \left| \frac{n - n'}{n + n'} \right|^2 = \left\{ \begin{array}{ll} 1 & \left(\omega < \omega_{\rm P}/\sqrt{\varepsilon_0}\right) \\[2ex] \dfrac{\left(1 - \sqrt{\varepsilon_0 - \omega_{\rm P}^2/\omega^2}\right)^2}{\left(1 + \sqrt{\varepsilon_0 - \omega_{\rm P}^2/\omega^2}\right)^2} & \left(\omega > \omega_{\rm P}/\sqrt{\varepsilon_0}\right) \end{array} \right. \tag{37.35}$$

Die resultierende Frequenzabhängigkeit des Reflexionskoeffizienten ist in Abbildung 34.6 rechts dargestellt (für $\varepsilon_0(\omega) = 1$). Im Lorentzmodell wie auch in realen Materialien hat $\varepsilon_0(\omega)$ bei $\omega \sim \omega_{\rm P}/\sqrt{\varepsilon_0}$ einen kleinen Imaginärteil. Dadurch wird der abrupte Übergang vom reflexiven zum transparenten Verhalten (in Abbildung 34.6 bei $\omega_{\rm P}$) etwas geglättet oder ausgeschmiert.

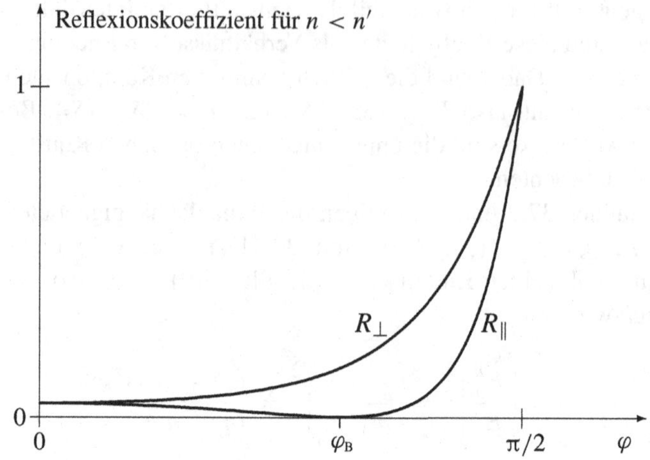

Abbildung 37.2 Die Reflexionskoeffizienten $R_\parallel$ und $R_\perp$ in Abhängigkeit vom Einfallswinkel φ für $n'/n = 1.5$. Bei steilem Einfall ($\varphi \approx 0$) ist die Reflexion klein (man kann durch die Oberfläche auf den Grund eines Sees sehen), bei streifendem Einfall ($\varphi \to \pi/2$) ist die Reflexion groß (die gegenüber liegenden Berge spiegeln sich im See). Beim Brewster-Winkel $\varphi_B = \arctan(n'/n) \approx 57°$ verschwindet $R_\parallel$; der reflektierte Strahl ist daher linear polarisiert.

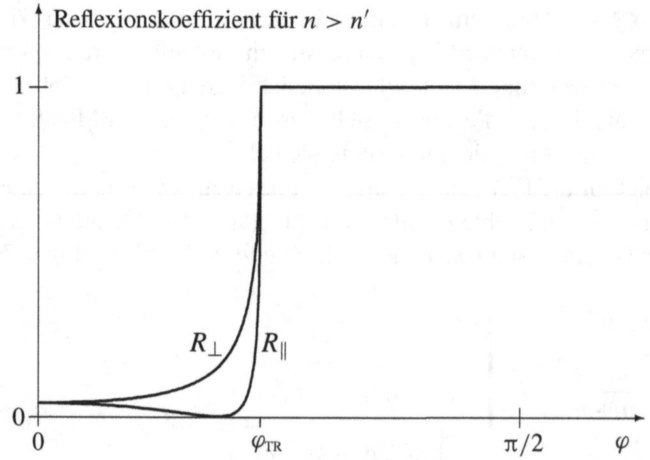

Abbildung 37.3 Die Reflexionskoeffizienten $R_\parallel$ und $R_\perp$ in Abhängigkeit vom Einfallswinkel φ für $n/n' = 1.5$. Der Bereich $\varphi = 0 \ldots \varphi_{TR}$ ergibt $\varphi' = 0 \ldots \pi/2$ für den gebrochenen Strahl. Im Kegel $\varphi < \varphi_{TR}$ überblickt ein Taucher daher das Geschehen außerhalb des Sees („Froschperspektive"). Für $\varphi > \varphi_{TR}$ tritt Totalreflexion (TR) ein; der Taucher sieht den gespiegelten Seegrund.

In unserer Rechnung war die Grenzfläche zwischen den beiden Medien die mathematische Ebene $z = 0$. Eine physikalische Grenzfläche hat dagegen eine endliche Dicke d; für sehr glatte Oberflächen (polierter Metallspiegel) ist eine Dicke d von wenigen Ångström möglich (zum Vergleich $\lambda_{0,\,\text{sichtbar}} \approx 4 \ldots 7.5 \cdot 10^3$ Å). Die Vernachlässigung der endlichen Dicke der Grenzschicht ist für $\lambda = \lambda_0/n_{\text{r}} \gg d$ gerechtfertigt. Für $\lambda \ll d$ müsste die Lichtausbreitung in der Grenzschicht selbst untersucht werden; dies kann im Rahmen der geometrischen Optik (Kapitel 38) geschehen. Für $\lambda \sim d$ ist die Wellen- und Vektornatur des Lichts wichtig; es können zum Beispiel Interferenzen auftreten. So kann eine zusätzliche Schicht mit $d \sim \lambda$, die an der Grenzfläche aufgebracht wird, die Reflexion wesentlich beeinflussen (Entspiegelung von Brillenglas mit $d = \lambda/4$).

Brewster-Winkel

Wie die Abbildungen 37.2 und 37.3 zeigen, gibt es bei paralleler Polarisation einen Winkel, bei dem die Reflexion verschwindet (n und n' seien reell). Aus (37.31) und $E_0''/E_0 = 0$ folgt

$$\varphi_{\text{B}} = \arctan \frac{n'}{n} \tag{37.36}$$

Dieser *Brewster-Winkel* existiert sowohl für $n > n'$ wie für $n < n'$. Für den Brewster-Winkel gilt (siehe auch Aufgabe 37.4)

$$\varphi_{\text{B}} + \varphi' = \frac{\pi}{2} \tag{37.37}$$

Dies bedeutet, dass der reflektierte Strahl (mit $\varphi'' = \varphi_{\text{B}}$) und der gebrochene Strahl (mit φ') einen rechten Winkel bilden. Die induzierten elektrischen Dipole in der Grenzfläche schwingen senkrecht zur Richtung des gebrochenen Strahls (und parallel zur Bildebene in Abbildung 37.1). Für den reflektierten Strahl wäre dann der elektrische Feldvektor parallel zum Wellenvektor. Dies ist aber für eine transversale Welle nicht möglich.

Eine nicht polarisierte Welle kann als Linearkombination (37.25) der beiden Polarisationsrichtungen dargestellt werden. Wenn die Welle unter dem Winkel φ_{B} einfällt, dann verschwindet die Amplitude $\boldsymbol{E}_{0\parallel}''$; die reflektierte Welle ist also linear polarisiert. Allerdings hat der reflektierte (polarisierte) Strahl nur eine geringe Intensität, zum Beispiel $R_\perp(\varphi_{\text{B}}) \approx 15\%$ in Abbildung 37.2. Um polarisiertes Licht zu erzeugen, nutzt man daher eher die teilweise Polarisation des transmittierten Strahls aus und verwendet dann mehrere Grenzflächen hintereinander.

Aus (37.31) folgt, dass das Verhältnis $(E_0''/E_0)_\parallel$ bei φ_{B} sein Vorzeichen ändert. Dies bedeutet einen abrupten Phasensprung von 180° der reflektierten Welle. Eine endliche Dämpfung glättet diesen Sprung.

Doppelbrechung

Die Polarisierbarkeit eines Festkörpers kann von der Richtung des elektrischen Felds (relativ zu den Kristallachsen) abhängen. Für die beiden Polarisationsrichtungen, $\boldsymbol{E}_{0\parallel}$ und $\boldsymbol{E}_{0\perp}$, ergeben sich dann unterschiedliche Werte für den Brechungsindex und damit auch verschiedene Brechungswinkel. Ein nicht-polarisierter einfallender Lichtstrahl wird in zwei Strahlen gebrochen (Doppelbrechung), die eine zueinander senkrechte, lineare Polarisation haben. Dies ist ein einfaches und effizientes Verfahren zur Herstellung von polarisiertem Licht.

Totalreflexion

Wir betrachten zwei transparente (n, n' reell) Medien mit $n > n'$. Aus dem Brechungsgesetz folgt

$$\sin\varphi = \frac{n'}{n}\,\sin\varphi' \le \frac{n'}{n} < 1 \tag{37.38}$$

Daraus folgt eine Einschränkung für den Einfallswinkel:

$$\varphi \le \varphi_{\text{TR}} = \arcsin\frac{n'}{n} \qquad (n > n') \tag{37.39}$$

Wenn sich der Einfallswinkel φ dem Winkel φ_{TR} nähert, geht der Winkel φ' des gebrochenen Strahls gegen den maximal möglichen Wert von 90°, siehe auch Abbildung 37.1. Für größere Einfallswinkel wird der einfallende Strahl vollständig reflektiert, Abbildung 37.3. Im Ausdruck von E_0''/E_0 in (37.31) wird die Wurzel rein imaginär. Damit gilt $|E_0''/E_0| = 1$ und

$$R = 1 \quad \text{für } \varphi > \varphi_{\text{TR}} \tag{37.40}$$

Anwendungen der Totalreflexion sind:

- Schickt man Licht in einen dünnen, langen Glaszylinder (Glasfaser) unter einem flachen Winkel zur Zylinderachse, so wird es immer wieder an der Grenzfläche (zu Luft) total reflektiert. Damit wird die Glasfaser zu einem Lichtleiter.

- Für Röntgenlicht gibt es keine gewöhnlichen Linsen. Im Satellit Rosat, der Bilder im Röntgenbereich aufnimmt, beruht das Abbildungssystem auf der Totalreflexion. Für Röntgenlicht ist der Brechungsindex von Metall geringfügig kleiner als 1 (für hohe Frequenzen gilt (34.21) mit $\varepsilon_{\text{o}} \approx 1$, also $n^2 = \varepsilon = 1 - \omega_{\text{P}}^2/\omega^2 < 1$). Daher werden Röntgenstrahlen bei streifendem Einfall (im Vakuum) an einer Metalloberfläche total reflektiert. Durch eine geeignete Anordnung parabolisch geformter Metallflächen kann dann eine Fokussierung des einfallenden Röntgenstrahls erreicht werden.

Aufgaben

37.1 Komplexer Brechungsindex

Zwei Medien sind durch eine ebene Grenzfläche getrennt (Abbildung in Aufgabe 37.3) Es soll die Brechung für einen reellen Brechungsindex n und für ein komplexes $n' = n'_\mathrm{r} + \mathrm{i}\kappa'$ mit $\kappa' \ll n'_\mathrm{r}$ betrachtet werden. Bestimmen Sie den komplexen Winkel φ', der sich aus dem Brechungsgesetz ergibt. Setzen Sie dazu $\varphi' = \phi' + \mathrm{i}\,\phi''$ an, und berechnen Sie die reellen Winkel ϕ' und ϕ''.

37.2 Totalreflexion

Für zwei transparente Medien (n, n' reell, Abbildung in Aufgabe 37.3) mit $n > n'$ folgt aus dem Brechungsgesetz

$$\varphi \le \varphi_{\mathrm{TR}} = \arcsin\left(n'/n\right) \qquad (n > n')$$

Zeigen Sie, dass für $\varphi > \varphi_{\mathrm{TR}}$ die z-Komponente des transmittierten Wellenvektors $\boldsymbol{k}'$ rein imaginär ist. Was bedeutet das für die Welle im Medium 2?

37.3 Fresnelsche Formeln für polarisiertes Licht

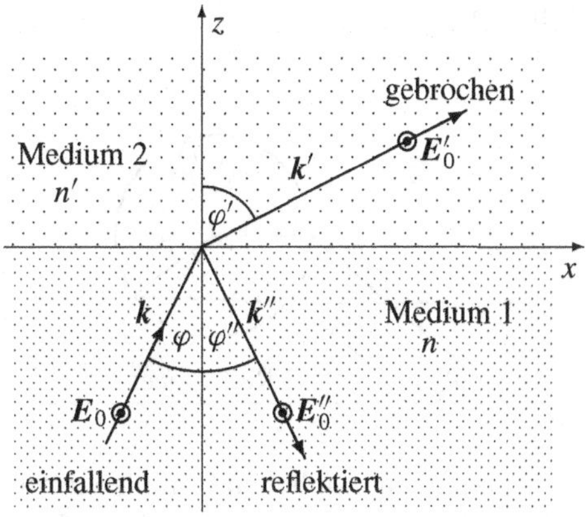

Zur Berechnung der Intensitätsbeziehungen (Fresnelsche Formeln) bei der Brechung und Reflexion zerlegt man die elektrische Feldamplitude in die zur Bildebene parallelen und senkrechten Anteile:

$$\boldsymbol{E}_0 = \boldsymbol{E}_{0\parallel} + \boldsymbol{E}_{0\perp}$$

Für den hier betrachteten senkrechten Fall sind die elektrischen Feldvektoren durch kleine Kreise mit zentralem Punkt angedeutet.

Leiten Sie die Fresnelschen Formeln

$$\left(\frac{E'_0}{E_0}\right)_\perp = \frac{2n\cos\varphi}{n\cos\varphi + n'\cos\varphi'}, \qquad \left(\frac{E''_0}{E_0}\right)_\perp = \frac{n\cos\varphi - n'\cos\varphi'}{n\cos\varphi + n'\cos\varphi'} \qquad (37.41)$$

ab. Mit $n'\cos\varphi' = \sqrt{n'^2 - n^2\sin^2\varphi}$ können sie auch allein durch den Einfallswinkel ausgedrückt werden.

37.4 Alternative Form der Fresnelschen Formeln

Wir betrachten weiter die in der Abbildung von Aufgabe 37.3 skizzierte Brechung und Reflexion. Zeigen Sie, dass sich die Fresnelschen Formeln auch in der folgenden Form schreiben lassen:

$$\left(\frac{E_0'}{E_0}\right)_{\parallel} = \frac{2\cos\varphi\sin\varphi'}{\sin(\varphi+\varphi')\cos(\varphi-\varphi')}\,,\qquad \left(\frac{E_0''}{E_0}\right)_{\parallel} = \frac{\tan(\varphi-\varphi')}{\tan(\varphi+\varphi')}$$

$$\left(\frac{E_0'}{E_0}\right)_{\perp} = -\frac{2\cos\varphi\sin\varphi'}{\sin(\varphi+\varphi')}\,,\qquad \left(\frac{E_0''}{E_0}\right)_{\perp} = -\frac{\sin(\varphi-\varphi')}{\sin(\varphi+\varphi')}$$

Was ergibt sich für den Brewster-Winkel $\tan\varphi_{\mathrm{B}} = n'/n$ im Fall paralleler Polarisation?

37.5 Regenbogen

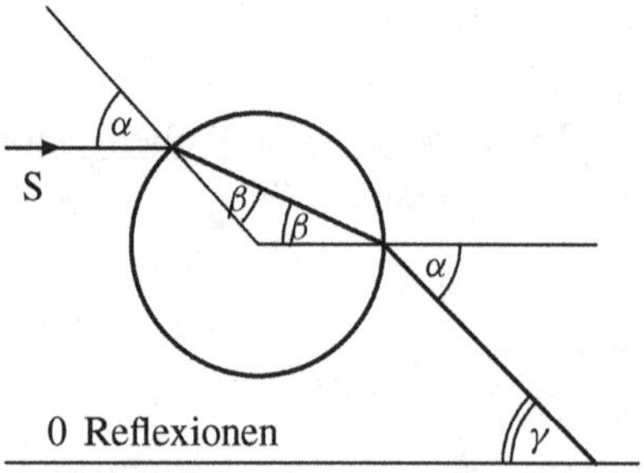

Ein Regenbogen entsteht durch Brechung und Reflexion von Sonnenstrahlen an Wassertropfen. Es werden Strahlengänge betrachtet, bei denen es zu keiner Reflexion (links) kommt, oder zu einer oder zwei Reflexionen (unten). Die einmalige Reflexion liegt beim Hauptbogen vor, der erste Nebenbogen entsteht durch zweimalige Reflexion.

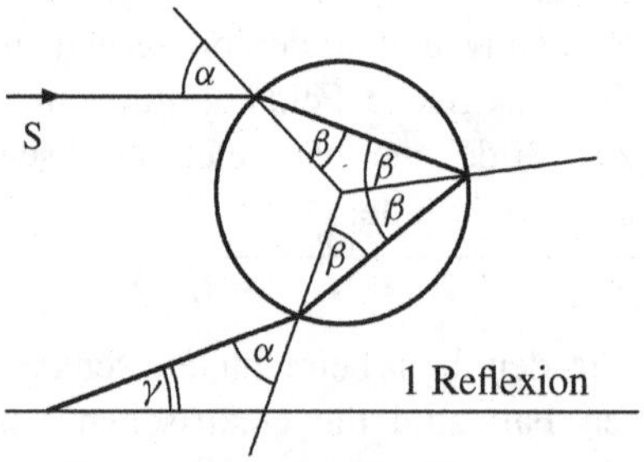

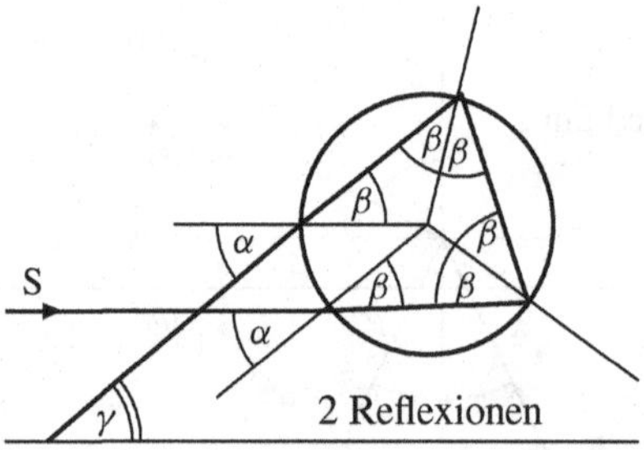

Das Sonnenlicht (S) kommt von links und trifft mit allen möglichen Einfallswinkeln α auf die Tropfenoberfläche. Relativ zur Einfallsrichtung (Horizontale) wird der Strahl schließlich unter dem Winkel γ beobachtet. Zu einer deutlichen Verstärkung kommt es, wenn ein (kleines) α-Intervall zum selben Beobachtungswinkel $\gamma = \gamma(\alpha)$ beiträgt; aus der Bedingung hierfür $d\gamma/d\alpha = 0$ folgt der Winkel γ_{extr}. Der Regenbogen erscheint dann als Kreis, der unter dem Winkel γ_{extr} relativ zur Achse Sonne-Beobachter-Kreismittelpunkt zu sehen ist.

Der Brechungsindex von Luft ist $n' \approx 1$, der von Wasser liegt bei $n \approx 1.33$. Wegen der etwas unterschiedlichen Freqenzabhängigkeit $n = n(\omega)$ sind die Winkel γ_{extr} für verschiedene Farben leicht unterschiedlich.

Bestimmen Sie die Beobachtungswinkel γ_{extr} für den Haupt- (1 Reflexion) und den ersten Nebenregenbogen (2 Reflexionen). Wie ist die Farbfolge in den beiden Regenbögen, wenn die Brechungsindizes für rotes und violettes Licht $n_{\text{rot}} = 1.331$ und $n_{\text{violett}} = 1.334$ betragen? Welcher der beiden Regenbögen erscheint breiter?

Untersuchen Sie das Intensitätsverhältnis von Haupt- und Nebenregenbogen mit Hilfe der Fresnelschen Formeln. Es genügt, das senkrecht zur Einfallsebene polarisierte Licht zu betrachten.

37.6 Alternative Herleitung des Brechungsgesetzes

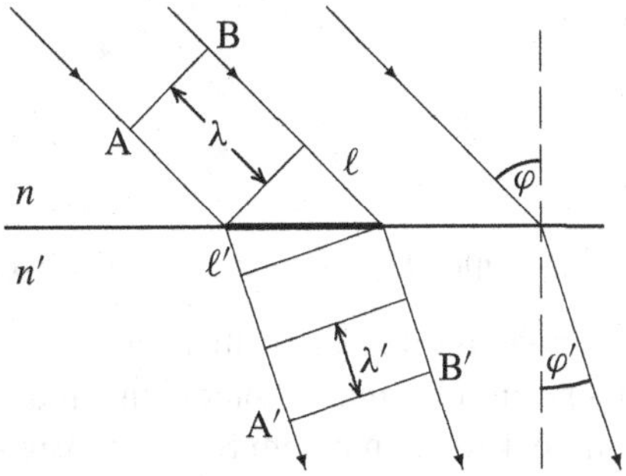

Es wird die Brechung an der Grenzfläche zweier transparenter Medien (Brechungsindizes n und n') betrachtet. Eine einfallende ebene Welle (Frequenz ω) hat an den Punkten A und B dieselbe Phase. Damit dies auch für A′ und B′ gilt, muss die Phasendifferenz auf den Wegen ℓ und ℓ' gleich sein. Was folgt daraus für die Beziehung zwischen den Winkeln φ und φ'?

38 Geometrische Optik

Geometrische Optik oder auch Strahlenoptik bezeichnet den Grenzfall, in dem die Wellennatur des Lichts keine Rolle spielt. Wir stellen die Grundlagen der geometrischen Optik zusammen. Die Verallgemeinerung des Brechungsgesetzes auf inhomogene Medien führt zur Eikonalgleichung.

Grundlagen

Im Grenzfall kurzer Wellenlängen

$$\lambda \to 0 \qquad \text{(geometrische Optik)} \tag{38.1}$$

können Beugungs- und Interferenzeffekte vernachlässigt werden. Dabei soll $\lambda \to 0$ bedeuten, dass die Wellenlänge klein gegenüber den relevanten Abmessungen des Versuchsaufbaus ist. Nach Abbildung 36.2 und 36.4 wird an einem Spalt der Breite d ein Lichtstrahl um einen Winkel der Größe $\Delta\theta \sim \lambda/d$ aufgefächert (Beugung). Ein ausgeprägtes Interferenzmuster ergibt sich im Doppelspaltexperiment (Abbildung 36.1), falls der Spaltabstand vergleichbar mit der Wellenlänge ist. Diese Beugungs- und Interferenzeffekte verschwinden im Grenzfall (38.1).

Ebenso wie in der Kirchhoffschen Theorie (Kapitel 35) vernachlässigen wir Polarisationseffekte, also Effekte, die sich aus der Vektoreigenschaft des elektromagnetischen Felds ergeben. Wir betrachten daher nur ein skalares Wellenfeld $\psi(\boldsymbol{r},t) = \text{Re}\,\psi(\boldsymbol{r})\exp(-\mathrm{i}\omega t)$. Dieses Feld steht stellvertretend für die Komponenten von $\boldsymbol{E}$ und $\boldsymbol{B}$. Die Wellengleichungen (33.5) werden durch

$$\left(\Delta + k^2\right)\psi(\boldsymbol{r}) = 0 \tag{38.2}$$

ersetzt, wobei

$$k = \frac{\omega}{c}\,n = k_0\,n \tag{38.3}$$

Wir beschränken uns in diesem Kapitel auf einen reellen Brechungsindex n.

Die Vereinfachungen (38.1) und (38.2) sind die Grundlage der geometrischen Optik. Die wesentlichen Eigenschaften der Strahlausbreitung in der geometrischen Optik sind:

1. Geradlinige Ausbreitung im homogenen Medium.
2. Reflexions- und Brechungsgesetz.
3. Superponierbarkeit von Strahlen.
4. Umkehrbarkeit des Strahlengangs.

(38.4)

T. Fließbach, *Elektrodynamik*, https://doi.org/10.1007/978-3-662-64889-6_38

Elektromagnetische Wellen haben diese Eigenschaften, sofern man Beugungs-, Interferenz- und Polarisationseffekte vernachlässigt. Diese Eigenschaften sind insbesondere kompatibel mit der Wellennatur des Lichts; dies wird im Folgenden deutlich werden.

Unter *Strahlen* versteht man allgemein einen kontinuierlichen, *gerichteten* Materie- oder Energiestrom. Wir betrachten zunächst geradlinige Strahlen. Über den Zwischenschritt eines mehrfach gebrochenen Strahls (Abbildung 38.3) lassen wir schließlich auch Strahlkurven zu. Im Gegensatz dazu versteht man in der Mathematik unter einem Strahl eine einseitig begrenzte Gerade mit einer Richtung.

Wir erläutern zunächst die Kompatibilität der Eigenschaften (38.4) mit der Wellenbeschreibung des Lichts. Dazu ordnen wir den Wellen Strahlen zu. Eine mögliche Lösung von (38.2) ist die ebene Welle

$$\psi(\boldsymbol{r}) = C \, \exp(\mathrm{i}\boldsymbol{k} \cdot \boldsymbol{r}) \tag{38.5}$$

Die Welle (38.5) transportiert an jeder Stelle Energie in Richtung von $\boldsymbol{k}$. Dies bedeutet, dass sich das Licht längs gerader, paralleler Strahlen ausbreitet.

Von einer punktförmigen Quelle geht eine Kugelwelle aus:

$$\psi(\boldsymbol{r}) = C' \, \frac{\exp(\mathrm{i}kr)}{r} \tag{38.6}$$

Dies könnte zum Beispiel eine Komponente des Strahlungsfelds (24.21) eines oszillierenden Dipols sein. Ein Strahlungsfeld ist immer proportional zu $1/r$; denn nur dann ist die durch eine Kugeloberfläche $4\pi r^2$ gehende Strahlungsleistung ($\propto 4\pi r^2 \, |\psi|^2$) unabhängig von r. Die Kugelwelle kann lokal durch eine ebene Welle angenähert werden. Dazu setzen wir $\boldsymbol{r} = \boldsymbol{r}_0 + \boldsymbol{r}'$ und entwickeln für kleine r':

$$\frac{\exp(\mathrm{i}kr)}{r} = \frac{\exp(\mathrm{i}k\,|\boldsymbol{r}_0 + \boldsymbol{r}'|)}{|\boldsymbol{r}_0 + \boldsymbol{r}'|} \approx \frac{\exp(\mathrm{i}kr_0)}{r_0} \, \exp(\mathrm{i}\boldsymbol{k} \cdot \boldsymbol{r}') \qquad (r' \ll r_0) \tag{38.7}$$

Dabei ist $\boldsymbol{k} = k\,\boldsymbol{r}_0/r_0$. In der Nähe von $\boldsymbol{r}_0$ ist dies eine ebene Welle $\exp(\mathrm{i}\boldsymbol{k} \cdot \boldsymbol{r}')$ mit der Amplitude $\exp(\mathrm{i}kr_0)/r_0$. Der Energietransport erfolgt an der Stelle $\boldsymbol{r}_0$ in Richtung von $\boldsymbol{k} = k\,\boldsymbol{r}_0/r_0$, also längs gerader Strahlen nach außen (Abbildung 38.1).

Kombiniert man die sternförmige Ausbreitung der Welle einer Punktquelle (Abbildung 38.1 rechts) mit dem Brechungsgesetz, so kann man daraus die Abbildungseigenschaft durch eine Linse verstehen (Abbildung 38.2). Das von Q in einen endlichen Raumwinkel abgestrahlte Licht wird durch die Linse in einem Punkt B gebündelt. Dadurch wird Q nach B abgebildet; eine Fotoplatte erfährt an der Stelle von B eine Schwärzung, die proportional zu der von Q ausgehenden Strahlung ist. Diese Konstruktion und ihre Verallgemeinerungen führen zur Kamera, zum Fernrohr oder zum Mikroskop. Grundlage der Beschreibung ist in allen diesen Fällen die geradlinige Ausbreitung im homogenen Medium und das Brechungsgesetz an Grenzflächen. Die eigentlichen Welleneffekte (Beugung, Interferenz, Polarisation)

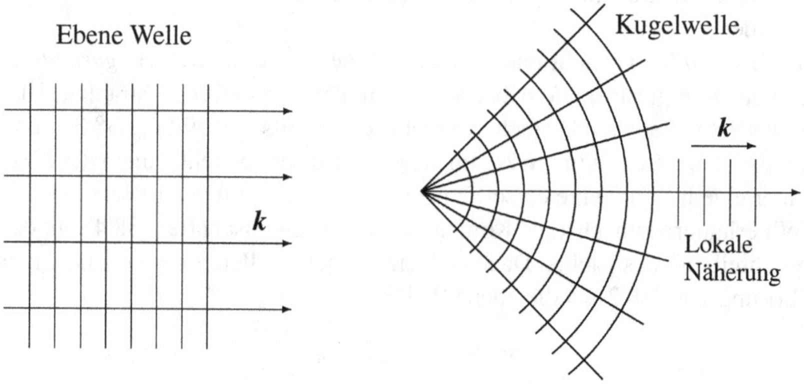

Abbildung 38.1 Einer ebenen Welle (links) und einer Kugelwelle (rechts) können geradlinige (Licht-) Strahlen zugeordnet werden. Die Kugelwelle kann lokal durch eine ebene Welle angenähert werden. Die Strahlrichtung steht senkrecht auf den Flächen gleicher Phase. Diese Flächen sind links Ebenen (als senkrechte Linien gezeigt) und rechts Kugeln (als Kreise gezeigt).

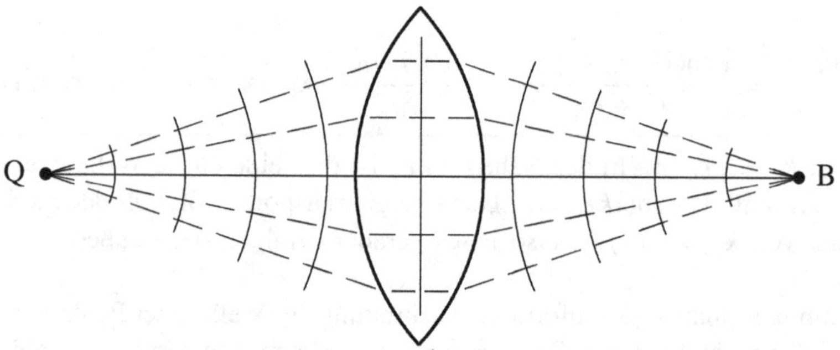

Abbildung 38.2 Eine Linse (dick eingezeichnet) sammelt das von der Punktquelle Q ausgehende Licht in einem Bildpunkt B. Gezeigt sind die geradlinigen Lichtstrahlen und die kugelförmigen Flächen gleicher Phase. An der Linsenoberfläche bestimmt das Brechungsgesetz den Strahlverlauf. In der Regel genügt die geometrische Optik auch für die Berechnung von optischen Instrumenten wie Kamera, Mikroskop oder Fernrohr.

werden nicht berücksichtigt; sie spielen für diese alltäglichen optischen Geräte auch meist keine Rolle. Die Absorption und die Dispersion (Kapitel 34) sind allerdings nicht ohne weiteres zu vernachlässigen. So impliziert etwa die Frequenzabhängigkeit des Brechungsindex, dass verschiedene, von Q ausgehende Farbstrahlen unterschiedliche Bildpunkte ergeben; in einer Kamera führt dies zu Abbildungsfehlern.

Wir fassen die Überlegungen zusammen, die die Kompatibilität der elektromagnetischen Wellen mit den vier Eigenschaften (38.4) der geometrischen Optik belegen:

1. Den Wellen können geradlinige Strahlen zugeordnet werden, (38.7) und Abbildung 38.1. Eventuelle Beugungseffekte verschwinden im Grenzfall (38.1).

2. Das Reflexionsgesetz und das Brechungsgesetz wurden im vorigen Kapitel auf der Grundlage der Wellenbeschreibung abgeleitet. Diese Gesetze bestimmen die Fortsetzung von Lichtstrahlen an Grenzflächen.

3. Die Superposition von Wellen folgt aus der Linearität der Maxwellgleichungen. Im Grenzfall (38.1) sind Interferenzen unwesentlich, so dass die Superposition der Wellen die der Intensitäten nach sich zieht. Dies bedeutet dann die Superponierbarkeit der Strahlen.

4. Wenn man in (38.5) $\boldsymbol{k}$ durch $-\boldsymbol{k}$ ersetzt, erhält man wieder eine Lösung der Wellengleichung (38.2). Dies gilt auch für ein beliebiges Strahlungsfeld, weil es als Überlagerung von ebenen Wellen (38.5) dargestellt werden kann. In der neuen Lösung ist die Richtung der Energiestromdichte an jeder Stelle umgekehrt. Also ist der Strahlengang umkehrbar.

Eikonalgleichung

Wir verallgemeinern die geometrische Optik (38.4) auf inhomogene Medien. Diese Verallgemeinerung betrifft insbesondere das Brechungsgesetz. Dazu betrachten wir zunächst in Abbildung 38.3 eine Anordnung paralleler Schichten mit den Brechungsindizes $n_0, n_1, n_2, \ldots$. Mit dem Brechungsgesetz können wir den mehrfach gebrochenen Strahl leicht konstruieren. Wenn die Schichtdicke gegen null geht, erhalten wir einen ortsabhängigen Brechungsindex

$$n = n(\boldsymbol{r}) = \text{reell} \tag{38.8}$$

Zugleich wird der mehrfach gebrochene Strahl zu einer *Kurve*. Für diese Kurven, also für den Strahlengang im inhomogenen Medium, leiten wir eine Gleichung ab. Dabei beschränken wir uns auf transparente Medien, also auf reelle Funktionen $n(\boldsymbol{r})$.

Die Voraussetzung (38.1) impliziert, dass sich der Brechungsindex im Bereich einer Wellenlänge nur wenig ändern darf:

$$\lambda \left|\operatorname{grad} n(\boldsymbol{r})\right| \ll n \tag{38.9}$$

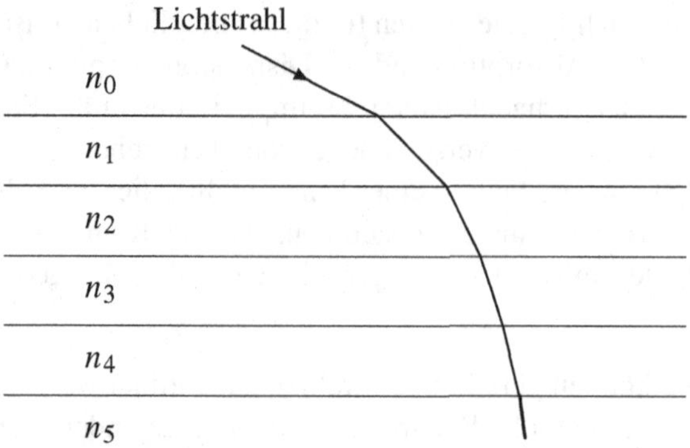

Abbildung 38.3 Für homogene, parallele Schichten ergibt sich der gesuchte Strahlenverlauf aus der mehrfachen Anwendung des Brechungsgesetzes; für die Skizze gilt $n_0 < n_1 < n_2 \ldots$. Im Grenzfall dünner Schichtdicke folgt daraus der Strahlenverlauf für einen kontinuierlichen Brechungsindex $n(\boldsymbol{r})$. Ein Demonstrationsexperiment hierzu ist in Abbildung 38.5 dargestellt. Die Strahlkurve genügt der Eikonalgleichung der geometrischen Optik.

Neben langsamen Änderungen von $n(\boldsymbol{r})$ sind noch Unstetigkeiten an Grenzflächen zugelassen. An diesen Stellen ist (38.9) nicht erfüllt; der Knick im Strahlenverlauf folgt hier direkt aus dem Brechungsgesetz.

Bei der Ableitung der Wellengleichungen (33.5) aus den Maxwellgleichungen wurden die Materialgrößen ε und μ vor die Ortsableitungen gezogen, zum Beispiel $\operatorname{div}(\varepsilon \boldsymbol{E}) = \varepsilon \operatorname{div} \boldsymbol{E}$. Dazu wurde angenommen, dass diese Materialgrößen nicht vom Ort abhängen ($n = \text{const.}$). Für ortsabhängige Materialparameter gilt $\operatorname{div}(\varepsilon \boldsymbol{E}) \approx \varepsilon \operatorname{div} \boldsymbol{E}$, wenn die Veränderlichkeit der Materialparameter viel schwächer als die der Felder ist. Da die Felder auf der Skala einer Wellenlänge variieren, ist (38.9) Voraussetzung für die Gültigkeit dieser Näherung. Mit dieser Näherung erhalten wir die Wellengleichung (38.5) oder (38.2) mit einem ortsabhängigen Brechungsindex $n(\boldsymbol{r})$:

$$\left[\Delta + k(\boldsymbol{r})^2\right] \psi(\boldsymbol{r}) = 0 \quad \text{mit} \quad k(\boldsymbol{r}) = k_0\, n(\boldsymbol{r}) \tag{38.10}$$

Diese Gleichung ist der Ausgangspunkt der folgenden Untersuchung. Ein zunächst noch allgemeiner Lösungsansatz ist

$$\psi(\boldsymbol{r}) = A(\boldsymbol{r}) \exp\big(\mathrm{i} k_0 S(\boldsymbol{r})\big) \tag{38.11}$$

Die Amplitude $A(\boldsymbol{r})$ und die Phase $S(\boldsymbol{r})$ sind reelle Funktionen; die Phase $S(\boldsymbol{r})$ heißt hier auch *Eikonal*. Für $n = \text{const.}$ ist die ebene Welle (38.5) Lösung. Hierfür gilt $A = \text{const.}$ und $S = \boldsymbol{k} \cdot \boldsymbol{r}/k_0$ oder $\operatorname{grad} S = \boldsymbol{k}/k_0 = \text{const.}$ Wenn sich nun $n(\boldsymbol{r})$ langsam verändert, werden die konstanten Größen zu schwach veränderlichen Größen:

$$A(\boldsymbol{r}) \ \text{ und } \ \operatorname{grad} S(\boldsymbol{r}) \ \text{ sind schwach veränderlich} \tag{38.12}$$

Als Ungleichungen können diese Bedingungen wie (38.9) formuliert werden. Zur Auswertung der Wellengleichung berechnen wir

$$\frac{\partial^2 \psi}{\partial x^2} = -k_0^2\, \psi \left(\frac{\partial S}{\partial x}\right)^2 + \mathrm{i}k_0 \psi \left(\frac{\partial^2 S}{\partial x^2} + \frac{2}{A}\frac{\partial A}{\partial x}\frac{\partial S}{\partial x}\right) + \ldots \qquad (38.13)$$

Der erste Term auf der rechten Seite ist der führende; er erfüllt die Wellengleichung für $n = \text{const.}$ mit $\operatorname{grad} S = \text{const.}$ Der nächste Term ist klein, denn er enthält jeweils die erste Ableitung einer der schwach veränderlichen Größen (38.12). Der dritte, nicht mehr gezeigte Term enthält zweite Ableitungen der langsam veränderlichen Größen; er wird gegenüber dem zweiten Term vernachlässigt.

Wir setzen (38.13) und die entsprechenden Ableitungen nach y und z in (38.10) ein:

$$0 = (\Delta + k^2)\, \psi \approx k_0^2\, \psi \left(-(\operatorname{grad} S)^2 + n^2\right) + \mathrm{i}k_0\, \psi \left(\Delta S + \frac{2}{A}\operatorname{grad} A \cdot \operatorname{grad} S\right) \qquad (38.14)$$

Hieraus folgen zwei Gleichungen:

$$\boxed{\left(\operatorname{grad} S(\boldsymbol{r})\right)^2 = n(\boldsymbol{r})^2 \qquad \text{Eikonalgleichung}} \qquad (38.15)$$

$$2\ \operatorname{grad}\left(\ln A(\boldsymbol{r})\right) \cdot \operatorname{grad} S(\boldsymbol{r}) = -\Delta S(\boldsymbol{r}) \qquad (38.16)$$

Die Eikonalgleichung bestimmt die Phase $S(\boldsymbol{r})$ der Lösung (38.11). Bei bekannter Phase ist (38.16) dann eine Gleichung für die Amplitude $A(\boldsymbol{r})$.

Um den Zusammenhang des Strahlenverlaufs mit $S(\boldsymbol{r})$ zu sehen, entwickeln wir (38.11) analog zu (38.7) an einer Stelle $\boldsymbol{r}_0$:

$$\psi(\boldsymbol{r}) = \psi(\boldsymbol{r}_0 + \boldsymbol{r}') \approx A_0 \exp\left[\mathrm{i}k_0 \left(\operatorname{grad} S(\boldsymbol{r}_0)\right) \cdot \boldsymbol{r}'\right] \qquad (38.17)$$

Dabei ist $A_0 = A(\boldsymbol{r}_0) \exp[\mathrm{i}k_0 S(\boldsymbol{r}_0)]$. Die Funktion (38.17) hat die Form einer ebenen Welle mit dem Wellenvektor $\boldsymbol{k} = k_0 \operatorname{grad} S$. Das Phasenfeld $S(\boldsymbol{r})$ legt die Strahlrichtung, die Phasenflächen und die optischen Wege fest:

$$\begin{array}{ll} \text{Strahlrichtung bei } \boldsymbol{r}_0: & \operatorname{grad} S(\boldsymbol{r}) \\ \text{Phasenflächen:} & S(\boldsymbol{r}) = \text{const.} \\ \text{Optischer Weg:} & \delta S = S(\boldsymbol{r}_{\mathrm{P'}}) - S(\boldsymbol{r}_{\mathrm{P}}) \end{array} \qquad (38.18)$$

Die Strahlen sind Kurven, für die $\operatorname{grad} S$ an jedem Punkt Tangente ist. Sie sind an jeder Stelle senkrecht zu den *Phasenflächen* $S = \text{const.}$, also den Flächen gleicher Phase. Der *optische Weg* zwischen zwei Punkten P und P′ spielt beim Fermatschen Prinzip (Aufgaben 38.1 und 38.2) eine Rolle.

Wir geben zwei einfache Lösungen der Eikonalgleichung für $n = \text{const.}$ an. Für

$$S = n\, (\boldsymbol{e} \cdot \boldsymbol{r}) \quad \text{mit} \quad |\boldsymbol{e}| = 1 \qquad (38.19)$$

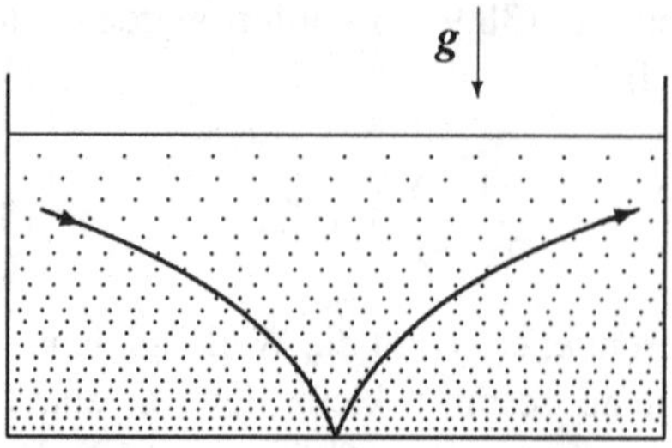

Abbildung 38.4 In einer Zuckerlösung nimmt die Konzentration und damit der Brechungsindex mit der Höhe ab. Dies führt zu dem skizzierten Strahlverlauf. Am Boden des Gefäßes werde der Strahl reflektiert.

ist grad $S = n\,\boldsymbol{e}$ und $(\text{grad}\,S)^2 = n^2$. Die Strahlrichtung grad $S = n\,\boldsymbol{e} = \text{const.}$ ist überall gleich; die Strahlen sind also Geraden. Die Flächen $S = \text{const.}$ sind Ebenen, die senkrecht zu $\boldsymbol{e}$ stehen. Aus (38.16) und $\Delta S = 0$ folgt $A = \text{const.}$ Damit wird (38.11) zu einer ebenen Welle.

Eine andere Lösung für $n = \text{const.}$ ergibt sich aus

$$S = n\,\sqrt{x^2 + y^2 + z^2} = n\,|\boldsymbol{r}| \tag{38.20}$$

Hieraus folgt

$$\text{grad}\,S = n\,\frac{\boldsymbol{r}}{r} \tag{38.21}$$

und $(\text{grad}\,S)^2 = n^2$. Die Strahlen gehen von $r = 0$ radial in alle Richtungen. Dies entspricht einer Punktquelle bei $r = 0$. Aus (38.16) folgt $A = \text{const.}/r$. Damit wird (38.11) zu einer auslaufenden Kugelwelle.

Brechung des Sonnenlichts

Eine Anwendung der Eikonalgleichung ist die Berechnung des Strahlenverlaufs der untergehenden Sonne. Die Dichte der Atmosphäre nimmt mit der Höhe ab, dies gilt dann auch für den Brechungsindex. Schräg einfallende Sonnenstrahlen werden daher zur Erdoberfläche hin gebrochen. Man erhält einen Strahlenverlauf ähnlich wie in Abbildung 38.3, allerdings mit viel kleinerer Krümmung der Strahlkurve. Bei gegebenem $n(\boldsymbol{r})$ kann der Strahlenverlauf aus der Eikonalgleichung berechnet werden.

Die Abweichung vom geradlinigen Verlauf führt zu folgendem Effekt: Man kann die Sonne noch etwa fünf Minuten sehen, nachdem sie eigentlich schon untergegangen ist. „Untergegangen" heißt hier, dass eine gerade Linie vom Beobachter zur Sonne durch die Erde geht; bei geradliniger Lichtausbreitung wäre die Sonne also bereits unsichtbar.

Im Labor kann dieser Effekt sehr einfach in einer Zuckerlösung demonstriert werden (Abbildung 38.4). Ein Rechenbeispiel dazu ist die Aufgabe 38.2.

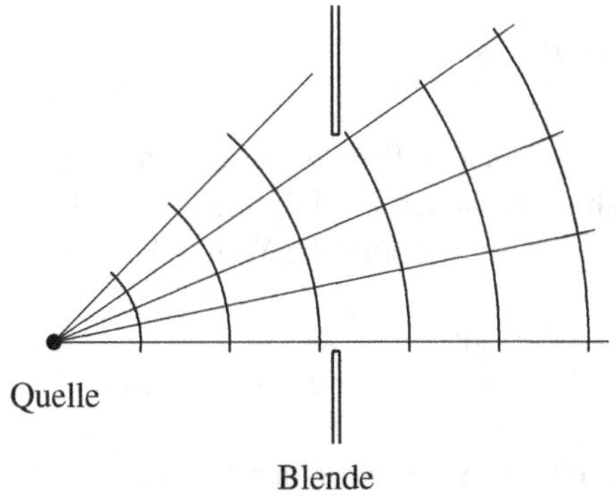

Abbildung 38.5 Die Schattenbildung an einer Blende kann in der geometrischen Optik verstanden werden. Zum einen ergibt die Eikonalgleichung für konstanten Brechungsindex einen geradlinigen Strahlenverlauf. Zum anderen lässt (38.16) zu, dass die Amplitude A senkrecht zur Strahlrichtung unstetig ist. Eine solche Unstetigkeit tritt bei dem Strahl auf, der die Blendenbegrenzung gerade streift.

Schatten

Die Gleichung (38.16) enthält das Skalarprodukt $\operatorname{grad} A \cdot \operatorname{grad} S$. Hierdurch wird die Änderung von A in Strahlrichtung ($\operatorname{grad} S$) festgelegt; über das Verhalten von A senkrecht dazu macht (38.16) keine Aussage. Senkrecht zur Strahlrichtung kann A daher auch unstetig sein. Dies ist für die Beschreibung des *Schattens* in der geometrischen Optik wichtig. In Abbildung 38.5 treffen die Strahlen auf eine Blende, also eine undurchlässige Fläche mit Öffnungen. Durch die geradlinige Fortsetzung der Strahlen entstehen hinter der Blende Gebiete mit und ohne Licht. Das Schattengebiet ist durch die geradlinigen Strahlen begrenzt, die die Blende gerade berühren. In der Umgebung dieser Strahlen fällt die Amplitude unstetig von einem endlichen Wert (im Licht) auf null (im Schatten); dies ist mit den Gleichungen (38.15, 38.16) der geometrischen Optik verträglich. Die Unschärfe der Schattengrenze durch Beugung ($\Delta\theta \sim \lambda/d$, (36.5) und (36.14)) verschwindet im hier betrachteten Grenzfall (38.1).

Aufgaben

38.1 Brechungsgesetz aus dem Fermatschen Prinzip

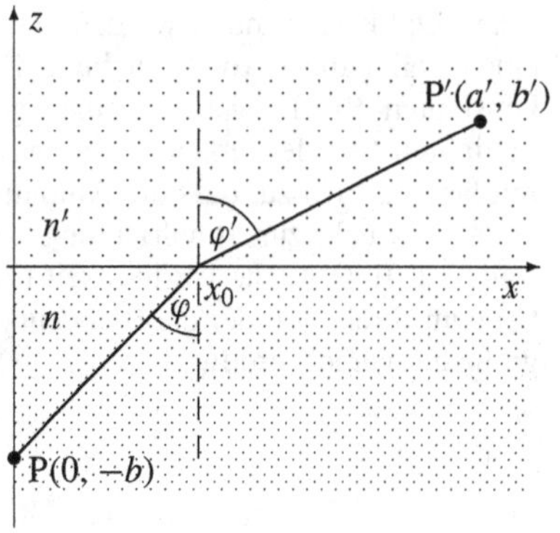

Das *Fermatsche Prinzip* besagt, dass Lichtstrahlen zwischen zwei Punkten P und P′ so laufen, dass der optische Weg ΔS minimal ist:

$$\Delta S = \int_{\mathrm{P}}^{\mathrm{P}'} d\boldsymbol{r} \cdot \operatorname{grad} S(\boldsymbol{r}) = \text{minimal}$$

Die Phase $S(\boldsymbol{r})$ wird durch die Eikonalgleichung $(\operatorname{grad} S)^2 = n^2$ und den reellen Brechungsindex $n(\boldsymbol{r})$ bestimmt. Leiten Sie hieraus das Brechungsgesetz ab.

38.2 Ortsabhängiger Brechungsindex

In einem Medium nimmt der Brechungsindex in y-Richtung linear zu:

$$n(\boldsymbol{r}) = n(y) = n_0 + n_1\, y \qquad (n_0 > 0,\ n_1 > 0)$$

Wie verläuft ein Lichtstrahl in der x-y-Ebene, der vom Ursprung zum Punkt $(x_0, 0)$ führt? Verwenden Sie das Fermatsche Prinzip (38.22). Diskutieren Sie insbesondere den realistischen Fall $n_1\, x_0 \ll n_0$.

A MKSA-System

Im diesem Buch wird grundsätzlich das Gaußsche Maßsystem verwendet (Kapitel 5). Für numerische Abschätzungen wird dagegen in der Regel das „Praktische MKSA-System", kurz MKSA-System, benutzt. Synonym zu MKSA-System ist die Bezeichnung SI-System (für Système International d'Unités). Dieser Anhang stellt die wichtigsten Formeln der Elektrodynamik im MKSA-System zusammen.

In der Bezeichnung „MKSA-System" steht M für die Grundeinheit Meter (m), K für Kilogramm (kg), S für Sekunde (s) und A für Ampere (A). Die Grundeinheiten des Gauß-Systems sind Zentimeter (cm), Gramm (g) und Sekunde (s); es wird daher auch cgs-System genannt. In der Mechanik bestehen die Unterschiede zwischen MKSA- und cgs-System in trivialen Zehnerpotenzen. Insbesondere ist $\text{dyn} \equiv \text{g}\,\text{cm}/\text{s}^2 = 10^{-5}\,\text{kg}\,\text{m}/\text{s}^2 = 10^{-5}\,\text{N}$ und

$$\text{erg} \equiv \frac{\text{g}\,\text{cm}^2}{\text{s}^2} = 10^{-7}\,\frac{\text{kg}\,\text{m}^2}{\text{s}^2} = 10^{-7}\,\text{J} \tag{A.1}$$

Wegen der trivialen Umrechnungsfaktoren verwenden wir m, kg, N (Newton) und J (Joule) parallel zu cm, g, dyn und erg.

Ladungs- und Stromeinheit

Das MKSA-System definiert die Einheit Ampere für den Strom als vierte Grundeinheit. Durch zwei parallele Drähte im Abstand von 1 m fließe jeweils der Strom I. Dieser Strom I ist gleich 1 A, wenn pro 1 m Drahtlänge die Kraft $2 \cdot 10^{-7}$ N wirkt. Nach (5.6) folgt hieraus die Konstante k im Coulombgesetz:

$$k = \frac{1}{4\pi\varepsilon_0} \stackrel{\text{def}}{=} 10^{-7}\,\frac{\text{N}\,c^2}{\text{A}^2} \qquad \text{(Definition des Ampere)} \tag{A.2}$$

Die Konstante k wird im MKSA-System mit $1/4\pi\varepsilon_0$ bezeichnet. Wir schreiben das Coulombgesetz (5.1) noch einmal mit dieser Konstante und mit $k = 1$ (Gauß-System) an:

$$\boldsymbol{F}_1 = q_1\, q_2\, \frac{\boldsymbol{r}_1 - \boldsymbol{r}_2}{|\boldsymbol{r}_1 - \boldsymbol{r}_2|^3} \cdot \begin{cases} \dfrac{1}{4\pi\varepsilon_0} & \text{MKSA-System} \\ 1 & \text{Gauß-System} \end{cases} \tag{A.3}$$

T. Fließbach, *Elektrodynamik*, https://doi.org/10.1007/978-3-662-64889-6

Tabelle A.1 Abgeleitete Einheiten der Elektrodynamik im MKSA-System. Die Einheit A (Ampere) des Stroms I ist eine Grundeinheit. Das elektrische und magnetische Feld wird jeweils durch seine Kraftwirkung definiert, (A.7) und (A.10). Folgende Definitionsgleichungen gelten sowohl im Gauß- wie im MKSA-System: Spannung $U = \int d\boldsymbol{r} \cdot \boldsymbol{E}$, Arbeit oder Energie $A = W = U\,Q$, magnetischer Fluss $\Phi_{\mathrm{m}} = \int d\boldsymbol{a} \cdot \boldsymbol{B}$, Widerstand $R = U/I$, Kapazität $C = Q/U$ und Induktivität $L = -U/(dI/dt)$.

Größe	Symbol	Einheit	Bezeichnung
Ladung	Q	$\mathrm{C} = \mathrm{A\,s}$	Coulomb
Spannung	U	$\mathrm{V} = \mathrm{J/C}$	Volt
Arbeit, Energie	A, W	$\mathrm{J} = \mathrm{Ws} = \mathrm{CV}$	Joule
elektrische Feldstärke	$\boldsymbol{E}$	$\mathrm{V/m}$	Volt/Meter
magnetische Induktion	$\boldsymbol{B}$	$\mathrm{T} = \mathrm{Vs/m^2}$	Tesla
magnetischer Fluss	Φ_{m}	$\mathrm{Wb} = \mathrm{Vs}$	Weber
Widerstand	R	$\Omega = \mathrm{V/A}$	Ohm
Kapazität	C	$\mathrm{F} = \mathrm{C/V}$	Farad
Induktivität	L	$\mathrm{H} = \mathrm{Vs/A}$	Henry

Im MKSA-System werden die Ladungen in der Einheit $\mathrm{C} = \mathrm{A\,s} =$ Coulomb ausgedrückt; zusammen mit (A.2) liefert (A.3) dann die Kraft.

Die Tabelle A.1 stellt die wichtigsten Einheiten der Elektrodynamik im MKSA-System zusammen.

Im Gaußschen System wurde die Ladungseinheit über (A.3) definiert: Zwei Ladungen der Größe ESE (elektrostatische Einheit) üben im Abstand von 1 cm die Kraft $1\,\mathrm{dyn} = \mathrm{g\,cm/s^2}$ aufeinander aus. Damit ist die Ladungseinheit ESE eine aus g, cm und s abgeleitete Einheit. Über (A.3) können wir die zu ESE gehörige Ladung Q_{ESE} in Coulomb berechnen:

$$1\,\mathrm{dyn} = \frac{1}{4\pi\,\varepsilon_0}\,\frac{Q_{\mathrm{ESE}}^{\,2}}{\mathrm{cm}^2} \tag{A.4}$$

Mit $1\,\mathrm{dyn} = 10^{-5}\,\mathrm{N}$ und (A.2) ergibt dies

$$Q_{\mathrm{ESE}} = 10\,\frac{\mathrm{cm}}{c}\,\mathrm{A} \approx 3.3 \cdot 10^{-10}\,\mathrm{C} \tag{A.5}$$

Eine Ladung der Größe 1 C im MKSA-System entspricht dann etwa $3 \cdot 10^9$ ESE im Gauß-System. Die Kräfte zwischen zwei Ladungen dieser Größe sind im MKSA-System und im Gauß-System gleich. Daraus folgt

$$\frac{\mathrm{C}}{\sqrt{4\pi\,\varepsilon_0}} \approx 3 \cdot 10^9\,\mathrm{ESE} \tag{A.6}$$

Elektrostatik

Die Definition der Feldstärke durch

$$\boldsymbol{F} = q\, \boldsymbol{E} \tag{A.7}$$

gilt auch im MKSA-System. Damit ist die Einheit der elektrischen Feldstärke

$$[E] = \frac{\mathrm{N}}{\mathrm{C}} = \frac{\mathrm{J}}{\mathrm{C\,m}} = \frac{\mathrm{V}}{\mathrm{m}} \tag{A.8}$$

Alle Formeln der Elektrostatik wurden aus dem Coulombgesetz (A.3) und der Felddefinition (A.7) abgeleitet. Aus (A.3) folgt die jeweilige Modifikation im MKSA-System gegenüber dem Gauß-System. Die Feldgleichungen der Elektrostatik im MKSA-System lauten:

$$\operatorname{div} \boldsymbol{E}(\boldsymbol{r}) = \frac{\varrho(\boldsymbol{r})}{\varepsilon_0}\,, \qquad \operatorname{rot} \boldsymbol{E}(\boldsymbol{r}) = 0 \tag{A.9}$$

Magnetostatik

Die magnetische Induktion $\boldsymbol{B}$ wird im MKSA-System durch

$$d\boldsymbol{F}(\boldsymbol{r}) = I\, d\boldsymbol{\ell} \times \boldsymbol{B}(\boldsymbol{r}) \tag{A.10}$$

definiert. Damit hat $\boldsymbol{B}$ die Dimension

$$[\mathrm{B}] = \frac{\mathrm{N}}{\mathrm{A\,m}} = \frac{\mathrm{J}}{\mathrm{A\,m^2}} = \frac{\mathrm{V\,s}}{\mathrm{m^2}} \tag{A.11}$$

Gegenüber (13.15) fehlt in (A.10) ein Faktor $1/c$. Dementsprechend lautet die Lorentzkraft $\boldsymbol{F}_{\mathrm{L}} = q\,(\boldsymbol{E} + \boldsymbol{v} \times \boldsymbol{B})$. Anstelle von (13.20) tritt dann

$$d\boldsymbol{B}(\boldsymbol{r}_1) = \frac{\mu_0}{4\pi}\, I\, d\boldsymbol{\ell} \times \frac{\boldsymbol{r}_1 - \boldsymbol{r}_2}{|\boldsymbol{r}_1 - \boldsymbol{r}_2|^3} \tag{A.12}$$

Die Konstante in der Definition (A.10) von $\boldsymbol{B}$ kann im Prinzip willkürlich gewählt werden; nach einer solchen Festlegung ist die Konstante in (A.12) dann experimentell zu bestimmen.

Nachdem $\boldsymbol{B}$ als Messgröße durch (A.10) festgelegt ist, folgt die Konstante $\mu_0/4\pi$ aus dem Experiment. Für die so bestimmte Permeabilitätskonstante (des Vakuums) μ_0 und der Dielektrizitätskonstante (des Vakuums) ε_0 in (A.3) gilt

$$\mu_0 = \frac{1}{\varepsilon_0\, c^2} \tag{A.13}$$

Die Feldgleichungen der Magnetostatik lauten:

$$\operatorname{div} \boldsymbol{B}(\boldsymbol{r}) = 0\,, \qquad \operatorname{rot} \boldsymbol{B}(\boldsymbol{r}) = \mu_0\, \boldsymbol{j}(\boldsymbol{r}) \tag{A.14}$$

Maxwellgleichungen

Die Verallgemeinerung von (A.9) und (A.14) auf zeitabhängige Phänomene führt zu den Maxwellgleichungen:

$$\begin{aligned} \operatorname{div} \boldsymbol{E}(\boldsymbol{r}, t) &= \frac{\varrho(\boldsymbol{r}, t)}{\varepsilon_0}, & \operatorname{rot} \boldsymbol{E}(\boldsymbol{r}, t) + \frac{\partial \boldsymbol{B}(\boldsymbol{r}, t)}{\partial t} &= 0 \\ \operatorname{rot} \boldsymbol{B}(\boldsymbol{r}, t) - \frac{1}{c^2} \frac{\partial \boldsymbol{E}(\boldsymbol{r}, t)}{\partial t} &= \mu_0\, \boldsymbol{j}(\boldsymbol{r}, t), & \operatorname{div} \boldsymbol{B}(\boldsymbol{r}, t) &= 0 \end{aligned} \tag{A.15}$$

Die makroskopischen Maxwellgleichungen (29.14) in Materie werden zu

$$\begin{aligned} \operatorname{div} \boldsymbol{D} &= \varrho_{\text{ext}}, & \operatorname{rot} \boldsymbol{E} + \frac{\partial \boldsymbol{B}}{\partial t} &= 0 \\ \operatorname{rot} \boldsymbol{H} - \frac{\partial \boldsymbol{D}}{\partial t} &= \boldsymbol{j}_{\text{ext}}, & \operatorname{div} \boldsymbol{B} &= 0 \end{aligned} \tag{A.16}$$

Die Responsefunktionen ε und μ treten als Faktoren zu den (Vakuum-)Konstanten ε_0 und μ_0 hinzu,

$$\boldsymbol{D} = \varepsilon\, \varepsilon_0\, \boldsymbol{E} \quad \text{und} \quad \boldsymbol{H} = \frac{\boldsymbol{B}}{\mu\, \mu_0} \tag{A.17}$$

B Physikalische Konstanten

Wir stellen einige physikalische Konstanten und Kombinationen solcher Konstanten zusammen, die häufig in Abschätzungen verwendet wurden.

Tabelle B.1 beginnt mit den für die Elektrodynamik wichtigsten physikalischen Konstanten. Dies sind die Lichtgeschwindigkeit c, die Elementarladung e und (für Anwendungen im Atom oder Festkörper) das Plancksche Wirkungsquantum $\hbar$. Daran schließen sich häufig verwendete Längen an.

In Kapitel 5 wurden die Vorzüge des Gauß-Systems für die Theoretische Elektrodynamik erläutert. Für konkrete Abschätzungen gehen wir aber meist zum MKSA-System (Anhang A) über. So werden konkrete Werte der elektrischen Feldstärke in Volt/Zentimeter = V/cm angegeben, und für Energiegrößen wird meist die Einheit *Elektronenvolt* (eV) anstelle von erg benutzt. In eV ist unter e immer die Elementarladung e_{SI} des MKSA-Systems (SI) zu verstehen:

$$\text{eV} \equiv e_{\text{SI}}\,\text{Volt} \approx 1.6 \cdot 10^{-19}\,\text{C V} = 1.6 \cdot 10^{-12}\,\text{erg} \qquad \text{(B.1)}$$

Die Umrechnung von J = CV = Nm in erg wurde in (A.1) angegeben. Der untere Teil von Tabelle B.1 gibt einige Energiegrößen in Elektronenvolt an, die für Abschätzungen nützlich sind.

In der Elektrodynamik in Materie kam auch die Temperatur T vor. Die Temperatur T ist das Maß für die Energie pro Freiheitsgrad im thermischen Gleichgewicht. Aus historischen Gründen wird T aber nicht in Energieeinheiten sondern in Kelvin (K) angegeben. Die Proportionalitätskonstante zwischen Kelvin- und Energieskala ist die Boltzmannkonstante k_{B}:

$$k_{\text{B}}\,\text{K} = 1.38 \cdot 10^{-23}\,\text{J} \qquad \text{(B.2)}$$

T. Fließbach, *Elektrodynamik*, https://doi.org/10.1007/978-3-662-64889-6

Tabelle B.1 Physikalische Konstanten, Längen, Frequenzen (siehe auch Tabelle 20.2) und Energiegrößen, die in diesem Buch verwendet wurden.

Bezeichnung	Symbol	Wert
Lichtgeschwindigkeit	c	$2.998 \cdot 10^{10}\ \frac{\text{cm}}{\text{s}}$
Elementarladung (Gauß-System)	e	$4.803 \cdot 10^{-10}\ \frac{\text{g}^{1/2}\,\text{cm}^{3/2}}{\text{s}}$
Elementarladung (MKSA-System)	e_{SI}	$1.602 \cdot 10^{-19}\,\text{C}$
Plancksches Wirkungsquantum	$\hbar$	$1.055 \cdot 10^{-27}\,\text{erg s}$
Feinstrukturkonstante	$\alpha = \frac{e^2}{\hbar c}$	$\frac{1}{137.0}$
Ångström	Å	$1\,\text{Å} \equiv 10^{-8}\,\text{cm}$
Fermi	fm	$1\,\text{fm} \equiv 10^{-13}\,\text{cm}$
Bohrscher Radius	$a_{\text{B}} = \frac{\hbar^2}{m_{\text{e}} e^2}$	$5.3 \cdot 10^{-9}\,\text{cm} = 0.53\,\text{Å}$
Wellenlänge von sichtbarem Licht ($\hbar\omega = 2...3\,\text{eV}$)	λ_{si}	$4 \cdot 10^{-5} \ldots 8 \cdot 10^{-5}\,\text{cm}$
Atomare Frequenz	$\omega_{\text{at}} = \frac{v_{\text{at}}}{a_{\text{B}}} = \frac{\alpha c}{a_{\text{B}}}$	$4.1 \cdot 10^{16}\,\text{s}^{-1}$
Frequenz von sichtbarem Licht	$\omega_{\text{si}} = 2\pi \frac{c}{\lambda_{\text{si}}}$	$2 \ldots 5 \cdot 10^{15}\,\text{s}^{-1}$
Elektronmasse	$m_{\text{e}} c^2$	$0.51\,\text{MeV}$
Protonmasse	$m_{\text{p}} c^2$	$0.94\,\text{GeV}$
Atomare Energieeinheit	$E_{\text{at}} = \frac{e^2}{a_{\text{B}}} = \frac{\hbar^2}{m_{\text{e}} a_{\text{B}}^2}$	$27.2\,\text{eV}$
Skala der Coulombenergie im Atom	$\frac{e^2}{\text{Å}}$	$14.4\,\text{eV}$
Skala der Coulombenergie im Kern	$\frac{e^2}{\text{fm}}$	$1.44\,\text{MeV}$
Zimmertemperatur, $T \approx 290\,\text{K}$	$k_{\text{B}} T$	$290\, k_{\text{B}}\,\text{K} \approx \frac{\text{eV}}{40}$

C Vektoroperationen

Die expliziten Formen der gängigen Vektoroperationen für kartesische Koordinaten x, y, z, Zylinderkoordinaten ρ, φ, z und für Kugelkoordinaten r, θ, ϕ werden zusammengestellt. Die Wirkung des Nabla-Operators auf ein Produkt von Feldern wird angegeben.

Aus (1.19) – (1.21) und (1.17) folgt:

$$\operatorname{grad}\Phi = \begin{cases} \dfrac{\partial \Phi}{\partial x}\, \boldsymbol{e}_x + \dfrac{\partial \Phi}{\partial y}\, \boldsymbol{e}_y + \dfrac{\partial \Phi}{\partial z}\, \boldsymbol{e}_z & \text{(Kartesische Koordinaten)} \\[2ex] \dfrac{\partial \Phi}{\partial \rho}\, \boldsymbol{e}_\rho + \dfrac{1}{\rho}\dfrac{\partial \Phi}{\partial \varphi}\, \boldsymbol{e}_\varphi + \dfrac{\partial \Phi}{\partial z}\, \boldsymbol{e}_z & \text{(Zylinderkoordinaten)} \\[2ex] \dfrac{\partial \Phi}{\partial r}\, \boldsymbol{e}_r + \dfrac{1}{r}\dfrac{\partial \Phi}{\partial \theta}\, \boldsymbol{e}_\theta + \dfrac{1}{r\,\sin\theta}\dfrac{\partial \Phi}{\partial \phi}\, \boldsymbol{e}_\phi & \text{(Kugelkoordinaten)} \end{cases} \tag{C.1}$$

$$\operatorname{div}\boldsymbol{V} = \begin{cases} \dfrac{\partial V_x}{\partial x} + \dfrac{\partial V_y}{\partial y} + \dfrac{\partial V_z}{\partial z} \\[2ex] \dfrac{1}{\rho}\dfrac{\partial(\rho\, V_\rho)}{\partial \rho} + \dfrac{1}{\rho}\dfrac{\partial V_\varphi}{\partial \varphi} + \dfrac{\partial V_z}{\partial z} \\[2ex] \dfrac{1}{r^2}\dfrac{\partial(r^2 V_r)}{\partial r} + \dfrac{1}{r\,\sin\theta}\dfrac{\partial(\sin\theta\, V_\theta)}{\partial\theta} + \dfrac{1}{r\,\sin\theta}\dfrac{\partial V_\phi}{\partial\phi} \end{cases} \tag{C.2}$$

$$\operatorname{rot}\boldsymbol{V} = \begin{cases} \left(\dfrac{\partial V_z}{\partial y} - \dfrac{\partial V_y}{\partial z}\right)\boldsymbol{e}_x + \left(\dfrac{\partial V_x}{\partial z} - \dfrac{\partial V_z}{\partial x}\right)\boldsymbol{e}_y + \left(\dfrac{\partial V_y}{\partial x} - \dfrac{\partial V_x}{\partial y}\right)\boldsymbol{e}_z \\[2ex] \left(\dfrac{1}{\rho}\dfrac{\partial V_z}{\partial \varphi} - \dfrac{\partial V_\varphi}{\partial z}\right)\boldsymbol{e}_\rho + \left(\dfrac{\partial V_\rho}{\partial z} - \dfrac{\partial V_z}{\partial \rho}\right)\boldsymbol{e}_\varphi + \dfrac{1}{\rho}\left(\dfrac{\partial(\rho\, V_\varphi)}{\partial\rho} - \dfrac{\partial V_\rho}{\partial\varphi}\right)\boldsymbol{e}_z \\[2ex] \dfrac{1}{r\,\sin\theta}\left(\dfrac{\partial(\sin\theta\, V_\phi)}{\partial\theta} - \dfrac{\partial V_\theta}{\partial\phi}\right)\boldsymbol{e}_r + \dfrac{1}{r}\left(\dfrac{1}{\sin\theta}\dfrac{\partial V_r}{\partial\phi} - \dfrac{\partial(r\, V_\phi)}{\partial r}\right)\boldsymbol{e}_\theta \\[2ex] \qquad + \dfrac{1}{r}\left(\dfrac{\partial(r\, V_\theta)}{\partial r} - \dfrac{\partial V_r}{\partial\theta}\right)\boldsymbol{e}_\phi \end{cases} \tag{C.3}$$

T. Fließbach, *Elektrodynamik*, https://doi.org/10.1007/978-3-662-64889-6

Aus (1.24) mit (1.17) folgt

$$\Delta\Phi = \begin{cases} \dfrac{\partial^2\Phi}{\partial x^2} + \dfrac{\partial^2\Phi}{\partial y^2} + \dfrac{\partial^2\Phi}{\partial z^2} \\[2ex] \dfrac{1}{\rho}\dfrac{\partial}{\partial\rho}\left(\rho\,\dfrac{\partial\Phi}{\partial\rho}\right) + \dfrac{1}{\rho^2}\dfrac{\partial^2\Phi}{\partial\varphi^2} + \dfrac{\partial^2\Phi}{\partial z^2} \\[2ex] \dfrac{1}{r}\dfrac{\partial^2(r\,\Phi)}{\partial r^2} + \dfrac{1}{r^2\sin\theta}\dfrac{\partial}{\partial\theta}\left(\sin\theta\,\dfrac{\partial\Phi}{\partial\theta}\right) + \dfrac{1}{r^2\sin^2\theta}\dfrac{\partial^2\Phi}{\partial\phi^2} \end{cases} \tag{C.4}$$

Für Kugelkoordinaten kann man die Radialableitung auch anders schreiben:

$$\frac{1}{r}\frac{\partial^2(r\,\Phi)}{\partial r^2} = \frac{\partial^2\Phi}{\partial r^2} + \frac{2}{r}\frac{\partial\Phi}{\partial r} = \frac{1}{r^2}\frac{\partial}{\partial r}\left(r^2\,\frac{\partial\Phi}{\partial r}\right) \tag{C.5}$$

Für krummlinige Koordinaten ist bei der Auswertung $\Delta\boldsymbol{V}$ die Koordinatenabhängigkeit der Basisvektoren zu berücksichtigen; insbesondere ist $\Delta\boldsymbol{V} \neq \sum_i (\Delta V_i)\,\boldsymbol{e}_i$. Man wird daher im Allgemeinen von (2.27) ausgehen,

$$\Delta\boldsymbol{V} = \mathrm{grad}\,(\mathrm{div}\,\boldsymbol{V}) - \mathrm{rot}\,(\mathrm{rot}\,\boldsymbol{V}) = \nabla(\nabla\cdot\boldsymbol{V}) - \nabla\times(\nabla\times\boldsymbol{V}) \tag{C.6}$$

Folgende Relationen enthalten ebenfalls zwei Nabla-Operatoren:

$$\mathrm{rot}\,\mathrm{grad}\,\Phi = \nabla\times(\nabla\Phi) = 0 \tag{C.7}$$

$$\mathrm{div}\,\mathrm{rot}\,\boldsymbol{V} = \nabla\cdot(\nabla\times\boldsymbol{V}) = 0 \tag{C.8}$$

Abschließend stellen wir noch die Wirkung des Nabla-Operators auf Produkte von Feldern zusammen:

$$\begin{aligned} \nabla(\Phi\,\Psi) &= (\nabla\Phi)\,\Psi + \Phi\,(\nabla\Psi) \\ \nabla\cdot(\Phi\,\boldsymbol{V}) &= \boldsymbol{V}\cdot\nabla\Phi + \Phi\,\nabla\cdot\boldsymbol{V} \\ \nabla\times(\Phi\,\boldsymbol{V}) &= (\nabla\Phi)\times\boldsymbol{V} + \Phi\,\nabla\times\boldsymbol{V} \\ \nabla(\boldsymbol{V}\cdot\boldsymbol{W}) &= (\boldsymbol{V}\cdot\nabla)\boldsymbol{W} + (\boldsymbol{W}\cdot\nabla)\boldsymbol{V} + \boldsymbol{V}\times(\nabla\times\boldsymbol{W}) + \boldsymbol{W}\times(\nabla\times\boldsymbol{V}) \\ \nabla\cdot(\boldsymbol{V}\times\boldsymbol{W}) &= \boldsymbol{W}\cdot(\nabla\times\boldsymbol{V}) - \boldsymbol{V}\cdot(\nabla\times\boldsymbol{W}) \\ \nabla\times(\boldsymbol{V}\times\boldsymbol{W}) &= \boldsymbol{V}\,(\nabla\cdot\boldsymbol{W}) - \boldsymbol{W}\,(\nabla\cdot\boldsymbol{V}) + (\boldsymbol{W}\cdot\nabla)\boldsymbol{V} - (\boldsymbol{V}\cdot\nabla)\boldsymbol{W} \end{aligned} \tag{C.9}$$

Die Beziehungen ergeben sich aus der Kettenregel, der zyklischen Vertauschbarkeit der Faktoren im Spatprodukt $\boldsymbol{a}\cdot(\boldsymbol{b}\times\boldsymbol{c}) = \boldsymbol{b}\cdot(\boldsymbol{c}\times\boldsymbol{a}) = \boldsymbol{c}\cdot(\boldsymbol{a}\times\boldsymbol{b})$ und aus

$$\boldsymbol{a}\times(\boldsymbol{b}\times\boldsymbol{c}) = (\boldsymbol{a}\cdot\boldsymbol{c})\,\boldsymbol{b} - (\boldsymbol{a}\cdot\boldsymbol{b})\,\boldsymbol{c} \tag{C.10}$$

Nützlich ist auch noch die Relation

$$(\boldsymbol{a}\times\boldsymbol{b})\cdot(\boldsymbol{c}\times\boldsymbol{d}) = (\boldsymbol{a}\cdot\boldsymbol{c})(\boldsymbol{b}\cdot\boldsymbol{d}) - (\boldsymbol{a}\cdot\boldsymbol{d})(\boldsymbol{b}\cdot\boldsymbol{c}) \tag{C.11}$$

Register

Abkürzungen

IS	Inertialsystem
KS	Koordinatensystem
LT	Lorentztransformation
ONS	Orthonormierter Satz von Funktionen
p.I.	partielle Integration
SI	Système International d'Unité (MKSA-System)
UHF	ultra high frequency
UKW	Ultrakurzwelle
VONS	Vollständiger orthonormierter Satz von Funktionen

Einheiten

Siehe Anhang A für MKSA-Einheiten und Anhang B für Längen- und Energiegrößen.

A	Ampere
Å	Ångström, $1\,\text{Å} = 10^{-10}\,\text{m}$
C	Coulomb
ESE	Elektrostatische Einheit
eV	Elektronenvolt
fm	Fermi, $1\,\text{fm} = 10^{-15}\,\text{m}$
J	Joule, $1\,\text{J} = 1\,\text{CV}$
V	Volt

Symbole

$=$ const.	gleich einer konstanten Größe
$\equiv$	identisch gleich
$\stackrel{\text{def}}{=}$	durch Definition festgelegt, z. B. $k \stackrel{\text{def}}{=} 10^{-7} c^2 \text{N/A}^2$
$:=$	dargestellt durch, z. B. $\boldsymbol{r} := (x, y, z)$
$\stackrel{(2.9)}{=}$	ergibt mit Hilfe von Gleichung (2.9)
$\widehat{=}$	entspricht
$\propto$	proportional zu
$\approx$	ungefähr gleich
$\sim$	von der Größenordnung, auch asymptotisch proportional
$= \mathcal{O}(...)$	von der Ordnung oder Größenordnung

A

Aberration 214–215, 217
Absorption 313–323
-Koeffizient 305
Wasser 317
Abstrahlung
angeregtes Atom 234–235
beschleunigte Ladung 222–227
oszillierende Ladungsverteilung 228–236
Schwingkreis 253–255
Additionstheorem für Kugelfunktionen 104–106
allgemeine Lösung
Laplacegleichung 99–100
Maxwellgleichung 156–162
Ampere 40–41, 361
Ampère-Gesetz 128
anomale Dispersion 315
Äquipotenzialfläche 49
Äquivalenz von Masse und Energie 172
Arbeit 54
avanciertes Potenzial 161

B

beschleunigte Ladung 218–227
Beugung 331–337
am Spalt 335–337
Bildladung 68–70
Biot-Savart-Gesetz 124
Bohrscher Radius 234
Bohrsches Magneton 139
Brechung 339–348
Brechungsgesetz 342
für absorbierendes Medium 342–343
Brechungsindex 303
Metall 319
Wasser 316
Bremsstrahlung 223
Brewster-Winkel 347

T. Fließbach, *Elektrodynamik*, https://doi.org/10.1007/978-3-662-64889-6

C

Cauchy-Riemannsche Differenzial-gleichungen 75
Coulomb 40–41, 362
Coulombeichung 127
Coulombgesetz, -kraft 37–47
Gültigkeitsbereich 39
Curie-Weiss-Gesetz 300

D

d'Alembert-Operator 35
Dämpfung
Welle in Materie 305–306
Dauermagnet 140
Delta-Funktion 21–24
Diamagnetismus 298–299
Dielektrikum 279
im Kondensator 279–280
und Punktladung 281–282
dielektrische Funktion 267, 284–294
dielektrische Verschiebung 271
Dielektrizität 263
Dielektrizitätskonstante 290–291
des Vakuums 41, 363
Metall 292
Tabelle 291
Wasser 293
differenzierbare komplexe Funktion 75, 285
Dipol
elektrischer 110, 111
Energie im äußeren Feld 114–115
-feld 97, 110
magnetischer 135–142
-moment 97, 136
Dipolstrahlung 228–236
magnetische 237
Dirichlet-Randbedingung 62
dispergieren 307, 311
Dispersion 183, 313–323
anomale 315
-Effekte 307
eines Wellenpakets 311
-Gesetze 287
normale 315
-Parameter 309
Prisma 314
-Relation 307
Distribution 21–24
Divergenz 3–9
Doppelbrechung 348
Doppelspaltexperiment 331–332
Dopplereffekt 211–214
Drude-Modell 287
dualer Feldstärketensor 168

E

ebene Welle 181–194
in Materie 302–305
ebenes Wellenpaket 182–183
Eichtransformation 127 157
Eikonalgleichung 355–358
Eindeutigkeit des Randwertproblems 65
Einheiten (Maßsystem) 361–362
Einheitstensor 15
elastische Streuung 241
Elektret 294
elektrische Feldstärke 43
elektrische Leitfähigkeit 287–289, 295, 319–320
elektrische Suszeptibilität 272
elektrisches Feld 43
homogen geladene Kugel 50–53
homogen geladener Ring 93–94
Kondensator 72–74, 279–280
Ladung und Metallplatte 68–69
Metallkugel in externem Feld 94–97
elektromagnetische Wellen 159, 181–205
elektromagnetisches Spektrum 190–191
Elektron
klassischer Radius 56
Ladung 38
magnetisches Moment 139
Elektronenvolt 56, 365
Elektrostatik 37–116
makroskopische 278–282
elektrostatische Einheit 41, 362
elektrostatische Energiedichte 54–56
elektrostatisches Potenzial 48
Elementarladung 40
Energie
elektrostatische 54–56
Ladung im Feld 54
Ladungsverteilung 54
relativistische E. eines Teilchens 172
Stromverteilung 141–142
Energiebilanz
Maxwellgleichungen 151–152
in Materie 275–276
Energiedichte 276
einer Welle 189–190
elektrostatische 54–56
Energie-Impuls-Tensor 173–174

Energiestromdichte 152, 276
Energieverlust durch Abstrahlung
beschleunigte Ladung 223–227
Schwingkreis 253–255
Strahlungskraft 236
Entkopplung der Maxwellgleichungen 157–158
Ereignis 30
erzeugende Funktion (Legendrepolynome) 92–93

F

Farad 74, 362
Faradayscher Käfig 66
Faradaysches Induktionsgesetz 147–149
Feinstrukturkonstante 234
Felddefinition
elektrisches Feld 43
Felder in Materie 258–261
magnetisches Feld 120–121
Feldgleichung
Elektrostatik 48–58
Magnetostatik 126–133
Maxwellsche 145–153
Saite 177
Feldlinien 49–50
Feldstärketensor 167
dualer 168
Fermatsches Prinzip 360
Ferroelektrikum 294
Ferromagnetismus 300
Formfaktor 245, 247
forminvariant 17
Fraunhofersche Beugung 329–330
Frequenzunschärfe (Wellenpaket) 190
Fresnelsche Beugung 330
Fresnelsche Formeln 343–347, 349–350
Funktionensatz 80–81

G

Galileitransformation 163
Gammastrahlung 191
Gaußscher Satz 10–11
Gaußsches Gesetz 50
Gauß-System 40–43
geometrische Optik 352–360
gleichförmig bewegte Ladung 207–210
Gradient 3–9
Greensche Funktion
Laplace-Operator 25–26
Randwertproblem 70–71
Greensche Sätze 11
Grenzflächenbedingungen 277–278
Gruppengeschwindigkeit 308–309
gyromagnetisches Verhältnis 137–140

H

Helmholtz-Spulen 143
Helmholtzscher Hauptsatz der Vektoranalysis 27
Henry 132, 362
Hilbertraum 103
Hohlraumresonator 198–203
Hohlraumstrahlung 202–203
Hohlraumwelle 196–205
homogen durchflossener Draht 129
homogen geladene Kugel 50–53
Energie 56
homogen geladener Kreisring 93–94
homogene Lösung der Maxwellgleichungen 158–159
homogener, isotroper Fall 267, 273
Huygenssches Prinzip 325–330

I

Impulsbilanz 152–153
Impulsdichte 152
einer Welle 189–190
Induktion 146
Induktionsgesetz 147–149
induzierte Felder und Quellen 258
induziertes elektrisches Dipolmoment 241
induziertes magnetisches Dipolmoment 299
Inertialsystem 30, 163
Influenzladung 69–70
inkohärente Streuung 245–246
Interferenz 331–337
am Doppelspalt 331–332
Ionosphäre 202, 323
Isolator (Dispersion und Absorption) 313–318

J

Joulesche Wärme 289

K

Kapazität 72
Kausalität 265, 285

Kirchhoffsche Beugungstheorie 325–330
Koaxialkabel 205
kohärente Streuung 245–246
Kohärenz
  Licht 332–333
  Streuung 245–246
komplexe Amplitude 183
komplexe Funktion und Potenzialproblem 74–76
komplexer Brechungsindex 303
Kondensator 71–74
  mit Dielektrikum 279–280
konforme Abbildung 74–76
Kontinuitätsgleichung 120
Kontraktion 15, 33
kontravarianter Tensorindex 32
Kopplung zwischen Feld und Materie 178–179
kovariant (forminvariant) 17
kovariant (Tensorindex) 32
kovariante Form der Maxwellgleichungen 166–168
Kovarianz
  Lorentztransformation 35
  Maxwellgleichungen 163–174
  orthogonale Transformation 17
Kraft
  Coulomb- 37–39
  Lorentz- 146, 170–172
  magnetische 120–121
Kramers-Kronig-Relationen 285–287
Kroneckersymbol 14
Kugelfunktionen 99–106
Kugelkondensator 72–74
Kugelwelle 183, 231

L

Ladung 37
  Erhaltung 120
  Lorentzskalar 164–166, 216
  Messung 40–42
  MKSA-System 361
Ladungsdichte 45–47
Ladungsquant 40
Lagrangeformalismus der Elektrodynamik 176–179
Langwellennäherung 230
Laplacegleichung 49
  allgemeine Lösung 99–100
Laplaceoperator 9, 368
Larmorfrequenz 299
Laser 192, 193
Lebensdauer eines Atomzustands 234–235
Legendrepolynome 80, 82–88
  erzeugende Funktion 92–93
  zugeordnete 99
leitende Kugel im homogenen Feld 94–97
Leitfähigkeit 287–289, 295, 319–320
Lenzsche Regel 147
Levi-Civita-Tensor 16, 34
Liénard-Wiechert-Potenziale 218–221
Licht 190–191
Lichtgeschwindigkeit 121, 169, 312
  Konstanz der 31, 164
Linearbeschleuniger (Strahlungsverlust) 225–226
linearer Response 263–268
Linienbreite 242, 245
Linse 353, 354
lokales Feld 272
longitudinale Welle 185
longitudinaler Dopplereffekt 212
Lorentzinvarianz der Ladung 164–166
Lorentzkraft 146 170–172
Lorentzmodell 284–289
Lorentztensor, -skalar, -vektor 30–35
Lorentztransformation 30–32, 164
Lorenzeichung 157

M

Maßsystem 40–43
Magnetfeld 117
magnetische Feldstärke 271
magnetische Flussdichte 121
magnetische Induktion 121
magnetische Suszeptibilität 296–297
magnetischer Dipol 135–142
magnetischer Fluss 128
magnetischer Monopol 127, 168
magnetisches Dipolmoment 136
  induziertes 299
magnetisches Feld 117–124
  Drahtschleife 137
  gerader Draht 123–124
  homogen durchflossener Draht 129
  Spule 130–131
magnetisches Kraftgesetz 120–121
Magnetisierung 271
Magnetostatik 117–144
makroskopische Elektrostatik 278–282
makroskopische Felder in Materie 260–261

makroskopische Maxwellgleichungen 269–276
makroskopische Responsefunktion 266–268
Materialparameter 265
maximale Signalgeschwindigkeit 311–312
Maxwellgleichungen 145–153
allgemeine Lösung 156–162
kovariante Form 166–168
makroskopische M. in Materie 269–276
mikroskopische M. in Materie 257–262
mit Responsefunktionen 274
Maxwellscher Spannungstensor 153
Maxwellscher Verschiebungsstrom 149–150
Medium 266
Metall (Dispersion, Absorption) 319–322
Metallkugel im homogenen Feld 94–97
Michelson-Experiment 163
mikroskopische Felder in Materie 260–261
mikroskopische Responsefunktion 264–265
Mikrowellen 317–318
Minkowski-Kraft 171
Minkowski-Raum 31
Minkowski-Tensor 34
mittlere Stoßzeit 289
MKSA-System 40–42, 361–364
monochromatisch 183
monochromatische, ebene Welle 183–187
in Materie 302–305
Monopol, magnetischer 127, 168
Monopolfeld 110
Mößbauereffekt 245
Multipol, -moment
Abhängigkeit vom Koordinatensystem 111–112
Energie im äußeren Feld 114–115
kartesisch 109–110
sphärisch 108–109
sphärisch – kartesisch 111
Multipolentwicklung 108–116

N

Nabla-Operator 6
Rechnen mit 18–19
natürliche Linienbreite 242, 245
Neumannsche Randbedingung 62
normale Dispersion 315
numerische Lösung der Poissongleichung 63–66, 78

O

Ohm 289, 362
Ohmsches Gesetz 288
Optik 325–360
Optik, geometrische 352–360
optische Konstanten 303
optischer Weg 357
orthogonale Koordinaten 8–10
orthogonale Transformation 13–15
orthonormierter Funktionensatz 80–81
Oszillatormodell 239
oszillierende Ladungsverteilung (Abstrahlung) 228–236

P

Paraelektrikum 292–294
Paramagnetismus 297–298
partikuläre Lösung der Maxwellgleichungen 159–162
permanentes elektrisches Dipolmoment 292
Permanentmagnet 140
Permeabilität 263
Permeabilitätskonstante 296–300
des Vakuums 363
Phasenfläche 183, 357
Phasengeschwindigkeit 185, 304, 308
Phasenverschiebung 305
Photon 191–194
physikalische Konstanten 365–367
Plancksche Strahlungsverteilung 202–203
Plasma (Dispersion, Absorption) 322–323
Plasmafrequenz 313
Plattenkondensator 73
mit Dielektrikum 279–280
Poissongleichung 49
Polarisation 187–189, 269–271, 304
elliptisch 188–189
linear, zirkular, 187, 189
Streulicht 242
Polarisierbarkeit
elektrische 97, 241
magnetische 296
Potenzial
elektrostatisches 48
retardiertes 159–162
Vektor- 126
Vierer- 166

Potenzialströmung 76–77, 79
Poynting-Theorem 151
  in Materie 275
Poyntingvektor 151
  in Materie 275
Probeladung 43
Punktdipol
  elektrischer 113
  magnetischer 137
Punktladung 37
Punktmultipole 112–114

Q

Quadrupolfeld 110
Quadrupolmoment 112
Quadrupolstrahlung 237
Quantisierung des elektromagnetischen Felds 191–194
quasistatische Näherung 248–255

R

Radar 213, 317, 318
Radiowellen 190, 191
Randbedingung (Metall) 59–61
Randwertproblem 59–67, 132–133
  Eindeutigkeit 65
Rapidität 32
räumliche Mittelung 261 266
Rayleighstreuung 243–244
Reflexion 339–348
Reflexionsgesetz 341
Reflexionskoeffizient 321, 344
Reflexivität im Sichtbaren (Metall) 321–322
Regenbogen 350–351
relativistische Energie eines Teilchens 172
relativistische Verallgemeinerung der Elektrostatik 169–170
Relativitätsprinzip 163–164
Resonanzfluoreszenz 244–245
Response, linearer 263–268
Responsefunktion 263–268
  makroskopische 266–268
  mikroskopische 264–265
retardierte Potenziale 159–162
Röntgenstrahlung 191
Röntgenstrukturanalyse 247
Rotation 3–9
Rotverschiebung 213
Ruhenergie 172

S

Schatten 333–335, 359
Schumann-Resonanzen 202
Schwingkreis 248–256
  Abstrahlung 253–255
Selbstinduktivität 132
SI-System 361
Skalar, -feld
  Lorentztransformation 34
  orthogonale Transformation 15, 16
skalare Wellengleichung 326
skalares (elektrostatisches) Potenzial 48
Skalarprodukt (Funktionenraum) 80
Skineffekt 320
Spannung 54, 72
Speicherring (Strahlungsverlust) 226–227
Spiegelladung 68
Spin eines Photons 193–194
spontane Magnetisierung 300
spontane Polarisation 294
Spule 130–132
stehende Welle 201
Stetigkeitsbedingungen an Grenzflächen 277–278
Stoßzeit, mittlere 289
Stokesscher Satz 10–11
Strahlen 353
Strahlungsfeld
  einer beschleunigten Ladung 222–223
  einer oszillierenden Ladungsverteilung 230–232
Strahlungskraft 236
Streuung, Kohärenz 245–246
Streuung von Licht 239–247
Strichgitter 338
Strom, -dichte 117–119
  MKSA-System 361
Stromlinien 77
Strukturfunktion 247
Stufenfunktion 23
Summenkonvention 30
Superponierbarkeit 355
Superpositionsprinzip
  Coulombkraft 38
  Lösung linearer Differenzialgleichung 89
Supraleiter 290
Suszeptibilität
  elektrische 272
  magnetische 296–297
Synchrotronstrahlung 226

T

Telegraphengleichung 306
Tensor, -feld
  Lorentztransformation 32–35
  orthogonale Transformation 13–19
Tensoranalysis 3–11
Tesla 362
Theta-Funktion 23
Thomsonstreuung 243
total antisymmetrischer Tensor 16
Totalreflexion 348–349
Transformation der elektromagnetischen Felder 206–207
Transparenz
  Metall im Ultravioletten 321–322
  Wasser im Sichtbaren 318
transversale Welle 182, 185, 304
transversaler Dopplereffekt 212

V

Vektor, -feld
  Lorentztransformation 34
  orthogonale Transformation 15, 16
Vektoroperationen 367–368
Vektorpotenzial 126
Vektorraum 81–82
vereinheitlichte Theorie 150
Verschiebungsstrom 146, 149–150
Viererpotenzial 166
Viererstromdichte 165
vollständiger orthonormierter Funktionensatz 80–81
Volt 54, 362

W

Wasser (Dispersion und Absorption) 315–318
Wegelement 6
Wellen, elektromagnetische
  im Hohlraum 196–205
  im Vakuum 181–194
  in Materie 302–312
Wellenleiter 203–205
Wellenpaket 195, 307–312
Wellenvektor 185
Wellenzahl 199
Widerstand 289
Wirbelströme 149
Wirkungsquerschnitt (Streuung von Licht) 241–247

Y

Young, Doppelspaltexperiment 331–332

Z

Zerlegungssatz für Vektorfelder 27–28
zugeordnete Legendrepolynome 99
zylindersymmetrische Probleme 89–98

Printed in the United States
by Baker & Taylor Publisher Services